TONG JI TONGHEJIN
YELIAN JIAGONG YU YINGYONG

铜及铜合金
冶炼、加工与应用

张 毅　陈小红　田保红　　等著

化学工业出版社
·北京·

本书系统介绍了铜及铜合金冶炼、加工与应用的基础原理及工程技术。本书共十七章，主要内容包括铜及铜合金的冶炼与铸造、铜合金的加工技术、铜合金的热处理、铜合金的耐蚀性、铜及铜合金的表面处理、铜合金的焊接、铜合金的评价试验与测定方法、铜及铜合金的再利用、铜合金导电材料、电子工业用铜合金材料、热交换器铜合金材料、建筑用铜合金材料、切削成形用铜合金材料、铜合金功能材料、铜合金粉末冶金材料、铜及铜合金铸件等。并结合作者的有关研究成果对引线框架铜合金、铜基复合材料、弥散强化铜、电接触用铜合金等近年来发展较快的高性能电子铜合金进行了介绍。

本书适合材料、机械、冶金、汽车、化工、电子、电力等领域中相关科研人员和工程技术人员参考，也可作为铜合金加工行业技术人员、高等院校材料科学与工程及相关专业研究生或高年级本科生教材和参考书。

图书在版编目（CIP）数据

铜及铜合金冶炼、加工与应用/张毅等著. —北京：化学工业出版社，2017.1（2025.6重印）

ISBN 978-7-122-28505-8

Ⅰ.①铜… Ⅱ.①张… Ⅲ.①炼铜②铜合金-重金属冶金 Ⅳ.①TF811

中国版本图书馆CIP数据核字（2016）第274244号

责任编辑：邢　涛　　文字编辑：余纪军
责任校对：宋　玮　　装帧设计：韩　飞

出版发行：化学工业出版社（北京市东城区青年湖南街13号　邮政编码100011）
印　　装：北京建宏印刷有限公司
787mm×1092mm　1/16　印张28½　字数745千字　2025年6月北京第1版第2次印刷

购书咨询：010-64518888　　售后服务：010-64518899
网　　址：http://www.cip.com.cn
凡购买本书，如有缺损质量问题，本社销售中心负责调换。

定　价：128.00元

前言

人类使用铜及铜合金已有数千年历史。我国使用铜的历史年代更久远，大约在六、七千年以前我们的祖先就发现并开始使用铜。早在夏代，我国就开始了铜合金的冶炼，后来历经夏、商、西周、春秋及战国早期，延续时间约一千六百余年，形成了我国著名的青铜器文化。到西汉、北宋和明清时期都有文献典籍对铜合金的冶炼和加工技术进行详细的记载，从而为世界人类文明的发展做出了不可磨灭的贡献。新中国成立后，我国国民经济迅速发展，特别是改革开放以来，对高端铜合金的需求越来越高，诸如电子铜合金、海洋防腐蚀用铜合金、航空航天用铜合金和建筑材料用铜合金等领域。本书对铜合金的冶炼以及加工技术做了系统的介绍，同时结合作者研究开发的新型铜合金材料及其加工技术进行了介绍。

本书由张毅、陈小红、田保红、国秀花、游龙、李丽华、刘勇、刘平和高直撰写。其中，第 10 章和第 14 章由河南科技大学张毅副教授撰写，第 7 章、第 8 章、第 9 章、第 12 章和第 13 章由上海理工大学陈小红高级工程师撰写，第 4 章由河南科技大学田保红教授撰写，第 3 章和第 16 章由国秀花博士撰写，第 1 章、第 2 章和第 17 章由游龙博士撰写，第 5 章由李丽华博士撰写，第 6 章和第 15 章由刘勇教授撰写，第 11 章由张毅副教授和北京机电研究所高直工程师撰写。柴哲绘制了本书部分图表。全书由张毅副教授、田保红和刘勇教授负责统稿，刘平教授负责审稿。

河南科技大学宋克兴教授、黄金亮教授、任凤章教授、贾淑果教授、李炎教授、李红霞高级工程师等也参与了部分研究工作，洛阳理工学院安俊超博士、轴研科技股份有限公司高元安和王智勇高级工程师在本书的撰写过程中提出了许多宝贵的意见。河南科技大学材料科学与工程学院硕士研究生柴哲、孙慧丽、许倩倩、李瑞卿、田卡、朱顺新、杨志强和李艳等和部分金属材料工程专业本科生也参与了部分实验工作。在此向上述人员表示衷心的感谢。

本书的有关项目研究得到国家自然科学基金（项目编号：51101052；51605146）、国家高技术研究发展计划（863 计划）项目（项目编号：2006AA03Z528）、河南省高等学校青年骨干教师资助计划（项目编号：2012GGJS-073）、河南省重点攻关项目（项目编号：152102210074）、河南省重点攻关项目（国际科技合作）（项目编号：162102410022）、河南省杰出青年科学基金项目（项目编号：0512002700）、河南省教育厅自然科学研究资助项目（项目编号：2011QN48）、河南省教育厅自然科学研究资助项目（项目编号：14B430015）、河南省教育厅自然科学研究资助项目（项目编号：15A430006）和河南科技大学青年学术带头人启动基金（项目编号：13490001）等项目的资助。

本书的出版得到河南科技大学、有色金属共性技术河南省协同创新中心、河南省有色金属材料科学与加工技术重点实验室、上海理工大学和化学工业出版社大力支持。

本书在撰写过程中参考和引用了一些单位和著作权人的文献资料、研究成果和图片等，已在参考文献中尽力列出，在此谨致谢意。

由于我们水平有限，书中难免有不足和疏漏之处，恳请读者不吝批评指正。

著者

2016 年 8 月

于河南科技大学

目录

第 6 章 表面处理 161

第 7 章 焊接 194

第 8 章 铜及铜合金评价试验与测定方法 218

第1章

原材料

1.1 铜矿石和铜精矿

1.1.1 铜的矿物及矿床

自然界发现的含铜矿物有200多种，但重要的矿物仅20来种。除少见的自然铜外，主要有原生硫化铜矿物和次要的次生氧化铜矿物。常见的有工业价值的铜矿物见表1-1。

表1-1 重要的铜矿物

矿物	组成	Cu/%	颜色	晶系	光泽	莫氏硬度	相对密度
斑铜矿	Cu_5FeS_4	63.3	铜红至深黄色	立方	金属	3	5.06～5.08
黄铜矿	$CuFeS_2$	34.5	黄铜色	正方	金属	3.5～4	4.1～4.3
黝铜矿	$Cu_{10}Sb_4S_{13}$	45.8	灰至铁灰色	立方	金属(发亮)	3～4.5	4.6
砷黝铜矿	$Cu_{12}As_4S_{13}$	51.6	铅灰至铁黑色	立方	金属	3～4.5	4.37～4.49
辉铜矿	Cu_2S	79.8	铅灰至灰色	斜方	金属	2.5～3	5.5～5.8
铜蓝	CuS	66.4	靛蓝或灰黑色	立方	半金属至树脂状	1.5～2	4.6～4.76
黑铜矿	CuO	79.9	灰黑色	单斜	金属	3.5	5.8～6.4
孔雀石	$CuCO_3 \cdot Cu(OH)_2$	57.3	浅绿色	单斜	金刚至土色	3.5～4	3.9～4.08
蓝铜矿	$2CuCO_2 \cdot Cu(OH)_2$	55.1	天蓝色	单斜	玻璃状近于金刚	3.5～4	3.77～3.89
水胆矾	$Cu_4SO_4(OH)_6$	56.2	绿色	单斜	玻璃状	3.5～4	3.9
氯铜矿	$Cu_2Cl(OH)_4$	59.5	绿色	斜方	金刚至玻璃	3～3.5	3.76～3.78
硅孔雀石	$CuSiO_3 \cdot 2H_2O$	36.0	绿至蓝色	立方	玻璃至土色	2.4	2.0～2.4
自然铜	Cu	100	铜红色	立方	金属	2.5～3	8.95

全球开发的铜矿类型主要有斑岩型、砂页岩型、黄铁矿型和铜镍硫化物型，分别占世界总储量的55.5%、29.2%、8.8%和3.1%。

斑岩型铜矿主要分布在环太平洋、中亚-蒙古和特提斯3大成矿带上，特别是美洲大陆西部科迪勒拉-安第斯山沿岸山脉中的斑岩型铜矿最多。主要分布的国家是智利、美国、秘鲁、菲律宾、印度尼西亚、巴布亚新几内亚和加拿大、伊朗、哈萨克斯坦、蒙古等。斑岩铜矿具有规模大、品位低的特点，常易形成大型铜业基地。在世界储量大于500万吨的铜矿床中，斑岩铜矿就有 34 个，占 60.7%，是最重要的铜矿床类型。

砂页岩型铜矿床为沉积岩溶矿的层状矿床，具有规模大、品位高、伴生组分多等特点。产于陆块边缘和内部的裂陷带中，主要见于赞比亚、扎伊尔、俄罗斯、美国、波兰、阿富汗、巴西和澳大利亚等国。

黄铁矿型铜矿床为产于火山岩系中的层状铜矿床，又称为火山成因块状硫化物型铜矿床。这类矿床的规模一般小于斑岩型和砂页岩型，在世界 56 个大于 500 万吨的铜矿床中，该类矿床只占 2 个。但矿床品位高、伴生组分多、开发价值大。铜镍硫化物型主要与基性、超基性侵入杂岩有关，在俄罗斯、美国、加拿大和澳大利亚等铜矿床中占有重要地位。铜储量大于 500 万吨的 56 个矿床中，该类矿床有 3 个，占 53%。

除上述铜矿床类型外，尚有铜-铀型、自然铜型、矽卡岩型和脉型等类型。铜-铀型矿床是 20 世纪 70 年代在澳大利亚南部发现的一种新类型，目前在世界上只发现了一个这类矿床——澳大利亚奥林匹克坝铜铀矿床，该矿床至少有矿石储量 20 亿吨，共有铜金属储量 3200 万吨、平均含铜 1.6%，铀储量 120 万吨、品位 0.06%，金 1200 吨。

在我国，矽卡岩型铜矿占有较大的比例，因此我国铜矿床可分为 5 大类型：斑岩型占总储量 42.1%，矽卡岩型占 22.3%，黄铁矿型占 15.0%，砂页岩型占 11.3%，铜镍硫化物型占 7.3%。我国主要铜矿床类型及典型矿床举例见表 1-2。

表 1-2 我国主要铜矿床类型及典型矿床举例

类型	储量比/%	典型铜矿	主要含铜矿物及伴生组分
斑岩型铜矿	41±	江西德兴铜矿、富家坞，山西中条山铜矿峪，西藏江达玉龙，内蒙古乌奴格吐等	黄铜矿、斑铜矿、黝铜矿、辉铜矿，伴生组分有 Mo、Au、Ag、Co、Se、Te、Re 等 特点：贫，但储量大，伴生组分多
矽卡岩型铜矿	27±	长江中下游地区的许多大中型矿山均属此类，如铜绿山、封山洞、城门山、武山等	黄铜矿居主，亦见斑铜矿、铜蓝、黝铜矿等，Pb、Zn、Mo、Au、Ag、Se、Te、Co 等因矿床不同而略有差异 特点：较富，但规模不及前者
层状型铜矿（包括变质岩层状型和含铜砂页岩型）	11±	云南东川、易门、大姚，湖南车江、麻阳，山西箅子沟和内蒙古霍各乞等	以辉铜矿、斑铜矿、孔雀石居主，硅孔雀石及黄铜矿为次，有时见有砷黝铜矿、硫砷铜矿，伴生组分有时有 Co、Ag、Au、Ge 特点：氧化率高，铜的状态及分配较复杂，难选
火山沉积型铜矿	5.5±	甘肃白银，新疆阿舍勒	主要矿物为黄铜矿，亦可见有铜蓝、辉铜矿、斑铜矿、黝铜矿、方铅矿、闪锌矿，伴生元素有 Au、Ag、Cd、Se、Ti、In、Te、Bi 等 特点：多呈大型，品位高
铜镍硫化物型铜矿	6.4±	甘肃金川，吉林盘石，新疆喀拉通克等	主要有价矿物为镍黄铁矿、紫硫镍铁矿、磁黄铁矿、黄铜矿等，有时有黑铜矿，可伴生有铂族元素、Co、Au 等 特点：Cu、Ni 关系密切，只有靠冶金方法分离

1.1.2 铜储量

世界铜矿资源主要分布在北美、拉丁美洲和中非三地，据统计，截至 2008 年，世界已探明的铜储量共 5.5 亿吨，其中智利 1.6 亿吨，中国 0.3 亿吨（约占 5%），储量基础 6300 万吨（表 1-3）。

中国铜资源储量主要分布于西藏、江西、云南、安徽等地。铜查明资源储量最多的三个省（区）为：江西 1282 万吨、云南 1052 万吨、西藏 1148 万吨。

表 1-3 世界铜储量分布

国家名称	铜储量/万吨	占世界储量/%
智利	16000	29.09
秘鲁	6000	10.91
墨西哥	3800	6.91
印度尼西亚	3600	6.55
美国	3500	6.36
中国	3000	5.45
波兰	3000	5.45
澳大利亚	2400	4.36
俄罗斯	2000	3.64
赞比亚	1900	3.45
哈萨克斯坦	1800	3.27
加拿大	1000	1.82
其他	7000	12.73
总计	55000	100

中国铜矿类型较多。主要类型有斑岩型、砂页岩型、黄铁矿型、矽卡岩型和铜镍硫化物型5大类，分别占总资源储量的44.4%、23.5%、11.9%、11.8%和6.7%。铜矿品位一般较低。如斑岩型铜矿床平均品位一般仅达到0.5%左右，铜矿品位大于1%的储量只占总量的35%左右，平均品位仅0.87%，远低于智利、赞比亚等国的铜矿石品位。中国初步形成了江西、铜陵、大冶、白银、中条山、云南、东北7大铜业基地，目前正在基建的铜矿山有云南新平大红山、江西城门山和富家坞、青海赛什塘、西藏甲玛及新疆阿舍勒。尚未开发的大中型铜矿床主要位于新疆、西藏、青海、内蒙古、黑龙江等地区。

1.1.3 铜矿石的选矿

硫化铜矿经过矿物加工处理后得到精矿。浮选是矿物加工工艺的主要方法，重选、磁选、离析及溶浸等也有应用。当前，铜选矿厂由破碎、筛分、磨矿、分级、选别和脱水等作业组成。由于入选矿石的品位越来越低，难选复合矿、氧化矿比例增加，能源和设备涨价以及环保的限制，选矿成本增加，因此铜选厂必须进行改造和应用节能技术，扩大选矿厂规模，提高选矿自动化水平，增加矿产资源的综合利用程度，充分回收伴生的金、银、铝等有价值金属。

近年来，在硫化铜矿的浮选工艺研究中，低品位、复杂难选硫化铜矿的浮选回收逐渐成为研究重点。邱廷省等以某低品位硫化铜矿石为分选对象，对其开展了系统的铜硫分离试验研究。通过使用高效捕收剂LP-01，采用分步优先浮选和中矿再磨再选的工艺流程，实现了铜硫的低碱、高效分离，获得了铜品位为18.43%、回收率为87.54%的铜精矿，分选指标较为理想；吕子虎等对西藏某低品位铜矿石开展浮选试验研究，采用铜硫“混合浮选—混合精矿再磨—铜硫分离”工艺流程对该矿石进行分选，获得了铜精矿含铜23.39%、铜回收率82.17%、硫精矿含硫36.58%、硫回收率61.97%的良好技术指标。王世辉以新疆某硫化铜矿石为研究对象，采用铜部分优先、铜锌混浮、再磨再分离新工艺，并将新型捕收剂ZJ900用于铜浮选作业中。小型闭路试验获得了良好的技术指标，铜精矿品位和回收率分别达到21.29%和89.17%。陈代雄等采用磁选—浮选联合工艺对内蒙古某难选铜铅锌硫化矿石进行试验研究。通过磁选脱除磁黄铁矿，应用优先浮选流程，采用组合抑制剂（Na_2S＋$ZnSO_4$＋Na_2SO_3）和高效捕收剂BP，可以获得较好的技术指标。为高硫复杂难选铜铅锌硫化矿石的有效分选提供了一条新途径。

1.1.4 铜精矿

铜精矿由于矿石产地、矿石种类和选矿技术条件的不同，其化学成分和矿物组成是十分复杂的冶炼厂对这些化学成分和矿物组成不作具体规定，仅根据冶炼方法、冶炼工艺特点及冶炼技术的不同，对某些成分加以适当限制，但出于冶炼对精料的要求以及对选冶联合成本的考虑，我国规定了铜精矿的质量标准，见表1-4。

表1-4 铜精矿质量标准（YB 112—82）

品级	Cu/%(不小于)	杂质/%(不大于)			
		Pb	As	Zn	MgO
1级品	30	—		0.3	5
2级品	29	—		0.3	5
3级品	28	—		0.3	5
4级品	27	—		0.3	5
5级品	26	—		0.3	5
6级品	25	—		0.3	5
7级品	24	6	9	0.4	5
8级品	23	6	9	0.4	5
9级品	22	6	9	0.4	5
10级品	21	6	9	0.4	5
11级品	20	6	9	0.4	5
12级品	18	7	10	0.5	5
13级品	16	7	10	0.5	5
14级品	14	8	10	协议	5
15级品	12	8	10	协议	5

注：1. 表中注有"—"者为该项杂质不限制。
2. 采用电炉熔炼时，精矿含MgO不在此限。
3. 精矿水分不超过14%，在取暖期内不超过8%。
4. 对精矿中银、硫有价元素，必须报分析数据。

铜矿石和精矿的组成，常常是决定采用何种冶炼工艺的关键因素。在现有技术条件下，硫化铜矿的可选性好，易于富集，经选矿后产出的铜精矿多数采用火法冶炼工艺。氧化铜矿的可选性差，一般难以进行选矿富集，而直接采用湿法工艺生产电积铜。品位较高的以硅酸铜为主的难选氧化铜矿或氧化与硫化混合矿，也有的采用离析法处理后，选出铜精矿再以火法冶炼。

1.2 铜的冶炼方法

1.2.1 概述

近20年来，世界铜冶炼技术有很大的发展，火法炼铜仍然是主要的炼铜方法，传统的火法炼铜工艺如鼓风炉、反射炉和电炉炼铜已经被淘汰，被富氧强化熔炼所取代。富氧强化熔炼的基本特点是熔炼强度大、单台炉子的生产能力高、能源消耗低，特别是冶炼烟气含二氧化硫浓度高，有利于制酸，解决了过去冶炼烟气污染环境的问题。

湿法炼铜近几年来产铜比例有所提高，1997年湿法炼铜的比例达到总产铜量的13%，大部分集中在智利和美国，主要是采用大规模堆浸或薄层浸出，浸出液萃取电积生成铜。这种方法处理的原料主要是露天铜矿多年堆积的含铜品位低的废表面外矿。最近智利有几个新建铜矿由于矿石中金银硫无综合回收价值或不宜于选矿的氧化矿、硫化矿，也采用湿法冶炼，因此，湿法炼铜的原料有所扩大。

1.2.2 铜冶炼的种类

铜冶炼按过程及方法分类，可以分为火法冶金、湿法冶金和电冶金三大类。也有人把电冶金归于火法冶金的范畴。

火法冶金是指在高温下对矿石进行还原、氧化熔炼等反应及熔化作业制取金属和合金的过程。火法冶金的流程一般包括原料准备（选矿、烧结、球团、焙烧等）、熔炼过程和精炼过程等主要工序。它是提取冶金的主要方法，目前工业上大规模的钢铁冶炼、主要的有色金属冶炼和某些稀有金属的提取，都是用火法冶金方法生产的。

湿法冶金是采用液态溶剂，通常为无机水溶液或有机溶剂，进行矿石浸出、分离和提取出金属及其化合物。湿法冶金的流程主要包括浸取、固-液分离、溶液净化与富集、从溶液中制取产品等工序。目前湿法冶金主要用于有色金属、稀有金属及贵金属的提取，应用范围也日益扩大。

电冶金是指用电能从矿石或其他原料中提取和精炼金属的过程。例如，熔盐电解铝、电弧炉炼合金钢、电渣重熔等。

上述的提取冶金过程，均有其各自的特点及相应的适用范围，但也都有一定的局限性。现代提取冶金大规模生产工艺流程的选择与组合，主要取决于所处理矿石原料的特点、拟回收金属的种类和对产品质量的要求，也取决于有关的技术经济指标与地域的条件，如工艺技术流程、设备装置、动力燃料及试剂的价格、市场经济以及生态环境保护的要求等诸多因素。一般分为全火法冶金流程和全湿法冶金流程，但更多的是采用联合流程，即火法冶金与湿法冶金的联合流程、冶金与选矿的联合流程等。

1.2.3 干法冶炼

目前世界上从硫化矿中提取铜，85%～90%是采用火法冶炼，因为该法与湿法冶炼相比，无论是原料的适应性，还是在生产规模、贵、稀金属富集回收方面都有明显的优势。火法炼铜主要包括：①铜精矿的造锍熔炼；②铜锍吹炼成粗铜；③粗铜火法精炼；④阳极铜电解精炼。经冶炼产出最终产品——电解铜（阴极铜）。

目前世界铜冶炼厂使用的主要熔炼工艺为闪速熔炼和熔池熔炼。闪速熔炼是精矿经过深度干燥后，用富氧空气喷入反应塔内，在悬浮状态下熔炼，熔炼产品在沉淀池沉淀分离，包括奥托昆普（Outokumpu）型，因科（INCO），还有旋涡熔炼（ConTop）法，也属这一类；熔池熔炼是20世纪70年代开始在工业上应用，目前仍在不断地创新中，它是往一个高温冰铜和炉渣熔池内，鼓入富氧空气，加入精矿，在剧烈搅拌的熔池内进行强化熔炼。它的炉型有卧式、立式、回转式或固定式，鼓风方式有侧吹、顶吹、底吹。其特点是对炉料的要求不高，各种类型的精矿，干的、湿的、大粒的、粉状的都适用，炉子容积小，热损失小，节能环保都比较好，特别是烟尘率明显低于闪速熔炼，但推广面不及闪速熔炼，包括诺兰达法、智利特尼因特法、三菱法、艾萨法、澳斯麦特法、瓦纽可夫法、白银法和水口山法等。

在熔池熔炼工艺中，精矿被抛到熔体的表面或者被喷入熔体内，通常向熔池中喷入氧气和氮气使熔池发生剧烈搅拌，精矿颗粒被液体包围迅速融化。因此，吹炼反应能够产生维持熔炼作业所需的大部分热量，使含有氧气的气泡和包裹硫化铜/铁的溶液发生质量传递。而闪速熔炼中的干精矿是散布在氧气和氮气的气流中的，精矿中所含的硫和铁发生燃烧，在熔融颗粒进入反应空间时即产生熔炼和吹炼。当这些颗粒与熔池融为一体时，有些反应还会继续进行，但大部分是在飞行过程中发生的。

吹炼工艺目前仍以 P-S 转炉为主，20 世纪 90 年代后连续吹炼技术成功商业化应用，吹炼工艺实现了质的飞跃。1995 年闪速吹炼问世并成功应用于美国肯尼柯特冶炼厂，将闪速炼铜整体工艺（闪速熔炼＋闪速吹炼）硫的回收率由 95％提高到 99.9％以上，其基本流程是各种精矿在闪速炉熔炼产出冰铜，然后将冰铜水淬，磨粉并干燥，再在另一规格较小的闪速炉中用富氧空气吹炼成粗铜，产出的粗铜通过溜槽加至阳极炉。闪速吹炼具有生产能力大、工艺技术先进、成熟可靠、环保性好、自动化程度高、运行费用低、烟气量小、二氧化硫浓度高且稳定等优点，具有良好的推广应用价值，尤其适合于新建大型铜冶炼厂和对环保要求非常严格的炼铜厂改造。

粗铜火法精炼以回转炉精炼为主，由于传统固定式精炼炉主要依靠人工操作、劳动强度大、环保效果差、易跑铜、难控制，已逐步被机械化程度高、炉体密闭易操作的回转式阳极炉所替代。

电解精炼工艺主要分为传统始极片工艺和不锈钢永久性阴极工艺，永久阴极电解工艺是当前电解工艺的发展趋势。主要是因不锈钢阴极法采用不锈钢板做成阴极代替铜始极片，阴极铜产品再从不锈钢阴极上剥取，不锈钢阴极再返回电解槽中继续使用。该方法无始极片生产系统，简化了生产过程。且由于不锈钢阴极平直，生产过程中短路现象少，不但提高了产品质量，而且可使用较高的电流密度和较小的极距。

1.2.4 湿法冶炼

湿法提铜约占世界铜产量的 15％。它是利用溶剂将矿石中的铜溶入溶液后，再用电积置换或氢还原等方法将溶液中的铜提取出来。湿法提铜归纳起来有下列几种方法。

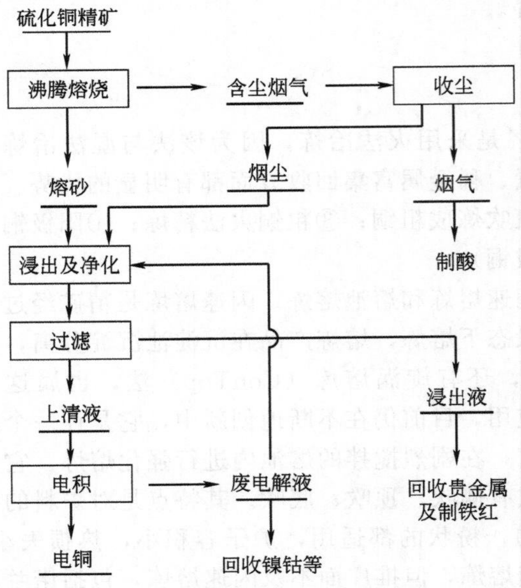

1. 焙烧-浸出-电积法

该法是目前世界上应用最广的一种湿法提铜方法，其流程见图 1-1。

图 1-1 焙烧-浸出-电积法流程图

(1) 焙烧

该法的首道工序是使炉料进行硫酸化焙烧，其目的是使绝大部分的铜转变为可溶于稀硫酸的 $CuSO_4$ 和 $CuO \cdot CuSO_4$，而铁全部转变为不溶的氧化物。铜和铁的硫酸盐稳定存在的温度及 SO_3 平衡分压不同，从而可使其分离。根据热力学分析，要使铜形成 $CuSO_4$ 而铁形成 Fe_2O_3，最佳的温度为 667℃，在生产实践中控制硫酸化焙烧的温度为 675～680℃。此时虽有少量的 $CuO \cdot CuSO_4$ 和 CuO 形成，但当用稀硫酸浸出时，铜都可转入溶液。

硫化铜精矿的硫酸化焙烧在沸腾炉内进行，焙烧过程须要控制的主要条件是温度。在沸腾焙烧的情况下，由于湍流速度很大，扩散相当迅速。当炉料达到着火温度之后，氧化反应即可顺利进行。然而，对硫酸化焙烧而言，要求料层具有较低的温度。可是温度过低会使反应速度减慢，影响炉子的生产能力。因此，应在满足硫酸化焙烧条件的前提下，尽可能地提高焙烧温度。

(2) 浸出和净化

经硫酸化焙烧获得的焙砂，其中铜主要以$CuSO_4$、$CuO \cdot CuSO_4$、Cu_2O、CuO存在，而铁主要是Fe_2O_3存在，另外还有少量的$FeSO_4$、$CuO \cdot Fe_2O_3$及未反应的Cu_2S。在用稀硫酸浸出时，铜进入溶液，但少量的$FeSO_4$也溶解，故浸出液须净化除铁。

硫酸铜可溶于水，$CuO \cdot CuSO_4$和CuO可溶于稀硫酸中：

$$3[CuO \cdot CuSO_4]+3H_2SO_4 = 6CuSO_4+3H_2O$$

$$CuO+H_2SO_4 = CuSO_4+H_2O$$

影响浸出反应速度的因素是温度、溶剂浓度和焙砂粒度。通常浸出温度为80～90℃，$H_2SO_4>15g/L$，焙砂粒度－0.074mm。此时反应进行是很快的，而扩散过程则比较慢。为此采取了搅拌浸出，并提高浸出液的温度和硫酸浓度（最高可达60g/L）。然而随着温度的增高，Fe_2O_3和Fe_3O_4的溶解度也增大，浸出液含铁也增加。

浸出的固液比一般为1∶(1.5～2.5)，浸出时间2～3h，每吨料酸耗60～80kg，铜的总回收率达94%～98%。

浸出后液组成一般为(g/L)：50～110Cu，2～18H_2SO_4，2～4Fe^{2+}，1～4Fe^{3+}，这部分铁在电积时反复氧化还原而消耗电能，故须净化除去。常用的除铁法为氧化水解法，即在pH＝1～1.5(4～5g/LH_2SO_4）下用MnO_2将Fe^{2+}氧化为Fe^{3+}，然后水解生成碱式硫酸铁沉淀除去，其反应为：

$$6FeSO_4+3MnO_2+H_2SO_4 = 3Fe_2O_3 \cdot 4SO_3+3MnSO_4+H_2O$$

净化除铁还可用萃取等其他方法。

浸出和净化都可在带机械搅拌的耐酸（如不锈钢等）槽内进行，也可将若干个（如3～4个）槽子串连，进行连续逆流搅拌浸出。浸出时可加絮凝剂加速沉淀。浸出上清液送电积车间。浸出残液经4～5级逆流洗涤回收其中的铜后，送去提取贵金属和生产铁红。

浸出的残渣除含有氧化物以外，还含有铜、铅、铋和全部贵金属。残渣含贵金属低时可送铅冶炼处理；含贵金属高时可经重选富集后用氰化法处理。

(3) 电积

铜的电积也称不溶阳极电解。它是以铜的始极片作阴极，以Pb-Sb合金板作阳极，上述经净化除铁的净化液作电解液。电解时，阴极过程与电解精炼一样，在始极片上析出铜，在阳极的反应则不是金属溶解，而是水的分解析出氧，这与锌的温法冶金电积的阳极过程相同。所以铜电积的总反应可写为：

$$Cu^{2+}+H_2O = Cu+\frac{1}{2}O_2\uparrow+2H^+$$

电积的实际槽电压为1.8～2.5V，电流效率仅有77%～92%。电解液中的铜离子浓度越低，铁含量越高，温度越高和阴极周期越长，促使化学溶解增高，电流效率也就越低。槽电压高和电流效率低的结果，使电耗为铜电解精炼的10倍。

由于电积时电解液中的铜含量不断降低和硫酸浓度不断升高，应该选定与其相应的电流密度和电解液循环速度。一般入槽电解液成分为(g/L)：70～90Cu，20～30H_2SO_4；出槽10～12Cu，120～140H_2SO_4。电解槽按多级排列，使电解液顺次流经若干个电解槽后，铜含量降至出槽要求的水平。电积的电解液温度为35～45℃，阴极周期可取7天。电流密度150～180A/m²，同极距离80～100mm。所得电铜含铜为99.5%～99.95%Cu。

废电解液最好全部返回用于本流程的焙砂浸出。然而这种平衡在生产上是很难达到的，所以出现废电解液的处理问题。

废电解液处理的目的在于回收其中的有价金属和硫酸，或将硫酸中和以避免它对环境的危害。最为简便的方法是中和沉淀法，它是在逐步降低溶液酸度的情况下，使金属依次回收。中和沉淀平衡时溶液中金属离子浓度与pH的关系见表1-5。

表1-5　中和沉淀平衡时溶液中金属离子浓度与pH的关系

形成氢氧化物的反应	溶度积 K	浓度/(mol/L) 1	10^{-1}	10^{-3}	10^{-5}
		pH			
$Co^{3+}+3H_2O=Co(OH)_3+3H^+$	3×10^{-41}	0.5	0.88	1.5	3.2
$Fe^{3+}+3H_2O=Fe(OH)_3+3H^+$	4×10^{-38}	1.5	1.88	2.5	3.2
$Cu^{2+}+2H_2O=Cu(OH)_2+2H^+$	5.6×10^{-20}	4.4	4.9	5.9	6.9
$Zn^{2+}+2H_2O=Zn(OH)_2+2H^+$	4.5×10^{-11}	5.8	6.8	7.3	8.8
$Co^{2+}+2H_2O=Co(OH)_2+2H^+$	2×10^{-16}	6.1	6.6	7.6	8.6
$Ni^{2+}+2H_2O=Ni(OH)_2+2H^+$	1×10^{-13}	6.5	7	8	9
$Fe^{2+}+2H_2O=Fe(OH)_2+2H^+$	1.6×10^{-15}	6.6	7.1	8.1	9.1

根据此原理，可首先加入石灰乳中和废电解液中的过多硫酸：

$$H_2SO_4+Ca(OH)_2 \longrightarrow CaSO_4+2H_2O$$

其后加MnO_2使Fe^{2+}氧化成Fe^{3+}，在pH=1～2及85～90℃下沉铁：

$$6FeSO_4+3MnO_2+H_2SO_4 \longrightarrow 3Fe_2O_3\cdot4SO_3+3MnSO_4+H_2O$$

过滤得除铁后液和含0.3%～0.5%Cu的钙铁渣。除铁后液在加Na_2CO_3下使pH=5.5～6，温度为60～70℃时沉铜：

$$Na_2CO_3+H_2SO_4 \longrightarrow Na_2SO_4+CO_2+H_2O$$

$$2CuSO_4+3Na_2CO_3+2H_2O \longrightarrow Cu(OH)_2\cdot CuCO_3+2Na_2SO_4+2NaHCO_3$$

过滤得除铜后液和含约25%Cu的铜渣。除铜后液再加Na_2CO_3使溶液pH=7～9在70～80℃下使$CoSO_4$全部水解沉淀：

$$2CoSO_4+3Na_2CO_3+2H_2O \longrightarrow Co(OH)_2\cdot CoCO_3+2Na_2SO_4+2NaHCO_3$$

过滤得含5%～10%Co的钴渣作提钴原料。

中和法简单，但中和硫酸的碱耗大，且硫酸不能回收。此外还有用电解脱铜、阴离子交换膜分离H_2SO_4，真空蒸发和冷凝结晶分别提取$CuSO_4$、$CoSO_4$和H_2SO_4等方法，但都不够完善。

2. 高压氨浸法

采用高压氨浸处理硫化铜精矿时，是在高温度、高氧压和高氨压下以络合物的形态将铜、镍、钴等有价金属进行浸出，铁则以氢氧化物入渣：

$$2CuFeS_2+8\frac{1}{2}O_2+12NH_3+(2+n)H_2O \longrightarrow 2Cu(NH_3)_4SO_4+2(NH_4)_2SO_4+Fe_2O_3\cdot nH_2O$$

$$Cu_2S+2\frac{1}{2}O_2+(NH_4)_2SO_4+6NH_3 \longrightarrow 2Cu(NH_3)_4SO_4+H_2O$$

$$CuS+2O_2+4NH_3 \xlongequal{} Cu(NH_3)_4SO_4$$

$$2FeS_2+7\frac{1}{2}O_2+8NH_3+(4+m)H_2O \xlongequal{} Fe_2O_3 \times mH_2O+4(NH_4)_2SO_4$$

络离子的不稳定常数是衡量络离子稳定性大小的标志，它也称络离子离解的平衡常数，此常数用k_n表示。温度升高时，络离子进行分步离解：

$$M(NH_3)_n^{2+} \xlongequal{} M(NH_3)_{n-1}^{2+}+NH_3$$

$$k_n=\frac{[M(NH_3)_{n-1}^{2+}] \cdot [NH_3]}{[M(NH_3)_n^{2+}]}$$

至最后一步，络离子离解为络合物$M(H_2O)_P^{2+}$和NH_3，而$M(H_2O)_P^{2+}$很容易分解为氢氧化物而沉淀。

由此可见，在浸出时希望金属形成络合物而溶于溶液中，不稳定常数k_n应该愈小，络离子在溶液中愈稳定。而当金属转入氨液后，在蒸氨提铜工艺中，为了使它们从溶液中沉淀分离出来，又希望不稳定常数k_n增大。几种络离子的分步不稳定常数k及总不稳定常数K值列于表1-6。表中$k_n=\frac{[M^{2+}] \cdot [NH_3]^n}{[M(NH_3)_n^{2+}]}$，$K_n=k_1k_2k_3 \cdots k_n$。

表1-6 几种络离子的分步不稳定常数及总不稳定常数

NH_3配位数	Cu^{2+}		Ni^{2+}		Co^{2+}		Co^{3+}		Zn^{2+}		Fe^{2+}	
	$-\lg k$	$-\lg K$	$-\lg k$	$-\lg K$	$-\lg k$	$-\lg K$	$-\lg k$	$-\lg K$	$-\lg k$	$-\lg K$	$-\lg k$	$-\lg K$
1	4.15	4.15	2.79	2.79	2.11	2.11	7.3	7.3	2.37	2.37	1.4	1.4
2	3.5	7.65	2.24	5.03	1.63	3.74	6.7	14	2.44	4.81	0.8	2.2
3	2.89	10.54	1.69	6.72	1.05	4.79	6.1	20.1	2.5	7.31	—	—
4	2.14	12.68	1.25	7.97	0.76	5.55	5.6	25.7	2.15	8.46	—	—
5	—	—	0.74	8.71	0.18	5.73	5.05	30.8	—	—	—	—
6	—	—	0.03	8.74	−0.62	5.11	4.45	35.2	—	—	—	—

由表1-6可见，络离子的稳定顺序为：$Co(NH_3)_n^{3+}>Cu(NH_3)_n^{2+}>Zn(NH_2)_n^{2+}>Ni(NH_3)_n^{2+}>Co(NH_2)_n^{2+}>Fe(NH_3)_n^{2+}$。有色金属氨络离子的稳定性较大，都能进入溶液中，因铁络离子不稳定，故离解沉淀。

影响浸出反应速度的因素有氧和氨的浓度、矿粒粒度、溶液温度、搅拌条件等。很明显，温度升高、搅拌强烈和矿粒细小能强化浸出过程。而从上述反应得知，提高溶液中氧和氨浓度，则是加速浸出反应的先决条件。在常压下提高溶液中氧和氨浓度是困难的，所以采用了高压浸出的方法。在一般情况下，高压氨浸选用了$NH_3/Cu \geqslant 6.5$（分子比），氨和空气的总压为709～1013kPa，温度80～95℃，精矿粒度0.147～0.074mm，矿浆浓度20%固体，浸出时间约12h。

从浸出液中提取铜可选用氢还原法。氢还原可以获得纯铜粉，控制溶液的酸度即可实现几种金属的选择还原，该过程也是在高压下进行。对铜的还原来说，氢压力为1519.9～2026.5kPa，对镍钴则为2026.5～3546.4kPa，温度为160～200℃，还须加入晶种和催化剂，同时进行强烈的搅拌。

3. 常压浸出法

该法为氨浸—萃取—电积—浮选联合流程。硫化铜精矿在高速机械搅拌（1250r/min）、65～80℃、接近常压的密闭设备中用O_2、NH_3和$(NH_4)_2SO_4$进行浸出3～6h，使精矿中80%～86%Cu以$Cu(NH_3)_4SO_4$形态进入溶液，浸出液含铜40～50g/L。由于压力较低，部分铜矿物和全部黄铁矿未参与反应，所以过滤后的残渣用优先浮选得黄铁矿精矿、铜精矿和尾矿。浮选和浸出总铜回收率达96%～97%。

浸出形成的 $(NH_4)_2SO_4$ 可作肥料，亦可加 CaO 蒸煮分解为 $CaSO_4$ 和 NH_3，NH_3 返回浸出。

溶液中 $Cu(NH_3)_4SO_4$ 萃取成 $CuSO_4$，然后电积得金属铜，也可将电积改为 SO_2 还原-热分解法，即在 pH＝4 和 66℃下通 SO_2 还原沉淀产出 Cu_2SO_3。后将其在 710kPa 及 150℃下，在高压釜内进行热分解产出高纯铜粉。

常压浸出也可用于处理氧化铜矿，此时以 O_2、NH_4OH 和 $(NH_4)_2CO_3$ 作浸出剂，在 50℃的常压密闭器内进行。反应为：

$$CuO+2NH_4OH+(NH_4)_2CO_3 = Cu(NH_3)_4CO_3+3H_2O$$

$$Cu+\frac{1}{2}O_2+2NH_4OH+(NH_4)_2CO_3 = Cu(NH_3)_4CO_3+3H_2O$$

浸出液蒸氨，使 $Cu(NH_3)_4CO_3$ 分解为 NH_3、CO_2 和氧化铜的黑色沉淀。

4. 细菌浸出法

硫化矿用稀硫酸浸出的速度是缓慢的，但有细菌存在时可显著加速浸出反应。重要的湿法冶金细菌是氧化铁硫杆菌和氧化硫杆菌。这种杆菌可以在多种金属离子存在和 pH＝1.5～3.5 的酸性环境中生存和繁殖。

氧化铁硫杆菌在其生命活动中产生一种酶素，这种酶素是 Fe^{2+} 和 S 氧化的催化剂，而氧化过程又给杆菌提供了生活和繁殖的条件。细菌的活动使反应进行。浸出过程包括以下三步。

(1) 细菌活动使铁和铜的硫化物被氧气氧化，氧化生成的 Fe^{2+} 进入溶液：

$$CuFeS_2+4O_2 \xrightarrow{\text{细菌}} CuSO_4FeSO_4$$

$$2FeS_2+7O_2+2H_2O \xrightarrow{\text{细菌}} 2FeSO_4+2H_2SO_4$$

(2) 细菌使 Fe^{2+} 氧化成 Fe^{3+}：

$$2FeSO_4+1\frac{1}{2}O_2+H_2SO_4 \xrightarrow{\text{细菌}} Fe_2(SO_4)_3+H_2O$$

(3) Fe^{3+} 作为溶剂对硫化矿和氧化矿浸出：

$$Cu_2S+Fe_2(SO_4)_3+2O_2 = 2CuSO_4+2FeSO_4$$

$$CuFeS_2+2Fe_2(SO_4)_3+3O_2+H_2O = CuSO_4+5FeSO_4+2H_2SO_4$$

$$Cu_2O+Fe_2(SO_4)_3+H_2SO_4 = 2CuSO_4+2FeSO_4+H_2O$$

氧化硫杆菌可促使硫化物和硫氧化：

$$S_2O_3^{2-}+2\frac{1}{2}O_2 \xrightarrow{\text{细菌}} 2SO_4^{2-}$$

$$S+\frac{1}{2}O_2+H_2O \xrightarrow{\text{细菌}} H_2SO_4$$

生成的 H_2SO_4 参与 Fe^{2+} 的氧化反应。

由此可见，细菌浸出必须维持细菌有一个生存和繁殖的优良环境。这种环境是 pH＝1.5～3.5，温度 25～40℃（细菌活动最佳的温度是 35℃），充足的氧和避光。

细菌浸出主要是处理低品位难选复合矿或废矿，故用就地浸出或堆浸的方法。浸出周期为数月以至数年。浸出液含铜 1～7g/L，用废铁置换沉淀或萃取-电积提取其中的铜。

置换沉淀反应为：

$$Cu^{2+} + Fe = Cu + Fe^{2+}$$

设置换温度为27℃，反应达平衡时 $\Delta G=0$，计算得 $\alpha Fe^{2+}/\alpha Cu^{2+}=10^{26}$，说明反应是能彻底进行的，置换后液含铜可降至0.01g/L，铜回收率达95%以上。实际耗铁量为每千克铜1.5～2.5kg，为理论量的1.7～2.8倍。影响置换速度的因素是铜离子浓度、温度、铁表面积大小和搅拌程度等。

置换作业可在敞口流槽内进行。槽底有木格栅，上装废铁，沉淀铜粉穿过格栅落于槽底而与铁分开，置换时间50～90min。此法设备简单，但耗铁量高达理论量的五倍。

高效的置换沉淀可用圆锥沉淀器。它为直径4m、高6m的圆状木桶，内装一高为4m锥顶朝下的不锈钢圆锥，离锥顶1/3和1/2处设两道环管，管壁侧向有开口，被置换液以 $10m^3/min$ 的流速经环管进入锥形器，并旋转上升与废铁接触，进行置换并产出铜粉。铜粉被液流带到锥体上部。由于溶液流经的锥体截面在不断扩大，故流速也不断减小而沉淀下来，通过网格落入槽底而被收集。置换后液含铜0.01～0.06g/L，经桶上沿的环沟从溢流口排出。为了提高铜回收率，可将圆锥器串联。该法生产能力高，铁耗低（仅为理论的1.6倍）。

铁置换沉淀的铜纯度只有85%～90%，须经常规的熔炼处理。

细菌浸出液也可用萃取——电积法提取铜。

近年来，在铜的湿法冶金领域涌现的方法繁多。在浸出方面有直接浸出和经预处理后浸出，浸出液有选用三氯化铁、硫酸铁、氧化亚铜、含重铬酸钠氧化剂的硫酸浸出、活化浸出等。在净液方面有用铁矾法，水解沉淀法等。提铜方面除萃取、电积、氢还原等技术外，还有隔膜电解、悬浮电极电解、硫化物直接电解、海绵铁置换以及 $CuCl_2$ 冷凝结晶等工艺。然而在目前采用较广的还是硫酸浸出法、细菌浸出法、焙烧—浸出—电解法、三氯化铁浸出法和氨浸出法等。湿法炼铜的主要问题在于金银回收比较复杂，设备庞大，能耗较高，故迄今炼铜仍以火法为主。而湿法中有90%左右的铜产量是处理氧化矿获得的。可是从长远看，湿法炼铜将是很有前途的冶炼方法。

1.3 铜的电解精炼

火法精炼产出的精铜品位一般为99.2%～99.7%，其中还含有0.3%～0.8%杂质。为了提高铜的性能，使其达到各种应用的要求，同时回收其中的有价金属，特别是其中的贵金属、铂族金属和稀散金属，必须进行电解精炼。电解精炼的产品是电铜，铜的电解精炼是以火法精炼产出的精铜为阳极，以电解产出的薄铜片（始极片）作阴极，以硫酸铜和硫酸的水溶液作电解液。在直流电的作用下，阳极铜电化学溶解。纯铜在阴极沉积，杂质则进入阳极泥和电解液中，从而实现了铜与杂质的分离。铜精炼流程见图1-2。

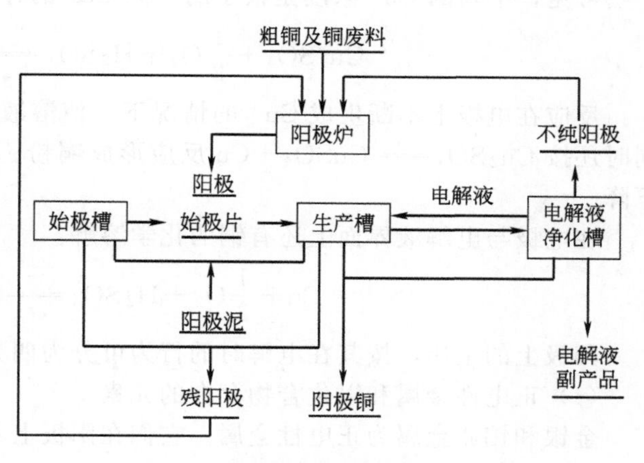

图1-2 铜电解精炼图

1. 电解精炼的理论基础

铜电解精炼时，在阳极上进行氧

化反应：

$$Cu\text{-}2e = Cu^{2+} \qquad E^{n}_{Cu/Cu^{2+}}=0.34V$$

$$M'\text{-}2e = M'^{2+} \qquad E^{0}_{M'/M'^{2+}}<0.34V$$

$$H_2O\text{-}2e = 2H^{+}+\frac{1}{2}O_2 \qquad E^{0}_{H_2O/O_2}=1.229V$$

$$SO_4^{2-}\text{-}2e = SO_3+1/2O_2 \qquad E^{0}_{SO_4^{2-}/O_2}=2.42V$$

式中 M'只指 Ni、Pb、As 等比 Cu 更负电性的金属。因其浓度很低，其电极电位将进一步降低，从而将优先溶解进入电解液。由于阳极的主要组成是铜，因此阳极的主要反应将是铜溶解形成 Cu^{2+}扩散的反应。至于 H_2O 和失去电子的氧化反应，由于其电极电位比铜正得多，故在阳极上是不可能进行的。另外，如 Ag、Au、Pt 等电位更正的贵金属、铂族金属和稀散金属，更不能溶解而落到电解槽底部。

在阴极上进行还原反应：

$$Cu^{2+}+2e = Cu \qquad E^{n}_{Cu/Cu^{2+}}=0.34V$$

$$2H^{+}+2e = H_2 \qquad E^{n}_{H_2/H^{+}}=0V$$

$$M'^{2+}+2e = M' \qquad E_{M'/M'^{2+}}<0.34V$$

氢的标准电位较铜负，且在铜阳极上的超电压使氢的电极电位更负，所以在正常电解精炼条件下，阴极不会析出氢，而只有铜的析出。同样，标准电位比铜低而浓度又小的负电性金属 M'，在阳极析出也是不可能的。

电解过程中还形成一价铜离子 Cu^{+}并建立下列平衡：

$$2Cu^{+} = Cu^{2+}+Cu \qquad K=\frac{C_{Cu^{2+}}}{C^{2}_{Cu^{+}}}$$

不同温度下上式的平衡数据见表 1-7。

表 1-7　$2Cu^{+} = Cu^{2+}+Cu$ 的平衡数据

温度/℃	E_X/V Cu/0.5molCuSO$_4$	$C_{Cu^{2+}}$ g 离子/L	$C_{Cu^{+}}$ G 离子/L×10^{-3}	$\frac{C_{Cu^{2+}}}{C_{Cu^{+}}}$	$K\times10^{4}$
25	0.316	1.037	3	342	25
55	0.335	1.004	3.7	270	7.3
100	0.353	1.00	89	11.2	0.012

可见，平衡的 Cu^{+}浓度是很小的。但 Cu^{+}的存在，在硫酸的作用下进行：

$$Cu_2SO_4+\frac{1}{2}O_2+H_2SO_4 = 2CuSO_4+H_2O$$

反应在电极上不断生成 Cu^{+}的情况下，使溶液中的 H_2SO_4不断减少而 Cu^{+}不断增加；同时还按 $Cu_2SO_4 = CuSO_4+Cu$ 反应形成铜粉。铜粉进入阳极泥，使其中的贵金属含量下降。

在电极与电解液界面上还有铜的化学溶解：

$$Cu+\frac{1}{2}O_2+H_2SO_4 = CuSO_4+H_2O$$

阳极上的杂质，按其在电解时的行为可分为四大类。

(1) 正电性金属和以化合物存在的元素

金银和铂族金属为正电性金属。它们在阳极上不进行电化学溶解而落入槽底。少量银能以 Ag_2SO_4形式溶解，加入少量 Cl^{-}则形成 AgCl 进入阳极泥。阴极含这些金属是阳极泥机械夹带所致。

O、S、Se、Te为以稳定化合物存在的元素，它们以Cu_2S、Cu_2O、Cu_2Se、Cu_2Te等形态存在阳极中，也不进行电化学溶解，而落入槽底组成阳极泥。

(2) 在电解液中形成不溶化合物的铅和锡

铅在阳极溶解时形成不溶性的$PbSO_4$沉淀。锡能以二价离子进入电解液，进一步氧化则成为四价锡，它很容易水解沉淀而进入阳极泥中。

$$SnSO_4+\frac{1}{2}O_2+H_2SO_4 = Sn(SO_4)_2+H_2O$$

$$Sn(SO_4)_2+2H_2O = Sn(OH)_2SO_4\downarrow+H_2SO_4$$

(3) 负电性的镍、铁、锌

经火法精炼后，铁和锌在阳极中含量极微。电解时它们溶入电解液中，金属镍可电化学溶解入电解液，一些不溶性化合物如氧化亚镍和镍云母会在阳极表面形成不溶性的薄膜，使槽电压升高，甚至会引起阳极钝化。

(4) 电位与铜相近的砷、锑、铋

由于它们的电位与铜相近，故电解时可能在阴极上放电析出。并且会生成极细的$SbAsO_4$及$BiAsO_4$等砷酸盐，它们是一种絮状物，漂浮在电解液中，机械地黏附在阴极上。这种机械黏附至阴极上的砷锑，相当于砷锑放电析出量的两倍。而且，锑进入阴极的数量比砷大，因此锑的危害更为突出。

在电解过程中，杂质在电解液内不断积累，当其达到某一程度时，就会影响到电铜质量，所以电解液需要净化。

2. 铜电解精炼的设备及操作实践

铜电解精炼的主要设备是电解槽，见图1-3。它是一个长方形的钢筋混凝土槽子，无盖，内衬铅皮或聚氯乙烯塑料。槽宽850～1200mm，高1000～1500mm，长3000～5000mm。电解槽放在钢筋混凝土立柱架起的横梁上，槽底四角垫以瓷砖或橡胶板进行电绝缘。槽侧壁槽沿上铺有瓷砖或塑料板，于其上再放槽间导电铜板，阴极和阳极的耳朵搭在此导电板上，相邻槽留有20～40mm空隙，使槽间绝缘。

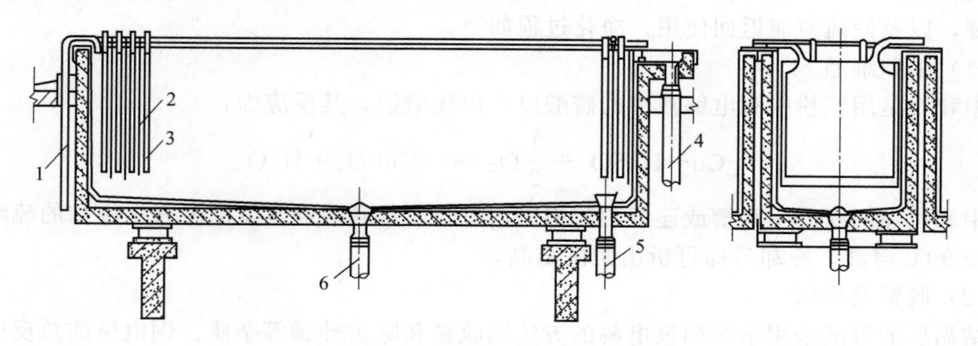

图1-3 铜电解槽

1—进液管；2—阴极；3—阳极；4—出液管；5—放液孔；6—放阳极泥孔

阳极由火法精炼铜铸成，宽650～1000mm、长700～1000mm，厚35～50mm。上方有两耳，一耳搭在导电板，另一耳搭在槽沿的瓷砖上。阳极含铜要高于99.2%，对会引起阳极钝化和严重影响阴极质量的杂质如铅、氧、砷、锑等含量要严格控制，并要求表面平整无毛刺，厚度均匀。

阴极是在上述阳极与母板（阴极）组成的一般电解槽（称始极槽或种板槽）内电解制

成、从母板剥下来的0.4～0.7mm厚的薄铜片，也称始极片。其尺寸比阳极稍大，要求结晶致密，平整光洁。

母板为厚3～4mm的紫铜板。近来不少工厂已改用钛板作母板。用钛板时不用涂板，并因铜片和钛板的传热率及热膨胀系数差别很大，将电积有铜极片的钛板放入0～20℃的水中时，铜始极片即自行脱落。

装到电解槽的阳极数为32～46块，阴极比阳极多一块。阳极寿命为20～30天，阴极寿命为阳极的1/3～1/2。电极边缘与电解槽壁相距50～74mm，与槽底相距200～300mm，同极中心距70～100mm。电解槽内电极间的电路为并联连接，槽与槽间的电路为串连连接，此即所谓复联法。

电解液中 Cu^{+} 过低不能保证有足够的 Cu^{2+} 浓度在阴极上沉积时，就有可能使杂质析出；然而 Cu^{2+} 过高时又会增大电解液电阻和可能在阳极表面出现 $CuSO_4 \cdot 5H_2O$ 结晶。H_2SO_4 提高电解液的导电性，但 H_2SO_4 浓度提高，电解液中 $CuSO_4$ 溶解度则相应下降。

银、砷、锑、铁等杂质增高时，会增大电解液电阻、降低 $CuSO_4$ 溶解度和影响阴极质量，故对其量须严格控制。

电解液的温度一般为55～60℃，适当提高温度对 Cu^{2+} 扩散有利，并使电解液成分更加均匀，但温度过高反而增大化学溶解和电解液蒸发。

添加剂的作用是控制阴极表面突出部分的晶粒不让其继续长大，从而促使电积物均匀致密，添加剂是导电性较差的表面活性物质，它容易吸附在突出的晶粒表面上而形成分子薄膜，抑制阴极上活性区域的迅速发展，使电铜表面光滑，改善阴极质量，国内外都采用联合添加剂。

电解液中的 Cl^{-} 可生成 $AgCl$ 和 $PbCl_2$ 沉淀和防止阴极产生树枝状结晶。有时还在电解液中加入少量絮凝剂以加速悬浮的阳极泥沉淀。

3. 电解液的净化

由以上讨论得知，电解过程中电解液内的铜和负电性元素在逐渐增加，硫酸逐渐减少，添加剂逐渐积累，从而使电解液组成偏离指定范围。为此，每天须抽出一定数量的电解液进行净化处理，同时补充等量的新液。净化的目的在于回收其中的铜、铅、镍，除去有害的砷、锑，以及使硫酸能返回使用。净化过程如下。

(1) 中和结晶

中和就是用铜粉中和电解液中的硫酸以产出硫酸铜，其反应为：

$$Cu + H_2SO_4 + \frac{1}{2}O_2 = CuSO_4 + H_2O$$

中和可在间断的中和槽或连续的鼓泡塔内进行，中和液经蒸发浓缩获得饱和的硫酸铜高温80～90℃溶液，冷却后即可析出胆矾结晶。

(2) 脱铜及砷锑

结晶后的母液采用不溶阳极电解的方法回收铜和除去砷锑等杂质。铜电极的总反应：

$$CuSO_4 + H_2O = Cu + \frac{1}{2}O_2 + H_2SO_4$$

所以，析出铜的同时也产出硫酸。

随着脱铜电解的进行，Cu^{2+} 不断下降至8g/L以下时，由于铜的放电电位降低而使砷、锑与铜一起放电，且在脱铜末期有大量氢放出。这一阶段不能获得合格电铜，只能产出含砷黑铜，黑铜返火法精炼处理，砷锑也可用萃取法或化学法除去。

(3) 生产粗硫酸镍

脱铜、砷、锑后的母液含有40～50g/L Ni和约300g/L H_2SO_4。与生产胆矾的方法一样，先蒸发浓缩使$NiSO_4$达饱和，然后降温进行结晶分离。结晶后液含7～10g/L Ni和约200g/L H_2SO_4。若杂质含量低，可将其加温和过滤，然后返回电解车间使用；若砷锑等杂质高，则再蒸发浓缩，使其以无水硫酸盐析出，分离后溶液返回电解车间。

1.4 铜合金原料

熔炼加工铜及铜合金的主要原料是阴极铜、锌锭、锡锭、铝锭等各种新金属，以及铜加工生产过程中产生的各种几何废料、铜加工材用后返回的各种边角废料。

1. 新金属

高纯度铜（例如电真空器件用无氧铜）和高纯度铜合金则应该采用品位比较高的高纯阴极铜作为原料。多数新金属都和阴极铜一样，大都分为若干个牌号，不同牌号的新金属其主要成分含量和杂质元素含量有所不同，熔炼不同品位的铜或铜合金时则都应以此为根据而做出适当的选择，因为原料中的大多数杂质元素都有可能进入熔体、铸锭乃至加工产品之中。从降低原材料成本的角度考虑，则应该既要确保产品质量，又要在保证质量的前提下适当使用一部分返回料。

2. 加工废料

铜加工生产过程中产生的各种半成品和成品废料，包括料头、料尾、边、角、屑等通称为铜加工废料。从工厂客户手中直接回收铜加工材边角废料亦属此类。铜加工厂常将此类废料称为工厂返回料或旧料。加工废料的重要特征是化学成分完全符合相应合金牌号的标准。

① 一级废料，指废料的几何尺寸和体积密度都比较大的各种几何废料。

② 二级废料，指几何尺寸比较小和比较细、碎的各种几何废料，例如锯屑、铣屑等。

一般情况下，一级废料可以直接作为配料并直接投炉使用，而二级废料通常则应按比例搭配使用。

3. 商业废料

对于商业废料，应该视其实际品位情况决定使用方向，例如。

① 铜母线（排）、裸导线、铜水管、结晶器腔体、高炉冷却壁板等，可以直接投炉使用。

② 弹壳、冷凝器管材、装饰板等，经过挑选和分类可以直接投炉使用。

③ 微细铜线，电器电子零部件、插接件、铜制器皿、钱币等，可以用作非重要用途的黄铜，或与新金属搭配使用。

④ 牌号混淆的铜屑、铜渣，包括扫地铜等，必需经过仔细分拣或重熔处理。

4. 中间合金

使用中间合金的主要目的在于。

① 降低合金的熔炼温度、缩短熔炼时间。

② 减少合金元素的熔炼损失，提高合金元素的熔炼实收率。

③ 利于提高合金化学成分的稳定性和均匀性。

④ 为某些合金的熔炼过程提供了安全保证条件。

中间合金应该满足以下要求。

① 采用较纯金属（包括非金属元素）作原料，尽可能提高添加元素的含量。

② 熔化温度低于或者接近合金的熔炼温度。

③ 化学成分均匀，添加元素和杂质元素含量都应符合相应的标准。

④ 中间合金铸块应具有一定的脆性，可以较容易地破碎成小块。

生产某些重要用途的铜合金所用的中间合金有时需要更高的化学成分标准。铜基中间合金大都采用直接熔合的方法制造。

按照熔合工艺不同，熔合法分为三种类型。

① 先熔化易熔金属，并过热至一定温度后，再将难熔金属或元素分批加工而成。这种工艺操作简单，热损失较小。

② 先熔化难熔金属，后加易熔金属或元素。

③ 首先将两种金属分别在两台熔炉内进行熔化，然后将其混合。

熔合法工艺简单，不需要复杂的熔炼和铸造设备，因此适于大量生产。

铜及铜合金用大多数中间合金，例如铜-磷、铜-镁、铜-锰、铜-铁等中间合金通常都是采用熔合法制造的。铜-铍合金采用碳热法熔制，即以 BeO 为原料、碳作还原剂，被还原后溶于铜。

参考文献

[1] 高永璋，张寿庭．中国铜矿产资源主要特点［J］．矿床地质，2010，（29）：743-747.

[2] 邱廷省，郑锡联，冯金妮．氧化铜矿石选矿技术研究进展［J］．金属矿山，2011，（12）：82-85.

[3] 程琼，库建刚．氧化铜浮选方法研究［J］．矿产综合利用，2005，（5）：32-35.

[4] 陈泉水．某铜铅锌多金属矿的选矿工艺试验研究［J］．现代矿业，2009，（6）：71-73.

[5] 龚明光．浮游选矿［M］．北京：冶金工业出版社，1987.

[6] 许时．矿石可选性研究［M］．北京：冶金工业出版社，1999.

[7] 温胜来．低品位氧化铜矿选矿技术综述［J］．现代矿业，2010，（2）：57-60.

[8] 范娜，李天恩，段珠．复杂铜铅锌银多金属硫化矿选矿试验研究［J］．矿冶工程，2011，31（4）：56-58.

[9] 陈国发．重金属冶金学［M］．北京：冶金工业出版社，2007.

[10] 王翠芝．粗铜火法精炼的技术的发展趋势［J］．有色矿冶，2005，21（1）：27-31.

[11] 张永健．火法冶金［M］．长沙：中南工业大学出版社，1992.

[12] 赵天从．重金属冶金学［M］．北京：冶金工业出版社，1987.

[13] 鲁君乐．再生有色金属［M］．长沙：中南大学出版社，2002.

[14] 林世英．有色冶金环境工程学［M］．长沙：中南工业大学出版社，1998.

[15] 肖纯．铜造琉熔炼工艺的选择及发展方向［J］．铜业工程，2006，（4）：32-35.

[16] 杨显万，邱定番．湿法冶金［M］．北京：冶金工业出版社，2000.

[17] 朱屯．现代铜湿法冶金［M］．北京：冶金工业出版社，2002.

[18] 陈家镛．湿法冶金手册［M］．北京：冶金工业出版社，2005.

[19] 兰兴华．从铜精矿中浸出铜技术进展［J］．世界有色金属，2004，（11）：23-26.

[20] 苏平，姚兴．复杂矿石及精矿湿法冶金工艺的进展［J］．国外工程技术，2011，（4）：1-5.

[21] 何蔼平，郭森魁，彭楚峰．湿法炼铜技术与进展［J］．云南冶金，2002，31（3）：94-98.

[22] 刘大星，蒋开喜，王成彦．湿法冶金技术的现状及发展趋势［J］．有色冶炼，2000，（4）：1-6.

[23] 朱祖泽，贺家齐．现代铜冶金学［M］．北京：科学出版社，2003.

[24] 朱福良，张峰，樊丁等．铜电解精炼工艺［J］．兰州理工大学学报，2007，33（2）：9-12.

[25] SUN M，O’KEEFE T J. The effect of additives on the nucleation and growth of copper onto stainless steel cathodes［J］. Metallurgical Transaction B，1992，23B：591-599.

[26] 赵欣．铜电解新技术的应用［J］．有色冶金设计与研究，2008，29（4）：9-12.

第2章

熔化和铸造

2.1 熔化

2.1.1 熔化方法和熔炼炉

1. 反射炉熔炼

反射炉是利用高温火焰经炉顶辐射及火焰直接辐射传热，来加热和熔化炉料的。反射炉常使用的燃料主要有三种：固体燃料例如块煤和粉煤，气体燃料，例如发生炉煤气和天然气，以及液体燃料，例如重油。现多用液体或气体燃料，温度可达1600～1700℃，这种熔炉容量较大，主要用于紫铜熔炼。

反射炉属传统的火法冶炼设备，具有结构简单、操作方便、容易控制，对原料和燃料的适应性强等优点。主要缺点是热效率较低，一般只有15%～30%，燃料和耐火材料消耗量都比较大、占地面积亦比较大。图2-1是固定式100t铜反射炉结构图。

反射炉由炉基、炉底、炉体及炉体支架、炉门、燃烧系统烟道等部分构成。反射炉的主要附属设备包括：供风设备、加料设备、余热利用设备等。炉基通常用混凝土构成，有些基础中预留有冷却通道，利用空气自由流通冷却炉底。混凝土上面铺铸铁板，架空高度通常在350mm左右。反射炉通常采用砖砌反拱形炉底。砖砌反拱炉底砌筑依次为：炉底铸铁板或钢板、石棉板、黏土砖、捣打料层，最上层砌镁砖或镁铝砖反拱。反拱中心角33°～40°。砖砌体外侧通常系铸铁围板、拉筋和立柱等钢结构构成的坚固的立体支架，并固定在基础中。砌体的外层采用硅藻土之类保温砖，内墙采用镁砖或镁铝砖砌筑。重要部分（如炉门口、扒渣口、渣线位置）采用铬镁砖砌。为使炉膛温度能沿长度方向均匀分布，反射炉一般都有1.1～1.2m长的燃烧前室，俗称火桥。如果没有此燃烧前室，则炉膛的前部起着燃烧前室的作用，不过这里比其他部位的温度低，不利于温度均匀分布。周期作业的反射炉通常采用竖式烟道。

扒渣口尺寸应根据渣量多少及操作情况确定。其位置多设定在烧火口对面的后端墙，此处便于插木还原，也有少数设在加料口对面的侧墙。渣口下沿一般应低于最大液面50～200mm。反射炉通常采用小洞眼放铜。

图2-2是反射炉熔炼普通纯铜的工艺流程。反射炉适合熔炼韧铜即普通纯铜。阴极铜是

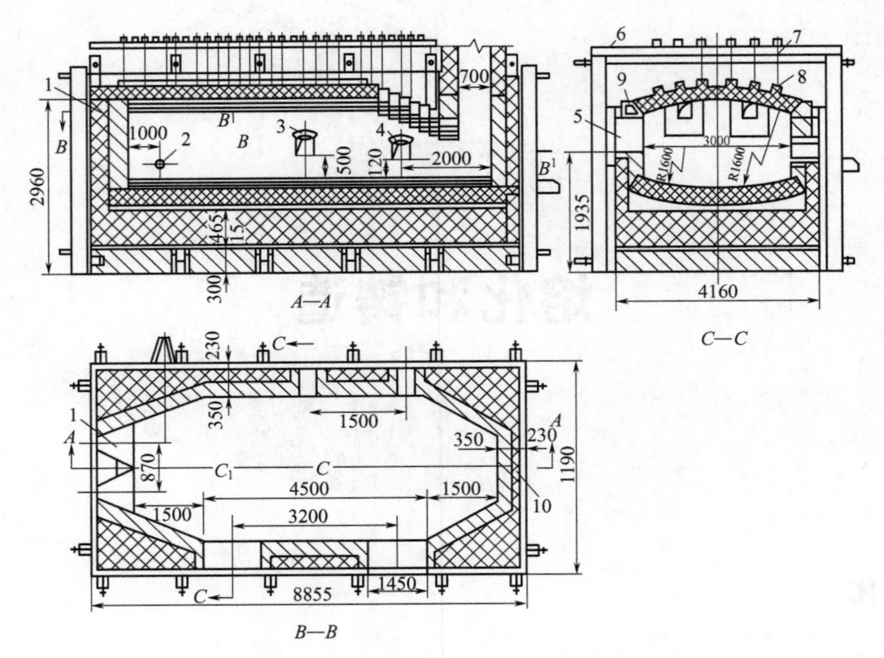

图 2-1　固定式 100t 铜反射炉结构图

反射炉熔炼普通纯铜的主要原料，向炉内加入适量的木炭保护炉底。装料前需将炉温提高到1300℃以上，装料应尽可能快速进行。装料致密，有利于充分利用炉膛的有效面积，并可以减少加料次数。装料结束应及时封闭炉门，以防冷空气进入炉膛。装料的原则如下。

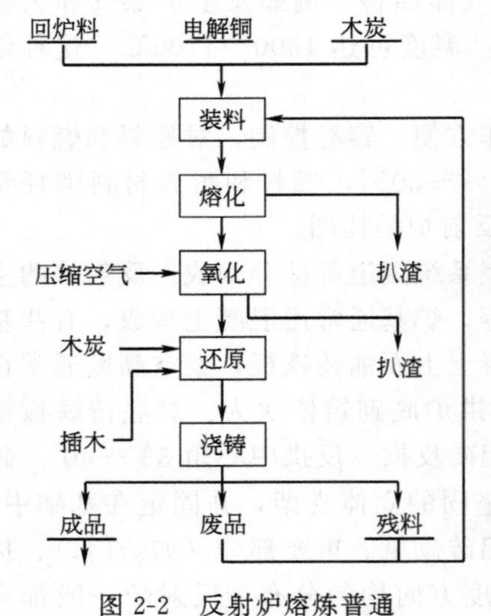

图 2-2　反射炉熔炼普通纯铜的工艺流程

① 正确安排装料位置。一般先装炉子的高温区，再装低温区，最后补装高温区。

② 炉料整齐排列，充分利用炉子的有效空间。

③ 力求一次将料装完。若一次装不完，其余料应在炉料未化完之前加入炉内。

熔化期间，炉内应保持微氧化性气氛和正压，尽量提高燃料供给量并控制空气过剩系数，使炉温始终保持在1300～1400℃之间。炉料全部熔化的标志是：a. 整个金属熔池液面翻动、沸腾冒气；b. 炉底的木炭全部浮起到液面上。

氧化亚铜在铜中的溶解度，与炉气中氧的分压、熔炼温度、保温时间等成正比。如果熔体表面覆盖不严密，或者熔体受到强烈搅动时，都将增加铜液氧化的机会。氧化过程可以通过向金属熔体中吹送压缩空气的方式实现。氧化过程中，随着铜液中氧化亚铜数量的增加，其中的某些杂质例如铝、锰、锌、锡、砷、锑和铅等，将按其与氧亲和力大小的顺序，依次被氧化。其化学反应为：

$$2Al + 3Cu_2O \longrightarrow 6Cu + Al_2O_3$$

$$Mn + Cu_2O \longrightarrow 2Cu + MnO$$

$$Zn + Cu_2O \longrightarrow 2Cu + ZnO$$

$$Sn + 2Cu_2O \longrightarrow 4Cu + SnO$$

$$Fe + Cu_2O = 2Cu + FeO$$
$$Pb + Cu_2O = 2Cu + PbO$$

生成的各种氧化物都将进入熔渣。氧化时，铜液中的氢和硫亦可被去除。其化学反应为：

$$H_2 + Cu_2O = 2Cu + H_2O \uparrow$$
$$Cu_2S + 2Cu_2O = 6Cu + SO_2 \uparrow$$

氧化强度取决于铜液温度、吹入压缩空气数量以及其在熔池内部分布的均匀程度等因素。氧化期间，铜液保持适当的温度和尽可能地加大压缩空气吹入的强度，是促进氧化过程快速进行的基本条件。氧化后期，应不断地取样，即通过观察试样断口特征的变化来判断氧化过程的终点。试样断口上的结晶组织，由开始氧化时的细丝状逐渐转变为较粗的柱状，试样断面的颜色逐渐向近似红砖的颜色转变。当采用阴极铜为原料时，呈红砖颜色部分达断口总面积的30%～35%时，可停止氧化；当以其他紫杂铜为原料时，呈红砖颜色部分达断口总面积的80%以上时，方停止氧化。氧化过程中，应及时除去熔池表面上的熔渣。氧化结束，彻底扒渣，封闭炉门，提升炉温。氧化结束，铜液温度以1180～1200℃为宜。

还原的目的有两个：①除去铜液中气体；②还原氧化亚铜。可用作还原剂的物质主要有：木材、重油、天然气、氨气、石油液化气、木屑、炭粉、煤粉等。这些还原剂中都含有大量的碳和碳氢化合物，还原的主要反应有：

$$Cu_2O + C = 2Cu + CO \uparrow$$
$$4Cu_2O + CH_4 = 8Cu + CO_2 + 2H_2O \uparrow$$
$$Cu_2O + CO = 2Cu + CO_2 \uparrow$$

通常，插木还原是分两次进行的：第一次俗称“小还原”，主要目的在于除气。通过化学反应所产生的大量的不溶于铜液的水蒸气、一氧化碳等气体强烈地洗涤熔体时，可将铜液中大部分气体带出。第一次插木还原的时间依炉子大小而定：小型炉子不超过10min，大型炉子20min或者更长时间。第一次还原结束，熔池表面用木炭覆盖。第二次还原的主要作用是还原氧化亚铜。还原后期应及时取样观察其表面收缩和断口结晶组织变化情况。当试样表面呈细致皱纹，断口呈红玫瑰颜色且具有丝绢光泽时，表明氧含量大约在0.0396%～0.5%之间，可以停止还原，正确的判断还原终点是关键。

氢在铜中的溶解度随着氧含量降低而增加，当氧的含量过低时，有可能造成熔体的重新吸气。浇注时，若铸锭浇口发生所谓的“穿水”现象，即表明已经发生了“过还原”。还原结束，通常控制铜液温度为1160～1180℃，较适合用铁模铸造方式浇注。

2. 竖式炉熔炼

竖式炉比较适合于韧铜熔炼。与反射炉相比，竖式炉的最大优点在于熔炼速度快，并且可以实现连续熔炼。竖式炉通常采用弱还原性的熔炼气氛，不能指望通过熔炼而去除某些杂质元素。竖式炉内的弱还原性气氛也不大可能使氧化亚铜还原，但阴极铜表面附着的某些有机物和硫酸盐等，可以在预热阶段被分解而挥发。竖炉以阴极铜为原料，多使用天然气或甲烷、丙烷、石油液化气等气体燃料。若使用低硫液体燃料例如煤油等燃料时，需进行气化，竖式炉熔炼属于逆流方式作业。

图2-3为竖式炉结构的示意图。竖式炉由炉基、炉体、烟囱、加料车、燃烧系统等部分组成。炉体内部衬有耐火材料，可分为炉身、熔化室、炉缸、炉底等不同的工作区。在熔化室周围，安装有数排高速烧嘴。工作期间，炉料经提升机送到加料口并装入炉内，炉料在下降过程中被火焰加热，并在熔化室附近熔化，铜液落入带斜坡的炉缸（炉底）并在形成液流后经出铜槽流出。

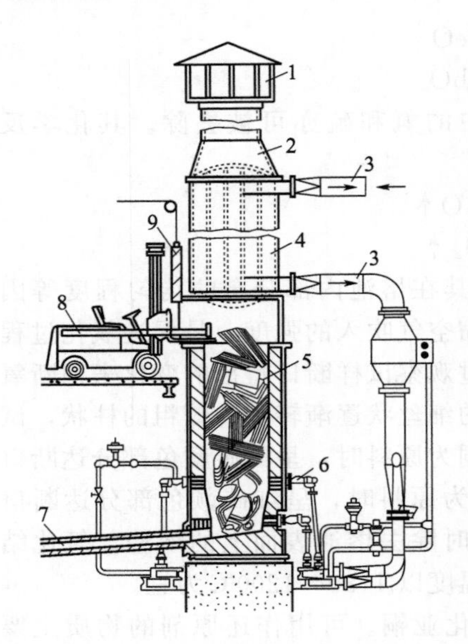

图 2-3 竖式炉结构示意图

1—烟罩；2—烟囱；3—护筒；
4—冷热风管；5—炉膛；6—热风烧嘴；
7—流槽；8—装料小车；9—装料门

炉子内径以能够装入阴极铜（例如 1000mm × 1000mm）为原则。炉料在炉内不应有太大的过渡空间，炉子内径以稍大于阴极铜对角线尺寸为宜。最初的竖式炉高 6m，后来为了使炉料吸收更多的炉气余热以提高热效率，炉子高度有所增加。

竖式炉内衬的热面通常采用碳化硅质或氮化硅质耐火砖砌筑。最内层耐火材料一般为碳化硅或氮化硅砖，中间层为高铝砖，最外层为高铝质可浇注耐火材料。此种复合式结构的炉衬，一方面可以减少热的损失，另一方面也可以节约成本。

砌筑完成之后经过一昼夜自然干燥，即可进行烘炉。开炉时，先经过 15～30min 的低效率燃烧，预热炉衬和炉料。当炉料被加热到熔化温度之前的炽热状态时，即可转换成高负荷燃烧以加快熔化速度。随着熔化过程的进行，大约经过 30min 就可以达到正常的熔化效率。之后，随着炉膛内炉料的下降不断地补加炉料，应同时调整各个烧嘴，并密切监视炉内状况和熔体质量的变化。停炉时，停供燃料 1～2min 以后即停止出铜。之后，为保持炉内剩余炉料呈铅笔状锥体形状，由烧嘴继续向炉内供风，强制冷却炉料。需要注意的是，冷却过程中不要引起过度氧化。

3. 工频有铁芯感应电炉

图 2-4 所示的是工频有铁芯感应电炉的原理图。

工频有铁芯感应电炉主要由感应体、上炉体、倾动装置、电源和控制系统等部分组成。

感应体工作原理与降压变压器相似，一次线圈和二次线圈都绕在同一磁导体即铁芯上，感应体为耐火材料沟槽中的环状金属熔沟，相当于短路的二次线圈。作为短路的熔沟中的金属导体，在感应电动势作用下产生电流或称涡流。涡流产生的磁通量，总是力图阻止感应线圈内磁通量发生变化。施予线圈的交变电流不停止，熔沟金属中产生的涡流也不会停止。涡流在具有一定电阻的熔沟金属中的流动会产生热量，因此金属被加热以至熔化。

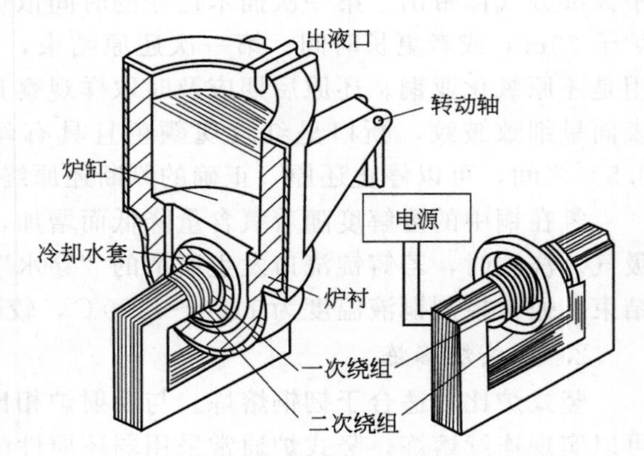

图 2-4 工频有铁芯感应电炉原理

感应电炉最大特点是炉内熔体具有较强的自搅拌作用。图 2-5 所示的是感应炉中熔体的电磁现象和热现象。

电流通过导体时，围绕导体将产生磁场。一次线圈和二次线圈即熔沟金属中的磁力线之间的相互排斥作用的结果，是在熔沟金属中产生一种电磁力，即原动力。熔沟中金属除本身重力以外，同时受到上述原动力作用，两作用力之和为动力方向。熔沟中金属只有在喉口部有两个通往熔池通道，因此熔沟金属中产生斥力的部位应该在最底部。此斥力沿环沟高度的

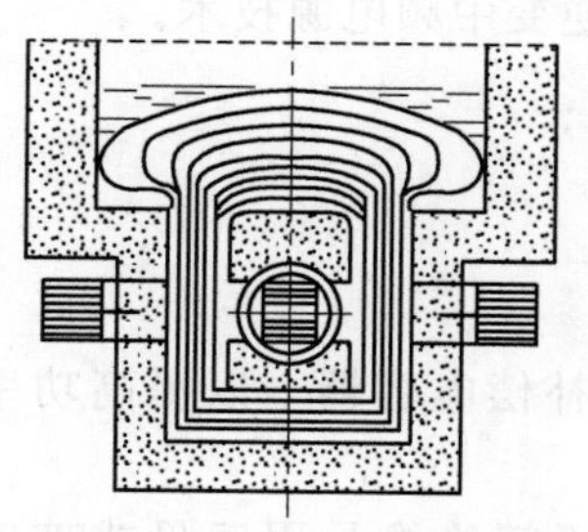
(a) 熔沟中金属所受到的电磁力

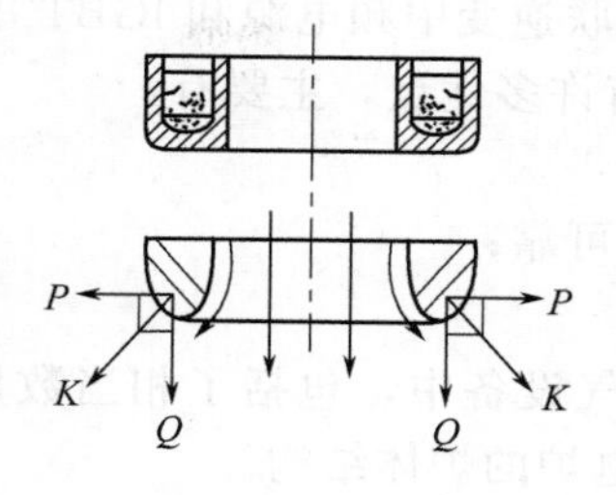

(b) 熔沟和熔池中金属内的电力线分布

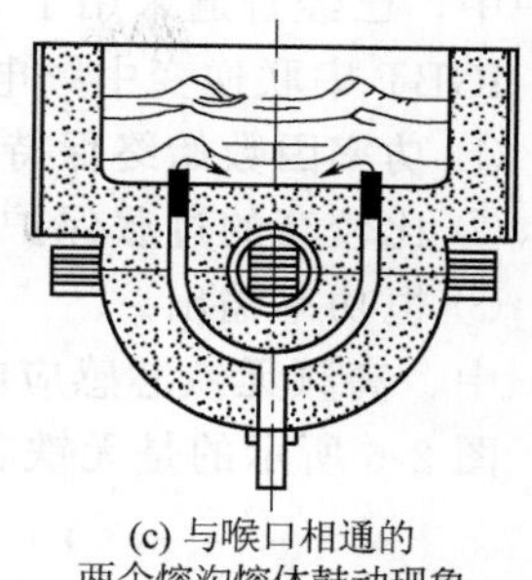
(c) 与喉口相通的两个熔沟熔体鼓动现象

图 2-5 熔沟中的电磁力与热现象

不均匀性，形成了金属在熔沟中运动的一种动力。

熔沟中金属承受的第二种动力来自于压缩效应。熔沟中金属可以看作是若干个同一方向导电体，平行即同方向电流的导线之间具有彼此相吸的力，即熔沟中金属在环沟内承受由外缘向环沟断面中心方向的压缩应力。同时，环沟垂直段内的熔体金属有静压力与此压缩重力抗争。当压缩应力大于静压力时，熔沟中金属熔体会发生喷流现象。

第三种效应是涡流。涡流效应，是由于环沟中金属和熔池中金属电流密度不相等而产生的。熔沟断面比较小，熔池断面比较大。截面小的熔沟内磁感应强度大，电磁力大，熔体受到的压缩力大，在熔沟出口，即与熔池交汇处发生熔体向上涌动的现象。

上述电磁力效应、压缩效应和涡流效应，构成了熔沟中金属和熔池中金属热能传递的一种综合动力。其实，构成炉内熔体热传递的还有一种自然动力，即熔体自身的热对流作用。熔沟底部的熔体温度高而密度小，而熔池中的熔体温度低却密度大，密度小的高温熔体可以自然地向熔池中流动。

4. 无铁芯感应电炉

无铁芯感应电炉的炉体主要由耐火材料坩埚即炉衬及环绕其周围的感应器组成，它相当于一台变压器。感应器相当于变压器的一次线圈，坩埚内金属炉料相当于短路的二次线圈。电流通过感应器产生交变磁场，在金属炉料中产生感应电动势，因其短路便在炉料中产生强大电流，结果使金属炉料被加热和熔化。

按照使用电流频率不同，可将无铁芯感应电炉分为：

① 工频无铁芯感应电炉。直接使用频率 50Hz 的工频电源；

② 中频无铁芯感应电炉。使用频率高于 50Hz，但低于 10000Hz；

③ 高频无铁芯感应电炉。使用频率高于 10000Hz。

与有铁芯感应电炉相比，无铁芯感应电炉有以下优点。

① 功率密度和熔化效率比较高，起熔方便。

② 铜液可以倒空，变换合金品种方便。

③ 搅拌能力强，有利于熔体化学成分的均匀性。

④ 尤其适合熔炼细碎炉料，如机加工产生的各种车屑、锯屑、铣屑等。

⑤ 不需要起熔体，停、开炉比较方便，适于间断性作业。

无铁芯感应电炉主要由炉体及其倾动、电源及控制系统，以及液压系统、水冷却系统等几个部分组成。炉体及其倾动系统包括：固定支架、炉体框架、感应器、磁轭、炉衬（坩埚）、炉盖，以及炉体倾动液压缸、输电母线、冷却水输送管等。

传统的中、高频无铁芯感应电炉的电源设备，通常是发电机组。现代的中频无铁芯感应电炉中，已经普遍采用了 SCR 并联逆变中频电源和 IGBT 串联逆变中频电源技术。

IGBT 串联逆变中频电源具有许多优点，主要有：

① 功率因数始终保持最佳；

② 比较高的过载保护，安全可靠；

③ 恒功率输出。

中、高频无铁芯感应电炉电气设备中，包括了相当数量的补偿电容器，以提高功率因数。图 2-6 所示的是无铁芯感应电炉的炉体结构。

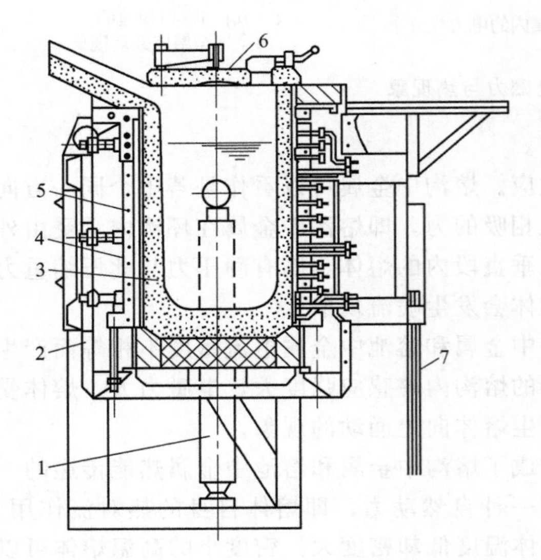

图 2-6 无铁芯感应电炉的炉体结构

1—倾动油缸；2—支架；3—炉衬；4—磁轭；5—感应器；6—炉盖；7—输电母线

传统的感应器匝间绝缘是用云母或玻璃丝布包扎后，涂以绝缘漆。当匝数不多，即匝间距离较大时，有的可利用空气间隙绝缘。现代的线圈有的外层采用静电喷涂热固化工艺，在线圈外表面涂上一层特殊的绝缘材料，其耐压大于 5000V。与传统的涂绝缘漆相比，新的绝缘材料与线圈结合比较牢固，并且不怕潮湿。

大型无铁芯感应电炉的感应器线圈，通常由焊接在其外圆周的数列支持螺栓，并通过螺栓和线圈外侧的硬木质或其他类似材料制成的绝缘支撑条固定。

感应线圈的外表面上，有的还设有若干个用于安装测温探头，以对感应线圈的工作温度进行连续监测。感应器线圈通常用水冷却，以排出线圈自身以及通过炉衬传导出的热量。在感应器线圈的上部和下部，都应当另外设有几匝与感应器线圈尺寸相近似的不锈钢质的水冷圈，以使炉衬材料在轴向方向上的受热均匀。

磁轭通常由 0.3mm 左右的高磁导率冷轧取向硅钢片叠制而成，主要起磁屏蔽作用，改善炉子的电效率和功率因数。磁轭同时具有支撑和固定感应器的作用，因此应该采用仿形结构，当其紧贴感应线圈外侧时，可以最大限度地约束线圈向外散发的磁场，减少外磁路磁阻。比较大的磁轭，应该考虑通水冷却。

炉衬，即坩埚，略呈圆锥形，上口直径大于平均直径。熔炼作业时，熔体金属上表面不应超过水冷线圈上的平面。除通过炉嘴向外倾倒铜液方式以外，无铁芯中频感应电炉中的铜液也可以通过炉体倾转枢轴中心的出铜管道向外注铜，即熔体金属通过枢轴中心的出铜管道直接注入铸造机的中间包中，这样可以避免熔体飞溅，同时有利于减少熔体吸气的机会。

5. 真空感应电炉

真空感应电炉装置，按照其真空室的启闭方式可分为卧式和立式两种。

卧式是真空室在垂直面上分开，开启时真空室的可移动部分向一侧水平移动，将感应线圈和坩埚暴露出来。这种结构便于坩埚的制作、真空室的清理、维修、检查，大型炉子以该方式较多。立式的真空室上方有一个盖，来启闭真空室，这种结构占地面积小，容量 10～500kg。由于立式的真空结构可以提供高度方向上的优势，可以浇注规格相对较小、相对较长的铸锭，并且可以一次浇注 2～3 根铸锭。目前国内生产铜合金应用的最大真空感应熔炼炉为 3t。

图 2-7～图 2-9 分别是卧式、立式和半连续式真空感应熔炼炉示意图。

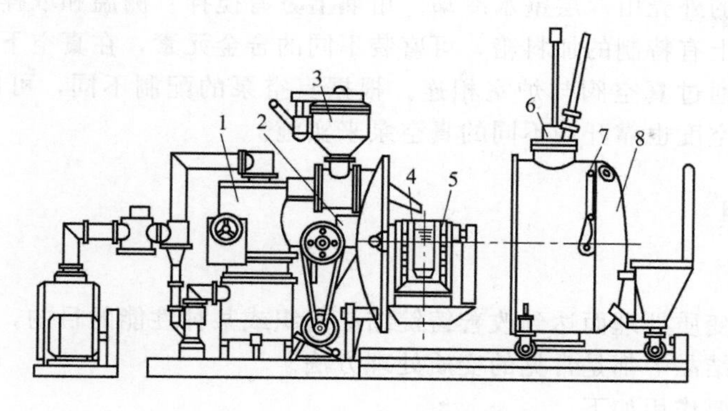

图 2-7 卧式真空感应炉示意图

1—真空系统；2—转轴；3—加料装置；4—坩埚；5—感应器；6—取料和捣料装置；7—测温装置；8—可动炉壳

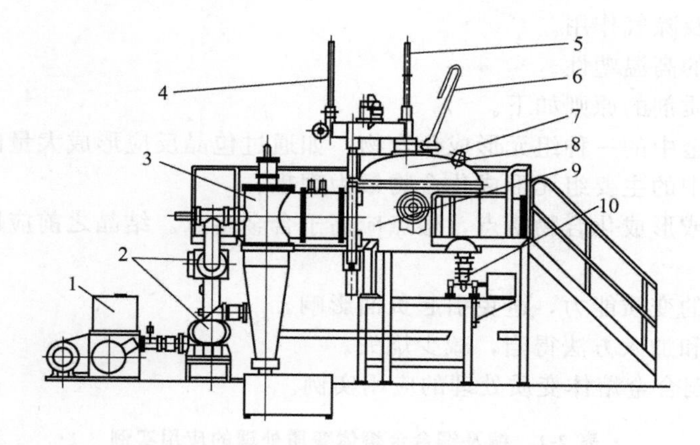

图 2-8 立式真空感应炉总装示意图

1—机械泵；2—增压泵；3—扩散泵；4—取样装置；5—测温装置；6—捣料装置；7—观察孔；8—炉盖；9—炉体；10—铸模移动机构

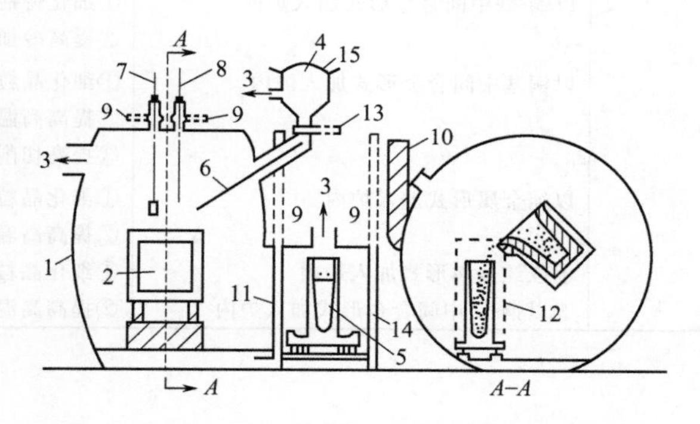

图 2-9 半连续式真空感应熔炼炉总装示意图

1—炉体外壳；2—坩埚；3—抽气口；4—装料室；5—锭模；6—加料槽；7—取料装置；8—热电偶；9—安全阀；10—操作盘；11,12—浇注室隔离阀；13—装料室隔离阀；14—浇注室阀门；15—装料室阀门

真空感应电炉的外壳由双层壁水冷却。坩埚上方有搅拌、测温和取样装置，能在真空下取样、测温。炉盖上有特制的加料箱，可盛装不同的合金元素，在真空下根据工艺要求依次加入坩埚。真空泵通过真空阀与炉室相连。根据真空泵的配制不同，可以获得不同的真空度。生产中控制真空度也靠开动不同的真空泵来实施。

2.1.2 熔体处理

1. 变质处理

对合金熔体作变质处理而达到改善铸锭结晶组织或某种性能的目的，称为变质处理。添加变质剂、振动下结晶等都是常见的变质处理方法。

变质处理的主要作用如下。

(1) 细化铸锭的结晶组织，变粗大柱状晶为细小等轴晶。

(2) 减少晶界上某些低熔点物，或促使其球化。

(3) 改变某些有害元素在铸锭结晶组织中的分布状况。

(4) 兼有脱氧及除气作用。

(5) 提高铸锭的高温塑性。

选择及使用变质剂的原则如下。

(1) 至少与合金中的一种组元形成化合物，如通过包晶反应形成大量的化合物质点。变质剂元素能与合金中的主要组元形成化合物最为理想。

(2) 成为晶核或形成化合物质点，熔点应高于合金熔点。结晶之前应以分散的质点均匀地分布于熔体中。

(3) 具有较强的变质能力，避免引起负面影响。

(4) 加入时机和加入方法得当，减少烧失。

表 2-1 为铜及铜合金熔体变质处理的应用实例。

表 2-1 铜及铜合金熔体变质处理的应用实例

合金	变质剂及添加量/%	加入方法	实际效果
纯铜	①锂:0.005～0.02 ②钛:0.05	以纯金属形式加入炉内	①细化铸锭结晶; ②提高合金塑性
H62	铁:0.3～0.5	以铜-铁中间合金形式加入炉内	①细化铸锭结晶; ②提高冷加工塑性
HPb59-1	①铈:0.1 ②混合稀土:±0.1	以铜基中间合金形式加入炉内	①细化晶粒; ②提高高温塑性和加热温度; ③提高切削性能和耐磨性能
QaAl7	锰:0.3	以纯金属形式加入炉内	①细化晶粒; ②提高高温塑性
B30	①钛:0.05～0.1 ②锆:0.1	①以纯金属形式加入炉内 ②以铜-锆中间合金形式加入炉内	①细化晶粒; ②提高高温塑性

2. 除气精炼

(1) 氧化除气

向熔体中输入氧时，大量铜将被氧化，其反应式为：

$$4Cu+O_2 = 2Cu_2O$$

生成的氧化亚铜首先溶于铜液中，然后氧化亚铜又与铜液中的氢发生反应：

$$Cu_2O+H_2 = 2Cu+H_2O\uparrow$$

结果铜被还原，水蒸气从熔体中逸出。反应连续不断地进行时，铜液中的氢将不断减少。

氧化铜液方法：用风管向熔池内输送压缩空气或氧和氮的混合气体；采用氧化性熔剂等。氧化过程中应不断取样检查熔体被氧化的程度，当认定铜液中的含氧量已达到要求时应立即停止氧化。经氧化的铜液出炉前应该对铜液进行脱氧处理，以除去铜液中多余的氧。

(2) 沸腾除气

从图 2-10 看出，黄铜的沸腾温度随含锌量的增加而降低。

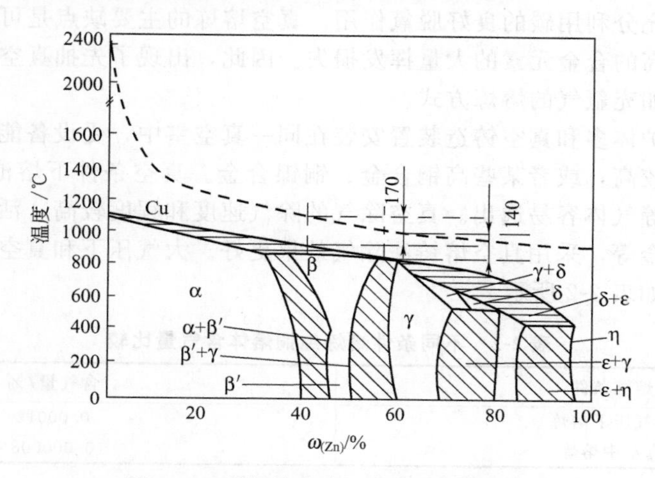

图 2-10 黄铜的沸腾温度与锌含量关系

锌的蒸气压随着温度的升高而增高，在沸点即 907℃时所达到的压力等于一个大气压，锌的蒸发强度在还原气氛下将增大若干倍，此时锌的挥发不是通常的氧化性气氛所能左右的。ZnO 的分解压力在 1127℃时为 5.4×10^{-21} MPa。当熔融金属过热到 1250℃时，ZnO 的分解压力不超过 1.4×10^{-17} MPa。ZnO 的分解压力如此小，锌蒸气被迅速氧化是不可避免的。

工频有铁芯感应电炉熔炼黄铜时熔沟中温度高，形成锌蒸气泡上浮。随着熔池温度升高，锌蒸气气压逐渐增大，当整个熔池温度升高到接近或超过沸点时，大量蒸气从熔池喷出，即形成喷火现象。这种喷火程度越强烈，喷的次数越多，则熔体中的氢进入蒸气泡也越多，除气效果就越好。由于蒸气泡自下向上分布较均匀，沸腾除气的效果较好。

含锌低于 20%的黄铜不能采用沸腾除气方法。

(3) 惰性气体除气

用钢管将氮气、氩气等通入金属熔体时，气泡内的氢气分压为零，而溶于气泡附近熔体中的氢气分压远大于零，基于氢气在气泡内外分压之差，使溶于熔体中的氢不断向气泡扩散，并随着气泡的上升和逸出而排除到大气中，达到除气目的。

气泡越小，数量越多，对除气越有益。由于气泡上浮的速度快，通过熔体的时间短，且气泡不可能均匀地分布于整个熔体中，故用此法除气不容易彻底；随着熔体中含氢量的减少，除气效果显著降低（图 2-11)。为提高除气精炼效果，应控制气体的纯度。

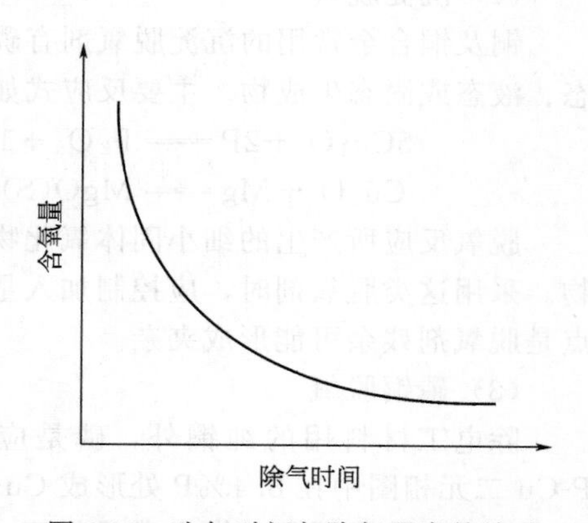

图 2-11 吹气时间与除气程度的关系

研究表明精炼气体中氧含量不得超过0.03%（体积分数），水分不得超过3.0g/L。若氮气中氧含量为0.5%和1%，除气效果分别下降40%和90%。

(4) 真空除气

真空熔炼主要具有以下特点：①可以避免合金元素的氧化损失和吸气，而且为熔体中气体的析出创造了良好条件；②熔体免受污染，在某种程度上可以提高纯度，有利于获得纯度比较高的金属及合金；③有利于提高材料的某些物理或力学性能。

小型真空感应电炉通常采用石墨质材料制造的坩埚炉衬，可以免受其他耐火材料对熔体的污染，同时也可充分利用碳的良好脱氧作用。真空熔炼的主要缺点是可以造成某些沸点比较低、蒸气压力较高的合金元素的大量挥发损失。因此，出现了先抽真空然后向熔室中充以某种惰性气体，例如充氩气的熔炼方式。

真空熔炼炉的炉体多和真空铸造装置安装在同一真空室中，受设备能力限制适合于小批量生产某些纯度比较高，或者某些高铜合金、铜镍合金。真空条件下熔池表面的气压极低，原溶于铜液中的氢等气体容易逸出。真空除气的除气速度和程度较高，活性难熔金属及其合金、耐热及精密合金等，采用真空熔铸法除气效果更好。大气压下和真空中熔炼的紫铜其中的气体含量差别，如表2-2所示。

表2-2　不同条件熔炼纯铜熔体含气量比较

熔炼条件	含气量/%
大气压下熔炼	0.00012
真空中熔炼	0.000008

3. 脱氧精炼

(1) 扩散脱氧

表面脱氧剂的脱氧反应主要在熔池表面进行，内部熔体的脱氧主要是靠氧化亚铜不断向熔池表面扩散的作用实现。氧化亚铜的密度比铜小，易于向熔池表面浮动。熔池表面的氧化亚铜不断被还原，浓度不断降低，浓度差作用的结果使熔池内部氧化亚铜不断上浮。铜液在木炭覆盖下，温度为1200℃，保持时间20min，铜液中氧化亚铜的含量可由原来的0.7%下降到0.5%。木炭的脱氧反应是：

$$2Cu_2O + C = 4Cu + CO_2\uparrow$$

除了木炭以外，还可以用某些密度远小于铜的可还原氧化亚铜的熔剂，例如硼化镁(Mg_3B_2)、碳化钙(CaC_2)、硼渣($Na_2B_4O_6 \cdot MgO$)等作表面脱氧剂。

(2) 沉淀脱氧

铜及铜合金常用的沉淀脱氧剂有磷、硅、锰、铝、镁、钙、钛、锂等，脱氧结果形成气态、液态或固态生成物。主要反应式如下：

$$5Cu_2O + 2P = P_2O_5 + 10Cu \qquad Cu_2O + P_2O_5 = 2CuPO_3(L)$$

$$Cu_2O + Mg = MgO(S) + 2Cu \qquad Cu_2O + Li = Li_2O(S) + 2Cu$$

脱氧反应所产生的细小固体氧化物，使金属的黏度增大或成为金属中分布不均匀的夹杂物。采用这类脱氧剂时，应控制加入量。沉淀脱氧能在整个熔池内进行，脱氧效果显著。缺点是脱氧剂残余可能形成夹杂。

(3) 磷铜脱氧

除电工材料用的纯铜外，磷是应用最广泛的脱氧剂；磷以磷铜中间合金形式加入，P-Cu二元相图中在8.4%P处形成Cu+Cu_3P共晶，熔点714℃，超过14%P后，磷以蒸气形式逸出，故常用的磷铜含磷量低于14%。磷铜加入铜液后，即在整个熔池内进行脱氧反应。脱氧第一阶段，磷蒸气与铜液中的 Cu_2O 作用：

$$5Cu_2O + 2P \xlongequal{} P_2O_5\uparrow + 10Cu$$

反应产物 P_2O_5 的沸点为 347℃，在铜液中以气泡形式上浮，上浮过程中继续与铜液中的 Cu_2O 起反应，进入脱氧第二阶段：

$$Cu_2O + P_2O_5 \xlongequal{} 2CuPO_3$$

当 Cu_2O 含量较高，磷蒸气逸出较慢时，磷也可能直接与 Cu_2O 反应：

$$6Cu_2O + 2P \xlongequal{} 2CuPO_3 + 10Cu$$

偏磷酸铜 $CuPO_3$ 的熔点低，密度比铜小，容易上浮至液面而被除去。

电工器材用的高电导率铜不能用磷铜脱氧，以免剧烈降低电导率。熔炼高电导率铜时，可先加磷 0.03%进行预脱氧，然后加锂 0.03%终脱氧。锂以 Li-Ca 或 Li-Cu 中间合金形式加入。残留锂对电导率影响较少，故使用广泛，但锂的价格昂贵，仅在终脱氧时加入，加入量要严格计算好。

铜合金脱氧时，磷铜通常分二次加入，第一次是纯铜化清后，加入 2/3，使铜液中的 Cu_2O 还原。再依次加入合金元素。第二次在浇注前加入剩余的 1/3，终脱氧并提高铜液的流动性，降低铜液黏度。此外，P_2O_5 还能与铜液中的 SiO_2、Al_2O_3 等夹杂物形成低熔点的复合化合物。这些复合化合物的密度比铜液小，易于凝聚上浮。生产经验表明，浇注前加入磷铜后，铜液立即会清亮起来。

黄铜含锌量高，锌本身能脱氧，铝青铜、硅青铜中的铝、硅是强脱氧剂，因此都不必脱氧操作。

2.2 铸造

2.2.1 凝固现象和组织

1. 纯铜的铸锭组织

图 2-12(a)、(b) 分别表示 T2 纯铜铸锭低倍和显微组织。从低倍组织可知，铸锭边部为柱状晶，中部则为较粗的等轴晶。实际上，当铸锭时冷却强度足够大或铸锭尺寸较小的情况下，整个铸锭可能全由柱状晶组成。其他铜合金的低倍组织均具有与此相同的特点。从显微组织观察可知［图 2-12(b)］，晶粒内部无明显特征，晶界较细，与一般单相合金的平衡结晶组织无异。

(a) 低倍组织

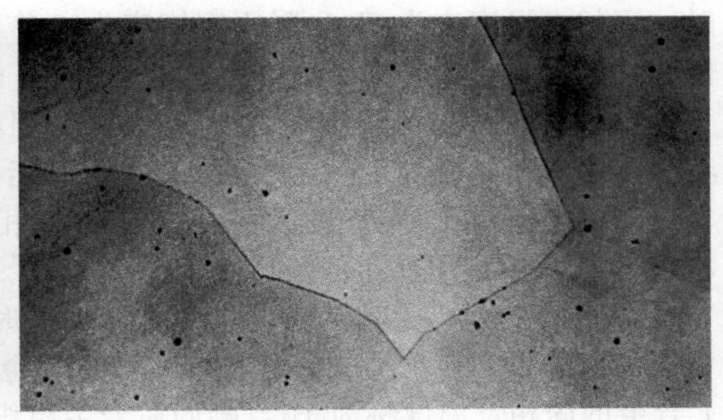

(b) 显微组织　　70×

图 2-12　T2 铜铸锭的低倍和显微组织

2. 单相铜合金的铸锭组织特征

铜合金的凝固过程为非平衡过程，所以其铸锭组织一般偏离平衡态。下面以匀晶、包晶及共晶二元系合金为例说明。

图 2-13 表示匀晶系相图及某合金凝固时可能的非平衡固相线轨迹。以图中 x 合金为例。合金过冷至 T_1温度时开始凝固，首先析出的固相成分为 α_1，液相成分则为 L_1。继续冷至 T_2温度时，析出的固相成分应为α_2，与之平衡的液相成分改变为 L_2。α_2将覆盖在先析出的α_1上，若能达到平衡条件，α_1的成分也会逐渐改变成 α_2，以达到 T_2下的平衡态。但实际上，固态的扩散速率远小于液态的扩散速率，当剩余液相的成分均匀达到 L_2时，固相 α 中的成分仍为不均匀的，它们的平均成分可用 α_2'表示。显然，按图 2-13，α_2'中的 B 原子浓度小于 α_2 中 B 原子浓度。同理，当温度降至 T_3及 T_4时，其 α 相的平均成分可用表示 α_3'及 α_4'。在此图中 α_4'即表示 x 合金的成分。说明 x 合金在非平衡凝固的条件下 T_4温度下凝固完毕，较之平衡凝固的固相点温度降低了 T_3—T_4。α_1—α_4'表示的线称非平衡的固相线，非平衡固相线相对于平衡固相线的偏离与凝固时的冷却速率有关，冷却速率愈大，偏离愈大。

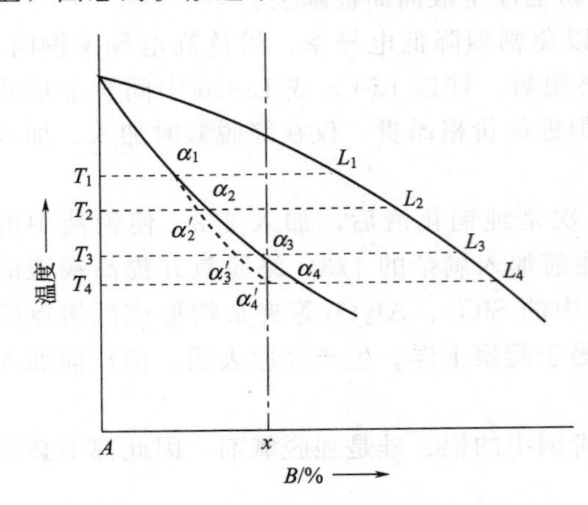

图 2-13 固溶体合金的非平衡固溶

由于先后凝固的固相在成分上的差异，不同成分固相受侵蚀程度将不同，因而在我们观察合金的显微组织时就会观察到典型的枝晶组织，枝晶臂的成分（按图 2-13，A 组元含量高）与枝晶同胞间的成分（B 组元含量高）不同，因而显示出不同的颜色。这种因非平衡凝固（结晶）导致的晶粒内成分不均匀的现象，称晶内偏析或枝晶偏析。图 2-14 表示 Cu-Ni 合金铸造后的显微组织，白色枝干含镍较高，周围黑色部分含铜较高，但均为铜镍 α 固溶体。

图 2-14 Cu-30Ni 合金铸造显微组织 40×

图 2-15 为一包晶系相图和某合金凝固时可能的非平衡固相线轨迹。与匀晶系合金类似，α_1—α_4'表示 x 合金凝固时固相（α）平均成分的走向，即非平衡固相线。x 合金按平衡态凝固时，固相点温度应为 T_3，凝固完毕应为 α 单相固溶体晶粒。但在非平衡凝固的情况下，x 合金冷至 T_4温度时，剩余的液相 L_4将与部分固相 α_4发生包晶反应，即 $\alpha_4+L_4\rightarrow\beta_c$，完成最后的凝固过程，因此该合金的最低凝固温度为 T_4，并产生了一种通过包晶反应而得到的新相 β。此种 β 相为非平衡相，因为按平衡态，该相在 x 合金中是不存在的。

图 2-16 表示一共晶系相图和某合金凝固时可能的非平衡固相线轨迹。x 合金凝固过程与上面两个系列合金类似，α_1—α_4'表示 x 合金凝固时固相平均成分的走向。按平衡态凝固，x 合金的固相点温度将为 T_3，凝固后合金组织为 α 单相固溶体晶粒。但在实际的非平衡凝固条件下，该合金在 T_4温度时，剩余液相（L_e）将发生共晶反应即 $L_e\rightarrow\alpha+\beta$，生成平衡态下不存在的非平衡共晶。

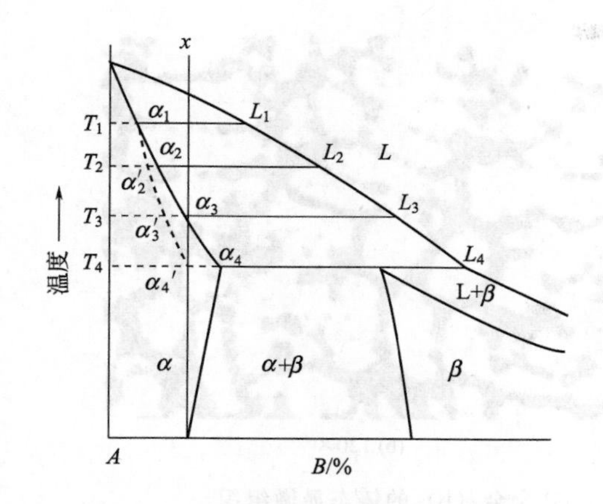

图 2-15 包晶系合金的非平衡凝固

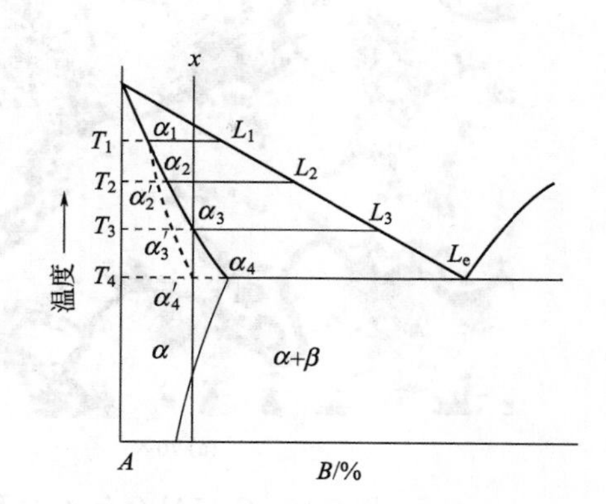

图 2-16 共晶系合金非平衡凝固

不论包晶系还是共晶系合金，在非平衡凝固状态下，基体相α固溶体均具有枝晶偏析的特征，而枝晶同胞间将出现非平衡的第二相（β）。在常用铜合金中，Cu-Zn、Cu-Sn、Cu-Si等富铜侧均为包晶系合金，而Cu-Al，Cu-P等富铜侧为共晶系合金。

图 2-17 表示 Cu-10Zn 合金的铸态组织，该合金为α单相固溶体，枝晶干富铜，枝晶间富锌。当 Cu-Zn 合金中锌含量达 30%～32%时，则因非平衡凝固会导致枝晶间出现少量β相（包晶反应所得）。图 2-18 表示 Cu-7Al 合金及 Cu-6.5Sn-0.1P 合金铸态组织。从图 2-18(a) 可知，平衡态为单相α固溶体的 Cu-7Al 合金，在铸态下，基体为具有枝晶偏析的α固溶体，枝晶间出现非平衡的少量（$\alpha+\gamma_2$）共析产物。这种共析体是因非平衡结晶时生产了非平衡共晶（α＋β），其中的β相再发生共析转变所致。Cu-6.5Sn-0.1P 合金在平衡态亦应为单相的α固溶体，但在铸锭时非平衡凝固的条件下，基体α具有较严重的枝晶偏析，枝晶间富锡和磷，在一定情况下可能在枝间出现（α＋δ）共析体及 Cu_3P 化合物（可视为$\alpha+\delta+Cu_3P$三相低熔共晶）。

图 2-17 Cu-10Zn 合金铸态组织 120×

Cu-Al 系合金中，当含铝量超过 7%时，会出现β相。在降至一定温度时，β相会发生共析分解，生成$\alpha+\gamma_2$共析体。含铝较高的合金，凝固时亦会首先生成β晶粒，温度进一步降低时，将从β相基体中析出具有魏氏组织特征的α相（见图 2-20）。

3. 铸态铜合金的性能特征

由于铸态铜合金组织偏离平衡态，因此其性能表现如下特征。

① 若枝晶偏析使组织中出现非平衡脆性相［如 Cu-Sn-P 合金中出现的非平衡（$\alpha+\delta$）共析体及 Cu_3P 相］，则合金塑性降低明显，特别是枝晶网胞间生成连续的粗大脆性化合物网状壳层时，合金塑性将急剧下降。

② 枝晶芯部与同胞间化学成分不同，可形成浓度差微电池，降低材料的电化学腐蚀抗力。当出现非平衡第二相时一般亦降低抗蚀性。

③ 铸锭加工变形时，具有不同化学成分的各显微区域拉长并形成带状组织，导致材料各向异性以及增加晶间断裂的倾向（如层状断口）。

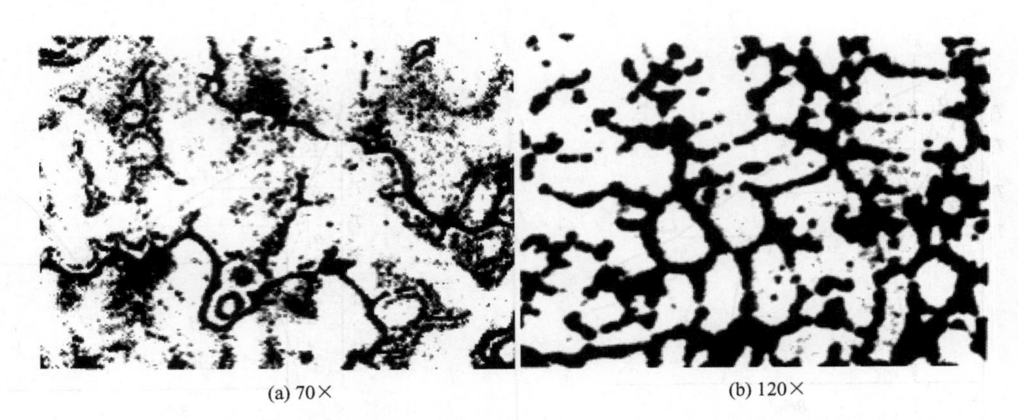

(a) 70×　　(b) 120×

图 2-18　Cu-7Al 合金（a）及 Cu-6.5Sn-0.1P 合金（b）的铸态显微组织

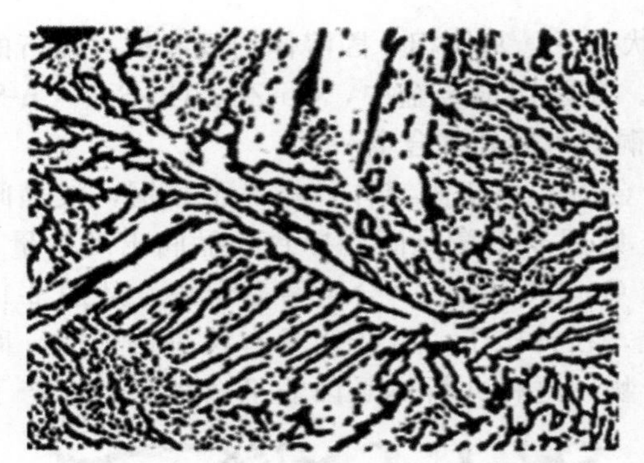

白色部分表示 α 相，黑色基体为 β 相 200×

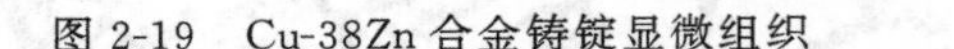

图 2-19　Cu-38Zn 合金铸锭显微组织

白色部分为 α 相，黑色为 β 相基体（可能未发生共析分解），铁相细小难辨 200×

图 2-20　Cu-10Al-3Fe-1.5Mn 合金铸锭显微组织

④ 固相线温度下移，使工艺过程的一些参数难以掌握，如热变形前的加热温度不能超过因非平衡凝固固相线下移导致的最低固相点温度，以免造成过烧现象。

对于加工材料而言，铸锭塑性是至关重要的。为了保证铸锭良好的变形塑性，除防止铸锭中的一些缺陷外，显然不希望铸锭组织处于非平衡凝固状态。

由于产生非平衡状态的原因是结晶过程中扩散受阻，因而此种状态在热力学上是亚稳定的，有自动向平衡态转化的趋势。人们可利用这一趋势，将铸态合金加热到一定温度，提高原子扩散能力，使其较快完成由非平衡向平衡状态的转化过程。这种处理称为均匀化退火或扩散退火。

2.2.2　铸造法

1. 直接水冷铸造

立式直接水冷半连续铸造即通常俗称的 DC 铸造法，是法国人 Junghans 在 1933 年首先研制成功的。直接水冷铸造是目前立式半连续及连续铸造的基本方法，半连续及连续铸造进入正常状态以后，其冶金过程是完全一致的。

通过结晶器水室中水对铸造金属的冷却称为一次冷却。一次冷却为间接冷却，除主要与冷却水的流量，包括水的温度和压力等因素有关外，还与结晶器材质和结晶器高度等有关。直接水冷铸造时一次冷却所进行的热交换量只占 30%左右，其主要目的是形成铸锭凝壳，其余 70%左右的热交换需要在二次冷却区完成。

2. 热顶铸造

热顶铸造是指结晶器顶部有一段具有良好保温性能的区域的铸造形式。热顶铸造的根本目的在于减缓结晶器上部的一次冷却。热顶铸造不仅有利于改善铸锭表面质量，而且有利于铸锭自下而上的方向性凝固和补充收缩，如果在热顶区段同时增加过滤板，则可防止熔体渣进入铸锭中。

热顶铸造技术的关键在于结晶器的热顶设计。热顶铸造结晶器有很多种结构形式，最初设计的热顶结晶器，是在铜结晶器的上方连接一个具有隔热和保温功能的附加石棉衬。石棉是一种耐高温的隔热材料，用其作为内衬的热顶可以对铜熔体进行有效的保温。

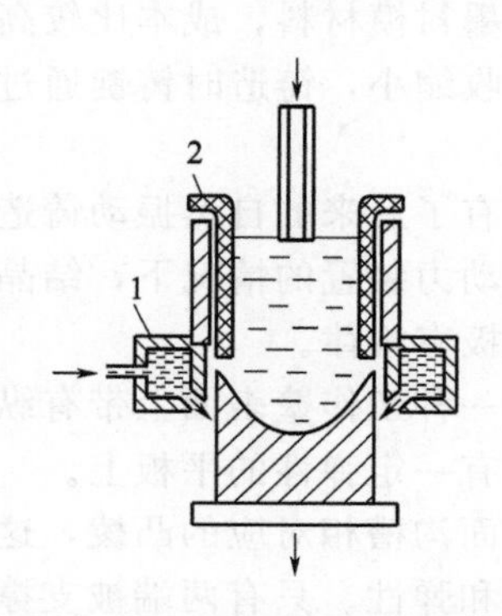

图 2-21 圆铸锭热顶结晶器

1—铜结晶器；2—石棉隔热衬

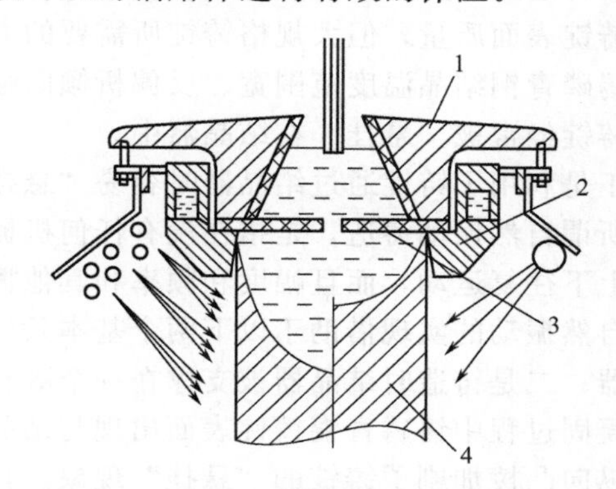

图 2-22 扁铸锭热顶结晶器

1—带石棉衬的热顶；2—结晶器；3—过滤板；4—铸锭

图 2-21 所示的结构，下部是一个铜质结晶器，带二次直接喷水冷却系统。上部是一个石棉板作为隔离热导衬的热顶。铜结晶器本体的高度不及热顶高度的一半。

图 2-22 是图 2-21 的改进设计，钢制水冷套和下面的铜成型套构成一个整体，上面是一个铸铁外壳中做了石棉板衬里的隔热套。

热顶铸造的工艺特性在于：在铜液进入铜结晶器以后的一段时间内，处于热顶中的熔体基本上仍能够保持较高的温度。这不仅有利于改善铸锭的表面质量，同时为液穴中渣子的上浮，为熔体凝固过程中析出气体的上浮，为补充凝固收缩等都创造了良好的条件。上述结构的热顶结晶器，曾在白铜、铝黄铜和含有铁、镍、锰等的铝青铜铸锭生产中显示出了优越性。

3. 振动铸造

(1) 结晶器垂直铸造

① 机械振动方式　结晶器垂直振动方式已经得到了比较广泛的应用，通常按往复式移动机械原理进行设计，铸造过程中，结晶器沿铸锭滑动方向以一定的振幅和频率往复运动。

简单的结晶器往复振动装置原理如图 2-23 所示。

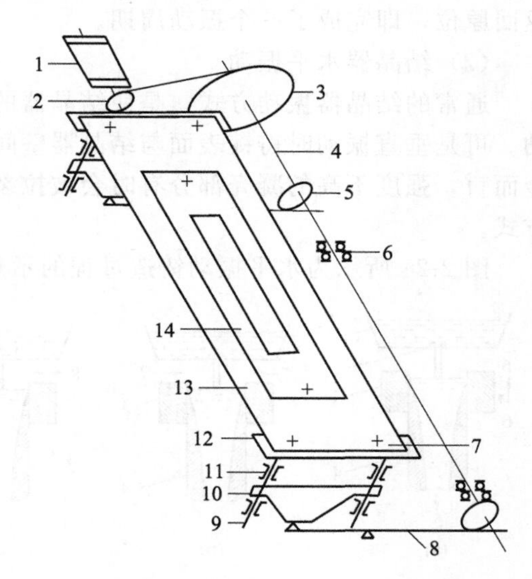

图 2-23 结晶器振动装置原理示意图

1—电动机；2—小皮带轮；3—大皮带轮；4—传动轴；5—凸轮；6—轴承；7—定位销；8—杠杆及支点；9—垂直导向轴；10—水平连接板；11—滑动轴承；12—振动横梁；13—支撑结晶器的台板；14—结晶器

振动装置通过电动机驱动，经传动轮减速后驱动带有凸轮的水平轴，在凸轮的下方有一带支点的杠杆，杠杆的一端受凸轮压迫，杠杆的另一端连着顶杆，而顶杆带动支撑结晶器的台板使结晶器上下移动。在此装置中通过更换不同的凸轮调节振幅，调整电动机转速改变振动频率。

② 自然振动方式　自然振动铸造，是原洛阳铜加工厂（现中铝洛铜）在生产实践中摸索创造的一种铸造方法。

在此方法出现之前，锡磷青铜铸锭普遍采用铁模、水冷模铸造，尽管锡磷青铜带坯用带石墨衬模的结晶器水平连铸已经很成功。欲想和其他铜合金立式连续铸造时一样，采用铜质结晶器铸造锡磷青铜大断面铸锭几乎是不可能的。带石墨衬模的结晶器，虽有可能改善锡磷青铜铸锭表面质量，但大规格铸锭所需要的大规格优质石墨衬模材料，成本比较高。

锡磷青铜结晶温度范围宽、反偏析倾向强，而且因线收缩小，铸造时铸锭通过结晶器困难，铸锭经常被“悬挂”在结晶器中。

正是利用了铸锭通过结晶器时容易“悬挂”现象，才有了后来的自然振动铸造。

所谓自然振动铸造，是指在没有任何机械的或者其他动力装置的情况下，结晶器能够自发地上下往复运动，而且幅度和频率和其他振动装置一样极有规律。

自然振动的实现借助于以下两个基本条件，一是使用一种工作壁表面上带有纵向沟槽的结晶器；二是铸造时结晶器被支撑在一个既有一定刚度又有一定弹性的平板上。

凝固过程中锡磷青铜铸锭表面出现与结晶器工作壁表面沟槽相对应的凸棱，这种铸锭表面的纵向凸棱加剧了铸锭的“悬挂”现象。具有一定刚度和弹性、只有两端被支撑的结晶器支撑钢板，随着铸锭“悬挂”时间的推移，其中间部分随着铸锭和结晶器一起被拉着不断地向下弯曲。随后，支撑钢板中间部分向下弯曲的弧度越来越大，同时其欲恢复原位的弹力也越来越大。当支撑钢板的反弹力大到超过了铸锭与结晶器工作表面的摩擦力，即不再“悬挂”时，支撑钢板随同结晶器立即跳回到原来的水平位置。从“悬挂”开始到“悬挂”结束返回原位，即完成了一个振动周期。

（2）结晶器水平振动

通常的结晶器振动方式，是使结晶器的振动方向与铸锭的引拉方向相同，作上下往复振动。可是垂直振动时铸锭表面与结晶器壁间的接触部分摩擦力大，对某些高温强度较差的合金而言，强度不高的凝壳部分有时会被拉裂，甚至造成拉漏事故，于是出现了水平机械振动方式。

图 2-24 所示为水平振动铸造过程的示意图。

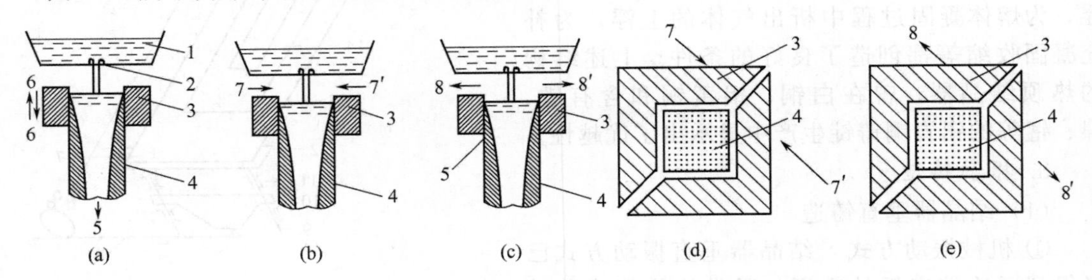

图 2-24　水平机械振动铸造示意

1—中间包；2—浇注口；3—结晶器；4—铸锭；5—引锭方向

图 2-24(a) 是传统的垂直机械振动铸造的过程。为了提高铸造速度和防止拉漏，在铸锭表面与结晶器壁之间使用某种润滑剂，结晶器在 6-6′的垂直方向作上下振动。可是，如果结

晶器内金属液面上的浮动渣块落入铸锭表面与结晶器之间隙中去，就可能造成铸锭的表面夹渣缺陷。图 2-24(b) 和 (c) 是结晶器水平振动铸造过程，结晶器如图 2-24(d) 和 (e) 中沿工作腔的对角线分开。铸造过程中，通过机械使两半组合的结晶器能沿 7-7′和 8-8′的水平方向，按照设计的振幅和频率有节奏地作闭合和分开运动。

铸造过程中，中间包内的熔体进入结晶器，而结晶器给液体金属和铸锭凝壳在水平方向上以开闭式振动。显然，铸锭与结晶器之间不存在引拉摩擦力。结晶器内金属液面上，以及结晶器与铸锭之间，同样需要有保护剂和润滑剂，当结晶器分开时润滑剂充填到间隙中去。

振动过程中，其中的一半结晶器与另一半结晶器之间组合时的间隙，闭合状态时为 1mm，分开时最大为 3mm。由于两半结晶器的开闭振动是高频率的，而且有润滑物质始终充填着间隙，因此熔体是不可能从间隙中流出去的。

为防止结晶器内金属液面波动，振动频率最好是 5～30 次/s。如果振动频率过高，有可能润滑剂供给不足而发生拉漏现象。如果振动频率太低，相当于没有振动仍旧会发生夹渣等缺陷。结晶器水平振动的振幅以 0.2～2.0mm 为宜。振幅过小润滑剂供给不足。振幅过大，可能引起较大的液面波动。根据 160mm×160mm 正方形断面水平振动铸造铸锭试验，振动频率为 20 次/s，振幅为 0.7mm 时，较为合适。

结晶器给以正在进行凝固的铸锭水平方向的开闭振动，实际上对液穴尚有某种程度的挤压作用。显然，不仅避免了垂直振动时铸锭通过结晶器时表面受到的摩擦，水平振动时同样也有将结晶器内金属液面上的浮动渣块推离结晶器壁的作用，从而也减少铸锭的表面夹渣缺陷。

试验表明，采用结晶器水平方式振动，铸锭表面质量大为提高。与采用结晶器垂直振动相比，水平振动使铸锭表面缺陷减少 70%。

4. 间歇铸造

间歇铸造是指在连续铸造过程中加入了中间停顿的程序。

连续铸造一般都采用均匀的引锭速度，加入停歇程序的目的在于同振动铸造一样改善铸锭的表面质量，间歇铸造更有利于清理结晶器的工作表面。

停歇期间和自然振动的“悬挂”时段一样，凝壳的生长没有停止，只是结晶器内的液体金属液面将逐步提高。此刻，铸锭与结晶器之间没有相对运动，结晶器工作壁连续地对铸锭进行一次冷却，其冷却作用比铸锭在结晶器中滑动时大。结果，凝壳厚度增加迅速，新的凝壳形成时则可能把原来附在结晶器上的氧化物凝渣等，牢牢地凝固在自己的表面上，待停歇结束开始引拉时，结晶器壁被清理干净。

停歇铸造，在液压传动的铸造机上容易进行。停歇铸造程序，通常由拉铸速度、拉铸时间和停歇时间等参数组成。

停歇铸造过程中，停歇阶段和自然振动铸造的“悬挂”相似，即铸锭与结晶器之间没有相对运动。停歇铸造之后的引拉，却和自然振动铸造的结晶器返回原位情况有所不同。相对铸锭而言，停歇后的引拉是结晶器向下运动，而自然振动铸造是结晶器向上运动。其实，自然振动铸造过程中的结晶器返回原位的跳动，与微程引拉程序中的反推动作相似。

停歇铸造程序中的停歇时间如果过长，铸锭表面会出现明显的冲程节距，节距的两端会出现铸锭断面径向尺寸的微量波动。

5. 热模铸造

与热顶铸造相比，热模铸造已经不仅仅是铸模的顶部被保温，而是整个被加热，铸造过程中铸模始终保持一定温度。图 2-25 是热模铸造的工艺原理图。铸模可以采用电加热的方

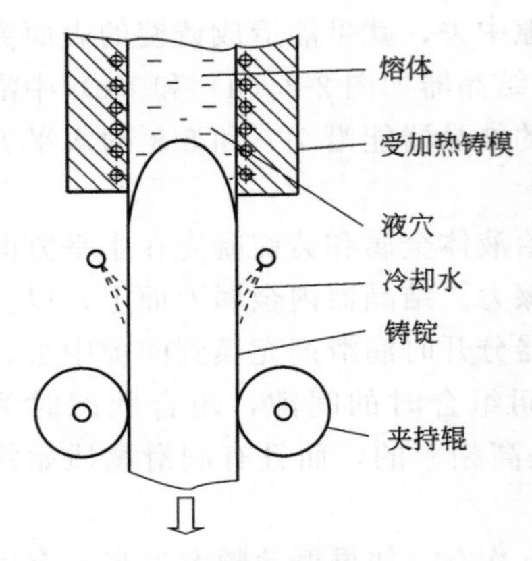

图 2-25 热模铸造的工艺原理

式，电加热时温度易于控制。

热模铸造过程中，与铸模腔断面形状和尺寸相当的铸锭同样由铸造机的夹持辊拖出。由于铸模中熔体被加热至熔化点以上的温度，熔体在模中尚未开始凝固。因为热模壁上没有晶核产生，加热铸模的目的就是阻止在模壁附近产生晶核。实际上，铸锭表面凝壳是在其离开结晶器壁以后才开始形成。在结晶器下缘附近，铸锭断面的温度场与普通结晶器铸造过程正好相反，铸锭表面温度高于铸锭内部温度。铸锭凝固与结晶过程所需要的冷却，全部通过铸模下面的水冷方式进行。

热模铸造时，铸锭与热模中的熔体也有一条凝固分界线。如果也把这条分界线称为液穴线，那么这种液穴的形状和普通的铸造过程中的液穴形状正好相反。普通铸造法的液穴形状是正抛物线形，中间深，边部浅，因为凝固是从铸锭边部开始，首先形成表面凝壳。热模铸造时的液穴形状是倒抛物线形，即中间浅，边部深；中间温度低，边部温度高。由于铸锭表面凝壳的形成滞后于铸锭内部径向凝固速度，因此所见液穴形状呈“凸”状，而不是“凹”状。另外，由于热模内壁表面始终保持在凝固点温度以上，铸锭并未在模内的壁上开始凝固生壳，即铸锭表面是在离开铸模以后才形成的，铸锭表面没有受到铸模的任何摩擦阻力伤害，因此铸锭表面甚至可以达到光洁如镜的程度。

图 2-26 是热模铸造单向结晶的生长过程。开始凝固及结晶阶段，被水冷却的引锭头（起始垫）将热模的出口堵住。由于铸模被加热，模壁表面附近没有晶核产生，但与浇注的合金熔体温差非常大的引锭头前端面附近却有大量晶核产生，因此开始引拉的一段铸锭呈细小的等轴晶组织。

开始引拉的一段铸锭被拖走以后，引锭头前端附近产生的晶核数量亦开始逐渐减少。开始时，等轴晶体数量逐渐减少，等轴晶尺寸逐渐变大。后来，出现了柱状晶。再后来，柱状晶逐渐变少，形状变长。最后，只剩下心部的一颗柱状晶粒生长。显然这是在热模作用下单向凝固的结果，容易获得单晶，这是热模铸造最重要的意义所在。

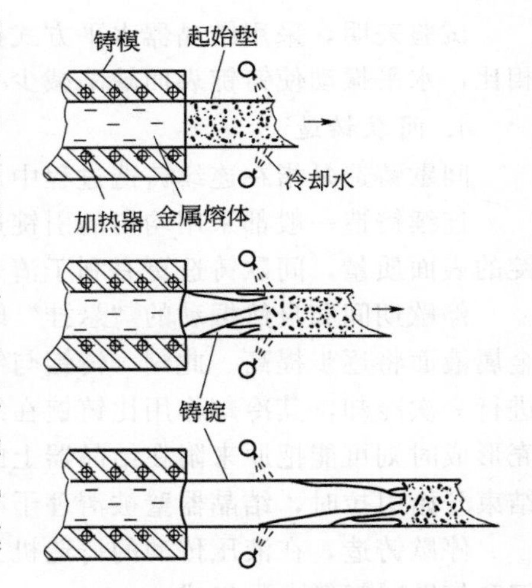

图 2-26 热模铸造单向结晶的生长过程

热模作用不给生成新晶体的机会，离开热模后极短的一段液柱表面被薄薄一层熔膜保护，也没有产生新晶体的机会。热模铸造时结晶只能通过铸锭的头部的晶体向前生长，单晶可以变得无限长。显然没有结晶界面的单柱状晶组织，比有晶界存在的等轴晶或柱状晶的多晶体结晶组织密度都高、性能都好。没有晶界，也就不容易存在杂质集聚、气孔、疏松等结晶弱面缺陷，铸锭的压延性能将会提高，加工制品的最终性能也将会有所提高。

6. 电磁成形铸造

在半连续及连续铸造装置中，以一个感应器（线圈）代替结晶器作为铸模的铸造方法，称为电磁成形铸造，简称电磁铸造（EMC 法）。

图2-27所示的是电磁成形铸造原理示意图。电磁铸造装置由感应器、磁屏及冷却系统等部分组成。当感应器通以交流电时，感应器周围产生磁场，感应器内液体金属由此感生出相位相反的涡电流。由于磁场与涡电流的相互作用，根据左手定则产生一种指向铸锭中心的电磁力。根据集肤效应原理，金属液柱外层的感生涡流及电磁力最大，这种电磁力可以维持液柱外廓形状而不发生流散。与此同时，液体金属柱在强烈的水冷却下凝固成为铸锭，实际上只有在金属液柱的静压力和电磁推力相平衡时，上述的铸造过程才是稳定的，即感应器内壁与液柱表面之间隙大小保持恒定，铸锭外廓尺寸（亦即外表面垂直度）稳定。

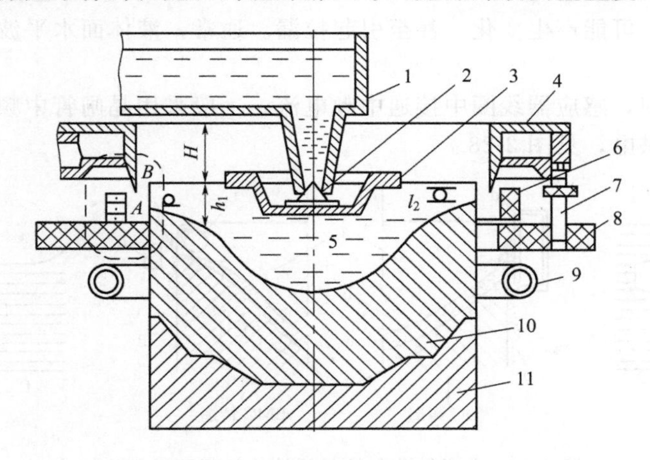

图2-27 电磁成形铸造装置示意

1—流槽；2—节流阀；3—漏斗；4—电磁屏；5—液穴；6—感应器；7—螺栓；8—支持板；9—冷却水杯；10—铸锭；11—引锭器

感应器产生的电磁推力 F：

$$F=k(IW/h)^2 \tag{2-1}$$

式中 I——感应器电流；

W——感应器线圈匝数；

h——感应器高度；

k——与电磁装置结构、电流频率、金属导电率等有关的系数。

金属液柱的静压力 P：

$$P=h_1\rho \tag{2-2}$$

$$h_1=KI^2/\rho g \tag{2-3}$$

式中 ρ——液体金属密度；

g——重力加速度；

h_1——金属液柱高度；

I——电流；

K——与铸锭尺寸、金属电导率、电流频率等有关的系数。

显然，在铸造过程中液柱各点的静压力是不同的。自液-固界面起，往上至液柱的上表面止，静压力逐渐减小。为了在液柱整个高度上维持电磁力和液柱静压力的平衡，在电磁铸造装置中设置了一个用非磁性材料制成的电磁屏蔽。位于感应器内壁与金属液柱之间的电磁屏蔽尺寸为上厚下薄，以逐步衰减上部磁场的强度。电磁力强度的改变，从而适应了沿液柱不同高度上液柱静压力的变化，即在有液柱存在的各个高度上，两个力的大小一直保持平衡。这种平衡的结果，保证了液柱侧表面即铸锭表面的垂度。

要保证上述平衡，必须具备以下三个基本条件。

① 感应器中点（感应器1/2高度处）平面位置上的磁场强度最大，故该平面位置上的电磁力也最大，铸造过程中希望使铸锭凝固的固-液界面控制在这一水平上。合金性质、铸造速度和冷却条件，是决定固-液界面位置的基本因素，必须恰当掌握。

② 电磁屏蔽的材料、形状（尖部角度）和位置应该适当，以使液柱上各点的电磁力和液体金属静压力，都能够保持平衡。

③ 铸造过程中，金属液柱的高度应该保持恒定。否则，铸锭的直径（对于扁锭而言则是厚度和宽度尺寸）可能产生变化，甚至引起拉漏。通常，液体面水平波动应控制在10mm以下，越恒定越好。

电磁铸造过程中，感应器线圈中接通中频电流。一般采用晶闸管中频电源，通过中频变压器向感应器线圈供电，见图2-28。

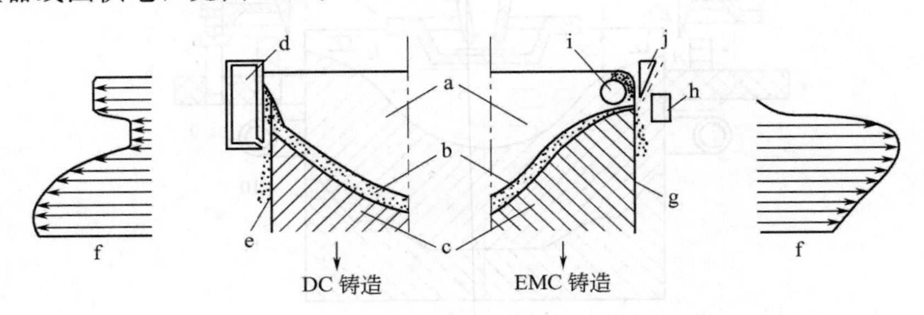

图 2-28 电磁铸造与结晶器铸造的凝固过程比较

a—液体金属；b—液-固界面；c—凝固的铸锭；d—滑动结晶器；e—水冷带；f—热流分布；g—铸锭表面；h—感应器线圈；i—电磁搅拌；j—电磁屏蔽；DC铸造—直接水冷半连续铸造；EMC铸造—电磁成形铸造

电磁铸造的主要特点如下。

① 液体金属与模壁之间始终没有接触。

② 液体金属柱上表面至直接水冷区的距离，已经减少到最小程度，相当于结晶器高度为零。

③ 电磁力作用下，液穴中熔体处于规则的运动状态下结晶。因此，电磁铸造比滑动结晶器铸造的热导出和凝固条件优越得多。电磁铸造独特的冶金特征无疑为改善铸锭表面和内部质量都创造了极为有利的条件。

2.2.3 连铸连轧

连铸连轧生产工艺在铜杆生产上的成功应用，起始于美国南方线材公司于1965年建立的世界第一条铜杆连铸连轧生产线（SCR法）。其后，德国克虏伯公司和意大利康梯纽斯公司也先后研制成功了具有自己特色的铜杆连铸连轧生产线（CONTIROD法和PROPERZI法）。尽管这三种生产方法在设备结构、装机水平和自动化程度等方面存在较大的差别，但其工艺流程基本相同，即经竖炉（也可采用感应电炉或反射炉）熔化、保温炉调温后，通过中间包注入铸造机进行铸造，铸坯经铣棱、表面处理后经多道次连续轧制达到要求的线杆尺寸，然后在冷却管中进行在线冷却、清洗，涂蜡后进入卷线机进行在线卷取。

20世纪80年代，上海冶炼厂联合洛阳有色金属加工设计研究院、北京钢铁设计总院和上海机电设计院建成我国自行设计、制造了第一条铜杆连铸连轧生产线，规模3万～5万吨。连铸连轧技术利用铸造时的热量进行轧制成材，而不经中断和加热，具有对原料要求低、产量大、生产效率高、能耗成本低、质量稳定、性能均匀、表面光亮等特点，给铜工业发展带来一次伟大变革，目前世界上 90%以上的铜线杆都用连铸连轧技术生产。

用阴极铜为原料的连铸连轧生产铜杆一般分为四个步骤：熔化-铸坯-轧制-绕杆，目前建成单条生产线最大产能已达到 48t/h，年产可达到 35 万吨。

SCR 法、CONTIROD 法、PROPERZI 法在设备的总体流程配置上均相似，仅具体到某个设备上有些不同而已。连铸连轧设备主要有熔炼炉、铸造机、轧机。三种连铸连轧法最大的区别在铸机上，三种不同的铸机如图 2-29 所示。

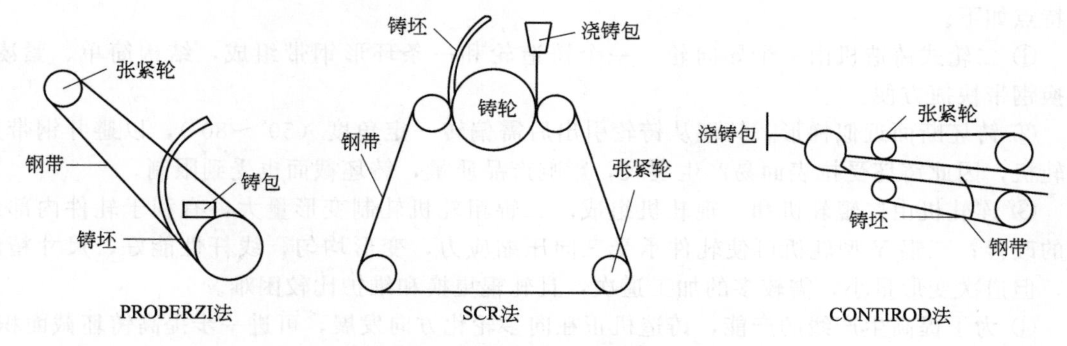

图 2-29　三种连铸连轧法的铸机

1. SCR 法

SCR 法是由美国南方线材公司、摩根公司和西屋电气公司共同研制开发的。主要的工艺设备为：熔化采用美国精炼公司的竖炉，铸造采用五轮钢带式连铸机连铸，轧制配备了摩根二辊悬臂式连轧机组。自 1999 年国内采用的 SCR 铜线杆生产线约为 16 条，最大产能为 32 万吨/年。其主要特点如下。

① 铸造机为五轮式，铸轮上的铜制结晶环与环绕的钢带形成铸模，铸坯为梯形断面，铸坯运行正前方无钢带阻挡，可增大铸坯截面，但铸坯从铸造机出来后有一定的弯曲弧度，进入轧机前需将铸坯变直，表面易产生微小裂纹，影响线坯质量，因而铸坯截面积的增大受到限制。

② 轧机为摩根二辊无扭转悬臂轧机，轧辊平、立交替布置，粗轧机架轧辊为单槽，精轧机架轧辊为双槽或三槽。轧辊采用辊环结构，互换性强，换辊方便迅速。

2. CONTIROD 法

1973 年，德国克虏伯公司在比利时霍博特奥费尔特冶金工厂开发成功光亮铜杆连铸连轧工艺-哈兹列特，克虏伯法，又称 CONTIROD 法。铸造机为双带式，轧机为二辊悬臂式平-立辊克虏伯轧机。其轧制工艺和装备与 SCR 法大体相同，主要区别在于铸造方面。

① 双带式铸造机，由上、下钢带与两侧的青铜挡块链组成四面封闭的矩形模腔，可生产大断面的铸坯（最大断面积可达 9000mm²），线杆总加工率大，产品质量好，产品的规格范围较宽，但设备结构比较复杂，维护较麻烦。

② 由于铸坯冷却均匀，因此铸造温度比其他方法低，一般在 1110～1120℃，铸坯晶粒细小均匀，氧含量低且分布均匀。

③ 采用直线、无湍流、高液态金属压头（在铸模端头）铸造，减少了铸坯的孔隙度，铸坯密度高。

④ 铸坯离开铸模时的方向与轧制线成 150°角，避免了铸坯过大弯曲，表面不易产生裂纹，且避免了外部氧的渗入。

⑤ 在铸造机出口设有二次冷却装置，可在较低的温度开轧（一般不高于850℃）；由于铸造温度和开轧温度较低，生产的线杆晶粒细化、含氧量低、质量好，且再结晶温度低，在拉丝过程中，可降低退火温度，减小能耗。另外，由于克虏伯轧机的两个轧辊可对称调节，全部轧辊辊环均可重磨（最大磨削量为原始直径的10%），辊环寿命长。

3. PROPERZI法

PROPERZI铜杆连铸连轧工艺是意大利康梯纽斯公司于20世纪70年代末在铝杆连铸连轧工艺的基础上发展起来的，所采用的主要设备是二轮式铸造机和三辊Y型轧机，其主要特点如下。

① 二轮式铸造机由一个导向轮、一个铸造轮和一条环形钢带组成，结构简单、紧凑，更换钢带快捷方便。

② 铸坯断面近似梯形，铸坯从铸轮引出后需偏转一定角度（50°～80°），以避开钢带进入轧机，因此铸坯受拉表面易产生裂纹，影响产品质量，铸坯截面也受到限制。

③ 连轧机由二辊轧机和三辊轧机组成。二辊粗轧机轧制变形量大，有利于轧件内部组织的改善；三辊Y型轧机可使轧件承受三向压缩应力，变形均匀，线杆性能好，尺寸精度高，但道次变形量小，需较多的加工道次，且轧辊更换和维护比较困难。

④ 为了提高生产线的产能，铸造机正在向多轮化方向发展，可进一步提高铸坯截面积。

由以上分析可知，上述三种生产方法各有特色，生产出的光亮铜杆质量均超过美国材料试验学会制订的标准（ASTM）。这三种生产线我国均有引进，相比较而言，CONTIROD法与SCR法的工艺技术、设备性能较好，产品质量优于PROPERZI法；但CONTIROD设备价格较高，与其相比SCR设备价格较低。另外，美国南方线材公司不仅是设备制造企业，而且也是铜杆生产企业，具有丰富的生产经验。由于SCR设备经济实用，目前世界上已有70余条SCR生产线，分布在28个国家和地区，产量占世界铜杆产量的50%以上。在我国，铜杆连铸连轧生产线也以SCR法居多。

2.3 铸锭热处理

2.3.1 概述

铜合金的热处理目的与其他合金一样，通过改善铜合金的组织状态可达到所需要的使用性能和工艺性能。由于铜合金无同素异构转变，因此，它与钢铁的热处理不同。铜合金的最常用的热处理工艺可分为退火（均匀化退火、去应力退火和再结晶退火）、固溶处理（淬火）及时效（回火）或固溶处理后进行形变和时效。

2.3.2 铸锭二次加热

大多数铸造铜合金都不能热处理强化，而是在铸造状态下使用。但也有少数铸造铜合金在热处理后使用，如铍青铜、铬青铜、硅青铜和部分高铜合金是热处理强化合金。此外，ω_{Al}为9.4%的铝青铜，经过适当的热处理后能在一定程度上改善其力学性能，特别是耐蚀性能。

铸造铜合金热处理按其应用可分为以下几种。

① 去应力退火。目的在于消除铸造和补焊后产生的内应力。

② 强化热处理。包括固溶处理和时效处理。目的在于提高合金的物理性能、力学性能

和耐蚀性。

③ 消除铸造缺陷的热处理。铸造锡青铜当加热至400～500℃时，α枝晶间的δ相扩散溶入α相中，引起合金的体积膨胀，从而堵塞锡青铜的显微缩孔，改善其耐压性。

铜合金铸锭在热处理时需要注意以下操作要点。

① 加热速度。铜合金具有良好的导热性，但为了防止铸件表面晶粒粗化和厚截面铸件内部产生过大的热应力，加热和冷却速度都要控制适当，并使之均匀加热和冷却。

② 温度控制。某些铜合金的固溶处理温度很接近其固相线温度，容易产生过热和过烧，应当精确控制热处理温度。淬火转移速度对可热处理强化的铜合金的性能有较大的影响，因此要求固溶处理后迅速淬火。

③ 防止变形。青铜等时效处理时，伴随着产生较大的体积应变，容易产生翘曲和变形。为减少变形，时效处理可分为两个阶段进行，即先在200～250℃保温一段时间后再升到规定的时效温度，也可以采取较高的时效温度，即轻度过时效。

④ 防止裂纹。沉淀强化铜合金存在热处理开裂倾向，其原因是在严重过时效情况下部分强化相在晶界上析出并长大，产生了相变应力而导致沿晶开裂。主要防止办法是在不影响合金力学性能的条件下，将合金化元素的成分范围向中下线控制，时效处理时严格控制时效温度和时间。

热处理缺陷及消除方法如表2-3所示。

表2-3 热处理缺陷及消除办法

缺陷	产生原因	消除方法
翘曲、变形	加热和冷却速度过快，产生较大应力的铸件装炉放置不当	调整加热和冷却速度，调整铸件在炉中的安装方向或采用夹具
过热、过烧	固溶处理温度过高，控温系统不正常	调整固溶处理温度，检测控温系统、热电偶、指示仪表是否正常
硬度低	淬火(固溶处理)温度过低，时效温度过低或过高、时效时间不足	调整淬火温度、时效温度或时间，允许重新固溶处理
表面亮度差	光亮热处理时，使用的保护气体(离解氨)含有水分或离解度低，降低了保护作用	更换气体干燥剂，调整氨气的分解温度

2.3.3 均匀化处理

铜合金均匀化退火的目的是为了消除或减少铸锭、铸件枝晶偏析等成分不均匀性。当合金在非平衡结晶时，均产生晶内偏析，以Cu-Ni合金为例来说明合金产生晶内偏析的过程。

金属从液态转变为固态的过程称为结晶，而结晶的过程是先形成晶核，然后晶核进一步长大，直至液相全部消失为止。晶核长大方式，在一般情况下是以枝晶形式生长，即在晶核开始成长的初期，晶粒外形大多数是比较规则，但随着晶粒的生长，枝晶棱角形成，棱角处的散热条件优于其他部位，因而得到优先生长，如树枝一样长出枝干，再长出分枝，最后把晶间填满，这种成长方式叫枝晶成长。

Cu-Ni合金的结晶过程是以枝晶方式成长。最先生成的枝干含高熔点的元素Ni较多，而后生成的枝干含高熔点的Ni逐渐减少，含铜较高。因此，在一个晶粒内就出现成分不均匀现象，称晶内偏析或称枝晶偏析，其显微组织如图2-30所示。由图可见，固溶体呈树枝状，先结晶的枝干富Ni，不易浸蚀呈白亮色，而后结晶的枝晶富铜，易受浸蚀而呈暗黑色。图2-31中的铸造Cu-Ni合金经均匀化退火后的组织特点，是枝晶偏析消除而形成均匀单相固溶体。

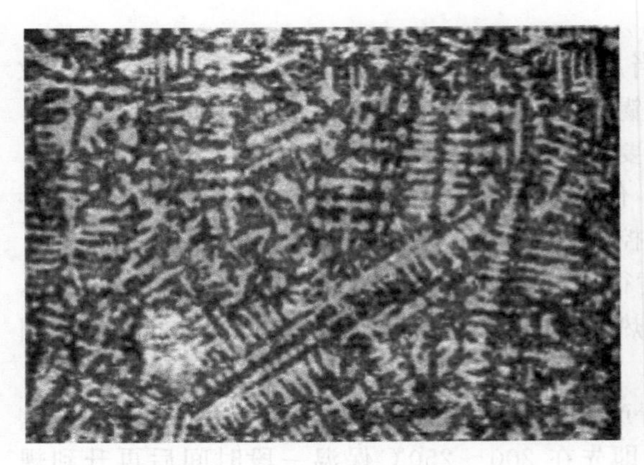

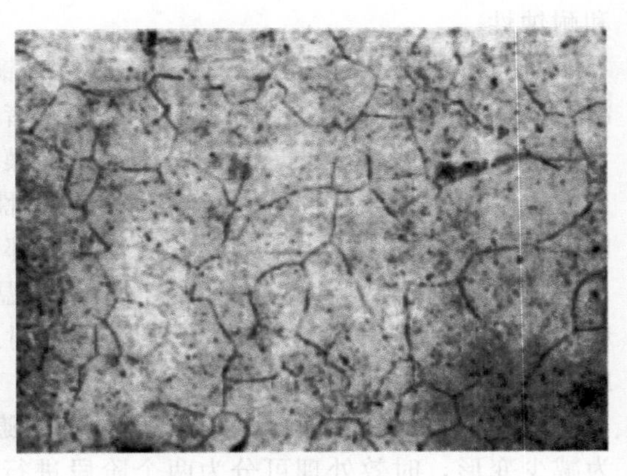

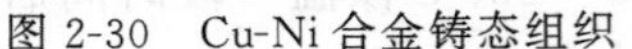

图 2-30　Cu-Ni 合金铸态组织　　　图 2-31　Cu-Ni 合金均匀化退火后的组织

当在极其缓慢冷却条件下平衡结晶时，可通过 Ni 原子和 Cu 原子的扩散使成分均匀。铸锭或铸件中晶内偏析程度，主要取决于铸造时的冷却速度和原子的扩散能力。在其他条件相同时，冷却速度愈快，晶内偏析程度也愈严重。偏析元素在固溶体中的扩散能力愈小，合金状态图固相线与液相线之间间隔愈大，则形成枝晶偏析的倾向性愈大。

工业生产中，铜及铜合金一般采用半连续和连续铸造生产。由于这种工艺凝固过程冷却速度很快，故铜合金中 Sn、Ni 等元素都会出现偏析。存在成分偏析的铸锭，若直接进行压力加工，很容易发生开裂。另外，由于铸锭冷却快，内部还存在着相当严重的内应力，这也会加剧铸锭在加工过程中的开裂倾向。因此，除纯铜锭外，合金铸锭一般都要进行均匀化退火，以消除晶内偏析及内应力，提高铸锭的塑性。另外，均匀化退火，对改善加工后的半成品组织和性能、提高塑性与耐蚀性也有益处。

均匀化退火，是将铸锭或铸件加热到低于固相线的温度约 100～200℃，长时间保温，并进行缓慢冷却的工艺。均匀化退火的过程是一个原子扩散的过程。因此，均匀化退火也称扩散退火。

影响均匀化退火质量的因素主要是加热温度和保温时间。加热温度愈高，原子扩散愈快，故保温时间可以缩短，生产效率得到提高。但加热温度过高，易出现晶粒粗大或过烧(即合金沿晶界熔化)，以致使机械性能降低而造成废品；保温时间决定于加热温度及合金的原始组织及批量大小等。合金化程度愈高，合金组织愈粗大，耐热性愈好，所需保温时间就愈长。铜合金铸锭的均匀化时间，一般为 1h，合金形变后均匀化时间可大大缩短。

对于组织复杂的合金以及合金化程度高而塑性差和形状复杂的铸件，加热速度不能过快，以防止热应力及组织应力使铸件在加热过程中的开裂。据此，铝青铜、锰青铜、硅青铜等偏析程度小的合金，一般采用反复冷轧并进行中间退火，就可以消除枝晶偏析，通常不需要进行均匀化退火；而对于锡青铜、锡磷青铜由于偏析程度大，则必须进行均匀化退火。

参考文献

[1] 肖恩奎，李耀群．铜及铜合金熔炼与铸造技术［M］．北京：冶金工业出版社，2007.

[2] 孝云祯，马宏声．有色金属熔炼与铸锭［M］．沈阳：东北大学出版社，1994.

[3] 马宏声．有色金属锭坯生产技术［M］．北京：化学工业出版社，2007.

[4] 卓震宇，倪红军，孙宝德．铜净化技术的研究和应用［J］．铸造，2002，51（2）：73-76.

[5] 高海燕，倪红军，孙宝德．电解铜熔体净化技术［J］．铸造技术，2005，25（4）：234-238.

[6] 高海燕，王俊．铜熔体的过滤脱氧［J］．上海交通大学学报，2005，39（7）：1098-1102.
[7] 陈海清．提高铜浮渣反射炉熔炼金银回收率的研究［J］．湖南有色金属，2007，23（5）：68-72.
[8]《有色金属提取冶金手册》编委会．有色金属提取冶金手册［M］．北京：冶金工业出版社，1992.
[9] 傅崇说．有色冶炼原理［M］．北京：冶金工业出版社，1984.
[10] 彭容秋．重金属冶金学．第 2 版［M］．长沙：中南大学出版社，2004.
[11] 涂福炳，梅炽．工频熔锌炉感应体熔沟内流动状态的数值仿真研究［J］．热能工程，2001，（1）：20-23.
[12] 李秋菊，王连登，魏喆良等．熔体温度处理对磷铜变质 Al-20% Si 组织的影响［J］．福建工程学院学报，2013，11（1）：43-46.
[13] 王连登，朱定一，陈永禄等．熔体温度处理及变质对 Al-20% Si 合金凝固组织的影响［J］．中国有色金属学报，2011，21（9）：2075-2083.
[14] Wang L D，Zhu D Y，Wei Z L. Effect of the mixing-melt and superheating on the primary Si phase of hypereutectic Al-20% Si alloy［J］. Advanced Materials Research，2011，79（146/147）：79-88.
[15] 张建益，董晟全，梁艳峰．变质处理对高锌无铅黄铜组织与性能的影响［J］．铸造技术，2011，31（2）：203-206.
[16] 王继军，刘庆，曹安琪等．电磁搅拌对 C3604 铜合金水平连铸坯组织性能的影响［J］．铸造，2014，63（6）：536-540.
[17] 郭宏林，宋延沛，阎建军．电磁搅拌技术在铜管水平连铸生产中的应用研究［J］．有色金属加工，2009，38（1）：21-25.
[18] 胡赓祥，蔡珣，戎咏华．材料科学基础［M］．上海：上海交通大学出版社，2008.
[19] 曹志强，李廷举，张红亮等．7050 铝合金软接触连铸扁锭裂纹抑制原因分析［J］．稀有金属材料与工程，2010，39（12）：2222-2226.
[20] 王艳风，张玉开，张戬等．大规格铜合金铸锭感应加热控制技术的应用［J］．机械研究与应用，2015，（4）：205-208.
[21] 张御天，高海燕．上引熔铜炉炉体和铜液的净化工艺［J］．特种铸造及有色合金，2005，25（3）：177-179.
[22] 于海岐，朱苗勇．板坯结晶器电磁制动和吹氩过程的钢/渣界面行为［J］．金属学报，2008，44（9）：1141-1148.
[23] 张莹，徐金华，谢水生等．半固态 AZ31 流变铸轧温度场数值模拟［J］．热加工工艺，2010，39（23）：55-58.
[24] 杨运川．SCR 连铸连轧法制备 Cu-Sn 接触线工艺及 Sn 对组织和性能的影响［J］．材料导报，2012，26（2）：86-89.
[25] 钱建辉，齐增生．连铸连轧铜管挤压模具的选材与热处理［J］．热加工工艺，2008，37（16）：76-80.
[26] 刘淑云．铜及铜合金的热处理［M］．北京：机械工业出版社，1990.
[27] 董琦韩，汪明朴，贾延琳等．Cu-Fe-P-Zn 合金铸态及均匀化组织［J］．中南大学学报（自然科学版），2012，43（12）：4659-4663.
[28] 王智祥，李建云，刘峰等．镍铝复杂黄铜均匀化组织及扩散动力学研究［J］．热加工工艺，2012，41（20）：192-194.
[29] 曹中秋，牛焱，吴维．不同方法制备的 Cu-Ni 合金氧化行为研究［J］．稀有金属材料与工程，2005，34（4）：644-648.
[30] Reidar H. On the Influence of Non-Protective CuO on High-Temperature Oxidation of Cu-Rich Cu-Ni Based Alloy［J］. Oxid met，1999，52：427-433.
[31] 王军，殷俊林，严彪．Cu-Ni-Sn 合金的发展与应用［J］．上海有色金属，2004，25（4）：184-186.
[32] 路俊攀，李湘海．加工铜及铜合金金相图谱［M］．长沙：中南大学出版社，2010.

第3章

加　工

3.1　塑性加工基础

3.1.1　塑性变形机制

金属塑性加工是以塑性为前提，在外力作用下进行的。从金属塑性加工的角度出发，人们总是希望金属具有高的塑性。但随着科学技术的发展，出现了许多低塑性、高强度的新材料需要进行塑性变形。因此，研究提高金属的塑性问题具有重要意义。

1. 塑性的基本概念

塑性是指固体金属在外力作用下能稳定地产生永久变形而不破坏其完整性的能力。因此，塑性反映了材料产生塑性变形的能力。塑性的好坏或大小，可用金属在破坏前产生的最大变形程度来表示，并称其为“塑性极限”或“塑性指标”。

人们有时会把金属的塑性与柔软性混淆起来，其实它们是有严格区别的两种概念，前者是指金属的流动性能，指是否易于变形而言，后者则是指金属抵抗变形的能力，是指变形量的大小而言，即塑性好的金属不一定易于变形，因为变形抗力不一样，如铜的塑性好，并不像铅那样易于变形，因为铜的变形抗力较高。而铅的柔软性，主要不是指它的塑性好，而是指它变形抗力很小。所有的金属在高温下变形抗力都很小，可以说具有很好的柔软性，但绝对不能肯定它们必然有良好的塑性。因为温度过高往往使其产生过热或过烧，在变形时，就容易产生裂纹，即塑性变坏。可见，金属的塑性与柔软性是完全不同的概念。

研究金属塑性的目的是为了探索金属塑性的变化规律，寻求改善金属塑性的途径，以便选择合理的加工方法，确定最适宜的加工工艺制度，为提高产品的质量提供理论依据。

2. 塑性指标及其测量方法

(1) 塑性指标

为了便于比较各种材料的塑性性能和确定每种材料在一定变形条件下的加工性能，需要有一种度量指标，这种指标称为塑性指标，即金属在不同变形条件下允许的极限变形量。

由于影响金属塑性的因素很多，所以很难采用一种通用指标来描述。目前人们大量使用的仍是那些在某特定的变形条件下所测出的塑性指标。如拉伸试验时的断面收缩率及延伸率；冲击试验所得冲击韧性；镦粗或压缩实验时，第一条裂纹出现前的单向压缩率（最大压缩率)；扭转实验时出现破坏前的扭转角（或扭转数)；弯曲实验试样破坏前的弯曲角度等。

(2) 塑性指标的测量方法

① 拉伸试验法　用拉伸试验法可测出破断时最大延伸率（δ）和断面收缩率（ψ)，δ 和 ψ 的数值由下式确定：

$$\delta=\frac{L_h-L_0}{L_0}\times 100\% \tag{3-1}$$

$$\psi=\frac{F_0-F_h}{F_0}\times 100\% \tag{3-2}$$

式中　L_0——拉伸试样原始标距长度；

L_h——拉伸试样破断后标距间的长度；

F_0——拉伸试样原始断面积；

F_h——拉伸试样破断处的断面积。

② 压缩试验法　在简单加载条件下，因压缩试验法测定的塑性指标用下式确定：

$$\varepsilon=\frac{H_0-H_h}{H_0}\times 100\% \tag{3-3}$$

式中　ε——压下率；

H_0——试样原始高度；

H_h——试样压缩后，在侧表面出现第一条裂纹时的高度。

③ 扭转试验法　扭转试验法是在专门的扭转试验机上进行。试验时圆柱体试样的一端固定，另一端扭转。随试样扭转数的不断增加，最后将发生断裂。材料的塑性指标用破断前的总扭转数（n）来表示，对于一定试样，所得总转数越高，塑性越好，可将扭转数换作为剪切变形（γ）。

$$\gamma=R\ \frac{\pi n}{30L_0} \tag{3-4}$$

式中　R——试样工作段的半径；

L_0——试样工作段的长度；

n——试样破坏前的总转数。

④ 轧制模拟试验法　在平辊间轧制楔形试件，用偏心轧辊轧制矩形试样，找出试样上产生第一条可见裂纹时的临界压下量作为轧制过程的塑性指标。

上述各种试验，只有在一定条件下使用才能反映出正确的结果，按所测数据只能确定具体加工工艺制度的一个大致的范围，有时甚至与生产实际相差甚远。因此需将几种试验方法所得结果综合起来考虑才行。

3. 塑性变形机制

塑性变形是指物体在外力的作用下产生形变，当施加的外力撤除或消失后该物体不能恢复原状的一种物理现象。

单晶体产生塑性变形的原因是原子的滑移错位，塑性变形的主要机制为滑移与孪生。工业上实际使用的金属和合金绝大部分都是多晶体，多晶体是由大小、形状和位向不同的晶粒组成，晶粒之间由晶界相连，因而多晶体的变形比单晶体要复杂得多。

(1) 多晶体变形的特点

① 变形不均匀　多晶体内的晶界及相邻晶粒的不同取向对变形产生重要的影响。如果将一个只有几个晶粒的试样进行拉伸变形，变形后就会产生“竹节效应”，见图 3-1。此种现象说明，在晶界附近变形量较小，而在晶粒内部变形量较大。

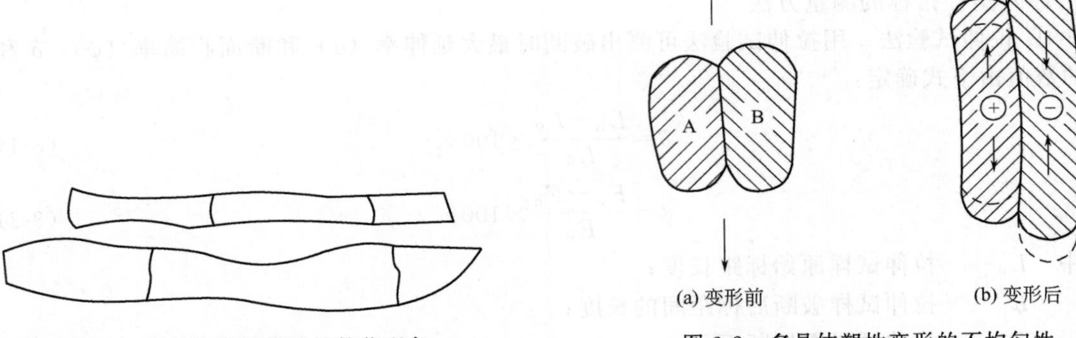

图 3-1　多晶体塑性变形的竹节现象

图 3-2　多晶体塑性变形的不均匀性

多晶体塑性变形的不均匀性，不仅表现在同一晶粒的不同部位，而且也表现在不同晶粒之间。当外力加在具有不同取向晶粒的多晶体上时，每个晶粒滑移系上的分切应力因取向因子不同而存在着差异。因此，不同晶粒进入塑性变形阶段的早晚也不同。如图 3-2 所示，分切应力首先在软取向的晶粒 B 中达到临界值，优先发生滑移变形；而与其相邻的硬向晶粒 A，由于没有足够的切应力使之滑移，不能同时进入塑性变形。这样硬取向的晶粒将阻碍软取向晶粒的变形，于是在多晶体内便出现了应力与变形的不均匀性。另外在多晶体内部力学性能不同的晶粒，由于屈服强度不同，也会产生类似的应力与变形的不均匀分布。

图 3-3 是粗晶铝在总变形量相同时，不同晶粒所承受的实际变形量。由图可见，不论是同一晶粒内的不同位置，还是不同晶粒间的实际变形量都不尽相同。因此，多晶体在变形过程中存在着普遍的变形不均匀性。

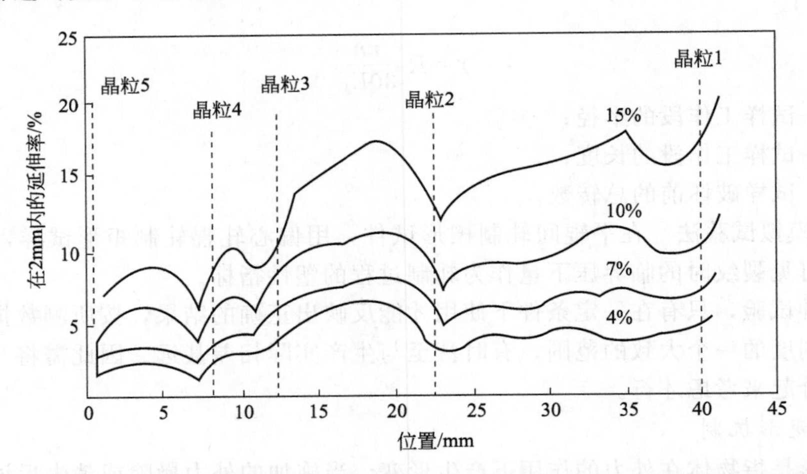

图 3-3　多晶铝的几个晶粒各处的应变量（垂直虚线是晶界，线上的数字为总变形量）

② 晶界的作用及晶粒大小的影响　多晶体的塑性变形还受到晶界的影响。在晶界中，原子排列是不规则的，在结晶时这里还积聚了许多不固溶的杂质，在塑性变形时这里还堆积了大量位错（一般位错运动到晶界处即行停止），此外还有其他缺陷，这些都造成了晶界内的晶格畸变。所以，晶界使多晶体的强度、硬度比单晶体高。多晶体内晶粒越细，晶界区所占比率就越大，金属和合金的强度、硬度也就越高。此外，晶粒越细，即在同一体积内晶粒数越多，塑性变形时变形分散在许多晶粒内进行，变形也会均匀些，与具有粗大晶粒的金属相比，局部地区发生应力集中的程度较轻，因此出现裂纹和发生断裂也会相对较迟，这就是

说，在断裂前可以承受较大的变形量，所以细晶粒金属不仅强度、硬度高，而且在塑性变形过程中塑性也较好。

多晶体由于晶粒具有各种位向和受晶界的约束，各晶粒的变形先后不同、变形大小不同，晶体内甚至同一晶粒内的不同部位变形也不一致，因而引起多晶体变形的不均匀性。由于变形的不均匀性，在变形体内就会产生各种内应力，变形结束后不会消失，成为残余应力。

(2) 多晶体的塑性变形机构

多晶体的塑性变形包括晶内变形和晶间变形两种。晶内变形的主要方式是滑移和孪生。晶间变形包括晶粒之间的相对移动和转动、溶解——沉积机构以及非晶机构。冷变形时以晶内变形为主，晶间变形对晶内变形起协调作用。热变形时则晶内变形和晶间变形同时起作用，这里主要讨论晶间变形机构。

① 晶粒的转动与移动　多晶体变形时，由于各晶粒原来位向不同，变形发生、发展情况各异，但金属整体的变形应该是连续的、相容的（不然将立刻断裂），所以在相邻晶粒间产生了相互牵制又彼此促进的协同动作，因而出现力偶（图3-4），造成了晶粒间的转动，晶粒相对转动的结果可促使原来位向不适于变形的晶粒开始变形，或者促使原来已变形的晶粒能继续变形。另外，在外力的作用下，当晶界所承受的切应力已达到（或者超过了）阻止晶粒彼此间产生相对移动的阻力时，则将发生晶间的移动。

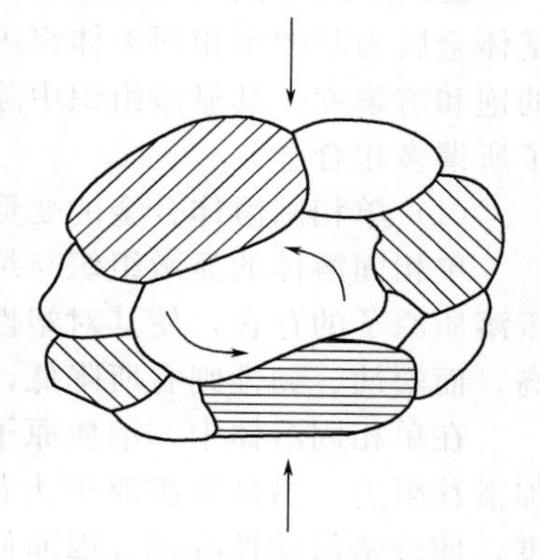

图 3-4　晶粒的转动

晶粒的转动与移动，常常造成晶间联系的破坏，出现显微裂纹。如果这种破坏完全不能依靠其他塑性变形机构来修复时，继续变形将导致裂纹的扩大与发展并引起金属的破坏。

由于晶界难变形的作用，低温下晶间强度比晶内大，因此低温下发生晶界移动与转动的可能性较小，晶间变形的这种机构只能是一种辅助性的过渡形式，它本身对塑性变形贡献不大，同时，低温下出现这种变形，又常常是断裂的预兆。

在高温下，由于晶间一般有较多的易熔物质，并且因晶格的歪扭原子活泼性比晶内大，所以晶间的熔点温度比晶粒本身低，而产生晶粒的移动与转动的可能性大。同时伴随着产生了软化与扩散过程，能很快地修复与调整因变形所破坏的联系，因此金属借助晶粒的移动与转动能获得很大的变形，且没有断裂的危险。可以认为，在高温下这种变形机构比晶内变形所起的作用大，对整个变形的贡献也较多。

② 溶解——沉积机构　在研究高温缓慢变形条件下两相合金的塑性变形时确定了这个机构。该机构的实质是一相晶体的原子迅速而飞跃式的转移到另一相的晶体中去。为了完成原子由一相转移至另一相，除了应保证两相有较大的相互溶解度以外，还必须具备下列条件：(a) 因为原子的迁移，最大可能是从相的表面层进行，故应随着温度的变化或原有相晶体表面大小及曲率的变化，伴随有最大的溶解度改变；(b) 在变形时，必须有利于进行高速溶解和沉积产生的扩散过程，也就是说应具备足够高的温度条件。

溶解——沉积机构的重要特点是塑性变形在两相间的界面上进行，又由于金属的沉淀很容易在显微空洞和显微裂纹中进行，则原子的相间转移可使这些显微空洞和裂纹消除，起着修复损伤的作用，从而可使金属的塑性显著增大。

③ 非晶机构　非晶机构是指在一定的变形温度和速度条件下，多晶体中的原子非同步

的连续的在应力场和热激活的作用下，发生定向迁移的过程。它包括间隙原子和大的置换式溶质原子将从晶体的受压缩的部位向宽松部位迁移；空位和小的置换式溶质原子将从晶体的宽松部位向压缩部位迁移。大量原子的定向迁移将引起宏观的塑性变形，其切应力取决于变形速度和静水压力。在受力状态下，由温度的作用产生的这种变形机制，又称热塑性。这种机制在多晶体的晶界进行得尤其激烈。这是因为，晶界原子的排列是很不规则的，畸变相当严重，尤其当温度提高至 $0.5T_{熔}$ 以上时，原子的活动能力显著增大，所以原子沿晶界具有异常高的扩散速度。这种变形机制即使在较低的应力下，也会随时间的延续不断地发生，只不过进行的速度缓慢些。温度越高，晶粒越小，扩散性形变的速度就越快，此种变形机制强烈地依赖于变形温度。

3.1.2 塑性变形及其影响因素

1. 合金的塑性变形

生产中实际使用的金属材料大部分是合金，合金按其组织特征可分为两大类：①具有以基体金属为基的单相固溶体组织，称单相合金；②加入合金元素数量超过了它在基体金属中的饱和溶解度，其显微组织中除了以基体金属为基的固溶体以外，还将出现新的第二相构成了所谓多相合金。

(1) 单相固溶体合金的变形

单相固溶体的显微组织与纯金属相似，因而其变形情况也与之类同，但是在固溶体中由于溶质原子的存在，使其对塑性变形的抗力增加。固溶体的强度、硬度一般都比其溶剂金属高，而塑性、韧性则有所降低，并具有较大的加工硬化率。

在单相固溶体中，溶质原子与基体金属组织中的位错产生交互作用，造成晶格畸变而增加滑移阻力。另外异类原子大都趋向于分布在位错附近，又可减少位错附近晶格的畸变程度，使位错易动性降低，因而使滑移阻力增大。

(2) 多相合金的变形

多相合金中的第二相可以是纯金属、固溶体或化合物，其塑性变形不仅和基体相的性质，而且和第二相（或更多相）的性质及存在状态有关。如第二相本身的强度、塑性、应变硬化性质、尺寸大小、形状、数量、分布状态、两相间的晶体学匹配、界面能、界面结合情况等。这些因素都对多相合金的塑性变形有影响，下面将按最常见的两种第二相分布方式来分别讨论。

① 聚合型两相合金的塑性变形　合金中第二相粒子的尺寸与基体晶粒的尺寸如属同一数量级，就称为聚合型两相合金。在聚合型两相合金中，如果两个相都具有塑性，则合金的变形情况决定于两相的体积分数。

假设合金的各相在变形时应变是相等的，则对于一定应变时合金的平均流变应力为：

$$\sigma=f_1\sigma_1+f_2\sigma_2 \tag{3-5}$$

式中　f_1、f_2——两个相的体积分数，$f_1+f_2=1$；

σ_1、σ_2——两个相在给定应变时的流变应力。

如假定各相在变形时受到的应力是相等的，则对于一定应力时的合金的平均应变为：

$$\varepsilon=f_1\varepsilon_1+f_2\varepsilon_2 \tag{3-6}$$

式中　ε_1、ε_2——在给定应力下两个相的应变。

由式（3-5）和式（3-6）可知，并非所有的第二相都能产生强化作用。只有当第二相为较强的相时，合金才能强化，当合金发生塑性变形时，滑移首先发生于较弱的一相中；如果较强的相数量很少时，则变形基本上是在较弱相中进行；如果较强相体积分数占到30%时，较弱相一般不能彼此相连，这时两相就要以接近于相等的应变发生变形；如较强相的体积分数高于70%时，则该相变为合金的基体相，合金的塑性变形将主要由较强合金相控制。

如两相合金中，一相是塑性相，而另一相为硬而脆的相时，则合金的力学性能主要决定于硬脆相的存在情况。当发生塑性变形时，在硬而脆的第二相处将产生严重的应力集中并且过早地断裂。随着第二相数量的增加，合金的强度和塑性皆下降。在这种情况下，滑移变形只限于基体晶粒内部，硬而脆的第二相几乎不能产生塑性变形。

② 弥散分布型两相合金的塑性变形　两相合金中，如果第二相粒子十分细小，并且弥散地分布在基体晶粒内，则称为弥散分布型两相合金。在这种情况下，第二相质点可能使合金的强度显著提高而对塑性和韧性的不利影响可减至最小程度。第二相以细小质点的形态存在而合金显著强化的现象称弥散强化。

弥散强化的主要原因如下：当第二相在晶体内呈弥散分布时，一方面相界（即晶界）面积显著增多并使其周围晶格发生畸变，从而使滑移抗力增加。但更重要的是这些第二相质点本身成为位错运动的障碍物。

第二相质点以两种明显的方式阻碍位错的运动。当位错运动遇到第二相质点时，质点或被位错切开（软质点）或阻拦位错而迫使位错只有在加大外力的情况下才能通过。

当质点小而软，或为软相时，位错能割开它并使其变形，如图3-5所示，这时加工硬化小，但随质点尺寸的增大而增加。

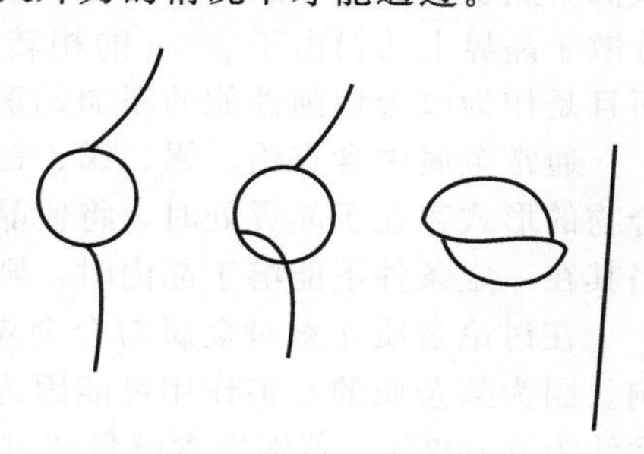
图3-5　位错切开软相

当质点坚硬而难于被位错切开时，位错不能直接越过这种第二相质点，但在外力作用下，位错线可以环绕第二相质点发生弯曲，最后在质点周围留下一个位错环而让位错通过。使位错线弯曲将增加位错影响区的晶格畸变能，增加位错移动的阻力，使滑移抗力提高。位错线弯曲的半径越小，所需外力越大。因此，在第二相数量一定的条件下，第二相质点的弥散度越大（分散成很细小的质点），则滑移抗力越大，合金的强化程度越高（因为位错线的弯曲半径，取决于质点间距离，质点细化使质点数目增多而质点空间间距减小）。但应注意，第二相质点细化，对合金强化的贡献是有一个限度的，当质点太细小时，质点间的空间间距太小，这时位错线不能弯曲，但可“刚性的”扫过这些极细小的质点，因而强化效果反而降低。这就存在着一个能造成最大强化的第二相质点间距λ，这个临界参数有下列计算式：

$$\lambda=\frac{4(1-f)r}{3f} \tag{3-7}$$

式中　f——半径为r的球形质点所占体积分量。

对一般金属λ值约为25～50个原子间距。当质点间距小于这个数值时，强化效果反而减弱。

第二相呈弥散质点分布时，对合金塑性、韧性影响较小，因为这样分布的质点几乎不影响基体相的连续性，塑性变形时第二相质点可随基体相的变形而“流动”，不会造成明显应力集中，因此，合金可承受较大的变形量而不致破裂。

2. 塑性变形的影响因素

影响金属塑性变形的主要因素有两个方面，其一是变形金属本身的晶格类型，化学成分和组织状态等内在因素；其二是变形时的外部条件，如变形温度、变形速度和变形的力学状态等。因此，只要有合适的内、外部条件，就有可能改变金属的塑性行为。

(1) 影响塑性的内部因素

① 化学成分　化学成分对金属塑性的影响是很复杂的。工业用的金属除基本元素之外大都含有一定的杂质，有时为了改善金属的使用性能还人为地加入一些其他元素，这些杂质和加入的合金元素，对金属的塑性均有影响。

(a) 杂质　一般而言，金属的塑性是随纯度的提高而增加的。例如纯度为99.96%的铝，延伸率为45%，而纯度为98%的铝，其延伸率则只有30%左右。金属和合金中的杂质，有金属、非金属、气体等，它们所起的作用各不相同。应该特别注意那些使金属和合金产生脆化现象的杂质。因为由于杂质的混入或它们的含量达到一定的值后，可使冷热变形都非常困难，甚至无法进行，例如钨中含有极少量（百万分之一）的镍时，就大大降低钨的塑性。因此，在退火时应避免钨丝与镍合金接触，又如纯铜中的铋和铅都为有害杂质，含十万分之几的铋，将使热变形困难；当铋含量增加到万分之几时，冷热变形难于进行。铅含量超过0.03%时引起热脆现象。

杂质的有害影响，不仅与杂质的性质及数量有关，而且与其存在状态，杂质在金属基体中的分布情况和形状有关，例如铅在纯铜及低锌黄铜中的有害作用，主要是由于铅在晶界形成低熔点物质，破坏热变形时晶间的结合力，产生热脆性。但在α+β两相黄铜中则不同，分散于晶界上的铅由于β⇔α的相转变而进入晶内，对热变形无影响，此时的铅不仅无害，而且是作为改善切削性能的添加元素。

通常金属中含有铅、锡、锑、铋、磷、硫等杂质，当它们不溶于金属中，而以单质或化合物的形式存在于晶界处时，将使晶界的联系削弱，从而使金属冷热变形的能力显著降低。当其在一定条件下能溶于晶内时，则对合金的塑性影响较小。

在讨论杂质元素对金属与合金塑性的有害影响时，必须注意各杂质元素之间的相互影响。因为某杂质的有害作用可能因为另一杂质元素的存在而得到改善。例如铋在铜中的溶解度约为0.002%，若铜中含铋量超过了此数，则多余的铋能使铜变脆。这是由于铋和铜之间的界面张力的作用，促使铋沿着铜晶粒的边界面扩展开，铜晶粒被覆一层金属铋的网状薄膜，显著降低晶粒间的联系而变脆，故一般铜中允许的含铋量不大于0.002%。但若在含铋的铜中加入少量的磷，又可使铜的塑性得到恢复。因为磷能使铋和铜之间的界面张力降低，改善了铋的分布状态，使之不能形成连续状的薄膜。又如，硫几乎不溶于铁中，在钢中硫以FeS及Ni的硫化物（NiS，Ni_3S_2）的夹杂形式存在。FeS的熔点为1190℃，Fe-FeS及FeS-FeO共晶的熔点分别为985℃和910℃；NiS和Ni-Ni_3S_2共晶的熔点分别为797℃和645℃。当温度达到共晶体和硫化物的熔点时，它们就熔化、变形中引起开裂，即产生所谓的红脆现象。这是因为Fe、Ni的硫化物及其共晶体是以膜状包围在晶粒外边的缘故。如在钢中加入少量Mn，形成球状的硫化锰夹杂，并且MnS的熔点又高（1600℃），因此，在钢中同时有硫和适量的锰元素存在而形成MnS以代替引起红脆的硫化铁时，可使钢的塑性提高。

气体夹杂对金属塑性的有害作用可举工业用钛为例来说明。氮、氧、氢是钛中的常见杂质，微量的氮（万分之几）可使钛的塑性显著下降。氧可以在高温下强烈地以扩散方式渗入钛中，使钛的塑性变坏，氢甚至可以使存放中的钛及其合金的半成品发生破裂。因此，规定氢在钛及其合金中的含量不得超过0.015%。

(b) 合金元素　对塑性的影响，在本质上与前述杂质的作用相同，不过合金元素的加入，多数是为了提高合金的某种性能（为了提高强度、提高热稳定性、提高在某种介质中的耐蚀性等）而人为加入的。合金元素对金属材料塑性的影响，取决于加入元素的特性，加入数量，元素之间的相互作用。

当加入的合金元素与基体的作用（或者几种元素的相互作用）使在加工温度范围内形成单相固溶体（特别是面心立方结构的固溶体）时，则有较好的塑性，如果加入元素的数量及组成不适当，形成过剩相，特别是形成金属间化合物或金属氧化物等脆性相，或者使在压力加工温度范围内两相共存，则塑性降低。紫铜的塑性是很好的，如果往铜中加入适量的锌，组成铜锌合金-普通黄铜，则因黄铜是面心立方结构的α相固溶体组织，塑性仍然较好。但当加入的锌量超过39%～50%，就形成两相组织（α＋β）或单相组织（β相）。β相是体心立方结构，其低温塑性较差，这可由铜一锌系状态图及铜锌合金的力学性能随锌含量变化的图3-6中看出。又如在锰黄铜中，由于锰可以溶于固态黄铜中，添加少量的锰对黄铜组织无显著影响，并可提高其强度而不降低塑性。当锰含量超过4%时，由于溶解度的降低，出现新的含锰量多的ζ相。ζ相是脆性相，使锰黄铜的塑性降低。

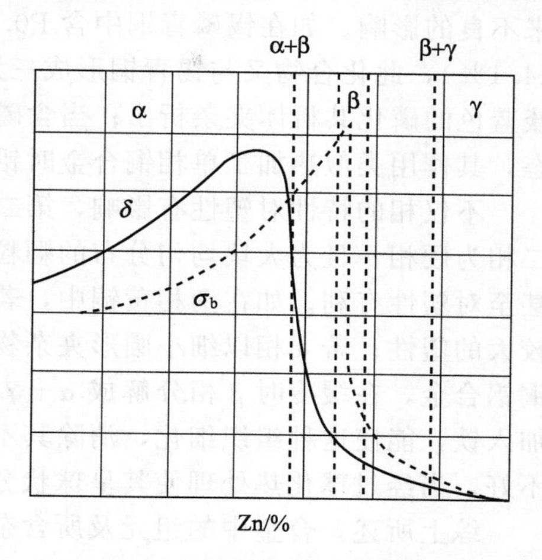

图3-6 铜锌合金的力学性能与含锌量的关系

对于二元以上的多元合金，由于各元素的不同作用及元素之间的相互作用，对金属材料塑性的影响是不能一般而论的，图3-7说明Mg-Al-Zn系变形镁合金中的铝、锌含量对塑性和强度有影响。由图3-7(a)可知，随铝含量的增加，合金的塑性指标（δ）逐渐降低，当铝含量超过12%时，δ值几乎降低到零，而图3-7(b)表明，当含约5%以下的锌时，却能使合金的塑性得到改善。

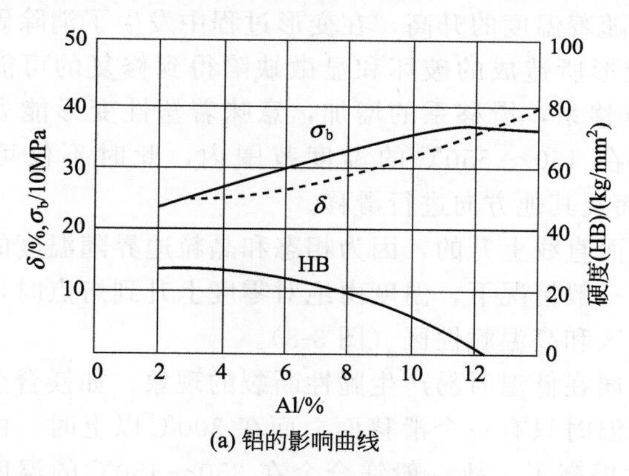

(a) 铝的影响曲线

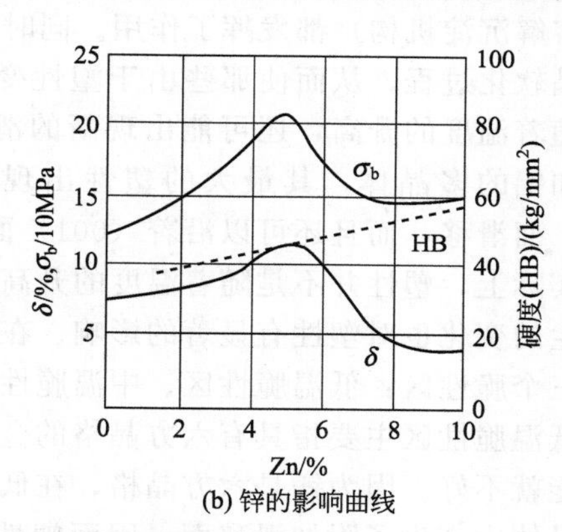

(b) 锌的影响曲线

图3-7 镁合金中铝、锌含量对合金力学性能的影响

② 组织结构 金属与合金的组织结构是指组元的晶格、晶粒的取向及晶界的特征而言。

面心晶格的塑性最好（如Al、Ni、Pb、Au、Ag等），体心晶格次之（如Fe、Cr、W、Mo等），六方晶格的塑性较差（如Zr、Hf、Ti等）。

多数金属单晶体在室温下有较高的塑性，相比之下多晶体的塑性则较低。这是由于一般情况下多晶体晶粒的大小不均匀、晶粒方位不同、晶粒边界的强度不足等原因所造成的。如果晶粒细小，则标志着晶界面积大，晶界强度提高，变形多集中在晶内，故表现出较高的塑性。超细晶粒，因其近于球形，在低变形速度下还伴随着晶界的滑移，故呈现出更高的塑性，而粗大的晶粒，由于大小不容易均匀，且晶界强度低，容易在晶界处造成应力集中，出现裂纹，故塑性较低。

一般认为，单相系（纯金属和固溶体）比两相系和多相系的塑性要高，固溶体比化合物的塑性要高。单相系塑性高主要是由于这种晶体具有大致相同的力学性能，其晶间物质是最细的夹层，其中没有易熔的夹杂物、共晶体、低强度和脆性的组成物。而两相系和多相系的合金，其各相的特性、晶粒的大小、形状和显微组织的分布状况等无法一致，因而给塑性带来不良的影响。如在锡磷青铜中含P0.1%，磷与铜形成熔点为707℃的化合物Cu_3P（P占14.1%），此化合物又与锡青铜形成三元共晶，熔点为628℃；当磷含量超过0.3%时，磷以淡蓝色的磷化共析体夹杂析出；当含磷量大于0.5%时，磷化物在热加工温度条件下处于液态，其作用类似热加工单相铜合金时铅与铋的作用，造成热脆性，都使之不能进行热加工。

不仅相的特性对塑性有影响，第二相的形状、显微分布状况对塑性亦有重要影响。若第二相为硬相，且为大块均匀分布的颗粒，往往使塑性降低；若第二相为软相，则影响不大，甚至对塑性有利。如在两相黄铜中，若α相（软相）以细针状分布于β晶粒的基体中，则有较大的塑性；若α相以细小圆形夹杂物形态析出，则黄铜的塑性较低。含铝8.5%～11%的铜铝合金，在缓冷时β相分解成α+γ，并形成连续链状析出的γ相大晶粒，使合金变脆，加入铁，能使这种组织细化，消除其不利影响。钢中的碳化物，呈板状渗碳体，则加工性能不好，当经过球化热处理使其呈球状分布时，则提高了塑性。

综上所述，合金中的组元及所含杂质越多，其显微组织与宏观组织越不均匀，则塑性越低，单相系具有最大的塑性。金属与合金中，脆性的和易熔的组成物的形状及它们分布的状态，也对塑性有很大影响。

(2) 影响塑性的外部因素

① 变形温度　金属的塑性可能因为温度的升高明显而得到改善。因为随着温度的升高，原子热运动的能量增加，那些具有明显扩散特性的塑性变形机构（晶间滑移机构、非晶机构、溶解沉淀机构）都发挥了作用。同时随着温度的升高，在变形过程中发生了消除硬化的再结晶软化过程，从而使那些由于塑性变形所造成的破坏和显微缺陷得到修复的可能性增加；随着温度的升高，还可能出现新的滑移系，滑移系的增加，意味着塑性变形能力的提高。如铝的多晶体，其最大的塑性出现在450～550℃的温度范围内，此时不仅可沿着(111)面滑移，而且还可以沿着(001)面及其他方向进行滑移。

实际上，塑性并不是随着温度的升高而直线上升的，因为相态和晶粒边界随温度的波动而产生的变化也对塑性有显著的影响。在一般情况下，温度由绝对零度上升到熔点时，可能出现三个脆性区：低温脆性区、中温脆性区和高温脆性区（图3-8）。

低温脆性区主要指具有六方晶格的金属在低温时易产生脆性断裂的现象。如镁合金冷加工性能就不好。因为镁是六方晶格，在低温时只有一个滑移面，而在300℃以上时，由于镁合金晶体中产生了附加滑移面，因而塑性提高了。故一般镁合金在350～450℃的温度范围内可进行各种压力加工。

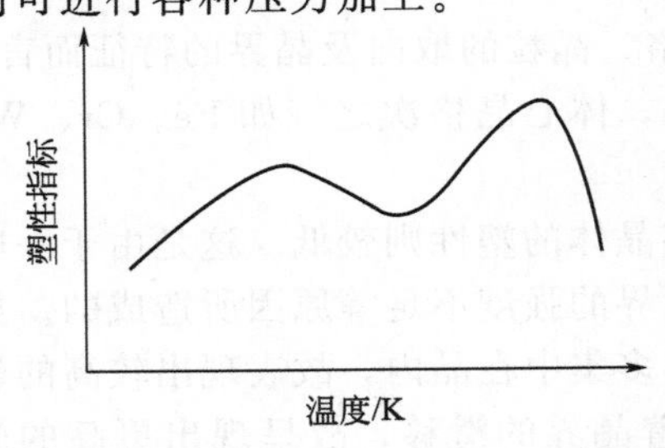

图3-8　温度对塑性影响的典型曲线

低温脆性区的出现是由于沿晶粒边界的某些组织组成物随温度的降低而脆化了。某些金属间的化合物就具有这种行为。如Mg-Zn系中MgZn、$MgZn_2$是低温脆性化合物，它们随着温度的降低而沿晶界析出，使低温塑性降低。

中温脆性区的出现是由于在一定温度-速度条件下，塑性变形可使脆性相从过饱和固溶体中沉淀出来，引起脆化；晶间物质中个别的低熔点组成物因软化而强度显著降低，削弱了晶粒之间的联系，导致热脆；在一定温度与应力状态下，产生固溶体的分解，此时可能出现新的脆性相。

高温脆性区则可能是由于在高温下周围气氛和介质的影响结果引起脆化、过热或过烧。如镍在含硫的气氛中加热、钛的吸氢。晶粒长大过快，或因晶间物质熔化等，也显著降低塑性。

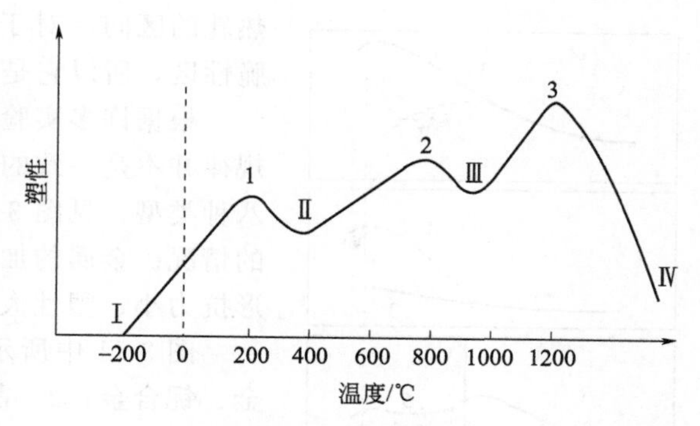

图 3-9　碳钢的塑性随温度变化图

上述三个典型的脆性区，是指一般而言，对于具体的金属与合金，可能只有一个或两个脆性区。总之，出现几个脆性区及塑性较好的区域，要视温度的变化，金属及合金内部结构和组织的改变而定。碳钢的脆性区有四个，塑性较好的区域有三个，各区的温度范围详见图 3-9。

对于具体的金属与合金，其塑性随温度而变化的曲线图，称为塑性图。图 3-10 是几种铝和铜合金的塑性图。

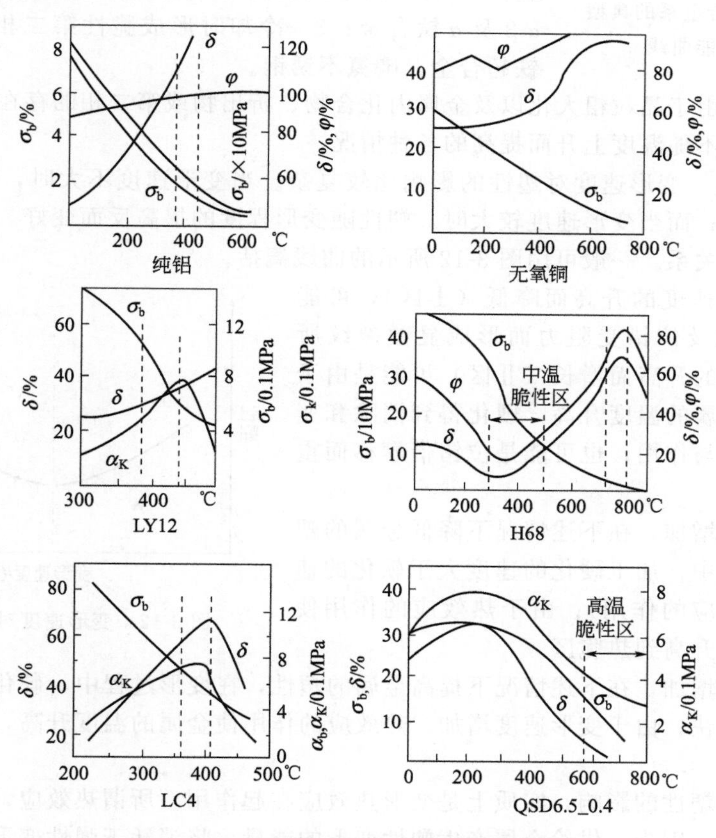

图 3-10　几种铝合金及铜合金的塑性图

塑性图表明了该金属最有利的加工温度范围，是拟定热变形规程的必备资料之一。如从铝合金 LC4 的塑性图看出，在 370～420℃的温度范围内进行热轧时，不但塑性较好，而且变形抗力也较小，又如黄铜 H68 的塑性图，表示在 300～500℃范围内塑性差，有明显的中温脆性区。而在 690～830℃的温度区间内塑性则较好，显然，应该选定这个温度范围作为

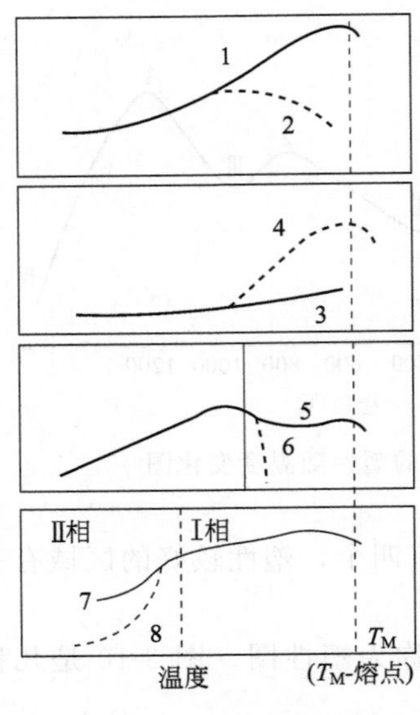

图 3-11　各种合金系的典型热加工性能曲线

热轧的区间，对于 QSn6.5-0.4 锡磷青铜，因有明显的高温脆性区，所以它是难以进行热轧的。

根据许多实验证明，温度对各种金属与合金塑性的影响规律并不是一致的，若从材质和温度出发，概括起来可能有八种类型，见图 3-11。图中的曲线也可表示热加工性能变化的情况。金属的加工性能包括变形抗力和塑性两个方面，变形抗力小、塑性大的材料，可以判断其加工性能好。

图 3-11 中所示，1—纯金属和单相合金：铝合金、钽合金、铌合金；2—晶粒成长快的纯金属和单相合金：铍、镁合金、钨合金、β 单相钛合金；3—含有形成非固溶性化合物元素的合金、含有硒的不锈钢；4—含有形成固溶性化合物元素的合金，含有氧化物的钼合金，含有固溶性碳化物或氮化物的不锈钢；5—加热时形成韧性第二相的合金，高铬不锈钢；6—加热时形成低熔点第二相的合金：含硫铁、含有锌的镁合金；7—冷却时形成韧性第二相的合金：低碳钢、低合金钢、α-β 及 α 钛合金；8—冷却时形成脆性第二相的合金：镍-钴-铁超合金、磷氮不锈钢。

由图可见，由于晶粒粗大化以及金属内化合物、析出物或第二相的存在、分布和变化等原因，出现塑性不随温度上升而提高的各种情况。

② 变形速度　变形速度对塑性的影响比较复杂。当变形速度不大时，随变形速度的提高塑性是降低的；而当变形速度较大时，塑性随变形程度的提高反而变好。这种影响还没有找到确切的定量关系。一般可用图 3-12 所示的曲线概括。

塑性随变形速度的升高而降低（Ⅰ区），可能是由于加工硬化及位错受阻力而形成显微裂纹所致；塑性随速度的升高而增长（Ⅱ区）可能是由于热效应使变形金属的温度升高，硬化得到消除和变形的扩散过程参与作用，也可能是位错借攀移而重新启动的缘故。

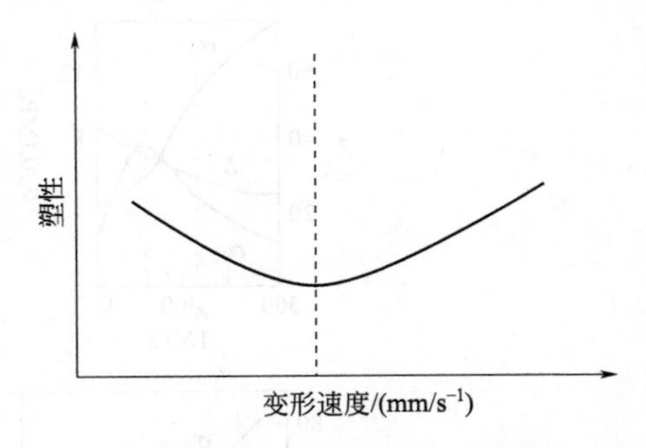

图 3-12　变形速度对塑性的影响

变形速度的增加，在下述情况下降低金属的塑性，在变形过程中，加工硬化的速度大于软化的速度（考虑到热效应的作用）；由于热效应的作用使变形物体的温度升高到热脆区。

变形速度的增加，在下述情况下提高金属的塑性，在变形过程中，硬化的消除过程比其增长过程进行的快；由于变形速度增加，热效应的作用使金属的温度升高，由脆性区转变为塑性区。

变形速度对塑性的影响，实质上是变形热效应在起作用。所谓热效应，即金属在塑性变形时的发热现象。因为，供给金属产生塑性变形的能量，将消耗于弹性变形和塑性变形。耗于弹性变形的能量造成物体的应力状态，而耗于塑性变形的那部分能量的绝大部分转化为热。当部分热量来不及向外放散而积蓄于变形物体内部时，促使金属的温度升高。

塑性变形过程中的发热现象是个绝热过程，即在任何温度下都能发生。不过在低温条件下，表现的明显些，发出的热量相对的多些。

冷变形过程中因软化不明显，金属的变形抗力随变形程度的增加而增大。若只稍许提高一些变形速度，对变形金属本身的影响是不大的。但当变形速度提高到足够大的程度时（譬如高速锤击），由于变形温度显著的升高，可能使变形金属发生一些恢复现象，而可较为明显的降低金属的变形抗力，并提高其塑性变形能力。因此，在冷变形条件下，提高工具的运动速度（亦即增大变形速度），对于塑性变形过程本身是有益的。

塑性变形过程中，因金属发热而促使温度升高的效应，称为温度效应。

变形过程中的温度效应，不仅决定于因塑性变形功而排出的热量，而且也取决于接触表面摩擦功作用所排出的热量。在某些情况下（在变形时不仅变形速度高而且接触摩擦系数也很大），变形过程的温度效应可能达到很高的数值。由此可见，控制适当的温度，不但要考虑导致热效应的变形速度这一因素，还应充分估计到，金属压力加工工具与金属的接触表面间的摩擦在变形过程中所引起的温度升高。

由表3-1可见，热效应显著地改变了金属的实际变形温度，其作用是不可忽视的。一般说来，合金的实际变形抗力越大，挤压系数越高，挤压速度越快，则发热越严重。所以在挤压生产中，一定要把变形温度和变形速度联系起来考虑，否则容易超过可加工温度范围出现裂纹。

表3-1 铝合金冷挤压时因热效应所增加的温度

合金号	挤压系数	挤压速度/(mm/s)	金属温度/℃
L4	11	150	158～195
LD2	11～16	150	294～315
LY11	11～16	150	340～350
LY11	31	65	308

对于热加工，利用高速度变形来提高塑性并没有意义，因为热变形时变形抗力小于冷加工时的变形抗力，产生的热效应小。但采用高速变形方式可以提高生产率，并可保证在恒温条件下变形。

一般压力加工的变形速度为0.8～300mm/s，而爆炸成型的变形速度却比目前的压力加工速度高约1000倍之多。在这样的变形速度下，难加工的金属钛和耐热合金可以很好的成型。这说明爆炸成型可使金属与合金的塑性大大提高，从而也节省了能量。

关于高速变形能够使能量节省，并且不致使金属在变形中破裂的原因，罗伯特做过这样的假设，即假定形变硬化与时间因素也有关系，对于一种金属或合金在一定温度下存在一特殊的限定时间-形变硬化的“停留时间”。总可以找到一个尽量短的时间，使塑性变形在此时间内完成，这样就可以使变形的能量消耗降为最低限度，并且可以保证变形过程在裂纹来不及传播的情况下进行。似乎可以用此假说来解释爆炸成型及高速锤锻的工作效果好的原因。

③ 变形程度　变形程度对塑性的影响，是同加工硬化及加工过程中伴随着塑性变形的发展而产生的裂纹倾向联系在一起的。

在热变形过程中，变形程度与变形温度-速度条件是相互联系着的，当加工硬化与裂纹胚芽的修复速度大于发生速度时，可以说变形程度对塑性影响不大。

对于冷变形而言，由于没有上述的修复过程，一般都是随着变形程度的增加而降低塑性。至于从塑性加工的角度来看，冷变形时两次退火之间的变形程度究竟多大最为合适，尚无明确结论，还需进一步研究。但可以认为这种变形程度是与金属的性质密切相关的。对硬化强度大的金属与合金，应给予较小的变形程度即进行下一次中间退火，以恢复其塑性；对于硬化强度小的金属与合金，则在两次中间退火之间可给予较大的变形程度。

对于难变形的合金，可以采用多次小变形量的加工方法。实验证明，这种分散变形的方法可以提高塑性 2.5～3 倍。这是由于分散小变形可以有效地发挥和保持材料塑性的缘故。对于难变形合金，一次大变形所产生的变形热甚至可以使其局部温度升高到过烧温度，从而引起局部裂纹。

在热加工变形中采用分散变形可以使金属塑性提高的原因可以作如下的说明：由于在分散变形中每次所给予的变形量都比较小，远低于塑性指标。所以，在变形金属内所产生的应力也较小，不足以引起金属的断裂。同时，在各次变形的间隙时间内由于软化的发生，也使塑性在一定程度上得以恢复。此外，也如同其他热加工变形一样，对其组织也有一定的改善。所有这些都为进一步加工创造了有利的条件，结果使断裂前可能发生的总变形程度大大提高。

对于容易产生过热和过烧的钢与合金来讲，在高温时采用分散小变形对提高塑性更有利。这是因为采用一次大变形不仅所产生的应力较大，而且主要的是在变形中由于热效应使变形金属的局部温度升高到过热或过烧的温度。相反，多次小变形产生的应力小，在变形中呈现的热效应也小。所以，在同样的试验温度下，多次小变形时，金属的实际温度就不易达到过热或过烧的温度。

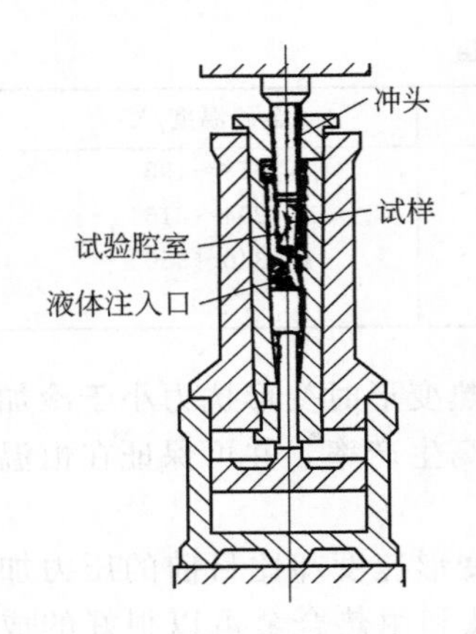

图 3-13　卡尔曼仪器

④ 应力状态　应力状态种类对塑性的影响，从卡尔曼经典的大理石和红砂石试验中可清楚地看出。卡尔曼用白色卡拉大理石和红砂石做成圆柱形试样，将其置于专用的仪器（图 3-13）内镦粗，在仪器中可以产生轴向压力和附加的侧向压力（把甘油压入试验腔室内）。

当只用一个轴向压力实验时，大理石与砂石表现为脆性。如果除轴向压力外再附加上侧向压力，那么情况就发生了变化，大理石和红石可产生塑性变形，并且随着侧向压力的增加，变形能力也加大，如图 3-14 所示。卡尔曼利用侧面压力使大理石得到 8%～9%的压缩变形。其后，M. B. 拉斯切加耶夫也对大理石进行了变形试验，在侧压力下拉伸时，得到 25%的延伸率，在进行镦粗试验时，产生 78%的压缩率时仍未破坏。

从上述情况中可以看出，金属在塑性变形中所承受的应力状态对其塑性的发挥有显著的影响，静水压力值越大，金属的塑性发挥得越好。

按应力状态图的不同，可将其对金属塑性的影响顺序做这样的排列：三向压应力状态图最好，两向压一向拉次之，两向拉一向压更次，三向拉应力状态图为最差。在塑性加工的实际中，即使其应力状态图相同，但对金属塑性的发挥也可能不同。例如，金属的挤压，圆柱体在两平板间压缩和板材的轧制等，其基本的应力状态图皆为三向压应力状态图，但对塑性的影响程度却不完全一样。这就要根据其静水压力的大小来判断。静水压力越大，变形金属所呈现的塑性越大。

静水压力对提高金属塑性的良好影响，可由下述原因所造成。

(a) 体压缩能遏止晶粒边界的相对移动，使晶间变形困难。因为在塑性加工实际中，有时是不允许晶间变形存在的。在没有修复机构（再结晶机构和溶解沉积机构）时，晶间变形会使晶间显微破坏得到积累，进而迅速地引起多晶体的破坏。

(b) 体压缩能促进由于塑性变形和其他原因而破坏了晶内联系的恢复。这样，随着明显的体压缩的增加，使金属变得更为致密，其各种显微破坏得到修复，甚至其宏观破坏（组织缺陷）也得到修复。而拉应力则相反，它促使各种破坏的发展。

(c) 体压缩能完全或局部地消除变形物体内数量很小的某些夹杂物甚至液相对塑性的不

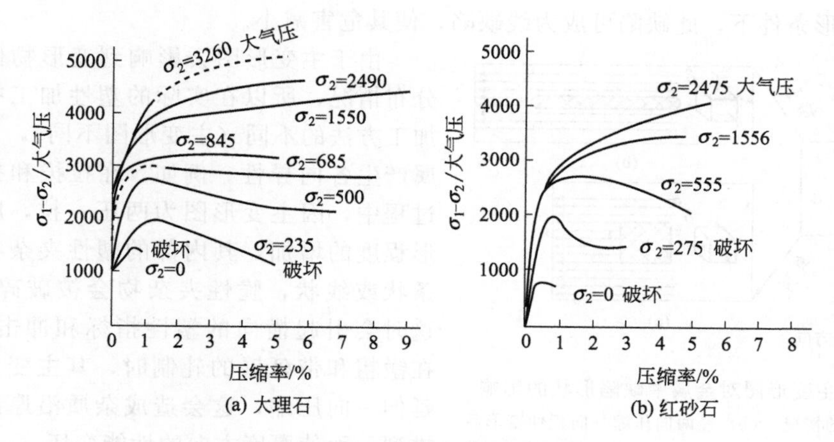

图 3-14 脆性材料的各向压缩曲线

σ_1—轴向压力；σ_2—侧向压力

1大气压＝101.325kPa

良影响。反之，在拉应力作用下，将在这些地方形成应力集中，促进金属的破坏。

（d）体压缩能完全抵偿或者大大降低由于不均匀变形所引起的拉伸附加应力，从而减轻了拉应力的不良影响。

在塑性加工中，人们通过改变应力状态来提高金属的塑性，以保证生产的顺利进行，并促进工艺的发展。例如，在加工低塑性材料时，曾有人用包套的办法（图 3-15）增加径向压力（包套用塑性较高的材料制成）。用此法可使淬火后变得很脆的材料能够产生塑性变形。类似这种方法，也可用包套轧制低塑性材料，用作外套的材料和其厚薄需选择适当，否则会因外套变形大，对芯材产生很大的附加拉应力，反而拉裂低塑性芯材。另外，在制造加工设备时也采取了许多措施，以增加三向压应力中应力球张量的比重，提高材料的塑性，减少开裂现象，譬如利用限制宽展孔型或Y型三辊轧机来轧制型材，用三辊轧机穿孔和轧管来生产管材，用四个锤头高速对打（冲击次数为400次/分以上）进行旋转精锻（图 3-16）等均可提高材料的塑性，以防裂纹产生。

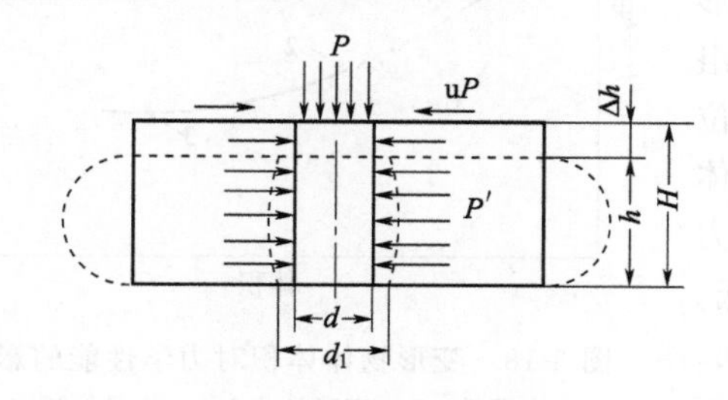

图 3-15 包套内压缩

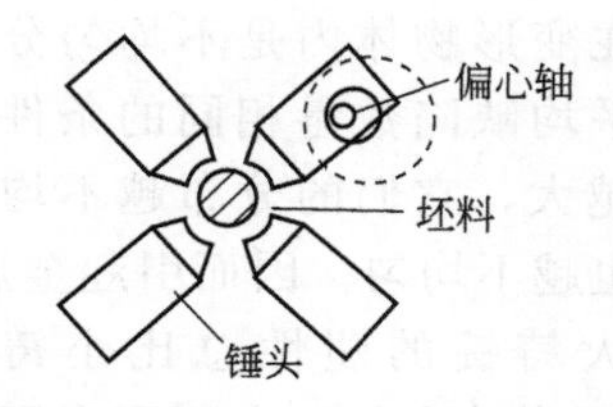

图 3-16 高速精锻机

⑤ 变形状态 关于变形状态对塑性的影响，一般可用主变形图来说明。因为压缩变形有利于塑性的发挥，而延伸变形有损于塑性，所以主变形图中压缩分量越多，对充分发挥金属的塑性越有利。按此原则可将主变形图排列为：两向压缩一向延伸的主变形最好，一向压缩一向延伸次之，两向延伸一向压缩的主变形图最差。

关于主变形图对金属塑性的影响可做如下的一般解释：在实际的变形物体内不可避免的或多或少存在着各种缺陷，如气孔、夹杂、缩孔、空洞等。如图 3-17 所示，这些缺陷在两向延伸一向压缩的主变形的作用下，就可能向两个方向扩大而暴露弱点。但在两向压缩一向延伸的主变形条件下，此缺陷可成为线缺陷，使其危害减小。

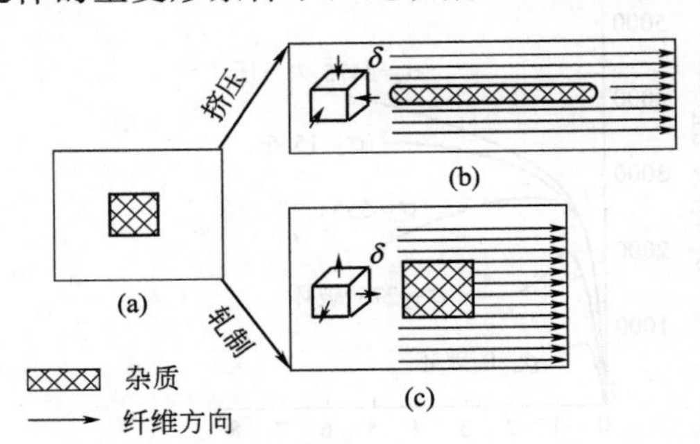

图 3-17 主变形图对金属中缺陷形状的影响
(a) 未变形的情况；(b) 经两向压缩一向延伸变形后的情况；(c) 经一向压缩两向延伸后的情况

由于主变形图会影响到变形物体内杂质的分布情况，所以在实际的塑性加工中往往会因加工方法的不同（主变形图不同），而使变形金属产生各向异性。例如，在拉拔和挤压的变形过程中，因主变形图为两压一拉，所以随着变形程度的增加，其内部的塑性夹杂物会被拉成条状或线状，脆性夹杂物会被破碎成串链状，这时会引起横向的塑性指标和冲击韧性下降。在镦粗和带延展的轧制时，其主变形图为两向延伸一向压缩，这会造成杂质沿厚度方向成层排列，而使厚度方向的性能变坏。

⑥ 尺寸因素　尺寸因素对加工件塑性的影响，基本规律是随着加工件体积的增大而塑性有所降低。

实验表明，小体积试件的塑性总是较高的，例如，在室温下，当其他条件相同时，用平锤头压缩锌试件，试件尺寸为 ϕ20mm×20mm 时，最大压下量（即出现第一条宏观裂纹时的变形量）约为 35%～40%；而试件尺寸为 ϕ10mm×10mm 时，最大压下量可达 75%～80%。对于黄铜柱体塑压的尺寸为 ϕ20mm×20mm，最大压下量是 50%；而 ϕ10mm×10mm 时，最大压下量是 70%～75%。

产生上述结果的原因，可作如下解释：实际金属的单位体积中平均有大量的组织缺陷，体积越大，不均匀变形越强烈，在组织缺陷处容易引起应力集中，造成裂纹源，因而引起塑性的降低。就铸件来说，小铸件容易得到相对致密细小和均匀的组织，大铸件则反之。

图 3-18 示出尺寸因素对金属塑性的影响。一般是随着物体体积的增大，塑性下降，但当体积增大到一定程度后，塑性不再减小。

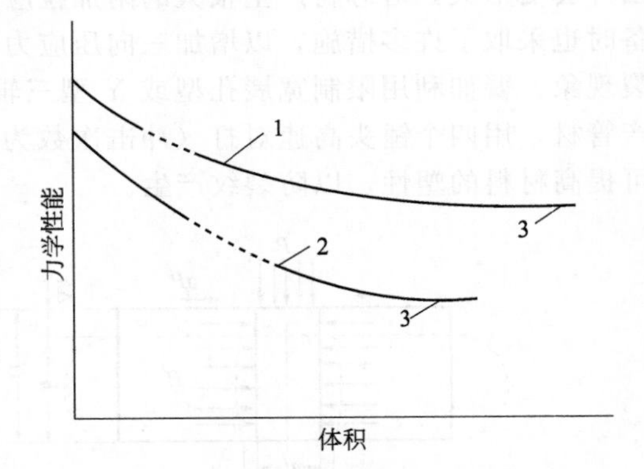

图 3-18 变形物体体积对力学性能的影响
1—塑性；2—变形抗力；3—临界体积点

在研究尺寸因素对塑性的影响时，应从两方面考虑：a. 组织因素的影响。在实际的变形金属内，一般都存在大量的组织缺陷。这些组织缺陷在变形物体内是不均匀分布的。在单位体积内平均缺陷数量相同的条件下，变形物体的体积越大，它们的分布越不均匀，使其应力的分布也越不均匀，因而引起金属塑性的降低。因此，大铸锭的塑性总比小铸锭的塑性低。b. 表面因素的影响。表面因素可用物体的表面积与体积之比来表示，有时也采用接触表面积与体积之比来表示。变形物体的体积越小，上述比值越大，对塑性越有利。

表面因素对塑性和变形抗力的影响也取决于金属表面层和内层的力学状态和物理-化学状态。例如，一般来说，大锭的表面质量较差，会使其塑性降低。此外，周围介质对塑性也会产生影响，此问题下面讨论。

⑦ 周围介质　周围介质对变形体塑性的影响表现为如下几方面。

(a) 周围介质和气氛能使变形物体表面层溶解并与金属基体形成脆性相，因而使变形物体呈现脆性状态。

镍及其合金在煤气炉中直接加热，热轧时易开裂是由于炉内气氛中含有硫，硫被金属吸收后生成 Ni_3S_2，此化合物又与 Ni 形成低熔点（625～650℃）共晶，并呈薄膜状分布于晶界，使镍及其合金产生红脆性。若盖上铁皮加热，可避免含硫气氛的直接作用。当镍及其合金在 600℃以上加热时，要特别注意气氛中是否含有硫。

钛，在铸造和在还原性气氛中加热以及酸洗时，均能吸氢而生成 TiH_2，使其变脆。因此，钛在加热和退火时要防止在含氢的气氛中进行。对于已经吸氢的钛，应在 900℃以上的真空炉中退火，以降低其含氢量，提高其塑性。

周围介质的溶解作用，通常在应力作用下加速，并且作用的应力值越大，溶解作用进行得越显著。因此，对于易与外部介质发生作用而产生不良影响的金属与合金，不仅加热、退火时要选用一定的保护气氛，而且在加工过程中也要在保护气氛中进行。

(b) 周围介质的作用能引起变形物体表面层的腐蚀以及化学成分的改变，使塑性降低。

黄铜的脱锌腐蚀与应力腐蚀都和周围介质有关。黄铜在加热、退火，以及在温水、热水、海水中使用时，锌优先受腐蚀溶解，使工件表面残留一层海绵状（多孔）的纯铜而损坏。这种脱锌现象，在 α 相和 β 相中都能发生，当两相共存时，β 相将优先脱锌，变成多孔性纯铜，这种局部腐蚀，也是黄铜腐蚀穿孔的根源。加入少量合金元素（砷、锡、铝、铁、锰、镍）能降低脱锌的速度。

(c) 有些介质（如润滑剂）吸附在变形金属的表面上，可使金属塑性变形能力增加。

金属塑性变形时，滑移的结果可使表面呈现许多显微台阶，润滑剂活性物质的极性，沿着台阶的边界或者沿着由于表面扩大而形成的显微缝隙向深部渗透，使滑移束细化，正好像把表面层锄松了一样。因此可以使滑移过程来得更顺利，不仅可以提高金属的塑性，而且可以使变形抗力显著降低。

3.1.3 加工过程中的组织变化

1. 冷变形时金属显微组织的变化

变形温度低于回复温度，在变形中只有加工硬化作用而无回复与再结晶现象，通常把这种变形称为冷变形或冷加工。冷变形时金属的变形抗力较高，且随着所承受的变形程度的增加而持续上升，金属的塑性则随着变形程度的增加而逐渐下降，表现出明显的硬化现象。

(1) 纤维组织

多晶体金属经冷变形后，用光学显微镜观察抛光和浸蚀后的试样，会发现原来等轴的晶粒沿着主变形的方向被拉长。变形量越大，拉长的越显著。当变形量很大时，各个晶粒已不能很清楚地辨别开来，呈现纤维状，故称纤维组织。图 3-19 为冷轧变形前后的晶粒形状的改变。冷变形金属的组织，只有沿最大主变形方向取样观察，才能反映出最大变形程度下金属的纤维组织。

(2) 亚结构

随着冷变形的进行，金属中的位错密度迅速提高。经强烈冷变形后，位错密度可由原来退火状态的 $10^6 \sim 10^7/cm^2$ 增至 $10^{11} \sim 10^{12}/cm^2$。经透射电子显微镜观察，这些位错在变形晶粒中的分布是很不均匀的。只有在变形量比较小或者在层错能低的金属中，由于位错难以产生交滑移和攀移，在位错可动性差的情况下，位错的分布才是比较分散和比较均匀的。在变形量大而且层错能较高的金属中，位错的分布是很不均匀的。纷乱的位错纠结起来，形成位错缠结的高位错密度区（约比平均位错密度高五倍），将位错密度低的部分分隔开来，好像在一个晶粒的内部又出现许多“小晶粒”似的，只是它们的取向差不大（几度到几分），

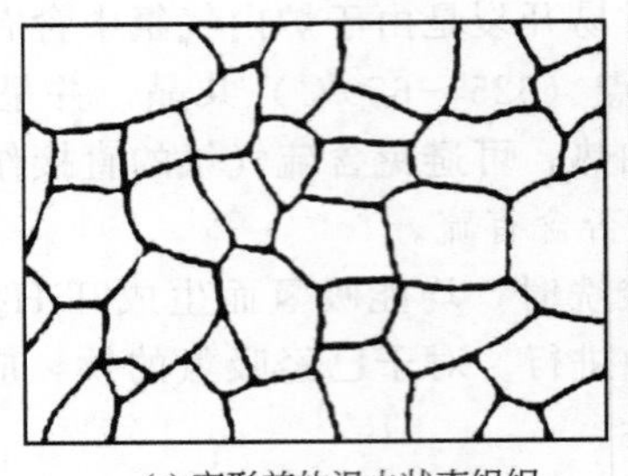
(a) 变形前的退火状态组织

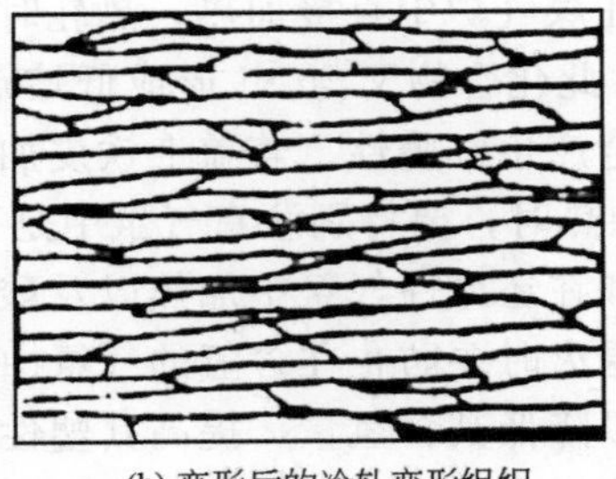
(b) 变形后的冷轧变形组织

图 3-19 冷轧变形前后晶粒形状变化

这种结构称为亚结构。亚结构实际上是位错缠结的空间网络，其中高位错密度的位错缠结形成了胞壁，而胞内晶格畸变较小，位错密度很低。通常在10%左右的变形时，就很明显地形成了胞状亚结构，当变形量不太大时，随着变形量的增大，胞的数量增多，尺寸减小，而壁的位错变得更加稠密，胞间的取向差也逐渐增加。如经强烈的冷变形，胞的外形也沿着最大主变形方向被拉长，形成大量的排列很密的长条状的"形变胞"。

亚晶的大小，完整的程度和亚晶间的取向差，随材料的纯度、变形量和变形温度而异。当材料含有杂质和第二相时，在变形量大和变形温度低的情况下，所形成的亚晶小，亚晶间的取向差大，亚晶的完整性差（即亚晶内晶格的畸变大），在相反的情况下所产生的亚晶，其完整性好且尺度较大。

冷变形过程中形成亚结构是许多金属（如铜、铁、钼、钨、钽、铌等）普遍存在的现象。一般认为亚结构对金属的加工硬化起重要作用，由于各晶块的方位不同，其边界又为大量位错缠结，对晶内的进一步滑移起阻碍作用。因此，亚结构可提高金属和合金的强度。利用亚晶来强化金属材料是措施之一。

对于低层错能金属，如不锈钢和黄铜等，由于扩展位错很宽，位错灵活性差，这些材料中易观察到位错的塞积群，不易形成胞状亚结构。

经冷变形的金属的其他晶体缺陷（如空位、间隙原子以及层错等）也会有明显增加。

(3) 变形织构

多晶体塑性变形时，各个晶粒滑移的同时，也伴随着晶体取向相对于外力有规律的转动。尽管由于晶界的联系，这种转动受到一定的约束，但当变形量较大时，原来为任意取向的各个晶粒也会逐渐调整，使取向大体趋于一致叫做"择优取向"。具有择优取向的多晶体，其组织称为"变形织构"。

金属及合金经过挤压、拉拔、锻造和轧制以后，都会产生变形织构。塑性加工方式不同，可出现不同类型的织构。通常，变形织构可分为丝织构和板织构。

① 丝织构　丝织构系在拉拔和挤压加工中形成，这种加工都是在轴对称情况下变形，其主变形图为两向压缩一向拉伸。变形后晶粒有一共同晶向趋向与最大主变形方向平行。以此晶向来表示丝织构。如图 3-20 所示，金属经拉拔变形后其特定晶向平行于最大主变形方向（即拉拔方向），形成丝织构。实验资料表明，对面心立方金属如金、银、铜、镍等，经较大变形程度的拉拔后，所获得的织构为＜111＞和＜100＞。这两种丝织构的组成变化是与试样内杂质、加工条件及材料内原始取向有关。对体心立方金属，不论其成分和纯度如何，其丝织构一般是相同的。经过拉丝后的铁、铝、钨等金属具有＜110＞丝织构。

② 板织构　板织构是某一特定晶面平行于板面，某一特定晶向平行于轧制方向（图 3-21），因此，板织构用其晶面和晶向共同表示。例如体心立方金属，当其（100）晶面

平行于轧面，[011]晶向平行于轧向时，此板织构可用(100)[011]来表示。据某些实验资料，面心立方金属如铜、铝、金、镍等，其变形织构为{110}<112>+{112}<111>+{123}<634>。体心立方金属的硅钢片，二次冷轧织构为(100)[011]+(112)$[1\bar{1}0]$+(111)$[11\bar{2}]$。

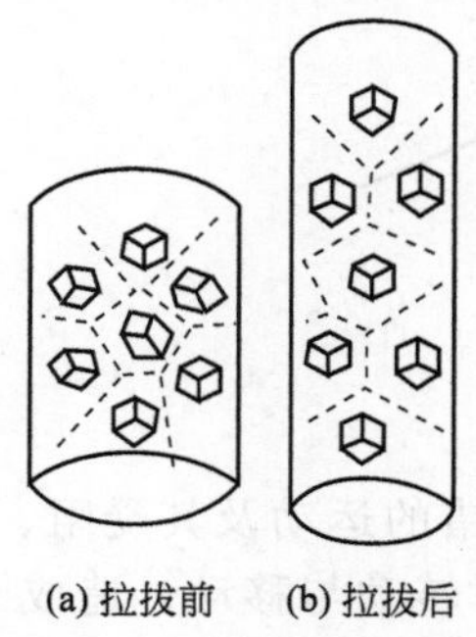
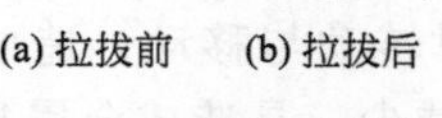

图 3-20　丝织构示意图

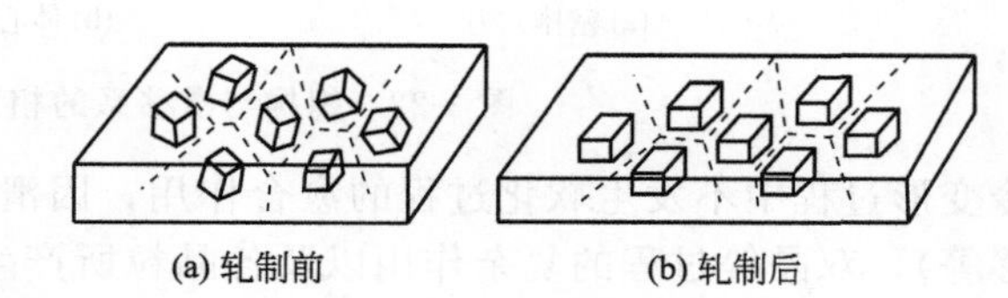

图 3-21　板织构示意图

具有冷变形织构的材料进行退火时，由于晶粒位向趋于一致，总有某些位向的晶粒易于形核及长大，故往往形成具有织构的退火组织，金相组织观察为等轴的晶粒，但它们的取向又是一致的。这种退火后的择优取向，称再结晶织构。

各类金属主要滑移系，变形织构及再结晶织构，如表 3-2 所示。

表 3-2　各类金属主要滑移系、变形织构及再结晶织构

晶格类型		体心立方	面心立方	密排六方
滑移系		(110)[111]	(111)[110]	(0001) $[11\bar{2}0]$
变形织构（主要的）	丝织构	[110]	[111]，少量[100]	$[10\bar{1}0]$
	板织构	(100)[110]	(110) [112] 有时少量的 (112)[111]	(0001) $[\bar{1}2\bar{1}0]$ (0001) $[\bar{1}2\bar{1}0]$ 与轧向接近 20°
再结晶织构（易于产生的）	丝织构	钨丝[110] 钼丝[100]	{123} [634] —	
	板织构	(110)[001] 大变形量下 (001)[110]	(100)[001]	(0001) $[\bar{1}2\bar{1}0]$ 少量(0001)$[10\bar{1}0]$

从表 3-2 可看出，滑移系与变形织构往往不同，这是由于当变形程度较大时（一般是变形程度越大，越易产生织构），产生了复杂的滑移所致。例如密排六方晶格金属的滑移方向，开始时是 $[\bar{1}\bar{1}20]$ 方向，当变形程度大时，出现沿着 $[2\bar{1}\bar{1}0]$ 方向的双滑移，两者联合作用的结果，即出现了沿着 $[10\bar{1}0]$ 的丝织构，如图 3-22(a) 所示。又如体心立方滑移系为 (110) [111]，但其丝织构为 [110]，很少为 [100]。因为在滑移面 (110) 上有两个可能的滑移方向 [111]，当产生双滑移后，则由于两者联合作用的结果，合力方向为 [110] 或 [100]；但是 [110] 与 [111] 的夹角小，合力较大，故多半是沿着 [110] 方向而形成丝织构，如图 3-22(b) 所示。

冷变形金属中形成变形织构的特性，取决于变形程度，主变形图和合金的成分与组织等。变形程度越大，变形状态越均匀，则织构表现得也越明显。

(4) 晶内及晶间的破坏

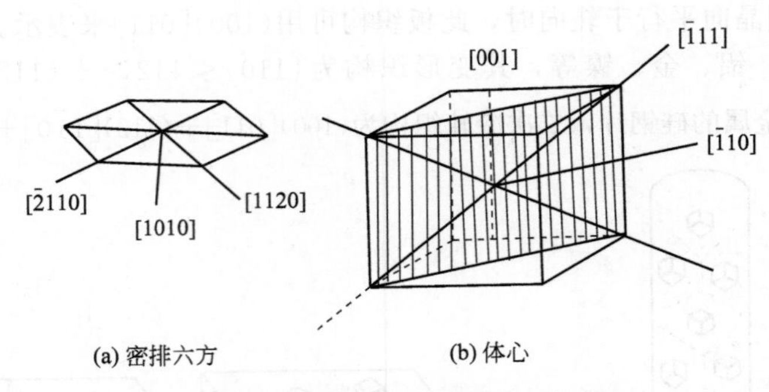

图 3-22　织构与滑移系的相互关系

在冷变形过程中不发生软化过程的愈合作用，因滑移（位错的运动及其受阻、双滑移、交叉滑移等），双晶等过程的复杂作用以及各晶粒所产生的相对转动与移动，造成了在晶粒内部及晶粒间界处出现一些显微裂纹、空洞等缺陷使金属密度减少，是造成金属显微裂纹的根源。

2. 热变形对金属组织性能的影响

所谓热变形（又称热加工）是指变形金属在完全再结晶条件下进行的塑性变形。一般在热变形时金属所处温度范围是其熔点绝对温度的 0.75～0.95 倍，在变形过程中，同时产生软化与硬化，且软化进行的很充分，变形后的产品无硬化的痕迹。

（1）热变形对铸态组织的改造

一般来说，金属在高温下塑性高、抗力小，加之原子扩散过程加剧，伴随有完全再结晶时，更有利于组织的改善，故热变形多作为铸态组织初次加工的方法。

铸态组织的不均匀，可从铸锭断面上看出三个不同的组织区域，最外面是由细小的等轴晶组成的一层薄壳，和这层薄壳相连的是一层相当厚的粗大柱状晶区域。其中心部分则为粗大的等轴晶。从成分上看，除了特殊的偏析造成成分不均匀外，一般低熔点物质、氧化膜及其他非金属夹杂，多集结在柱状晶的交界处。此外，由于存在气孔、分散缩孔、疏松及裂纹等缺陷，使铸锭密度较低。组织和成分的不均匀以及较低的密度，是铸锭塑性差、强度低的基本原因。

在三向压缩应力状态占优势的情况下，热变形能最有效地改变金属和合金的铸锭组织。给予适当的变形量，可以使铸态组织发生下述有利的变化。

① 一般热变形是通过多道次的反复变形来完成。由于在每一次道次中硬化与软化过程是同时发生的，这样变形而破碎的粗大柱状晶粒通过反复的改造而使之锻炼成较均匀、细小的等轴晶粒，还能使某些微小裂纹得到愈合。

② 由于应力状态中静水压力分量的作用，可使铸锭中存在的气泡焊合，缩孔压实，疏松压密，变为较致密的结构。

③ 由于高温下原子热运动能力加强，在应力作用下，借助原子的自扩散和互扩散，可使铸锭中化学成分的不均匀性相对减少。

上述三方面综合作用的结果，可使铸态组织改造成变形组织（或加工组织），它比铸锭有较高的密度、均匀细小的等轴晶粒及比较均匀的化学成分，因而塑性和抗力的指标都明显提高。

（2）热变形制品晶粒度的控制

在热变形过程中，为了保证产品性能及使用条件对热加工制品晶粒尺寸的要求，控制热变形产品的晶粒度是很重要的。热变形后制品晶粒度的大小，取决于变形程度和变形温度

（主要是加工终了温度）。第二类再结晶全图，是描述晶粒大小与变形程度及变形温度之间关系的，如图 3-23 所示。根据这种图即可确定为了获得均匀的组织和一定尺寸晶粒时，所需要保持的加工终了温度及应施加的变形程度。

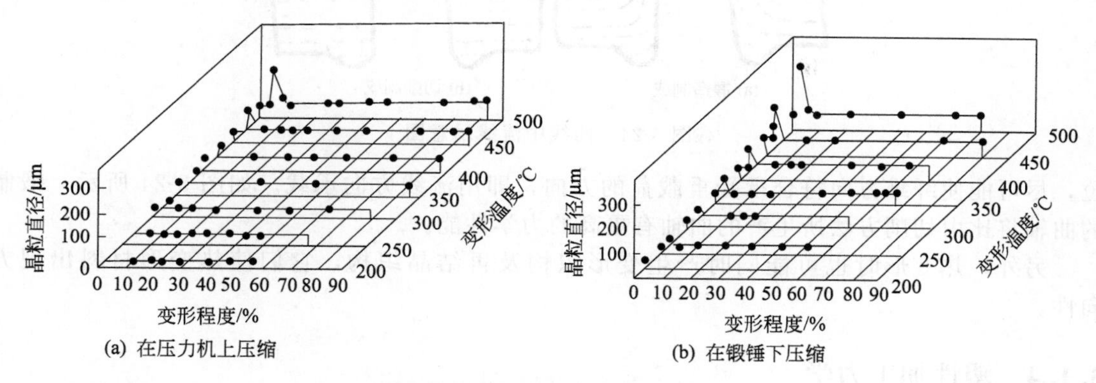

图 3-23 第二类再结晶全图（LY2）

由再结晶全图可知，在完全软化的温度范围内加工这种合金时，为了获得均匀细小的晶粒，其每道次的变形量应大于 10%，同时，通过比较两种情况下的再结晶图，也可看出变形速度的作用，LY2 的临界变形程度，冲击变形时（即变形速度大时）为 2%～8%，在压力机上压缩时（变形速度较小），增大至 10%。因此，在压力机上加工这种合金时，应采用比在锻锤上加工时大一些的道次变形程度。

（3）热变形时的纤维组织

金属内部所含有的杂质、第二相和各种缺陷，在热变形过程中，将沿着最大主变形方向被拉长、拉细而形成纤维组织或带状结构。这些带状结构是一系列平行的条纹，也称为流线。由于流线总是平行于主变形方向，因此根据流线即可推断金属加工过程。

形成纤维组织有各种原因，最常见的是由非金属夹杂或化合物所造成。这种夹杂物的再结晶温度较高，在热变形的过程中难于发生再结晶，同时在高温下它们也可能具有一定的塑性，沿着最大延伸变形方向被拉长，因此完工后可以保持原来的被拉长状态，形成连续的长带（条）状的纤维。纤维组织一般只能在变形时通过不断地改变变形的方向来避免，很难用退火的方法去消除。当夹杂物（或晶间夹杂层）数量不多时，可用长时高温退火的方法，依靠成分的均匀化，和组织不均匀处的消失以去除。在个别情况下，当这些晶间夹杂物能溶解或凝聚时，纤维组织也可以被消除。

多相合金在热变形时也会形成一定的带状结构，这主要是由于各相的分布不均匀，它们的塑性变形能力也不同所致。

金属中的空穴（包括凝固时的缩孔和气眼等），在变形时也会被拉长，当变形量很大、温度足够高时，这些孔穴可能被压紧、焊合，如果变形量不够大，这些孔穴就形成了头发状的裂纹称为“发裂”。

显著的纤维组织也能引起分层，使变形金属得到层状或板状的断口，例如 HPb59-1，QAl10-3-1.5 的层状断口，消除的方法是铸造时细化晶粒，改善铅、Al_2O_3分布状况，防止氧化吸气以减少 Al_2O_3的生成。

纤维组织对材料性能是有影响的，一般是沿纤维方向的强度高于垂直方向的强度。其原因是在纵向断面上，杂质、第二相、缺陷等性脆、低强度部分的相对面积小。纤维组织的材料用作承受很大载荷或承受冲击和交变载荷的零件时要加以注意，应使纤维出于合理的方

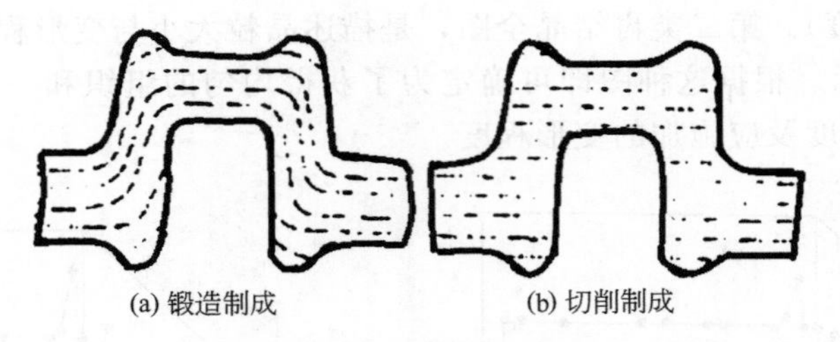

图 3-24 曲线中流线示意图

位，尽可能使纤维方向符合承受重载荷的方向，即用流线方向承载。如图 3-24 所示，锻制的曲轴将比由切削方法所生产的曲轴有更高的力学性能。

另外，热变形时也可能同时产生变形织构及再结晶织构，它们使热变形材料出现方向性。

3.1.4 塑性加工力学

1. 受力变形体的概要

压力加工过程就是变形物体在外力作用下，通过工具和物体的边界传递到内部，变形体内部产生应力和应变，并通过力与变形的一定关系产生新变形。

外力作用的形式有：压力和拉力，剪切力，扭转力，弯曲力。内力主要以应力状态的形式表示，由正应力（法向应力）和剪应力（切应力）9 个应力分量组成。对于任意应力状态都可以通过旋转定坐标轴，得到主应力状态，也可转换成切应力和八面体应力状态。主应力状态包括单向应力状态、两向应力（平面应力）状态和三向应力（体应力）状态共 9 种。应力状态可分解为应力球分量和应力偏分量。应力球分量的作用只引起弹性变形，发生体积变化。应力偏分量对形状改变发生作用，是引起塑性变形的应力分量。应力状态有两种表示方法，即应力状态图和应力张量的表示方法。反映变形体内各应力分量间内在联系的方程，是力的微分平衡方程。在处理变形时，选取坐标的形式有直角坐标系、柱面坐标系、球面坐标系和任意坐标系。

变形状态（或应变状态）是与应力状态一一相对应的。也有九个分量，同样可分解为球分量和偏分量和各种关系的表示方法。应变状态可用应变张量的形式表示，应变与位移的关系称为几何方程，几何方程也可表示成增量的形式，或应变速度与位移速度的关系式。应力与应变的关系方程称本构方程，本构方程反映变形体材料的应力与应变关系的内在联系，亦称物理方程。弹性状态的物理本构方程即胡克定律。根据变形体必须是连续的特点，应变分量不能是任意的，它们必须满足变形协调方程，亦称变形连续方程，否则变形体将为不连续体。

已知应力状态和应变状态的张量，可以计算变形体发生变形所需要的功或功率。变形体在外力作用下发生变形，其变形功或变形功率必须与外力所做的功或功率相等，即能量守恒原理。所有应力状态、应变状态和应变速度状态，都可等效成单轴状态，称等效应力、等效应变和等效应变速度，或称相当应力、相当应变和相当应变速度。等效应力和等效应变的积为单位变形功，等效应力与等效应变速度的积，即单位变形功率。三个主应变或主应变的和等于零，即表示体积不能发生改变，称体积不变条件，这是发生塑性变形必须遵守的条件之一。在受力物体的边界上，必须满足力的边界条件，即边界上内外侧的法线应力必须相等，或满足边界的速度连续条件，即边界上内外侧的法线速度必须相等。

2. 张量及其关系式的表达式

（1）张量

a. 应力张量

$$\sigma_{ij}=\begin{pmatrix}\sigma_{xx} & \tau_{yx} & \tau_{zx}\\ \tau_{xy} & \sigma_{yy} & \tau_{zy}\\ \tau_{xz} & \tau_{yz} & \sigma_{zz}\end{pmatrix}=\begin{pmatrix}\sigma_{x} & \tau_{yx} & \tau_{zx}\\ \tau_{xy} & \sigma_{y} & \tau_{zy}\\ \tau_{xz} & \tau_{yz} & \sigma_{z}\end{pmatrix} \tag{3-8}$$

b. 应变张量

$$\varepsilon_{ij}=\begin{pmatrix}\varepsilon_{xx} & \varepsilon_{yx} & \varepsilon_{zx}\\ \varepsilon_{xy} & \varepsilon_{yy} & \varepsilon_{zy}\\ \varepsilon_{xz} & \varepsilon_{yz} & \varepsilon_{zz}\end{pmatrix}=\begin{pmatrix}\varepsilon_{x} & \varepsilon_{yx} & \varepsilon_{zx}\\ \varepsilon_{xy} & \varepsilon_{y} & \varepsilon_{zy}\\ \varepsilon_{xz} & \varepsilon_{yz} & \varepsilon_{z}\end{pmatrix} \tag{3-9}$$

c. 应变速度张量

$$\dot{\varepsilon}_{ij}=\begin{pmatrix}\dot{\varepsilon}_{xx} & \dot{\varepsilon}_{yx} & \dot{\varepsilon}_{zx}\\ \dot{\varepsilon}_{xy} & \dot{\varepsilon}_{yy} & \dot{\varepsilon}_{zy}\\ \dot{\varepsilon}_{xz} & \dot{\varepsilon}_{yz} & \dot{\varepsilon}_{zz}\end{pmatrix}=\begin{pmatrix}\dot{\varepsilon}_{x} & \dot{\varepsilon}_{yx} & \dot{\varepsilon}_{zx}\\ \dot{\varepsilon}_{xy} & \dot{\varepsilon}_{y} & \dot{\varepsilon}_{zy}\\ \dot{\varepsilon}_{xz} & \dot{\varepsilon}_{yz} & \dot{\varepsilon}_{z}\end{pmatrix} \tag{3-10}$$

(2) 边界条件

a. 应力边界条件

$$\left.\begin{aligned}p_x&=\sigma_x l+\tau_{xy}m+\tau_{xz}n\\ p_y&=\tau_{yx}l+\sigma_y m+\tau_{yz}n\\ p_z&=\tau_{zx}l+\tau_{zy}m+\sigma_z n\end{aligned}\right\} \tag{3-11}$$

$$\begin{Bmatrix}p_x\\ p_y\\ p_z\end{Bmatrix}=\begin{Bmatrix}\sigma_x & \tau_{yx} & \tau_{zx}\\ \tau_{xy} & \sigma_y & \tau_{zy}\\ \tau_{xz} & \tau_{yz} & \sigma_z\end{Bmatrix}\begin{Bmatrix}l\\ m\\ n\end{Bmatrix} \tag{3-12}$$

或

$$p_j=\sigma_{ij}n_j \tag{3-13}$$

b. 速度边界条件　变形体与固定工具接触面的速度边界条件为 $v_i=0$。运动工具接触面速度边界条件就为 $v_i=v_0$，v_0 为工具速度。刚塑性分界面速度边界条件为 $v_{n_1}=v_{n_2}$，v_n 为分界面上的法线速度。自由表面 $v_i\neq 0$。

c. 应变与位移、位移速度的关系

ⓐ 应变与位移的关系

$$\left.\begin{aligned}\varepsilon_x&=\frac{\partial u_x}{\partial x} & \gamma_{xy}&=2\varepsilon_{xy}=\frac{\partial u_x}{\partial y}+\frac{\partial u_y}{\partial x}\\ \varepsilon_y&=\frac{\partial u_y}{\partial y} & \gamma_{yz}&=2\varepsilon_{yz}=\frac{\partial u_z}{\partial y}+\frac{\partial u_y}{\partial z}\\ \varepsilon_z&=\frac{\partial u_z}{\partial z} & \gamma_{zx}&=2\varepsilon_{zx}=\frac{\partial u_x}{\partial z}+\frac{\partial u_z}{\partial x}\end{aligned}\right\} \tag{3-14}$$

式中　γ_{xy}，γ_{yz}，γ_{zx}——工程切应变；

ε_{xy}，ε_{yz}，ε_{zx}——数学切应变；

u_x，u_y，u_z——三个坐标的位移分量。

ⓑ 应变速度与位移速度的关系

$$\left.\begin{aligned}\dot{\varepsilon}_x=\frac{\partial v_x}{\partial x}\quad 2\dot{\varepsilon}_{xy}=\frac{\partial v_y}{\partial x}+\frac{\partial v_x}{\partial y}\\ \dot{\varepsilon}_y=\frac{\partial v_y}{\partial y}\quad 2\dot{\varepsilon}_{yz}=\frac{\partial v_z}{\partial y}+\frac{\partial v_y}{\partial z}\\ \dot{\varepsilon}_z=\frac{\partial v_z}{\partial z}\quad 2\dot{\varepsilon}_{zx}=\frac{\partial v_x}{\partial z}+\frac{\partial v_z}{\partial x}\end{aligned}\right\}\tag{3-15}$$

式中　$v_x=\frac{\partial u_x}{\partial t}$，$v_y=\frac{\partial u_y}{\partial t}$，$v_z=\frac{\partial u_z}{\partial t}$。

d. 体积不变条件　直角坐标系体积不变条件可以用下面四种方式表示：

$$\left.\begin{aligned}&\varepsilon_x+\varepsilon_y+\varepsilon_z=0\\&\dot{\varepsilon}_x+\dot{\varepsilon}_y+\dot{\varepsilon}_z=0\\&d\varepsilon_x+d\varepsilon_y+d\varepsilon_z=0\\&d\dot{\varepsilon}_x+d\dot{\varepsilon}_y+d\dot{\varepsilon}_z=0\end{aligned}\right\}\tag{3-16}$$

对于任意坐标系，如果位移速度矢量 $\mathbf{A}$（A_1，A_2，A_3）已知，则体积不变条件式，可用速度矢量的散度为零的条件来决定。即：

$$\mathrm{div}\mathbf{A}=0\qquad 或\qquad \nabla\cdot\mathbf{A}=0\tag{3-17}$$

式中　∇——哈密顿（Hamilton）算子。

e. 变形协调方程　如已知一点的 ε_{ij}，要根据几何方程确定其三个位移分量时，六个应变分量应有一定的关系，才能保证物体的连续性。这种关系为变形连续方程或协调方程。

从几何方程可导出以下二组变形连续方程。

$$\left.\begin{aligned}\frac{\partial^2\varepsilon_{xy}}{\partial x\partial y}=\frac{1}{2}\left(\frac{\partial^2\varepsilon_x}{\partial y^2}+\frac{\partial^2\varepsilon_y}{\partial x^2}\right)\\ \frac{\partial^2\varepsilon_{yz}}{\partial y\partial z}=\frac{1}{2}\left(\frac{\partial^2\varepsilon_y}{\partial z^2}+\frac{\partial^2\varepsilon_z}{\partial y^2}\right)\\ \frac{\partial^2\varepsilon_{zx}}{\partial z\partial x}=\frac{1}{2}\left(\frac{\partial^2\varepsilon_z}{\partial x^2}+\frac{\partial^2\varepsilon_x}{\partial z^2}\right)\end{aligned}\right\}\tag{3-18(a)}$$

或

$$\left.\begin{aligned}\frac{\partial}{\partial x}\left(\frac{\partial\varepsilon_{zx}}{\partial y}+\frac{\partial\varepsilon_{xy}}{\partial z}-\frac{\partial\varepsilon_{yz}}{\partial x}\right)=\frac{\partial^2\varepsilon_x}{\partial y\partial z}\\ \frac{\partial}{\partial y}\left(\frac{\partial\varepsilon_{xy}}{\partial z}+\frac{\partial\varepsilon_{yz}}{\partial x}-\frac{\partial\varepsilon_{zx}}{\partial y}\right)=\frac{\partial^2\varepsilon_y}{\partial x\partial z}\\ \frac{\partial}{\partial z}\left(\frac{\partial\varepsilon_{yz}}{\partial x}+\frac{\partial\varepsilon_{zx}}{\partial y}-\frac{\partial\varepsilon_{xy}}{\partial z}\right)=\frac{\partial^2\varepsilon_z}{\partial x\partial y}\end{aligned}\right\}\tag{3-18(b)}$$

式 [3-18(a)] 是每个坐标平面内应变分量之间应满足的关系；式 [3-18(b)] 是不同平面内应变分量之间应满足的关系。

假如已知位移分量 U_i，利用几何关系求得 ε_{ij}，自然满足连续方程。如用其他方法求得的应变分量，则必须按式 [3-18(a)] 或式 [3-18(b)] 检验其连续性。在塑性加工中，有时用体积不变条件作近似检验，从而避免了偏微分运算。

f. 微分平衡方程

直角坐标系

假设物体为连续介质。无限邻近二点的应力状态分别为 $\sigma_{ij}(x,y,z)$，$\sigma_{ij}(x+dx,y+dy,z+dz)$。假设 σ_{ij} 连续可导，则有：

$$\sigma_{ij}(x+\mathrm{d}x,y+\mathrm{d}y,z+\mathrm{d}z)=\sigma_{ij}(x,y,z)+\frac{\partial\sigma_{ij}}{\partial x_k}\mathrm{d}x_k \quad (i,j,k=x,y,z) \tag{3-19}$$

列六面体力平衡，则有：

$$\left.\begin{aligned}\frac{\partial\sigma_x}{\partial x}+\frac{\partial\tau_{yx}}{\partial y}+\frac{\partial\tau_{zx}}{\partial z}=0\\ \frac{\partial\tau_{xy}}{\partial x}+\frac{\partial\sigma_y}{\partial y}+\frac{\partial\tau_{zy}}{\partial z}=0\\ \frac{\partial\tau_{xz}}{\partial x}+\frac{\partial\tau_{yz}}{\partial y}+\frac{\partial\sigma_z}{\partial z}=0\end{aligned}\right\} \tag{3-20}$$

简记作：

$$\frac{\partial\sigma_{ij}}{\partial x_i}=0 \text{ 或 } \sigma_{ij,i}=0 \tag{3-21}$$

柱面坐标系、球面坐标系、双极坐标系等，都可由式（3-13）变换得到。

g. 本构方程

弹性变形的本构方程（广义胡克定律）：

$$\left.\begin{aligned}\varepsilon_x=\frac{1}{E}[\sigma_x-\upsilon(\sigma_y-\sigma_z)] \quad \varepsilon_{xy}=\frac{\tau_{xy}}{2G}\\ \varepsilon_y=\frac{1}{E}[\sigma_y-\upsilon(\sigma_z-\sigma_x)] \quad \varepsilon_{yz}=\frac{\tau_{yz}}{2G}\\ \varepsilon_z=\frac{1}{E}[\sigma_z-\upsilon(\sigma_x-\sigma_y)] \quad \varepsilon_{zx}=\frac{\tau_{zx}}{2G}\end{aligned}\right\} \tag{3-22}$$

或者：

$$\varepsilon_{ij}=\frac{\sigma_{ij}}{2G}-\frac{\upsilon}{E}\sigma\delta_{ij}=\frac{1+\upsilon}{E}\sigma_{ij}-\frac{\upsilon}{E}\sigma\delta_{ij} \tag{3-23}$$

以应变来表示应力时为：

$$\sigma_{ij}=2G\varepsilon_{ij}+\lambda\theta\delta_{ij} \tag{3-24}$$

式中 E——弹性模量；

G——剪切模量；

υ——泊桑系数；

δ_{ij}——克罗内尔符号，$\sigma=\sigma_x+\sigma_y+\sigma_z$，$\theta=\varepsilon_x+\varepsilon_y+\varepsilon_z$。

弹性变形时的本构方程（Prandtl-Reuse 理论）：

$$\mathrm{d}\varepsilon_{ij}^p=\sigma'_{ij}\,\mathrm{d}\lambda \tag{3-25}$$

塑性变形时的本构方程（Levy-Miscs 流动法则）：

$$\mathrm{d}\varepsilon_{ij}=\mathrm{d}\varepsilon_{ij}^p=\sigma'_{ij}\,\mathrm{d}\lambda \tag{3-26}$$

式中 $\mathrm{d}\lambda$——瞬时正值比例常数。

h. 等效应力、等效应变和等效应变速度

$$\sigma_e=\frac{1}{\sqrt{2}}\{(\sigma_x-\sigma_y)^2+(\sigma_y-\sigma_z)^2+(\sigma_z+\sigma_x)+6(\tau_{xy}^2+\tau_{yz}^2+\tau_{zx}^2)\}^{\frac{1}{2}} \tag{3-27}$$

$$\varepsilon_e=\{\frac{2}{9}[(\varepsilon_x-\varepsilon_y)^2+(\varepsilon_y-\varepsilon_z)^2+(\varepsilon_z-\varepsilon_x)^2]+6(\varepsilon_{xy}^2+\varepsilon_{yz}^2+\varepsilon_{zx}^2)\}^{\frac{1}{2}} \tag{3-28}$$

$$\dot\varepsilon_e=\left\{\frac{2}{9}[(\dot\varepsilon_x-\dot\varepsilon_y)^2+(\dot\varepsilon_y-\dot\varepsilon_z)^2+(\dot\varepsilon_z-\dot\varepsilon_x)^2]+6(\dot\varepsilon_{xy}^2+\dot\varepsilon_{yz}^2+\dot\varepsilon_{zx}^2)\right\}^{\frac{1}{2}} \tag{3-29}$$

i. 变形功及功率

变形功为：

$$W_j=\int_V \sigma_{ij}\varepsilon_{ij}\,\mathrm{d}V=\int_V \sigma_e\varepsilon_e\,\mathrm{d}V \tag{3-30}$$

变形功率为：

$$\dot{W}_j=\int_V \sigma_{ij}\dot{\varepsilon}_{ij}\,\mathrm{d}V=\int_V \sigma_e\dot{\varepsilon}_e\,\mathrm{d}V \tag{3-31}$$

3. 正交曲线坐标

任意正交曲线坐标

在研究塑性加工变形问题时，有时根据加工的特点设置处理问题简便的坐标系。除基本的直角坐标系外，还可以采用柱面坐标系、球面坐标系、双曲椭圆坐标系等。这就需要建立任意正交曲面坐标系，再通过数学变换，就可简化得到所需要的表达式。

如果曲线坐标系 β_1，β_2，β_3 与直角坐标系 x_1，x_2，x_3 的关系为：

$$\beta_i=\beta_i(x_1,x_2,x_3) \qquad x_j=x_j(\beta_1,\beta_2,\beta_3)$$

以曲线坐标表示的矢量 $\mathbf{A}$ 为：

$$\mathbf{A}=x_1(\beta_1,\beta_2,\beta_3)e_1+x_2(\beta_1,\beta_2,\beta_3)e_2+x_3(\beta_1,\beta_2,\beta_3)e_3$$

当 $j=1$、2、3 时，则得到坐标变换系数（Lame 系数）g_j（g_1，g_2，g_3）及其展开式如下：

$$g_j=\left\{\left(\frac{\partial x_1}{\partial\beta_j}\right)^2+\left(\frac{\partial x_2}{\partial\beta_j}\right)^2+\left(\frac{\partial x_3}{\partial\beta_j}\right)^2\right\}^{\frac{1}{2}} \tag{3-32}$$

有数学可知，对于任意曲线坐标系单元长度微分 $\mathrm{d}s$ 和微分体积 $\mathrm{d}V$ 可由下式计算：

$$\mathrm{d}s=\sqrt{\mathrm{d}x_1^2+\mathrm{d}x_2^2+\mathrm{d}x_3^2}=\sqrt{g_1^2\mathrm{d}\beta_1^2+g_2^2\mathrm{d}\beta_2^2+g_3^2\mathrm{d}\beta_3^2} \tag{3-33}$$

$$\mathrm{d}V=\mathrm{d}x\,\mathrm{d}y\,\mathrm{d}z=g_1g_2g_3\,\mathrm{d}\beta_1\,\mathrm{d}\beta_2\,\mathrm{d}\beta_3 \tag{3-34}$$

如果任意正交曲线坐标系的应力张量已知，即九个应力分量已知，则曲线坐标系的微分平衡方程为应力张量的散度，不考虑体积力的展开通式为：

$$\left.\begin{aligned}
&\frac{\partial}{\partial\beta_1}(g_2g_3\sigma_{11})+\frac{\partial}{\partial\beta_2}(g_3g_1\sigma_{12})+\frac{\partial}{\partial\beta_3}(g_1g_2\sigma_{13})+g_3\frac{\partial g_1}{\partial\beta_2}\sigma_{12}+\\
&g_2\frac{\partial g_1}{\partial\beta_3}\sigma_{13}-g_3\frac{\partial g_2}{\partial\beta_1}\sigma_{22}-g_2\frac{\partial g_3}{\partial\beta_1}\sigma_{33}=0\\
&\frac{\partial}{\partial\beta_1}(g_2g_3\sigma_{21})+\frac{\partial}{\partial\beta_2}(g_3g_1\sigma_{22})+\frac{\partial}{\partial\beta_3}(g_1g_2\sigma_{23})+g_1\frac{\partial g_2}{\partial\beta_3}\sigma_{22}+\\
&g_3\frac{\partial g_2}{\partial\beta_1}\sigma_{21}-g_1\frac{\partial g_3}{\partial\beta_2}\sigma_{32}-g_3\frac{\partial g_1}{\partial\beta_2}\sigma_{22}=0\\
&\frac{\partial}{\partial\beta_1}(g_2g_3\sigma_{31})+\frac{\partial}{\partial\beta_2}(g_3g_1\sigma_{32})+\frac{\partial}{\partial\beta_3}(g_1g_2\sigma_{33})+g_2\frac{\partial g_3}{\partial\beta_1}\sigma_{31}+\\
&g_1\frac{\partial g_3}{\partial\beta_2}\sigma_{32}-g_2\frac{\partial g_1}{\partial\beta_3}\sigma_{13}-g_1\frac{\partial g_2}{\partial\beta_3}\sigma_{22}=0
\end{aligned}\right\} \tag{3-35}$$

由塑性加工力学的条件可知，对于塑性变形应满足体积不变条件，其任意正交曲线坐标的通式为速度的散度等于零。当速度矢量为 $\mathbf{A}=A_1b_1+A_2b_2+A_3b_3$，则速度矢量的散度计算为：

$$\mathrm{div}\boldsymbol{A}=\nabla\cdot\boldsymbol{A}=\frac{1}{J}\sum_{j=1}^{3}\frac{\partial}{\partial\beta_j}\left(\frac{J}{g_j}A\right)\tag{3-36}$$

式中 J——雅可比（Jacobin）行列式值，$J=g_1g_2g_3$；

∇——哈密顿（Hamilton）算子，表示式：

$$\nabla=b_j\frac{1}{g_j}\frac{\partial}{\partial\beta_j}=b_1\frac{1}{g_1}\frac{\partial}{\partial\beta_1}+b_2\frac{1}{g_2}\frac{\partial}{\partial\beta_2}+b_2\frac{1}{g_2}\frac{\partial}{\partial\beta_2}\tag{3-37}$$

展开速度矢量的散度 $\mathrm{div}\boldsymbol{A}=0$，可得到任意曲线坐标系的体积不变条件通式为：

$$\left.\begin{aligned}&\mathrm{div}\boldsymbol{A}=\frac{1}{g_1g_2g_3}\left\{\frac{\partial}{\partial\beta_1}(g_2g_3A_1)+\frac{\partial}{\partial\beta_2}(g_3g_1A_2)+\frac{\partial}{\partial\beta_3}(g_1g_2A_3)\right\}=0\\&\text{或}\qquad\frac{\partial}{\partial\beta_1}(g_2g_3A_1)+\frac{\partial}{\partial\beta_2}(g_3g_1A_2)+\frac{\partial}{\partial\beta_3}(g_1g_2A_3)=0\end{aligned}\right\}\tag{3-38}$$

如果曲线坐标系的运动许可速度场为 $V=v_1i+v_2j+v_3k$，则由式（3-29）展开得任意曲线坐标系的应变速度场为：

$$\left.\begin{aligned}\dot{\varepsilon}_{11}&=\frac{1}{g_1}\frac{\partial v_1}{\partial\beta_1}+\frac{1}{g_1g_2}\frac{\partial g_1}{\partial\beta_2}v_2+\frac{1}{g_1g_3}\frac{\partial g_1}{\partial\beta_3}v_3\\\dot{\varepsilon}_{22}&=\frac{1}{g_2}\frac{\partial v_2}{\partial\beta_2}+\frac{1}{g_2g_3}\frac{\partial g_2}{\partial\beta_3}v_3+\frac{1}{g_2g_1}\frac{\partial g_2}{\partial\beta_1}v_1\\\dot{\varepsilon}_{33}&=\frac{1}{g_3}\frac{\partial v_3}{\partial\beta_3}+\frac{1}{g_3g_1}\frac{\partial g_3}{\partial\beta_1}v_1+\frac{1}{g_2g_3}\frac{\partial g_3}{\partial\beta_2}v_2\\2\dot{\varepsilon}_{12}&=\frac{g_2}{g_1}\frac{\partial}{\partial\beta_1}\left(\frac{v_2}{g_2}\right)+\frac{g_1}{g_2}\frac{\partial}{\partial\beta_2}\left(\frac{v_1}{g_1}\right)\\2\dot{\varepsilon}_{23}&=\frac{g_3}{g_2}\frac{\partial}{\partial\beta_2}\left(\frac{v_3}{g_3}\right)+\frac{g_2}{g_3}\frac{\partial}{\partial\beta_3}\left(\frac{v_2}{g_2}\right)\\2\dot{\varepsilon}_{31}&=\frac{g_1}{g_3}\frac{\partial}{\partial\beta_3}\left(\frac{v_1}{g_1}\right)+\frac{g_3}{g_1}\frac{\partial}{\partial\beta_1}\left(\frac{v_3}{g_3}\right)\end{aligned}\right\}\tag{3-39}$$

4. 金属的变形抗力与塑性条件

(1) 金属的变形抗力

① 材料单向拉伸时的变形抗力　从单向拉伸试验曲线可以看到，材料开始变形是弹性阶段，之后出现延伸继续增加而载荷不增加的屈服平台，最后出现细颈而发生断裂。把屈服点的载荷（P_s）与试样原始面积（F_0）比叫屈服极限，亦称屈服强度（σ_s），是材料开始发生塑性变形的变形应力，通常叫材料的变形抗力，或理解为单应力作用下材料抵抗塑性变形的能力。对于无明显屈服点的材料，规定在产生 0.2% 变形时的公称应力为屈服强度（$\sigma_{0.2}$），或称该材料的变形抗力。把拉伸的最大载荷（P_{max}）与试样原始面积比叫抗拉强度（σ_b），亦称强度极限。载荷与原始面积的比叫公称应力，把载荷（P）与真实面积（f）的比叫真应力（S），以公式表示如下：

$$\left.\begin{aligned}\sigma_s&=P_s/F_0\\\sigma_{0.2}&=P_{0.2}/F_0\\\sigma_b&=P_{max}/F_0\\S&=P/F\end{aligned}\right\}\tag{3-40}$$

② 加工硬化与变形抗力模型　金属材料在冷加工变形过程中，随着变形程度的增加，

变形抗力不断地增加，而塑性指标不断降低，把这种现象叫做加工硬化。加工硬化是金属压力加工重要的、具有实际意义的概念，它不但改善金属的组织和性能，也是确定加工工艺规程的重要依据。

金属的变形抗力模型可由硬化曲线来表示，即变形抗力与变形程度的关系曲线。变形程度的表示方法有：伸长率、截面收缩率（简称面缩率）。硬化曲线也可以用真应力-真应变曲线或等效应力-等效应变曲线来表示。

实际金属材料的塑性变形力学问题十分复杂，它不单是应力与应变的函数，而且与变形的温度、速度以及变形的历史都有关。因此，在考虑变形程度、变形温度、变形速度的影响时，可采用下面通式：

$$\sigma_e = B + K\varepsilon^n \varepsilon^m e^{\frac{G}{T}} \tag{3-41}$$

式中　B 和 K——常数；

n 和 m——分别表示为变形材料的硬化指数和变形速度敏感系数；

T——绝对温度；

Q——材料的激活能常数。

刚塑性体线性硬化模型

$$\sigma_e = B + K\varepsilon \tag{3-42}$$

线弹塑性硬化类型

$$\sigma_e = K\varepsilon \tag{3-43}$$

弹塑性幂次化硬化模型

$$\sigma_e = K\varepsilon^n \tag{3-44}$$

应变速度敏感材料硬化模型（即 Backofen 公式）

$$\sigma_e = K\dot{\varepsilon}^m \tag{3-45}$$

热加工时，只考虑温度、速度影响的硬化模型

$$\sigma_e = K\dot{\varepsilon}^m e^{\frac{Q}{T}} \tag{3-46}$$

变形抗力模型（亦即强化模型）的形式很多，在能量法中采用最多的是刚塑性强化模型，在有限元中采用较多的是弹塑性强化模型，超塑性材料，采用应变速度敏感强化模型，对于热轧时采用温度、速度敏感强化模型。在变形抗力的取值时，多采用平均应变抗力，即：

$$\bar{\sigma}_e = \frac{1}{2}(\sigma_{s0} - \sigma_{s1}) \tag{3-47}$$

（2）塑性与塑性指标

断裂前金属发生塑性变形的能力叫塑性。塑性指标常用金属断裂时的最大相对塑性变形来表示。如拉伸变形时的伸长率 δ 和面缩率 ψ，即单向拉伸试验，把试样相对伸长量（$\Delta l = L_0 - l$）与原始长度（L_0）之比叫伸长率（δ），把变形前原断面积（F_0）与变形后断口面积（f）之差值被原面积除，称面缩率 ψ。以公式表示为：

$$\left.\begin{aligned} \delta &= \frac{L_0 - l}{L_0} \times 100\% \\ \psi &= \frac{F_0 - f}{F_0} \times 100\% \end{aligned}\right\} \tag{3-48}$$

镦粗与压缩时，以一定高度的圆环进行镦粗试验，把直至出现裂纹时的压缩率（ε）作为塑性指标。

$$\varepsilon=\frac{\Delta h}{H}\times 100\% \tag{3-49}$$

式中 Δh——绝对压下量；

H——试样原高度。

对于考虑实际变形速度影响时，采用冲击试验得到的冲击韧性指标（a_k）来作为塑性指标。

对于能反映剪切力作用下的材料，抵抗破坏能力的指标，采用冷、热扭转试验。以开始破坏的转数（n）来表示，也可转换成剪切变形（γ）来表示。即：

$$\gamma=R\frac{\pi n}{30L_0} \tag{3-50}$$

式中 R——试样半径；

L_0——试样工作段长度。

此外，有工艺弯曲试验和爱里克森试验，都是反映金属具有承受塑性变形能力的指标。

(3) 塑性条件

金属材料在外力作用下，应力状态达到某一程度时，开始发生塑性变形，把这种发生塑性变形的应力条件称为塑性条件。它是塑性变形的物理方程之一，亦称塑性方程。

① 米塞斯塑性条件 亦称变形能力不变条件，即认为：在任意应力状态作用下，发生塑性变形所需要的功，与单向拉伸状态下所需功相等。表达式为：

$$(\sigma_x-\sigma_y)^2+(\sigma_y-\sigma_z)^2+(\sigma_z-\sigma_x)^2+6(\tau_{xy}+\tau_{yz}+\tau_{zx})=2\sigma_s=6k^2 \tag{3-51}$$

以主应力表示的形式为：

$$(\sigma_1-\sigma_2)^2+(\sigma_2-\sigma_3)^2+(\sigma_3-\sigma_1)=2\sigma_s^2 \tag{3-52}$$

对平面变形状态的塑性条件为：

$$(\sigma_x-\sigma_z)^2+4\tau_{xz}^2=\left(\frac{2}{\sqrt{3}}\sigma_s\right)^2=K^2 \tag{3-53}$$

式中 K——平面变形抗力。

对平面应力状态的塑性条件为：

$$\sigma_x^2-\sigma_x\sigma_y+\sigma_y^2+3\tau_{xy}^2=\sigma_s^2 \tag{3-54}$$

② 最大剪应力塑性条件（Tresca屈服条件） 最大剪应力屈服条件认为：金属在一定条件下开始变形时，其最大剪应力是一定的，与应力状态类型无关。其表达式为：

$$\tau_{max}=\frac{\sigma_1-\sigma_3}{2}=\frac{\sigma_s}{2} \tag{3-55}$$

式中规定：$\sigma_1>\sigma_2>\sigma_3$，$\tau_{max}$——最大剪切应力。

③ 可压缩材料的屈服条件 一般式为：

$$\{AJ_2+BI_1\}^{1/2}+(\mu/3)I_1=\delta Y=Y_R \tag{3-56}$$

式中 $J_2=(1/2)\sigma'_{ij}\sigma'_{ji}$，$I_1=\sigma_x+\sigma_y+\sigma_z=\sigma_M$，$\mu$——内摩擦。

④ 各向异性材料的屈服条件（平面应力）

Hill公式：

$$\sigma_x^2+A\sigma_x\sigma_y+B\sigma_x^2+2N\tau_{xy}^2=Y_x^2 \tag{3-57}$$

式中 Y_x——x 方向的屈服应力。对于平面内各向同性时，$B=1$，$Y_x=\sigma_x$。

$$A=\frac{2\bar{r}}{(1+\bar{r})},\ N=\frac{\bar{r}}{(1+\bar{r})} \tag{3-58}$$

式中　$\bar{r}$——垂直异向性系数，取平面内的平均 r 值。

Bassani 公式（以主应力表示）：

$$\sigma_e^n\left[1+\frac{n}{m}(1+2\bar{r})\right]=|\sigma_1+\sigma_2|^n+\frac{n}{m}(1+2\bar{r})\sigma_e^{n-m}|\sigma_1-\sigma_2|^m \tag{3-59}$$

式中　n，m——材料常数。

（4）摩擦条件

摩擦两物体发生相对移动时，接触面上将产生机械阻力。摩擦有外摩擦和内摩擦，外摩擦就是变形金属与工具间的摩擦，相对滑动的界面将受到摩擦应力的作用，摩擦应力是应力边界条件的一种，它是计算变形力或剪切功的主要部分。内摩擦则是金属变形滑移时内部产生的摩擦。

① 外摩擦规律　库仑摩擦规律：

$$\tau_f=fp \tag{3-60}$$

式中　τ_f——摩擦应力；

p——单位正压力；

f——摩擦系数。

因为 f 是常数，故称常摩擦系数规律。金属压力加工冷变形是采用这种摩擦规律。

常摩擦应力规律：

$$\tau_f=k \tag{3-61}$$

式中，k 为变形材料的剪切屈服应力。常摩擦应力规律相当于库仑摩擦规律 $p=\sigma_s$、$f=0.5$ 时的摩擦应力值，故称常摩擦应力条件，多用于热加工过程。

常摩擦因子规律：

$$\tau_f=mk \tag{3-62}$$

式中，m 为摩擦因子，可由圆环压缩试验确定。m 值一般在 0～1.0 之间。冷加工取小值，热加工取大值，全黏着时取 1.0。

对于 f 和 m 之间的关系由采用塔尔诺夫斯基（Taphobckhh）经验公式确定。即：

$$m=f+\frac{1}{8}\frac{R}{h}(1-f)\sqrt{f} \tag{3-63}$$

$$m=f\left[1+\frac{1}{4}n(1-f)^4\sqrt{f}\right] \tag{3-64}$$

式中　R，h——镦粗圆柱体的半径和高度；

n——l/h 或 $\bar{b}/\bar{h}$ 之中的较小者；

l——轧制时的咬入弧长；

$\bar{h}$ 和 $\bar{b}$——变形区的平均厚度和平均宽度。

如果平均单位压力已知，根据 $\tau_f=mk=fp$ 的关系可确定 m 值。式（3-55）适用于镦粗变形，式（3-56）适用于轧制变形。

② 内摩擦　认为内摩擦就是金属间的内部产生剪切滑移的应力，它与常摩擦应力的规律是一致的，即：

$$\tau_k=k \tag{3-65}$$

3.1.5　塑性加工方法及分类

金属塑性加工的种类很多，基本的塑性加工方法有轧制、挤压、拉拔、锻造、冲压等几类。通常，轧制、拉拔、挤压是生产型材、板材、管材和线材等金属材料的加工方法，属于冶金工业领域，而锻造、冲压则通常是利用金属材料来制造机器零件的加工方法，属于机械制造工业领域。

塑性加工的种类很多，分类方法目前也不统一。本章主要按以下两方面进行分类：①按加工时工件的受力和变形方式；②按加工时工件的温度特征。

根据加工时工件受压力产生变形的方式有锻造、轧制和挤压。

锻造：是用锻锤锤击或用压力机的压头压缩工件。分自由锻（冶金厂常用的镦粗和延伸工序）和模锻。可生产几克重到200t以上的各种形状的锻件，如各种轴类、曲柄和连杆等。

轧制：坯料通过转动的轧辊受到压缩，使横断面减小、形状改变、长度增加。可分为纵轧、横轧和斜轧。用轧制法可生产板带材、简单断面和异型断面型材与管材、回转体（如变断面轴和齿轮等）、各种周期断面型材、丝杆、麻花钻头和钢球等。

挤压：把坯料放在挤压筒中，垫片在挤压轴推动下，迫使金属从一定形状和尺寸的模孔中挤出。分正挤压和反挤压。正挤压时挤压轴的运动方向和从模孔中挤出金属的前进方向一致；反挤压时挤压轴的运动方向和从模孔中挤出金属的前进方向相反。用挤压法可生产各种断面的型材和管材。

主要靠拉力作用使金属产生变形的方式有拉拔、冲压（拉延）和拉伸成型。

拉拔　用拉拔机的钳子把金属料从一定形状和尺寸的模孔中拉出，可生产各种断面的型材、线材和管材。

冲压　靠压力机的冲头把板料冲入凹模中进行拉延，可生产各种杯件和壳体（如汽车外壳等）。

主要靠弯矩和剪力作用使金属产生变形的方式有弯曲和剪切。

弯曲　在弯矩作用下成型，如半袋弯曲成型和金属材的矫直等。

剪切　坯料在剪力作用下进行剪切变形，如板料冲剪和金属的剪切等。

为了扩大品种和提高加工成型精度与效率，常常把上述这些基本加工变形方式组合起来，而形成新的组合加工变形过程。仅就轧制来说，目前已成功地研究出或正在研究与其他基本加工变形方式相组合的一些变形过程。诸如锻造和轧制组合的锻轧过程，可生产各种变断面零件以扩大轧制品种和提高锻造加工效率；轧制和挤压组合的轧挤过程，可以生产铝型材，纵轧压力穿孔也是这种组合过程，它可以对斜轧法难以穿孔的连铸坯进行穿孔，并可使用方坯代替圆坯。

按加工时的工件温度特征可分为热加工、冷加工和温加工。

热加工　在进行充分再结晶的温度以上所完成的加工。

冷加工　在不产生回复和再结晶的温度以下进行的加工。

温加工　介于冷、热加工之间的温度进行的加工。

3.2 塑性加工技术

3.2.1 板和带的加工

1. 板和带材的加工方法及其特点

铜及铜合金板带材是轧制生产的主要产品之一。产品以合金分类有：纯铜产品、黄铜产品、青铜产品、白铜产品，以规格分类有：厚板、宽板、宽带和窄带等；以性能和状态分类有：热轧产品（R）、软状态产品（M）、1/2半硬产品（Y2）、硬产品（Y）、特硬产品（T）、特软产品（TM）和热处理产品（C、CY、CS、YS）等。其中C表示软状态，即淬火状态；CY表示硬状态，即淬火后冷轧状态；CS表示淬火后时效处理状态；YS表示冷轧后时效处理状态。以生产方法分类有：热轧产品、冷轧产品；以产品要求分类有：普通板带和特殊板带等。

板材与带材的区别主要是宽度和长度。一般宽度范围在600～3000mm，长度小于6000mm的为板材，宽度小于600mm的通常称为带，但这只是个大体范围，并没有特别严格的界限。板带材按厚度也常说厚板和薄板、厚带和薄带。一般厚度范围在（0.5～5)mm的称薄板，厚度（5～40)mm的称厚板，有些热轧厚板可达75mm以上。带材的厚度通常(0.05～2.0)mm，大于1.2mm的为厚带，厚度小于0.05mm的为箔。

铜和铜合金板带材的生产方法大体上有4种：铸锭热轧开坯法、水平连铸带坯法、铸锭冷轧开坯法和热挤压开坯法。而其后续的加工方法则都是相同的，其工艺流程大体为：板（带）坯→（铣面）→粗轧→退火→精轧→精整→（退火）→成品。

热轧开坯是将铜及铜合金铸锭或锻坯加热到再结晶温度以上，并在热加工塑性区的温度范围内轧制板带坯。

水平连铸带坯多用于不易热轧的锡磷青铜、锌白铜。锡锌铅青铜和铅黄铜等带坯的生产，或小规模地生产普通黄铜带坯以及氧含量低于50×10^{-4}%的紫铜带坯，它省去了热轧工序和相应的设备投资，生产周期短，能提供常尺带坯。带坯厚度一般为12～20mm，宽度为320～650mm，最宽达850mm。不足之处是单台设备的生产能力小，可生产的合金品种和规格有局限性，不宜多品种、高产能、大规格地生产铜及铜合金带坯。

铸锭冷轧开坯是生产铜合金板带材最早采用的方法。20世纪20～30年代，几乎所有的铜合金板带材均以30～40mm厚的扁锭进行冷轧开坯生产。冷轧后带坯厚度为8～10mm。这种工艺轧制时变形抗力大，轧制道次多，需要经过多次中间退火，生产效率低，能耗大。随着冶炼技术的发展，大部分铜合金逐渐改为热轧开坯。必须冷轧开坯的仅为热轧易开裂、产量不太大的少数复杂合金。

热挤压开坯是20世纪60年代日本、英国用于生产紫铜、黄铜和铅黄铜窄带而开发的。带坯的厚度为5.0～8.5mm，宽度小于250mm。挤压带坯的表面和尺寸精度均优于热轧开坯，在允许宽度范围内便于调整带坯规格。不足之处是挤压压余、窄带切边和黄铜脱皮挤压与缩尾等几何损失较多，带材的成品率低于热轧开坯。这种方法适用于月产量1000t左右的紫黄铜生产线。

目前世界上90%以上的铜及铜合金带坯都是采用热轧开坯生产的。它与水平连铸相比具有以下优点。

① 金相组织和水平连铸带坯有显著区别。水平连铸带坯中间层呈羽毛柱状晶分布的铸造组织；而热轧是经过90%以上热变形的加工组织，并在热轧过程中进行同步再结晶，所以带坯的晶粒细密，各项性能均一。

② 热轧开坯可将铸锭的部分缺陷如疏松、缩孔和晶间微裂纹等焊合。

③ 对于需要固溶热处理的合金，如Cu-Be、Cu-Fe-P等，需采用热轧后淬火，才能满足将高温相保留到常温，晶内呈单相组织分布，以利于后续变形热处理或改善其物理性能的条件。20世纪70～80年代英国和其他一些国家进行了Cu-Be合金连铸带坯的实验研究，但到目前为止，热轧后激冷（淬火）仍是生产这类合金的成熟工艺。

热轧开坯生产板带材的工艺，与其他方式相比，虽然耗能略大，但其可生产的合金牌号品种齐全，生产适应性强，且产品具有晶粒均匀度、深冲性能、再加工性能良好等特性，是其他生产方式所无法比拟的，热轧开坯一直是国内外生产铜及铜合金板带材的主要方式。国际上铜及铜合金板带材最大铸锭质量已达到 25t，目前我国在建的铜加工厂，最大锭重为 20t。

2. 板带材生产流程的制订原则与分类

生产流程是从铸锭到产品所经过的一系列生产工序，亦称生产工艺流程。每种产品都要根据合金的特性、品种、类型以及技术条件的要求，合理的选择生产方法和工序，以确保生产出品质合格的产品。

制订生产流程总的原则是：节能、高效、保质、污染少和经济。具体如下。

① 充分利用合金的塑性，尽可能地使整个流程连续化，尽可能地减少中间退火及酸洗工序，轧制道次少，生产周期短，劳动生产率高。

② 产品品质满足技术条件要求，产品率高，生产成本低。

③ 结合具体设备条件，各工序合理安排，设备负荷均衡，即保证设备安全运转，又能充分发挥设备潜力。

④ 劳动条件好，对人体无害、对周围环境污染少或无污染。

常用的生产流程，按轧制方式可分为块式法和带式法；按铸锭的开坯方式分，有热轧法和冷轧法。

(1) 块式法

这是一种老式生产方法，它是将锭坯经过热轧或冷轧，再剪切成一定长度的板坯，直至冷轧出成品的方法。其特点是设备简单，投资少，操作方便，灵活性大，调整容易；其缺点是生产效率低，劳动强度大，中间退火次数多，生产周期长，耗能大，金属工艺损失大，成品率低，产品品质不易控制。可以在产量小、品种多、建设周期短的中、小型工厂中采用。

(2) 带式法

这是一种近代的大生产方式，它是将锭坯经过热轧开坯，卷取成卷进行冷轧，最后剪切成板或分切成带的生产方法。特点是可采用大铸锭，进行高速轧制，易于连续化、机械化的大生产。劳动生产效率高，单位产品耗能少，可采用高度自动化控制产品品质好，劳动强度小、生产条件好；缺点是设备复杂，一次性投资大，建设周期长，灵活性差。适于产量大、规格大，品质要求高的生产，是大型工厂所采用的生产方法。虽然投资大、建设周期长。特别是由于技术的高度进步，坯料和带材可以通过焊接，卷重可达 2t 以上。带式法生产正向连续化、自动化、大型化、高精度化发展。

(3) 热轧法

它是除了锡锌铅青铜、高铅黄铜等极少数品种外，都要经过热轧工艺过程。对于热轧状态的产品，都是由热轧直接轧制而成的。热轧方法是铸坯加热后进行轧制的生产方法，它充分利用了金属的高温塑性和低变形抗力，采用大压下率来提高生产率，达到高效、节能的目的。但热轧生产的产品尺寸偏差大、表面品质差、性能不易控制。所以热轧法生产多用来生产板或带坯，以及精度要求不高的产品。

(4) 冷轧法

它是采用较小尺寸的锭坯或热轧板坯，在锭坯不加热的情况下，进行轧制的一种的方法。它用于不能在加热状态下成形的合金，以及各种硬状态、软状态、热处理状态的产品，都要经过冷轧。虽然冷轧加工率小、中间需要多次退火，生产率不如热轧高的缺点，但仍然是现在生产中被广泛采用的主要方法。典型铜及铜合金板带生产工艺流程如图 3-25 所示。

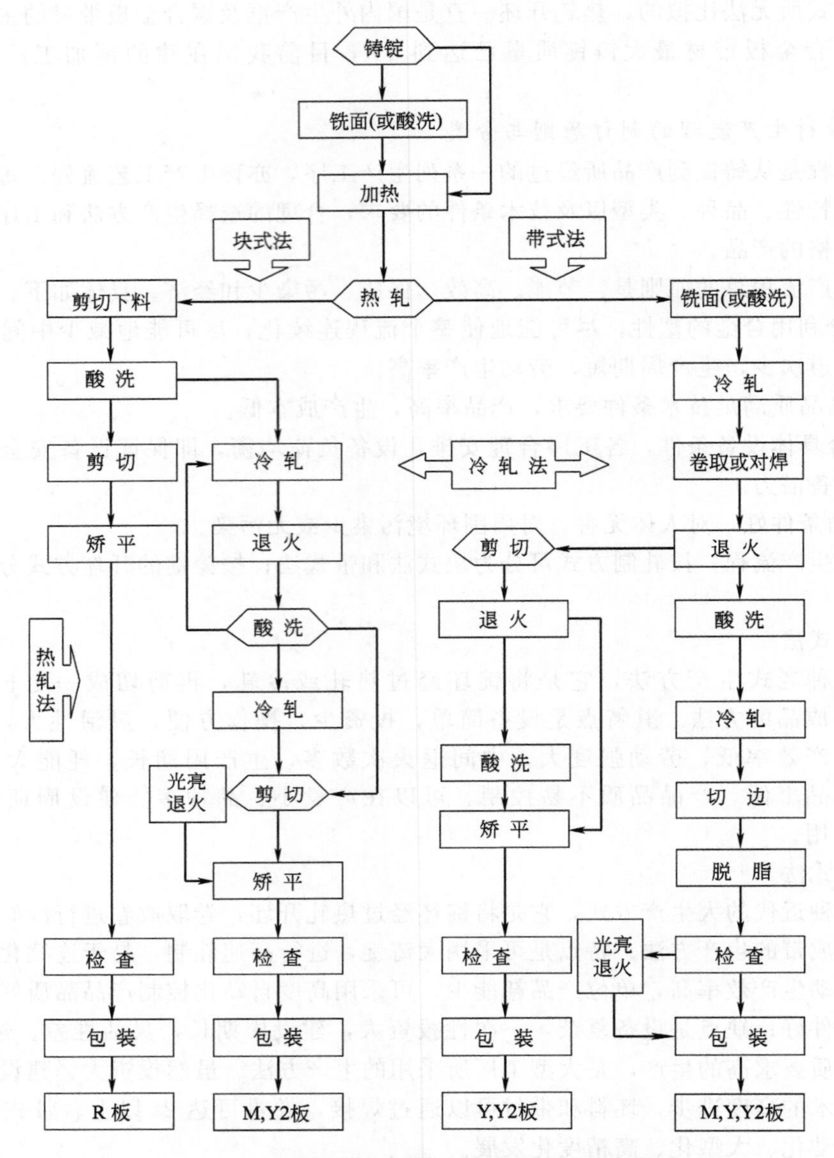

图 3-25 铜及铜合金板带材典型工艺流程框图

3. 典型板和带材的生产工艺流程

(1) 纯铜板带的生产工艺流程

表 3-3 为纯铜板带的典型工艺流程图，我国目前各种生产工艺方法都有采用，一些现代化较高的工厂，近年来大都采用了生产效率高的连续法生产。中小厂的生产，有些仍采用以块式法生产为主的生产方式。

(2) 黄铜板带的生产工艺流程

黄铜板带的生产流程，对于不同的合金、品种及设备条件有很大的差异。表 3-4 中，只是部分品种和规格的流程。

黄铜生产中要注意含铅高的合金，热轧容易裂边，有的甚至不能热轧。如 HPb63-3 等铅黄铜，很难进行热轧，目前仍采用冷轧开坯的办法。

表 3-3 纯铜板带生产工艺流程举例

成品规格厚度/mm	生 产 工 艺 流 程	产品名称
0.2～1.2	□—●—○—●—○—○—●—●—●—●—△ 170×620× 15 14.4 5.5 1.7 0.2～1.2（Y） （Y） （M）	板材宽带
0.25	□—●—○—●—○—○—●—●—● 210×1040× 19 18.4 8.0 2. 0 0.25～0.5（Y）	千米电缆带
0.01～0.35	□—●—○—●—○—○—●—●—●—●—△ 170×620× 15 14.4 5.5 1.7 0.5 0.01～0.350 （M）	窄带
0.07～0.35	□—●—○—●—○—○—●—●—●—△ 170×620× 15 14.4 6.0 2.0 0.7 0.35 （M） 5.5 1.7 0.5 0.07	雷管带
0.4～0.8	□—●—○—●—○—○—●—●—●—△ 170×620× 15 14.4 6.0 2.0 0.4 （M） 5.5 1.7 0.8	
1.5～2.0	□—●—○—●—○—○—●—●—●—△ 170×620× 15 14.4 6.0 2.5 1.5～2.0 （M） 2.8	穿甲板

注：□锭坯；●常用工序；○轧制工序；△退火工序。

（3）青铜板带的生产工艺流程

青铜板带的工艺流程见表 3-5，其加工过程中中间退火是较多的。这是因为青铜合金的加工性能不如黄铜和纯铜好，大多都是多相合金，塑性差，高温变形容易产生裂纹。如锡磷青铜是典型的高温塑性不好的合金，在 20 世纪 70～80 年代想通过热轧的途径来提高生产效率，因高温塑性的温度范围窄，裂边严重。近年来，铸造技术的进步和设备能力的提高，又有从热轧回到冷轧开坯的趋势。

（4）白铜板带的生产工艺流程

如表 3-6 所示，其生产流程的特点是：除锌白铜外，热轧后需破鳞（即除掉氧化皮）和中间退火。这是因为白铜是以铜-镍为基添加第三种元素，如铁、锌、铝所形成的合金，热轧温度较高，冷变形抗力较大。

表 3-4 黄铜板带的生产工艺流程

牌号	成品规格厚度/mm	生产工艺流程	产品名称
H65（连铸带卷）	0.2～0.3	□—●—○—●—○—●—○—☆—● 16×45×（卷质量6t）4φ300×700×600　15　550～600℃　3.5　530～550℃　4φ300×700×600　0.9　420℃　0.38　（酸洗水洗） —○—△—●—● 550～600℃　气垫炉　0.2～0.3（Y）　宽50～450(m)（M）	薄带
		下面的工艺流程采取简单方法表示	
H 96	0.4～1.2	□155×(640～1040)—12—11.6—5.5—1.7—成品—剪切—检查—△(M)	一般带
	0.05～0.35	□155×(640～1040)—12—11.6—5.5—1.7—0.5—剖条—成品—剪切—检查—△(M)	一般带
	0.10～0.18	□155×(640～1040)—12—11.6—5.5—1.7—0.6—剖条—洗条—△—成品—剪切—检查	水箱带
H 90	0.1～0.2	□155×(640～1040)—12—11.6—5.5—△—1.5—0.5—剖条—☆—洗条—△—成品—剪切—检查	一般带
	0.15～0.18	□155×(640～1040)—12—11.6—5.5—△—1.5—0.5—剖条—脱脂—洗条—△—成品—剪切—检查	新工艺　水箱带
		□155×(640～1040)—12—11.6—5.5—△—1.5—0.5—剖条—洗条—△—成品—剪切—检查	老工艺　水箱带
	0.08～0.1	□155×(640～1040)—12—11.6—5.5—△—1.5—0.5—剖条—☆—洗条—△—成品—剪切—检查	水箱片
H 68	1.0～2.0	□155×(640～1040)—12—11.6—5.5—△—2.8—2.0—成品—剪切—检查—△	穿甲板
	0.50～0.88	□155×(640～1040)—12—11.6—5.5—△—2.7—☆—1.2—☆—成品—剪切—脱脂—检查—△	雷管带
	0.35	□155×(640～1040)—12—11.6—5.5—△—2.7—☆—1.2—☆0.55—剖条—成品—剪切—检查—△	纱管带
H 65(锭坯)	0.20～0.27	□155×(640～1040)—12—11.6—5.5—△—2.7—△—1.3—☆—0.5—剖条—脱脂—洗条—△—成品—剪切—△—检查(M)	M　薄带
	0.50～0.65	□155×(640～1040)—12—11.6—5.5—△—2.7—☆—09—剖条—脱脂—洗条—△—成品—剪切—检查(Y)	Y　薄带
HPb 59-1	0.30～0.45	□155×(640～1040)—10.5—10—6.0—△—4.0—△—2.5—△—切边—酸洗—1.5—☆—洗条—△—成品—剪切—检查(Y,T)	钟表材料
	0.50～0.65	□155×(640～1040)—10.5—10—6.0—△—4.0—△—2.5—△—切边—酸洗—1.5—☆—洗条—△—成品—剪切—检查(Y,T)—△(M)	钟表材料
	0.70～1.20	□155×(640～1040)—10.5—10—6.0—△—4.0—△—2.5—△—切边—酸洗—洗条—☆—成品—剪切—检查(Y,T)—△(M)	钟表材料

续表

牌号	成品规格厚度/mm	生产工艺流程	产品名称	
HPb 60-2	0.18～0.20	□155×(640～1040)—10.5—10—6.0—△—4.0—△—2.5—△—切边—酸洗—1.5—☆—0.8—△—0.5—剖条—☆—成品—剪切—检查	Y	钟表材料
	0.18～0.20	□155×(640～1040)—10.5—10—6.0—△—4.0—△—2.5—△—切边—1.5—☆—0.8—△—0.5—剖条—☆—成品—剪切—检查	T	
HFe 60-1 HMn 58-2 HSn 62-2	0.10～0.12	□155×(640～1040)—10.5—10—6.0—△—4.0—△—2.5—△—切边—酸洗—1.5—☆—0.8—△—0.4—剖条—☆—0.14(洗条)—△—成品—剪切—检查(Y)—△(M)	复合黄铜带	
	0.25～0.35	□155×(640～1040)—10.5—10—6.0—△—4.0—△—2.5—△—切边—酸洗—1.5—☆—1.0—☆—0.5(洗条)—剖条—☆—成品—剪切—检查(Y)—△(M)		
	0.80～1.0	□155×(640～1040)—10.5—10—6.0—△—4.0—△—2.5—△—切边—酸洗—洗条—☆—成品—剪切—检查(Y)—△(M)		

注：□锭坯；●常用工序；○轧制工序；△退火工序；☆退火和酸洗两个工序，下同。

表 3-5 青铜板带工艺流程举例

牌号	规格/mm	工艺流程	名称
QSn 6.5-0.1 QSn 6.5-0.4 QSn 7-.02	0.1～0.25	16×450/4t—△—9.0～11.0—△—5.0—△—2.5—△—1.2—△—0.5—△—0.35—△—0.1～0.25	锡青铜带
QAl 5 QAl 7	0.4～0.75	□130×620—6.0—△—3.0—△—1.2—△—洗条—干刷—成品—剪切—检查(Y、Y2)—△(M)	铝青铜板带
QSi 3-1	<0.4	□130×620—10.5—5.5—△—酸洗—洗条—成品—剪切—检查(Y)—△(M)	硅青铜板带
	0.3～0.65	□130×620—10.5—5.5—△—3.0—△—1.5—☆—洗条—☆(△)—成品—剪切—<检查(Y、Y2)—△(M)	
	0.7～0.85	□130×620—10.5—10—5.5—△—3.0—△—洗条—☆—成品—剪切—<检查(Y、Y2)—△(M)	
QMn 5	0.1～0.3	□70×330—12—11.4—5.5—△—1.7—△—0.5—剖条—△—干刷—洗条—成品—剪切—检查(Y)—△(M)	锰青铜带
QCr 0.5 QCd 1.0	0.10～1.00	12—11.4—5.5—1.7—成品—剪切—检查—△(M)	铬青铜、镉青铜

表 3-6 白铜板带工艺流程举例

牌号	规格/mm	工艺流程	名称
BFe30-1-1	0.3	□140—8—破鳞—6.0—△—3.0—△—1.5—△—剖条—△—干刷—成品—剪切—检查(Y)—△(M)	铁白铜带
	0.5～0.45	□140—8—破鳞—6.0—△—酸洗—3.0—△—1.5—△—1.0—剖条—干刷—成品—剪切—检查(Y)—△(M)	
	0.85～1.0	□140—8—破鳞—6.0—△—酸洗—3.0—△—1.5—△—剖条—干刷—成品—剪切—检查(Y)—△(M)	
BZn 18-26	0.15	16×450—铣面 14.8—冷轧 5.0—△—2.5—△—0.5—△—0.15	锌白铜带

续表

牌号	规格/mm	工艺流程	名称
BZn 15-20	<0.3	□200—8—破鳞—5.5—△—酸洗—3.0—△—1.5—△—0.8—△—洗条—△—剖条—干刷—成品—剪切—检查(Y)—△(M)	锌白铜带
	0.75～1.00	□200—8—破鳞—5.5—△—酸洗—1.2—剖条—干刷—△—成品—剪切—检查—△	
B19	0.47～0.50	□140—8—破鳞—5.5—△—酸洗—1.2—剖条—△—干刷—成品—剪切—检查—△	雷管带

3.2.2 管和棒的加工

1. 管材生产方式及特点

铜及铜合金管材产品有挤制管和拉制管，其规格范围很宽，小至毛细管，大到直径达300mm以上的大直径管。不同合金品种不同规格的铜管的生产方式不尽相同。铜管材分为有缝管和无缝管两大类。有缝管也称焊接铜管，是将铜板带经纵剪、冷弯成形后焊接成管坯或管材，再经冷加工和退火，达到所要求的状态和表面精度。其产品质量除受焊接工艺影响外，主要取决于铜板带的质量。由于我国高精度铜板带的质量及成本等原因，目前我国仅在天线套管生产中采用了焊接生产方式，而在供液供气铜管如热交换器管、制冷用管、水气管等生产中仅做了尝试，并未推广开。无缝管材仍占我国乃至世界铜管材的绝大多数。

管材生产可分为管坯制造和管材冷加工，无缝管材生产采用挤压、斜孔穿孔、水平连铸或上引连铸等方法供坯，有缝管采用铜带材冷弯成形后焊接成管坯。冷加工采用冷轧或拉伸的方法。管材的生产方法见图3-26。

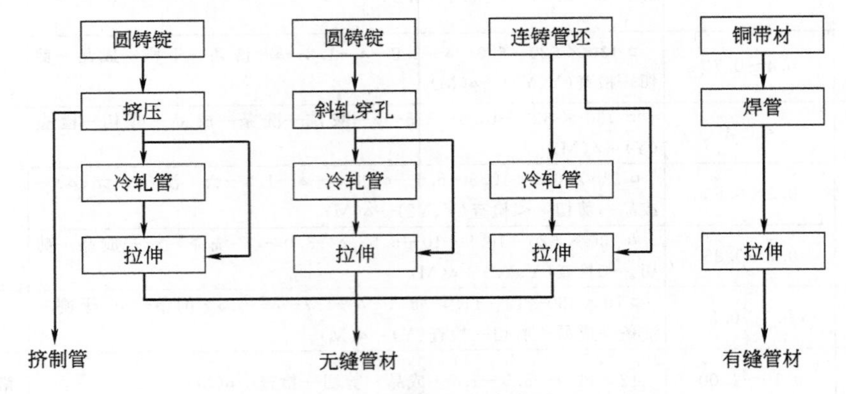

图3-26 管材的生产方法

依据在加工过程中制品的形状，铜及铜合金管材生产又可用直条法和盘管法。近十几年来，紫铜小管如冰箱管、空调管、小直径水气管大都采用盘管法生产。

管材的生产方法的选择可根据各厂所生产的产品及具体条件而定。

(1) 挤压-轧管-拉伸法

挤压-轧管-拉伸法适用于各种铜及铜合金管材，是应用最广泛的铜管生产工艺。该法由圆锭铸造、挤压、轧管、拉伸等主要工序组成，又可分为挤压-拉伸、挤压-轧管-拉伸两种生产工艺。这两种生产工艺均采用挤压供坯，挤压管坯通常采用实心圆锭进行穿孔挤压，也可采用空心锭生产。先将铸锭加热至再结晶温度以上再进行挤压，挤出的管坯尺寸精确、表面质量好且细化晶粒组织。

挤压-拉伸法可生产各种形状及尺寸的拉制管，管材尺寸精度高、表面光洁。拉伸法的生产设备和工具较简单，维护方便，在一台设备上可生产多种规格和品种的产品。与轧制相比，道次变形量和两次退火间的总变形量较小，特别是在拉制薄壁管时尤为突出从而使拉伸道次、退火等工序增多，成品率降低，生产成本增加。

（2）斜轧穿孔-轧管-拉伸法

该法由圆锭铸造、斜轧穿孔、轧管、拉伸等主要工序组成，除管坯热开坯外，其他与挤压-轧管-拉伸生产工艺基本相同。斜轧穿孔一般采用辊式斜轧，将加热后的实心圆锭的一端喂入同一方向旋转的轧辊之间，在轧辊的另一端固定着可旋转的带顶杆的顶头，穿孔时锭坯作螺旋运动，并在轧辊和顶头压力作用下形成空心管坯。斜轧穿孔与挤压相比具有生产效率高、几何废料少、设备投资少的优点，但产品的规格和合金品种少，只能用来生产紫铜和普通黄铜等部分铜合金管，管坯质量较挤压管坯差。

（3）连铸管坯-轧管-拉伸法

该法由铸造管坯、轧管、拉伸等主要工序组成。该工艺最大的特点是生产流程短、取消了铸锭加热、挤压等工序，直接由连铸机组生产出空心管坯。管坯不经加热进行轧制，能耗低，成品率高，属于一种短流程、低能耗、投资省、低运行成本的生产方法。与挤压、斜穿孔管坯相比连铸管坯的偏心率低，在±2%的情况下。管坯表面质量较好，生产一般铜管，不用铣面即可进行后续轧管、拉伸加工。但该法生产的产品规格及合金品种较少，一般用于中小紫铜管材及铜盘管生产。水平连铸-行星轧管-拉伸法、上引连铸-轧管-拉伸法是该法两种典型工艺。

铜及铜合金管材生产方法比较见表3-7。

表3-7 铜及铜合金管材生产方法比较

生产方法	优点	缺点	适用范围
挤压-轧管-拉伸	1. 产品质量好；2. 产品品种多；3. 生产灵活性大	1. 几何废料多；2. 设备投资高；3. 成品率高	适于各种有色金属管材
斜轧穿孔-轧管-拉伸	1. 几何废料少；2. 设备投资较挤压法少；3. 生产率高	1. 产品品种少；2. 管材质量差	适于紫铜管和部分黄铜管材
连铸管坯-轧管-拉伸	1. 设备投资少；2. 生产工序少；3. 坯料重量大，成品率高；4. 生产成本低	1. 产品品种少；2. 连铸生产效率低；3. 对铸造管坯质量要求高	适于中小磷脱氧铜、无氧铜管材

2. 棒材生产方式及特点

按合金分，铜及铜合金型棒材可分铜、黄铜、青铜、白铜四大类，其中黄铜棒约占铜及铜合金型棒的90%，而黄铜棒中铅黄铜又占绝大多数，约占80%～85%。

按棒材断面形状分，铜及铜合金型棒材产品可分为圆棒、型棒，型棒由有方形棒、矩形棒、六角棒、异形棒等。

按加工方法分，铜及铜合金型棒材产品有挤制和拉制两大类。国家标准中拉制棒的规格范围为ϕ5～80mm，挤制棒为ϕ10～180mm。美国、日本等国家不以产品尺寸而以交货形态划分，以直态交货的称为棒材，以盘交货的称为线材，棒材直径下限为ϕ1mm，线材上限为ϕ15mm。

图3-27为棒材拉伸的生产工艺。图3-28所示为棒材挤压生产工艺。

（1）挤压供坯法

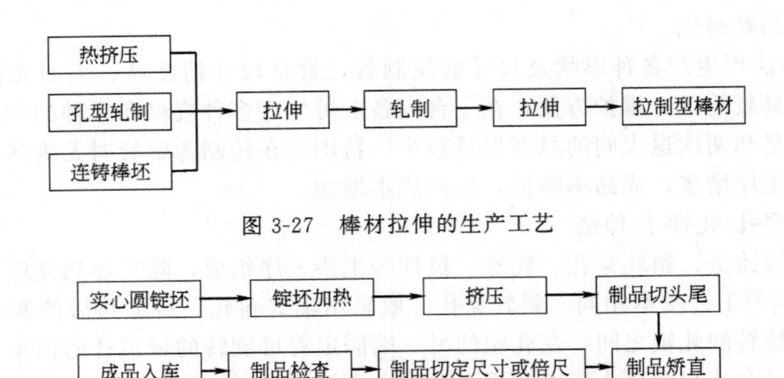

图 3-27　棒材拉伸的生产工艺

图 3-28　棒材挤压生产工艺

挤压法具有变形条件好，挤出的制品尺寸精确、表面质量好且有细化的晶粒组织、生产灵活性大的特点，适用于各种铜及铜合金型棒材，是应用最广的棒坯生产方法。该法可直接出产品，挤出的型棒材经矫直，锯切等精整后即为挤压型棒材成品。挤压法可以得到断面最近似于成品型棒材断面形状和尺寸的坯料。对于拉制圆棒，一般在挤压后只需进行一道次拉伸，型材可减少拉伸道次，生产流程短。挤压由正向挤压和反向挤压，正向挤压因其设备结构较反向挤压简单、价格便宜、操作简便，在棒材生产中广泛应用。反向挤压由于锭坯表面与挤压筒壁无相对滑动，挤压能耗低，因此在同样挤压条件下，所需的挤压力比正向挤压低30%～40%。反向挤压较正向挤压变形均匀，制品尺寸精度高。目前反向挤压已大量应用于易切削黄铜棒的生产中，随着经济的发展和科技的进步，人们对产品质量的要求越来越高，将促进反向挤压技术的发展和应用。

(2) 孔型轧制供坯法

孔型轧制是将锭坯在横列式轧机上进行热轧，轧制是在有环形轧槽的轧辊中进行。坯料通过多个孔型轧辊，断面逐渐缩小，从而获得预定的形状和尺寸。不同合金、不同规格、不同形状的型棒材所采用的孔型不同，小批量生产时需准备大量的轧辊，频繁换轧辊不经济且效率低。该法设备投资比挤压法少，曾在铜及铜合金型棒材生产中起过主要作用，但由于该法生产的产品质量较差，随着挤压技术的发展，绝大多数铜及铜合金型棒材已不采用孔型轧制法供坯生产。

(3) 连铸供坯法

连铸供坯有水平连铸或上引连铸供坯，坯料直径一般为 $\phi 8$～20mm，盘重可任意选定，仅受卷曲状之能力的限制。由于坯料为柱状晶组织，需经过反复拉伸、退火，不宜用来生产冷状态下塑性差的合金。然而对于热加工性能差、冷加工性能较好的锡青铜、硅青铜，其中小规格棒材采用连铸坯生产要比挤压法经济且质量有保证。目前该法主要用于小棒和对力学性能要求不高的棒材生产上。

(4) 棒材冷加工

拉伸是棒材生产最常用的冷加工方法，对于挤压棒坯多数情况下只需进行一道次拉伸冷加工，只是在生产难挤压合金小断面棒材时，拉伸次数才大大增加。拉伸有直拉和盘拉，多采用直拉，盘拉仅用于需多道次拉伸的小棒生产。

冷轧多用于加工塑性差的合金小棒材。这些合金棒若采用拉伸法生产，需经过反复拉伸、退火，生产流程长、能耗高、生产成本高。而冷轧加工率大，可减少拉伸道次、减少中间退火。冷轧多采用两辊平立辊或三辊 Y 型连轧机。冷连轧机设备费用较高，一般用于批量较大的合金小棒材生产。

3. 挤压生产工艺参数

(1) 管棒型材的铸锭直径

挤压铜与铜合金管棒型材一般采用圆形的实心铸锭或空心铸锭。实心铸锭用于挤压棒材、实心型材或用于有独立孔针系统的挤压机挤制管材；空心铸锭用于挤压难挤的合金管、异型管或用于无独立穿孔系统的挤压机挤制管材。

确定铸锭直径时，可以用下列公式计算。

棒材：
$$D_0=d\sqrt{\lambda n}-\Delta D \tag{3-66}$$

管材：
$$D_0=d\sqrt{\lambda(D_{管}^2-d_{针}^2)}-\Delta D \tag{3-67}$$

式中 D_0——铸锭直径，mm；
d——制品外径，mm；
$d_{针}$——管材内径，mm；
n——模孔数，个；
λ——挤压延伸系数；
ΔD——挤压筒与锭坯间的间隙，mm，$\Delta D=D_{筒}-D_0$。

挤压筒直径与其间隙的关系见表3-8。

表3-8 铸锭与挤压筒和穿针孔之间的间隙 单位：mm

挤压筒直径 $D_{筒}$	铸锭与挤压筒的间隙 ΔD	铸锭与穿孔针的间隙 Δd①
<100	1～3	1～5
100～300	5～7	
>300	7～10	

① Δd——空心铸锭内孔与穿针孔之间的间隙。

(2) 管棒型材的铸锭长度

一般挤压棒材时，锭坯长度为其直径的2～3.5倍；挤压管材时，铸锭长度为其直径的1.5～2.0倍。管材锭坯长度过长，会增加壁厚的不均匀性。锭坯的长度与挤压制品的长度有如下关系式：

$$L_0=\left(\frac{l+l_1}{\lambda}+h\right)K \tag{3-68}$$

式中 L_0——锭坯长度/mm；
l_1——剪切掉的制品长度/mm；
l——挤制成品的总长度/mm；
λ——挤压延伸系数；
h——压余厚度/mm；
K——填充系数。

(3) 管棒型材的挤压比

又称延伸系数，是表示铸锭挤压时变形量大小的参数。合理选用挤压比对挤压制品的性能、表面品质、生产效率等是至关重要的。

① 最大挤压比受挤压机的挤压力、挤压工具的强度、被挤压金属的性能等因素所限制。从挤压机的挤压力与其挤压筒尺寸的关系（图3-29），可以推算出挤压铸锭的直径。

② 最小挤压比一般应大于10，以防止制品中残留铸造组织，保证制品具有良好的组织性能。被挤压金属的最大挤压比和常用的挤压比见表3-9。

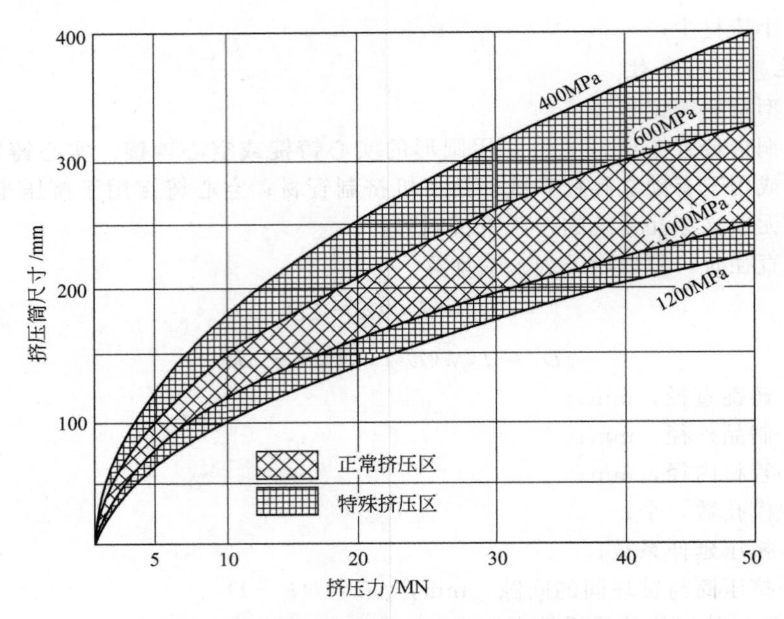

图 3-29　挤压机的挤压力与其挤压筒尺寸间的关系

表 3-9　铜及铜合金的最大挤压比与常用挤压比

合金牌号	棒材		管材	
	最大挤压比	常用挤压比	最大挤压比	常用挤压比
紫铜	300	5～37	120	31～62
黄铜	500～700	5～47	80～100	10～30
铝青铜	75	4～46	35～40	31～62
锡青铜	30	5～25	10～15	5～20
白铜	150	—	30～50	—

(4) 管棒型材生产的挤压温度

① 铜及铜合金在挤压温度下应具有的特性：低的变形抗力、良好的塑性；合金最好处于单相区、挤压时不发生相转变。

② 挤压温度确定方法：确定挤压温度时应以合金的塑性图、再结晶图、相图为依据，按上述要求并参考生产实际情况确定。

③ 影响锭坯温度的主要因素有：挤压工具（如挤压筒、挤压垫、穿孔针）与锭坯直接接触，吸收锭坯热量，使其温度下降；锭坯在炉外或挤压筒内较长时间停留，造成散热较多而降温；快速挤压时产生的变形热来不及散发，会使锭坯温度升高。

表 3-10 给出了铜及铜合金的挤压铸锭加热温度范围。

(5) 管棒型材生产的挤压速度

挤压速度是指挤压杆向前移动的速度。它与金属从模孔流出的速度有下列关系：

$$V_{出}=\lambda V_{杆} \tag{3-69}$$

式中　$V_{出}$——金属流出模孔时的速度，$m \cdot s^{-1}$；

　　$V_{杆}$——挤压杆向前移动时的速度，$m \cdot s^{-1}$；

　　λ——挤压比。

挤压时金属流出模孔的速度见表 3-11。

表 3-10 铜及铜合金挤压铸锭加热温度范围

合金牌号	加热温度/℃	合金牌号	加热温度/℃
T2,T3,T4,TU 1	750～875	HMn 58-2	570～630
TUP	850～920	HSn 70-1	740～800
H 96	750～850 750～875	His 80-3	740～790
H 90,H 80	880～930	QAl 9-4,QAl9-2,QAl5	830～900
H 85	740～800	QAl 10-3-1.5	750～830
H 68,H 68-0.1	670～780	QAl 10-4-4	825～900
H 62,HFe,59-1-1	620～680	QSi 1-3	850～900
HPb 61-1	630～670	QSi 3-1	750～820
HPb 63-0.1	620～680	QSn 4-0.3	750～800
HAl 60-1 HPb 63-3 HAl 60-1-1	650～700	QSn 4-3	750～870
HAl 59-3-2 HAl 67-2.5 HAl 66-6-3-2	700～800	QSn6.5-.01,QSn6.5-0.4 QSn7-0.2	700～820
HAl 67-2.5	700～750	QCd1,QCr0.5 QCr0.3-0.2 QZr0.2,QZr0.4	800～850
HAl 77-2 HAl 70-1.5	750～820	QBe 2,QBe 2.15	720～800
HMn55-3-1	590～670	BFe 5-1	900～1,000
QSn 6.5-0.4 HMn57-3-1 HNi 56-3 H 59	600～700	B 10	950～1,000
		BAl 13-3	870～930
		BFe 30-1,B 30	900～960
		BZn 15-20	850～930
		BMn 40-1.5	950～1,100

表 3-11 铜及铜合金正向挤压时金属流出模孔的速度

合金牌号	金属流动速度/m·s⁻¹					
	λ<40		λ=40～100		λ>100	
	管材	棒材	管材	棒材	管材	棒材
纯铜,H 96,QCd1 QCr0.5,QZn0.2	1～2	0.3～1.5	3～5	0.5～2.5	—	1～3.5
H90,H85,H68	0.2～0.8	0.2～1.0	—	—	—	—
HSn70-1,HAl77-2	0.25～0.6	—	—	—	—	—
H62,HPb59-1	0.7～1.8	0.4～1.4	2～4	0.6～3	—	1～4
QAl9-2,QAl9-4 QAl10-3-1.5	0.15～0.25	0.1～0.2	0.5～0.8	0.3～0.8	—	—
QSi3-1,QSi1-3,QSi4-3	—	0.04～0.1	—	0.07～0.15	—	—
QSn6.5-0.1,QSn6.5-0.4 QSn7-0.2,QSn4-0.3	—	0.03～0.06	—	0.06～0.12	—	—
BAl13-3,BZn15-20	0.5～1.1	0.5～1.0	1～2	0.8～1.5	—	—
BFe30-1-1	0.5～1.1	0.5～1.0	—	—	—	—

4. 挤压设备

挤压机的种类很多，图 3-30 为常用的分类方法。

立式挤压机的结构与卧式挤压机的基本相同，只是其挤压轴工作线垂直水平线，因此它

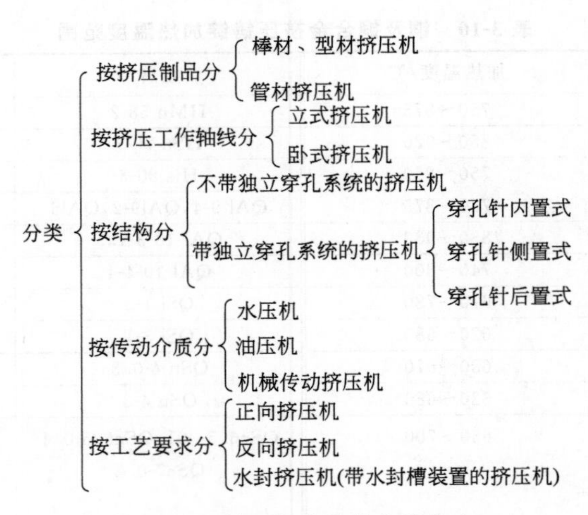

图 3-30 挤压机常见的分类方法

的高度很高。立式挤压机的主要技术参数见表 3-12。立式挤压机和卧式挤压机的比较可见表 3-13。

表 3-12 立式挤压机的主要技术参数

参数名称	制造国家				
	前苏联	前苏联	德国	德国	英国
挤压力/MN	6	10	6	6.3～7.1	6
工作液体压力/MPa	32	32	20	25～32.5	20
回程力/MN	0.7	0.83×2	—	—	0.78
主柱塞行程/mm	1000	1100	1000	1000	990
主柱塞直径/mm	530	670	620	—	685
回程缸直径/mm		105/180	140	—	133
挤压筒行程/mm	50	60	—	—	—
模座行程/mm	400	520	—	—	—
挤压筒直径/mm	75～120	100～140	100	90～140	85～100
挤压筒长/mm	400	400	300		300
主柱塞空程速度/mm·s^{-1}	400	500	150		—
挤压速度/mm·s^{-1}	133	5～133	150	—	
主柱塞回程速度/mm·s^{-1}	600	500	300	—	
挤压制品长度/mm	2000～7500	1200～7500	2000～12000	—	7000
挤压制品直径/mm	(33×3)～(80×5)	(33×3)～(8×10.5)	—	(21×1.5)～(80×5)	(30×2)～(40×2.5)
生产能力/根·h^{-1}	180	180	115	120～140	100
挤压高度/mm					
地上	6285	6250	4455	7150	7720
地下	9500	8000	9000		4627
外廓尺寸/mm					
宽度	7780	5000	2000		5640
长度	14250	14000	11125		12650

表 3-13 立式挤压机和卧式挤压机比较

比较内容	立式挤压机	卧式挤压机
挤压力	较小，一般为 6～10MN	较大，一般为 10～50MN，甚至可达 20～250MN
制品	形状规格比较单一；截面积较小，管材外径一般小于 80mm，长度为 2～12m	品种规格可以多样化，截面积随挤压机吨位增大而增大；长度可以不受限制
精度	设备同心度好，设备精度易保持；挤压的管材偏心度小	因重力影响，活动横梁和导轨容易磨损；设备精度不易调整；挤压的管材偏心度比立式挤压机的大
安装土建	因设备高，安装时一般要挖深坑或修建高的厂房；辅助设备配置受限制；设备的检查、维修比较困难；操作条件差；占地面积小	设备安装在地面，不需要挖深坑；辅助设备安装不受限制；设备的矫正、维修比较方便；工作条件好；占地面积和厂房面积大

3.2.3 线材的加工

金属线材是细而长且盘绕成盘交货的制品，常用铜及铜合金线材直径在 6mm 以下，但也有粗的，粗细不是线材的唯一标准。线材的断面以圆断面最广泛，也有非圆断面的，如扁的、方的、异型的等。

线材生产可分为线坯制备和线材冷加工。一般线坯直径为 $\phi6 \sim \phi10$mm，以可以柔软盘绕起来为原则，但也应为成品线留有足够的冷变形量，以保证成品线的质量。线坯越长越好，卷重越大越好，可减少拉伸时的对焊工作量，提高拉伸生产效率，提高有电性能要求的线材的性能。线坯制备有两大类，一类是非连续生产方式，即先铸成锭坯，再采用热挤压、孔型轧制等方法加工成线坯；另一类是连续生产方式，即连铸或连铸连轧成线坯。冷加工采用冷轧或拉伸的方法。线材的生产方法见图 3-31。

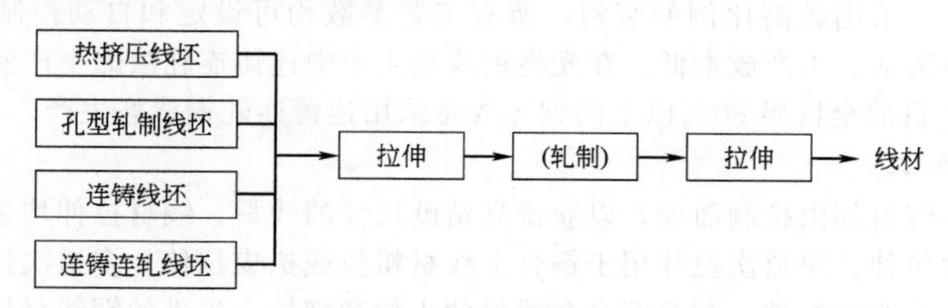

图 3-31 线材的生产方法

1. 挤压制坯法

挤压法是将圆锭在挤压机上挤成线坯，并在线卷曲成盘卷，盘卷经水冷或控制冷却后收入集线架。挤压能保证得到极好的坯料组织，有利于后序拉伸加工。挤压生产灵活性大，适于合金牌号多、批量小的铜合金线材生产，是生产优质线材的主要制坯方法。

2. 孔型轧制制坯法

孔型轧制法是指横列式轧制。该法使用平铸的 85～130kg 船形线锭，加热后经横列式轧机轧得 $\phi7.2$mm“黑铜杆”。该法生产的线坯精度低、表面质量差，质量不均一，卷重小，劳动强度大，生产效率低，能耗高，在铜线杆生产中该法已被连铸连轧法所取代。黄铜、青铜和白铜的牌号多，批量小，材料软硬差异大，孔型的共用性较差，要适应小批量铜合金线坯的生产需要准备大量的轧辊，频繁更换轧辊不经济且效率低。黄铜等合金的塑性较低，用轧制法生产时，线坯上易形成裂纹。目前绝大多数铜合金线材已不采用孔型轧制法制坯。

3. 连铸制坯法

连铸法是通过铸造直接制成线坯，可免去轧制或挤压及其相关工序，这样缩短了生产流程，减少了生产设备和场地，降低了投资和生产费用。连铸法主要有上引连铸、浸涂成型和水平连铸。

上引法和浸涂成型法系光亮铜线坯主要生产方法之一，主要用于生产含氧量 20mg/kg 线坯。上引法的设备结构简单，容易掌握，生产灵活、生产成本低，适宜中小规模的生产企业，目前该生产方法已在我国普遍采用。但该法对原料的纯度要求较高，阴极铜的杂质总量应不大于 500mg/kg，否则不能得到质量稳定的产品，生产不能正常进行。浸涂成型法是利用冷铜杆的吸热能力，用一根较细的铜芯杆（种子杆），垂直通过保持一定液位的铜水池，在移动的种子杆的铜表面形成牢固的凝结层，并逐步凝固成较粗的铜杆。浸涂法的生产规模比上引法大，年产能 2 万～8 万吨。

水平连铸法与上引法同样采用多头连铸，可提供大盘重线坯。该法主要用于热加工性能差、冷加工性能较好的锡青铜、硅青铜及锌白铜线坯生产，线坯直径 ϕ8～12mm。对于冷加工塑性差的合金，由于后续拉伸及退火次数多，生产流程长，生产成本高，不易采用水平连铸线坯，水平连铸法的生产规模较低，常作为挤压法的补充。

4. 连铸连轧制坯法

连铸连轧法为光亮铜线坯的主要生产方法。典型的连铸连铸机列由竖式熔炼炉、保温炉、轮带式或双带式连铸机、连轧机、冷却清洗、包装等装置组成。阴极铜连续加入竖炉，依次经熔炼、保温、连铸、连轧、冷却清洗及卷曲等工序，即为 ϕ8mm 光亮线坯盘卷。连铸连轧法生产含氧量 200～300mg/kg 的低氧光亮铜线坯，最大线坯直径 ϕ25mm，卷重达 5t。不仅生产圆线杆，还能生产方形、矩形、窄带等产品。该法对原料的要求没有上引法、浸涂成型法高，可采用较高比例的废料，所有工艺参数均可设定和自动控制。采用燃气熔炼、保温，开停灵活、生产成本低。在光亮铜线坯生产中连铸连轧法的生产能力最大，每小时产量 5～60t，目前全世界 80%以上的铜导线是采用连铸连轧铜线坯生产。

5. 线材冷加工

几乎所有的线材都由拉制而成，以获得高精度尺寸的线材。线材拉伸均采用盘拉，分为单道次和多道次拉伸。单道次拉伸用于铜合金线材粗拉或扒皮拉伸，多道次拉伸用于塑性好的紫铜、高铜合金线的拉伸、铜及铜合金线材的小拉和细拉。先进的铜线材拉丝采用多模多线、连续拉伸连续退火。大拉为 2 根，中拉 4～8 根，小拉和细拉为 8～16 根，多根细线退火采用成束退火。多线拉丝不仅生产率较单线拉丝高，而且线材伸长率、直径的一致性较单线拉伸高。

不同形状的线材采用不同的拉模。拉模有整体模、组合模和辊式模。圆线、方线及六角线采用整体模拉制，扁线及异型线多采用组合模和辊式模。一套组合模和辊式模可做多种规格的扁线，节省大量的工装费用。

冷轧多用于加工塑性差的合金线的开坯、扁线或异型线的生产。冷轧加工率大，可减少拉伸道次、减少中间退火。在扁线或异型线实际生产中，常将一台或多台轧机和拉线机与放线机和收线机组成连续生产的作业线。

3.2.4 特殊加工

1. 旋压技术

旋压是用于成形薄壁空心回转体工件的一种金属压力加工方法。它是借助旋轮等工具作进给运动，加压于随芯模沿同一轴线旋转的金属毛坯，使其产生连续的局部塑性变形而成为所需空心回转体工件。旋压包含普通旋压和强力旋压（变薄旋压）两大类。

（1）普通旋压

按照变形温度的不同，普通旋压可分为室温旋压（冷旋）和加热旋压。

室温旋压适于塑性好，加工硬化指数低的材料。常用材料有铝及其合金、金、银、铜等。

当材料室温塑性低，硬化指数高，机床能力不足时，可采用加热旋压。加热旋压常用材料有铝-镁系合金，难熔金属，钛合金等。普通旋压可以完成成形、压筋、收口、封口、翻边、卷边等各种工序。见图 3-32。

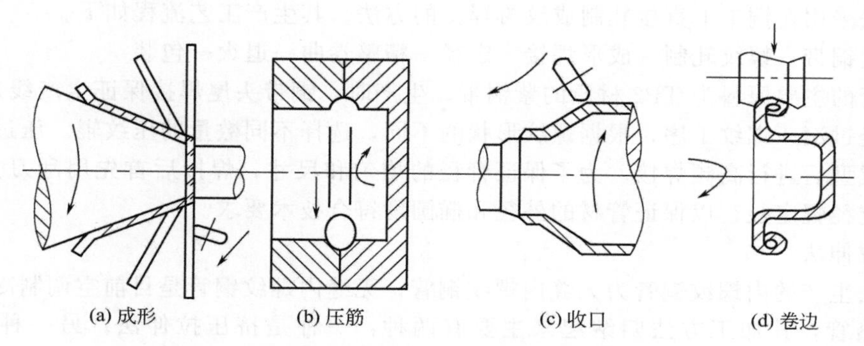

图 3-32 普通旋压成形工艺简图

根据机床的可能性和工件的成形需要，普通旋压的不同工序可在一次装卡中顺利完成，如气瓶先封口后收嘴，筒体先压筋后卷边等。

（2）变薄旋压

变薄旋压是在普通旋压的基础上发展起来的，其成形过程为：芯模带动坯料旋转，旋轮作进给运动，使毛坯连续地逐点变薄，并贴靠芯模而成为所需要的工件。旋轮的运动轨迹由靠模或计算机控制。

变薄旋压有流动旋压和剪切旋压两大类。流动旋压成形筒形件，剪切旋压成形异形件，参见图 3-33，（a）为锥（异）形件剪切旋压，（b）为筒形件流动旋压。材料流动方向与旋轮运动方向相同为正旋，反之为反旋。

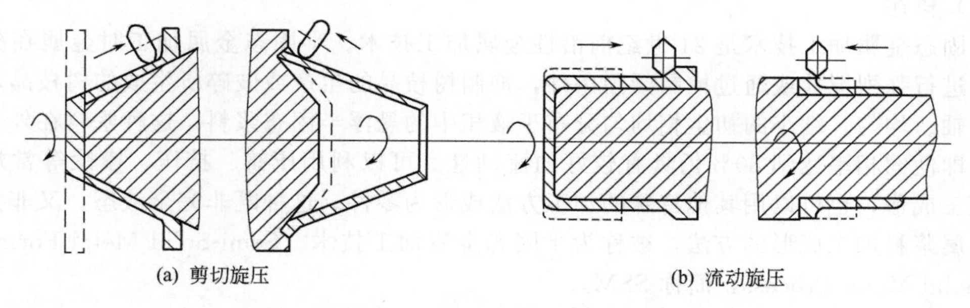

图 3-33 剪切旋压和流动旋压

变薄旋压的变形过程可分为起旋、稳定旋压和终旋三个阶段。锥形件起旋阶段工艺参数选择不当易产生局部弯曲，坯料凸缘产生褶皱。终旋阶段旋轮靠近坯料边缘时，凸缘易产生弯曲和倾斜，外层材料局部受拉应力易裂开。

2. 内螺纹管成形技术

在空调制冷行业，随着空调器向大容量、低能耗及体积小型化方向发展，具有高效传热特征的内螺纹铜管正逐步替代传统用光面铜管，成为制作高性能空调两器（蒸发器和冷凝器）专用传热管。这种铜管是在光面铜管的基础上深加工而成，其内表面有许多螺旋齿状筋，不但扩大了管内散热面积，而且改善了管内介质的流动状态（由层流变为稳流），其散热系数可达同规格光面铜管2～3倍，提高了热交换率，被认为是理想的节能节材产品，受到空调制冷行业的普遍重视。

内螺纹铜管成形加工方法有焊接法和拉伸法。

（1）焊接法

焊接法采用在铜带上直接轧制成纹再焊接的方法。其生产工艺流程如下。

高精度铜带—螺纹轧制—成形焊接—定径—精整卷曲—退火—包装

焊接管的主要原料为TP2材质的紫铜带。生产时，铜带头尾焊接保证生产线连续运转。铜带首先经过滚压螺纹工序，根据螺纹形状的不同，选择不同数量的压纹辊。压过螺纹的铜带经数道成型后进行高频焊接。为了保证管径的均匀和尺寸，焊接后首先用刮刀去除毛刺，然后经过定径辊定径，以保证管材的外径和椭圆度符合技术要求。

（2）拉伸法

拉伸法生产的内螺纹铜管为无缝内螺纹铜管，无缝内螺纹铜管是目前空调制冷行业普遍采用的传热管，其加工方法归纳起来主要有两种：一种是挤压拉伸法；另一种是旋压拉伸法。

挤压拉伸法与光面管衬拉相似，在拉伸过程中，由于受到力的作用，螺纹芯头在变形区内产生旋转运动，而管子不转动，制作轴向直线运动，在拉伸外模及螺纹芯头的作用下，管子内壁被迫挤出螺旋凸筋，从而成形内螺纹管。

旋压拉伸法有两种方式，一种是行星滚轮旋压；另一种是行星球模旋压。它的加工原理是利用几个行星式回转的辊轮或滚球对管材外表面进行高度旋压，使材料产生塑性变形，使螺纹芯头上的螺旋齿映像到管材的内表面上，从而形成内表面上的螺纹。这种方法与挤压拉伸法相比，不但能变滑动摩擦为滚动摩擦，降低起槽应力，而且能加工较深的螺纹沟槽，管子经旋压加工也大大改善了其力学性能。

3. 半固态铜合金加工技术

（1）概述

半固态金属加工技术是21世纪前沿性金属加工技术。半固态金属加工时金属在凝固过程中，进行强烈搅拌或通过控制凝固条件，抑制树枝晶的生产或破碎所生成的树枝晶，形成具有等轴、均匀、细小的初生相均匀分布于液相中的悬浮半固态浆料，这种浆料在外力的作用下，即使固相率达到60%仍具有较好的流动性。可以利用压铸、挤压、模锻等常规工艺进行加工成形，也可以用其他特殊的加工方法成形为零件。这种既非完全液态，又非完全固态的金属浆料加工成形的方法，被称为半固态金属加工技术（Semi-Solid Metal Forming or Semi-Solid Metal Process，简称SSM）。

（2）半固态金属加工的主要工艺流程

半固态金属加工技术适用于有较宽液固共存区的合金体系。研究和生产证明，适用于半固态加工的金属有：铝合金、镁合金、铜合金、锌合金、镍合金以及钢铁合金。其中铝合金、镁合金由于其熔点低，工业生产易于实现。因此，半固态金属加工技术在铝合金、镁合金方面，已得到一定的应用。

对于铜合金，由于其熔点较高，所以模具寿命的问题限制了半固态铜加工技术的发展。但是，近十年来，半固态浆料的制备方法有很大发展，因此高温合金的制浆问题也得到了一定程度的解决，铜合金的半固态加工技术也得到了发展。

半固态加工的主要成形手段有压铸和锻造，此外也有人试验用挤压和轧制等方法。其工艺路线主要有两条：一条是将搅拌获得的半固态浆料在保持其固态温度的条件下直接成形，通常称为流变铸造（Rheocasting）；另一条是将半固态浆料制备成坯料，根据产品尺寸下料，再重新加热到半固态温度进行成形，通常被称为触变成形。对触变成形，由于半固态坯料便于输送，易于实现自动化，因而在工业中较早得到了广泛应用。对于流变铸造，由于将搅拌后的半固态浆料直接成型，具有高效、节能、短流程的特点，近年来发展很快。

4. 电解铜箔生产制造技术

（1）概述

金属箔材的制造方法主要是压延法、湿法和干法三种。

① 压延法为最常见的生产方法，该方法工艺比较成熟，但具有下列几个缺点：

a. 生产流程长，工艺复杂，一次性投资大，只适宜大规模生产；

b. 箔材的最小厚度受到限制；

c. 对控制设备精度和轧辊的质量要求较高；

d. 箔材的宽度受到限制。

② 湿法生产箔材又分为非电解法和电解法两种。前者皮膜生成速度慢，且皮膜的生成只限于少数几种金属。故一般多采用电解法（也称电铸法），该法得到的金属箔的表面结晶组织可以控制，可生产印刷电路用镍箔、铜箔、复合材料用箔、磁性铁箔等。

③ 干法一般用来制造超薄膜，不能大量生产，价格高，多用于半导体和记录材料的生产。

（2）电解铜箔的生产工艺流程

电解铜箔的生产工艺流程见图3-34。

3.2.5 二次加工

铜材二次加工一般可分为两大类：一类是将铜材进行加工后仍然作为材料供其他部门使用。如给铜带电镀覆层、镀锡、镀镍、镀金等，钢棒外复合铜管、铜带上复合金丝银线，将普通光管件加工成波纹管、螺纹管等。另一类则是将铜材加工成零件甚至部件供其他部门使用。这类产品门类甚广，如水道或油路管件、点焊电极或辊轮、焊轮等。

1. 铜管件加工

铜水（气）管管路连接必须通过各种形式的管接头来完成，这些管接头称为管件。管件主要形式有：弯头（45°、90°、180°；弯径等于1.0D或1.5D等）、三通或四通（等径或异径）、套管接头（直接承口）、管帽等。

尽管接头形状各种各样，但其基本生产工艺流程是：

管坯→下料→成形→精整→清洗→检验→包装。

2. 钢铁连铸结晶器加工

连铸钢工艺生产铸钢坯是西方发达国家于20世纪60年代末发展起来的新型铸钢工艺，并于20世纪中后期走向成熟。该工艺具有生产效率高，自动化程度高，劳动强度低，生产环境良好和产品质量稳定等诸多优点。20世纪80年代中期开始引入我国，目前我国的连铸

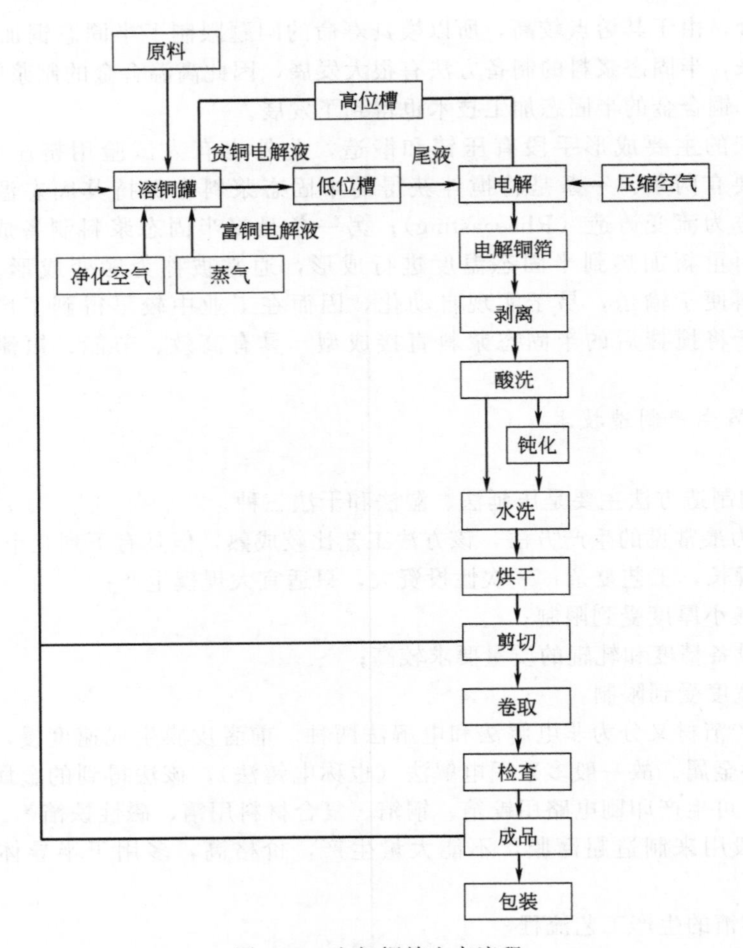

图 3-34　电解铜箔生产流程

比已达到 95%以上。

结晶器异形铜管的生产工艺有很多，有代表性的有以下几种。

① 挤压弯曲后机械加工工艺：该工艺是将铜锭到大吨位挤压机上挤制成管坯，然后管内填沙弯曲，最后机加工而成。它主要使用于强度较高的材料，如铜铬锆镁结晶器的生产。

② 爆炸成形工艺：是将结晶器管坯套置在芯棒外，同时将结晶器管坯两端封闭，抽去内部空气，管坯外套以用柔性材料制成的筒体的外壁而构成药筒，然后，将其浸没于水中，引爆炸药，使爆炸产生的能量经柔性材料和水作用于结晶器管坯上而成型的一种工艺。其特点是不需要大型设备，但需要专业爆炸专家参与。

③ 板材弯曲爆炸焊接工艺：本工艺是为了解决方形管坯价格高而产生的。具体是将铜板弯曲为方形，搭边加工成楔形，楔形边内外布置炸药，在炸药强力作用下，使楔形部分焊接称为一体，然后进行后续加工。

④ 轧制成形工艺：是将圆管坯在压力机上压成方形，然后管内填沙弯曲，最后内放芯棒在特制的孔型轧机上来回轧制而成。

⑤ 长芯杆拉伸成形工艺：是将芯杆制成结晶器铜管成品内腔的形状，在液压拉伸机上拉制而成，是应用较广的工艺方法。其特点是生产效率高，但需要严格控制成品拉伸前的坯

料硬度（以控制拉伸后的回弹量）和精心设计模具及工艺参数。

3. *覆塑铜管*

在普通铜管外包覆一层塑料就制成了覆塑铜管。这层塑料起到保护铜管免受磕碰、防止腐蚀损害的作用。覆塑铜管主要用作冷、热水管道、空调配管、燃气管、医疗气管等。

覆塑铜管的生产工艺要点。

塑料的配方　覆塑铜管一般用低密度聚乙烯（LDPE），它无毒、无味、半透明、耐蚀，有很高的韧性，在高温下流动性好，附着能力强。但在紫外光、太阳光影响下易老化、变色、龟裂，易燃而产生石蜡燃烧的气味。因此，覆塑铜管用的塑料应添加适当的紫外吸收剂、抗氧剂、阻燃剂等助剂，提高塑料的性能和寿命。

母管的质量　母管尺寸公差、性能应符合标准要求；应经无损探伤或气/水压检查合格；表面应清洁无油污，经脱脂或酸洗的则更好；母管应经过矫直，弯曲度越小越好。

挤塑工艺　包覆一般是在等距不等径螺旋叶片式单螺杆挤塑机上进行的。经过加料、熔融塑化、挤压包覆、定径整形四个阶段。其中塑化是否均匀是关键，为此，各区温度、挤压速度和母管进给速度参数必须严格控制。

参考文献

[1] 王占学．塑性加工金属学［M］．北京：冶金工业出版社，1991.

[2] 马怀宪．金属塑性加工学［M］．北京：冶金工业出版社，1991.

[3] 俞汉青，陈金德．金属塑性成形原理［M］．北京：机械工业出版社，2004.

[4] 杨守山．有色金属塑性加工学［M］．北京：冶金工业出版社，1982.

[5] 汪大年．金属塑性成形原理［M］．北京：机械工业出版社，1998.

[6] 宋维锡．金属学［M］．北京：冶金工业出版社，2005.

[7] 谢建新．材料加工新技术新工艺［M］．北京：北京科技大学，2002.

[8] N. E. 米列尔．有色金属及合金加工手册（下册）［M］．北京：中国工业出版社，1965.

[9] 段洪波．拉弯矫圆盘剪的结构分析［A］．全国有色金属加工设备技术创新大会文集，2007.

[10] 叶明德．铜铝薄板精密裁切的正确方法［A］．全国有色金属加工设备技术创新大会文集，2007.

[11] 夏承东，田保红，刘平等．冷变形对简化工艺制备 Cu-Al_2O_3复合材料组织和性能的影响［J］．铸造技术，2007，（3）：98-101.

[12] 王仲仁．弹性与塑性力学基础［M］．哈尔滨：哈尔滨工业大学出版社，1997.

[13] 国秀花，宋克兴，郜建新等．冷变形对表面弥散强化铜合金组织与性能的影响［J］．铸造技术，2007，（1）：25-28.

[14] 王仲仁．塑性成形力学［M］．哈尔滨：哈尔滨工业大学出版社，1989.

[15] 钟卫佳，马可定，吴维治等．铜加工技术实用手册［M］．北京：冶金工业出版社，2007.

[16] 陈金德．材料成形工程［M］．西安：西安交通大学出版社，2000.

[17] 胡礼木，崔令江，李慕勤．材料成形原理［M］．北京：机械工业出版社，2005.

[18] 娄花芬．铜合金材料及铜加工技术发展近况［A］．2008 年中国铜加工技术与应用论文集，2008.

[19] 娄花芬．中国铜板带生产现状与未来发展前景［A］．2009 年（第四届）中国铜加工行业研讨会，2009.

[20] 田荣章，王祝堂．铜合金及其加工手册［M］．长沙：中南工业大学出版社，2002.

[21] 娄花芬．铜及铜合金板带生产［M］．长沙：中南工业大学出版社，2010.

[22] POIRIER P J. 晶体的高温塑性变形［M］．关德林译．大连：大连理工大学出版社，1989.

[23] 王祝堂，田荣璋．铝合金及其加工手册（第 3 版）［M］．长沙：中南大学出版社，2005.

[24] 高维林，白光润．含 Nb 低碳钢的热变形行为和金属塑性变形中流变应力的预测［J］．金属学报，1992，28（8）：15-20.

[25] DING L P，JIA Z H，ZHANG Z Q，et al. The natural aging and precipitation hardening behavior of Al-Mg-Si-Cu alloys with different Mg/Si ratios and Cu additions ［J］. Materials Science and Engineering A，2015，

627：119-126.
[26] DENG Y，XU G F，YIN Z M，et al. Effects of Sc and Zr microalloying additions on the recrystallization texture and mechanism of Al-Zn-Mg alloys [J]. Journal of Alloys and Compounds，2013，580：412-426.
[27] 马怀宪．金属塑性加工学—挤压、拉拔与管材冷轧［M］．北京：冶金工业出版社，1980.
[28] B. R 夏彼洛．盘管拉伸［J］．铜加工专刊，1996.
[29] A. A. 纳盖采夫，N. M. 格拉巴尼克．铜及铜合金管棒材的挤压［M］．白淑文译．北京：冶金工业出版社，1988.
[30] KIM M G，LEE G C，PARK J P. Continuous casting and rolling for aluminum alloy wire and rod [J]. Materials Science Forum，2010，638：255-260.
[31] 姚新君．我国铜系引线框架材料的发展［J］．新材料产业，2000，11（6）：34-37.
[32] 娄燕雄，刘贵材．有色金属线材生产［M］．长沙：中南工业大学出版社，1999.
[33] 徐洪烈．强力旋压技术［M］．北京：国防工业出版社，1986.
[34] 李宏磊，娄花芬，马可定．铜加工生产技术问答［M］．北京：冶金工业出版社，2008.
[35] 赵培峰，宋克兴，国秀花等．6061 铝合金楔横轧塑性成形显微组织分析［J］．特种铸造及有色合金，2008，28（6）：415-419.
[36] 刘瑞，郭明恩．上引连铸法生产铜管坯［J］．铜加工专刊，1996.

第4章

热 处 理

4.1 热处理基础

铜及铜合金的热处理通常有退火和时效两大类，退火包括去应力退火、再结晶退火、均匀化退火、固溶处理等，时效包括简单时效、复合时效等工艺。其理论基础分别是冷变形金属的回复与再结晶、过饱和固溶体的分解等理论，以及相关的位错理论、位错强化理论、时效析出与再结晶的相互作用理论等。国内外有关铜及铜合金的热处理原理和技术的论著和学术论文众多，既有教科书，也有学术专著和铜加工行业丛书和技术手册巨著等。本章撷其精髓，并结合有关研究进展进行介绍。

4.1.1 回复与再结晶

4.1.1.1 退火过程概述

(1) 退火过程

经冷加工变形后，金属的显微组织和性能均发生变化，如晶粒拉长、形成纤维组织，强度、硬度提高，塑性降低等。同时，变形金属中还储存了一定的弹性畸变能，使变形金属处于热力学不稳定的亚稳状态。因此，经塑性变形的金属材料具有自发恢复到变形前低自由能状态的趋势。当加热冷变形金属时，它将通过发生回复、再结晶和晶粒长大等一系列过程逐渐恢复到变形前的状态。

根据不同温度下组织性能变化的特点，可将冷塑性变形金属材料的退火过程分为三个阶段，即较低温度下发生的回复，在一定温度范围发生的再结晶和再结晶完成后的晶粒长大。在实际加热过程中，上述三个过程相互重叠发生。回复是指较低退火温度或退火初始阶段发生的冷变形金属显微组织无明显变化，物理性能如导电率发生剧烈变化，力学性能轻微变化的过程。再结晶是指出现无畸变新晶粒逐步取代变形晶粒的过程；晶粒长大是指再结晶结束以后，无畸变新晶粒的继续长大。

图 4-1 为冷变形金属退火加热时显微组织的变化。回复阶段，光学显微镜下观察的组织几乎没有变化，仍然保持变形晶粒；再结晶阶段，首先是出现新的无畸变的再结晶晶粒核

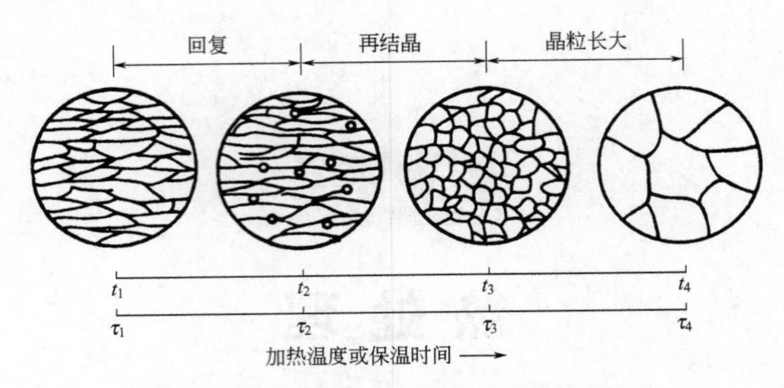

图 4-1　冷变形金属退火加热时显微组织的变化

心，然后核心界面逐渐向周围扩展消耗周围的变形基体而长大，直到变形组织完全为新的无畸变的细小等轴晶粒取代为止；晶粒长大阶段，是在晶界能的驱动下，再结晶的新晶粒互相吞并而长大，以获得在该温度下较为稳定的晶粒尺寸。

图 4-2 为冷变形金属加热时某些性能随退火温度的变化。由图 4-2 可知，冷变形金属在退火加热时不同温度具有不同的变化规律。

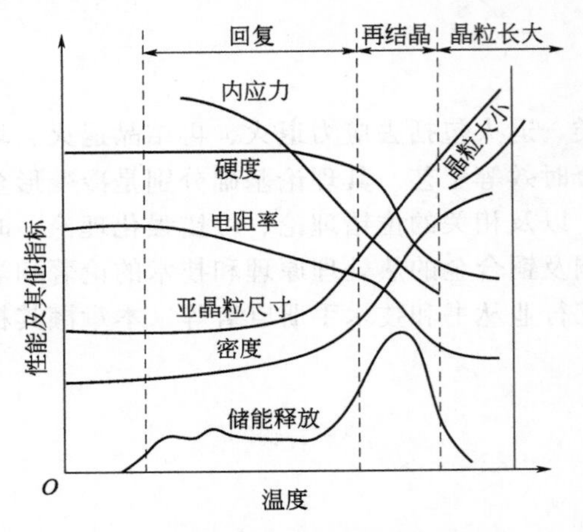

图 4-2　冷变形金属加热时某些性能随退火温度的变化

① 强度与硬度　回复阶段的硬度变化很小，约占总变化的 1/5，而再结晶阶段则下降较大。可以推断，强度具有与硬度相似的变化规律。上述情况主要与金属中的位错机制有关，即回复阶段时，变形金属仍保持很高的位错密度，而发生再结晶后，则由于位错密度显著降低，故强度与硬度明显下降。

② 电阻　变形金属的电阻在回复阶段已表现明显的下降趋势。因为电阻率与晶体点阵中的点缺陷（如空位、间隙原子等）密切相关。点缺陷所引起的点阵畸变会使传导电子产生散射，提高电阻率。它的散射作用比位错、界面所引起的更为强烈。因此，在回复阶段电阻率的明显下降就标志着在此阶段点缺陷浓度有明显的减小。

③ 内应力　在回复阶段，大部或全部的宏观内应力可以消除，而微观内应力则只有通过再结晶方可全部消除。

④ 亚晶粒尺寸和晶粒尺寸　在回复的前期，亚晶粒尺寸变化不大，但在后期，尤其在接近再结晶时，亚晶粒尺寸就显著增大。再结晶结束后，继续提高退火温度，晶粒尺寸快速变大。

⑤ 密度　变形金属的密度在再结晶阶段发生急剧增高，显然，除与前期点缺陷数目减少有关外，主要是因再结晶阶段中位错密度显著降低所致。

⑥ 储能释放　当冷变形金属加热到足以引起应力松弛的温度时，储能就被释放出来。在恢复阶段，各种材料释放的储能量均较小，再结晶晶粒出现的温度对应于储能释放曲线的高峰处。

(2) 回复过程

回复是冷变形金属在退火时发生组织性能变化的早期阶段，回复阶段的加热温度不同，冷变形金属的回复机制各异。

① 低温回复　低温时，回复主要与点缺陷的迁移有关。冷变形时产生了大量点缺陷——空位和间隙原子，点缺陷运动所需的热激活能较低，因而可在较低温度时就可进行。它们可迁移至晶界（或金属表面），并通过空位与位错的交互作用、空位与间隙原子的重新结合，以及空位聚合起来形成空位对、空位群和空位片——崩塌成位错环而消失，从而使点缺陷密度明显下降。故对点缺陷很敏感的电阻率此时也明显下降。

② 中温回复　加热温度稍高时，会发生位错运动和重新分布。回复的机制主要与位错的滑移有关：同一滑移面上异号位错可以相互吸引而抵消；位错偶极子的两条位错线相消等。

③ 高温回复

高温（约 $0.3T_m$）时，刃型位错可获得足够的能量产生攀移。刃位错攀移的结果导致：a. 使滑移面上不规则的位错重新分布，刃型位错垂直排列成墙，这种分布可显著降低位错的弹性畸变能，因此，可看到对应于此温度范围，有较大的应变能释放。b. 沿垂直于滑移面方向排列并具有一定取向差的位错墙（小角度晶界），以及由此所产生的亚晶，即多边化结构（如图 4-3 所示）。

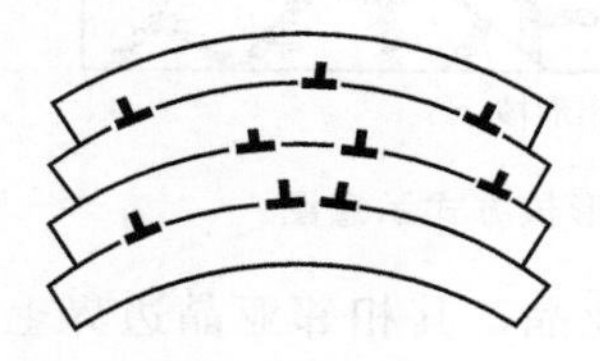

(a) 多边化前位错的杂乱分布

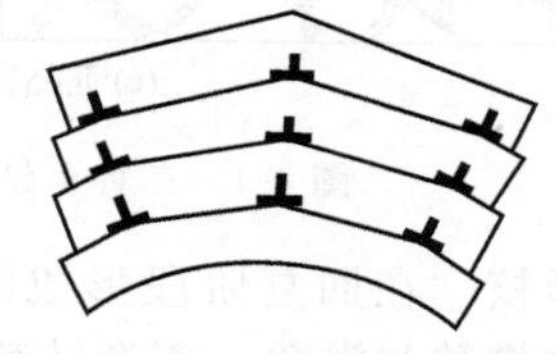

(b) 多边化形成的位错墙—亚晶界

图 4-3　位错在多边化过程中的重新分布

从上述回复机制可以理解，回复过程中电阻率的明显下降，主要是由于过量空位的减少和位错应变能的降低；内应力的降低主要是由于晶体内弹性应变的基本消除；硬度及强度下降不多则是由于位错密度下降不多，亚晶还较细小之故。因此，回复退火主要是用作去应力退火，使冷加工的金属在基本上保持加工硬化状态条件下降低其内应力，以避免变形并改善工件的耐蚀性，消除某些铜合金的应力腐蚀开裂倾向。

(3) 再结晶

将冷变形后的金属加热到一定温度之后，在原变形组织中重新产生了无畸变的新晶粒，而性能也发生了明显的变化并恢复到变形前的状况，这个过程称之为再结晶。再结晶是一个显微组织重新改组的过程。再结晶的驱动力是变形金属经回复后未被释放的储存能（相当于变形总储能的 90%）。通过再结晶退火可以消除冷加工的影响，故在实际生产中起着重要作用。

再结晶是一种形核和长大过程，即通过在变形组织的基体上产生新的无畸变再结晶晶核，通过逐渐长大形成等轴晶粒，从而取代全部变形组织的过程。

① 形核　透射电镜观察表明，再结晶晶核是现存于局部高能量区域内的，以多边化形成的亚晶为基础形成再结晶核心。图 4-4 是三种再结晶形核方式示意图。

图 4-4 中（a）和（b）这两种机制一般是在大的变形度下发生。当变形度较大时，晶体中位错不断增殖，由位错缠结组成的胞状结构，将在加热过程中发生胞壁平直化，并形成亚晶。借助亚晶作为再结晶的核心，其形核机制又可分为亚晶粒合并形核与亚晶粒界面迁移长大形核两种。

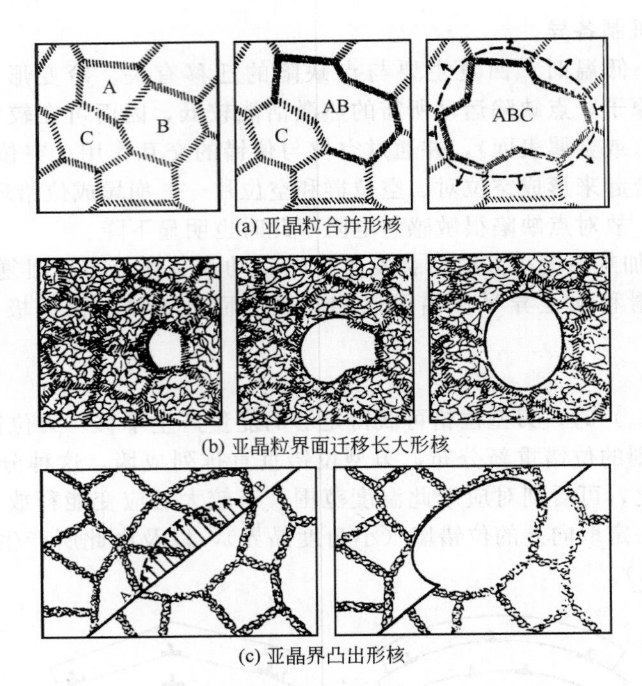

图 4-4　三种再结晶形核方式示意图

(a) 亚晶粒合并形核。在回复阶段形成的亚晶，其相邻亚晶边界上的位错网络通过解离、拆散，以及位错的攀移与滑移，逐渐转移到周围其他亚晶界上，从而导致相邻亚晶边界的消失和亚晶的合并。合并后的亚晶，由于尺寸增大，以及亚晶界上位错密度的增加，使相邻亚晶的位向差相应增大，并逐渐转化为大角度晶界，它比小角度晶界具有大得多的迁移率，故可以迅速移动，清除其移动路程中存在的位错，在它后面留下无畸变的晶粒，从而构成再结晶核心。在变形程度较大且具有高层错能的金属中，多以这种亚晶合并机制形核。

(b) 亚晶粒界面迁移长大形核。也称亚晶迁移机制。由于位错密度较高的亚晶界，其两侧亚晶的位向差较大，故在加热过程中容易发生迁移并逐渐变为大角度晶界，于是就可将它作为再结晶核心而长大。此机制易出现在变形度很大的低层错能金属中。铜合金的再结晶核心形成多以该机制进行。

上述两机制都是依靠亚晶粒的粗化来发展为再结晶核心的。

(c) 晶界凸出形核。对于变形程度较小（一般小于20%）的金属，其再结晶核心多以晶界凸出方式形成，即应变诱导晶界移动，或称为凸出形核机制。

② 长大　再结晶晶核形成之后，它就借界面的移动而向周围畸变区域长大。界面迁移的推动力是无畸变的新晶粒本身与周围畸变的母体（即旧晶粒）之间的应变能差，晶界总背离其曲率中心，向着畸变区域推进，直到全部形成无畸变的等轴晶粒为止，再结晶完成。这种再结晶也称为一次再结晶。

(4) 再结晶晶粒长大和二次再结晶

再结晶结束后，材料通常得到细小等轴晶粒，若继续提高加热温度或延长加热时间，则将引起晶粒进一步长大。对晶粒长大而言，晶界移动的驱动力通常来自总的界面能的降低。晶粒长大按其特点可分为两类：正常晶粒长大与异常晶粒长大——二次再结晶，前者表现为大多数晶粒几乎同时逐渐均匀长大；而后者则为少数晶粒突发性的不均匀长大。

① 晶粒的正常长大　再结晶完成后，晶粒长大是一自发过程。从整个系统而言，晶粒

长大的驱动力是降低其总界面能。若就个别晶粒长大的微观过程来说，晶粒界面的不同曲率是造成晶界迁移的直接原因。实际上晶粒长大时，晶界总是向着曲率中心的方向移动，并不断平直化。因此，晶粒长大过程就是大晶粒不断长大，小晶粒不断消亡的过程，晶界由曲面逐渐变平的过程。在传统金相显微镜下，晶界平直且夹角为120°的六边形晶粒是二维晶粒的最稳定形状。

恒温下，再结晶晶粒正常长大时，平均晶粒直径 D_a 与退火时间 t 之间存在 $D_a=Ct^{1/2}$，即平均晶粒直径随退火时间的平方根而增大。但当金属中存在阻碍晶界迁移的因素（如杂质）时，t 的指数项常小于 1/2，所以一般可表示为 $D_a=t^n$。

再结晶晶粒的正常长大是通过大角度晶界的迁移来进行的，因而所有影响晶界迁移的因素，如温度、分散相粒子、晶粒间位向差、杂质与微量元素等均对其有影响。

② 二次再结晶　二次再结晶又称为异常晶粒长大、不连续晶粒长大，是一种特殊的晶粒长大现象。发生异常晶粒长大的基本条件是正常晶粒长大过程被分散相微粒、织构或表面的热蚀沟等所强烈阻碍。当晶粒细小的一次再结晶组织被继续加热时，上述阻碍正常晶粒长大的因素一旦开始消除时，少数特殊晶界将迅速迁移，这些晶粒一旦长到超过它周围的晶粒时，由于大晶粒的晶界总是凹向外侧的，因而晶界总是向外迁移而扩大，结果它就越长越大，直至互相接触为止，形成二次再结晶。图 4-5 为二维晶界示意图和晶界的移动方向。二维晶界的平衡状态为六边形，相邻晶界夹角为 120°［图 4-5(a)］；当晶粒的晶界边数大于 6 时，晶界的曲率中心背离晶粒中心，在界面能的作用下有趋于平直的趋势，即晶粒长大；当晶粒的晶界边数小于 6 时，晶界的曲率中心指向晶粒中心，在界面能的作用下有趋于平直的趋势，即晶粒逐渐消亡。

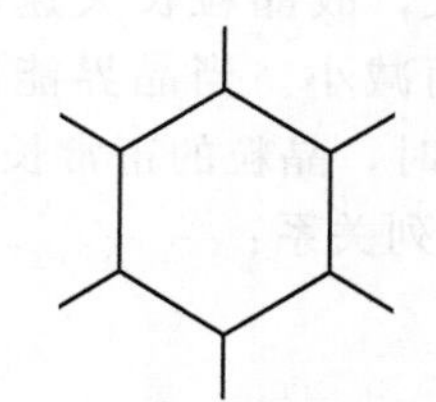
(a) 平直六边形平衡晶界

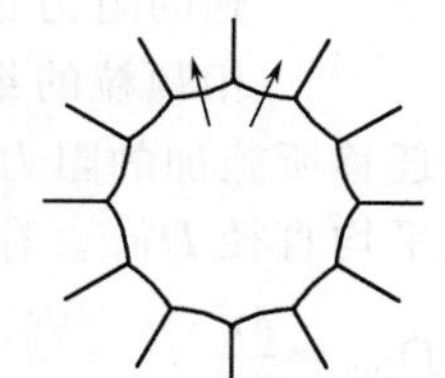
(b) 具有长大趋势晶粒的晶界

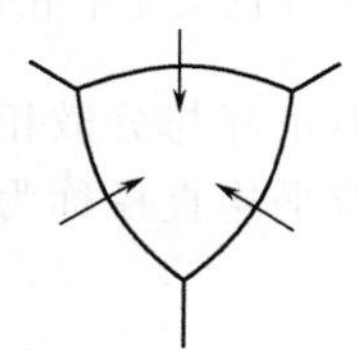
(c) 具有变小或消亡趋势晶粒的晶界

图 4-5　二维晶界示意图和晶界的移动方向

因此，二次再结晶的驱动力来自界面能的降低，而不是来自应变能。它不是靠重新产生新的晶核，而是以一次再结晶后的某些特殊晶粒作为基础而长大的。二次再结晶形成的粗大晶粒恶化金属材料的加工性能和使用性能，实践中应尽量加以避免。

4.1.1.2　回复与再结晶理论

(1) 晶界移动的驱动力和阻力

回复与再结晶过程是亚晶界和再结晶晶界扫过高密度位错区域的过程。界面两侧位向差在 10°～13°的晶界通常由位错墙构成，称为小角度晶界。相邻晶粒或亚晶粒的位向差越大，界面区域原子排列混乱程度和原子间距越大，这种大角度界面的迁移仅需要少数原子的迁移，比小角度晶界的位错墙需要整体移动来说相对容易。

晶界移动的驱动力主要来源于两方面，对冷变形金属来说主要是塑性变形晶粒与再结晶晶粒的体积自由能差，对完成再结晶的金属来说主要是细晶粒和粗大晶粒的界面能差。

冷变形金属的储存能主要与位错密度有关，位错的线能量正比于 Gb^2，冷加工金属的位错密度一般为 $10^{12}/cm^2$，其界面迁移驱动力约为 $10^4 N/cm^2$，这是再结晶的主要驱动力。

当合金中存在分散相粒子，其对晶界迁移有一定阻力，由于分散颗粒对晶界的阻碍作用，从而使晶粒长大速度降低。假设第二相粒子为球形，其半径为 r，单位面积的晶界能为 γ_b，当第二相粒子与晶界的相对位置如图 4-6(a) 所示时，其晶界面积减小 πr^2，晶界能则减小 $\pi r^2 \gamma_b$，从而处于晶界能最小状态，同时此时粒子与晶界是处于力学平衡的位置。当晶界右移至图 4-6(b) 所示的位置时，不但因为晶界面积增大而增加了晶界能，此外在晶界表面张力的作用下，与粒子相接触处晶界还会发生弯曲，以使晶界与粒子表面相垂直。若以 θ 表示与粒子接触处晶界表面张力的作用方向和晶界平衡位置间的夹角，则晶界右移至此位置时，晶界沿其移动方向对粒子所施的拉力

$$F = 2\pi r\cos\theta \cdot \gamma_b \sin\theta = \pi r \gamma_b \sin 2\theta \tag{4-1}$$

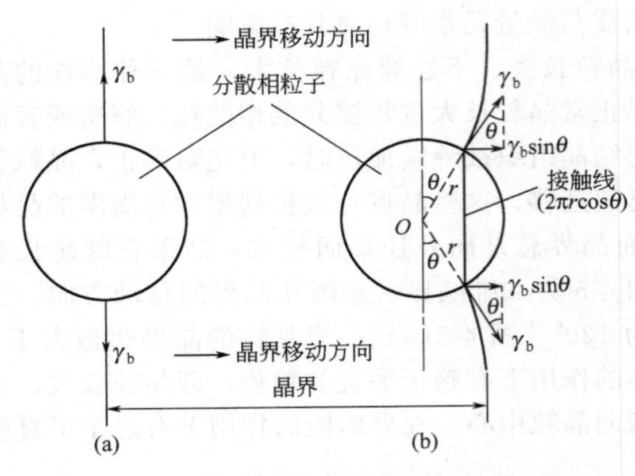

图 4-6 移动中的晶界与分散相粒子的交互作用示意图

根据牛顿第二定律，此力也等于在晶界移动的相反方向粒子对晶界移动所施的阻力，当 $\theta = 45°$ 时，此阻力为最大，即

$$F_{max} = \pi r \gamma_b \tag{4-2}$$

实际上，由于在合金基体上均匀分布着许多第二相颗粒，因此，晶界迁移能力及其所决定的晶粒长大速度，不仅与分散相粒子的尺寸有关，而且单位体积中第二相粒子的数量也具有重要影响。通常，在第二相颗粒所占体积分数一定的条件下，颗粒越细，其数量越多，则晶界迁移所受到的阻力也越大，故晶粒长大速度随第二相颗粒的细化而减小。当晶界能所提供的晶界迁移驱动力正好与分散相粒子对晶界迁移所施加的阻力相等时，晶粒的正常长大即行停止。此时的晶粒平均直径称为极限的晶粒平均直径 D_{lim}。存在下列关系：

$$D_{lim} = \frac{4r}{3f} \tag{4-3}$$

式中，f 为分散相粒子所占的体积分数。在 f 一定时，粒子越小，极限的晶粒平均直径越小。

(2) 再结晶动力学

再结晶过程进行的快慢通常用再结晶速度来描述。与许多化学反应一样，再结晶过程也是一个热激活过程，无论是回复阶段位错的重排多边化，还是亚晶界的迁移、亚晶粒的合并长大和晶界的移动，均符合扩散性相变的典型 S 曲线特征，虽然再结晶过程并不伴随晶体结构的改变。图 4-7 为经 98%冷轧的纯铜在不同温度下的等温再结晶曲线。

再结晶速度取决于再结晶核心形核率和长大速率的大小。通常用 Johnson-Mehl 方程描述已经再结晶的体积分数 f_R 与再结晶时间 t，形核率 N 和长大速率 G 的关系：

$$f_R = 1 - \left(\frac{-\pi N G^3 t^4}{3}\right) \tag{4-4}$$

等温再结晶时，形核率随时间呈指数关系衰减，因此通常用 Avrami 方程进行描述：

$$f_R = 1 - \exp(-Bt^K) \tag{4-5}$$

或

$$\lg\ln\frac{1}{1-f_R} = \lg B + K\lg t \tag{4-6}$$

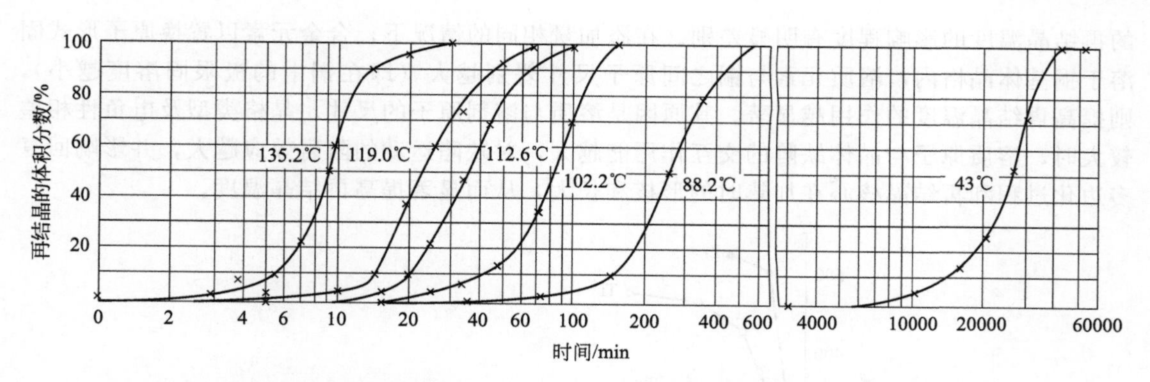

图 4-7　经 98%冷轧的纯铜（99.999%Cu）在不同温度下的等温再结晶曲线

式中，B 和 K 均为常数，作 $\lg\ln\frac{1}{1-f_R}$-$\lg t$ 图，直线的斜率为 K 值，截距为 $\lg B$。

4.1.2　影响回复与再结晶的因素

由于回复与再结晶在一定温度范围内进行，为便于讨论，一般把冷变形金属开始进行再结晶的最低温度称为再结晶温度，它可用金相法或硬度法测定，即以显微镜中出现第一颗新晶粒时的温度或以硬度下降 50%所对应的温度，定为再结晶温度。在工业生产中，则通常以经过大变形量（约 70%以上）的冷变形金属，经 1h 退火能完成再结晶（$f_R \geqslant 95\%$）所对应的温度，定为再结晶温度。也有的将在上述相同条件下开始再结晶的温度定义为再结晶温度，通常将按上述两个定义的再结晶温度分别称为再结晶终了温度和再结晶开始温度。显然两者在温度数据上是有差别的，在条件相同时，再结晶终了温度总是高于再结晶开始温度。我国目前习惯采用后者，若未注明，再结晶温度一般均指再结晶开始温度。

影响再结晶温度的因素很多，凡是提高再结晶形核速率 N 和长大速率 G 的因素都会降低再结晶温度。金属材料的结晶温度并不是一个物理常数，它不仅随材料成分而改变，同一材料其冷变形程度、原始晶粒尺寸、固溶原子、弥散颗粒、加工状态和退火工艺等因素也影响着再结晶温度。

4.1.2.1　合金的组成与组织

（1）固溶原子

金属中的杂质和微量合金元素可显著提高再结晶温度。表 4-1 为一些金属和合金的再结晶开始温度。表 4-1 表明，金属纯度不同，再结晶温度相差很大。

表 4-1　某些有色金属和合金的再结晶温度近似值

材料	再结晶温度 $t_{再}$/℃	材料	再结晶温度 $t_{再}$/℃
铜(99.999%)	120	Cu-0.3%Al_2O_3弥散铜	～900
无氧铜	200	电解铁	400
Cu-5Zn	320	低碳钢	540
Cu-5Al	290	镁(99.99%)	65
Cu-2Be	370	镁合金	230
铝(99.999%)	80	高纯钨	1200～1300
铝(99.0%)	290	含孔隙的钨	1600～2300

图 4-8 示出 13 种合金元素对铜的再结晶温度的影响。由图 4-8 可见，不同合金元素对铜

的再结晶温度的影响程度有明显差别。在添加量相同的情况下，合金元素以置换原子形式固溶于铜基体晶格内，溶质元素与铜之间原子尺寸差别越大（即在铜中的极限固溶度越小），则提高再结晶温度的作用越显著。其原因是溶质与溶剂原子的尺寸、晶格类型及电负性相差较大时，溶质原子与晶体缺陷的交互作用能越大，对缺陷运动的阻碍效应越大，并影响回复多边化过程和再结晶核心在加热时的形核和长大，从而显著提高再结晶温度。

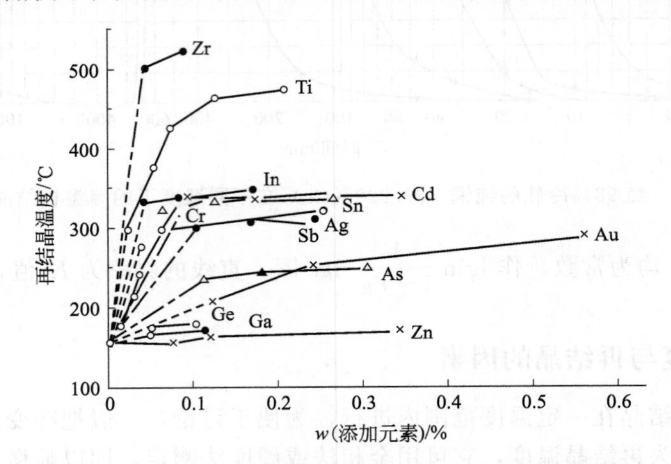

图 4-8 铜中 13 种合金元素的添加量与再结晶温度的关系

（2）弥散颗粒

弥散分布的第二相一般情况下可提高再结晶温度，弥散度愈大效果愈显著，但也存在弥散相促进再结晶核心形成的研究报道，这主要取决于弥散相粒子的大小及分布。当弥散颗粒尺寸较大时，间距较宽，如大于 1μm，再结晶核心可在其表面形成；当弥散相颗粒尺寸很小且又较密集时，则会阻碍再结晶过程的进行。Al_2O_3、ZrO_2 和 TiB_2 等弥散颗粒能显著提高铜的再结晶温度，以机械合金化法制备的 Cu-3% TiB_2 复合材料，其软化温度高达 980℃，接近铜的熔点。另外，弥散的稀土氧化物能提高钨、钼的再结晶温度。但应指出，当第二相数量不多且弥散度不大时，也有可能使再结晶温度降低。

（3）过饱和固溶体合金的退火析出与再结晶的交互作用

过饱和固溶体合金经过冷变形加工以后进行退火，由于合金的析出行为和再结晶行为都是热激活过程，因此在一定加热温度范围内合金第二相析出与再结晶过程存在重叠，存在相互竞争相互影响的现象，称为合金析出与再结晶的交互作用。

图 4-9 为合金析出与再结晶行为的交互作用示意图。再结晶和析出均有一定的孕育期，析出过程的孕育期 t_p 与析出激活能 Q_p 有一定联系；相类似，再结晶孕育期 t_R 与再结晶激活能 Q_R 有关。图 4-9(a) 可知，具有 Co 成分的固溶体经冷变形后在不同温度加热具有不同的析出动力学特征。图 4-9(b) 根据退火加热温度不同分为三个区。温度高于 T_1，在该区为单相固溶体区，不存在析出行为，再结晶可以在析出开始之前完成，合金内溶质元素的偏析对再结晶过程存在影响；温度 T_1 和 T_2 之间为第二区，在这里虽然再结晶先开始，但在再结晶过程中存在析出现象，析出第二相对再结晶过程的继续进行产生影响；T_2 温度以下为第三区，合金的析出行为在再结晶开始之前出现，因此析出行为会阻碍合金回复时位错的移动、再结晶核心的形成以及晶界的迁移。

一定情况下，再结晶前的析出行为也有利于再结晶过程。如合金析出完成后固溶体内溶质原子减少，溶质原子对变形基体的再结晶的阻碍作用会明显减弱。这时析出物的间距较大，不会明显阻碍晶界迁移，综合作用效果达到析出行为促进再结晶过程的目的。

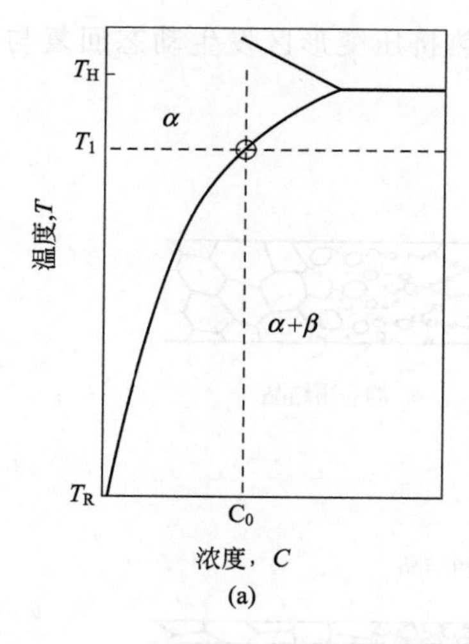

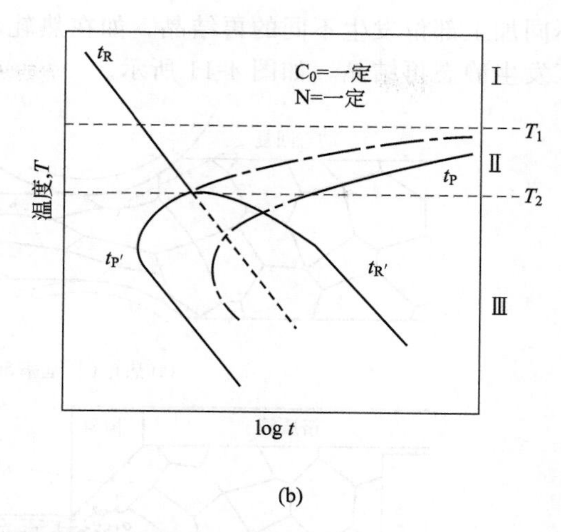

图 4-9　合金析出与再结晶行为的交互作用

t_R—再结晶开始；t_P—未变形固溶体析出开始；t'_R—受析出影响的再结晶开始；t'_P—冷变形固溶体析出开始

（4）原始晶粒大小

在其他条件相同的情况下，金属的原始晶粒细小，冷变形时加工硬化率大，变形抗力越大，基体储能越高，故再结晶温度较低。此外，晶界往往成为再结晶核心形核部位，因此细晶粒金属的再结晶形核率和长大速率均增加，所形成的新晶粒更细小，再结晶温度将降低。图 4-10 为 H70 黄铜的原始晶粒大小对再结晶后晶粒尺寸的影响。可见在原始晶粒尺寸相同条件下，形变量越大，再结晶后的晶粒尺寸越小。

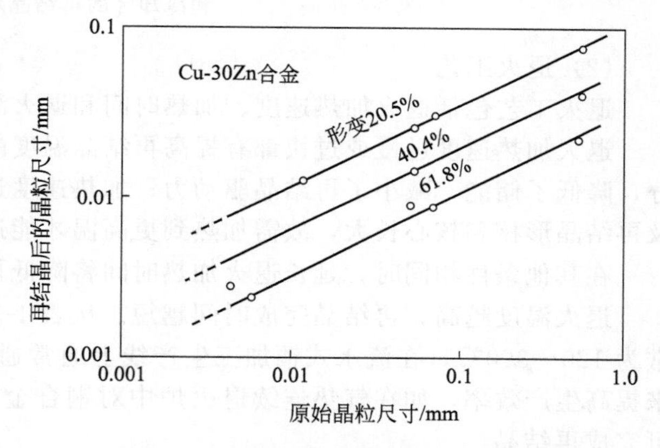

图 4-10　H70 黄铜的原始晶粒大小对再结晶后晶粒尺寸的影响

4.1.2.2　加工状态与退火工艺

（1）加工状态

金属材料的加工状态和加工程度——冷变形程度对再结晶温度有较大影响。随变形程度增加，再结晶温度降低。但冷变形使金属储能增加有一个上限，因此，当冷变形达到一定程度（变形量＞70％）后，再结晶温度基本上不再随冷变形度的增加而改变，达到最低值。通常将变形程度在 60％～70％以上，退火 1～2h 的最低开始再结晶温度 T_R 称为再结晶门槛，一般用它来代表金属的再结晶温度。

对于工业纯金属，再结晶门槛温度与熔点之间存在以下关系：

$$T_R=(0.3\sim0.4)T_m \tag{4-7}$$

式中，T_R、T_m 分别为绝对温标表示的最低再结晶开始温度及熔点。对于特别纯的金属为：

$$T_R=(0.25\sim0.3)T_m \tag{4-8}$$

对于单相合金，T_R 要大得多（有时达到 0.6 T_m），并随成分而变化。对弥散强化铜合金，如 Al_2O_3 弥散铜，其 $T_R=(0.75\sim0.9)T_m$。

在实际铜加工中，通常对铜合金进行热轧或热挤压加工，以分别获得板材或管棒材，在材料的不同加工部位发生不同的再结晶，如在热轧和热挤压变形区发生动态回复与再结晶，在冷却区发生静态再结晶，如图 4-11 所示。

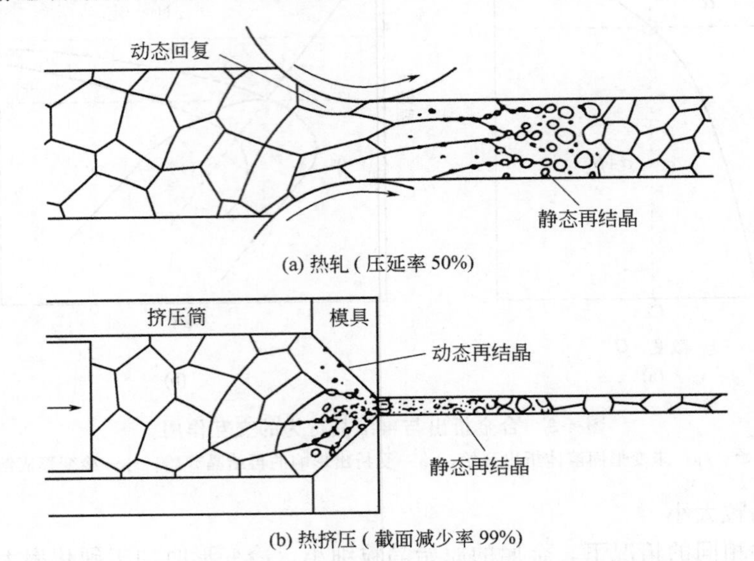

(a) 热轧(压延率 50%)

(b) 热挤压(截面减少率 99%)

图 4-11 低层错能铜合金类金属材料热轧（a）、热挤压（b）变形区的动态回复与动态再结晶和冷却区的再结晶示意图

（2）退火工艺

退火工艺包括退火加热速度、加热时间和退火温度。

退火加热速度过慢或过快都有提高再结晶温度的趋势。加热速度过慢，回复过程比较充分，降低了储能，减小了再结晶驱动力；加热速度过快，在各温度下停留的时间太短，来不及再结晶形核和核心长大，故需加热到更高温才能进行再结晶。

在其他条件相同时，延长退火加热时间将降低再结晶温度。

退火温度越高，再结晶完成时间越短。从表 4-1 可以看出，铜及铜合金的再结晶温度通常为 120～390℃，在流水式铜加工生产线上通常通过提高再结晶退火温度和缩短退火时间来提高生产效率，如在气垫连续退火炉中对铜合金薄板带进行 440℃退火加热保温 4min 即可完成再结晶。

4.1.3 常用材料的退火组织及其控制

4.1.3.1 纯铜的退火

工业纯铜（即紫铜）一般只进行再结晶退火，其目的是为了消除内应力，使金属软化或改变晶粒度。退火温度一般为 500～700℃。表 4-2 为纯铜的退火加热规范。图 4-12 为 T2 铜的力学性能及电阻率与退火温度的关系。

表 4-2 纯铜的热加工与热处理规范

材料	退火温度/℃	热加工温度/℃	典型软化温度/℃
C11000	475～750	780～875	360
C12500	400～650	750～900	
T1、T2、T3	380～650	800～900	

为了防止发生氢病，退火前必须将工件认真清洗干净，对于含氧铜，特别是含氧量大于

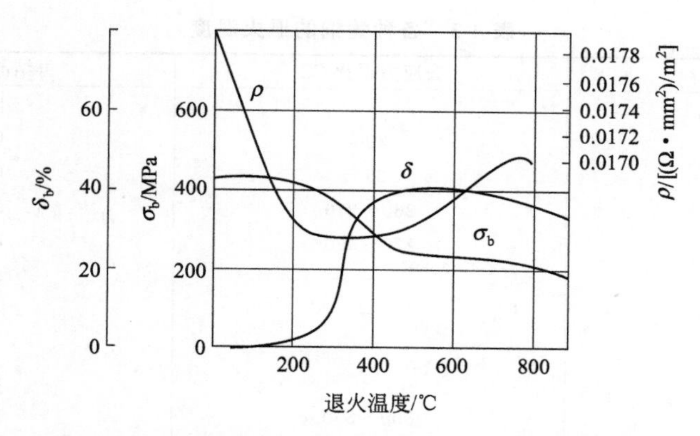

图 4-12 T2 铜的力学性能及电阻率与退火温度的关系

0.02%的铜的退火，不能在木炭或其他还原性气氛保护下进行，只能在微氧化性气氛（例如燃烧完全的煤气炉）或真空气氛中进行，或将退火温度降低到 500℃以下。经验表明，在 500℃以下由于氢、碳等元素在固态铜中扩散慢，与铜中氧的（还原）反应进行很慢，氢病不容易发生。退火完毕，应迅速将制品转入气氛保护冷却区或冷水中冷却，以减少氧化。

再结晶退火后铜的晶粒度决定于退火温度和保温时间。实验表明，退火温度低时(550℃以下)，保温时间的影响较小；若退火温度高则保温时间对晶粒度影响颇大。所以在高温下退火应尽量缩短保温时间，以避免粗大晶粒。

为了避免出现再结晶织构，退火前的冷变形度不应大于 40%～60%，退火温度不应超过 700℃。冷变形度越大，退火温度越高，再结晶织构越明显。

4.1.3.2 黄铜的退火

黄铜的主要热处理是退火，分为再结晶退火及去应力退火。

(1) 再结晶退火

再结晶退火包括加工工序之间的中间退火和产品的最终退火，其目的是消除加工硬化，恢复塑性和获得细晶粒组织。黄铜的再结晶温度随合金成分及杂质含量的不同，大多在 300～400℃之间；再结晶退火多在 600～700℃进行。退火温度对黄铜 H70 性能的影响如图 4-13 所示。各种黄铜的具体退火温度见表 4-3。

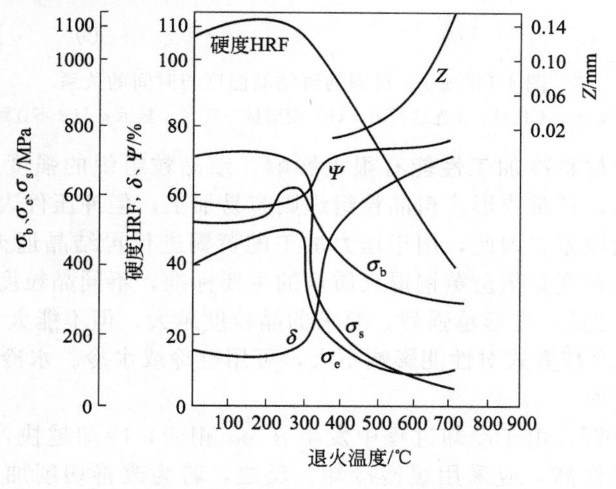

图 4-13 退火温度对黄铜 H70 性能的影响

表 4-3 各种黄铜的退火温度

材料	去应力退火/℃	再结晶退火温度/℃
H96	—	540～600
H90	200	650～720
H80	260	600～700
H70、H68	260～270	520～650
H62	270～300	600～700
H59	—	600～670
HPb74-3	—	600-650
HPb59-1		515-680
HPb63-3		500～550
HSn70-1	300～350	560～580
HSn62-1	350～370	550～650
HAl77-2	300～350	600～650
Hal59-3-2	350～400	600～650
HMn58-2		600～650
HFe59-1-1		540～650
HSi80-3		600～650

退火温度过高会引起晶粒长大，使材料的性能下降。如图 4-13 所示。例如，HFe62-0.4 黄铜，正确退火获得细晶粒组织时抗拉强度 σ_b 为 415MPa，δ 为 34.5%，若加热温度过高，引起晶粒长大，则 σ_b 降至 290MPa。

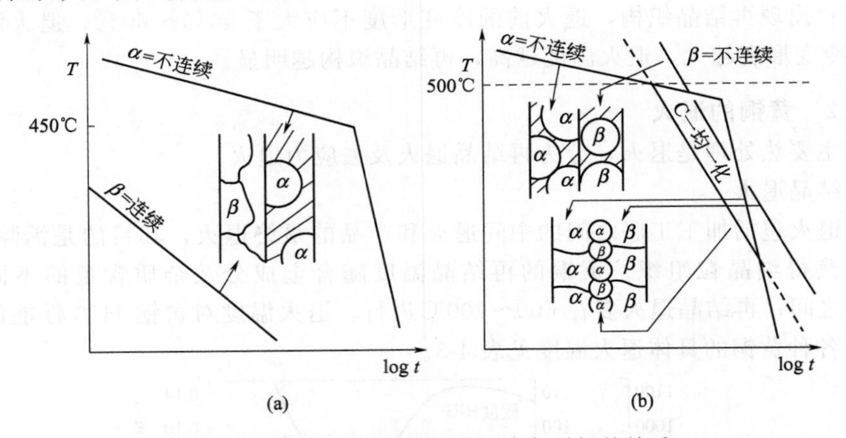

图 4-14 $\alpha+\beta$ 黄铜的再结晶温度与时间的关系

(a) 变形量<40%，显示 α 不连续、β 连续析出；(b) 变形量>70%，显示 α 与 β 不连续析出、成分均匀化区

黄铜的晶粒度对材料冷加工性能有很大影响。细晶粒组织的强度高，加工成形后质量好，但变形抗力较大，较难成形。粗晶粒组织则容易加工，但冲压件表面质量不好，甚至形成橘皮，疲劳性能也较差。因此，用于压力加工的黄铜进行再结晶退火时，必须根据需要，很好控制晶粒度。晶粒度是衡量黄铜退火质量的主要标准，不同晶粒度等级所适用的冷加工类型见表 4-4。由表可见，变形越强烈，要求的晶粒度越大，但不能太大。

α 黄铜退火后的冷却方式对性能影响不大，可用空冷或水冷。水冷可使工件表面的氧化皮脱落，获得光洁表面。

对于 ($\alpha+\beta$) 黄铜，由于冷却过程中发生 $\beta\rightarrow\alpha$ 相变，冷却越快，析出的针状 α 越细，硬度稍高。若要求塑性高，应采用缓慢冷却。反之，若为改善切削加工性能要求较高的硬度，可采用较快冷却。

表 4-4 适用于不同冷加工的退火铜合金的晶粒度

晶粒度/mm	适用于
0.015	轻度成型
0.025	轻冲
0.035	冲压后要求有高的光滑表面
0.050	深冲
0.070	冲厚尺寸工件

Mader 等的研究表明，变形量低于 40%时，形变（$\alpha+\beta$）黄铜退火加热时首先发生 β 相的连续再结晶，其次是 α 相的不连续再结晶，如图 4-14(a) 所示。通常情况下，相界面的位错密度较高优先成为再结晶核心形成的位置。变形量在 70%以上时，500℃以上退火，形变 α 相和 β 相发生不连续再结晶，如图 4-14(b) 所示。500℃以下退火，fcc-α 相与形变bcc-β 相的成分发生均匀化，在相界面附近同时发生 α 相、β 相的析出和再结晶。

(2) 去应力退火

加工黄铜，特别是含锌量较高的黄铜，应力腐蚀破裂倾向很严重，其冷变形产品（包括成品和半成品）必须进行去应力退火，以消除变形过程中产生的残余内应力，防止自裂。去应力退火的温度，一般比再结晶温度低 30～100℃，约为 230～300℃。成分复杂的黄铜去应力退火温度约为 300～350℃（见表 4-3)。退火保温时间约为 0.5～1h。

(3) 退火硬化现象

α 黄铜冷变形后于再结晶温度以下退火（或长期存放），其硬度不但不降低，反而有所升高（与此同时，电阻有所降低）。例如，三七黄铜（H63），冷变形 50%后在 235℃去应力退火 1h，其抗拉强度不但不降低，反而升高约 30MPa，伸长率则降低约 2%。实验表明，含锌量大于 10%的黄铜、含铝量大于 4%的铝青铜、含锰量大于 6%的锰青铜和含镍量大于 30%的白铜都有这种退火异常硬化现象。这种现象也可称为变形时效，对于这种现象曾有过许多研究和解释。但对 Cu-Zn 及 Cu-Al 合金来说，主要是由于合金发生有序化转变，晶格的一些部分收缩，引起相的应变硬化所致。合金经过冷变形或淬火，促进了有序化过程的进行，有序化程度越发展，相应的应变越严重，硬化也越显著；此外，溶质原子在晶格缺陷上偏聚，从而增大了对位错运动的阻力，也是硬化的部分原因。薄膜透射电镜分析表明，发生退火异常硬化现象的合金组织中无沉淀相（或中间过渡相）形成。

利用上述退火异常硬化现象，对许多铜合金弹性材料进行低温退火，可提高其弹性性能。

4.1.3.3 其他铜合金的退火与热处理

铜及铜合金的完全退火一般用作中间退火及获得软制品的成品退火。中间退火是指冷变形过程中的退火，目的是消除前阶段冷变形造成的加工硬化，恢复材料塑性，以利于进一步冷变形。中间退火和成品退火工艺基本相同，但一般情况下前者的退火温度稍高，控制也不如成品退火那么严格。退火工艺的主要参数是退火温度和时间。对于铜及其合金而言，完全退火温度一般比再结晶温度高 250～350℃。大多数黄铜和青铜的再结晶开始温度在 300～400℃之间；含镍量大于 10%的白铜及某些耐热铜合金则在 400～500℃以上。因此，各种铜合金的退火温度有较大差异。

铝青铜具有自退火现象。从 Cu-Al 二元合金相图可以看出，Al 含量为 12%的 Cu-Al 合金的 β 相缓慢冷却在 565℃发生共析转变 $\beta\rightarrow(\alpha+\gamma_2)$，得到粗大（$\alpha+\gamma_2$）共析组织，材料发生脆化，性能恶化。若固溶处理后快冷发生马氏体转变，而后进行 500℃退火处理，可以

得到细小的 $\alpha+\gamma_2$ 混合组织，合金得到强韧化。另外，通过添加少量 Fe、Ni、Mn 也可有效避免上述共析反应。常用铜合金的退火规程可参考表 4-5。

表 4-5　常用铜合金的退火规程

材料	中间退火温度/℃	成品退火温度/℃	保温时间/min
T2、H96、H90、HFe59-1-1	500～600	420～500	30～40
H62	600～700	550～650	30～40
H80、H68、HSn62-1	500～600	450～500	30～40
QSn6.5-1、QSn6.5-0.4、QSn4-3、HPb63-3	600～650	530～630	30～40
HPb59-1、QAl15、QAl17、QAl9-2	600～750	500～600	30～40
BZn15-20、BAl6-1.5、BMn40-1.5、BFe30-1-1	700～850	630～700	40～60
B19、B30	780～810	500～600	40～60
BMn3-12	700～750	500～520	40～60

4.1.3.4　退火脆性和中温脆性

(1) 退火脆性

冷加工后的 α 相铜合金进行退火处理有时会发生材料开裂的现象，称为退火脆性。佐藤等研究了铝黄铜和 H70 黄铜的退火脆性行为。外径 70mm，壁厚 15mm 的铝黄铜管挤出后，进行 10%～30%的拉伸，在 600℃或 400℃退火处理均会发生显著的脆性开裂现象，制品表面出现退火龟裂纹。H70 黄铜也存在同样的现象。显微组织分析表明，脆化是由于再结晶前的晶界产生微空洞导致的。这与蠕变拉伸试验的空洞化现象类似。这种退火脆性与冷加工后的残留应力、退火加热温度条件、加热速度以及温度波动范围和保温时间，晶粒大小和加工变形量明显相关。作为对策，可以通过细化晶粒防止退火脆性，也可以通过快速加热尽快消除残余应变来避免。

(2) 中温脆性

铜及铜合金在高温进行塑性变形时，在 500℃前后的中温阶段通常出现如图 4-15 所示的合金的断面收缩率和冲击韧性等塑性、韧性降低的变形温度范围，这种脆性称为中温脆性。

研究发现这种铜及铜合金的中温脆化原因，与合金杂质原子影响、三叉晶界开裂、晶界开裂、应变速率、晶粒直径等有关。

杂质原子在晶界平衡偏析可以降低界面能，对铜基体而言，杂质元素含量：Bi(0.6mg/kg 以上)、Sb（0.3%～0.4%以上，H70 黄铜 0.01%以上）、Te（1mg/kg 以上）、Se（＞4mg/kg）、S（＞10mg/kg）、Pb（＞2mg/kg）、Sn（0.01%～1.2%以上）均会发生中温脆性。

井形和堀等通过三种粒径 16μm、54μm、104μm 无氧铜的高温拉伸研究发现，材料的断裂应变 ε_f 与最大拉伸载荷对应的应变 ε_u 的差值 ε_f-ε_u、温度、应变速率、粒径的变化与加工硬化指数 n 和应变硬化指数 m 存在相关性。细化晶粒可以有效防止中温脆性。

4.1.3.5　低温退火硬化

图 4-16 为 Cu-63.67%Zn α 相合金的退火处理与抗拉强度、塑性、硬度、断裂强度等力学性能的关系曲线，可见 α 相铜合金 200℃退火后，强度和硬度明显高于加工态，出现明显的低温硬化现象。

通常，冷加工后进行低温退火，会发生加工硬化的回复，材料出现软化。而图 4-16 这种情况与之相反，出现材料的抗拉强度、硬度、弹性极限出现升高的现象，称为低温退火硬化，对加工硬化型弹性合金、磷青铜、白铜具有实际意义。黄铜的中间退火温度为 400～

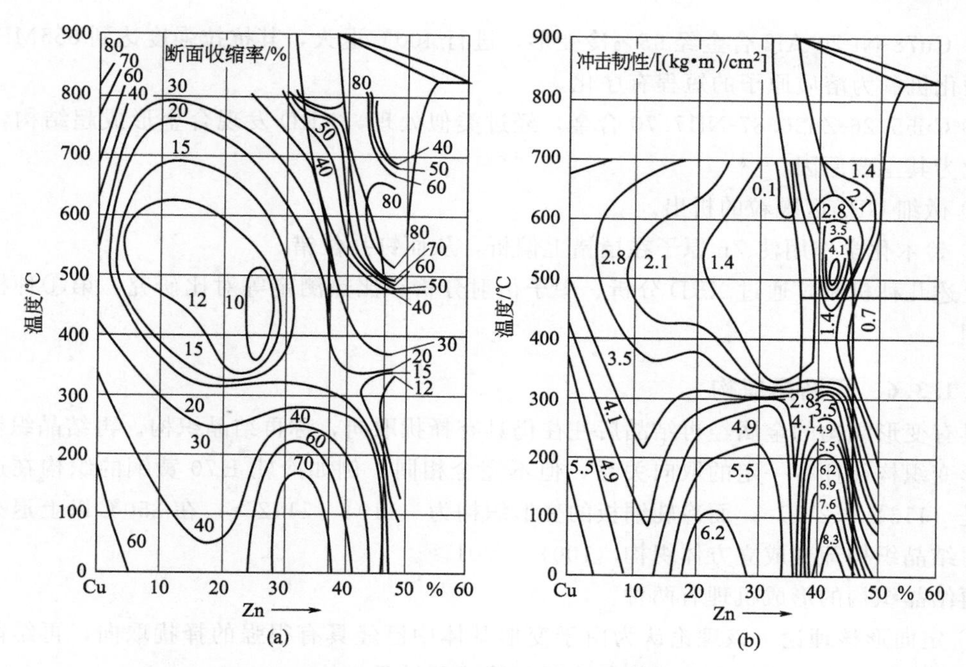

图 4-15 Cu-Zn 二元合金的中温脆性

(a) 断面收缩率 (b) 冲击韧性

450℃，通过进行适当的冷加工变形量与 200～250℃的低温退火配合可以提高弹性极限值。图 4-17 为不同温度下退火时间对 HPb60-2.5-0.5-0.2 黄铜棒显微硬度的影响，在该合金中也出现了明显的低温退火硬化现象。

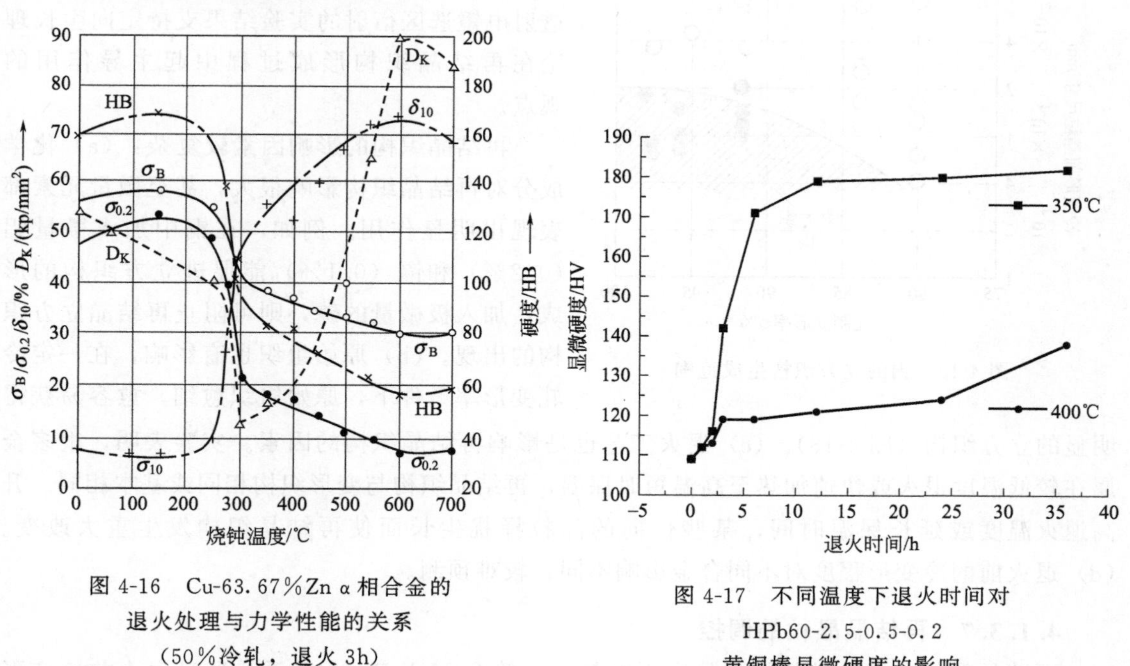

图 4-16 Cu-63.67%Zn α 相合金的退火处理与力学性能的关系（50%冷轧，退火 3h）

$1kp/mm^2=9.81MPa$

图 4-17 不同温度下退火时间对 HPb60-2.5-0.5-0.2 黄铜棒显微硬度的影响

α 相铜合金的低温退火硬化机制主要有以下几种。

① Cu78-Ni-20-Al2 合金经 95%冷变形，进行 400℃退火，其抗拉强度达到 655MPa，其低温硬化机制为溶质原子的短程有序化。

② Cu55. 26-Zn26. 87-Ni17. 70 合金，经过类似处理，XRD 发现合金形成超结构，即有序强化为其主要原因。

③ 微细 GP. 区颗粒的析出。

④ 铃木化学作用使 Zn 原子在层错上偏析，从而钉扎位错。

上述几种机制，通过 XRD 分析、中子衍射分析、比热测定等对比研究，第④种机制较为合理。

4.1.3.6 再结晶织构

具有变形织构的金属经再结晶后往往仍具有择扰取向，称再结晶织构。再结晶织构位向和原形变织构往往有一定的取向关系，但不完全相同。例如冷轧 H70 黄铜的织构在退火前后都是 {113} <211>，而冷轧铜板的变形织构为 {110} <112>，在 350℃以上退火后得到的再结晶织构却变成立方体织构 {100} <001>。

再结晶织构的形成机理有两种。

① 定向形核理论　该理论认为由于变形基体中已经具有很强的择扰取向，再结晶形核时晶核本身也具有择优取向，晶核长大后就形成再结晶织构。

② 定向生长理论　在再结晶开始阶段，存在着任意取向的晶核，但只有那些取向有利的晶核的晶界才能获得最快的迁移速率，例如 fcc 金属中，两晶粒的位向差相对于<111>轴为 30°～40°时，其晶界迁移速率最快，于是这些晶核优先长大，而其他取向的晶核生长受到抑制，从而形成为取向接近的再结晶织构。透射电镜选区衍射的实验结果支持定向生长理论在再结晶织构形成过程中起主导作用的观点。

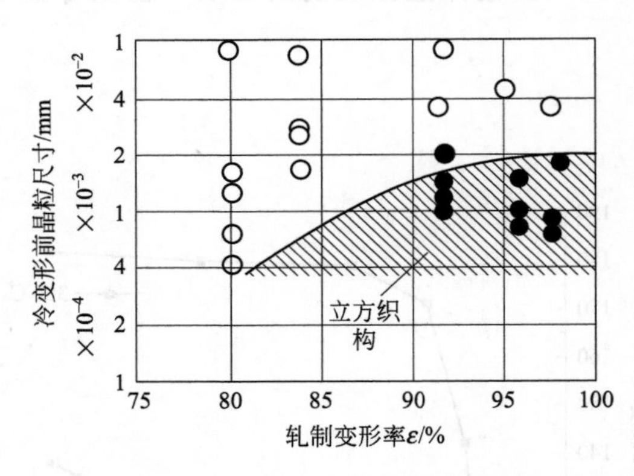

图 4-18　铜的立方织构生成范围

再结晶织构的影响因素较复杂：(a) 化学成分对再结晶织构影响很大，甚至微量元素都表现出明显作用。例如，在铜中加入微量铝 (0.2%) 和镉 (0.1%) 能促进立方织构的形成，加入极微量的磷，则可阻止再结晶立方织构的出现。(b) 原始组织也有影响，在一定冷轧变形率条件下，原始组织愈细，愈容易获得明显的立方织构（图 4-18)。(c) 退火工艺也是影响再结晶织构的因素。实验表明，很多金属在较低温度退火或快速加热至高温短时保温，再结晶织构与变形织构相同或基本相同。升高退火温度或延长保温时间，某些位向的晶粒择扰生长而使再结晶织构发生重大改变。(d) 退火前的冷变形程度对不同合金影响不同，较难预测。

4.1.3.7 再结晶晶粒的调控

再结晶晶粒度对材料的屈服强度影响较大，符合 Hall-Petch 关系。通过退火前冷变形量、退火温度、退火时间的合理协调，可以获得所需要的晶粒度。将变形程度、退火温度和再结晶后的晶粒大小的关系在一个图上表示就构成再结晶图。图 4-19 为 H68 黄铜的再结晶

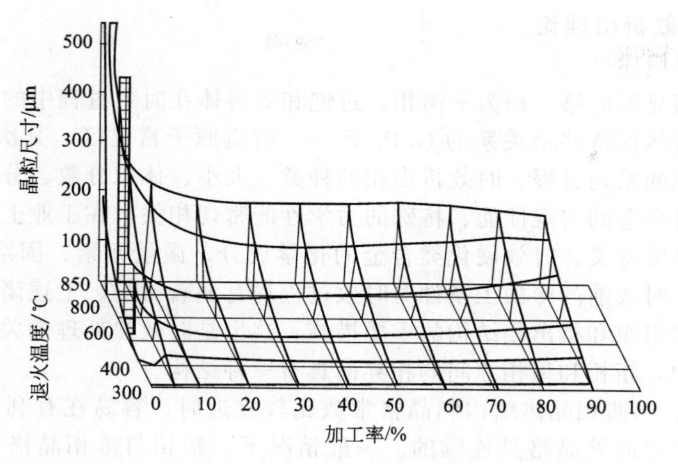

图4-19 H68黄铜的再结晶图

图，图4-20为Cu-63%Zn α黄铜退火3h的再结晶图。部分合金的再结晶图可在有关手册和文献中查阅。再结晶图是制定金属加工变形量和退火温度的重要依据。

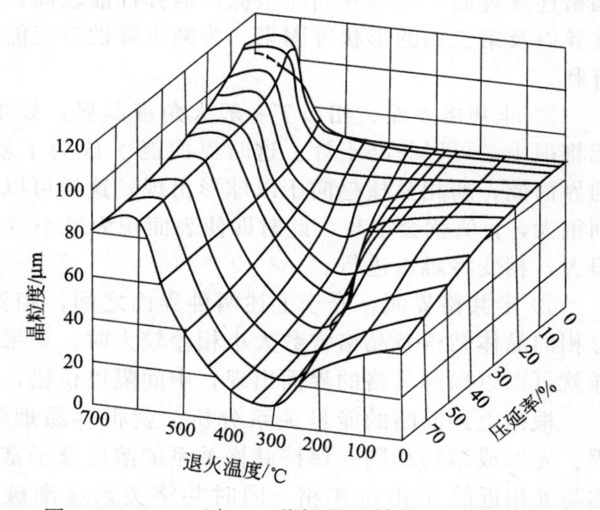

图4-20 Cu-63%Zn α黄铜的再结晶图（退火3h）

4.1.4 时效处理

将双相合金加热到单相区成分均匀化后快速冷却可以得到过饱和的固溶体。这些溶质原子在高温都具有较大的溶解度（如图4-21中虚线所示合金），如果快速冷到室温，使β相来不及析出，将得到过饱和固溶体，会大大增加固溶强化作用。这种热处理工艺称为固溶处理也有称此过程为淬火。过饱和固溶体的过饱和溶质成为析出第二相的驱动力。对过饱和固溶体在固溶度变化曲线双相区适当温度下进行加热，发生过饱和固溶体的分解析出第二相，使合金的强度、硬度升高的热处理工艺称为时效。时效硬化的本质是从过饱和固溶体中析出弥散第二相。过饱和固溶体在室温长久放置产生的时效称为自然时效，而加热到室温以上某一温度进行的时效，则称为人工时效，就是通常所说的时效处理。

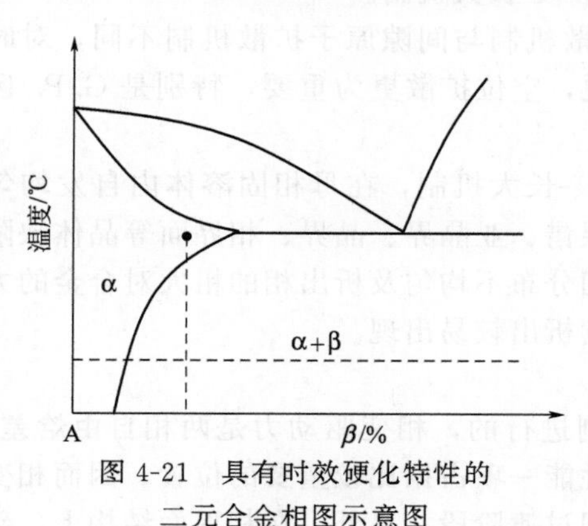

图4-21 具有时效硬化特性的二元合金相图示意图

只要具有溶解度变化的合金理论上都可以用时效的方法提高其强度和硬度。绝大多数铁基合金和非铁基合金都具有时效特性。但作为一种强化手段，对非铁基合金进行时效的意义更大：这是因为多数非铁基合金不具有多形性转变，固溶和时效是通过热处理提高其强度的唯一手段。

4.1.4.1 时效析出理论

(1) 析出过程概述

合金平衡相图显示的第二相为平衡相，过饱和固溶体在时效过程中的分解是从低温开始首先析出与合金基体保持共格关系的G.P. 区——溶质原子富集区，其次析出过渡中间相，最终转变为平衡相的系列过程。时效析出相的种类、大小、体积分数、分布状态、析出速度等显微组织特征对合金的宏观性能、特殊的力学性能密切相关，在工业上对合金的显微组织控制与调控具有重要意义。时效硬化类合金的化学成分、微量元素、固溶处理、加热速度、时效温度与时间、时效前的冷加工条件对时效过程均有显著影响。上述诸因素的控制是调控时效硬化合金显微组织和析出相结构的重要措施，这也是时效热处理的关键。

在固态相变中，新相和母相之间的相界面具有三种结构。

① 共格界面。当两相晶体结构和晶格常数比较接近时，容易在有利的晶面上保持共格相界面。此时，在界面处晶格是连续的。一般情况下，新相与母相晶格常数或面间距不相同，因此在形成共格界面时，两相的晶格要产生一定的应变才能完全匹配。这样在界面附近，晶格常数较大的相就受到压应力，晶格常数较小的相就受到拉应力。对于共格界面，因晶格连续过渡，所以界面能很低，但弹性能较高，其程度决定于两相晶格常数和弹性模量的差异以及第二相的形状等因素。为减少弹性应变能，新相以片状或碟状形式生核和长大最为有利。

② 非共格界面。相当于一般大角度晶界，如果新相与母相的比容相差不大，弹性应变能将很小，可以忽略不计。这时界面能 γ 成为了新相形成的决定因素。为了降低两相之间的界面能，新相晶核趋向于以球形出现，这样可以做到界面面积最小。如果两相晶体结构差别很大，γ 值就会很高，此时即使表面积为最小（即新相晶核呈球形），而总界面能值仍然很大，相变将难以进行。

③ 半共格界面。介于上述两种界面之间，相界面由共格区和位错网络构成。当新相与母相的晶体结构及晶格常数大小相差较大时，如果形成共格界面，弹性应变能将会很高，这样就可以以局部共格的界面出现，中间隔以位错，这种界面称为半共格界面。

根据上述简略的能量关系分析，就很容易理解下面要讨论的Al-4%Cu合金的析出过程：先形成结构相同并保持共格关系的溶质原子富集区，即G.P. 区；随后过渡到成分及结构与 θ 相近的 θ'' 相和 θ' 相，同时共格关系逐渐破坏，最后形成非共格的具有正方结构的 θ 相。

时效析出过程有两种机制。

① 溶质原子扩散为基础的第二相形成机制，即形核-长大机制。

② 调幅分解机制。基于空位扩散的置换原子扩散机制与间隙原子扩散机制不同，对时效硬化型铜合金和铝合金等面心立方结构的合金来说，空位扩散更为重要，特别是G.P. 区的形成与固溶处理的冻结空位紧密相关。

调幅分解的析出相分布很均匀。而最常见的形核-长大机制，在母相固溶体内自发均匀形核和均匀析出非常少见，形核部位通常为位错、层错、亚晶界、晶界、相界面等晶体缺陷处有限形核，导致非均匀析出。非均匀形核的析出相分布不均匀及析出相的粗大对合金的力学性能损害较大。特别是铜合金的晶界反应型不连续析出较易出现。

(2) 过饱和固溶体的分解

通常过饱和固溶体的分解是通过形核、长大机制进行的，相变驱动力是两相自由焓差。固态相变同液相中的结晶不同，在能量关系中，弹性能一项占据比较重要的位置，因而相变需在更大的过冷条件下进行，有时还要经过某些中间过渡阶段。另外，在相界面结构上，新相形态和晶体取向上也需保持适当的对应关系，以降低表面能和弹性应变能，使相变过程易于进行。

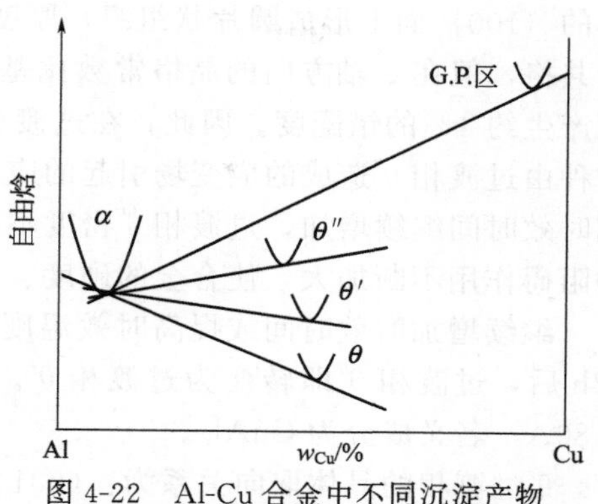

图 4-22 Al-Cu 合金中不同沉淀产物相应的体积自由焓-成分关系曲线

以 Al-Cu 合金为例，从体积自由焓角度来看，过饱和 α 固溶体中以直接析出平衡相 θ 最有利，因为此时能量落差最大，如图 4-22 所示。但由于 θ 相和 α 相基体在成分及晶体结构上相差较大，新相形核和长大需要克服很大的能垒，在时效温度较低的情况下，要完成这一过程比较困难。若先形成某些预沉淀产物和过渡相，如 G. P. 区、θ″相、θ′相等，则相变所需激活能较低，从动力学角度来说，这样显然比较有利。

(3) G. P. 区的形成与消失

G. P. 区在室温即可形成。固溶处理后 15min 在 Al-Cu 合金单晶体的摆动法 X 射线照片上，就会出现二维衍射效应，即在 {110} 面上出现窄带状的衍射星芒，但必须时效 1 天后星芒才能变得很清楚。这种带状星芒的出现，说明铜原子在铝晶格的六面体 {100} 上聚集，如图 4-23(a) 所示，形成了圆片状的析出区，或称作 G. P. 区。G. P. 区没有独立的晶体结构，而是完全保持母相的晶格，并与母相共格。只是铜原子半径比铝原子小，G. P. 区产生一定的弹性收缩，如图 4-23 所示。

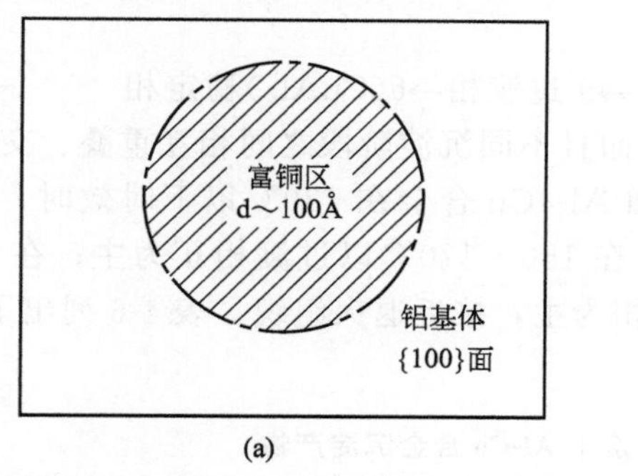

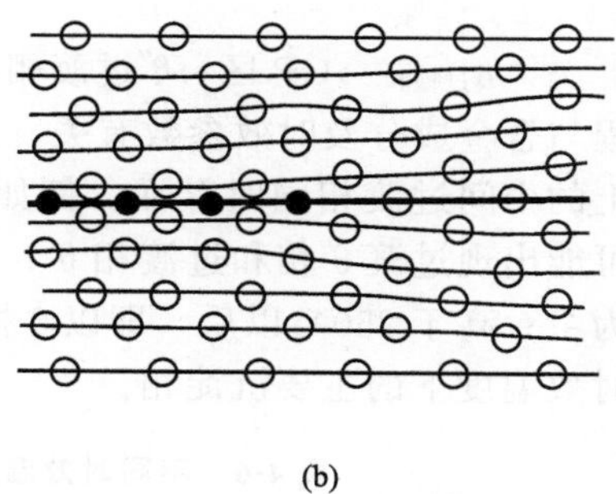

图 4-23 G. P. 区示意图 (a) 和 Al-Cu 合金中 GP 区的共格应变示意图 (b)

G. P. 区的厚度只有几个原子，直径随时效温度的变化而有所不同，一般不超过 100Å。Al-Cu 合金室温时效时 G. P. 区很小，直径约 50Å，密度为 $10^{14}\sim10^{15}\text{mm}^{-3}$，G. P. 区之间的距离约为 20～40Å。130℃时效 15h 后，G. P. 区直径长大到 90Å，厚约 4～6Å。温度再高，G. P. 区数目开始减少，200℃即不再生成 G. P. 区。

G. P. 区的界面能很低、形核功很小，因而在母相中各处皆可生核，这与部分共格的过渡相不同。

在 Cu-2%Be 合金经 800℃固溶处理后的低温时效中也观察到 G. P. 区的形成，研究认为过饱和固溶体的冻结空位和空位聚集形成的位错环促进 G. P. 区的形成。

(4) G. P. 区、中间相、平衡相与析出相的关系

将 Al-Cu 合金在较高的温度下进行时效，G. P. 区的直径急剧长大，而且铜原子和铝原子逐渐形成规则的排列，即所谓的正方有序化结构。这种结构的 x、y 两轴的晶格常数相等 ($a=b=4.04$Å)，z 轴的晶格常数为 7.68Å，一般称作 θ″相（或 G. P. Ⅱ区）。过渡相 θ″在基

体的{100}面上形成圆片状组织，厚度为8～20Å，直径为150～400Å。过渡相θ″与基体完全共格，但在z轴方向的晶格常数比基体的晶格常数的两倍略小一些（$2c_{Al}$=8.08Å），因而产生约4%的错配度。因此，在过渡相θ″附近形成一个弹性共格应变场，或晶格畸变区。这种由过渡相θ″造成的应变场引起的应力场，也可以从电镜照片衬度反差效应上显示出来。如时效时间继续增加，过渡相θ″密度不断提高，使基体内产生大量畸变区，从而对位错运动的阻碍作用不断加大，使合金的硬度、强度，尤其是屈服强度显著提高。

继续增加时效时间或提高时效温度，例如将Al-4Cu合金时效温度提高到200℃、时效12h后，过渡相θ″即转变为过渡相θ′。过渡相θ′属于正方点阵，其中$a=b=4.04$Å，$c=5.80$Å，名义成分为$CuAl_2$。

θ′过渡相的晶体取向关系为：$(001)_{\theta'}//(001)_{Al}$，$[110]_{\theta'}//[110]_{Al}$。其大小决定于时效时间和温度，直径约为100～6,000Å，厚度为100～150Å，密度为10^8mm^{-3}。由于在z轴方向的错配度过大（约30%），造成（010）和（100）面上的共格关系遭到部分破坏，在过渡相θ′与基体间的界面上存在位错环，形成了半共格界面。过渡相θ′与基体局部失去共格，界面处的应力场就会减小。这种应变能的减小，意味着晶格畸变的减小，合金的硬度和强度下降，开始进入过时效阶段。

进一步提高时效温度和延长时效时间，θ′相即过渡到平衡相θ($CuAl_2$)。θ相属于体心正方有序化结构，因为其与基体完全失去共格关系，故θ相的出现，意味着合金的硬度和强度显著下降。

以上是Al-4Cu合金在时效过程中，过饱和固溶体的各个沉淀阶段，其沉淀序列概括为：

$$\alpha_{过饱和}\rightarrow GP区\rightarrow\theta''过渡相\rightarrow\theta'过渡相\rightarrow\theta(CuAl_2)稳定相$$

沉淀过程与合金成分及时效参数有关，而且不同沉淀阶段之间相互重叠、交叉进行，往往有一种以上的中间过渡相同时存在。例如Al-4Cu合金在130℃以下时效时，以G.P.区为主，但也可能出现过渡θ″相和过渡相θ′；在150～170℃以过渡相θ″为主；在225～250℃以过渡相θ′为主；高于250℃以后，即以θ相为主，接近退火组织。表4-6列出了不同Al-Cu合金在不同时效温度下的主要沉淀相。

表4-6 不同时效温度下Al-Cu合金沉淀产物

时效温度/℃	Cu含量/%			
	2.0	3.0	4.0	4.5
110	GP	GP	GP	GP
130	GP+θ″	GP	GP	GP
165	—	θ′+少量θ″	GP+θ″	—
190	θ″	θ′+极少量θ″	θ′+少量θ″	θ′+GP
220	θ′	—	θ′	θ′
240	—	—	θ′	θ′

（5）析出相晶核的形成与生长

图4-24表示了Al-4Cu合金在130℃和190℃时效过程中硬度的变化。由图4-24可以看出，G.P.区所造成的硬度增加到一定程度即达到饱和状态，随着θ″相的出现造成硬度的重新上升并达到峰值；当组织中出现θ′相时，硬度开始降低，这种现象称为过时效；如形成了稳定相θ，则合金完全软化。因而，合金在时效过程中随时效时间的增加，其硬度先增加后降低，有一个最佳时效时间使其硬度最高。

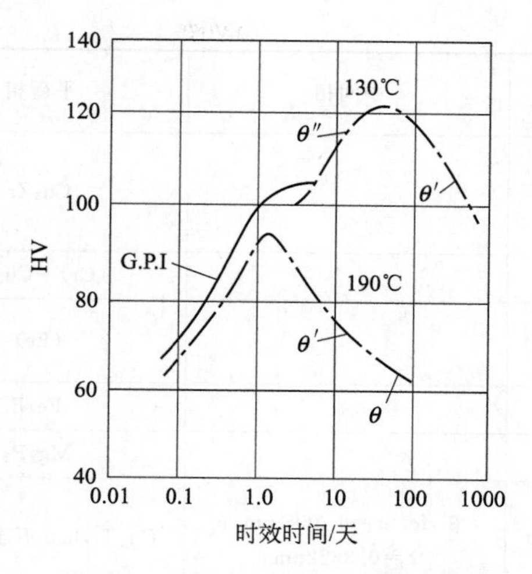

图 4-24 Al-4 Cu 合金时效硬化曲线

时效过程的基本规律总结为：先由固溶处理获得双重过饱和的空位和固溶体；时效初期，由于空位的作用，使溶质原子以极大的速度进行重聚形成 G. P. 区；随着提高时效温度和增加时效时间，G. P. 区转变为过渡相，最后形成稳定相。此外，在晶体内的某些缺陷地带也会直接由过饱和固溶体形成过渡相或稳定相。如表 4-7 所示。

表 4-7 时效硬化型铜合金系形成 G. P. 区、调幅结构、析出相的特征与固溶度

合金系	原子簇、G. P. 区、调幅结构特征	中间相	平衡相	固溶度
Cu-Be	枝状、共格、{100}上 G. P. 区	γ″有序相 GP 区与 fcc 基体$\{100\}_M$以 3 倍点阵周期共格，衍射斑点 ↓ γ′，bct $a=b=0.279$nm $c=0.254$nm 与基体$\{112\}_M$晶面共格，位向关系： $(112)_\alpha//(120)_{\gamma'}$ $[1\bar{1}0]_\alpha//[001]_{\gamma'}$	γ(CuBe)有序 bcc， $a=0.270$nm， CSCl 结构 350℃以下：不连续析出 450℃以上：连续析出	最大 2.07%(864℃) 1.55%(608℃) 0.2%(300℃)
Cu-Ni-Be Cu-Co-Be	枝状、共格、{100}上 G. P. 区	γ″，2/3<200>衍射斑点	γ(NiBe)	最大 3%NiBe 准二元系(1030℃)
Cu-Ag			(Ag)	最大 7.9%(780℃) 0.4%(400℃) 0.003%(室温)
Cu-Te			Cu_2Te	最大 0.007%(800℃) 0.0005%(500℃)
Cu-Co			(Co)	最大 8.8%(1112℃) −2.5%(800℃) −2.0%(600℃)
Cu-Cr			(Cr)	最大 0.65%(1076.2℃) 0.37%(1000℃) 0.15%(800℃) 0.05%(500℃)

续表

合金系	原子簇、G. P. 区、调幅结构特征	中间相	平衡相	固溶度
Cu-Zr			Cu_3Zr	最大 0.15%(966℃) 0.04%(800℃) 0.02%(700℃)
Cu-Cr-Zr			(Cr)+Cu_3Zr	
Cu-Fe	球状区		(Fe)	最大 4%(1096℃) -1%(851℃)
Cu-Fe-P	棒状和球状区		Fe_2P	
Cu-Mg-P			Mg_3P_2	
Cu-Ti	<100>方向的调幅结构	β′,fct,a=0.3691nm, c=0.3622nm	Cu_3Ti,hcp 不连续析出	最大 4.7%(890℃) -2.5%(800℃) -1.5%(700℃)
Cu-Ni-Si			Ni_2Si	最大 9.1%(1030℃)
Cu-Ni-Sn Ni9% Sn6%	调幅结构		$(Cu_xNi_{1-x})_3Sn$ 有序 fcc, DO_3结构,不连续析出	
Cu-Sn-Mg			Cu_4SnMg	

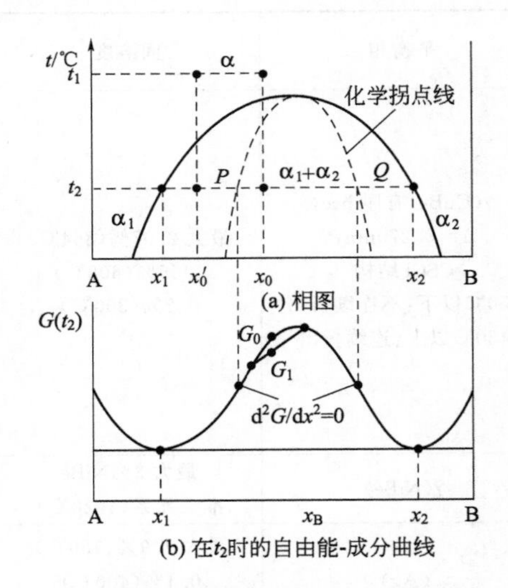

图 4-25　调幅分解的驱动力分析

(6) 调幅分解

调幅分解，也称为增幅分解，是指过饱和固溶体在一定温度下分解成结构相同、成分不同两个相的过程。

1) 调幅分解的热力学条件

图 4-25(a) 为具有溶解度变化的 A-B 合金相图。成分为 x_0的合金在 t_1 温度固溶处理后快冷至 t_2 温度时，处于过饱和状态的亚稳相 α 将分解为成分 x_1 的 α_1和成分 x_2 的 α_2 两相。在 t_2 温度下固溶体的自由能-成分曲线如图 4-25（b）所示。曲线上的拐点($d^2G/dx^2=0$) 与相图中虚线上的 P，Q 两点相对应，虚线为不同温度下拐点的轨迹，称为拐点线。合金成分处于拐点线之内（$d^2G/dx^2=0$）的固溶体，当存在任何微量的成分起伏时都将会分解为富 A 和富 B 的两相，都会引起体积自由能的下降。例如成分为 x_0 的合金，在 t_2 温度时的自由能为 G_0，分解为两相后的自由能为 G_1，显然 $G_1<G_0$，即分解后体系自由能下降，$d^2G/dx^2<0$，也就是相变驱动力 $\Delta G_v<0$。成分在拐点线之外（$d^2G/dx^2>0$）的固溶体，例如图中 x'_0，当出现微量的成分起伏时，将导致体系自由能升高，只有通过形核长大才会发生析出分解。

需要指出，即使固溶体的成分位于拐点以内，也不一定发生调幅分解，还要看梯度能和应变能两项阻力的大小。梯度能是由于微区之间的浓度梯度影响了原子间的化学键，使化学位升高而增加的能量。应变能是指固溶体内成分波动，点阵常数变化，而为了保证微区之间的共格结合所产生的应变能。这两项能量的增值都是调幅分解的阻力。可见，调幅分解能否发生，要由两个因素决定：一是起始成分必须在两个化学拐点之间；二是每个原子应具有足够的相变驱动力 ΔG，以克服所增加的阻力。

2）调幅分解的特点

① 调幅分解过程的成分变化是通过上坡扩散来实现的。如图 4-26(a) 所示，首先是出现微区的成分起伏，随后通过溶质原子从低浓度区向高浓度区扩散，使成分起伏不断增幅（富 A 的继续富 A，富 B 的继续富 B），直至分解为成分 x_1 的 α_1 和成分 x_2 的 α_2 两平衡相为止，故此又称为增幅分解。

② 调幅分解不经历形核阶段，因此不会出现另一种晶体结构。也不存在明显的相界面。若忽略畸变能，单从化学自由能考虑，调幅分解不需要形核功也就不需要克服热力学能垒。所以分解速度很快。而通常的形核-长大过程，其晶核的长大是通过如图 4-26(b) 所示的正常扩散（下坡扩散）进行的，且晶胚一旦产生就具有最大的浓度，新相与基体之间始终存在明显的界面。

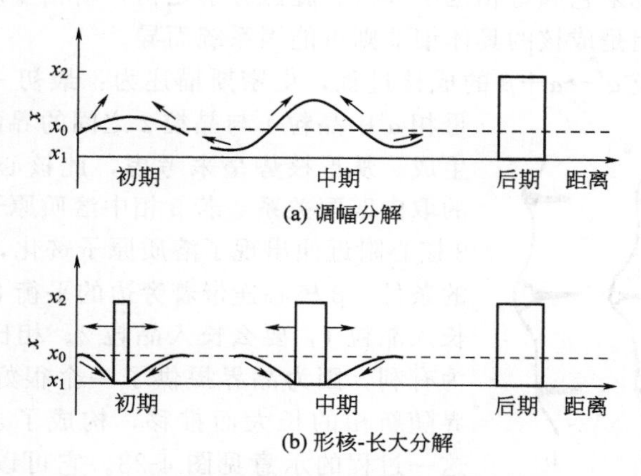

图 4-26　两种固溶体分解方式转变时成分变化

现已发现许多二元系、三元系合金或陶瓷都会发生调幅分解，如 Au-Pt、Al-Ag、Cu-Ti、Cu-Ni-Sn、Fe-Ni-Al、SiO_2-BaO、SiO_2-$Na_2B_8O_{12}$ 等。

由于调幅分解后形成共格型的溶质原子贫、富区，对合金的强度和磁性有一定的影响。例如 Al-Ni-Co 型永磁合金应用调幅分解可获得高的硬磁特性。

利用调幅分解可以制备超细显微结构的金属材料，材料硬度得到显著提高。郝新江等对 Cu-30Ni-25Fe 合金，采用变形和热处理的方法获得了不同的晶粒度和失稳分解组织（图 4-27），结果表明，合金发生失稳分解后，其硬度和晶粒直径的关系仍符合 Hall-Petch 关系式，在各种晶粒度下失稳分解后的硬度均大于固溶态，但当分解后的两相尺寸与晶粒尺寸相比约小两个数量级时，失稳分解的相界强化作用消失。

（7）晶界反应析出

除过饱和固溶体的析出相是在晶粒内部形成的，随着析出过程的进行，合金基体的溶质浓度连续减少外，平衡相在晶界附近析出的同时且基体溶质的平衡浓度较低时，均可发生过饱和固溶体的分解，上述两种情况分别称为连续析出和不连续析出。实际上这属于固态相变中的胞区分解，又叫不连续相变的三种类型之一的胞区沉淀（另两种为共晶凝固、共析分解）或胞状析出。

胞区沉淀与共析分解的机制很相似。其差别主要在：共析分解产物中约两相都和母相结

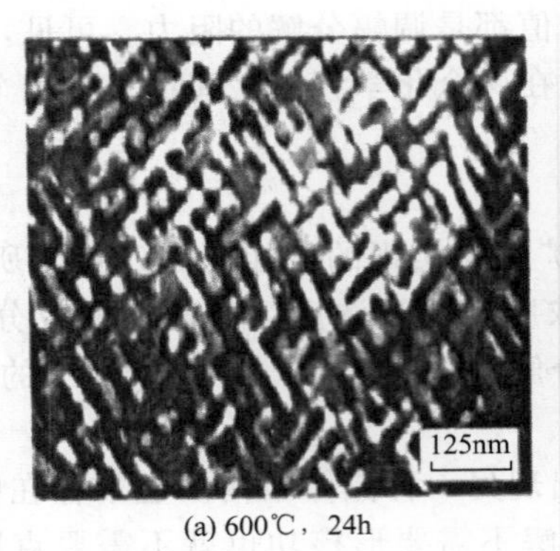

(a) 600℃，24h

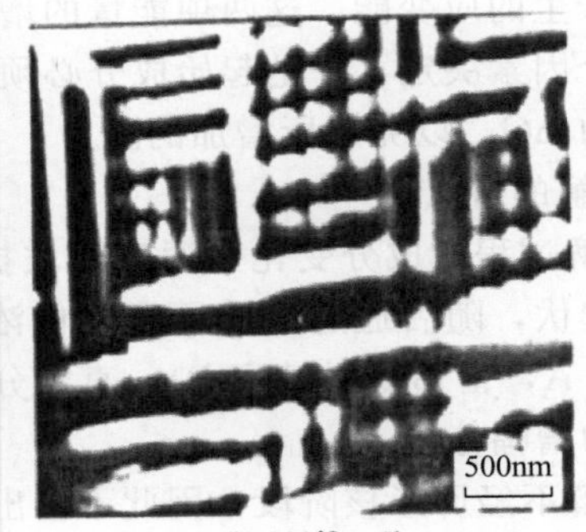

(b) 900℃，5h

图 4-27　Cu-30Ni-25Fe 合金时效后的失稳分解组织

构不同，而胞区沉淀产物的两相中有一相和母相结构不同，另一相和母相结构相同，但具有平衡相的成分，一般说来它和母相也不共格。胞区分解之初，新相多以非均匀成核的方式在母相的晶界上出现，但是成核的具体细节则可能因系统而异。

对于胞区沉淀反应 $\alpha' \rightarrow \alpha + \beta$ 的成核过程，史密斯描述为：最初一个β相核心在过饱和母相α′中晶粒1与晶粒2之间的界面上靠近晶粒1的一侧生成。从形核势垒来考虑，此核心一定与晶粒1有较好的取向匹配关系。若β相中溶质原子浓度高于母相，那么β核心附近便出现了溶质原子贫化，这便是平衡α相出现的条件。β核心连带着旁边的平衡α相有两种选择，要么长入晶粒1，要么长入晶粒2。相比之下，长入晶粒2更为有利，因为晶界提供了一个很好的扩散通道，而且晶界随新相的长大而推移，构成了永不消失的反应前沿。这一过程的示意见图 4-28。它可以解释为什么胞区沉淀相总是长入界面一侧的晶粒，而且是长入与新相匹配较差的晶粒。

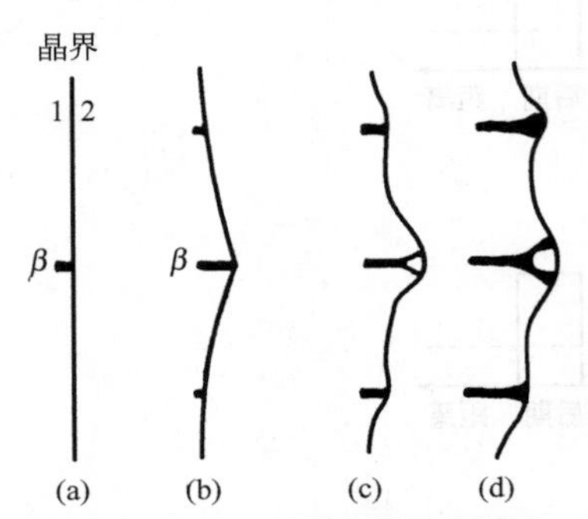

图 4-28　胞区沉淀在母相晶界上形核并随界面推移而长大的示意图

胞区分解是受溶质原子的长程扩散控制的。产物的分散度，例如片状组织的片间距则取决于扩散路径的长度与总界面面积的大小这两个因素的竞争与协调。大的片间距可使总界面能下降，但维持转变所需的原子扩散路程要相应地增大。小的片间距可以使扩散路程缩短，但总界面能却要增大。

铜合金中的胞区分解，特别是固溶后进行形变加工的铜合金的胞区沉淀又称为不连续析出，这是一种较特殊的时效析出情况，它与再结晶相互关联，因此又称为晶界再结晶反应，是一种特殊的晶界反应。晶界反应析出的出现导致合金显著软化，对工业用铜合金而言避免晶界反应析出的出现是非常重要的。图 4-29 是 Cu-3%Ti 合金的晶界反应析出 TEM 特征，具有明显的胞状组织特征。Cu-Be 合金的时效也具有晶界反应析出机制。

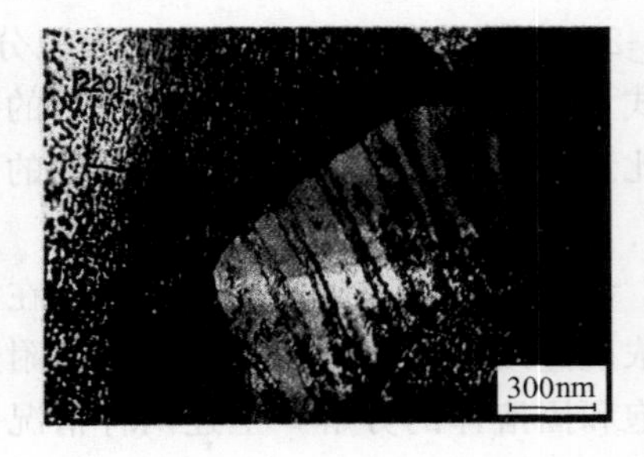

图 4-29　Cu-3%Ti 合金的晶界反应析出 TEM 像（375℃，10^4min 时效）

(8) 晶体缺陷对过饱和固溶体分解方式的影响

晶体缺陷在过饱和固溶体分解中具有重要影响，对第二相析出方式，特别是对形核过程的影响要高于对第二相核心长大过程的影响。根据第二相析出时合金基体溶质成分变化和晶格常数变化的连续性通常将时效析出分为连续析出和不连续析出两类。

① 连续析出　连续析出是过饱和固溶体最重要的析出方式，其基本特点是析出反应在整个体积内各部分均可进行。另外，各析出相晶核长大时，周围基体的浓度连续降低，其点阵常数也发生连续变化，而且在整个转变过程中，原固溶体基体晶粒的外形和位向基本保持不变。

根据显微组织特征，连续析出又可分为普遍析出和局部析出。

普遍析出：在整个固溶体中普遍发生析出并析出均匀分布的析出产物。通常，普遍析出对力学性能有利，它使合金具有较高的疲劳强度，并减轻合金晶间腐蚀和应力腐蚀敏感性。

局部析出：在普遍析出前，在晶界、滑移带、夹杂物界面及其他晶体缺陷处优先形核，使该地区较早地出现析出相质点。局部析出往往是在过冷度较小（即时效温度较高）的条件下发生的，随着过冷度的增加，析出驱动力增大，晶界或其他晶体缺陷处将失去优先形核的优越性，从而有利于普遍析出。局部析出无论对力学性能还是耐蚀性能均有不利影响，要尽量避免。

② 不连续析出　不连续析出可用图 4-30 示意说明，将 C_{α_0} 成分的 α 相过冷至 t_1 温度，首先在晶界上形成一小颗胞状析出产物，随后向 α 基体中长大，如图 4-30(b) 所示。胞状析出物是由 α 相和 β 相交替组成，通常为片层状。β 片的成分几乎总是平衡成分，以 C_β 表示；α 相的成分为 C'_α，一般稍大于平衡成分 α_0。胞状区与基体间有明晰的界面，在界面处 α 相的成分发生突变，即由基体 C_{α_0} 突然变化为胞状区的 C'_α，因而界面处 α 相的晶格常数也呈不连续变化。

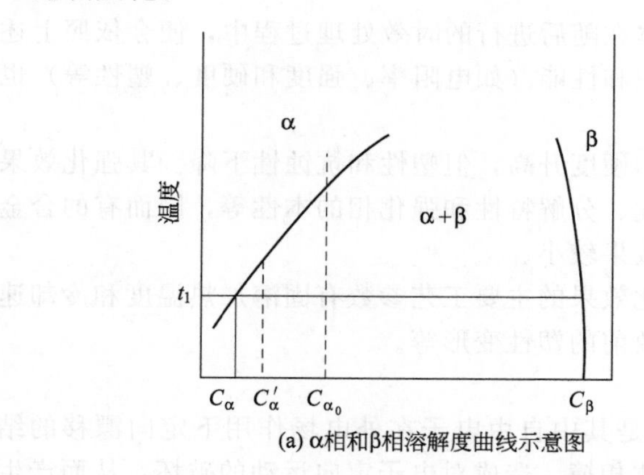

(a) α相和β相溶解度曲线示意图

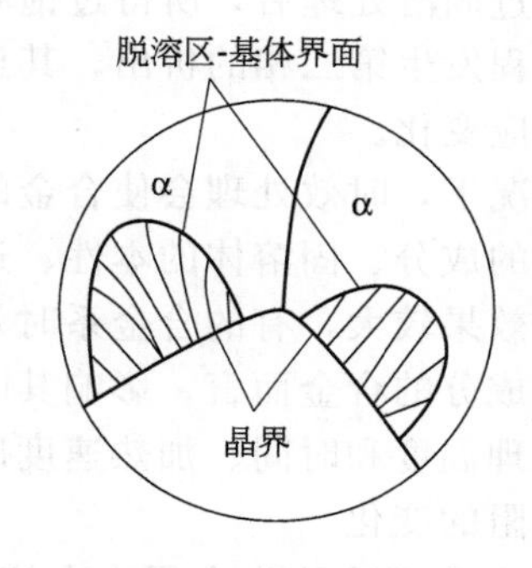

(b) 晶界反应产生的胞状析出示意图

图 4-30　不连续析出示意图

不连续析出时，析出胞与基体间的界面是非共格界面，析出胞内的 α 片和 β 片都与原始 α 基体形成非共格界面。析出胞大多在晶界处形核，故不连续析出又称为晶界反应。析出胞形核后，胞壁（晶界）会向毗邻的一个原始晶粒内部推进［图 4-30(b)］，只要反应的同时不发生连续析出，则各析出胞会继续长大，直到相互接触为止。

不连续析出是时效硬化铜合金中的一个较普遍的现象，在 Cu-Be、Cu-Ti、Cu-In、Cu-Mg、Cu-Sb、Cu-Cd、Cu-Ag、Cu-Ni-Co、Cu-Ni-Sn、Cu-Ni-Al 等合金系中均存在。一般认为，不连续析出所形成的粗大析出物对强化不利，会削弱晶界，应尽量避免。

析出时可能只发生连续析出，也有可能不连续析出和连续析出在同一合金中同时发生。合金在析出时显微组织的变化，可能有不同的形式，可用图 4-31 来说明。

图 4-31 中 (a)→(b)→(c) 表示连续析出时显微组织的变化；(a)→(B)→(c) 也是连续

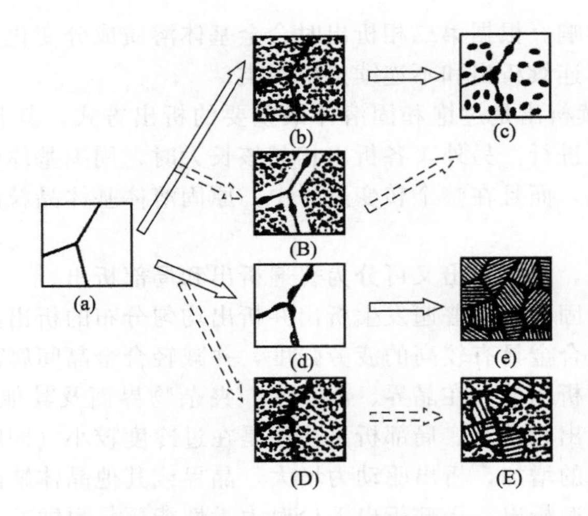

图 4-31 合金时效析出时显微组织变化的示意图

(a) 固溶组织；(b) 连续析出；(c) 析出相粗化；(B) 连续析出＋晶界无沉淀带；
(d) 不连续析出（胞状沉淀）；(e) 胞状组织；(D) 连续析出＋不连续析出；
(E) 均匀沉淀组织＋胞状组织

析出的情况，但由于发生局部析出而出现了晶界无沉淀带。(a)→(d)→(e)表示不连续析出时组织的变化，(a)→(D)→(E)则代表同时发生连续析出和不连续析出时显微组织的变化。

4.1.4.2 时效析出对性能的影响

合金经过固溶处理后，所得过饱和固溶体在随后进行的时效处理过程中，便会依照上述析出沉淀过程发生第二相的析出，其显微组织和性能（如电阻率、强度和硬度、塑性等）也随之发生相应变化。

一般情况下，时效处理会使合金的强度、硬度升高，但塑性和抗蚀性下降。其强化效果决定于合金的成分、固溶体的本性、过饱和度、分解特性和强化相的本性等，因而有的合金系时效强化效果较大，有的合金系时效强化效果较小。

对同一成分的合金而言，影响其时效强化效果的主要工艺参数有固溶加热温度和冷却速度、时效处理温度和时间、加热速度以及时效前的塑性变形等。

(1) 电阻的变化

电磁学古典理论认为金属中电流的产生是其中自由电子在外电场作用下定向漂移的结果，自由电子在运动过程中与晶格上原子实体相撞，造成对电子定向运动的破坏，从而产生电阻和电流热效应。依据古典电子论，金属电导率可由以下公式表示：

$$\sigma=\frac{ne^2}{2mV}\lambda \tag{4-9}$$

式中，σ 为金属电导率；n 为金属中自由电子（价电子）数密度；λ 为自由电子平均自由程；e、m、V 分别为自由电子的电量、质量和平均运动速度。

古典电子论可以很好地解释许多物理现象，如欧姆定律等，但它在几个问题上遇到了无法解决的困难。最大的困难是实验测得的电子平均自由程比古典电子论预计值要大一个数量级，因此必须引入量子力学和固体理论来描述金属中的导电过程。由能带理论导出的金属电导率表达式为：

$$\sigma=\frac{n'\mathrm{e}^2\tau_{\mathrm{F}}}{m} \tag{4-10}$$

式中，τ_F 为费米面附近电子两次散射的间隔时间；n' 为单位体积中参加导电的电子数密度。由于参加导电的电子是靠近费米面的电子，只是价电子的一部分，因此这里的 n' 是小于公式(4-9) 中 n 值的。

由金属电子理论可知，绝对零度时，当电子波通过理想晶体点阵时，将不产生散射，此时电阻为零。在晶体点阵完整性遭到破坏的地方，电子波会受到散射，这就是电阻的产生原因。由温度引起的晶格离子热振动、晶体中异类原子、位错、空位、晶界和相界均会使理想点阵的周期性遭受破坏，降低金属的导电性。合金元素对铜合金导电性的影响主要包括两方面，首先是固溶于铜基体中的合金元素将引起铜合金的导电率下降，固溶原子对铜合金电导率的影响是很复杂的，但主要影响是异类原子引起铜基体晶格发生畸变而增加对电子散射作用的结果。在低固溶条件下，电阻率符合马提申（Matthissen）定则：

$$\rho=\rho_0+C\zeta \tag{4-11}$$

式中，ρ 代表固溶体的电阻率；ρ_0 代表纯铜的电阻率，它仅是温度的函数，当 $T=0$ 时，$\rho_0=0$；C 为固溶体中溶质元素的浓度；ζ 为单位溶质元素固溶体残余电阻。由此公式可见，固溶合金元素对合金导电性的影响与其浓度呈正比，这与试验结果图 4-32 相一致，因此固溶元素对铜合金的导电性影响较大。

加工硬化会增大铜晶格的畸变程度，同时冷加工可改变铜原子间结合力并导致原子间距增大，因此加工硬化后铜合金电导率低于退火态材料的电导率。细化晶粒后的铜合金和铜基原位复合材料中，晶界（界面）引起的晶格畸变比较严重，材料电导率也因此有所下降。总体来看，位错、晶界和界面的存在对铜合金导电率影响不是很大。

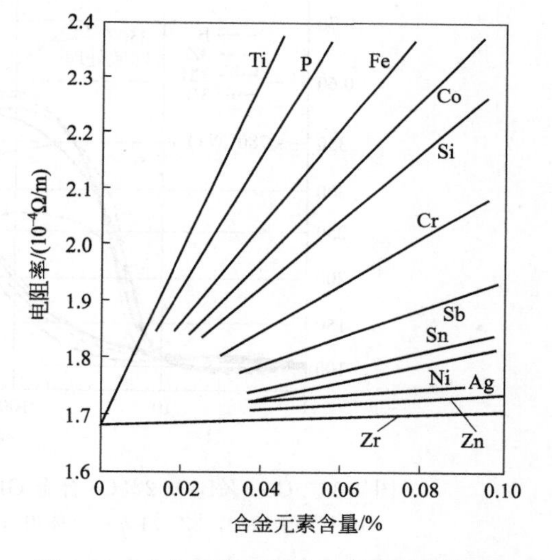

图 4-32 合金元素对铜合金导电性的影响

在时效强化和弥散强化型铜合金中，通常情况下，时效强化和弥散强化型铜合金电导率可近似由数相电导率的算术相加而求得。因此，时效、弥散强化型铜合金中，当第二相体积分数较小时，如能通过生产工艺控制析出相尺寸使之远远偏离电子平均自由程，则材料往往能实现较高电导率。时效强化铜合金中，析出相与基体相互作用而引起晶格畸变，由此导致的导电性的变化，可由下式表示：

$$\sigma=\sigma_0\left(1-3nc+3n^2f^2\frac{\sigma_0+2\sigma_1}{\sigma_1+2\sigma_0}\right) \tag{4-12}$$

式中，σ_0 为铜基体的电导率，σ 为铜合金的电导率，f 为第二相颗粒的体积百分数，σ_1 为第二相颗粒的电导率，$n=\dfrac{\sigma_0-\sigma_1}{2\sigma_0+\sigma_1}$。对于时效强化铜合金，$\sigma_0>\sigma_1$，$f=1\%$，代入上式可得：$\sigma=98.5\%\sigma_0$。因此，每 1%体积分数的析出相颗粒对铜合金导电率的影响在 1.5%IACS 以下。表明析出强化对材料的导电率的影响较小。然而，当析出相颗粒的尺寸在 1nm 数量级时，也即颗粒尺寸达到与电子波长同一数量级时，由于电子波在此析出相上发生附加散射，对电子产生最大的散射作用，此时合金的导电率会发生明显下降，将对材料导电性产生较大的影响，大约在 10%～15%IACS。

对时效硬化铜合金而言，固溶和时效处理可促进铜合金基体溶质原子以第二相形式析出，合金的电阻率随之下降。图 4-33 为 Cu-2%Be-0.2%Co 合金 G. P. 区的形成、比电阻的变化与添加微量元素的关系，图中 B-未添加，3Z、3M 和 3E 分别添加类 0.1at.%的 Zn、Mg 和 Ce。4 种合金经 780℃水冷固溶处理后，分别进行 250℃和 350℃的等温时效处理后的显微硬度和比电阻（R/R_0）的变化。250℃时效的 4 种合金的比电阻均先增加到极大值后再逐渐下降，研究表明合金时效前期比电阻的增加与 G. P. 区的形成有关，G. P. 区越大相同条件下传导电子的波长越大。对不同含量的 Al-Zn 合金研究表明，每个 G. P. 区对电子的平均散射能随 G. P. 区的尺寸增加而单调增加，另外 G. P. 区的数量随析出相的粗化而逐渐减少。两者综合作用在某个时效时间导致电阻值出现极大值。

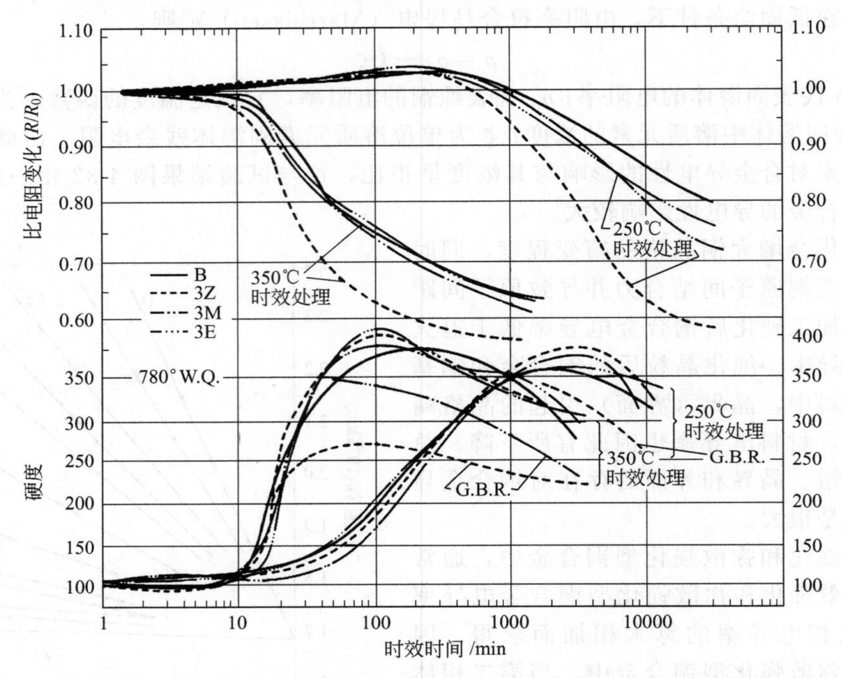

图 4-33 Cu-2%Be-0.2%Co 合金 GP 区的形成、比电阻变化与添加元素的关系

（图中 B-未添加，3Z-0.1%Zn（体积），3M-0.1%Mg（体积），3E-0.1%Ce（体积））

（2）析出强化机制和强韧化措施

① 概述 金属与合金的强化主要是其显微组织和化学成分（溶质、杂质原子）阻碍位错运动引起的。因此，对位错运动的阻碍会导致位错在障碍物（如各种界面、第二相、偏析等缺陷等）前堆积导致应力集中产生，发生局部开裂出现微裂纹，微裂纹的传播发展导致材料宏观断裂。其强韧化措施主要在于通过调控金属的显微组织阻止位错的运动，从而避免在材料特定场合产生应力集中。

时效析出型合金的强化机制可采用的主要有固溶强化、加工硬化、析出强化和颗粒弥散强化、细晶粒和超细晶粒强化等，断裂主要与后三种机制有关。上述几种强化机制在合金中不可避免存在若干机制的组合。

固溶强化对固溶度较高的合金具有重要意义，溶质和溶剂原子尺寸差越大，固溶效果越大。对时效析出合金而言，过饱和固溶体分解后产生时效硬化，固溶体基体残留的溶质原子的固溶强化效果较小，很多场合难以利用。而加工硬化与时效析出组合的利用对强化效果提高更有效。

时效硬化合金的强化以析出强化与粒子弥散强化为主，粒子大小、粒子间距和共格程度、颗粒强度等对其强化效果均具有重要影响。

② 切过强化 切过强化主要发生在G.P.区尺寸较小且与基体共格，以及微细析出粒子与合金基体保持共格的情况下。位错遇到上述可变形G.P.区或微细析出粒子，可沿滑移面切过，使之同基体一起产生变形，由此也能提高屈服强度。这是由于质点与基体间晶格错排及位错线切过第二相质点产生新的界面需要做功等原因造成的。这类质点的强化效果与粒子本身的性质、数量及其与基体的结合情况有关。Courtney将该类分为三部分：共格强化τ_{coh}、弹模强化τ_{Gp}和化学强化τ_{chem}。

共格强化是由于析出粒子与基体晶格参数不匹配引起的，其表达式为：

$$\tau_{coh}=7(\varepsilon_{coh})^{3/2}G\left(\frac{rf}{b}\right)^{1/2} \tag{4-13}$$

式中，ε_{coh}为析出粒子与基体共格晶面的错配度，$\varepsilon_{coh}=\frac{a_p-a_m}{a_m}$；$a_p$和$a_m$分别为共格界面上粒子和基体晶格常数；$b$为位错柏氏矢量；$f$为粒子体积分数；$r$为粒子半径。

弹模强化是由于析出粒子与基体剪切弹性模量不一致引起的，其表达式为：

$$\tau_{Gp}=0.01G\varepsilon_{GP}^{3/2}\left(\frac{rf}{b}\right)^{1/2} \tag{4-14}$$

式中，ε_{Gp}为析出粒子与基体剪切弹性模量的差值，$\varepsilon_{Gp}=G_p-G_m$，G_p和G_m分别为粒子和基体的剪切弹性模量。

化学强化由于析出粒子与基体化学成分不同引起的，其表达式为：

$$\tau_{chem}=2G\left(\frac{\gamma_s}{Gr}\right)\left(\frac{rf}{b}\right)^{1/2} \tag{4-15}$$

式中，γ_s为析出粒子与基体相界面能；G为相界面的剪切弹性模量。

位错切过变形粒子的强化效应总和τ_{dp}为：

$$\tau_{dp}=\tau_{coh}+\tau_{Gp}+\tau_{chem}=\left[7(\varepsilon_{coh})^{3/2}+0.01\varepsilon_{GP}^{3/2}+2\left(\frac{\gamma_s}{Gr}\right)\right]G\left(\frac{rf}{b}\right)^{1/2} \tag{4-16}$$

③ 绕过强化 当析出粒子尺寸较大或强度较高，钉扎在位错滑移面上而不能被位错切过时，根据位错理论，位错线只能绕过不可变形的第二相质点，为此，必须克服弯曲位错的线张力。塑性变形时，位错线不能直接切过第二相粒子，但在外力作用下，位错线可以环绕第二相粒子发生弯曲，最后在第二相粒子周围留下一个位错环而让位错通过。位错线的弯曲将会增加位错影响区的晶格畸变能，这就增加了位错线运动的阻力，使滑移抗力增大。该种强化机制又称为奥罗万（Orowan）强化机制。

弯曲位错的线张力与相邻质点的间距有关，故含有不可变形第二相质点的金属材料，其屈服强度与流变应力决定于第二相质点之间的间距。绕过质点的位错线在质点周围留下位错环。随着绕过质点的位错数量增加，留下的位错环增多，相当于质点的间距减小，流变应力就越高。对不可变形的第二相质点，当体积分数一定时，减小质点尺寸，则质点数量增加，间距减小，强度提高。图4-34为奥罗万强化示意图。

位错弯曲的最大剪切强度τ_B，表达式为：

$$\tau_B=\frac{Gb}{L-2r} \tag{4-17}$$

式中，（$L-2r$）为粒子间距；G为基体的剪切弹性模量；b为柏氏矢量。可以看出，（$L-2r$）越大，奥罗万强化强化效应越大，因此，析出粒子越分散，强化效果越大。

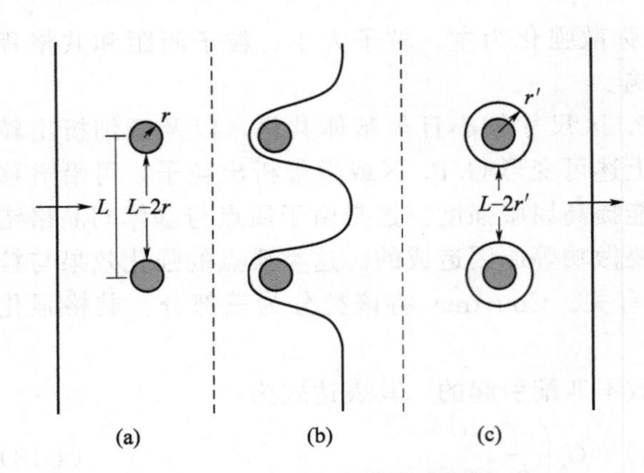

图 4-34 奥罗万强化示意图

(a) 滑移面上位错线与不可变形颗粒相遇；(b) 位错线弯曲；(c) 位错线绕过，继续在滑移面上运动，在每个粒子周围留下一个位错环

④ 细晶强化 细晶强化是在浇铸时采用快速凝固措施或采用热处理手段来获得细小的晶粒，也可以加入某种微量合金元素来细化晶粒。晶粒尺寸减小，合金强度提高。晶粒细化引起的界面增多对导电率影响不大。所以细晶强化也成为铜合金主要强化手段之一。一般情况下，多晶体强度及其晶粒尺寸间关系符合 Hall-Petch 公式[19]：

$$\sigma_s=\sigma_i+kd^{1/2} \tag{4-18}$$

式中，σ_s为多晶体的屈服强度；σ_i为晶格摩擦力；k 为常数；d 为平均晶粒直径。可见，通过添加化学元素或采用冷变形＋再结晶退火工艺细化加工硬化铜合金晶粒后，材料强度可以得到提高。细晶强化的突出优点是在提高材料强度的同时可以提高材料的塑性。这是由于晶粒细化后，材料变形时晶界处位错塞积所造成的应力集中可以得到有效缓解，推迟了裂纹的萌生，材料断裂前可以实现较大的变形量。细晶粒特别是超细晶粒的调控和制备技术也正是由于这一优点而得到了广泛应用。

4.1.4.3 析出强化型合金的热处理方法及影响因素

析出强化型合金的热处理方法主要一般时效处理和形变时效两大类。一般时效热处理包括固溶处理＋时效处理，形变时效热处理是把时效强化和加工硬化互相叠加的处理方法，即热机械处理。

(1) 一般时效热处理

① 固溶加热 固溶处理由加热和淬火冷却两部分组成。固溶加热温度根据合金平衡相图确定，通常在相图的固相线与固溶线之间温度进行。例如铍青铜（Cu-1.9%Be-0.2%Ni 或 Co）的固溶温度为 790℃，固溶时间按照材料壁厚 1h/25.4mm 确定。固溶温度越低，固溶越不充分。要特别注意固溶温度不要高于共晶温度。固溶加热过程合金局部熔化和吸入氢是合金塑性和韧性变差的部分原因。

② 淬火冷却 合金固溶加热后进行淬火冷却是获得过饱和固溶体的重要工序，通常浸入室温水中进行快速冷却。合金加热后不进行快速冷却也能在冷却过程中避免第二相析出的合金称为易固溶淬冷合金。合金的淬冷特性受其均匀化固溶处理温度和微量添加合金元素的影响。图4-35为 Sn 添加量对 Cu-Cr 合金的 T-T-P 曲线的影响，可以看出，添加微量 Sn 对 Cu-Cr 合金

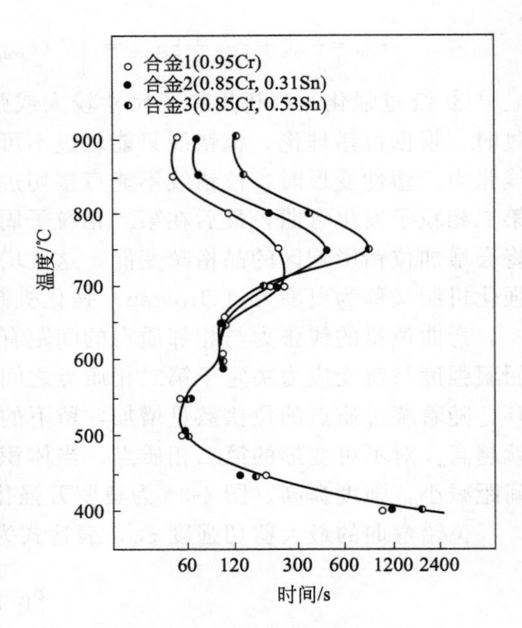

图 4-35 Sn 添加量对 Cu-Cr 合金的 T-T-P 曲线的影响

850℃和 500℃等温析出转变 T-T-P 曲线的鼻尖温度并没有改变。添加不同 Sn 含量 500℃鼻尖温度下的析出孕育期基本不变，而对 850℃鼻尖温度下的析出孕育期影响较大，添加少量 Sn 明显抑制 Cr 相高温等温析出。Cu-Cr 合金等温析出转变 T-T-P 曲线具有 850℃和 500℃两个鼻尖易析出温度区与 Cr 在铜中的固溶度变化较大有关。研究发现，Cu-（0.3%～1.5%）Cr 合金 1,000℃均匀化处理后，其实际固溶度为 0.37%～0.41%Cr，因此 Cr 含量在 0.56%以上的 Cu-Cr 合金固溶处理后合金基体中总是存在一定数量的残留 Cr 质点，850℃高温下易作为过饱和固溶体分解析出 Cr 相的形核部位，容易得到粗大的析出相。因此，Cr 含量较高的 Cu-Cr 合金时效处理时要快速冷却避开 850℃鼻温区，而要选择过冷度较大的 500℃鼻温区附近进行时效，以获得微细均匀析出 Cr 相。

③ 时效处理　过饱和固溶体分解是得到 G. P. 区强化还是中间相强化主要是由不同合金系分别选择适合的时效温度和时间来决定的。低温时效和高温时效的区别在于前者形成 G. P. 区而后者形成中间相。与铝合金不同，铜合金在室温下不能发生自然时效。一般工业时效以高温时效为主。除特殊的合金系外，要采取措施避免晶界反应时效产生粗大析出相，以及过时效产生较大粒子间距的奥罗万强化机制的出现。对有些合金在 G. P. 区和中间相共存时效，以及存在 G. P. 区向中间相转变的析出过程，可以进行第一阶段低温时效形成 G. P. 区，第二阶段形成中间相的两步时效或分级时效（two-step ageing，split ageing）。国内外对铝合金的分级时效研究较详细，国内对铜合金的分级时效研究也相继得到清华大学、中南大学、南昌大学、河南科技大学、上海理工大学等高校、北京有色金属研究总院等研究机构以及中铝洛阳铜业等大型企业的很多关注，其中河南科技大学高性能铜合金创新团队和上海理工大学电功能材料研究所在时效强化电子铜合金的形变-分级时效（复合时效）等方面做了大量工作，取得一些研究成果。

表 4-8 为常用时效强化铜合金的强化相分类与时效组织示意图。CuSnMg 合金的时效强化以不连续析出强化为主，阻碍其强度的进一步提高。

表 4-8　常用时效强化铜合金的强化相分类与时效组织

GP 区强化	中间相析出强化	平衡相强化

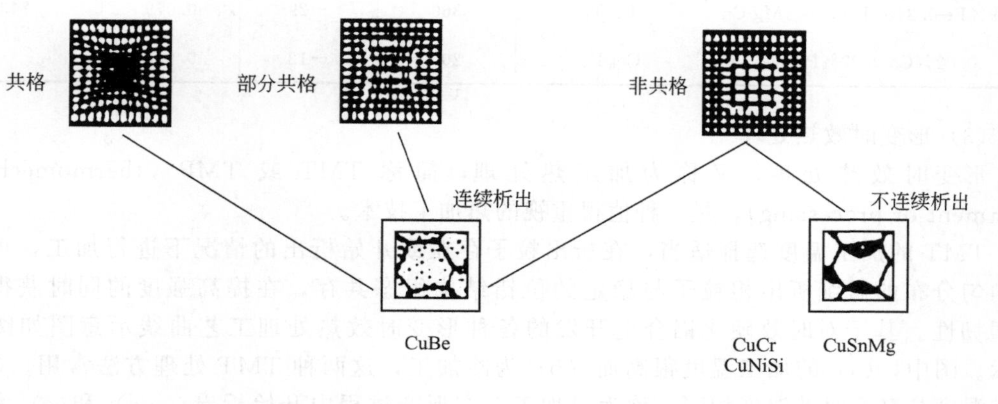

共格　部分共格　非共格

连续析出　不连续析出

CuBe　CuCr CuNiSi　CuSnMg

（2）微量元素对时效析出的影响

时效析出强化的基本原理是，在铜中加入溶解度随温度降低而明显减小合金元素，通过高温固溶处理形成过饱和固溶体，固溶体的强度与纯铜相比有所提高。而后通过时效，使过饱和固溶体分解，合金元素以沉淀相的形式析出弥散分布在基体中。沉淀相能有效地阻止晶界和位错的移动，从而大大提高合金强度。产生析出强化的合金元素应具备以下两个条件：一是高温和低温下在铜中的固溶度相差较大，以便时效时能产生足够多的析出相；二是室温时在铜中的固溶度极小，以保证基体的高导电性。按这一原理开发的高强高导铜合金有 Cu-Cr、Cu-Zr、Cu-Cr-Zr、Cu-Fe、Cu-Fe-Ti、Cu-Ni-Be 等系列，而以 Cu-Cr、Cu-Zr 系合金的发展最为迅速，应用最为广泛。

析出强化型合金的屈服强度不仅与析出相粒子的种类、大小、数量有关，还同粒子与基体的界面结构有关。通过优化固溶-时效工艺，形成合适的析出相组态，即可获得不同强度级别的合金。固溶体脱溶过程中，铜基体中溶质浓度减小，成分接近纯铜，基体电阻率急剧下降；同时，析出粒子的出现会对电子产生附加散射，增大合金电阻率，但时效析出的第二相引起的点阵畸变对电子的散射作用要比铜基体中固溶原子引起的散射作用小得多，因而在总体上，脱溶过程后合金能获得较高的导电率。

在铜合金中，为产生时效析出强化效果而加入的元素有 Ti、Co、P、Ni、Si、Mg、Cr、Zr、Be、Fe 等。其中以 Cu-Be 合金最为著名，有关其时效强化的研究也起步很早。时效析出强化的优点是在大幅度提高材料强度的同时，对电导率损害很小，通过分析几十种集成电路用铜合金材料成分及性能，引入的强化相对强度与电导率的综合影响因数见表 4-9 第 5 列数据，其数值是强化相元素所引起的强度升高与电导率下降数值之比。此因数的物理意义为引入析出强化相，每提高 1MPa 强度所引起铜合金电导率下降的数值。可以看出当各种强化相在铜中析出时，使铜合金抗拉强度每升高 1MPa 对电导率的降低仅为 0.03%～0.08% IACS。

表 4-9　形成强化相元素对铜合金强度和电导率综合影响

合金成分	强化相	$\Delta\sigma_b$/MPa	$\Delta\sigma$/%IACS	$\Delta\sigma/\Delta\sigma_b$	析出温度/K
0.1%Fe-0.03%P-Cu	Fe_2P	200	−13	0.065	723
0.1%Zr-Cu	Cu_3ZrCu_2ZrMg	200	−6	0.030	673-723
0.18%Ag-0.1%Mg-0.06%P-Cu	Mg_mP_n	150	−12	0.080	673-723
0.69%Fe-0.36%Ti-0.06%Mg-Cu	Fe_2Ti	360	−29	0.079	843
0.02%Co-0.07%P-Cu	Co_mP_n	200	−12	0.060	

(3) 形变时效热处理

形变时效热处理，又称为加工热处理，简称 TMT 或 TMP（thermomechanical treatment or processing)，是一种值得重视的热加工技术。

TMT 的加工温度选择适当，在析出粒子存在或开始析出的情况下进行加工，可以获得均匀分布的微细析出相粒子与稳定的位错结构组态共存，在提高强度的同时获得优良的塑韧性。基于对时效硬化铝合金开发的各种形变时效热处理工艺曲线示意图如图 4-36 所示。图中，(a) 的加工温度很高而 (b) 为冷加工，这两种 TMT 处理方法常用。(c) 的加工温度与高温时效温度相同，称为温加工，在形变过程中开始析出。(d) 和(e) 为低温时效后进行形变，分别为冷加工和温加工。(f) 为低温时效后进行温加工变形，加工温度与高温时效相当。(g) 为固溶处理后在较高温度同时进行温加工和形变与时效析出。(h) 为Al-Zn-Mg合金的 TMT 曲线实例。铜合金一般采用 (b) 和 (d)，特别是(b) 的应用最为广泛。

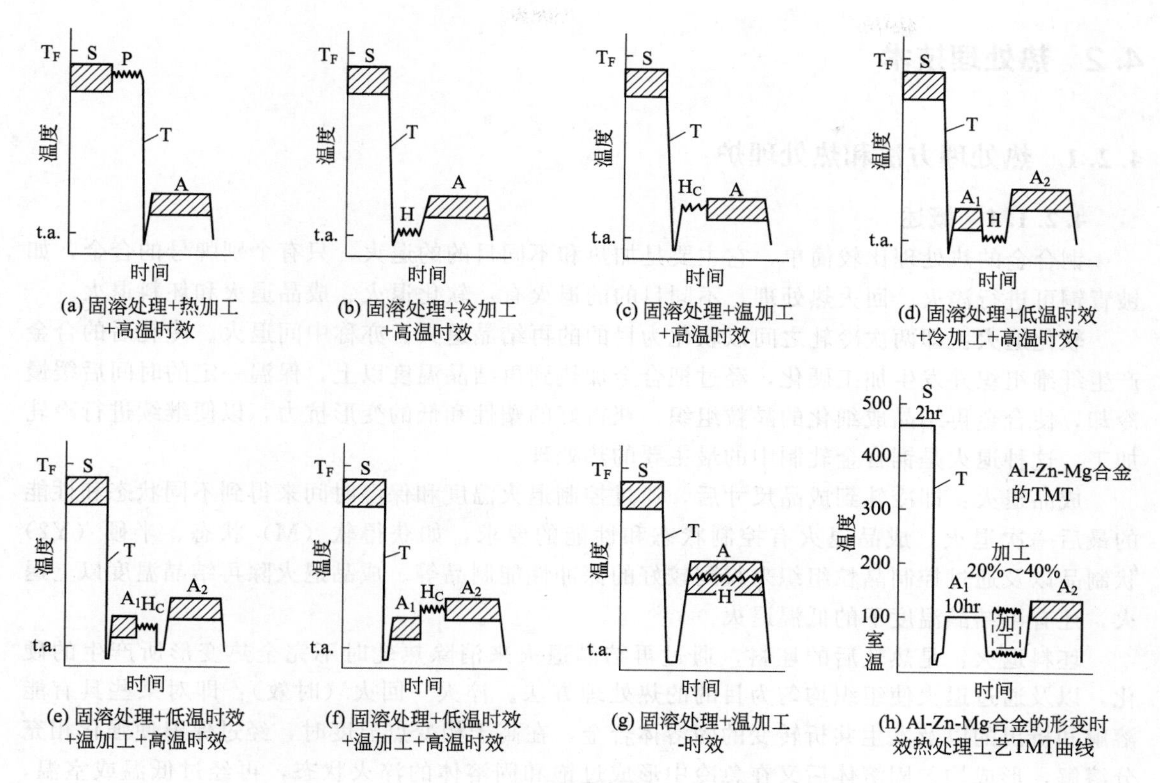

图 4-36 各种形变热处理示意图

T_F—熔化温度；$t.a.$—室温；S—固溶处理；P—热加工/高温形变；T—水冷淬火；A—时效处理；A_1—低温时效/一次时效；A_2—高温时效/二次时效；H—室温加工/冷加工；Hc—中间温度加工/温加工

佐治等研究了 Cu-4％Ti 合金的形变时效热处理工艺，采用固溶处理-冷轧-时效工艺，研究了变形量、时效温度与时间不同组合对其显微组织的影响，得到四种不同的组织形貌。主要结论如下。

① 变形量、时效温度与时间的不同组合分别得到四类组织：具有晶格缺陷的调幅结构、微细的两相混合组织、不连续析出的胞状组织、魏氏组织。

② 加工后时效初期产生包含位错、层错和微观孪晶等晶体缺陷的调幅结构，富含 Ti 原子的亚稳相周期排列。这种组织强韧性优良。

③ 微细两相混合组织由 1μm 以下尺寸的微细 α-Cu 再结晶晶粒与三叉晶界上析出的微细 β′-Cu_3Ti 粒子组成。这种组织在高变形量合金，约 95％以上的区域均可观察到，在中等变形量合金的变形带中可形成。微细两相混合对加工材中位错胞的形成具有重要作用。低温时效初期，富 Ti 区的形成抑制了再结晶，后期平衡相 β′-Cu_3Ti 的不均匀析出促进附近富集区的溶解，从而促进再结晶的进行。

④ 不连续析出的胞状组织在中、低变形量的加工材经较低的低温时效形成。形变促进了不连续析出相的形核与长大。变形量越大，两相混合组织对基体的分割作用增强，胞状组织形成趋势降低。

⑤ 魏氏组织在低变形量的加工材经 750℃时效形成。

4.2 热处理技术

4.2.1 热处理方法和热处理炉

4.2.1.1 概述

铜合金的热处理比较简单，它主要是加热和不同目的的退火，只有个别牌号的合金，如铍青铜可进行淬火、回火热处理。不同目的的退火有：软化退火、成品退火和坯料退火。

软化退火：即两次冷轧之间以软化为目的的再结晶退火，亦称中间退火。冷轧后的合金产生纤维组织并发生加工硬化，经过把合金加热到再结晶温度以上，保温一定的时间后缓慢冷却，使合金再结晶成细化的晶粒组织，获得好的塑性和低的变形抗力，以便继续进行冷轧加工。这种退火是铜合金轧制中的最主要的热处理。

成品退火：即冷轧到成品尺寸后，通过控制退火温度和保温时间来得到不同状态和性能的最后一次退火。成品退火有控制状态和性能的要求，如获得软（M）状态、半硬（Y2）状制品以及通过控制晶粒组织来得到较好的深冲性能制品等。成品退火除再结晶温度以上退火，还有再结晶温度下的低温退火。

坯料退火：是热轧后的坯料，通过再结晶退火来消除热轧时不完全热变形所产生的硬化，以及通过退火使组织均匀为目的的热处理方法。淬火—回火（时效）：即对某些具有能溶解和析出的以及发生共析转变的固溶体合金，在高于相变点温度时，经过保温使强化相充分溶解，形成均匀固溶体后又在急冷中形成过饱和固溶体的淬火状态，再经过低温或室温，使强化相析出或相变来控制合金性能的热处理方法。

4.2.1.2 退火

退火工艺制度是根据合金性质、加工硬化程度和产品技术条件的要求决定的。退火的主要工艺参数是退火温度、保温时间、加热速度和冷却方式。退火工艺制度的确定应满足如下三方面的要求：①保证退火材料的加热均匀，以保证材料的组织和性能均匀；②保证退火材料不被氧化，表面光亮；③节约能源，降低消耗，提高成品率。因此，铜材的退火工艺制度和所采用的设备应能具备上述条件。如炉子设计合理，加热速度快，有保护气氛，控制精确，调整容易等。表 4-10 列出了部分常用铜合金的退火工艺制度。

退火温度的选择：除合金性质、硬化程度外，还要考虑退火目的，如对中间退火则退火温度取上限，并适当缩短退火时间；对成品退火则侧重于保证产品品质和性能均匀，退火温度取下限，并严格控制退火温度的波动；对厚规格的退火温度应比薄规格的退火温度要高一些；对装料量大的要比装料量小的退火温度高一些；板材要比带材的退火温度高一些。

退火的升温速度：要根据合金性质、装料量、炉型结构、传热方式、金属温度、炉内温度差及产品的要求确定。因为快速升温可提高生产率、晶粒细、氧化少，半成品的中间退火，大都采用快速升温；对于成品退火、装料量少、厚度薄，都采用慢速升温。

保温时间：炉温设计时，为提高加热速度，加热段的温度比较高，当加热到一定温度后，要进行保温，此时炉温与料温相近。保温时间是以保证退火材料均匀热透为准。

冷却方式：成品退火大都是进行空冷，中间退火有时可采用水冷，这对于有严重氧化的合金料，可以在急冷下使氧化皮爆裂脱落。但有淬火效应的合金不允许进行急冷。

表 4-10 部分常用铜合金的退火工艺制度

合金牌号	退火温度/℃		保温时间/min
	中间退火	成品退火	
HPb59-1,HMn58-2,QAl7,QAl5	600～750	500～600	30～40
HPb63-3,QSn6.5-0.1,QSn6.5-0.4,QSn7-0.2,QSn4-3	600～650	530～630	30～40
BFe3-1-1,BZn15-20,BAl6-1.5,BMn40-1.5	700～850	630～700	40～60
QMg0.8	500～540		30～40
B19,B30	780～810	500～600	40～60
H80,H68,HSn62-1	500～600	450～500	30～40
H95,H62	600～700	550～650	30～40
BMn3-12	700～750	500～520	40～60
TU1,TU2,TP1,TP2	500～650	380～440	30～40
T2,H90,HSn70-1,HFe59-1-1	500～600	420～500	30～40
QCd1.0,QCr0.5,QZr0.4,QTi0.5	700～850	420～480	30～40

4.2.1.3 固溶-时效

固溶（淬火)-时效（回火）的工艺参数主要决定于加热温度、加热速度、保温时间、冷却速度、加热介质和水冷时的转移时间间隔等。淬火温度的上限要低于共晶温度，下限要高于固溶度线温度，保温时间主要决定于强化相的溶解速度。为了保持好的淬火效果，淬火的转移时间越短越好，水温一般不高于25℃。冷却速度主要考虑两个因素，一是速度太慢强化粒子会被析出，太快会产生残余应力或裂纹。回火（时效）时主要保证强化粒子析出均匀和分布状态等。表4-11为部分铜合金固溶（淬火)-时效（回火）的工艺制度。

表 4-11 部分铜合金固溶（淬火)-时效（回火）的工艺制度

合金牌号	固溶(淬火)			时效(回火)	
	加热温度/℃	保温时间/min	冷却介质	加热温度/℃	保温时间/min
QBe2	700～800	15～30	水	300～350	120～150
QCr0.5	920～1000	15～60		400～450	120～180
QZr0.2	900～920	15～30		420～440	120～150
QTi7.10	850	30～60		400～450	120～180
BAl6-1.5	890～910	120～180		495～505	90～120

4.2.1.4 热处理炉内气氛控制

根据热处理时炉内介质与材料表面作用的特点，把热处理分为普通（即空气为介质）热处理，保护性气氛热处理（即通常称的光亮退火）和真空热处理。

(1) 火焰加热炉气氛

这是一种老式的普通热处理方式，是采用如煤气等为燃料的燃烧加热。

氧化性气氛，就是燃料在过剩空气的情况下燃烧，使炉内有较多的氧。

还原性气氛，燃烧过程中炉内空气不足，由于燃料的未充分燃烧而CO和CO_2较多。

中性气氛是炉内控制在氧化与还原之间的气氛。微氧化气氛，是炉内含有微量的氧，有一定的氧化作用。

炉内气氛的控制是根据合金的性质和技术要求来进行的。铜及铜合金一般都不用氧化性气氛，因为不但破坏表面品质、氧化烧损大，而且合金内的低熔点的成分，如 Sn、Pb、Sn、Zn、Cd 等容易被蒸发等。因此，大多采用还原性或中性炉内气氛。对于热处理时容易吸氢产生“氢脆”、渗硫的合金通常采用微氧化气氛，如含镍的合金、纯铜等。火焰加热炉将逐渐被电加热、保护气体连续加热的退火炉所代替。

(2) 保护性气氛

由于密封技术和保护性气体制造技术的进步，现在大多是采用保护性气氛中加热。保护性气体成分要求在加热时与合金不发生反应；对炉子的部件、热电偶、电阻器件无侵蚀作用；成分稳定，制造简单、供应方便。

保护性气氛加热大多采用电加热方式。是 20 世纪 90 年代后采用电感应加热的连续退火炉，都是用保护性气氛、强制循环风式在线退火，简化了工序，提高了表面品质和生产效率。过去的保护性气氛是采用氮、二氧化碳，煤气燃烧后的净化气体或水蒸气等，由于炉子的密封性差，使用的保护气体浓度低、成本高等原因，没有取得满意的效果。现在的保护气体成分，主要是氮加氢。根据不同的合金采用不同的氮、氢比，加氢保护对黄铜尤为有效。由于氢的导热系数是氮的 1.7 倍，可以大大提高热的传导速度。加氢后可缩短加热时间，尤其在强风的作用下，对流传热效果更好，使退火材料加热均匀，保证了热处理铜材组织性能的均匀。在强风的作用下，带走了润滑剂的挥发物，提高了表面品质。

制造保护性气体的几种方法。

① 氨分解气体：液氨汽化后进入填充有镍触媒剂的裂化器内，在 750～850℃的温度下，裂化生成氨和氢，经净化除水除残氨后送入炉内。这种保护性气体适用于黄铜的退火。按计算 1kg 氨可生成 1.97m^3 的氢和 0.66m^3 的氮。

② 氨分解气体燃烧净化：如果需要降低氨的比例，可烧掉部分氢，在燃烧过程中增加氮。

③ 氨分解气体加入空分氮（或液氮汽化），经净化后送入炉内，可根据需要得到不同比例的氢加氮的保护性气体。

④ 用量较少时，可用瓶装氮和瓶装氢做保护性气体。

⑤ 煤气燃烧后的气体，一般含 96%的氮和小于 4%的一氧化碳和氢，需净化后使用。

⑥ 纯氮，空分法制氮一般纯度可达 99.9%。焦炭分子筛变压吸附空分制氮新工艺，采用了无油压缩机，氮中含氧小于 5×10^{-6}，露点为－65℃。这对于含氧量较高的纯铜、锡磷青铜的退火是最适宜的。

(3) 真空热处理

在退火加热时，将装料的空间抽成真空，退火材料不与任何介质接触的一种退火方式。真空退火有两种形式：外热式和内热式。外热式是加热元件置于炉胆外面，采用电加热，外热式真空炉结构简单，容易制造，装出料方便。但升温慢，热损失大，炉胆寿命低。内热式是加热元件在炉胆内，热处理材料也放在炉胆内，常采用钨、钼、石墨等材料作加热元件。特点是升温快、加热温度高、炉胆寿命长。但炉的结构复杂，投资大，降温慢。采用真空退火时，纯铜采用 $(10^{-1}\sim10^{-2})\times133.3$Pa，大多铜合金采用 $(10^{-2}\sim10^{-3})\times133.3$Pa 的真空度。真空退火时，料出炉时要在温度降至 100℃以下才能破坏真空，防止退火料氧化。近年来，铜合金的热处理不推荐采用真空退火，因为真空是热的不良导体，它只靠热辐射传热，特别是表面光亮的材料，以辐射加热更是困难。除了热效率低外，还难于得到性能均匀的热处理成品。因此，有逐渐被保护气氛、气垫式连续退火所代替。

4.2.1.5 热处理炉

热处理设备主要是热处理炉。选择热处理炉应考虑如下条件：即满足热处理工艺的要求，保证品质和性能；选择合适的热源，满足生产的需要；炉子结构简单、温度控制准确、耐用、投资少；自动化程度高，生产效率高，劳动条件好，操作方便。

(1) 普通铜及铜合金热处理炉

铜合金的常用的退火炉：按结构分有箱式炉、井式炉、步进式炉、车底式炉、辊底式炉、链式水封炉、单膛炉、双膛炉、罩式炉等。按生产方式分有：单体分批式退火炉、气垫式连续退火炉等。按炉内气氛分有无保护气氛退火炉、有保护性气氛退火炉和真空退火炉等，按热源分有：煤炉、煤气炉、重油炉、电阻炉和感应炉等。淬火炉有立式、卧式和井式三种。各种热处理炉的主要技术性能及性能比较如表 4-12、表 4-13 所示。

表 4-12 热处理炉的主要技术性能

名称	用途	最高温度/℃	炉膛尺寸/mm			燃料		燃耗/$m^3 \cdot t^{-1}$	装料量/t	生产率/$t \cdot h^{-1}$	炉内介质
			高	宽	长	类型	功率/kW				
箱式炉	带卷	—	900	1300	6700	煤气	—	—	3	—	—
	板材	950	5000	1800	11000	电	350	—	4～5	—	—
车底式炉	板材	850	835	1400	4500	电	250	—	—	1.3	
		900	1100	2470	4400	煤气	—	400	10	2	
		950	835	1400	4500	煤气	—	—	—	1.5	
矩形罩式炉	板材	900	1100	1160	3250	煤气	—	200	10	2	
		800	—	—	—	电	375	—	4	1	
钟罩式炉	卷材	900	—	—	—	电	135	—	—		分解氨/氨气
井式炉	卷材	850	1900	ϕ960	—	电	144	—	0.3～1	0.35	
		650	—	—	—31750	电	85	—	0.3		
双膛推料炉	卷材	700	1245	1430	9700	电	640	—	60	4.5	
			600	1000	9950	电	280	—	—	3～1.5	
单膛推料炉	卷材	700	1060	1050	10000	电	620		19	1.5	分解氨/氨气
步进炉	板	1250	1550	3600	—	电	—	800	50	5	
辊底式炉	卷材	650	—	—	—	煤气	—	20	—	5	
		580	—	—	6700	甲烷	—	135	—	2	
		600	533	2048	4850	煤气	450	—	—	1	
链式炉	卷材	700	1050	1200	10000	电	280	—	4	20.75～1	
		460	700	750	—	电	280	—	10		
立式牵引炉	卷材	700	—	—	—	电	180		8	0.75	
立式淬火炉	铍青铜带	850	800	600	500	电	90	—	—		分解氨
卧式淬火炉	铍青铜带	950	270	330	—	电	160	—		0.25	分解氨
井式真空炉	卷材	900	1070	800		电	100	—	—	0.12～0.18	真空

表 4-13 各种热处理炉对比

内容	钟罩炉	罩式炉	单、双膛推料炉	真空炉
退火卷重/t	4.5～7.5	板垛	单、双	双
热源	电	煤气	电	电
温度均匀性/℃	±5	±10	±15	±10
表面品质	光洁	氧化脱锌严重	氧化脱锌较严重	氧化脱锌较轻
热效率/%	＞55	20	32	11
传热方式	对流	对流	对流	辐射
装料方式	卷垛	板垛	单卷	小卷垛
炉衬材料	陶瓷材料	耐火砖	耐火砖	耐火砖
密封性能	好	差	较好	较好
保护性气体	N_2+25%H_2	无	N_2	N_2
循环情况	强循环	无	有	无
控制水平	单板机自动控制	人工	人工	人工
投资	中等	较大	较大	中
适用性	大中小企业	中小企业	中小企业	中小企业
整体水平	一般	落后	落后	较先进

(2) 常用的铜合金热处理炉

目前，热处理炉方面发展的主要趋势：改进设计，寻找新工艺，提高热利用效率；采用低温或高温快速退火，减少氧化、脱锌；采用保护性气体退火和强制循环通风，使之快速加热、温度均匀，提高退火产品品质；增强封闭效果，简化工序提高集成度和连续化水平。

气垫式炉是现代常用的铜合金单条带材的退火炉，有在线退火，也有单独退火。现在的气垫式退火炉，往往将酸洗、水洗、烘干、表面涂层、钝化处理等结合在一起。它和钟罩式退火炉比，炉温高、退火时间短，可以实现高温快速退火，如对厚 0.05～1.5mm 的带材，只需几秒钟的加热时间，对于厚带也只需一分多钟。加热速度可调、加热均匀，退火表面品质好，组织性能均匀。

气垫式炉退火带材的最大厚度和最小厚度之比为 10∶15，最大宽度和最小宽度之比为 2，同一条带厚与宽的比小于 1/250。目前，可实现厚度 0.05～1.5mm，宽度 250～1100mm 带材的退火，退火速度为 (4～100)m/min，生产能力 5t/h，热效率 85%，热源采用电或燃气加热均可。

气垫式炉由开卷、焊接、脱脂、炉子、酸洗、剪切、卷取及辊、控制辊、活套塔等组成。图 4-37 为带材连续生产线的退火与酸洗机列示意图，图 4-38 为各种铜合金气垫式炉连续退火示意图。

气势式退火炉是连续热处理的新技术。它是将带材通过炉子时，上下表面被均匀喷射的高温气流托起悬浮在热处理炉中，上下喷气相距 80mm，被托浮的带材达到无接触。为了退火连续的进行，设有两套开卷机和两套卷取机。为提高带材表面品质，清除带材表面的轧制油或乳液，带材进入退火炉要经过脱脂、水洗和干燥。在退火纯铜或青铜带材时，为带材的表面不发生氧化，也不进行酸洗，加热区和冷却区要充入成分为 2%～5% H_2，含 95%～98% N_2 的保护气体。在退火黄铜带材时，加热区和冷却区不充保护性气体，但需要进行酸洗、水洗和干燥。对某些特殊用途的铜合金，退火后进行涂层和干燥。为了防

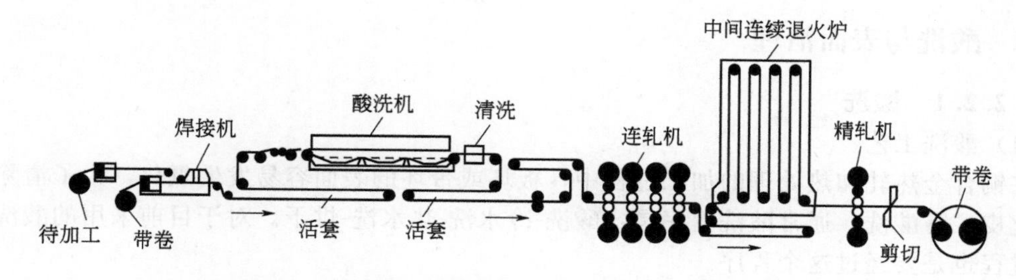

图 4-37 带材连续生产线的退火与酸洗机列示意图

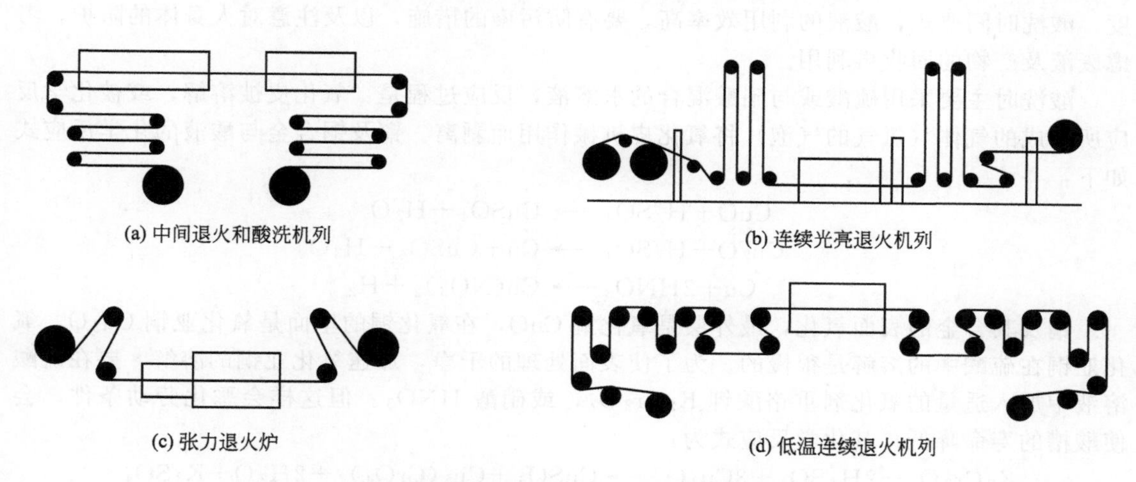

图 4-38 各种铜合金气垫式炉连续退火示意图

止带材跑偏，在加热区和冷却区上下两排的喷嘴处设有光电对中装置和纠偏辊，带材卷取后的边缘不齐率小于±1mm。有的气垫式退火连续炉还带张力矫平装置。采用气垫式连续炉大大提高了表面品质和制品组织性能的均匀度。表 4-14 列出了连续退火炉与气垫式炉技术参数对比。

表 4-14 连续退火炉与气垫式炉技术参数对比

项目	连续退火炉	气垫式退火炉
退火带材规格($H\times B$)/mm	(0.15～1.6)×(200～640)	0.1×1.5×(500～1050)
带卷内径/外径/mm	ϕ500/ϕ820	ϕ500/ϕ1300
炉内最高温度/℃	800	750
带材最高温度/℃	700±5	700±5
带材出冷却室温度/℃	80～100	70～80
带材退火时间/min	2～10	4～50
加热区额定功率/kW	160	600
最大生产能力/$t\cdot h^{-1}$	1.0	4.7
活套塔补偿长度		
炉前/m	15.2	60
炉后/m	10.0	60

4.2.2 酸洗与表面清理

4.2.2.1 酸洗

(1) 酸洗工艺

在铜合金热轧和热处理的加工过程中，板坯或带坯的表面容易发生氧化，为了清除表面的氧化皮，需酸洗。通常酸洗程序是：酸洗-冷水洗-热水洗-烘干。对于目前采用的酸洗机列工作过程也是要经过这个程序。

生产车间的酸洗工艺有如下要求：对材料表面酸洗要干净，采用有效的酸和酸液的浓度，酸洗时间要短，酸液的利用效率高，要有防污染的措施，以及注意对人身体的防护，考虑废液及产物的回收再利用。

酸洗时主要采用硫酸或与硝酸混合的水溶液，反应过程是：氧化皮被溶解，或被化学反应所生成的气体（氢气的气泡）将氧化皮机械作用而剥离。铜及铜合金与酸液的化学反应式如下：

$$CuO+H_2SO_4 \longrightarrow CuSO_4+H_2O$$

$$Cu_2O+H_2SO_4 \longrightarrow Cu+CuSO_4+H_2O$$

$$Cu+2HNO_3 \longrightarrow Cu(NO_3)_2+H_2\uparrow$$

铜及其合金的表面氧化，最外层是氧化铜 CuO，在氧化铜的里面是氧化亚铜 Cu_2O，氧化亚铜在硫酸中的溶解是很慢的。为了使表面处理的干净，加速氧化亚铜的溶解，要在硫酸溶液中加入适量的氧化剂重铬酸钾 $K_2Cr_2O_7$，或硝酸 HNO_3。但这样会恶化劳动条件，会使酸槽的寿命降低。其化学反应式为：

$$K_2Cr_2O_7+2H_2SO_4+3Cu_2O \longrightarrow CuSO_4+Cu_5(CrO_4)_2+2H_2O+K_2SO_4$$

$$4HNO_3+H_2SO_4+CuO \longrightarrow CuSO_4+Cu(NO_3)_2+2NO_2+3N_2O$$

对于表面不易洗净的纯铜、青铜、锌白铜等合金，以及含 Be、Si、Ni 的铜合金，与稀酸液作用缓慢，可加入 0.5%～1%的重铬酸钾。有的为了净化油污和强化酸洗效果，在酸洗液中再加 0.5%～1%的盐酸或氢氟酸。

酸洗时间与酸洗液的浓度及温度有关。一般酸洗液的浓度为 5%～20%，温度为 30～60℃，时间为 5～30min。具体可根据酸洗的效果调整，如夏天多为室温，冬天用蒸汽加热，纯铜取上限，黄铜取下限。酸液浓度、温度愈高，产生酸雾愈厉害，对设备、环境、劳动条件等恶化越严重。为了减少烟雾的污染，常在酸洗液中加入一定量的缓冲剂，且尽量采用低温酸洗。

酸洗时产生的缺陷有：过酸洗、腐蚀斑点、残留酸迹、水迹等。过酸洗主要是酸液浓度大、温度高、时间长造成的，过酸洗不但产生腐蚀斑点，造成表面品质降低，还会过分的损耗酸和金属。反之，如果酸浓度、温度过低和时间过短，氧化皮会清洗不彻底。残留酸迹、水迹主要是清洗不干净，或干燥不及时、不彻底。为了实现快速酸洗，提高表面品质，出现了采用电解酸洗、超声波酸洗的新方法。

酸洗液在酸洗过程中，浓度会不断的减小，当酸液的硫酸含量小于 50～100g/L，含铜量大于 8～12g/L 时，应及时补充新酸液或更换成新酸液。在配制新酸液时，必须先放水后加酸以确保安全。酸槽中严禁使用铁制工具，以防板带表面产生斑点。更换下来的废酸液可用氨中和处理，提取硫酸铜、铜粉及制成微量元素化肥，也可用电解法获得再生铜和再生酸液。配制酸液时用波美计测量酸的比重。

(2) 酸洗设备

① 酸洗槽　酸洗槽是最常用的酸洗设备，用于板条材和质量较轻的带卷。一般是酸槽、

冷水槽、热水槽放在一起，酸洗槽的材料较多，常用的有3～8mm厚的铅板作衬里，外面由木材、钢板、沥青焦油及耐酸砖等构成。采用不锈钢板、钛板作内衬的酸洗槽，使用寿命较长，但价钱较高。采用花岗岩的寿命长，价钱便宜，但耐热性差。除此之外，有用聚氯乙烯板作酸槽内衬，但热稳定性差。采用玻璃钢作酸槽内衬是较理想的材料，易制造，修补方便，质量轻，耐热、耐酸，在浓度为8%的硫酸液、温度为80℃的条件下，寿命可达两年以上。

② 牵引式连续酸洗机　有两种形式，一种是浸入式，即把厚2mm或更薄的带材，端头相互连接，通过进出口装有压紧辊的酸液槽，带材在酸洗槽内呈悬浮状态，一般以30m/min左右的速度移动完成酸洗过程，其移动速度根据合金的不同而不同。另一种是喷射式连续酸洗，带材通过酸洗机时，具有一定压力的酸液，从喷嘴以一定的角度喷射到带材的表面，在喷射压力的机械作用和酸液的化学作用下，加速酸洗的过程，使之大大提高酸洗的速度，可将带材的移动速度提高到30～80m/min。

③ 连续式酸洗机列　酸洗机列，多是由翻斗机、带直头开卷机、缝头机、喷射式酸洗槽、清理机、烘干机、下剪机、卷取机和辊道仓等组成。主要用于酸洗黄铜和青铜带。酸洗液为硫酸溶液，酸洗黄铜时，酸液的浓度为15%～20%，酸洗温度为室温；酸洗锡磷青铜时，酸洗液浓度为15%～25%，酸洗温度为50～60℃。酸洗锡磷青铜后的酸洗液不能洗黄铜，酸洗速度应以保证洗净、滚法烘干、卷齐为原则。废酸液要及时更换，定期清理、回收。当波美值大于40就要换酸。

④ 设备性能　带卷宽度为640～750mm，厚度为0.8～3.0mm，卷材外径为750～1000mm，内径为500mm，卷质量为1～2t。酸洗速度5～50m/min。水洗温度：热水90～95℃，冷水：18～20℃，蒸汽压力为392kPa，烘干空气温度大于80℃。酸洗机列还有许多种，多数是与其他工序组合在一起。图4-39为几种酸洗机列示意图。图4-39中（a）为独立酸洗机列，（b）为酸洗矫平酸洗机列，（c）为中间退火酸洗机列。

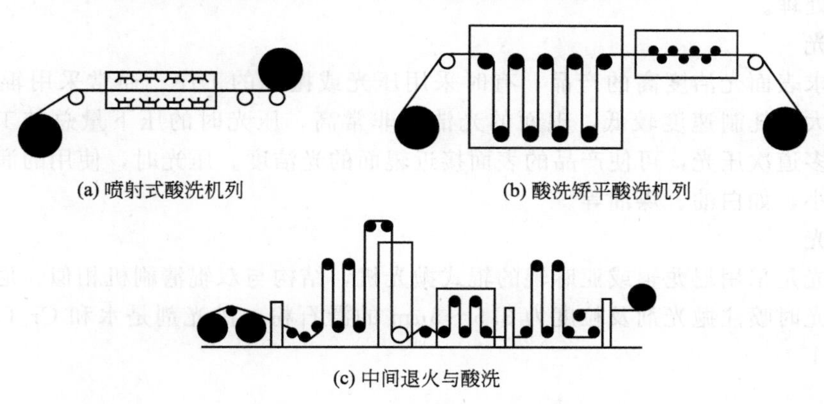

(a) 喷射式酸洗机列　(b) 酸洗矫平酸洗机列

(c) 中间退火与酸洗

图4-39　几种酸洗机列示意图

4.2.2.2　表面清理

表面清理的方法很多，酸洗就是其中的一种常用的化学方法清理。常用的还有机械清理方法，如表面清刷机清刷和手工修理。

（1）表面清刷机清刷和手工修理

其目的是清除轧件表面在酸洗后残存的氧化铜粉和酸迹，以提高表面品质。常用的表面清刷机有：单辊清刷机和双辊清刷机，如图4-40所示。

单辊清刷机每次只能清刷一个表面，每个刷辊有一个支撑辊，起压紧作用，刷辊的线速

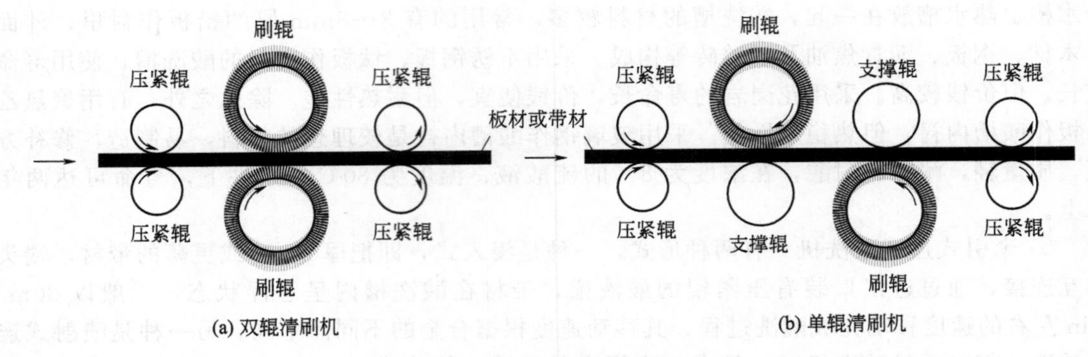

图 4-40 表面清刷机示意图

度为 0.6～6m/s，压紧辊的进给速度为 0.2～0.8m/s，刷辊的线速度比压紧辊的线速度大 3～10 倍。刷辊的回转方向与压紧辊的进给方向相同或相反。刷辊可采用棕、尼龙丝、钢丝、锡磷青铜丝等材料制成，刷辊直径约 200～300mm。对于双辊清刷机可以同时清刷上下两个表面。湿刷时可以避免氧化铜粉飞扬，但刷丝材料要避免腐蚀及生锈。干刷时应设置收尘器，回收氧化铜粉。

轧件表面局部氧化铜粉、变色、水渍和斑点，可用钢丝刷或砂纸清擦去除，表面上的麻坑、裂纹、起皮、压坑及夹灰等缺陷，用刮刀修理。

为了防止表面氧化变色，有时采用抑制剂进行表面处理。用铬酸盐可以作为有效的防锈处理剂，但＋6 价的铬酸有毒，会污染环境。现在，采用一种有机抑制剂，苯并三氮唑（BTA，$C_6H_5N_3$），通过 BTA 的处理，在铜合金表面上形成保护皮膜，即 CuBTA 皮膜。其厚度和形态因 BTA 处理液的温度、pH 值及合金的种类而不同，这种方法适用于清洁环境下处理，在腐蚀环境下效果不理想。目前，为除掉铜表面的氧化物及表面污染的基体，仍然采用铬酸处理。

（2）压光

对于要求表面光洁度高的产品，有时采用压光或抛光的工序。通常采用辊轧机进行压光，辊径较大，轧制速度较低，辊面的光洁度非常高，压光时的压下量总加工率为 3%～10%。通过多道次压光，可使产品的表面接近辊面的光洁度。压光时，使用的润滑油要求很高，黏度很小，如白油、煤油等。

（3）抛光

表面抛光是采用尼龙辊或亚麻辊的辊式抛光机，结构与双辊清刷机相似。尼龙辊为二对或三对，抛光时喷注抛光剂及粒度为 3.5～5μm 的滑石粉，抛光剂是水和 Cr_2O_3 的混合物，比例为 10∶1。

参考文献

［1］胡赓祥，蔡珣，戎咏华．材料科学基础（第 2 版）［M］．上海：上海交通大学出版社，2009.
［2］邓至谦，唐仁政．铜及铜合金物理冶金基础［M］．长沙：中南大学出版社，2010.
［3］《銅および銅合金基礎と工業技術》編集委員会．銅および銅合金基礎と工業技術（改訂版）［M］．东京：日本伸銅協会，1994.
［4］刘平，赵冬梅，田保红．高性能铜合金及其加工技术［M］．北京：冶金工业出版社，2004.
［5］毛卫民，赵新兵．金属的再结晶与晶粒长大［M］．北京：冶金工业出版社，1994.
［6］《有色金属及其热处理》编写组．有色金属及其热处理［M］．北京：国防工业出版社，1981.

[7] 钟卫佳，马克定，吴维治．铜加工技术用手册［M］．北京：冶金工业出版社，2007.
[8] 陈曙光．适用于高速切削的易切削黄铜组织和性能研究［D］．洛阳：河南科技大学，2005.
[9] 王顺兴．金属热处理原理与工艺［M］．哈尔滨：哈尔滨工业大学出版社，2009.
[10] 刘智恩．材料科学基础（第 3 版）［M］．西安：西北工业大学出版社，2009.
[11] 郝新江，刘慧卿，郝士明等．具有失稳分解强化的 Hall-Petch 关系［J］．东北大学学报（自然科学版），2002，23（2）：137-140.
[12] 冯端．金属物理学第二卷相变［M］．北京：科学出版社，1990.
[13] 陈树川．材料物理性能［M］．上海：上海交通大学出版社，1999.
[14] 山根寿己．高强度高传导性铜合金设计の基础［J］．伸铜技术研究会誌，1990，29：13-17.
[15] Thomas H Courtney. Mechanical Behavior of Materials［M］．北京：机械工业出版社，2004.
[16] 陈彬，董企铭，康布熙等．热轧态 Cu-Fe-P 合金的相变动力学研究［J］．热加工工艺，2003，（6）：9-13.
[17] 袁振宇，董企铭，刘平等．时效对 Cu-Fe-P 合金显微硬度及导电率的影响［J］．热加工工艺，2002，（3）：33-34.
[18] 王东锋，康布熙，田保红等．时效处理对 Cu-Fe-P 合金硬度和导电率的影响［J］．洛阳工学院学报，2002，23（3）：10-12.
[19] 赵冬梅，董企铭，刘平等．高强度 Cu-Ni-Si 合金时效过程研究［J］．材料热处理学报，2002，2：20-23.
[20] D. M. Zhao，Q. M. Dong，P. Liu，et al. Structure and strength of the age hardened Cu-Ni-Si alloy［J］．Materials chemistry and physics，2003，79（2）：81-86.
[21] D M Zhao，Q M Dong，P Liu，et al. Aging Behavior of Cu-Ni-Si alloy［J］．Materials Science and Engineering A，2003，361：94-100.
[22] 贾淑果，刘平，田保红等．高强高导 Cu-Ag-Cr 合金的强化机制［J］．中国有色金属学报，2004，14（7）：1144-1148.
[23] 贾淑果，刘平，田保红等．微量稀土对 Cu-Ag 接触线性能的影响［J］．功能材料，2004，445-448.
[24] 贾淑果，刘平，田保红等．高强高导低溶质 Cu-Ag-Cr 合金时效析出特性的研究［J］．材料热处理学报，2004，25（2）：8-10.
[25] Liu Yong，Liu Ping，Su Juanhua，et al. Aging Behavior of Cu-Cr-Zr-Ce Alloy［J］．Transactions of Materials and Heat Treatment，2004，25（5）：612-614.
[26] Masamichi Miki，Yoshikiyo Ogino. Effect of quenching temperature on the inter-granular and cellular precipitation in Cu-1. 5% Be binary alloy［J］．Materials transaction JIM，1995，36（9）：1118-1123.
[27] Taku Sakai，Hiromi Miura，Naokuni Muramatsu. Effect of small additions of Co on dynamic recrystallization of Cu-Be alloys［J］．Materials transaction JIM，1995，36（8）：1023-1030.
[28] 赵冬梅，董企铭，刘平等．探索高强高导铜合金最佳成分的尝试［J］．功能材料，2001，32（6）：609-611.
[29] 赵冬梅，董企铭，刘平等．铜合金引线框架材料的发展［J］．材料导报，2001，15（5）：25-27.
[30] 郭凯旋．铜和铜合金牌号与金相图谱速用速查及金相检验技术创新应用指导手册［M］．北京：中国知识出版社，2005.

第5章

耐蚀性

材料是现代科学技术和当代文明的重要支柱。材料的使用离不开环境，材料在环境中使用不可避免地发生变化。耐蚀性就是研究材料在其周围环境作用下的破坏、变质行为的一项重要内容。研究材料的耐蚀性对材料的利用具有重要意义。

5.1 腐蚀基础

5.1.1 耐腐特性

1. 利用合金化提高金属的耐腐特性

(1) 提高金属的热力学稳定性。在大气和许多腐蚀介质中，大多数合金的金属状态在热力学上是不稳定的。除了腐蚀介质的特性和环境条件外，金属的热力学稳定性程度取决于金属的性质。因此，在耐蚀性差的合金中加入热力学稳定性高的合金元素对其合金化，使合金表面形成由贵金属原子组成的连续保护层，可以达到提高其耐腐蚀性的目的。

(2) 阻滞阴极过程。当金属的腐蚀过程受阴极控制时，利用合金化可以提高合金的阴极极化程度，阻滞阴极过程，达到降低腐蚀速率的目的。常用的方法有：①减小金属或合金中的活性阴极面积，通过热处理的方法形成稳定的固溶体。②加入析氢超电压高的合金元素，增大合金阴极析氢反应的阻力。

(3) 阻滞阳极过程。利用合金化的方法降低阳极活性，阻滞阳极过程的进行，可提高合金的耐蚀性。尤其是通过提高阳极钝性进一步改善合金耐蚀性的方法十分有效，已在实际生产中得到了广泛应用。常用的方法有：①减少阳极相的面积。②加入易钝化的合金元素。③加入阴极合金元素促进阳极钝化。

(4) 在合金表面形成致密、完整的腐蚀产物膜。通过在金属或合金中加入其他合金元素，使合金表面形成致密、均匀、完整、具有保护性的腐蚀产物膜，可进一步增大腐蚀体系的电阻，有效地阻滞腐蚀过程的进行。

2. 主要合金元素对耐蚀性的影响

(1) 锡。锡含量不超过5%时，锡在铜中形成置换式固溶体。当锡含量较高时，会导致基体塑性降低。随着含锡量的增加，其抗拉强度和延伸率也增大。锡的添加可抑制铜的析出，具有确保耐腐蚀性的作用。锡的加入，一方面强化了晶界，降低了晶界的腐蚀敏感性；另一方面Sn在膜中的富集，阻止了Zn朝向表层膜的扩散，抑制了脱锌腐蚀的进程，从而大大提高了其耐腐蚀性能。锡青铜在大气、海水、淡水及氨水中的耐蚀性稍差。因而，只宜制作暴露在海水、海风、大气和承受高压过热蒸汽的用具和零件。

(2) 铝。含铝在7%以下的铝青铜，具有单相固溶体组织，这类合金的塑性良好，可以很好承受热态和冷态加工。铝可提高合金的强度，而且铝不足0.05%（质量分数）时，这种效果不充分。铝青铜中的α相是铝溶于铜中形成的固溶体，具有面心立方晶格，它的强度较高，塑性良好，可以进行冷、热变形加工。由于铝青铜表面能形成铝和铜的氧化物致密薄膜，在大气、海水、碳酸及大多数有机酸中具有比黄铜和锡青铜更高的耐蚀性。

(3) 铁。少量铁在熔铸时可呈颗粒状，富铁相由溶液析出而起变质作用，此富铁相还能起阻止相变重结晶作用而细化晶粒，从而提高了铜合金的力学性能。

(4) 镍。镍有限固溶于铝青铜中，加热后合金的强度、硬度及耐热耐蚀性都有很大提高，镍铁同时加入后性能尤佳。镍具有使晶粒微细化提高耐腐蚀性、尤其还能使强度提高的效果，其镍含量不足0.05%时效果较小。铜镍合金具有优良的耐蚀性，其力学性能和物理性能也异常良好，因而广泛地使用于造船、石油、化工、电器仪表制造等领域。

(5) 硅。硅能显著地提高铜合金的强度，但硅含量较高时（>4.0%），塑性将急剧降低。含硅量在3.5%以下时，随温度的下降硅在α相中的固溶度明显降低，这表明合金有时效强化的可能，但其实际强化效果极弱。

5.1.2 电化学特性

金属表面由于外界介质的化学或电化学作用而造成的变质及损坏的现象或过程称为腐蚀。介质中被还原物质的离子在与金属表面碰撞时取得金属原子的价电子而被还原，与失去价电子的被氧化的金属“就地”形成腐蚀产物覆盖在金属表面上，这样一种腐蚀过程称为化学腐蚀。由于金属是电子的良导体，如果介质是离子导体的话，金属被氧化与介质中被还原的物质获得电子这两个过程可以同时在金属表面的不同部位进行。金属被氧化成为正价离子进入介质或成为难溶化合物留在金属表面。这个过程是一个电极反应过程，叫做阳极反应过程。被氧化的金属所失去的电子通过作为电子良导体的金属材料本身流向金属表面的另一部位，在那里由介质中被还原的物质所接受，使它的价态降低，这是阴极反应过程。在金属腐蚀学中，习惯地把介质中接受金属材料中的电子而被还原的物质叫做去极化剂。经这种途径进行的腐蚀过程，称为电化学腐蚀。在腐蚀作用中最为严重的是电化学腐蚀。

1. 电化学腐蚀热力学

(1) 原电池。在日常生活中最常见到的原电池就是干电池。它是由中心碳棒正电极、外包锌皮负电极及两极间的电解质所组成，如图5-1所示。当外电路接通时，灯泡即通电发光。电极过程如下：阳极上发生氧化反应，使锌原子离子化，即：$Zn \rightarrow Zn^{2+} + 2e$。阳极上发生消耗电子还原反应：$2H^{+} + 2e \rightarrow H_2$。随着反应的不断进行，锌逐渐地被离子化，释放电子，在外电路中形成电流，锌离子化的结果是使锌被腐蚀。

这种电极系统的主要特征是：伴随着电荷在两相之间的转移，不可避免地同时会在两相的界面上发生物质的变化，即由一种物质变为另一种物质的化学变化。

如果相接触的两个相都是电子导体相，则在两相之间有电荷转移时，只不过是电子从一相穿越界面进入另一个相，在界面上并不发生化学变化。但是如果相接触的是两种不同类的导体时，则在电荷从一个相穿越界面转移到另一个相中时，这一过程必然要依靠两种不同的荷电粒子之间互相转移电荷来实现。这个过程也就是物质得到或释放外层电子的过程，而这正是电化学变化的基本特征。

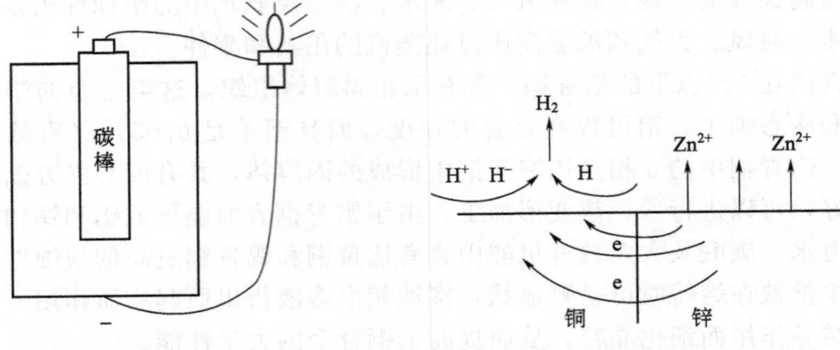

图 5-1 干电池示意图　　图 5-2 腐蚀原电池示意图

(2) 腐蚀原电池。腐蚀原电池实质上是一个短路原电池，即电子回路短接，电流不对外做功，而是自耗于腐蚀电池内阴极的还原反应中，如图 5-2 所示。

将锌与铜接触并置于盐酸的水溶液中，就构成了以锌为阳极，铜为阴极的原电池。阳极锌失去电子流向与锌接触的阴极铜，并与阴极铜表面上溶液中的氢离子结合，形成氢原子并聚集成氢气逸出。腐蚀介质中氢离子的不断消耗，是借助于阳极锌离子化提供的电子。这种短路电池就是腐蚀原电池。

(3) 腐蚀原电池的化学反应及理论。不论何种类型的腐蚀电池，它必须包括：阳极，阴极，电解质溶液和电路等四个不可分割的组成部分，缺一不可，这四个组成就构成了腐蚀原电池的基本过程，即：①阳极过程：金属溶解，以离子形式进入溶液，并把等量电子留在金属；②电子转移过程：电子通过电路从阳极转移到阴极；③阴极过程：溶液中的氧化剂接受从阳极流过来的电子后本身被还原。因此，一个遭受腐蚀的金属的表面上至少要同时进行两个电极反应，其中一个是金属阳极溶解的氧化反应，另一个是氧化剂的还原反应。

(4) 化学腐蚀与电化学腐蚀的比较。化学腐蚀和电化学腐蚀一样，都会引起金属失效。在化学腐蚀中，电子传递是在金属与氧化剂之间直接进行，没有电流产生。而在电化学腐蚀中，电子传递是在金属和溶液之间进行，对外显示电流。这两种腐蚀过程的区别归纳在表 5-1 中。

表 5-1 化学腐蚀与电化学腐蚀的比较

比较项目	腐蚀类型	
	化学腐蚀	电化学腐蚀
介质	干燥气体或非电解质溶液	电解质溶液
反应式	$\sum ri \cdot Mi = 0$ （ri 为系数；Mi 为反应物质）	$\sum riMi \pm ne = 0$ n 为离子价数；e 为电子； r_i 为系数；M_i 为反应物质
腐蚀过程驱动力	化学位不同	电位不同的导体间的电位差
腐蚀过程规律	化学反应动力学	电极过程动力学
能量转换	化学能与机械能和热量	化学能和电能
电子传递	反应物直接传递，测不出电流	电子在导体、阴、阳极上流动，可测出电流
反应区	碰撞点上，瞬时完成	在相互独立的阴、阳极区域独立完成
产物	在碰撞点上直接生成产物	一次产物在电极表面；二次产物在一次产物相遇处
温度	高温条件下为主	低温条件下为主

2. 电化学腐蚀动力学

(1) 极化作用

如将面积为5cm^{2}的锌片和铜片浸在3%的氯化钠溶液中，并用导线把两个电极、开关(K)和电流表(A)串联起来(如图5-3所示)。

在开关闭合前，两个电极各自建立起来某种不随时间变化的稳定电位，当电池接通后电流表会偏转到一定数值，经过一段时间t，电流表指示的电流会急剧减小，然后达到稳态，将电流随时间改变的情况记录下来，就会得到图5-4所示的I-t曲线。

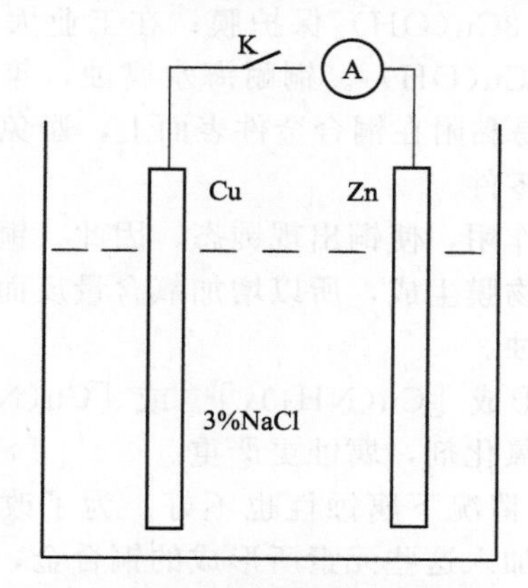

图5-3 极化现象实验装置示意图

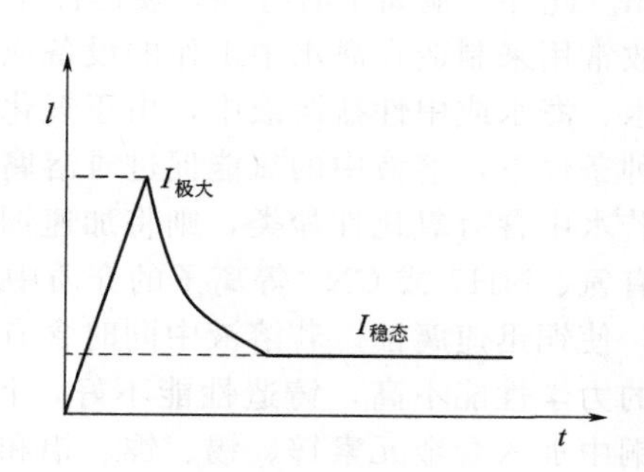

图5-4 电极极化I-t曲线

(2) 产生极化的原因

产生阳极极化的原因是：阳极过程是金属失去电子溶解成水化离子的过程。在腐蚀原电池中，金属失掉的电子迅速由阳极流至阴极，但一般金属的溶解速率却跟不上电子迁移的速率，这必然破坏了双电层的平衡，使双电子层的内层电子密度减小，所有阳极电位就往正方向移动，产生阳极极化。由于阳极表面金属离子扩散缓慢，会使阳极表面的金属离子溶度升高，阻碍金属的继续溶解。在腐蚀过程中，由于金属表面生成了保护膜，阳极过程受到膜的阻碍，金属的溶解速率大为降低，结果使阳极电位向正方向剧烈变化，这种现象称为钝化。

产生阴极极化的原因是：阴极过程是得到电子的过程，若由阳极过来的电子过多，阴极接受电子的物质由于某种原因，与电子结合的速度慢，使阴极处有电子的堆积，电子密度增大，结果使阴极电位越来越低，即产生了阴极极化。阴极附近反应产物或生成物扩散较慢也会引起极化。

5.2 使用环境和材料腐蚀

5.2.1 铜及铜基合金的耐腐蚀性

铜在有色金属中，产量仅次于铝，而且是一种很好的耐腐蚀材料。因为铜具有比氢更高的正电位(+0.337V)，所以它有较高的热力学稳定性，能在不同的环境中使用而不受损坏。

1. 纯铜

铜是正电性金属，当$Cu \longrightarrow Cu^{2+} + 2e$时，铜的标准电极电位为+0.337V，而当$Cu \longrightarrow Cu^{+} + e$时，其标准电极电位为+0.521V。因此，一般铜在水溶液中腐蚀时，主要为去氧极化腐蚀。例如当酸、碱中无氧化剂存在时，铜比较耐腐蚀；当它们中含有氧化剂时，铜发生腐蚀。

当溶液中有氧化剂存在时，一方面又可能在阴极进行氧化剂的还原，若其阴极过程的电位比铜的离子化电位更高，则会加速铜的腐蚀。但氧化剂的存在，也可能在阳极极化进行氧化作用，在铜表面生成 Cu_2O、$Cu(OH)_2$ 等保护层，阻碍腐蚀的进行。若介质能溶解这种保护层，则阳极阻滞作用消失。

在大气中，铜是很耐腐蚀的。这是因为铜的热力学稳定性高，不易氧化。长期暴露在大气中的铜，先生成 Cu_2O，然后逐渐生成 $CuCO_3 \cdot 3Cu(OH)_2$ 保护膜；在工业大气中生成 $CuSO_4 \cdot 3Cu(OH)_2$，在海洋大气中生成 $CuCl_2 \cdot 3Cu(OH)_2$。铜耐海水腐蚀，年腐蚀率约为 0.05mm。此外，铜离子有毒性，使海洋生物不易黏附在铜合金件表面上，避免了海洋生物腐蚀，故常用来制造在海水中工作的设备或舰船零件。

在淡水、海水或中性盐溶液中，由于氧化膜的作用，使铜出现钝态，因此，铜是耐腐蚀的。在这种条件下，溶液中的氧能促进难溶腐蚀产物膜生成，所以增加氧含量反而使腐蚀速度降低。若水中含有氧化性盐类，则将加速铜的腐蚀。

在含有氨、NH_4^+ 或 CN^- 等离子的介质中，因形成 $[Cu(NH_3)_4]^{2+}$ 或 $[Cu(NH_4)_4]^{2-}$ 络合离子，使铜迅速腐蚀。若溶液中同时含有氧和氧化剂，腐蚀更严重。

纯铜的力学性能不高，铸造性能不好，且许多情况下腐蚀性也不好。为了改善这些性能，常在铜中加入合金元素锌、锡、镍、铝和铅。加入这些元素所形成的铜合金，或是比纯铜有更高的腐蚀性，或是保持腐蚀性的同时，提高了力学性能或工业性能。

2. 黄铜

① 黄铜的一般腐蚀特性。黄铜可分为单相黄铜、复相黄铜及特殊黄铜三大类。当锌含量小于36%时，构成单相的 α 固溶体，因此单相黄铜又称为 α 黄铜。当锌含量为36%～45%之间时，构成 $\alpha+\beta$ 复相黄铜。当锌含量大于45%时，因为 β 相太多，脆性大，无实用价值。特殊黄铜是在Cu-Zn的基础上，又加入锡、锰、铝、铁、镍、硅、铅等元素。

黄铜在大气中腐蚀很慢，在海水中腐蚀速率稍快。水中的氟化物对黄铜的腐蚀影响很小，氯化物影响较大，而碘化物则影响严重。特殊黄铜的耐腐蚀性比普通黄铜好。如在黄铜中加入约为1%的锡，可显著降低黄铜的脱锌腐蚀及提高在海水中的耐蚀性；在黄铜中加入2%的铅，可以显著增加耐磨性能，因而大大降低了它在流动海水中的腐蚀速度；在海军黄铜中约有0.5%～1.0%锰，可提高强度，并兼有很好的耐腐蚀性。

② 黄铜的应力腐蚀开裂。影响黄铜应力腐蚀开裂的主要因素有腐蚀介质、应力、合金成分与组织结构。某种合金只在一定介质及特定应力条件下，才会发生腐蚀开裂。

(a) 腐蚀介质　受拉应力的黄铜在一切含有氨介质及大气、海水、淡水、高温高压水、水蒸气中都可产生应力腐蚀。工业大气最容易引起黄铜的应力腐蚀开裂，且开裂寿命最短，乡村气体次之，海洋大气影响最小。大气环境中的这种不同影响，被认定是大气中 SO_2 含量差异造成的。

(b) 应力　张应力是黄铜发生应力腐蚀开裂的必要条件。张应力越大，应力腐蚀开裂的敏感性越强。用低温退火的方法去除残余张应力，可使黄铜避免应力腐蚀开裂。

(c) 合金成分与组织结构　黄铜中锌含量越高，其应力腐蚀开裂的敏感性就越大。至于锌含量低到多少就不发生应力腐蚀，这与介质的性质有关。

合金元素对应力腐蚀的影响如下：硅可有效防止黄铜的应力腐蚀开裂；硅、锰能改善 $\alpha+\beta$ 和 β 黄铜的耐应力腐蚀开裂的性能；在氨气氛条件下，硅、砷、镁等元素能改善 β 黄铜的抗应力腐蚀性能。

3. 青铜

① 锡青铜。常用的锡青铜有三种，其含量分别为5%、8%和10%，其耐腐蚀性能随锡含量的增加而有所提高。其力学性能、耐磨性能和铸造性能比纯铜好，且耐腐蚀性能也比铜高。

锡青铜在大气中有良好的耐腐蚀性，在淡水及海水中也有很好的耐腐蚀性。在稀的非氧化性酸中及盐类溶液中，它也有很好的耐腐蚀性；但是在硝酸、盐酸及氨溶液中和纯铜一样不耐腐蚀。

因锡青铜耐磨性很好，故主要用于制造泵、齿轮、轴承、旋塞等要求耐磨损和耐腐蚀的零件。

② 铝青铜。含铝量通常低于9%，有时还加入铁、锰、镍等元素。它的铸造性能不如锡青铜，但强度和耐腐蚀性比锡青铜高。

铝青铜的高耐腐蚀性主要是在合金表面形成致密的、牢固附着的铜和铝的混合氧化物保护膜。当它遭受破坏时有“自愈”能力。若合金表面存在氧化物夹杂等缺陷时，则膜的完整性受到破坏，因而会发生局部腐蚀，因此铝青铜的耐蚀性与制造工艺有关。

铝青铜在淡水和海水中都很稳定，甚至在矿水中也耐腐蚀。在300℃以上的高温蒸汽中，它非常稳定。蒸汽和空气的混合对铝青铜不起作用。在酸性介质中，铝青铜有很高的耐腐蚀性。它在硫酸中，甚至高浓度和较高温度下都非常耐腐蚀；它在稀盐酸中也有很高的耐腐蚀性；但在硝酸中不耐腐蚀。在碱性溶液中，因为碱能溶解保护膜，从而使铝青铜发生严重腐蚀，含铝量较高的铝青铜有应力腐蚀倾向，主要是由于铝在晶界偏析，因而引起了沿晶界的选择性氧化，在应力作用下促进氧化膜破坏。

③ 硅青铜。常用的硅青铜有低硅（1%～2%）和高硅（2.5%～3%）两类。前者的力学性能与黄铜类似，极易冷加工变形，而耐腐蚀性与纯铜接近；后者具有很高的强度，且耐腐蚀性优于纯铜，高硅青铜中常含有1%锰。

硅青铜的最大优点是具有很好的铸造及焊接性能，常用于制造储槽及其他压力下工作的化工器械。硅青铜在撞击时不发生火花，因此特别适用于有爆炸危险的地方。

5.2.2 淡水中铜管的腐蚀

淡水可定义为部分酸性、盐性或微咸，来源于江河、湖泊、池塘或井中的水。

黄铜管在淡水的腐蚀性受水的pH值、氧含量和成垢倾向性的影响。结垢（硬）水，其腐蚀性主要由在金属表面形成垢的数量和类型来决定。这种垢的形成是存在其中的矿物质和温度的作用。非结垢（软）水，这种水一般比硬水的腐蚀性强。可以通过提高pH值或减少含氧量来降低其腐蚀性。

黄铜管明显地比碳素钢耐淡水腐蚀，而且在淡水中使用有极好的特征。这种黄铜管广泛用于例如需要高强度和耐腐蚀的船坞和水坝等用途。然而，应当考虑到在某些情况下，黄铜管在淡水中可能对中度点蚀敏感，但是点蚀完全可以用阴极防蚀方法来避免，H62黄铜管在室温（环境温度）几乎完全可以耐淡水腐蚀。

铜管作为凝汽器冷却管应用最为广泛，因此对于凝汽器铜管的腐蚀和防腐研究也较为透彻。

各电厂凝汽器铜管尽管采取了一系列防腐措施，但腐蚀现象仍不同程度存在。研究表明，这些凝汽器铜管的腐蚀主要表现为：脱锌腐蚀、冲刷腐蚀、应力腐蚀、沉积物腐蚀等。不同的腐蚀形式，其腐蚀机理不相同，防腐措施也不相同。而不同工况，特别是不同冷却水水质，凝汽器铜管的腐蚀形式不尽相同，因此，只有对凝汽器的腐蚀形式和腐蚀机理进行较为细致而深入的研究，才能从根本上达到彻底根除或防止腐蚀的目的。

凝汽器冷却管内侧受冷却水中杂质的腐蚀，也受水流中携带的漂砂、气泡及水流本身的侵蚀；其外侧受蒸汽携带水滴的侵蚀，也受蒸汽中所含的氨、二氧化碳等杂质的腐蚀。因此，对凝汽器冷却管的要求是应有足够的耐蚀性，此外作为热交换管，它必须有良好的导热性能，足够的强度和较薄的壁厚以承受压力，降低投资和热阻，其中又以耐腐蚀性最为关键。

1. 脱锌腐蚀

脱锌腐蚀是凝汽器铜管普遍存在的一种腐蚀形式，也是选择性腐蚀的典型例证，表现为合金中锌的选择性溶解。对泄漏铜管的化学分析和剖管检查发现，加砷铜管泄漏均为斑状点穿孔所致，通过对腐蚀铜管和新铜管的扫描电子显微镜（SEM）和能量散射X光谱（EDS）分析表明腐蚀铜管和新铜管的最根本区别是腐蚀铜管均不含锌，即合金中的锌被溶解，说明铜管发生的腐蚀为典型脱锌腐蚀，即脱锌腐蚀是造成绝大多数凝汽器铜管泄漏的一个根本原因。但是对于铜管脱锌腐蚀机理的解释目前尚无定论。一种认为脱锌合金中的锌发生选择性优先溶解，即锌优先溶解历程；另一种认为合金中的铜和锌同时发生氧化溶解，而铜又可以从水中析出沉积在腐蚀部位，形成一层紫铜层，即所谓溶解——再沉积历程。促进脱锌的因素，除与水的pH值和含盐量有关外（一般在低硬度、pH值较低、含盐量较大的水中，铜管易发生层状脱锌腐蚀），管内工质运行工况亦有较大影响，当冷却水流速缓慢、管内表面有疏松附着物时也会加剧脱锌腐蚀。研究表明根据冷却水水质，合理选用铜管是防止凝汽器铜管脱锌腐蚀的关键措施。采用含硼管材，利用硼在管材表面的富集，填补脱锌后的空穴，堵塞锌原子透过膜的通道，使铜管加硼后表面具有较大的阻力，可以抑制脱锌腐蚀；向铜管中添加1%～2%的锡，或是添加2%的铝可以提高其耐蚀性，抑制脱锌倾向；在铜管内添加微量的砷亦能有效地抑制脱锌。同时，研究表明，铜管在长期使用过程中，介质中的Fe^{2+}等形成的氢氧化物沉积在管壁上，在脱锌速度小的情况下，沉积物能形成牢固、致密而较薄的表面层；反之，脱锌速度较大时，铜管表面不断有沉积产物产生，使水中沉积物附着不牢，因此表面粗糙，覆盖也较厚。

对铜管进行硫酸亚铁处理及定期进行胶球清洗均可起到一定的防蚀效果，而采用钛管则基本上可以解决脱锌腐蚀问题，但并不能从根本上解决因管壁沉积而导致热交换性能变差的问题，而且使用成本将大大提高，从而使该方法的推广应用受到一定限制。

2. 冲刷腐蚀

冲刷腐蚀主要发生在管端，管端冲刷腐蚀也是铜管的重要腐蚀形态。管端冲蚀不仅与材质有关，还与管端流速、流态、水中固体颗粒性质密切相关。水室设计不当，管口被异物局部堵塞都会引起部分管端流速和湍流程度加大。一切改善管端流速、流态，减少水中固体颗粒的措施，改善管端表面耐冲蚀性能的措施都能防止或减缓铜管管端的冲刷腐蚀。

3. 应力腐蚀

应力腐蚀必须有一定的腐蚀介质环境和足够的拉应力。凝汽器铜管的应力腐蚀介质环境主要是氨。应力来源有两个方面：一是生产运输过程中产生的应力，二是安装运行中产生的应力。防止应力腐蚀的措施有：减小氨浓度，如改进空抽区结构、喷水等；减小应力，如减少水锤现象和空抽区振动；安装铜管时轻拿轻放，禁止敲击，铜管安装前做氨熏试验，选用凝汽器工况下无氨蚀、无应力腐蚀的管材等。

4. 沉积物下腐蚀

主要是由于微生物、污泥等在凝汽器铜管表面形成水垢而发生垢下腐蚀。这些污垢会造成凝汽器管壁局部区域的介质环境（pH 值、侵蚀性离子浓度等）发生改变，从而造成局部腐蚀。铜管的清洗保洁，消除冷却水滞流不动的死区，加杀生剂等对防止沉积物下腐蚀都是有效的方法。

5.2.3 大气中铜及铜合金的腐蚀

铜及铜合金暴露在大气中，其表面通常会形成绿棕色或蓝绿色的腐蚀薄层，称为铜绿。早在公元前 5000 年，人们就已经认识到铜在空气中会发生腐蚀现象。铜及铜合金在大气中的腐蚀主要受到气候条件、大气中有害气体及悬浮物的影响。气候条件包括大气相对湿度、气温及日光照射、风向、风速等。大气中有害气体及悬浮物主要指 SO_2、NH_3、H_2S 等腐蚀性气体及盐的细小尘埃。SO_2 的来源有两个，其一是硫化氢产物在空气中的氧化，其二则是含硫燃料的燃烧，在工业城市中后者占优势。盐的尘埃有两种主要形式：首先是硫酸铵，在重工业区尤为明显，当氨、二氧化硫和水或硫酸悬浮物共存时便生成，它具有吸湿性和酸性是腐蚀的激发剂；其次是氯化物，在工业地区和沿海地区主要是氯化钠，它也是吸湿的。以下主要介绍铜在含有 $(NH_4)_2SO_4$，NH_4HSO_4，SO_2，O_3，NaCl 的大气中的腐蚀。

1. 铜及铜合金在含有 $(NH_4)_2SO_4$ 或 NH_4HSO_4 微粒的大气中的腐蚀

由铜制作的工件和器皿在使用期间容易形成铜绿，主要成分是碱式硫酸铜 $Cu_xSO_4(OH)_y$ 和 Cu_2O。人们曾认为 SO_2 是大气中可能导致碱式硫酸铜形成的有效物质，但是在实验室研究中比较容易生成，因为实验室研究中 SO_2 的浓度比正常户外条件下的浓度高得多。另外一种可能导致碱式硫酸铜形成的物质就是大气中 $(NH_4)_2SO_4$ 和 NH_4HSO_4 的悬浮物。铜的户外暴露试验也表明影响其增重速率的主要因素是相对湿度和悬浮粒子的浓度。

早在 20 世纪 30 年代初，Vernon 就已证明 $(NH_4)_2SO_4$ 微粒对铜的大气腐蚀有重要影响，他发现当实验室中存在 $(NH_4)_2SO_4$ 微粒时形成的铜绿带有自然铜绿的一些特征。在 Lobnig 的实验室研究中也阐明了在 373K 和 300K 的大气中 $(NH_4)_2SO_4$ 微粒对铜的大气腐蚀的影响，说明 $(NH_4)_2SO_4$ 微粒的存在可导致碱式硫酸铜和 Cu_2O 的形成，$(NH_4)_2SO_4$ 微粒强烈地加速铜在潮湿大气中的腐蚀，而 NH_4HSO_4 微粒生成铜绿中碱式硫酸铜的可能性要比 $(NH_4)_2SO_4$ 小。

① 腐蚀条件。只有在等于或高于盐的临界相对湿度时，才可观察到铜和盐微粒的反应。对 $(NH_4)_2SO_4$ 微粒，它的临界相对湿度在 373K 时是 75%，在 300K 时是 81%；对 NH_4HSO_4 微粒，它的临界相对湿度是 40%。

② 腐蚀机理。可以用沉积——溶解机理来解释铜及铜合金在含有 $(NH_4)_2SO_4$ 或 NH_4HSO_4 微粒的大气中的腐蚀机理。a. Cu 和 NH_4HSO_4 微粒的腐蚀。当 Cu 暴露在超过临界相对湿度的潮湿大气中，且有 NH_4HSO_4 微粒存在时，NH_4HSO_4 微粒就会沉积在 Cu 表面的水膜上并溶解，直到形成的溶液和气相达到平衡为止。b. Cu 和 $(NH_4)_2SO_4$ 微粒的腐蚀。$(NH_4)_2SO_4$ 微粒在铜表面的沉积，形成的水膜在 300K 迅速变蓝，说明有 Cu^{2+} 存在，因为水膜区域的腐蚀电位是 400mV，可以形成 Cu^{2+}。在大量的 $(NH_4)_2SO_4$ 溶液中，Cu 主要以 $[Cu(NH_3)_2]^+$，也可能以 $[Cu(NH_3)]^+$ 形式溶解，必要的 NH_3 由 NH_4^+ 解离提供。

综上所述，NH_4HSO_4 微粒存在时，室温下，只发现了铵铜硫酸盐和少量的 Cu_2O，铵铜硫酸盐经较长时间暴露后能否进一步反应生成碱式硫酸铜尚需研究；在 373K 发现了自然形成的腐蚀产物 $Cu(OH_4)SO_4$ 和 Cu_2O，但是，373K 远远高于正常的大气暴露温度，因此，只有在 $(NH_4)_2SO_4$ 微粒存在时才可能形成铜绿和 Cu_2O。

2. 铜及铜合金在含有 SO_2 的大气中的腐蚀

Vernon 发现，如果大气中只含 SO_2 或只含水分，铜的腐蚀行为没有多大变化，但如果二者都存在，且相对湿度超过75%，腐蚀非常显著。这主要是因为在铜表面上吸附水膜下SO_2增加了阳极的去钝化作用，在高湿度条件下，由于水膜凝结增厚，SO_2参与了阴极的去极化作用，尤其是当SO_2的质量分数>0.5%时，此作用明显增大，因而加速了腐蚀的进行。虽然大气中SO_2含量很低，但它在水溶液中的溶解度很大。SO_2溶于水膜生成的H_2SO_4是强去极化剂，对大气腐蚀有加剧作用。

如果大气中水的质量分数保持不变，而改变SO_2的质量分数，当SO_2的质量分数为0.9%时，对铜的腐蚀最轻，因为在这个特殊质量浓度下形成的膜是$CuSO_4$，它的保护作用优于低SO_2时形成的碱式硫酸盐膜或高浓度时形成的酸式膜。

3. 铜及铜合金在含有SO_2+O_3的大气中的腐蚀

研究表明O_3是铜在大气腐蚀中的一种潜在的介质，O_3具有普遍的氧化能力，它增加了H_2S向硫酸盐的氧化及SO_2向SO_3的氧化。O_3加强了铜的大气硫化作用。SO_2+O_3共同配合的腐蚀效果比暴露在单独的气体中的腐蚀效果的总和还要强烈，即SO_2和O_3两者之间存在协同作用。

4. 铜及铜合金在含有SO_2+O_3+NaCl的大气中的腐蚀

（1）腐蚀速率

当大气中含有SO_2或O_3时，腐蚀速率和NaCl的加入量近似成正比。在纯净大气中，加入少量的NaCl会使腐蚀速率增加很多。在相对湿度为90%，SO_2+O_3都存在的大气中，不含NaCl时腐蚀相当快，若加入少量的NaCl会使腐蚀速率下降，若加入大量的NaCl，铜的增重又增加。

（2）腐蚀机理

① 纯净大气中NaCl的效果。实验表明，相对湿度为70%时，用NaCl处理过的铜表面有黑色点存在，其余部分是粗糙的；相对湿度为90%时，用NaCl处理过的铜的所有表面都变模糊，并带有杂色。在相对湿度为70%时，铜表面出现的黑点和被Cu_2O覆盖的阴极区有关，说明这些区域在相对湿度为70%时仍处于不活泼状态，相对来说不受腐蚀影响；而在相对湿度为90%时阳极溶解影响到所有暴露表面，都被腐蚀。

② O_3对用NaCl处理过的铜的影响。O_3被快速消耗不依赖于NaCl的加入量，而是和O_3浓度成正比，而且O_3的消耗量和湿度关系不大，相对湿度为70%的腐蚀速率比相对湿度为90%时稍慢些。CuO的形成促进了O_3的分解，稀释了O_3的高消耗量。有O_3存在时，腐蚀速率和NaCl的加入量近似成正比，而在纯净大气中，加入少量的NaCl会使腐蚀速率增加很多，但是这两种环境中的腐蚀产物的组成是相似的。唯一的区别是纯净大气中有未反应的NaCl存在，而在含O_3的潮湿大气中，NaCl已完全转化为CuCl和铜羟基氯化物。因此，当O_3存在时，混合着NaCl的Cu_2O能更快地形成羟基氯化物。NaCl向少量可溶化合物的更快速地转化减少了表面导电性，可以说明当O_3存在时加入少量的NaCl腐蚀速率较低。而当加入较多的NaCl时，就可以忽略这种影响，所以使腐蚀速率和NaCl的加入量近似成正比。

5.2.4 海水中铜合金的腐蚀

海水含有多种盐类，是一种天然的电解质，常用的金属和合金在海水中大多数会遭受腐蚀。例如，船舶的外壳、螺旋桨、海港码头的各种金属设施、海上采油平台和输油管道、海底电缆等都会遭受到海水的严重腐蚀。所以研究海水腐蚀的特点和防护方法是非常有实际意义的。

1. 海水腐蚀的电化学过程及特点

海水是一种含盐量很高的腐蚀性电解质，盐分中主要是氯化钠，约占总盐度的77.8%，其次是氯化镁。海洋中总盐度约为3.2‰～3.7‰，因此，人们通常以质量分数为0.03%或0.035%的氯化钠水溶液近似地代替海水，进行模拟海水环境的腐蚀试验。海水呈弱碱性（pH=8.1～8.3），海水中的氧离子和氯离子含量是影响海水腐蚀的主要环境因素。

金属及合金浸入海水中，其表面物理化学性质的微观不均匀性，如成分不均匀性、相分布不均匀性、表面应力应变不均匀性，以及界面处海水物理化学性质的微观不均匀性，导致金属——海水界面上电极电位分布的微观不均匀性。这就形成了无数腐蚀微电池，电极电位低的区域是阳极区。而在电极电位较高的区域是阴极区。结果在阳极区产生电子，阴极区消耗电子导致金属的腐蚀。

当两种金属或合金接触时，在海水介质中电位较低的金属腐蚀，电位较正的金属受到保护，这种现象就是接触腐蚀。如把铜板和铁板同时浸入海水中时，铁板和铜板上将分别发生下述电化学反应：

铁板上　$Fe \longrightarrow Fe^{2+} + 2e$

$O_2 + 2H_2O + 4e \longrightarrow 4OH^-$

铜板上　$Cu \longrightarrow Cu^{2+} + 2e$

$O_2 + 2H_2O + 4e \longrightarrow 4OH^-$

铁在海水中的自然腐蚀电位约为−0.65V，铜的自然腐蚀电位约为−0.32V。当把两种金属用导线连通时就构成了宏观电偶电池，铁板上自由电子流出，氧的还原反应被抑制，铁的氧化反应加强；铜板上由于电子流入，铜的氧化反应被抑制，氧的还原反应加强。结果铁板腐蚀加速，而铜板获得保护。

海水是典型的电解质溶液，其腐蚀特点如下。

① 中性海水溶解的氧较多，绝大多数海洋结构材料在海水中的腐蚀都是由氧的去极化控制的阴极过程。尽管表层海水被氧所饱和，但氧通过扩散层到达金属表面的速度都是有限的，制约着阴极的还原反应速度。一切有利于供氧的条件，如海浪、飞溅、增加流速，都会促进氧的阴极去极化反应，促进钢的腐蚀。

② 由于海水的电导率很大，海水腐蚀的电阻性阻滞很小，所有海水腐蚀中金属表面形成微电池和宏观电池都有较大的活性，海水中不同金属接触时很容易发生电偶腐蚀。

③ 因海水中氯离子的含量很高，大多数金属在海水中是不能建立钝态的。海水腐蚀过程中，阳极的极化率很小，因而腐蚀速度相当高。

④ 海水中易出现小孔腐蚀，且孔深也较深。

2. 海水腐蚀的影响因素

海水是含有多种盐类的溶液，并且还有生物、溶解的气体、悬浮泥沙、腐蚀的有机物等，加上海水的运动、温度变化等，使海水腐蚀的影响因素变得更复杂。

① 含盐量的影响。海水中溶有大量的氯化钠，含盐总量通常以盐度来表示。盐度是指1000g海水中溶解的固体盐类的总克数，用“‰”表示。一般在相同的海洋中总盐度和各种盐度的相对比例无明显改变，但海水的盐度波动却直接影响到海水的比导电，比导电又是影响金属腐蚀速度的一个重要因素，同时因海水中含有大量的氯离子，破坏金属的钝化，所以很多金属在海水中遭到严重腐蚀。

② 溶解物质的影响。海水中主要溶解的物质有氧、二氧化碳和碳酸盐等。由于绝大多数金属在海水中的腐蚀都属于氧去极化腐蚀，因此，海水中的氧含量是影响海水腐蚀性的重

要因素。

氧在海水中的溶解度主要取决于海水的盐度和温度，随海水盐度增加或温度升高，氧的溶解度降低，海水中氧含量随深度增加而减小。

二氧化碳溶解于水的同时与水化合，形成碳酸根和碳酸氢根离子，所以海水中二氧化碳主要以碳酸盐和碳酸氢根盐的形式存在，并以碳酸氢根为主。二氧化碳在海水中的溶解度随温度、盐度的升高而降低。

③ pH 值的影响。海水的 pH 值在 7.5～8.6 之间，表层海水因植物光合作用，pH 值略高，通常在 8.1～8.3。一般来说，海水的 pH 值升高，有利于抑制海水对金属的腐蚀。

④ 温度的影响。温度对海水腐蚀的影响是复杂的。从动力学方面考虑，温度升高，加速金属的腐蚀。另一方面，海水温度升高，海水中氧的溶解度降低，同时促进保护性碳酸盐的生成，这也会减缓金属在海水中的腐蚀。

⑤ 海水流速的影响。海水腐蚀时借助氧去极化而进行的阴极控制过程，并且主要受氧的扩散速度的控制，海水流速和波浪由于改变了供氧条件，必然对腐蚀产生重要影响。

⑥ 海洋生物的影响。海洋环境中生存着多种动物、植物和微生物。许多海洋生物和微生物能吸附在船底并生长和繁殖，这些海洋生物对海船和海水建筑物均有危害，称为污损生物。海洋污损生物造成的破坏有：a. 海洋生物附着不完整、不均匀时，腐蚀过程将局部进行，附着层内外可能产生氧浓度差电池腐蚀；b. 由于生物的生命运动，改变了局部海水介质成分。海藻类植物附着后由于光合作用，增加了局部海水中的氧浓度，加速了腐蚀；c. 某些海洋生物生长时能穿透油漆或其他保护层，直接破坏保护涂层，从而加速腐蚀。

3. Cu-Ni 合金在海水中的腐蚀

(1) 腐蚀机制

铜镍合金作为一类耐腐蚀性能较为优良的工程材料，其在海水中使用时存在一个临界流速值。超过临界流速后，材料的腐蚀率明显增大而导致材料失效。铜镍合金相对临界流速受许多因素影响，难以精确测定。目前对腐蚀机制的认识并不统一，提出的可能机制主要有以下四种。①海水在合金表面产生剪切应力，随流速的增加，剪切应力增加。当剪切力超过一定值后会使合金表面腐蚀产物膜机械分离。因此，临界流速值为腐蚀产物的力学性能所决定。临界剪切力会随管径不同而变化。管径越大，铜合金允许的海水流速越高。②由于高速流动的海水传质系数大，使得合金表面的 pH 值降低，表面膜通过可溶性化合物扩散，从而使溶解度增加。在侵蚀腔内，局部腐蚀形成活化、钝化电池，这种电池具有自催化效应。③在流动海水中，如果其中气泡尺寸大于界面层的厚度，则气泡对保护层产生机械破坏作用。再加上局部液体的直接冲击和保护层破坏等因素，使腐蚀不断扩展。④Cu-Ni 合金在流动的海水中存在一个临界的破裂电位 E_b（即在极化曲线上阳极电流突然上升的电位）。当 $E_c > E_b$ 时发生局部腐蚀，腐蚀速度很高；反之，发生均匀腐蚀且腐蚀速度很低。流速越高、暴露时间越长就越易发生局部腐蚀。

(2) 影响铜镍合金在海水中腐蚀的主要因素

影响铜镍合金在海水中腐蚀的因素主要有两类：一方面是材料自身原因，包括合金成分、显微组织结构、表面粗糙度等；另一方面是环境因素，如海水溶氧量、含沙量、pH 值、温度等。其中外界因素已在海水的腐蚀中提到，此处仅对材料自身影响作出说明。①合金成分的影响。Benccaria 和 Crousier 研究了 Cu-Ni 合金在氯化钠溶液中随镍含量变化的电学行为。结果表明，Cu-Ni 合金与纯铜的极化曲线的差异主要在于阳极极化部分出现电流平台，且随镍含量的增加，电流平台值降低；当镍含量在 10% 时，合金的电流平台较宽，表明合金钝态性能稳定；当镍含量为 30% 时，电流平台值与纯镍的钝化电流值相近。因此，铜镍合金中镍的存在导致了钝化的发生。②材料硬度的影响。材料的硬度对腐蚀的影响在不同体系中规律也有所不同，对 Cu-Ni 合金在海水中的腐蚀来说，硬度对其影响不明显。③表面粗糙度的影响。Cu-Ni 合金表面粗糙度对在海水中腐蚀的影响，在于粗糙的表面造成了界面流体的湍流强度增加，使材料的剪切应力和质量传递速度提高。表面光滑的材料要比表面粗糙的材料的临界流速提高。④初始表面膜的影响。Cu-Ni 合金在海水中耐点蚀能力取决于初始表面状态或服役条件。对于表面状态的影响，在生产过程中最终光亮退火形成残留碳膜或富锰氧化膜被认为是有害的，有人分析了 Cu-Ni 热交换器管早期失效并指出加工过程中的润滑剂在退火时分解为残留的碳膜，该碳膜相对于 Cu 为阴极，导致点蚀。较普遍观点认为碳膜是有害的，但富锰的氧化膜并不是点蚀的原因，因为富锰的氧化膜在氯化程度较高的海水中相对合金基体为强阴极，使沉积物周围或其下产生局部腐蚀，然而这种氧化膜通常在海水中随时间而消失，管表面有 MnO 或经喷砂处理后的点蚀敏感性均较低。

5.2.5 应力腐蚀开裂

应力腐蚀开裂是指金属或合金在腐蚀介质和拉应力的协同作用下引起金属或合金的破裂现象。

应力腐蚀开裂的特征：①必须有应力，特别是拉应力分量存在。拉应力越大，断裂所需要的时间越短。断裂所需应力一般低于材料的屈服强度；②腐蚀介质是特定的，金属材料也是特定的，即只有某些金属与特定介质的组合，才会发生应力腐蚀开裂。表 5-2 列出了一些发生腐蚀的金属和介质组合及开裂类型；③开裂速度约为 $10^{-3} \sim 10^{-1}$ cm/h 数量级的范围内，远大于没有应力时的腐蚀速度，由小于单纯的力学因素引起的开裂速度，断口一般为脆性断裂。

表 5-2　产生应力腐蚀开裂的材料与介质的组合

材料	介质	断裂形式
低碳钢	NaOH 溶液，硝酸盐溶液，碳酸盐溶液	晶间/穿晶
高强度钢	水介质，氯化物，HCN 溶液	晶间/解理
奥氏体不锈钢	沸腾盐溶液，高温纯水，H_2S 溶液，氯化物溶液	穿晶/晶间
铝合金	海水，水蒸气，熔融 NaCl，NaCl 水溶液，有机溶剂	晶间
铜及铜合金	氨蒸汽，汞盐溶液，酒石酸钾，甲酸钠水溶液，醋酸钠	晶间/穿晶
镁及镁合金	湿空气，高纯水，$KCl+K_2CrO_4$ 溶液	晶间/穿晶
钛及钛合金	水溶液，有机溶剂，热盐，发烟硝酸，甲醇	晶间/穿晶

1. 应力腐蚀开裂机理

关于应力腐蚀开裂如何产生，由于因素较为复杂，目前还无统一的见解。主要介绍阳极溶解理论。

研究金属发生应力腐蚀时发现，当向腐蚀体系施加阳极电流时，裂纹加速扩展；施加阴极电流时，裂纹扩展受到抑制甚至停止扩展，这种现象表明，引起应力腐蚀的原因与电化学过程密切相关。因此，可以把应力腐蚀开裂看作电化学腐蚀和应力机械破坏互相促进的结果。

图 5-5 为应力腐蚀开裂机理的示意图。应力腐蚀开裂一般分为三个阶段。第一阶段为孕育期，因腐蚀过程的局部化和拉应力的结果，使裂纹生成；第二阶段为腐蚀开裂发展期，裂纹扩展；第三阶段中，由于拉应力的局部集中，开裂急剧增长导致材料的破坏。

材料表面的裂纹尖端，在特定介质和拉应力的联合作用下，产生塑性变形，导致表面钝化膜破裂，新裸露的金属表面相对于钝化表面的电位变负，形成一个面积特别小的阳极，以较大的腐蚀电流迅速溶解称为蚀坑。腐蚀电流流向坑外，即流向阴极，在阴极上发生反应：

$$2H^{+}+2e \longrightarrow H_2$$

$$O_2+4H^{+}+4e \longrightarrow 2H_2O$$

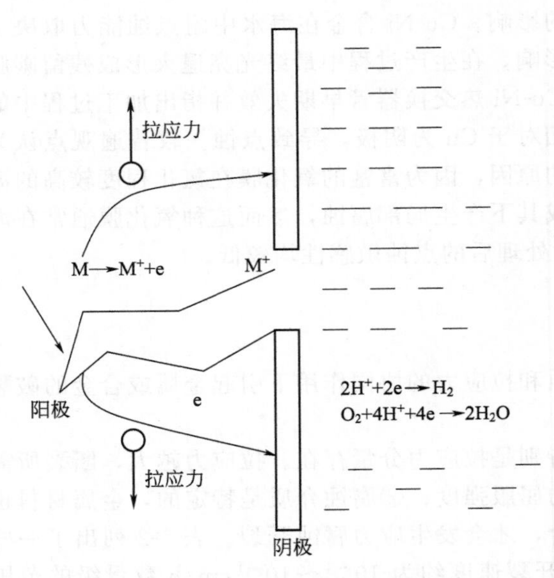

图 5-5　应力腐蚀开裂机理示意图

如图 5-5 所示，蚀坑沿着滑移线和拉应力垂直的方向发展为微观裂纹。即完成裂纹的孕育期。裂纹形成后，裂纹尖端出现应力集中，高的集中应力时裂纹尖端及附近区域屈服变形，微观滑移再次破坏尖端表面膜，使尖端又一次加速溶解。这些步骤交替连续进行，裂纹便不断向深处扩展。即为开裂扩展阶段。随着开裂的逐步扩展，拉应力逐渐增加，应力集中更加明显，导致开裂迅速扩展，最后导致材料破坏。

2. 影响应力腐蚀开裂的因素

金属应力腐蚀开裂的影响因素主要与材质、介质种类、浓度、温度等有关。

① 金属及冶金质量。纯度极高的金属，虽然也发现存在应力腐蚀开裂的现象，但其敏感性远远低于二元及多元合金。应力腐蚀开裂的敏感性也与合金的成分有关，如：碳钢的应力腐蚀开裂的敏感性通常随着碳含量的增加而提高，碳含量为 0.12%时达到最大值，进一步增加碳含量，敏感性会降低。

② 应力。金属的应力腐蚀开裂是脆性断裂过程，裂纹在拉应力和介质的综合作用下扩展。

③ 介质。介质的影响分为两方面：a. 阴离子浓度的影响。介质中随着氯化物浓度的提高，不锈钢的应力腐蚀开裂所需要的时间缩短。一般认为，$MgCl_2$ 最易引起应力腐蚀，不同氯化物的腐蚀作用，按照 $Mg^{2+}>Fe^{3+}>Ca^{2+}>Na^{+}>Li^{+}$ 的顺序减小。b. 介质温度的影响。一般认为温度升高，易发生应力腐蚀开裂，但是温度过高由于全面腐蚀而抑制了应力腐蚀开裂。不同金属在相同介质中，引起应力腐蚀开裂所需要的温度并不相同。比如，镁合金通常在室温下便产生应力腐蚀开裂，而软钢一般要在介质沸腾温度下才能开裂。

3. 应力腐蚀开裂的控制方法

改善材质、优化设计与控制应力、控制介质及控制电位等方法均可用来避免或减弱应力腐蚀开裂，在实际情况中，这些方法既可以单独使用也可综合应用[20]。

① 改善材质。在满足其他条件的情况下，结合具体使用环境选材是最常用的方法。改进冶金工艺可以提高材料的纯度，减小材料中的杂质；通过适当的热处理可以改变材料的组织，消除有害杂质的偏析，细化晶粒等。所有这些作用对降低材料的应力腐蚀敏感性均是有益的。

② 优化设计与控制应力。通过改进结构设计，可以避免或减少局部应力集中。结构设计还应尽量避免缝隙和可能造成腐蚀液残留的死角，防止有害物质浓缩。由于金属构件中难免会存在宏观或微观的裂纹和缺陷，因此用断裂力学进行结构设计，比用传统力学设计具有更高的可靠性。通过机械形变强化（如喷丸、冷挤压等），在材料表面引入残余压应力也可

以有效抑制应力腐蚀开裂的发生。在加工、制造、装配中应尽量避免产生较大的残余应力。消除或减小有害残余应力的方法包括热处理、低温应力松弛、喷丸处理等，其中去应力退火是消除应力重要的手段。

③ 控制介质。减弱介质的腐蚀性，在实际中，镍铬不锈钢在含溶解氧的氯化物中使用时，应把氧含量降低到1mg/kg以下，去除氧的方法除用机械法外还可用化学法。如在循环体系中加入适当的亚硝酸盐作为除氧剂。

④ 外加电流保护。采用外加电流阴极保护法，可以有效防止应力腐蚀开裂，而且在裂纹形成后还可以使其停止扩展。

5.3 腐蚀防护技术

5.3.1 电流防腐蚀

电流防腐蚀是指对金属施加外电动势。将其电位移向免蚀区域或者钝化区以减小或者防止腐蚀的方法。电流防腐蚀技术发明100多年来得到了飞速的发展，无论是理论研究还是实际应用都达到了很高水平。目前该技术已经广泛应用于舰船、海洋工程、石油、化工及城市管道的防护。

电流防腐蚀只适用于电化学腐蚀情况，按作用原理可以分为阴极保护和阳极保护。

1. 阴极保护

阴极保护时将保护金属构件作为阴极，进行外加阴极极化减少或者防止金属腐蚀的方法。外加的阴极极化可采用两种方法实现：①将保护金属与直流电源的负极相连，利用外加阴极电流进行阴极保护，这种方法称为外加电流阴极保护法（如图5-6所示）；②在被保护设备上连接一个电位更负的金属作为阳极，它与被保护金属的电解质溶液中形成大电池，而使设备进行阴极极化，这种方法称为牺牲阳极保护法。

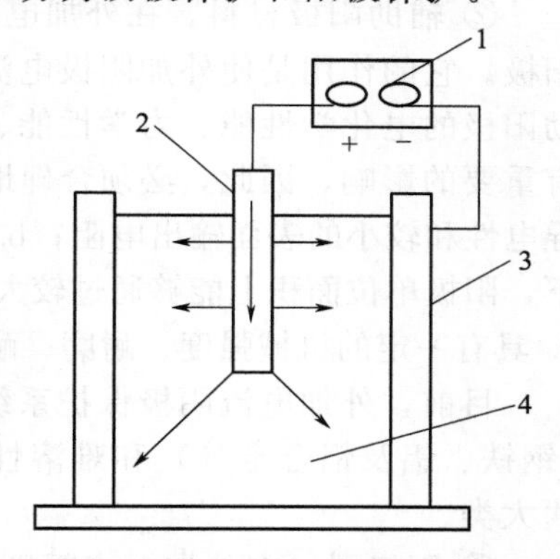

图5-6 外加电流阴极保护示意图
（箭头表示电流方向）
1—直流电源；2—辅助电极；3—被保护设备；4—腐蚀介质

(1) 阴极保护的基本控制参数

在阴极保护中，判断金属是否达到完全保护，通常采用最小保护电位和最小保护电流密度两个基本参数表征。①最小保护电位：要使金属达到完全保护，必须将金属加以阴极极化，使它的总电位达到其腐蚀电池的阳极平衡电位。这时的电位称为最小保护电位。最小保护电位的数值与金属的种类、介质条件有关，并可以通过经验数据或者实验来确定。②最小保护电流密度：使金属完全保护时所需的电流密度称为最小保护电路密度。它的数值与金属的种类、金属表面状态、介质条件等有关。一般当金属在介质中的腐蚀性越强，阴极极化程度越低时，所需的保护电流密度也越大。因而，凡是增加腐蚀速率、降低阴极极化的因素，如温度升高、压强增加、流速加快，都使最小保护电流密度增加。

在海水中，含钙、镁离子较多的天然淡水及其他介质中进行阴极保护时，随着阴极保护时间的增加，保护电流会逐渐降低。这是因为阴极保护时，金属表面附近介质的pH值增加，钙、镁离子容易生成难溶的碳酸钙及氢氧化镁混合物的缘故：

$$Ca^{2+} + HCO_3^- + OH^- \longrightarrow CaCO_3 \downarrow + H_2O$$

$$Mg^{2+} + 2OH^- \longrightarrow Mg(OH)_2 \downarrow$$

这些混合物在金属表面上沉淀形成石灰质膜，起着与覆盖层类似的作用，使电流大大降低。因此这些离子的存在，对于实现阴极保护是一个很有利的因素。

上述两个参数中，保护电位是最主要的参数，因为电极过程取决于电极电位，如金属的阳极溶解、电极上氢气的析出决定于电极电位。它决定金属的保护程度，并且可利用它来判断和控制阴极保护是否完全。而保护电流密度的影响因素很多，数值变化很大，从最小的每平方米几十分之一毫安到最大的每平方米几百安培。在保护过程中，当电位一定时，电流密度还会随系统的变化而改变，因此是一个次要参数。

(2) 外加电流阴极保护法

外加电流阴极保护系统的主要组成部分有辅助阳极、直流电源以及测量和控制保护电位的参比电极。

① 直流电源用于向构筑物提供阴极保护电流，是外加电流阴极保护系统的心脏。对直流电源的基本要求有：a. 适合现场工作环境，在长期运行时能安全、可靠地工作；b. 保证有足够大的输出电流，而且可以在较大范围内进行调节；c. 有足够高的输出电压，以克服系统中的电阻，而且输出阻抗应与回路电阻相匹配；d. 安装容易，操作简单，不需要经常检修。目前可用于电源设备的有整流器、恒电位仪、热电发生器、密闭循环蒸汽发电机、风力发电机、太阳能电池及大容量蓄电池组等。

② 辅助阳极材料。在外加电流阴极保护系统中与直流电源正极相连接的电极称为辅助阳极。它的作用是使外加阴极电流得以从阳极经过介质流到被保护体，构成电流的回路。辅助阳极的电化学性能、力学性能、工艺性能、阳极的形状及布置方法等均对阴极保护的效果有重要的影响，因此，必须合理地选用阳极材料。辅助阳极应满足以下要求：a. 具有较好的导电性和较小的表面输出电阻；b. 在高电流密度下阳极极化小，而排流量大。即在一定电压下，阳极单位面积上能够通过较大的电流；c. 具有较低的溶解速率、耐蚀性好，使用寿命长；d. 具有一定的机械强度、耐磨、耐冲击震动；e. 材料来源广，价格便宜，容易制作。

目前，外加电流阴极保护系统中采用的辅助阳极品种甚多，基本上可以分为可溶性阳极（钢铁、铝及铝合金等）和难溶性阳极（石墨、高硅铸铁、磁性氧化铁、钛基金属氧化物）两大类。

③ 阳极屏。在外加电流阴极保护系统工作时，从阳极排出很大的电流。阳极周围被保护结构的电位往往很低，抑制析出氢气，溶液的碱性增大，并使阳极附近大小的涂层破坏，降低了保护效果。为了防止电流短路，扩大电流分布，在阳极周围要加屏蔽层即阳极屏。阳极屏的材料应具有较高的黏附力和一定的韧性，能够防止介质的冲击并耐海水或 Cl^-、OH^- 的侵蚀，且介电性高，寿命长，并易于施工。

目前使用的阳极屏主要有涂层类、非金属薄板类及覆盖绝缘层的金属板等。阳极屏的形状一般取决于阳极的形状。阳极屏的尺寸与阳极最大排流量和所用涂料的种类有关，通常以确保阳极屏边缘被保护结构的电位不超过析氢电位的原则。

④ 参比电极。参比电极在外加电流阴极保护系统中是用来测量被保护结构的电位并向控制系统传送信号的。为了调节保护电流的大小，使结构的电位处于给定的范围内，通常要求参比电极在长期使用的时候必须电位稳定，重现性好，不易老化，使用寿命长，并且有一定的机械强度。

(3) 牺牲阳极保护法

牺牲阳极保护法是在被保护金属上连接一个电位较负的金属作为阳极，它与被保护金属在电解液中形成一个大电池。电池由阳极经过电解液而流入金属设备，并使金属设备阴极极化而得到保护。

牺牲阳极保护法的原理和外加电流阴极保护一样，都是利用外加阴极极化使金属腐蚀减缓。但是后者是依靠外加直流电源的电流来进行极化，而牺牲阳极保护则是借助于牺牲阳极与被保护金属之间有较大的电位差所产生的电流来达到极化的目的。

① 牺牲阳极材料。牺牲阳极材料应具有以下特点：a. 阳极电位要负，即它与被保护金属之间的有效电位差要大。电位比铁负而适合做牺牲阳极的材料有锌基、铝基及镁基三大类合金；b. 在使用过程中电位要稳定，阳极极化要小，表面不产生高电阻的硬壳，溶解均匀；c. 单位重量阳极产生的电量大，即产生1A时的电量损失的阳极重量要小；d. 阳极的自溶量小，电流效率高。由于阳极本身的局部腐蚀，产生的电流并不能全部用于保护作用；e. 价格低廉，来源充分，无公害，加工方便。

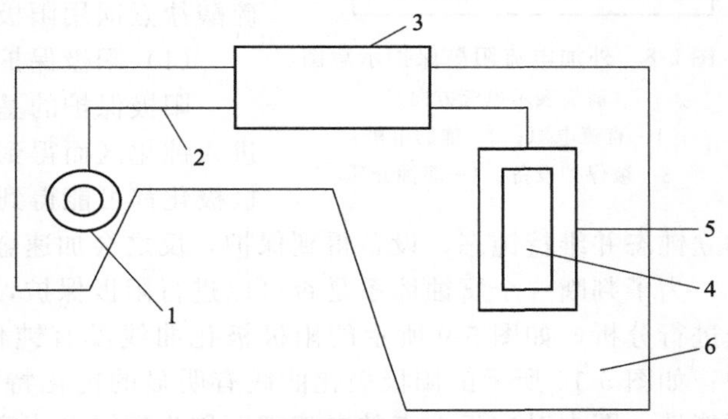

图5-7 地下管道牺牲阳极保护示意图

1—管道；2—连接导线；3—串联电路；4—牺牲阳极；5—填包料；6—土壤

② 牺牲阳极的安装。水中结构，如热交换器、储罐、大口径管道内部、船壳、闸门等保护，阳极可以直接安装在被保护结构的本体上。将牺牲阳极内部的钢质芯棒焊接在被保护金属基体上时，必须注意阳极与金属本体间应有良好的绝缘，一般采用橡胶垫、尼龙垫等。如果阳极芯棒直接焊接在被保护设备上，则必须注意阳极本身与被保护设备之间有一定的距离，而不能直接接触。

地下管道保护时，为了使阳极的电位分布均匀，阳极应离管道一定距离，一般为2～8m。阳极与管道用导线连接。为了调节阳极输出电流，可在阳极与管道直接串联一个可调电阻（见图5-7）。

如果管子直径较大，阳极应安装在管子两侧或埋在较深的部位，以减小屏蔽作用。

（4）外加电流保护法与牺牲阳极保护法的比较

两种方法各有优缺点，具体比较见表5-3。

表5-3 外加电流阴极保护法与牺牲阳极保护法的区别

外加电流阴极保护法	牺牲阳极保护法
①必须有外加直流电源，必须装设辅助阳极 ②输出功率大，保护半径大，但保护装置稍复杂 ③适应性强，能根据介质情况和不同条件随时调节 ④采用难溶或不溶性阳极，不会污染工艺介质 ⑤需要参比电极，尤其是恒电位法阴极保护 ⑥调节电源电压可克服回路电阻的影响，但阳极的绝缘防渗不好会造成电联接件电解腐蚀 ⑦容易产生杂散电流腐蚀，在地下管网复杂区域慎用 ⑧一次投资费用较大，但总投资并不大。被保护体越大，经济效益相对越高	①适用于没有电源的地方，但必须用电位较低的牺牲阳极与被保护体联接 ②输出功率和保护半径小，但保护装置结构简单，安装方便 ③适应性差，安装后基本不能调节保护参数，在导电性差的介质中使用受限制。阳极表面积大小对电流输出有影响 ④介质腐蚀性强时，阳极自腐蚀严重，对工艺介质可能有污染 ⑤安装后不需经常管理，基本上只需定期更换阳极 ⑥有时完全不需要参比电极 ⑦电联接电阻对保护电流影响较大，但渗漏不会加速电联接件的腐蚀 ⑧不容易产生杂散电流腐蚀，在地下管网复杂区域仍可应用 ⑨一次投资费用较小，但对大型被保护体，总经济效益相对较差

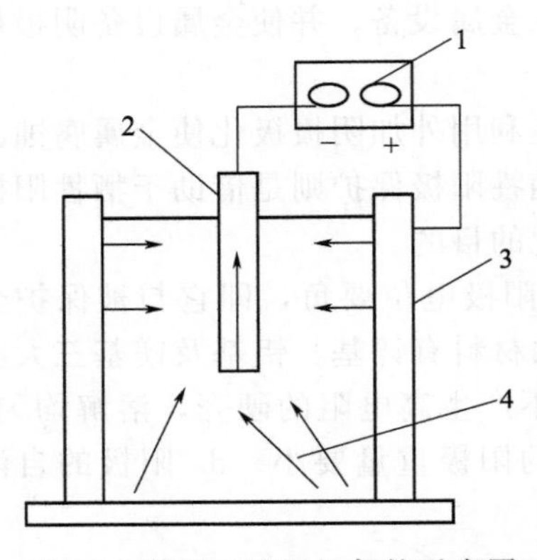

图 5-8　外加电流阳极保护示意图
（箭头表示电流方向）
1—直流电源；2—辅助电极；
3—被保护设备；4—腐蚀介质

2. 阳极保护

将被保护设备与外加直流的正极相连，在一定的电解质溶液中将金属进行阳极极化至一定电位，如果在此电位下金属能够建立起钝化并维持钝态，则阳极过程受到抑止，使金属的腐蚀速度显著降低，这时设备得到了保护，这种方法称为阳极保护法，如图 5-8 所示。

在 1954 年有人提出阳极保护的可能性，1958 年正式应用于工业上。我国在 1961 年开始研究，1967 年已成功地应用在碳酸氢铵生成中的碳化塔上，效果很好，造纸的硫酸盐煮锅用阳极保护在世界上是阳极保护应用最多的。

（1）阳极保护的基本原理

阳极保护的基本原理就是将金属进行阳极极化，使其进入钝化区而得到保护。但是并非所有的情况下将金属阳极极化都可能得到保护，阳极保护的关键是要使金属表面建立钝态并维持钝态，设备得到保护，反之会加速金属腐蚀。

为了判断一个腐蚀体系是否可以进行阳极保护，首先要根据恒电位法测得的阳极极化曲线进行分析，如图 5-9 所示的阳极极化曲线没有钝化特征，因而这种情况不能采用阳极保护；如图 5-10 所示的阳极极化曲线有明显的钝化特征，说明这一体系具有采用阳极保护的可能性，图中对应于 b 点的电流密度称为致钝电流密度，对应于 c-d 端的电流密度称为维钝电流密度。如果对金属通以对应于 b 点的电流，使其表面生成一层钝化膜，电位进入钝化区（c-d 区），再用维钝电流将其维持在这个区域内，保持其表面的钝化膜不消失，则金属的腐蚀速度会大大降低，这就是阳极保护的基本原理。

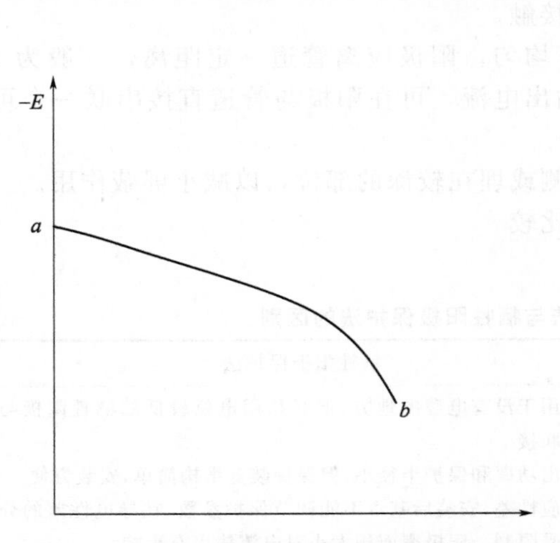

图 5-9　无钝化特征的阳极极化曲线

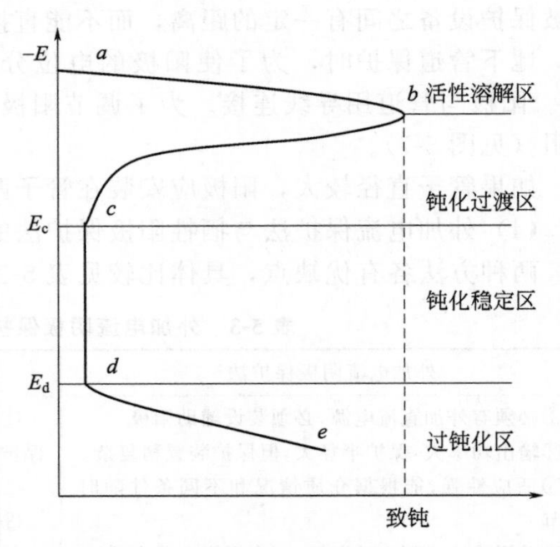

图 5-10　典型的恒电位阳极极化曲线

（2）阳极保护的主要参数

阳极保护的关键是建立和维持钝态，因此阳极保护的主要参数是围绕怎样建立钝态和保持钝态而提出的。

① 致钝电流密度　我们希望致钝电流密度（i_{pp}）越小越好，这样就可以选择小容量的电源设备，减少设备的投资和耗电量，同时也可减少致钝过程中设备的阳极溶解，并且设备也比较容易达到钝态，影响致钝电流密度的因素，除金属材料的腐蚀介质的性质（组成、温度、浓度、pH

值）外，还与致钝时间有关，由于钝化膜的生成需要一定的电量，所以，对于一定的电量，时间越长，所需要的电流越小，因此，延长建立钝化的时间，可以减小致钝电流密度。

② 维钝电流密度 维钝电流密度（i_p）代表着阳极保护时金属的腐蚀速度、根据法拉第定律，钝化稳定区的腐蚀速度 V^-（$g/m^2 \cdot h$）可以近似地计算为：

$$V^- = \frac{3600 \times i_{pp} \times A}{Fn} = \frac{N \times i_{pp}}{26.8} \tag{5-1}$$

式中，A——铁的克原子量；

i_{pp}——致钝电流密度，A/m^2；

F——法拉第常数，96500C/mol；

n——铁的化合价；

N——金属生成钝化膜的克当量。

由上式可以看出，维钝电流密度越小，保护效果越显著，日常的耗电量也越小。必须注意的是，腐蚀介质中的某些成分或杂质在阳极上产生副反应时，其维钝电流密度将会偏高。

例如碳化塔阳极保护时，由于碳化液中含有 S^{2-} 或 HS^-，在阳极下面的反应被氧化成单质硫：$S^{2-} - 2e \longrightarrow S$ 或 $HS^- + OH^- - 2e \longrightarrow S\downarrow + H_2O$。

此副反应引起维钝电流密度有所增加，但此时金属的腐蚀速率并没有增加。因此，在这种情况下，维钝电流并不能代表阳极保护时金属真正的腐蚀速度，还必须用失重法来测量维钝情况下金属真正的腐蚀速度。

③ 钝化区的电位范围 钝化区的电位范围越宽越好，钝化区电位范围宽，电位就允许在较大的数值范围内波动而不至于发生进入活化区的危险。这样，对控制电位的电器设备的要求就不必太高。

从图 5-10 可以看出，钝化区电位范围宽则是阳极保护得以实施的充分条件，因此，尽管有钝化特征，如果致钝电流很大，则致钝困难，需要的电源容量很大，而且在致钝过程中可能造成较大的阳极溶解；如果维钝电流相当大，则在阳极保护后金属仍以相当的速度进行腐蚀，保护效果不好而且不经济；如果钝化区电位范围相当窄，则进行阳极保护时操作困难，这时只有采用恒电位仪才能保证阳极不至于处于活化电位。

④ 最佳保护电位 在阳极保护时有一个最佳保护电位，阳极处于这一电位时维钝电流密度及双电层电容值最小，表面膜电阻值最大，钝化膜最致密，保护效果最好。阳极处于最佳保护电位时，不仅可以减少维钝电流，而且还可以降低阳极腐蚀速度，增加保护效果。

3. 阴极保护与阳极保护的比较

阴极保护和阳极保护都属于电流保护，适用于电解质溶液中连续液相部分的保护，不能保护气相部分，但阴极保护与阳极保护有各自的特点见表 5-4。

表 5-4 阴极保护与阳极保护的区别

阴极保护法	阳极保护法
①适用于在电解液中的一切金属 ②不会产生电解腐蚀，保护电流不代表腐蚀速度 ③电位偏离只会降低保护效果，不会加速腐蚀 ④对强氧化性介质，需要很大的电流 ⑤如果电位过负时，设备可能产生氢脆，对设备很危险 ⑥辅助电极为阳极需要溶解，化工介质腐蚀性强，不易找到耐蚀材料	①只适用于在介质中能够钝化的金属，否则加速腐蚀，使用范围比阴极保护窄 ②需要经过电解腐蚀阶段，致钝电流比日常保护电流大很多，需要电源的容量大于阴极保护 ③电位偏离钝化区会增加腐蚀 ④强氧化介质利于生成钝化膜，优选阳极保护 ⑤氢脆只发生在辅助设备上，危险性小 ⑥辅助电极为阴极，保护程度更好

5.3.2 缓蚀剂

缓蚀剂是一种以较低的浓度和适当的形式存在于环境中，能阻止或者减缓金属腐蚀的物质。在腐蚀环境中通过添加缓蚀剂来减缓材料腐蚀的方法称为缓蚀剂防腐。采用缓蚀剂防止腐蚀，由于设备简单、使用方便、投资少、收效快，因而在化工、钢铁、机械、石油和运输部门广泛采用，并且是十分重要的防腐蚀手段之一。

缓蚀剂在使用过程中直接加到腐蚀系统中即能有效保护整个系统。缓蚀剂的用量一般很少，通常从千分之几到千万分之几，极少数情况下用量达到百分之几。缓蚀剂的性能可以通过缓蚀效率 I 来表征，即

$$I=\frac{v_0-v}{v_0}\times 100\%=\left(1-\frac{v}{v_0}\right)\times 100\% \tag{5-2}$$

式中 I——缓蚀效率；

v_0——未加缓蚀剂时金属的腐蚀速度；

v——加缓蚀剂时金属的腐蚀速度。

在某些文献中也采用抑制系数（γ）来表示：

$$\gamma=\frac{v_0}{v}=\frac{1}{1-I} \tag{5-3}$$

由式(5-2)、式(5-3) 可以看出，缓蚀剂的效率越大，抑制系数也就越大，选用这种缓蚀剂，其阻止腐蚀的效果就越好。

在许多情况下，金属表面常产生点蚀等局部腐蚀，此时，评定缓蚀剂的有效性，除了缓蚀效率外，还需测量金属表面的点蚀深度等。实验室中，缓蚀剂的测量方法主要有重量法，电化学测试方法，如塔菲尔直线外推法、交流阻抗法、线性极化法等。近年来有人用光电化学法、电化学发射质谱法、谐波分析法和电子旋共振技术等新方法来测试缓蚀剂的缓蚀率。

1. 缓蚀剂的分类

缓蚀剂的种类繁多，缓蚀机理复杂，目前尚没有统一的方法将其合理分类以反映其分子结构和作用机理之间的关系。为了研究方便，常用多种角度对缓蚀剂进行分类。

① 按介质的状态、性质可分为液相缓蚀剂和气相缓蚀剂。液相缓蚀剂包括酸性液相缓蚀剂、中性液相缓蚀剂、碱性液相缓蚀剂，气相缓蚀剂有亚硝酸二环已烷铵。

② 按化学成分可以分为无机缓蚀剂和有机缓蚀剂两大类。

无机缓蚀剂一般是通过氧化金属表面而生成钝化膜，在金属表面形成沉淀盐膜来抑制腐蚀反应的进行。其典型物质有亚硝酸盐、硝酸盐、铬酸盐、磷酸盐、聚磷酸盐、硅酸盐、含砷化合物等。20 世纪 80 年代以来，无机缓蚀剂的研究侧重于寻找对生态环境无污染的无机化合物，以取代对环境有害的化合物的应用。钼酸盐、钨酸盐和稀土化合物是近期开发应用的环境友好无机缓蚀剂。

有机缓蚀剂在金属表面上形成物理或化学的吸附，从而阻止腐蚀性物质接近金属的表面。作为缓蚀剂的有机化合物，通常是由电负性较大的氮、氧、硫等原子为中心的极性基构成，能够以某种键的形式与金属表面相结合。

③ 按阻滞作用原理可分阳极性受阻滞的缓蚀剂、阴极性受阻滞的缓蚀剂和混合型的缓蚀剂。

阳极性缓蚀剂又称阳极抑制性缓蚀剂，通常是缓蚀剂的阴离子移向金属阳极使金属钝化。对于非氧化性缓蚀剂（如苯甲酸钠等），只有依靠溶解氧存在，才能起抑制作用。阳极

性缓蚀剂是一类应用广泛的缓蚀剂。但如果用量不足，不能充分覆盖阳极表面，就会形成小阳极大阴极的腐蚀电池，反而会加剧金属的腐蚀，因此阳极性缓蚀剂又有“危险性缓蚀剂”之称。

阴极性缓蚀剂又称为阴极抑制性缓蚀剂，能使阴极过程减慢，增大酸性溶液中氢析出的过电位，使腐蚀电位负移。这类缓蚀剂通常是阳离子移向阴极表面，形成化学的或者电化学的沉淀保护膜。这类缓蚀剂当用量不足时并不会加速腐蚀，故阴极性缓蚀剂又有“安全缓蚀剂”之称。

混合性缓蚀剂也叫做混合抑制性缓蚀剂，这类缓蚀剂对阴极过程和阳极过程同时起抑制作用。虽然使用这类缓蚀剂使腐蚀电位变化不大，但腐蚀电流却减少很多。这类缓蚀剂主要有三种：含氮的有机化合物、含硫的有机化合物及含硫、氮的有机化合物。

2. 缓蚀剂的作用机理

目前对缓蚀作用机理尚无统一认识，下面介绍几种主要理论。

(1) 电化学理论

从电化学角度出发，金属的腐蚀是在电解质溶液中发生的阳极过程和阴极过程。缓蚀剂的加入可以阻滞任何一过程的进行或者同时阻滞两个过程的进行，从而实现减缓腐蚀速度的作用。按电化学原理，缓蚀剂可分为阳极缓蚀剂、阴极缓蚀剂及混合缓蚀剂。

① 阳极缓蚀剂大部分是氧化剂，如过氧化氢、重铬酸盐、铬酸盐、亚硝酸钠等。它们可使腐蚀金属的电位正移，进入钝化曲线的稳定钝化区，从而阻滞了金属的腐蚀。例如在含氧的中性水溶液中加入少量铬酸盐，可以使钢铁、铝、锌、铜等金属的腐蚀速率显著降低，其机理如图5-11所示。

当未加缓蚀剂时，金属的阳极极化曲线为A，添加缓蚀剂后金属的阳极极化曲线为A'，假定两种情况下的阴极极化曲线不变，均为NMC。由于添加了铬酸盐这类具有氧化性的金属盐，在金属表面容易形成钝化膜，或者使原来破损的氧化膜得到修复，提高了金属的钝性，因此阳极氧化曲线由A变成A'，致钝电流I_{pp}和维钝电流I_p都减小，钝化电位区扩大，致钝电位E'_{pp}下的$I'_{pp}<I_{corr}$。缓蚀剂的加入使得阳极极化曲线和阴极极化曲线的交点由活化态的点M变成钝态的点N，腐蚀电流由I_{corr}减小到I'_{corr}。

② 阴极缓蚀剂。在近中性的含氧溶液中，利用亚硝酸盐抑制铁的腐蚀就属于这种类型。亚硝酸盐是很强的阴极去极化剂，加速阴极反应过程，即：

$$NO_2^- + 8H^+ + 6e \longrightarrow NH_4^+ + 2H_2O$$

增大阴极电流，缓蚀机理如图5-12所示。当溶液中未加入硝酸盐时，金属的腐蚀介质的阳极极化曲线为曲线1，阴极极化曲线为曲线2，两极化曲线相交于点S，相应的腐蚀电位为E_{corr}，腐蚀电流为I_{corr}。此时金属处于活化状态，腐蚀速率较大。当腐蚀介质中加入足够的亚硝酸盐时，对阳极极化曲线并没有明显影响，但缓蚀剂的阴极去极化作用使阴极极化曲线2处移至曲线3处。此时，阴极极化曲线和阳极极化曲线相交在钝化区的点S'，即金属进入钝态电位区，腐蚀电位正移到E'_{corr}，腐蚀电流大大降低，即缓蚀剂通过阴极去极化而使金属发生钝化。

(2) 吸附理论

吸附理论认为缓蚀剂在金属表面形成连续的吸附层，将腐蚀介质与金属隔离因而起到保护作用。目前普遍认为，有机缓蚀剂的缓蚀作用是吸附作用的结果。这是因为有机缓蚀剂的分子式由两部分组成：一部分是容易被金属吸附的亲水极性基，另一部分是憎水极性基或亲油的有机原子团。当极性基的一端被金属表面吸附，而憎水的一端形成定向排列，结果腐蚀介质被缓蚀剂分子排列挤出，这样使得介质与金属表面隔离，起到保

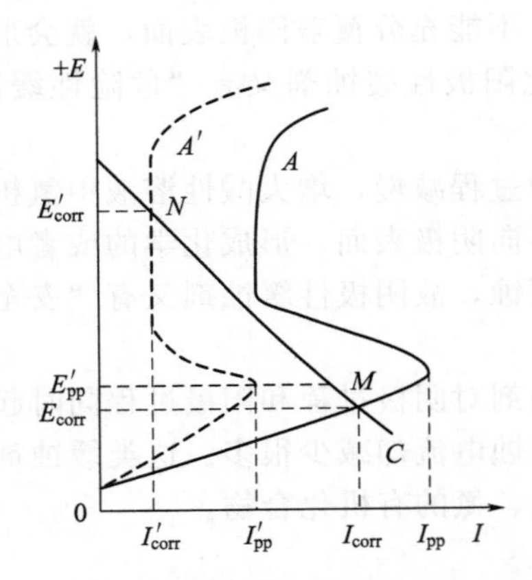

图 5-11　阳极钝化型缓蚀剂作用原理示意图

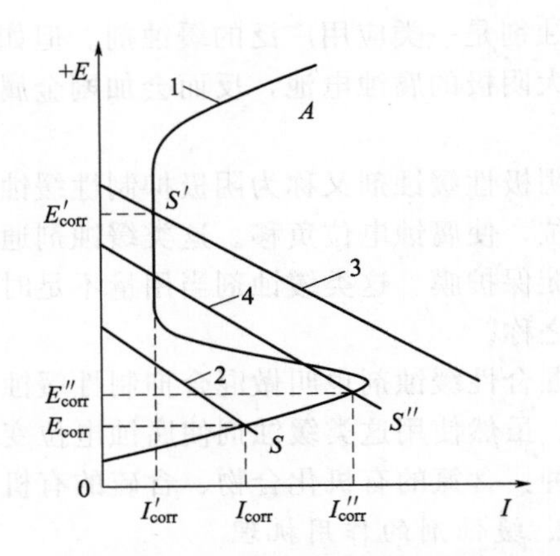

图 5-12　阴极去极化型缓蚀剂作用原理示意图

护金属的作用。

（3）成相膜理论

成相膜理论认为金属表面生成一层不溶性的络合物，这层不溶性络合物是金属缓蚀剂和腐蚀介质的离子相互作用的产物，如缓蚀剂氨基醇在盐酸中与铁作用生成［$HORNH_2$］［$FeCl_4$］或［$HORNH_2$］［$FeCl_2$］络合物，覆盖在金属的表面上起到保护作用。喹啉在浓盐酸中与铁作用，在铁表面生成难溶的铁络合物，使金属与酸不再接触减缓了金属的腐蚀。

3. 缓蚀作用的影响因素

（1）浓度的影响

缓蚀剂浓度对金属腐蚀速率的影响分三种情况：①缓蚀效率随缓蚀剂浓度的增加而增加，例如在盐酸和硫酸中，缓蚀效率随着浓度的增加而增加，实际上几乎很多有机和无机缓蚀剂，在酸性及浓度不大的中性介质中，都属于这种情况。但在实际情况中，从节约原则出发，应以保护效果及减少缓蚀剂消耗量全面考虑来确定实际用量。②缓蚀剂的缓蚀效率与浓度存在极限关系，即在某一浓度时缓蚀效果最好，浓度高于或者低于这一浓度值都会使缓蚀效率降低。③当缓蚀剂用量不足时，不但起不到缓蚀作用，反而会加速金属的腐蚀或引起孔蚀。

有时，采用不同类型的缓蚀剂配合使用，常可在较低浓度下获得较好的缓蚀效果，即产生协同作用。如铬酸盐与锌盐混合使用时能明显产生协同作用，提高缓蚀效率。

（2）温度的影响

温度对缓蚀剂缓蚀效果的影响有以下三种情况：①在较低温度范围内缓蚀效果很好，当温度升高时，缓蚀效果降低。这是由于温度升高时，缓蚀剂的吸附作用降低，而使金属腐蚀加快。大多数无机及有机缓蚀剂都属于这种情况。例如，硫酸中的硫脲缓蚀剂、盐酸中的πB-5缓蚀剂均是这类情况；②在一定温度范围内对缓蚀效果影响不大，但是超过某一温度时却使缓蚀效果明显降低。如，苯甲酸钠在20～80℃的水溶液中对碳钢腐蚀的抑制能力变化不大，但在沸水中，苯甲酸钠已经不能防止钢的腐蚀。这是因为沸水中的气泡破坏了铁与苯甲酸钠生成的络合物保护膜。用于中性水溶液和水中的缓蚀剂，其缓蚀效率几乎不随温度的升高而改变，对于沉淀膜型缓蚀剂，一般也应在介质沸点以下使用才会有较好的效果；③随温度的升高，缓蚀效率也增高。这是由于温度升高时缓蚀剂可依靠的化学吸附于金属表面结合，生成一层反应产物膜，或者当温度升高时，缓蚀剂容易于金属表面生成一层类似钝化膜的膜层，从而使腐蚀速率降低。

此外，温度对缓蚀剂的影响有时与缓蚀剂的水解有关。如，介质温度升高会促进各种磷酸钠的水解，因而它们的缓蚀速率一般随温度升高而降低。另外，由于介质温度对氧的溶解量明显减小，因而在一定程度会降低阴极反应速率，但当所用的缓蚀剂需要溶解氧参与形成钝化膜时，则温度升高时缓蚀效率反而降低。

(3) 流动速度的影响

腐蚀介质的流动性对缓蚀剂的效率有很大的影响。一般有三种情况：①流速加快时，缓蚀效率降低，有时由于流速加快，甚至会加剧腐蚀，使缓蚀剂成为腐蚀的激发剂；②流速加快时，缓蚀效率提高，当缓蚀剂由于扩散不良而影响保护效果时，则增加介质流速可使缓蚀剂能够轻易、均匀地扩散到金属表面，从而有助于缓蚀效率的提高；③介质流速对缓蚀剂的影响在不同使用浓度出现相反变化。如，采用六偏磷酸钠/氯化锌做循环冷却水的缓蚀剂时，缓蚀剂的浓度在 8×10^{-6} 以上时，缓蚀效率随介质流速的增加而提高；8×10^{-6} 以下时，则变成随介质流速的增加而减小。

4. 缓蚀剂的选择

采用缓蚀剂防腐蚀，由于设备简单、使用方便、投资小、收效大，因而得到广泛应用。缓蚀剂有明显的选择性，应根据金属和介质等具体条件选择合适的缓蚀剂。

(1) 腐蚀介质

不同 pH 的水介质中金属的腐蚀机理可能有很大的差异，因此缓蚀剂的选用也有所不同。一般中性水质中使用的缓蚀剂以无机物为多，且以被膜型或成膜型为主；酸性介质中则以有机物为主，且以吸附型为主。使用缓蚀剂时，必须考虑它与腐蚀介质的“相容性”或溶解度问题。如果缓蚀物质的溶解度太低，则影响它在介质中的传递，不能有效地到达金属表面。因此，在实际应用中一方面可以添加适当的表面活性剂，以增加缓蚀物质的分散性；另一方面也可以通过化学处理，在缓蚀物质分子上接联亲水的极性基团以增加在水中的溶解度。

(2) 金属

不同金属原子的电子排布不同，因此它们的化学、电化学和腐蚀特性不同，它们在不同的介质中的吸附和钝化特性也不同。因此要根据金属特性进行复配缓蚀剂。

(3) 缓蚀剂的用量和复配

缓蚀剂的用量，只要能产生有效的防护作用，当然是越少越好。缓蚀剂用量过大，能改变介质的性质，甚至减弱缓蚀效果，降低经济效益。由于金属腐蚀情况复杂，现代缓蚀剂很少仅采用单种缓蚀物质。多种缓蚀剂进行复配使用时往往比单独使用时总的效果高出许多，即发挥协同作用，缓蚀剂的复配也是目前提高缓蚀效率的研究重点。

(4) 缓蚀剂的整体运行效果及环境保护

缓蚀剂使用时除了考虑抑制腐蚀的目的外，还应考虑工业系统的总体效果。如，工业用循环冷却水，除能引起冷却管道金属的腐蚀外，还能结垢，使冷却效果下降。在非密闭的系统中，菌藻物质的繁殖，可以加重腐蚀，甚至堵塞管道。因此，作为循环冷却水的处理，除需要加入缓蚀剂外，还应加入阻垢剂和杀菌剂，这样的复配水处理一般称为水质稳定剂。

许多高效缓蚀剂往往具有毒性，这使它们的使用范围受到很大限制。近些年来，随着人类环境保护意识的增强和可持续发展观的深入人心，对缓蚀剂的开发和应用也提出了新的要求。围绕性能和经济目标，研究、开发对环境不构成破坏作用即环境友好缓蚀剂已成为缓蚀剂的发展方向。

5.3.3 涂装

涂装是保护材料的有效手段，涂装即涂料覆盖在材料表面。常用的涂料主要以植物油或漆树上的漆液为原理加工而成，现代随着石油和有机合成工业的发展，涂料的原材料更加广泛。

1. 涂装的保护机理

一般认为涂装对金属表面的保护主要有以下三个方面。

(1) 屏蔽作用

金属表面涂覆涂料以后，相对来说就把金属表面和环境隔离，这种保护作用可称为屏蔽作用。但是薄薄的一层涂料不可能起到绝对的屏蔽作用。因为高聚物都具有一定的透气性，其结构气孔的平均直径一般在10^{-5}～10^{-7}cm，而水和氧的分子直径通常只有几埃。所以在涂层很薄时，它们是可以自由通过的。为了提高涂装的抗渗性，防腐涂料应选用透气性小的成膜物质和屏蔽性大的固体填充料，同时应增加涂覆层数，以使涂层达到一定的厚度且致密无孔。

(2) 缓蚀作用

借助涂料的内部组分与金属反应，使金属表面钝化或生成保护性的物质，以提高涂层的防护作用。另外，一些油料在金属皂的催化作用下产生的降解产物，也能起到有机缓蚀剂的作用。

(3) 电化学保护作用

介质渗透涂装层接触到金属表面下就会形成膜下电化学腐蚀。在涂料中使用活性比铁高的金属作填料，例如，锌等会起到牺牲阳极的保护作用，而且锌的腐蚀产物是盐基性的氯化锌、碳酸锌，它会填满膜的空隙，使膜紧密，而使腐蚀大大降低。

2. 涂装层的破坏

一般认为涂装层的破坏是由于环境介质对涂装层的腐蚀作用而引起的。事实上这种情况是极少发生的，特别是现在人工合成的许多树脂都具有比较优异的耐蚀性能，只要根据腐蚀条件合理地筛选涂料，是不会发生这种破坏的。涂装层的破坏绝大多数是由于涂层存在缺陷而引起的。因为缺陷的地方会发生金属的局部腐蚀，而金属的局部腐蚀往往会导致涂装层的剥离、鼓包、龟裂等。

① 由于金属基体表面处理不干净，存在残碱、残盐、残存氧化皮或锈斑等所引起的破坏作用，酸洗后的金属不宜用碱中和，因为残存的碱比残存的酸更危险。碱对金属有较大的亲和势，即使在涂装后，它还是能自发地沿着涂装层使醇酸和酚醛类涂料皂化，使涂装层变软而丧失其原有的物理力学性能，导致破坏。

② 由于水的渗透使涂装层的体积增加所引起的破坏，有些涂装层在水的浸泡过程中因吸收水分使体积增加而产生内应力，这时在任何黏附较差的点上涂装层就会脱离金属并隆起成泡。

③ 介质渗透后使涂装层下金属表面发生电化学腐蚀。介质可以透过薄涂装层扩散到金属表面，由于液滴边沿供氧充足，扩散到金属表面的氧量比液滴中心部位的高，这时就形成了氧浓度差电池，液滴中心的金属表面为正极，产生阳极反应，受到腐蚀，出现锈污；液滴边沿的金属表面为负极，产生阴极反应，呈现碱性，当涂装层不耐碱性时就会产生破坏。

④ 涂装层由于电内渗所引起的破坏。溶液中离子透过涂装层迁移的速度一般都比水分

子慢，但在电场的作用下，离子透过涂装层迁移的速度就会加快，结果会加剧涂装层的破坏。

⑤ 由于光照、温度、化学介质、磨损或机械损伤等某一原因引起的破坏，光照会使涂装层老化、粉化；化学介质会使涂装层溶胀或溶解、催化等；机械损伤会使涂装层破裂。所有这些都会引起金属的腐蚀，对于这些损坏机理应通过选择正确的涂装材料以及采取合理的使用条件来防止或者避免。

3. 涂装材料合理选用

合理选用涂料是保证涂料能够长期使用的重要方面，其基本原则如下。

① 根据环境介质正确选用涂料。在生成过程中，腐蚀介质种类繁多，不同场合引起的腐蚀原因各不一样。选用涂料，必须考虑保护物面的使用条件、涂料的使用条件与涂料的使用范围的一致性。如介质的酸碱性、氧化性、腐蚀性、环境温度和光照条件等。

② 根据被保护表面的性质选用涂料。不同保护材质的保护界面，其性质是不同的，如非金属与金属的表面性质就有很大的差异，选用时要考虑涂料对表面是否具有足够的黏结能力，会不会发生不利黏结的化学反应。

③ 根据涂料的性能合理地配套使用涂料。涂料的种类繁多，性能各异，若配套使用可以得到一个性能良好、优于单一涂料的混合涂料。

参考文献

[1] 赵麦群，雷阿丽．金属的腐蚀与防护［M］．北京：国防工业出版社，2011.

[2] 刘道新．材料的腐蚀与防护［M］．西安：西北工业大学出版社，2006.

[3] 胡茂圃．腐蚀电化学［M］．北京：冶金工业出版社，1991.

[4] 杨敏，王振尧．铜的大气腐蚀研究［J］．装备环境工程，2006，3（4）：38-43.

[5] 李鑫．稀土耐蚀铜合金（H70）粉末制备工艺研究［D］．南昌：江西理工大学硕士学位论文，2001.

[6] Truong V T，Lai P K，Moore B T，et al. Corrosion Protection of Magnesium by Electroactive Polypyrroler/paint Coatings［J］. Synthetic Metals，2000，110：7-15.

[7] 李锋，刘俊，陈颙．铜及其合金表面钝化新工艺的研究［J］．电镀与涂饰，2005，（2）：15-17.

[8] Hepel M，Cateforis E. Studies of copper corrosion using electrochemical quartz crystal nanobalance and quartz crystal immittance techniques［J］. Electrochimca Acta，2001，3（46）：3801-3815.

[9] 罗正贵，闻荻江．铜的腐蚀及防护研究进展［J］．武汉化工学院学报，2005，27（2）：17-20.

[10] 庄丽宏，吕振波，田彦文等．铜腐蚀及其缓蚀技术应用研究现状［J］．腐蚀科学与防护技术，2005，7（6）：418-421.

[11] 高青，毛磊，吴立成等．铜在大气中的腐蚀［J］．河北科技大学学报，2003，24（4）：29-34.

[12] 严川伟，何毓番，林海潮等．铜在含SO_2大气中的腐蚀初期规律和机理［J］．中国有色金属学报，2000，10（5）：645-651.

[13] 王振尧，于国才．铜在污染环境中的大气腐蚀［J］．腐蚀与防护，2000，21（8）：339-341.

[14] 北京师范大学无机化学教研室．无机化学［M］．北京：人民教育出版社，1981.

[15] DBeccaria A M，Crousier J. Influence of Iron Addition on Corrosion Layer Built up on 70Cu-30Ni Alloy in Sea Water［J］. British Corrosion Journal，1991，26（3）：215-216.

[16] 林乐耘，刘少峰，刘增才等．铜镍合金海水腐蚀的表面与界面特征研究［J］．腐蚀科学与防护技术，1999，11（1）：37-43.

[17] 高进，孙金厂．金属材料应力腐蚀失效分析［J］．山东轻工业学院学报（自然科学版），2001，15（1）：47-50.

[18] 雷惊雷，李凌杰，蔡生民等．弱碱性介质中氯离子对铜电极腐蚀行为的影响［J］．物理化学学报，2001，17（12）：1107-1111.

[19] 万晔，于欢，孔祥宇等．紫铜在中高温条件下的腐蚀行为［J］．材料导报，2010，24（12）：58-61.

[20] 朱相荣，王相润等．金属材料的海洋腐蚀与防护［M］．北京：石油工业出版社，1999.

[21] 张云兰，刘建华．非金属工程材料［M］．北京：机械工业出版社，1998.
[22] 黄永昌．金属腐蚀与防护［M］．上海：上海交通大学出版社，1999.
[23] 张秋霞．材料腐蚀与防护［M］．北京：冶金工业出版社，2001.
[24] 郑家燊，黄魁元．缓蚀剂科技发展历程的回顾与展望［J］．材料保护，2000，33（5）：11-15.
[25] 何新快，陈白珍，张钦发等．缓蚀剂的研究现状与展望［J］．材料保护，2003，36（8）：1-3.
[26] 王慧龙，郑家燊．环境友好缓蚀剂的研究进展［J］．腐蚀科学与防护技术，2002.14（5）：275-279.
[27] 姜秀祥．工程机械金属结构件耐腐蚀性涂装工艺研究［J］．工程机械，2012，43（3）：33-36.
[28] GB 8923—88 涂装前钢材表面锈蚀等级和除锈等级［S］.

第6章

表面处理

各种机械设备与仪器仪表，在使用过程中或因受到气、水及某些化学介质的腐蚀，或因相互之间的相对运动而产生磨损，或因温度过高而发生氧化，或因接触高温金属熔体或其他熔体而被侵蚀，这些因素都会使机件表面发生破坏或失效。据资料报道，各种机电产品的过早失效破坏中约有70%是由于腐蚀和磨损造成的，这给国民经济造成的损失无疑是巨大的。因此，材料的表面处理是防止材料破坏的一道必备防线，铜及铜合金材料也不例外。

6.1 预处理

6.1.1 概述

金属制品表面精饰的预处理，包括打磨、研磨、抛光、脱脂和除锈等过程。其主要目的是清除被处理材料表面附着的杂质，使处理后的材料本体表面的原子能和处理介质（气相或液相）的原子相接触，原子直接在材料本体上沉积或向材料内部扩渗，有利于提高涂层与基体材料之间的结合强度。

研磨和机械抛光是对金属制品表面进行整平处理的机械加工过程。研磨用以除去表面上的毛刺、砂眼、气泡、焊疱、划痕、腐蚀痕、氧化皮和各种宏观缺陷，提高表面的平整度和降低粗糙度，保证精饰质量。有色金属及其合金经研磨后有时还要机械抛光，进一步降低粗糙度，以增加镀覆层的光泽和外观质量；机械抛光亦常用在电镀后镀层的精加工。

脱脂是为保证金属表面精饰产品有良好的质量和镀层、涂覆层与基体金属的牢固结合，因此必须在加工过程前先除去零件表面上的油污。

6.1.2 机械预处理

1. 打磨

打磨是表面预处理的第一步，是指运用机械把材料的表面凸起的缺陷磨去。根据所用机械不同打磨可以分为砂轮磨、布轮磨和金属刷磨。

砂轮磨　这类打磨只是粗磨加工，只能用于去除毛刺、铸件的表面凸起和焊缝周围的不规则焊点等。

布轮磨　布轮与砂轮相比粗糙度降低，所以属于精磨，以增加工件表面的光洁度。图6-1为常见的磨光机及不同形状的磨光轮。

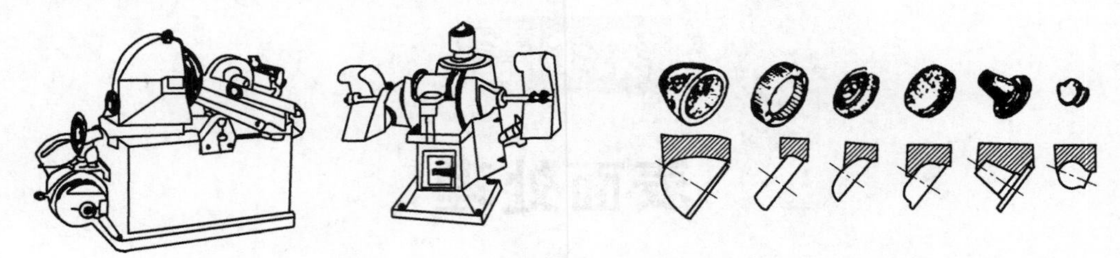

图 6-1　常见的磨光机及不同形状的磨光轮

金属刷磨　使用带有金属细丝的刷子来打磨工件，其主要作用是去除工件表面的氧化皮，金属刷磨使用方便，受工件形状影响小，但是有粉尘污染和劳动强度大的缺点。图6-2是常见的金属刷，表6-1是不同金属丝刷轮的主要用途。

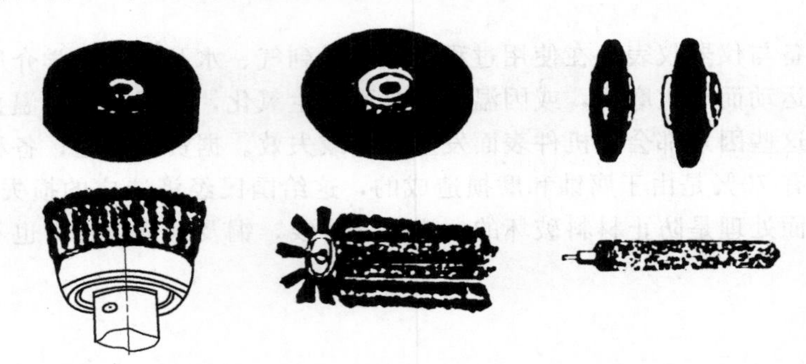

图 6-2　常见的金属刷

表 6-1　不同金属丝刷轮的主要用途

金属丝类型		主要用途
材料	规格	
黄铜丝	很细	得到细致的缎面
	细	得到缎面
	中、粗	得到粗糙的缎面，进行丝纹刷光
	很粗	对侵蚀后的铜、黄铜、铸铁表面进行清理
镍-银丝	同上	使用场合基本与上相同，但用于要求用金属丝刷轮处理后仍保持白色的软金属零件的加工，因为黄铜丝刷轮加工后会留下黄色
钢丝	很细	得到缎面，进行丝纹刷光
	细、中	丝纹刷光
	粗、很粗	表面清理，去毛刺
不锈钢丝	同上	使用场合与钢丝刷轮相似，但可防止零件表面变色和生锈，因价贵而少用

2. 研磨

研磨是一种微量加工的工艺方法，研磨借助于研具与研磨剂（一种游离的磨料），在工件的被加工表面和研具之间上产生相对运动，并施以一定的压力，从工件上去除微小的表面凸起层，以获得很低的表面粗糙度和很高的尺寸精度、几何形状精度等，在模具制造中，特别是产品外观质量要求较高的精密压铸模、塑料模、汽车覆盖件模具应用广泛。

（1）研磨的基本原理

① 物理作用。研磨时，研具的研磨面上均匀地涂有研磨剂，若研具材料的硬度低于工件，当研具和工件在压力作用下做相对运动时，研磨剂中具有尖锐棱角和高硬度的微粒，有些会被压嵌入研具表面上产生切削作用（塑性变形），有些则在研具和工件表面间滚动或滑动产生滑擦（弹性变形）。这些微粒如同无数的切削刀刃，对工件表面产生微量的切削作用，并均匀地从工件表面切去一层极薄的金属，图 6-3 所示为研磨加工模型。

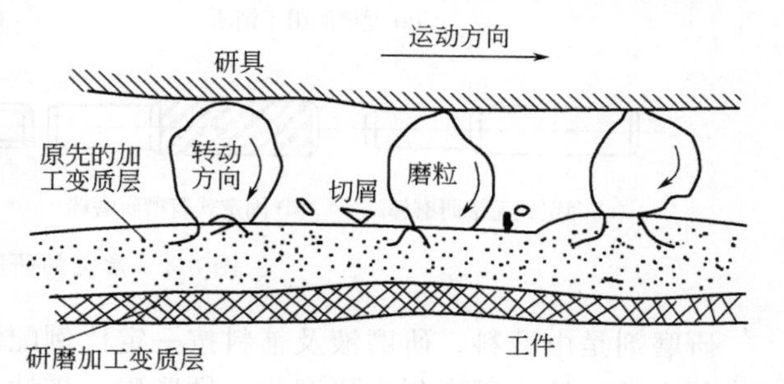

图 6-3　研磨加工模型

同时，钝化的磨粒在研磨压力的作用下，通过挤压被加工表面的峰点，使被加工表面产生微挤压塑性变形，从而使工件逐渐得到高的尺寸精度和低的表面粗糙度。

② 化学作用。当采用氧化铬、硬脂酸等研磨剂时，在研磨过程中，研磨剂和工件的被加工表面产生化学作用，生成一层极薄的氧化膜，氧化膜很容易被磨掉。研磨的过程就是氧化膜的不断生成和擦除的过程，如此多次循环反复，使被加工表面的粗糙度降低。

（2）研磨的应用特点

① 表面粗糙度低。研磨属于微量进给磨削，切削深度小，有利于降低工件表面粗糙度值。加工表面粗糙度可达 R_a＜0.01μm。

② 尺寸精度高。研磨采用极细的微粉磨料，机床、研具和工件处于弹性浮动工作状态，在低速、低压作用下，逐次磨去被加工表面的凸峰点，加工精度可达 0.01～0.1μm。

③ 形状精度高。研磨时，工件基本处于自由状态，受力均匀，运动平稳，且运动精度不影响形位精度，加工圆柱体的圆柱度可达 0.1μm。

④ 改善工件表面力学性能。研磨的切削热量小，工件变形小，变质层薄，表面不会出现微裂纹。同时能降低表面摩擦系数，提高耐磨性和耐腐蚀性。研磨零件表层存在残余压应力，这种应力有利于提高工件表面的疲劳强度。

⑤ 研具的要求不高。研磨所用研具与设备一般比较简单，不要求具有极高的精度，但研具材料一般比工件软，研磨中会受到磨损，应注意及时修整与更换。

（3）研磨的分类

① 手动研磨。工件、研具的相对运动，均用手动操作。加工质量依赖于操作者的技能水平，劳动强度大，工作效率低。适用于各类金属、非金属工件的各种表面。模具成形零件上的局部窄缝、狭槽、深孔、盲孔和死角等部位，仍然以手工研磨为主。常见的研磨器械如图 6-4 所示。

② 半机械研磨。工件和研具之一采用简单的机械运动，另一采用手工操作。加工质量仍与操作者技能有关，但劳动强度降低。主要用于工件内、外圆柱面，平面及圆锥面的研磨，模具零件研磨时常用此法。

③ 机械研磨。工件、研具的运动均采用机械运动。加工质量靠机械设备保证，工作效率比较高，但只能适用于表面形状不太复杂等零件的研磨。

（4）常用的研磨剂

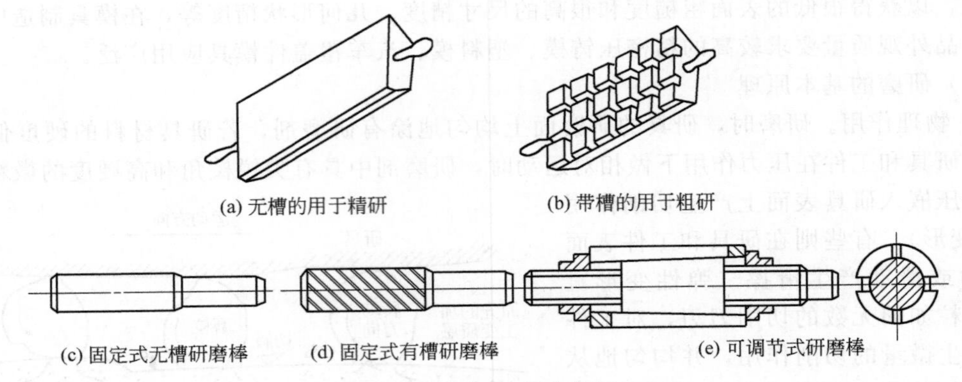

图 6-4 常见的研磨器械

研磨剂是由磨料、研磨液及辅料按一定比例配制而成的混合物。常用的研磨剂有液体和固体两大类。液体研磨剂由研磨粉、硬脂酸、煤油、汽油、工业用甘油配制而成；固体研磨剂是指研磨膏，由磨料和无腐蚀性载体，如硬脂酸、肥皂片、凡士林配制而成。

磨料的选择一般要根据所要求的加工表面粗糙度来确定。从研磨加工的效率和质量来说，要求磨料的颗粒要均匀。粗研磨时，为了提高生产率，用较粗的粒度，如 W28～W40；精研磨时，用较细的粒度，如 W5～W27；精细研磨时，用更细的粒度，如 W1～W3.5。

① 磨料　磨料的种类很多，表 6-2 为常用的磨料种类及其应用范围。

表 6-2　常用的磨料种类及其应用范围

系列	磨料名称	颜色	应用范围
氧化铝系	棕刚玉	棕褐色	粗或精研钢、铸铁及青铜
	白刚玉	白色	粗研淬火钢、高速钢及有色金属
	铬钢玉	紫红色	研磨低粗糙度表面、各种钢件
	单晶刚玉	透明、无色	研磨不锈钢等强度高、韧性大的工件
碳化物系	黑色碳化硅	黑色半透明	研磨铸铁、黄铜、铝等材料
	绿色碳化硅	绿色半透明	研磨硬质合金、硬铬、玻璃、陶瓷、石材等材料
	碳化硼	灰黑色	研磨硬质合金、陶瓷、人造宝石等高硬度材料
超硬磨料系	天然金刚石	灰色至黄白色	研磨硬质合金、人造宝石、玻璃、陶瓷、半导体材料等高硬度难加工材料
	人造金刚石		
	立方氮化硼	琥珀色	研磨硬度高的淬火钢、高钒高钼高速钢、镍基合金钢等
软磨料系	氧化铬	深红色	精细研磨或抛光钢、淬火钢、铸铁、光学玻璃及单晶硅等，氧化铈的研磨抛光效率是氧化铁的 1.5～2 倍
	氧化铁	铁红色	
	氧化铈	土黄色	
	氧化镁	白色	

② 研磨液　研磨液主要起润滑和冷却作用，应具备一定的黏度和稀释能力，表面张力要低；化学稳定性要好，对被研磨工件没有化学腐蚀作用；能与磨粒很好的混合，易于沉淀研磨脱落的粉尘和颗粒物；对操作者无害，易于清洗等。常用的研磨液有煤油、机油、工业用甘油、动物油等。

此外研磨剂中还会用到一些在研磨时起到润滑、吸附等作用的混合脂辅助材料。

3. 抛光

抛光是利用柔性抛光工具和微细磨料颗粒或其他抛光介质对工件表面进行的修饰加工，去除前工序留下的加工痕迹（如刀痕、磨纹、麻点、毛刺等）。抛光不能提高工件的尺寸精度或几何形状精度，而是以得到光滑表面或镜面光泽为目的，有时也用以消除光泽（消光处理）。抛光与研磨的机理是相同的，人们习惯上把使用硬质研具的加工称为研磨，而使用软质研具的加工称为抛光。

按照不同的抛光要求，抛光可分为普通抛光和精密抛光。

（1）抛光工具

抛光除可采用研磨工具外，还有适合快速降低表面粗糙度的专用抛光工具。

1）油石。用磨料和结合剂等压制烧结而成的条状固结磨具。油石在使用时通常要加油润滑，因而得名。油石一般用于手工修磨零件，也可装夹在机床上进行珩磨和超精加工。油石有人造的和天然的两类，人造油石由于所用磨料不同有两种结构类型，如图6-5所示。

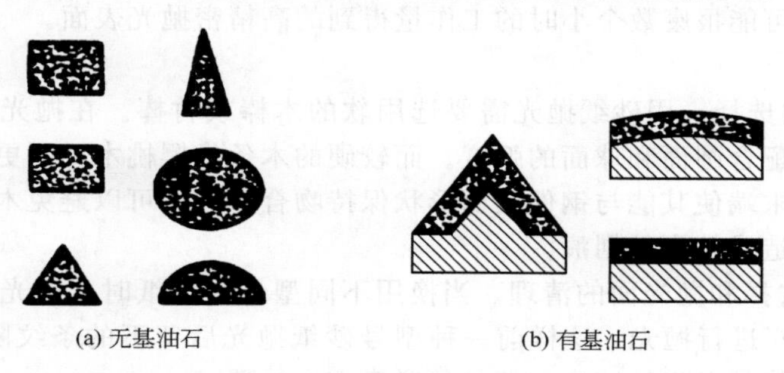

图6-5 油石的分类

a）用刚玉或碳化硅磨料和结合剂制成的无基体的油石，按其横断面形状可分为正方形、长方形、三角形、楔形、圆形和半圆形等。

b）用金刚石或立方氮化硼磨料和结合剂制成的有基体的油石，有长方形、三角形和弧形等。天然油石是选用质地细腻又具有研磨和抛光能力的天然石英岩加工成的，适用于手工精密修磨。

2）砂纸。砂纸是由氧化铝或碳化硅等磨料与纸黏结而成，主要用于粗抛光，按颗粒大小常用的有400＃、600＃、800＃、1000＃等磨料粒度。

3）研磨抛光膏。研磨抛光膏是由磨料和研磨液组成的，分硬磨料和软磨料两类。硬磨料研磨抛光膏中的磨料有氧化铝、碳化硅、碳化硼和金刚石等，常用粒度为200＃、240＃、W40等的磨粒和微粉；软磨料研磨抛光膏中含有油质活性物质，使用时可用煤油或汽油稀释，主要用于精抛光。

4）抛研液。抛研液是用于超精加工的研磨材料，由W0.5～W5粒度的氧化铬和乳化液混合而成的。多用于外观要求极高的产品模具的抛光，如光学镜片模具等。

（2）抛光工艺

1）工艺顺序。首先了解被抛光零件的材料和热处理硬度，以及前道工序的加工方法和表面粗糙度情况，检查被抛光表面有无划伤和压痕，明确工件最终的粗糙度要求，以此为依据，分析确定具体的抛光工序和准备抛光用具及抛光剂等。

a）粗抛。经铣削、电火花成形、磨削等工艺后的表面清洗后，可以选择转速在35000～40000r/min的旋转表面抛光机或超声波研磨机进行抛光。常用的方法是先利用直径ϕ3mm、

WA400＃的轮子去除白色电火花层或表面加工痕迹，然后用油石加煤油作为润滑剂或冷却剂手工研磨，再用由粗到细的砂纸逐级进行抛光。对于精磨削的表面，可直接用砂纸进行粗抛光，逐级提高砂纸的号数，直至达到模具表面粗糙度的要求。一般的使用顺序为 180＃→240＃→320＃→400＃→600＃→800＃→1000＃。许多模具制造商为了节约时间而选择从400＃开始。

b）半精抛。半精抛主要使用砂纸和煤油。砂纸的号数依次为：400＃→600＃→800＃→1000＃→1200＃→1500＃。一般 1500＃砂纸只适用于淬硬的模具钢（52HRC 以上），而不适用于预硬钢，因为这样可能会导致预硬钢件表面烧伤。

c）精抛。精抛主要使用研磨膏。用抛光布轮混合研磨粉或研磨膏进行研磨时，通常的研磨顺序是 1800＃→3000＃→8000＃。1800＃研磨膏和抛光布轮可用来去除 1200＃和1500＃砂纸留下的发状磨痕，接下来用粘毡和钻石研磨膏进行抛光时，顺序依次为：14000＃→60000＃→100000＃。精度要求在 1μm 以上（包括 1μm）的抛光工艺，需在模具加工车间中的一个清洁抛光室内进行，若进行更加精密的抛光则必需一个绝对洁净的空间。灰尘、烟雾、头皮屑等都有可能报废数个小时的工作量得到的高精密抛光表面。

2）工艺措施

a）工具材质的选择。用砂纸抛光需要选用软的木棒或竹棒。在抛光圆面或球面时，使用软木棒可更好的配合圆面和球面的弧度。而较硬的木条像樱桃木，则更适用于平整表面的抛光。修整木条的末端使其能与钢件表面形状保持吻合，这样可以避免木条（或竹条）的锐角接触钢件表面而造成较深的划痕。

b）抛光方向选择和抛光面的清理。当换用不同型号的砂纸时，抛光方向应与上一次抛光方向变换 30°～45°进行抛光，这样前一种型号砂纸抛光后留下的条纹阴影即可分辨出来。对于塑料模具，最终的抛光纹路应与塑件的脱模方向一致。

在换不同型号砂纸之前，必须用脱脂棉蘸取酒精之类的清洁液对抛光表面进行仔细的擦拭，不允许有上一工序的抛光膏进入下一工序，尤其到了精抛阶段。从砂纸抛光换成钻石研磨膏抛光时，这个清洁过程更为重要。在抛光继续进行之前，所有颗粒和煤油都必须被完全清洁干净。

c）抛光中可能产生的缺陷及解决方法。当在研磨抛光过程中，不仅是工作表面要求洁净，工作者的双手也必须仔细清洁；每次抛光时间不应过长，时间越短，效果越好。如果抛光过程进行得过长将会造成“过抛光”表面反而越粗糙，“过抛光”将产生“橘皮”和“点蚀”。为获得高质量的抛光效果，容易发热的抛光方法和工具都应避免。比如，抛光中产生的热量和抛光用力过大都会造成“橘皮”；材料中的杂质在抛光过程中从金属组织中脱离出来，形成“点蚀”。

解决方法是提高材料的表面硬度，采用软质的抛光工具，优质的合金钢材；在抛光时施加合适的压力，并用最短的时间完成抛光。

当抛光过程停止时，保证工件表面洁净和仔细去除所有研磨剂和润滑剂非常重要，同时应在表面喷淋一层模具防锈涂层。

3）影响模具抛光质量的因素

由于一般抛光主要还是靠人工完成，所以抛光技术目前还是影响抛光质量的主要原因。除此之外，还与模具材料、抛光前的表面状况、热处理工艺等有关。

a）不同硬度对抛光工艺的影响。硬度增高使研磨的困难增大，但抛光后的粗糙度减小。由于硬度的增高，要达到较低的粗糙度所需的抛光时间相应增长，同时抛光过度的可能性相应减少。

b）工件表面状况对抛光工艺的影响。钢材在机械切削加工的破碎过程中，表层会因热量、内应力或其他因素而使工件表面状况不佳；电火花加工后表面会形成硬化薄层。因此，抛光前最好增加一道粗磨加工，彻底清除工件表面状况不佳的表面层，为抛光加工提供一个良好基础。

6.1.3 化学和电化学预处理

1．脱脂

脱脂也称作除油。金属表面的油污是从材料的加工过程起至零件加工完成的各个环节中带来的，在贮存运输过程中则为了防锈而在零件表面涂抹了油脂。金属材料和零件在进一步做表面处理（如电镀、涂饰、阳极氧化、钝化等）前必须把表面的油污清洗干净，否则会影响除锈、除氧化皮的质量，而且影响表面电镀、涂装层的质量。由于油污的来源广、种类多，污染的程度相差很大，所以脱脂问题就很复杂。另外脱脂的对象也很多，有各种金属材料，有由各种金属制造的大小不同、形状复杂程度不同的零部件，也有整体机器及设备（如机器清洗维修、食品设备的清洁消毒等），这说明脱脂工作复杂、影响面广，在许多情况下要求清洗质量严格，甚至要达到国家或行业规定的标准。因此，必须给予足够的重视。

化学法脱脂是利用碱溶液对皂化性油脂的皂化作用和表面活性物质对非皂化性油脂的乳化作用，除去工件表面上的各种油污。

脱脂液中各组分的作用如下。

表6-3给出了常用金属碱液脱脂的工业规范。

表6-3 常用金属碱液脱脂的工业规范

含量/(g/L)	钢铁				铜及铜合金		铝及铝合金	
	1	2	3	4	5	6	7	8
氢氧化钠(NaOH)	50～100	20	20～30	1～15				
碳酸钠(Na_2CO_3)	20～40	20	30～40	20～30	10～20	40～50	15～20	15～20
磷酸钠($Na_3PO_4 \cdot 12H_2O$)	30～40	20	30～40	50～70	10～20	40～50		
碳酸氢钠($NaHCO_3$)							5～10	
焦磷酸钠($Na_4P_2O_7 \cdot 10H_2O$)							10～15	10～15
硅酸钠(Na_2SiO_3)	5～10	10		5～10	5～10	10～15	10～15	10～15
表面活性剂		1～2					1～2	
OP乳化剂					2～3			1～3
海鸥洗涤剂/(mL/L)			2～4					
pH值							10	
温度/℃	80～95	70～90	60～90	80～95	70	70	40～70	60～80

1）氢氧化钠。有很强的皂化能力，但对金属有一定的氧化和腐蚀作用。铝、锌、锡、铅及其合金不宜使用氢氧化钠脱脂，铜及其合金的脱脂液中氢氧化钠的含量也不宜过多，钢铁制品脱脂液的氢氧化钠含量可高些。氢氧化钠含量提高虽可加强皂化作用，但过高的氢氧化钠含量会使皂化反应形成的肥皂溶解困难，对脱脂不利。

2）碳酸钠。呈弱碱性，水解能生成碳酸氢钠，因此有一定的皂化能力和对溶液pH值起缓冲作用。pH<8.5，皂化反应不能进行；pH>10.2，则肥皂发生水解。可作为铝、镁、锌、锡、铅等两性金属及其合金脱脂溶液的主盐。

3）磷酸三钠。呈弱碱性，有一定的皂化能力和缓冲 pH 值的作用，同时又是一种乳化剂，溶解度大、洗去性好，能使水玻璃容易从工件表面洗去。但磷酸盐废水由于其过营养效应，使水生微生物大量繁殖而过量消耗水中的氧，危及水生动物的生存，其排放将会受到限制。

4）水玻璃。呈弱碱性，有较强的乳化能力和一定的皂化能力，对铝、镁、锌等金属有缓蚀作用。从工件表面洗净较困难，因此，在脱脂液中的含量不宜过多，且应与磷酸三钠配合使用；清洗应用热水，否则容易在后续的酸性介质处理工序中生成难溶的硅胶膜。水玻璃现已不多用，以适当的表面活性剂替代效果更好。

5）乳化剂。OP-10、6501、6503 洗净剂、三乙醇胺油酸皂、TX-10 等都是由一种或几种表面活性物质所组成。它们的分子结构中有极性的亲水基团和非极性的憎水（亲油）基团（碳氢链）。它们吸附在油污与溶液之间的界面上，其憎水基团指向油污而亲水基团指向溶液，定向地排列，使油-溶液界面张力大大降低，在溶液的热运动和搅拌作用下，油膜便容易被分散成极细小的油珠而脱离工件表面。活性剂又能防止小油珠之间的相互合并和重新黏附在工件表面上，因此脱脂效果显著。但有些表面活性剂不易从工件表面洗净而影响后面的镀覆盖层质量，必须加强清洗。

6）络合物脱脂剂。一种由无机盐与高分子化合物反应而形成的高分子络合物，具有一定的油溶性，可溶解于工件表面的油膜中而到达工件的金属表面并能与金属发生络合反应，工件表面金属的溶解促进油膜脱离工件表面而进入溶液中，达到脱脂的目的。

2. 电化学脱脂

在碱性电解液中金属工件受直流电的作用发生极化作用，使金属-溶液界面张力降低，溶液易于润湿并渗入油膜下的工件表面。同时，析出大量氢或氧对油膜猛烈地撞击和撕裂，对溶液产生强烈搅拌，加强油膜表面溶液的更新，油膜被分散成细小油珠脱离工件表面而进入溶液中形成乳浊液。

电化学脱脂分阴极脱脂和阳极脱脂。在相同的电流下，阴极脱脂产生的氢比阳极脱脂产生的氧多一倍，气泡小而密，乳化能力大，脱脂效果更好。但容易造成工件渗氢，引起氢脆和杂质在阴极析出的现象。阳极脱脂虽没有这些缺点，但可能造成工件表面氧化和溶解。采用何种方法，应视工件的材料及要求而定。目前常用联合电化学脱脂法，即先阴极脱脂，然后短时间阳极脱脂；或先阳极脱脂，然后短时间的阴极脱脂，以取长补短。表 6-4 为电化学脱脂液的组成和工业规范。

表 6-4 电化学脱脂液的组成和工业规范

含量/(g/L)	钢铁			铜及其合金			铝及其合金	
	1	2	3	4	5	6	7	8
氢氧化钠(NaOH)	10～30	40～60	50	10～15	5～10	25	10	0～5
碳酸钠(Na_2CO_3)		60	4	20～30	10～20	23		0～20
磷酸钠($Na_3PO_4 \cdot 12H_2O$)		15～30		50～70				20～30
硅酸钠(Na_2SiO_3)	30～50	3～5	40	10～15	20～30	40	40	
表面活性剂					1～2			
40%线性烷基磺酸钠			1			2	5	
三聚磷酸钠($Na_5P_3O_{10}$)			5			10	40	

续表

含量/(g/L)	钢铁			铜及其合金			铝及其合金	
	1	2	3	4	5	6	7	8
温度/℃	80	70～80		70～90	60			40～70
电流密度/(A/dm³)	10	2～5		3～8	5～10			5～10
阴极脱脂时间/min	1			5～8	1			5～10
阳极脱脂时间/min	0.2～0.5	5～10		0.3～0.5				

3. 脱脂影响因素

脱脂质量的好坏主要取决于脱脂温度、脱脂时间、机械作用和脱脂剂四个因素。

(1) 脱脂温度

一般说来，温度越高，脱脂越彻底，这是因为三方面的原因：①温度使油污的物理性能发生变化，例如滴落点高的防锈脂、凡士林、固态石蜡等，在较低温度下即使采用高浓度的碱液也难洗净。但是，当提高油污的温度，他们的黏度就降低，甚至形成液滴而利于除去；②促进化学反应的进行，一般地说，温度每上升10℃，化学反应速度提高1倍；③加速表面活性剂分子的运动，从而促进浸润、乳化、分散等作用。

随着温度的升高，溶液对污物的溶解能力也提高。但是，并不是所有场合都是温度越高越好，各种脱脂剂有其适合的温度范围，在采用某些种类表面活性剂的脱脂液中，过高的温度会使表面活性剂析出聚集如同油珠附着在表面上，造成磷化膜发花、不均匀。

(2) 脱脂时间

在脱脂操作中，必须保证有足够的脱脂时间，压力喷射脱脂时间一般为1.5～3min，浸渍脱脂为3～5min（视油污的种类和多少而定）。增加脱脂时间，即延长脱脂液与油污的接触时间，从而提高脱脂效果。油污越多，脱脂时间就需越长。在流水线作业中，往往不允许采用太长的时间，因此一般先用喷射预脱脂1min，再用浸渍脱脂3min。

(3) 机械作用

在脱脂中，借助于压力喷射或搅拌等机械作用是非常有效的。喷射时迫使新鲜的脱脂溶液与零件表面有良好的接触，而且整个脱脂液含量均匀，有利于提高脱脂效果；喷射时依靠机械作用力促使脱脂剂渗透和破坏油膜，从而有效地迫使油污脱离零件表面；喷射时促使脱离零件的油污乳化和分散于脱脂溶液中，防止油污再吸附到洗净的零件表面上。在中低温脱脂中，机械作用尤为重要。一般情况下，压力喷射比浸渍脱脂速度快1倍以上。喷射压力通常为0.1～0.2MPa（用于压力喷射的脱脂剂必须是低泡的，以免泡沫过多影响正常操作和脱脂液流失），浸渍脱脂也不能认为是静止浸渍，必须装备循环泵，使溶液不停的流动，每小时的循环量约为槽液体积的5倍。

(4) 脱脂剂

脱脂剂的组成和使用方法对脱脂效果有很大的影响。例如，含有表面活性剂的碱液脱脂比单独的碱性物溶液脱脂效果好。对于滴落点高的固态或半固态油脂，用溶剂清洗比用其他脱脂效果有效。为了提高油污的乳化和分散能力，适当提高脱脂剂中表面活性剂的含量是有效的，不同的表面活性剂品种及不同的碱性物都使脱脂效果产生一定差异，良好的脱脂剂都是经过大量试验，对其组分相互搭配比例进行反复筛选而确定的。对于含有表面活性剂的碱液脱脂剂，最有效的发挥洗净作用的范围是在表面活性剂的临界胶束浓度的上限。使用过程中，脱脂剂会不断的被消耗，使浓度降低，因此，必须定期的补加脱脂剂，以保持必要的浓度。脱脂剂的脱脂效果与浓度并不呈线性关系，因此对于脱脂质量要求很高的情况，不应当采取大幅度提高浓度的方法，而应该采用二次脱脂的办法，两个脱脂液可以是相同的，而且不必额外提高浓度。

6.2 化学处理

6.2.1 化学转化膜处理

许多金属都有在表面上生成较稳定的氧化膜的倾向，这些膜在特定条件下能起保护作用，这就是金属的钝化。化学转化膜就是通过化学或电化学手段，使金属表面形成稳定的化合物膜层的技术，也就是使金属钝化。化学转化膜是使金属与特定的腐蚀液相接触，在一定条件下发生化学反应，在金属表面形成一层附着力良好、难溶的生成物膜层。这些膜层，或者能保护基体金属不受水和其他腐蚀介质的影响，或者能提高有机涂膜的附着性和耐老化性，或者能赋予表面其他性能。

1. 化学转化膜的分类

按获得方法可分为：化学法和电化学法；按膜的主要组成物的类型分为：氧化物膜、磷酸盐膜、铬酸盐膜和草酸盐膜等。

2. 化学转化膜的基本用途

（1）防锈

化学转化膜一方面降低金属本身的化学活性，提高在环境介质中的热力学稳定性，另一方面对环境介质起到隔离作用。作防锈用的化学转化膜，主要用于以下两种情况：①对部件有一般的防锈要求：如涂防锈油等，转化膜作为底层很薄时即可应用；②对部件有较高的防锈要求，部件又不受挠曲、冲击等外力作用，转化膜要求均匀致密，且以厚者为佳。

（2）耐磨

耐磨用化学转化膜广泛用于金属与金属面互相摩擦的部位。其主要作用是提高硬度、减少摩擦阻力，如磷酸盐膜层具有很小的摩擦系数与良好的吸油能力，在金属接触面间产生了一个缓冲层，从化学和机械两方面保护了基体，减小磨损。

（3）涂装涂层

化学转化膜在某些情况下也可作为金属镀层的底层。作涂装底层的化学膜要求膜层致密、质地均匀、薄厚适宜、晶粒细小。

（4）防电偶腐蚀

在工程和机械的结构设计中，必须考虑到两种不同金属零件会由于装配接触而在使用环境条件下产生电偶腐蚀的问题，而化学转化膜（例如镁合金上的铬酸盐和 Al 及 Al 合金上的阳极氧化膜）就可用于避免电偶腐蚀的发生。其作用是增大两金属表面间的接触电阻，可以使较活泼的金属在环境介质中的电位变化，以降低配偶金属之间的电位差。

（5）塑性加工

金属材料表面形成磷酸盐膜后再进行塑性加工，例如进行钢管、钢丝等冷拉伸时，可以减小拉拔力，延长拉拔模具受命，减少拉拔次数。该法在挤出工艺、深拉延工艺等各种冷加工方面均有广泛的应用。

（6）绝缘

磷酸盐膜层是电的不良导体，所以很早就用它作为硅钢板的绝缘层。这种绝缘层的特点是占空系数小、耐热性良好，而且在冲裁加工时可减少工具磨损等。

（7）装饰

依靠自身的装饰外观，或者具有的多孔性质能够吸附各种美观的色料，常用于日常用品等的装饰上。

3. 几种常见的化学转化膜

（1）磷化膜（发黑）

磷酸盐膜，也称为磷化膜。钢铁以磷酸盐处理的成膜过程，即磷化，俗称发黑。磷化膜为多孔的晶体结构，有磷酸锌型膜和磷酸锰型膜，磷化处理方法有浸液法和喷液法。表6-5给出了钢铁磷化的目的及选用条件。

表6-5　钢铁磷化的目的和磷化膜的选用

目　的	选用磷化膜	配合处理
油漆底层	薄或中等磷酸锌或磷酸锰型膜，特殊要求者用厚膜	涂漆
制品防锈	厚的磷酸锌或磷酸锰型膜	防锈油脂
工序间防锈	薄的磷酸锌或磷酸锰型膜	
减轻磨损	厚的磷酸锰型膜	润滑剂
无切削的冷变形加工	中等厚或厚的磷酸锌型膜	
防止黏附熔融金属	中等厚的磷酸锌型膜	润滑剂
电绝缘	中等厚度的膜	视要求而定

（2）氧化膜（发蓝）

氧化物膜，也称氧化膜，钢铁经氧化处理的成膜过程，俗称发蓝。发蓝膜是一种磁性氧化物，通常膜厚约0.5～1.5μm，抗蚀性较差，不宜用于户外，但涂覆油、蜡或清漆后，防护性及摩擦性能均可改善。钢铁的发蓝采用在沸腾的浓溶液中浸渍处理，分单槽、双槽两种不同方法。表6-6总结了钢铁发蓝所需要的材料。

表6-6　钢铁发蓝用的溶液组成和工作条件

发蓝方法		单槽氧化	双槽氧化	
			1	2
溶液组成/(g/L)	氢氧化钠	600～700	550～650	750～1000
	亚硝酸钠	150～250	100～200	150～250
温度/℃	高碳钢	135～137	135～137	
	中碳钢	138～140	135～142	143～150
	低碳钢和合金钢	140～145	135～142	143～150
时间/min	高碳钢	20～30	40～60	
	中碳钢	40～60	10～15	30～45
	低碳钢和合金钢	60～120	10～15	30～45
应用特点		只能获得较薄和防护性较低的膜，易形成红色挂灰	第一槽氧化溶液亦可作单槽氧化用，但对于低碳钢和合金钢，氧化时间应延长至90min。当进行双槽氧化时，制件自第一槽移至第二槽时不必进行中间洗涤。双槽氧化可获得较厚且防护性较高的膜，可避免红色挂灰的形成	

（3）阳极膜

阳极氧化膜，也称阳极膜。铝和铝合金经氧化处理的成膜过程，称为阳极化。它是在电解液中以铝零件为阳极经电解形成的。普通阳极氧化膜（软膜）用于防护、装饰、电绝缘、防接触腐蚀和无损探伤等。表 6-7 总结了铝和铝合金阳极氧化所需的溶液。

表 6-7 铝和铝合金阳极氧化用的溶液组成和特点

氧化方法		硫酸法		铬酸法	草酸法	瓷质阳极化	
		交流电	直流电	直流电	交流电	直流电	
溶液组成/(g/L)	硫酸	130～180	180～200				
	铬酐			30～50			30～50
	草酸				40～50	15～20	
	硼酸					8～10	1～3
	草酸氧钛钾					35～45	
	柠檬酸					1～1.5	
工作条件	电流密度	1.5～2.0	0.8～2.5	0.5～0.8	1～3	2～3	0.1～0.5
	电压/V	18～28	14～24	0～40	0～110	0～125	40～80
	温度/℃	13～26	15～25	40±2	15～21	24～28	38～50
	时间/min	40～60	20～45	60	90～150	30～40	60～120
工艺特点		①膜厚 5～30μm，无色多孔。对于防护目的需进行封闭处理；对于装饰目的，可进行染色。 ②交流电不适于含铜的铝合金。 ③工作温度提高、孔隙率高，利于着色，但不能超过 25℃，否则膜轻擦起粉		①膜厚 2～15μm，呈浅灰至深灰色，弹性好，致密光滑。 ②电解液通过测量 pH 值和比重来控制，铬酸浓度要注意 Cr^{6+} 和 Cr^{3+} 的平衡，过多的 Cr^{3+} 需要电解氧化	氧化过程电压控制如下： 0～40V，5min 40～70V，5min 70～90V，5min 90～110V，15min 110V，90min	①膜似瓷质，硬度高，热绝缘和电绝缘性好，可染色。用于仪表和电器零件的表面精饰与防护。适于处理纯铝和铝镁及铝锰合金。 ②含钛盐的电解液成分不易控制，用者较少	

6.2.2 化学着色处理

目前，世界各国工业上常用的着色方法有自然着色法、电解着色法和化学着色法，以及树脂粉末静电喷涂着色法，此外，还有一些以电解着色法为基础而研制的多色化着色新工艺，如联合着色、干涉着色等。

1. 铝的化学着色处理

化学着色是最早用于铝阳极氧化膜着色的方法。它具有工艺简单、控制容易、效率高、成本低、设备投资少、着色色域宽、色泽鲜艳的优点。缺点是：大面积制品易出现颜色不均，着色后清洗、封孔不当或是受到机械损伤时，容易脱色，着色膜的耐光性差，因此往往作为室内装饰、日常用小型铝制品的着色处理。铝阳极氧化膜的化学着色是基于多孔膜层有如纺织纤维一样的吸附染料能力而得以进行的。一般阳极氧化膜孔隙的直径为 0.01～0.03μm，染料在水中分离成单分子，直径为 0.0015～0.003μm，着色时，染料被吸附在孔隙表面上并向孔内扩散、堆积，且和氧化铝进行化学或物理作用而使膜层着色，经封孔处理，染料被固定在孔隙内。因所用染料种类的不同，化学着色可分为有机着色和无机着色两大类。

(1) 有机染料着色

铝着色用染料常用染料有油性染料、水溶性酸性染料和媒染染料。油性染料一般用于铝箔印色。使用前，溶于硝化纤维素系、乙烯树脂系或聚酰胺树脂系等亮漆中，或溶于烤漆中的三聚氰胺树脂与环氧树脂中。印制后，在清洗干净的铝箔表面形成带有染料的树脂膜。水溶性染料主要有蒽醌染料、偶氮基染料及三苯甲烷染料等。媒染染料主要是合成茜素类，通常用于铝氧化膜着色的有机染料多数为酸性染料。

有机染料着色工艺控制着色操作过程：将所需质量的染料放进玻璃容器，加入蒸馏水稀释后煮沸30min，经静置、过滤，然后倒入盛有纯水的染色槽中，添加氨水或醋酸调整pH为4.5～7.5，加热到60～80℃，着色试验合格后才投入生产。着色质量的好坏除与氧化膜层的厚度及孔隙率有关外，还与溶液浓度、温度、pH、着色时间有关。

① 有机染料着色技术措施

a）染色液用纯水配制，如用硬水则应加六偏磷酸盐（浓度小于5%），以免沉淀生成。染料应完全溶解，否则着色不均，易出现深色斑点。

b）着色槽应用非活性材料如搪瓷、陶瓷、不锈钢、玻璃等制成，以免引起化学反应造成染液变质。

c）严禁油污进入染料中，否则着色表面易出现条纹或污斑缺陷。

d）可用混合染料着色，但须注意膜层的染液中可能发生选择性吸附，使颜色不调和或改变色泽，不如用单一染料着色的耐晒。

e）染液中有硫酸存在，或使膜层不上色，或使染液pH值下降，导致色调的变化。因此，着色前制品的清洗尤为重要。当用碱性染料着色时，氧化膜必须用2%～3%单宁酸溶液处理，否则不上色。待着色的氧化膜层不应有指印及易生成污点的水滴，否则这些部位吸附染料的能力降低。

f）为提高氧化膜层的吸附能力，特别是要着深色的制品，着色之前可在80℃、5mL/L硫酸溶液中浸泡1min，或是40℃下浸泡15min。

g）着色不理想的制品可在50% HNO_3 或5mL/L H_2SO_4 溶液中褪色，难于脱色的可在更浓的硫酸溶液中或是1%的冷次氯酸钠溶液中漂白，洗涤后重新着色。

h）着色后必须经封孔处理。若在0.5%醋酸镍溶液中封孔，制品表面出现的黑斑可通过添加0.5%硼酸或醋酸使封孔液的pH降至5.3～5.5，从而得到消除或减少到最低限度。

② 无机染料着色无机染料着色方法

a）一液法，阳极氧化膜浸入一种溶液中，这种金属盐在膜孔内水化生成色淀而使膜层显色。

b）二液法，即经阳极氧化制品先在一种盐溶液中浸渍，清洗后再浸入另一种盐溶液中，两次浸渍吸附的盐发生反应生成一种不可溶的沉淀色料，从而使制品表面显色。例如，先浸入铜盐溶液后浸渍硫化物溶液，或是从硫酸铜和亚砷酸钠之间的反应都可得到绿色膜层；橙色则从酒石酸锑钾和硫化氢反应获得，古铜色可在含有氯化铁的醋酸溶液或硫酸亚铁、亚铁氰化钾和高锰酸钾的混合溶液中浸渍获得，生成的氢氧化铁色淀用没食子酸或焦性没食子酸调和，可使之变为深色。目前，铝制品常用的金色和古铜色有机染料着色工艺见表6-8。

表6-8 铝制品常用的金色和古铜色有机染料着色工艺

方法	颜色	有机染料	浓度/g·L^{-1}	pH	温度/℃	时间/min	备注
一液法	金色	草酸高铁铵	10～25	5.5±0.5	50	2	草酸高铁铵易被氧化，出现沉淀，可再生处理
二液法	古铜色	高锰酸钾醋酸钴	5～30 10～30	7～8 6～7	30 50	2 2	先浸渍入高锰酸钾，后浸入醋酸钴

2. 铜及其合金化学着色处理

铜及其合金已广泛应用于室内和室外灯具、光源、家具以及其他装饰品中。但黄铜在大气中易被氧化。铜化学着色除提高铜的抗氧化性能外，还可使构件具有多种表面颜色和色调以满足产品设计和装饰要求。铜的化学着色主要应用在装饰品与美术品上，色调以绿色（碳酸铜）、黑色（硫化铜）、蓝色（碱性铜氨络合物）、黑色（氧化铜）、红色（氧化亚铜）等为主。

(1) 铜及其合金化学着色原理

铜及其合金表面着色实际上就是使金属铜与着色溶液作用，形成金属表面的氧化物层，硫化物层及其他化合物膜层。选择不同的着色配方和条件可得出不同的着色效果。例如，硫基溶液可被利用的有：硫化物（如硫化钾、硫化铵等）、硫代硫酸钠、多硫化物（如过硫酸钾）等，其着色原理都是基于硫与铜产生硫化铜的特性反应，在不同的反应条件和配方中其他成分的参与下，可以形成黑、褐、棕、深古铜、蓝、紫等颜色。铜与氨的铬合作用及配方中，其他离子参与反应，在不同的反应条件下也可以形成多种着色效果。在着色配方中氧化剂的加入能促进反应，但过多的氧化剂会影响氧化膜的质量。通常的着色配方都需要经过多次的实践检验后，才投入正式使用。对各类着色的配方简介见表 6-9。

表 6-9　铜合金化学着色工艺规范

颜色	序号	溶液配方	工艺条件			备注
		成分名称	含量/g·L^{-1}	温度/℃	时间/min	
红色		硝酸铁 亚硫酸钠	2 2	75	数分钟	
橙色		氢氧化钠 碳酸铜	25 50	60～75	数分钟	
褐色	1	硫酸钡	12.5	50	数分钟	
	2	硫酸铵 氯化铁	0.5 12	室温		涂布后放置
	3	A液：硫酸铜 B液：硫代硫酸钠 醋酸铅	50 50 12.5～25	82 100	数分钟	先浸A液，后浸B液，若要生成绿色可直接浸B液
	4	A液：醋酸 硫酸铜 醋酸铜 氯化钠 B液：硫酸铜 醋酸铜	100mL 120g 65g 22g 42 63	40～100 100	＞30	先在A液中浸30min，后再浸入B液着色 不适用于青铜
淡绿褐色	1	硫化钾	12.5	82	数分钟	
	2	氢氧化钠 酒石酸铜	50 30	30～40	30	
	3	A液：硫化钾 氯化铵 B液：硫酸	5 20 2mL/L	室温		按A，B次序浸渍
	4	五硫化锑 氢氧化钠	1 1.5	100	数分钟	

续表

颜色	序号	溶液配方		工艺条件		备注
		成分名称	含量/$g \cdot L^{-1}$	温度/℃	时间/min	
巧克力色		硫酸铜 硫酸镍铵 氯酸钾	25 25 25	100	数分钟	
灰黄色		硫化铵	饱和溶液	室温		
古绿色	1	氯化铵 醋酸铜	350 200	100	数分钟	
	2	氯化钠 氨水 氯化铵	125 100mL/L 125	室温	24h	
	3	硫酸铜 氯化铵	75 12.5	100	数分钟	
	4	氯化钙 氯化铵	125 125	40		涂布后放置
	5	醋酸 硫酸铵饱和溶液	1份 30份	30～40	数分钟	
橄榄绿		硫酸镍铵 硫代硫酸钠	50 50	65	2～3	
灰绿色	1	亚砷酸 盐酸 硫化钾	0.5～1.0 0.5mL/L 0.1	70	数分钟	
	2	硫化锑 氢氧化钠 氨水	12.5 35 2.5	70	数分钟	
蓝色	1	亚硫酸钠 醋酸铅	2 1	100	数分钟	
	2	亚硫酸钠 硝酸铁	6.25 50	75	数分钟	
	3	氢氧化钠 碳酸铜	25 50	60～75	数分钟	
黑色	1	硫酸铜 氨水	25 少量	80～90	数分钟	调整时缓慢加入氨水
	2	碳酸铜 氨水	400 350mL/L	80	数分钟	
	3	亚砷酸 黄色硫化锑 氰化钠	1.5～2 0.04～0.1 1.5～2	100	数分钟	硫化锑不能添加过量
	4	亚硫酸钠 醋酸钠	642 38	100	1～3	较易变色
	5	亚砷酸 硫酸铜	125 62	室温		溶液配好后放置24h再使用

续表

颜色	序号	溶液配方		工艺条件		备注
		成分名称	含量/g·L^{-1}	温度/℃	时间/min	
黑色	6	A液：亚砷酸 氰化钠 B液：硫化钾 盐酸	13 32 6025 25	30 室温	数分钟	按A，B液顺序浸渍
	7	碱式碳酸铜 氨水	80～120 600mL/L	室温	8～15	
	8	氢氧化钠 过硫化钾	100 35	55～65	3～5	仅适用于紫铜
红黑色		硫酸镍铵 硫酸铜 氯酸钾	25 25 25	80	2～3	

(2) 铜化学着色的工艺流程

铜常温化学着色工艺流程如下：铜合金→喷砂→脱脂→清洗→弱酸洗→清洗→一次着色→晾干→擦色→喷漆→烘干→成品。铁锈色只需一次发色即可形成，但进行二次着锈色后可使铁锈色中带黑色丝状，尤其边缘处更为突出，更具仿古特色。仿古绿着色时，先进行黑色打底，再二次着绿色，也可以进行“二合一”着色，即将一次着黑色溶液和二次着古绿色溶液按一定比例混合即得“二合一”着色液。

6.3 镀覆

6.3.1 电镀

电镀就是利用电解的方式使金属或合金沉积在工件表面，以形成均匀、致密、结合力良好的金属层的过程，就叫电镀。简单的理解，是物理和化学的变化或结合。电镀有以下几个用途：防腐蚀；防护装饰；抗磨损；电性能，根据零件工作要求，提供导电或绝缘性能的镀层；以及工艺要求等。

1. 镀铜

铜是玫瑰红色富有延展性的金属。原子量为63.54，密度8.9g/cm^3，熔点1083℃。铜在化合物中可以成一价或二价状态存在。一价铜的电化当量为2.372g/(A·h)，二价铜的电化当量为1.186g/(A·h)。铜在电化序中位于正电性金属之列，因此，锌、铁等金属上的铜镀层是属于阴极性镀层。当镀层有孔隙、缺陷或损伤时，在腐蚀介质的作用下，基体金属成为阳极受到腐蚀，比未镀铜时腐蚀得更快。所以在防护装饰性电镀中，采用厚铜薄镍的组合底镀层来减少镀层孔隙率并节约镍。

由于铜镀层具有小晶粒结构。现代电镀工业使用周期换向电流操纵技术，以及开发多种添加剂。可以从廉价的铜镀液中镀出全光亮、平整性好、韧性高的铜镀层，因而铜镀层至今仍被广泛地应用于防护装饰性镀层，并成为电镀工业中主要的镀种之一。

可以用来获得铜镀层的镀液种类很多，按其组成可简单划分为剧毒性的氰化镀液和非氰化镀液两大类。后者又有酸性镀铜液、焦磷酸盐镀铜液、柠檬酸盐镀铜液，酒石酸盐镀铜液、HEDP镀铜液以及氨三乙酸镀铜液、乙二胺镀铜液、氟硼酸盐镀铜液等。

(1) 氰化镀铜

氰化镀铜自1915年开始获得在工业上应用。随着汽车的高速发展，对氰化镀铜液的配方不断改进和完善，获得沉积速率高、平滑且光亮的铜镀层后，直至20世纪30年代才得到广泛应用。氰化镀铜溶液主要含有 $[Cu(CN)_3]^{2-}$ 和游离的 CN^- 等离子。由于 CN^- 离子对铜有很强的络合作用，致使 $[Cu(CN)_3]^{2-}$ 在25℃时的不稳定常数为 5.0×10^{-28}，因而电镀时的极化很大，所获得的铜镀层结晶细致，镀液的分散能力和覆盖能力也很好。由于镀液呈碱性，有一定的去油能力，用于钢铁零件和锌制品零件等基体金属上直接镀铜，可获得结合力良好的镀层。但这类镀液含有剧毒的氰化物，生产过程中产生的废水、废气和废渣危害操作者的身体健康，必须进行综合治理。氰化物稳定性较差，分解后生成的碳酸盐在镀液中积累，有一定的副作用。因此，关于用其他较稳定、毒性小的镀液来替代便成为目前电镀工作者的主要课题之一。

1) 原理

氰化镀铜液的主要成分是铜氰络合物和一定量的游离氰化物。当将某种铜盐，如氰化亚铜溶解在过量的氰化物溶液中，就能形成铜氰络合离子。一般认为铜氰络合离子有如下几种形式 $[Cu(CN)_2]^-$、$[Cu(CN)_3]^{2-}$、$[Cu(CN)_4]^{3-}$，其中铜的原子价皆为+1价，形成络合物的反应为：

$$CuCN+NaCN \longrightarrow Na[Cu(CN)_2]$$

$$CuCN+2NaCN \longrightarrow Na_2[Cu(CN)_3]$$

$$Cu^+ +2CN^- \Longleftrightarrow [Cu(CN)_2]^-$$

离子反应为：

$$Cu^+ +2CN^- \Longleftrightarrow [Cu(CN)_2]^-$$

$$Cu^+ +3CN^- \Longleftrightarrow [Cu(CN)_3]^{2-}$$

$$Cu^+ +4CN^- \Longleftrightarrow [Cu(CN)_4]^{3-}$$

以上不同配位数的铜氰络离子在溶液中都可能同时存在，其中最稳定的形式为 $[Cu(CN)_2]^-$，但最稳定的形式并不一定是存在的主要形式，各种离子在镀液中存在的浓度取决于镀液中游离氰化物的含量，在电镀工艺中，通常使用的游离氰化物浓度范围内，铜氰络离子存在的主要形式为 $[Cu(CN)_3]^{2-}$。

铜氰络离子在溶液中以下式离解：

$$[Cu(CN)_3]^{2-} \Longleftrightarrow Cu^+ +3CN^-$$

$$[Cu(CN)_4]^{3-} \Longleftrightarrow Cu^+ +4CN^-$$

$[Cu(CN)_3]^{2-}$ 离子的离解常数，即不稳定常数 $K_{不稳}=2.6\times10^{-28}$，$pK=28.59$；

$[Cu(CN)_4]^{3-}$ 离子的离解常数：$K_{不稳}=2.6\times10^{-32}$，$pK=30.30$。

由上可见，$[Cu(CN)_3]^{2-}$ 和 $[Cu(CN)_4]^{3-}$ 的离解常数都很小，溶液中游离的简单一价铜离子的浓度极低，几乎可以忽略不计。在电镀时，由于铜氰络离子有较大的吸附能力，它吸附于阴极表面，在双电层电场的作用下，络离子发生变形，其正端向着阴极，负端指向镀液内部，然后在阴极上放电成为阴极表面的吸附原子，并转移到晶格位置。

由于铜氰络离子能量较低，需要外界提供较大能量方能使其在阴极上放电，以致阴极电位大大地超过了氢离子的放电电位。从而电镀时伴有明显的氢气析出。

氰化物镀铜的阴极反应为：

$$[Cu(CN)_3]^{2-} -2e \longrightarrow Cu+3CN$$

$$2H^+ + 2e \longrightarrow H_2\uparrow$$

阳极溶解形成铜氰络离子：

$$Cu + 3CN^- - e \longrightarrow [Cu(CN)_3]^{2-}$$

如发生阳极钝化，则有下列析氧反应：

$$4OH^- - 4e \longrightarrow 2H_2O + O_2\uparrow$$

2）成分和作用

a）铜氰络合物。它是镀液的主要成分。铜在含铜氰络离子镀液中有较负的平衡电位，因此在钢件、铝件、锌合金件浸入氰化镀铜液时不会发生铜的置换现象，所以可直接从镀液中获得结合力良好的镀铜。

在铜氰络合物中的铜是以一价状态存在的，要获得相等厚度的铜镀层时，较二价铜形式存在的镀液消耗的电量要减少一半，从该意义上讲，可加快沉积速度。在配方中，以氰化钾代替氰化钠与铜形成络合物，在成分上是相似的，但钾盐络合物更易溶解，电镀时允许采用较高的电流密度。氰化钾价格较贵，因此，在生产中能满足工艺要求的前提下，氰化钠的使用较为广泛。

当镀液中游离氰化物含量和温度不变时，降低镀液中铜氰络合物的浓度，可以获得细致的铜镀层，并能提高镀液的分散能力和覆盖能力，但阴极电流效率和允许的电流密度上限将会降低。故作为预镀时，一般用低浓度的铜氰络合物；作为快速镀铜时，需用高浓度的铜氰络合物。

b）游离氰化物。游离氰化物的存在是控制氰化镀铜的重要因素。游离量过低，络合物的稳定性降低，阴极极化小，镀层易粗糙发暗，阳极易钝化。随着游离量的增加，阳极电流效率增加，阴极电流效率降低，但有可能使用较高的电流密度而不影响沉积速率。由于阴极极化的增大，所获得的铜镀层更为致密。游离氰化物过高，阴极在电镀时会产生大量氢气，电流效率过低，甚至有可能很难沉积出铜来。

c）氢氧化钠或氢氧化钾。在氰化镀铜溶液中加入氢氧化钠或氢氧化钾，主要是为了获得良好的导电性，从而可改善镀液的分散能力。实践证明，含有阳极去极化剂（如酒石酸盐，硫氰化物等）的氰化镀铜溶液中加入适量的氢氧化钠或氢氧化钾，可增加阳极去极化效果。但镀液中氢氧化物含量过高时，容易被分解而造成碳酸盐的积累，即

$$2NaOH + CO_2 \longrightarrow Na_2CO_3 + H_2O$$

d）碳酸盐。如上所述，镀液中碱酸盐的存在主要是由于氰化物和氢氧化物的分解造成。新配置的镀液有时也有意加入碳酸盐，适量的碳酸盐可降低阳极极化作用。碳酸钠的含量大约在75g/L以下，或碳酸钾的含量在90g/L以下，对电镀过程没有明显的影响。超出这个范围，会造成电流效率下降、镀层疏松、产生毛刺、光亮范围缩小、阳极钝化等疵病。因此，为了获得稳定的镀层质量，还应把碳酸盐的浓度控制在范围的下限为好。

3）工艺条件

提高阴极电流密度。将会显著降低电流效率。例如，在含有30g/L铜和12g/L游离氰化钠的镀液中，温度为40℃，当电流密度由0.5增至$2A/dm^2$时，阴极电流效率将自65%降至42%。

阴极电流密度控制在$1.5\sim4A/dm^2$时，阳极电流效率接近100%。当阳极电流密度过低时（$0.2\sim0.6A/dm^2$），由于阳极表面有晶间腐蚀而产生铜颗粒以致被镀零件的水平部位上有严重粗糙和毛刺。某些有机添加剂，可在阳极表面上形成一层明显的有机薄膜，促进阳极腐蚀平滑均匀，对改善阳极溶解有较好的效果。

为了在较高的电流密度下仍保持较高的电流效率，以获得镀铜的高速率，可采取下列措

施：提高镀液内铜氰络合物的浓度；在采取防止阳极钝化的措施同时，降低游离氰化物的浓度，适当提高镀液温度。

温度对电极过程有明显的影响。升高温度将显著降低阴极极化，提高电流效率。例如，在含有0.05mol/L（0.1N）铜和约0.3mol/L（0.3N）氰化物（总含量）的镀液中，在0.01A/dm^2的电流密度下，当温度从15℃升高至70℃时，阴极电位从−1.41V升高到−1.25V，阴极电流效率则由13%增至48%。因此，尽管提高镀液温度对氰化物的稳定性有不利的影响，但为了加速电镀过程，在工艺中常用加热措施，有时甚至加热至60～70℃。

在氰化镀铜工艺中，常用电流操纵技术改善镀铜层质量。所谓周期换向镀铜（PR）就是先用通常的方法以选定的时间电镀，然后以反向电流在较短的时间去镀。一般使用正周期为25秒，加上反周期5秒，即周期换向比为5∶1的PR技术。也有使用正周期为60秒，反周期为12秒的较长周期进行电镀。而锌压铸件的氰化镀铜常使用电镀10秒、然后中断电流1秒的间隙电流工艺。使用间隙电流工艺能从被杂质污染了的光亮镀液中获得极好光亮度的铜镀层，而在该镀液中使用通常的直流电是不能获得满意的铜镀层的。

采用周期换向电流或间隙电流的另一优点是使镀层整平。PR技术镀出的镀层显示层状组织，而普通直流电所得到的镀层则显示柱状组织。将零件坯料和铜镀层的轮廓线进行比较，周期换向电流显然有良好的整平性，但电流效率低于后者。氰化镀铜溶液的组成和工艺条件对电流效率的影响见表6-10。

表6-10　氰化镀铜溶液组成和工艺条件对电流效率的影响

镀液和电镀工艺条件的变化	电流效率	
	阴极	阳极
镀液中铜含量增加	增高	略降
镀液中游离氰化物增加	降低	增加
镀液温度升高	增高	增高
电流密度增加	降低	降低

(2) 酸性硫酸盐镀铜

1) 原理

酸性硫酸盐镀铜有普通镀液和光亮镀液两类。普通镀液早在1843年已在商业上应用。光亮镀液是在普通镀液的基础上，添加某些光亮剂，从而可直接获得光亮铜镀层，省去机械抛光。酸性硫酸盐镀铜溶液基础成分比较简单，主要是由硫酸铜和硫酸组成。硫酸铜在镀液中电离产生Cu^{2+}和SO_4^{2-}，在外电流的作用下，Cu^{2+}在阴极上放电而获得铜镀层；铜阳极溶解成Cu^{2+}以补充镀液中Cu^{2+}的损耗。此外，还存在破坏正常过程的其他反应，阳极溶解的结果也有可能形成Cu^+，这由铜的标准电位值$Cu/Cu^+=0.51V$及$Cu/Cu^{2+}=0.34V$有关。由此可知，铜阳极与镀液接触处将发生化学可逆反应：

$$Cu+Cu^{2+}\longleftrightarrow 2Cu^+$$

在常温下，此反应的平衡常数为：$K=[Cu^+]2/[Cu^{2+}]=0.5\times10^{-4}$

尽管Cu^+的浓度很低，当温度升高时，Cu^+的浓度会增高。此外，硫酸亚铜也可能因空气中的氧和硫酸的作用而氧化，这一现象在用空气搅拌镀液时尤其明显：

$$Cu_2SO_4+\frac{1}{2}O_2+H_2SO_4\longrightarrow 2CuSO_4+H_2O$$

由于镀液中硫酸的消耗而导致酸度有降低的倾向，硫酸亚铜易水解而形成氧化亚铜：

$$Cu_2SO_4 + H_2O \Longleftrightarrow Cu_2O + H_2SO_4$$

不管何种原因形成的氧化亚铜，它对镀层质量是至关重要的，可使镀层变得粗糙，甚至有海绵状镀层出现，镀液也混浊不堪。

由于镀液中一定要含有游离硫酸，硫酸铜又以简单离子形式存在，镀液的电导率高，阴极极化很小，阴阳极电流效率都近于100%，分散能力较碱性镀液低，镀层的次级分布与初级分布十分相近，仅相差10.8%或更小。

综上所述，在酸性硫酸盐镀液中获得铜镀层质量的优劣与镀液中铜盐浓度、游离硫酸含量、温度，阴阳极电流密度以及搅拌程度和类型均密切相关。也可利用添加剂提高镀层的光亮度和硬度。当然，在酸性硫酸盐镀液中，凡铁零件不经预镀是不能直接镀铜的。

2）工作条件的影响

a）镀液温度

酸性硫酸盐光亮镀铜溶液的温度可在10～40℃范围变化，但普遍使用20～35℃，因为该温度范围几乎不需要加热或冷却，可节约能源，降低生产成本。升高镀液温度可增加电导率，阳极和阴极的极化均下降。当温度从35℃下降至15℃时，对于用$3A/dm^2$的电流密度，镀层晶粒细化十分明显。对镀层质量影响的综合平衡，建议使用低于30℃的操作温度，以维持较好的整平能力。

b）阴极电流密度

为了获得优质的光亮铜镀层，在空气搅拌镀液或阴极移动的条件下，阴极电流密度可控制在$2～5A/dm^2$或更高。当阴极电流密度升高时，由于阴极膜中放电的两价铜离子变得更少，硫酸根离子浓度增加，阴极极化提高（但不如其他镀液那样明显），因而使镀层晶粒细化，电流密度从$1A/dm^2$增加到$7A/dm^2$，晶粒尺寸大约减小到约三分之一。但也要防止过高的阴极电流密度容易形成瘤状和树枝状镀层。

c）搅拌和过滤

压缩空气搅拌或阴极移动可使阴极区镀液中的金属离子浓度保持正常，降低浓度极化作用，这样可提高阴极电流密度，加快沉积速度。此外，压缩空气搅拌，有助氧化电镀溶液中产生的一价铜离子并消除其对电镀过程的干扰。因此，压缩空气搅拌可代替添加双氧水，提高镀液的稳定性。应该指出，压缩空气必须先进行油水分离和过滤，除去油分和机械颗粒。在进行搅拌和阴极移动的同时，最好能同时连续过滤镀液，以消除镀液中阳极泥等的机械颗粒对镀层质量的影响。

2. 镀镍

镍是白色微黄的金属，具有铁磁性。通常，在其表面存在一层钝化膜，因而具有较高的化学稳定性。在常温下，对水和空气都是稳定的；易溶于稀酸，在稀硫酸和稀盐酸中比在稀硝酸中溶解得慢；遇到发烟硝酸，则呈钝态。镍与强碱不发生作用。

镍的标准电极电位为－0.25V，比铁的标准电极电位正。镍表面钝化后，电极电位更正，因而铁基体上的镍镀层是阴极性镀层。

（1）瓦特（Watts）型镀镍

大多数的镀镍溶液都是以瓦特型镀镍溶液为基础的。瓦特首先提出了镀镍溶液的组成：硫酸镍、氯化镍、硼酸。现在使用的瓦特镀镍溶液多数在此基础上作了少许变化，最典型的是用氯化钠代替氯化镍。虽然Na^+对于含有有机添加剂的镀镍溶液是有害的，但由于氯化钠比氯化镍便宜，所以在某些情况下仍旧使用。硫酸镍是镀镍溶液中的Ni^{2+}的主要来源。提高硫酸镍的含量，即提高了Ni^{2+}的浓度，就允许采用较高的电流密度，从而提高了电镀速度。通常，为了提高电镀速度，需用电流密度的上限时，往往不仅提高硫酸镍的浓度，同时也加剧搅拌、升高温度，并提高氯化物含量与硫酸盐含量的比。

氯化镍的作用有两点：一是它能帮助阳极溶解，二是能提高溶液的导电率，从而降低了达到额定电流密度时所需的槽电压。

硼酸在镀镍溶液中起缓冲作用，它能稳定镀镍溶液的 pH。当其含量低于 20g/L 时，缓冲作用较差；当其含量达到 28～35g/L 时，缓冲作用较强。对于在较低 pH 下使用的镀镍溶液，硼酸的缓冲作用是特别重要的，由于这类镀液中，H^+ 的活度较高，H^+ 的放电会引起阴极区中 pH 较快地升高，以至于生成氢氧化镍等杂物，这些杂物与 Ni^{2+} 一起沉积出来，夹杂在镍镀层中，形成不合格的镀层。

采用瓦特镀镍液时，镀液浓度、电流密度、温度、pH 和搅拌等，是互相影响的，图6-6表示在常规的工艺条件下，瓦特镀镍溶液的 pH 与所用电流密度间的关系。由图 6-6 可见，镀液的 pH 值较低时允许较高的电流密度，但它使瓦特镀镍液的电流效率与分散能力均有所下降，因此通常瓦特镀镍液的 pH 控制在 3.5～4.5。图 6-7 表示当温度从 60℃降至 40℃时，上述关系的变化。由图 6-7 可见，由于温度降低，操作范围明显地变窄。

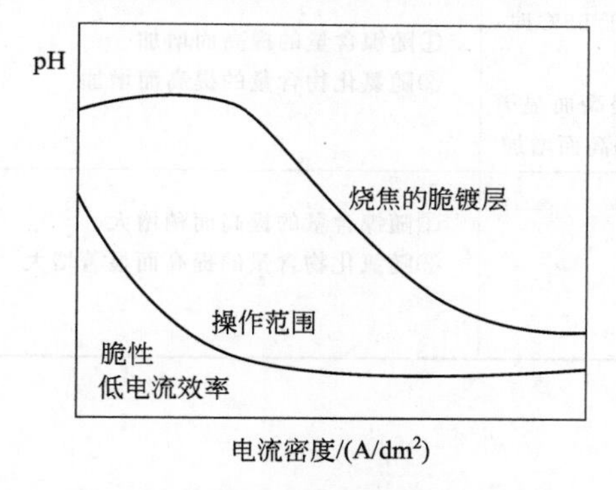

图 6-6 常规的瓦特镍槽的工艺条件

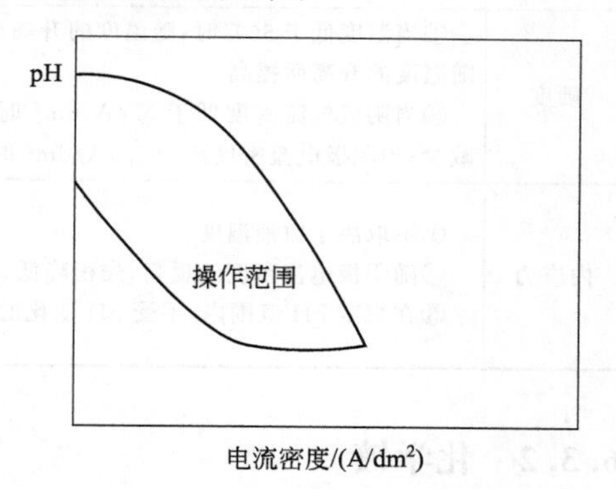

图 6-7 40℃时瓦特镍槽的工艺条件

此外，提高 pH、温度、镍和氯化物的含量，均可提高瓦特镀镍液的分散能力。

在通常的工艺条件下，从瓦特镀镍液中可沉积出任意厚度的不光亮镍镀层，可较好地用于功能性镀镍。也可将这种镀层抛光后，作为防护装饰性镀层，抛光后的瓦特镍镀层不仅具有光亮的外观，而且还具有较好的抗蚀性能。

(2) 氨基磺酸盐镀镍

氨基磺酸盐镀镍液的突出优点是能镀低内应力的镀层，电镀速度快，镀液的分散能力优于用硫酸盐的镀镍溶液，主要用于功能性镀镍与电铸镍。

该镀液由氨基磺酸盐与硼酸组成，可根据不同的要求，考虑是否添加氯化物。并可根据需要，添加润湿剂、提高硬度或降低应力的添加剂。通常用萘磺酸作为降低应力的添加剂。

采用不含氯化物的氨基磺酸盐镀液可获得内应力低、硬度中等、强度高、延展性好的镀层。若用含氯化物的镀液，则由于 Cl^- 的存在，可提高溶液的导电性、改善阳极的溶解，但会增加镀层的内应力。因此，应比瓦特镀镍液更严格地控制氯化物的含量，如果没有含硫镍阳极，为了保证阳极的正常溶解，5g/L 的氯化镍是必要的。资料介绍，可用溴化镍代替氯化镍，因为溴与镍产生的应力是相同含量的氯化镍所产生应力的 2/3。如果将氨基磺酸镍的含量提高到 650～780g/L，就可用比通常的氨基磺酸镍镀液允许的电流密度高得多的电流密度，从而获得很高的电镀速度。

为了使镀层的内应力接近于零，必须严格控制电镀的条件。为此，在镀槽外另设一只容积为镀槽容积 1/10～1/5 的小槽，槽内置有低活性的镍阳极，使镀液循环通过此槽，并将槽中阴、阳极的电流密度均控制在0.5～1.0A/dm²，进行连续电解。当镍阳极在较高的电位下溶解时，氨基磺酸根阴离子就在阳极上被氧化，而产生了降低应力的化合物。

如前所述，氨基磺酸盐镀镍常用于功能性目的，此时镀层的机械性质就非常重要。表6-11列出了各种因素对氨基磺酸盐镀镍层力学性能的影响。

表 6-11　各种因素对氨基磺酸盐镀镍层力学性能的影响

镀层性能	工艺条件的影响	镀液组成的影响
张应力	①在规定的镀液温度范围内，受镀液温度变化的影响很小 ②不受阴极电流密度变化的影响 ③在规定的 pH 范围内，受 pH 变化的影响很小	①随镍含量的提高而提高 ②随氯化物含量的提高而提高
延伸率	①当温度低于55℃时，随温度的升高而提高；当温度高于55℃时，随温度的提高稍稍降低 ②在规定的 pH 范围内受 pH 变化的影响很小	①随镍含量的提高而降低
硬度	①当温度低于55℃时，随温度的升高而降低；当温度高于55℃时，随温度的升高而提高 ②当阴极电流密度低于5.4A/dm² 时，随电流密度的提高而显著减少；当阴极电流密度高于5.4A/dm² 时，随电流密度的提高而增加	①随镍含量的提高而增加 ②随氯化物含量的提高而增加
内应力	①不取决于镀液温度 ②随阴极电流密度的提高，先稍降低，而后增大 ③在规定 pH 范围内，不受 pH 变化的影响	①随镍含量的提高而稍增大 ②随氯化物含量的提高而显著增大

6.3.2　化学镀

1. 化学镀

化学镀在表面处理技术占有重要的地位。化学镀是利用合适的还原剂使溶液中的金属离子有选择地在经催化剂活化的表面上还原析出成金属镀层的一种化学处理方法，可用下式表示：

$$M^{2+}+2e^{(由还原剂提供)}\xrightarrow[表面]{催化}M$$

在化学镀中，溶液内的金属离子是依靠得到所需的电子而还原成相应的金属。例如，在酸性化学镀溶液中采用次磷酸盐作还原剂，它的氧化还原反应过程如下：

$$Ni^{2+}+2e\longrightarrow Ni_{(还原)}$$

$$(H_2PO_2)^-+H_2O\longrightarrow(H_2PO_3)^-+2H^++2e_{(氧化)}$$

两式相加，就得到全部还原氧化反应：

$$Ni^{2+}+(H_2PO_2)^-+H_2O\xrightarrow[表面]{催化}Ni+(H_2PO_3)^-+2H^+$$

还原剂的有效程度可以用它的标准氧化电位来推断。由上可知，次磷酸盐是一个强还原剂，能产生一个正值的标准氧化-还原电位。在实际应用上，由于溶液中不同离子的活度、超电位和类似因素的影响，会使E^0值有很大的差异。但氧化和还原电位的计算仍有助于预先估算不同还原剂的有效程度。若全部标准氧化还原电位太小或为负值，则金属还原将难以发生。

化学镀液溶液的组成及其相应的工作条件必须是反应只限制在具有催化作用的制件表面

上进行，而溶液本身不应自发地发生还原氧化作用，以免溶液自然分解，造成溶液很快地失效。

如果被镀的金属（如镍、钯）本身是反应的催化剂，则化学镀的过程就具有自动催化作用，使上述反应不断进行，这时镀层厚度也逐渐增加，获得一定的厚度。除镍外，钴、铑、钯等都具有自动催化作用。对于不具有自动催化表面的制件，如塑料、玻璃、陶瓷等非金属，通常须经过特殊的预处理，使其表面活化而具有催化作用，才能进行化学镀。

化学镀与电镀比较，具有如下优点：不需要外加直流电源设备；镀层致密、孔隙少；不存在电力线分布不均匀的影响，对几何形状复杂的镀件，也能获得厚度均匀的镀层；可在金属、非金属、半导体等各种不同基材上镀覆。

化学镀与电镀比，所用的溶液稳定性较差，且溶液的维护、调整和再生都比较麻烦，材料成本费较高。

化学镀工艺在电子工业中有重要的地位。由于采用的还原剂种类不同，使化学镀所得的镀层性能有显著的差异，因此在选定镀液配方时，要慎重考虑镀液的经济性及所得的镀层的特性。

目前，化学镀铜、镍、银、金、钴、钯、铂、锡，以及化学镀合金和化学复合镀层，在工业生产中已被采用。

化学镀液中采用的还原剂有：次磷酸盐、甲醛、肼、硼氢化物、氨基硼烷和它们的某些衍生物等。硼氢化物和氨基硼烷虽然价格较贵，但工艺性能比次磷酸盐好。例如，改善了镀液的稳定性，控制容易，操作温度较低，同时这些还原能力比次磷酸盐强，1g 硼氢化物相当于11g 次磷酸盐的还原能力，二甲氨基硼烷还原能力是次磷酸钠的 8 倍，可以大大减少还原剂的用量。

2. 化学镀铜

化学镀铜主要用于非导体材料的金属化处理，除应用于塑料制品外，还大量用于电子工业的印制电路板。电子计算机用的多层印制电路板对层间电路的连接孔金属化有很高的要求，化学镀铜能很好地解决这些问题。

化学镀铜通常以甲醛作还原剂，是一种自催化还原反应，可获得需要厚度的铜层。它的还原反应可以下式表示：

$$Cu^{2+}+2HCHO+4OH^- \longrightarrow Cu+H_2\uparrow+2H_2O+2HCOO^-$$

实际上，还原反应比上式复杂，有一价铜盐作中间产物生成。不稳定的一价铜盐自身会氧化还原成金属铜粉末：$2Cu^+ \longrightarrow Cu+Cu^{2+}$，引起溶液的自然分解。另外，一价铜盐在镀液中溶解度很低，容易以氧化亚铜的形式与金属铜共沉积，使镀层的物理性能如机械强度、导电性等恶化。为解决这些问题，改善镀层质量、延长镀液寿命，国内外电镀工作者提出一些高速稳定的化学镀铜新工艺，溶液使用寿命已由几个小时提高到可以连续使用几个月以上，溶液的控制调整也逐步实现了自动化。

(1) 化学镀铜溶液组成及工艺条件

化学镀铜溶液的种类很多。按镀铜层的厚度分为镀薄铜溶液和镀厚铜溶液；按络合剂种类可分为酒石酸盐型、EDTA 二钠盐型和混合络合剂型等；按所用还原剂分为甲醛、肼、次磷酸盐、硼氢化物等溶液；而根据溶液的用途，又可分为塑料金属化、印制电路板孔金属化等溶液。化学镀铜层很薄（0.1～0.5μm），外观呈粉红色，较柔软，延展性好，导热、导电性强，一般不作为装饰性或防护镀层，通常用作非金属、印制电路板孔金属化的导电层，随后进行电镀，加厚镀层。最近几年发展的高稳定化学镀铜溶液，镀层厚度可达 5μm 以上，因此，可用作“加成法”制造印制电路板，以及印制电路板的通孔直接金属化，简化了印制电路板孔金属化的制作工艺。

在化学镀铜溶液中用适当比例的双络合剂或多络合剂，较用单络合剂的镀液有更多的优点：可镀厚铜，工作温度范围宽，溶液稳定性高。含双络合剂的化学镀铜溶液组成及工艺条件见表6-12。

表6-12 含双络合剂的化学镀铜溶液组成及工艺条件

物质	浓度
硫酸铜 $CuSO_4 \cdot 5H_2O$	16g/L
酒石酸钾钠 $NaKC_4H_4O_6 \cdot 4H_2O$	14g/L
EDTA二钠盐	20g/L
氢氧化钠 NaOH	14g/L
甲醛 HCHO(37%)	15mL/L
α,α-联吡啶	20mg/L
亚铁氰化钾 $K_4[Fe(CN)_6]$	10mg/L
pH值	12.5
温度	40～50℃

(2) 化学镀铜溶液中各组分的作用和影响

1) 铜盐

铜盐是溶液中的主盐，提供 Cu^{2+}，一般都用硫酸铜，它的含量对沉积速度有一定的影响。当溶液的pH值控制在工艺范围内时，提高溶液中的铜含量，沉积速度有所增加，但溶液自然分解的倾向也随之增大。在不含稳定剂的溶液中，宜采用低浓度的镀液。在含有稳定剂的溶液中，铜离子浓度可适当高一些。

铜盐浓度对镀层质量的影响较小，因此它的含量允许在较宽的范围内变化。

2) 络合剂

络合剂的作用是使铜离子在溶液中呈络离子状态，避免在碱性条件下呈 $Cu(OH)_2$ 沉淀析出。在溶液中加入合适的络合剂，不但能提高溶液的稳定性，也有利于提高沉积速度，改善镀铜层的性能。常见的络合剂有乙二胺四乙酸二钠、氨三乙酸钠、酒石酸钾钠、柠檬酸钠、氨二乙酸钠等。目前较广泛使用的络合剂有EDTA钠盐和酒石酸钾钠两种。

3) 氢氧化钠

氢氧化钠的作用是提供碱性条件，调节溶液的pH值，保持溶液的稳定性，使甲醛氧化释放的电子去还原铜离子成金属铜。在其他组分浓度不变时，增加氢氧化钠含量，沉积速度略有提高，但当增加至一定含量后，铜的沉积速度变化不大，而溶液易于分解；当氢氧化钠含量低，沉积速度慢，甚至停止沉积。

如化学镀铜溶液暂停使用一段时间，为避免溶液自然分解，可用硫酸把pH值调低至10以下，以降低甲醛的还原作用，使反应停止进行。溶液重新使用时，再用氢氧化钠溶液调整pH值至工艺要求值。

4) 还原剂

甲醛是最常用的还原剂，它必须在pH＞11的碱性条件下，才具有还原作用。在不同pH值的条件下，甲醛的反应形式亦不同，例如，在中性或酸性条件下：

$$HCHO + H_2O = HCOOH + 2H^+ + 2e$$

在pH＞11的碱性条件下：

$$2HCHO+4OH^{-} = 2HCOO^{-}+H_2\uparrow+2H_2O+2e$$

甲醛的还原作用与溶液的pH有密切的关系。溶液的pH值越高，则甲醛的还原作用越强，铜的沉积速度也越高，但同时也增大了溶液自然配方作用：

当pH＝10～10.5时，镀件表面发生催化反应；当pH＝11～11.5时，甲醛浓度为2mol/L时，在活化过的非导体表面上能产生触发反应；当pH＝12～12.5时，甲醛浓度在0.1～0.5mol/L时，在活化过的非导体表面上能产生触发反应。

5）稳定剂

化学镀铜过程中，除铜离子在催化表面上被甲醛还原成金属铜外，还有其他副反应，如：

$$2Cu^{2+}+HCHO+5OH^{-} \longrightarrow Cu_2O\downarrow+HCOO^{-}+3H_2O$$

生成的Cu_2O还能被甲醛还原：

$$Cu_2O+2HCHO+2OH^{-} \longrightarrow 2Cu+H_2\downarrow+2HCOO^{-}+H_2O$$

暗红色的氧化亚铜以极细的微粒分散在溶液中，几乎呈胶体状态，极难用过滤的方法除去，若与铜共沉积，将使铜层疏松粗糙，与基体结合力极差。而当部分Cu_2O被甲醛还原成金属铜微粒时，这种铜微粒又成为自催化中心，使溶液自然分解。为抑制Cu_2O的生成，可在镀液中加入有机或无机稳定剂。例如，加入亚铁氰化钾、氰化钠、α、α-联吡啶、甲醇、甲基二氯硅烷、2-硫基苯并噻唑等，对抑制上述反应和稳定溶液具有一定的效果。这些稳定剂的添加量一般都很低，用量过多会使沉积速度显著减慢，甚至停止反应。

6.3.3 气相沉积

材料表面涂层近十几年来的迅速发展和应用，无疑是和各种气相沉积技术的发展有着密切的关系。气相沉积技术不仅可以用来制备各种特殊力学性能（如超硬、高耐蚀、耐热和抗氧化等）的薄膜涂层，而且还可以用来制备各种功能薄膜材料和装饰薄膜涂层。它是在真空中产生待沉积材料的蒸气，然后将其冷凝于基体材料上，而产生所需要的膜层。主要有物理气相沉积（PVD）和化学气沉积（CVD），以及在此基础上发展的物理化学气相沉积（PCVD）。

在物理气相沉积情况下，膜层材料由熔融或固体状态经蒸发或溅射得到，而在化学气相沉积情况下，沉积物由引入到高温沉积区的气体离解所产生。由于气相沉积获得的膜层具有结构致密、厚度均匀、与基材结合力好等优点，尤其是可以制备多种功能性薄膜，因此作为一种新的表面改性技术，它引起了极大的关注和研究，得到了迅速的发展。已成功地应用于机械加工（如各种刀具等）、建筑装修、装饰、汽车、航空、航天、食品包装、微电子光学等各个领域中。

1. 化学气相沉积

化学气相沉积CVD（Chemical Vapor Deposition）是利用加热，等离子体激励或光辐射等方法，使气态或蒸气状态的化学物质发生反应并以原子态沉积在置于适当位置的衬底上，从而形成所需要的固态薄膜或涂层的过程。化学气相沉积（CVD）技术有多种分类方法，以主要特征进行综合分类，可分为热化学气相沉积（TCVD）、低压化学气相沉积（LPCVD）、等离子体增强化学气相沉积（PECVD）、金属有机化学气相沉积（MOCVD）等，下面就对CVD的原理、方法、沉积质量及特点分别加以介绍。

（1）化学气相沉积原理

化学气相沉积过程分为四个重要阶段：反应气体向基体表面扩散；反应气体吸附于基体

表面；在基体表面上产生的气相副产物脱离表面；留下的反应产物形成覆层。利用化学气相沉积制备薄膜材料首先要选定一个或几个合理的沉积反应。

根据化学气相沉淀过程的需要，所选择的化学反应通常应该满足：反应物质在室温或不太高的温度下最好是气态，或有很高的蒸气压，且有很高的纯度；通过沉积反应能够形成所需要的材料沉积层；反应易于控制。用于化学气相沉淀的化学反应有多种类型，其反应原理与特点介绍如下。

1）热分解反应。气态氢化物、羰基化合物以及金属有机化合物与高温衬底表面接触，化合物高温分解或热分解沉积而形成薄膜。例如：$SiH_4 \longrightarrow Si + 2H_2$，$Ni(CO)_4 \longrightarrow Ni + 4CO$。

2）氧化反应。含薄膜元素的化合物与氧气一同进入反应器，形成氧化反应在衬底上沉积薄膜。例如：$SiH_4 + O_2 \longrightarrow SiO_2 + 2H_2$。

3）还原反应。用氢、金属或基材作还原剂还原气态卤化物，在衬底上沉积形成纯金属膜或多晶硅膜。

4）水解反应。卤化物与水作用制备氧化物薄膜或晶须。

5）可逆输送。化学转化或输运过程的特征是在同一反映其维持在不同温度的源区和沉淀区的可逆的化学反应平衡状态。

6）形成化合物。由两种或两种以上的气态物质在加热的衬底表面上发生化学反应而沉积出固态薄膜，这种方法是化学气相沉积中使用最普遍的方法。

7）聚合反应。利用放电把有机类气态单体等离子化，使其产生各类活性种，由这些活性种之间或活性种与单体之间进行加成反应，形成聚合物。

8）激发反应。利用等离子体、紫外光、激光灯方法，使反应气体在基片上沉积出固态薄膜的方法。

（2）化学气相沉积的类型

1）热化学气相沉积（TCVD）。热化学气相沉积是指采用衬底表面热催化方式进行的化学气相沉积。该方法沉积温度较高，一般在800～1200℃左右，这样的高温使衬底的选择受到很大限制，但它是化学气相沉积的经典方法。

a）热化学气相沉积装置

热化学气相沉积装置，它包括相互关联的三个部分：气相供应系统、沉积室或反应室以及排气系统。

气体供应系统：CVD气体由反应气体和载气组成。反应气体既可以以气态供给，也可以以液态或者固态供给。当反应气体为气态时，由高压钢瓶经减压阀取出，可通过流量计控制流量。当反应气体为液态时，可采用两种方法使之汽化，一是把液体通入蒸发容器中，同时使载气从温度恒定的液面上通过，这样液体在相应温度下产生的蒸气由载气携带进入反应室；二是让载气通过液体，利用产生的气泡使液体气化，继而将反应气体携带出去。当反应气体以固态形式供给时，把固体放入蒸发器内，加热使其蒸发或升华，继而送入反应室中。由于沉积薄膜的性能与气体的混合比例有关，气体的混合比例由相应的质量流量计和控制阀来决定。

反应室：根据反应系统的开放程度，可分为开放型、封闭型、近间距型。开放型的特点是能连续地供气和排气，物料的输运一般靠载气来实现，由于至少有一种反应产物可以连续地从反应区域排出，这就使反应总是处于非平衡状态而有利于沉积物的形成。这种结构的反应器的优点是试样容易装卸，工艺条件易于控制，工艺重复性好。封闭型的特点是把一定量的反应原料和适宜的衬底分别放在反应管的两端，管内抽成真空后放入一定量的输送剂然后熔封。再将管置于双温炉内，使反应管中产生温度梯度。由于温度梯度的存在，物料从封管的一端输送到另一端并沉积出来。该方法的优点是可以降低来自空气或环境气氛的偶然污染，沉积转化率高，其缺点是反应速度慢，不适宜进行大批量生产。近间距型则在开放的系统中，使衬底覆盖在装有反应原料的石英舟上，两者间隔大致在 0.2～0.3mm 之间，这样一来，近间距型兼有封闭型和开放型的某些特点。气态组分被局限在一个很小的空间内，原料转化率高达 80%～90%，这与封闭型相类似；输送剂的浓度又可以任意控制，这又与开放型相同。其优点是生长速度较快，材料性能稳定，其缺点主要是不利于大批量生产。

排气系统：排气系统是 CVD 装置在安全方面最为重要的部分。该系统具有两个主要的功能：一是反应室除去未反应的气体和副产物；二是提供一条反应物越过反应区的通畅路径。其中未反应的气体可能在排气系统中继续反应而形成固体粒子。由于这些固体粒子的聚集可能阻塞排气系统而导致反应器压力的突变，进而形成固体粒子的反扩散，影响涂层的生长质量和均匀性，因此，在排气系统的设计中应充分予以注意。另外，冷却后的废水废气反应通过中和池来中和其中的有毒成分。

b）影响沉积质量的因素

化学反应：对于同一种沉积材料，采用不同的沉积反应，其沉积质量是不一样的。这种影响主要来自两个方面：一是沉积反应不同引起沉积速度的变化，沉积速度的变化又影响相关的扩散过程和成膜过程，从而改变薄膜的结构；二是沉积反应往往伴随着一系列的掺杂副反应，反应不同导致薄膜组分不同，从而影响沉积质量。

沉积温度：沉积温度是化学气相过程最重要的工艺条件之一，它影响沉积过程的各个方面。首先，它影响气体的质量输送过程。温度不同，反应气体和气态产物的扩散系数不同，导致反应界面气相的过饱和度和气相物种沉积出固相的相对活度不同，从而影响薄膜的形核率，改变薄膜的组成和性能。其次，它影响界面反应。一般地说，沉积温度的升高可以显著增加界面反应速率，可能导致表面控制向质量迁移控制的转化，倾向于得到柱状晶组织。第三，温度同样影响新生态固体原子的重排过程。温度越高，新生态固体态原子的能量越高，相应地能够跃过重排能垒而达到稳定状态的原子越多，从而获得更加稳定的结构。

气体压力：在化学气相沉积的实践中，为获得外延单晶薄膜材料，常使反应气体保持较低的分压。与此相反，当需要细晶粒薄膜时，则使反应气体的分压保持在较高的水平上。这说明反应气体的分压是影响沉积质量的重要因素。一般地说，气相沉积的必要条件使反应气体具有一定的过饱和度，这种过饱和状态是薄膜形核生长的驱动力。当反应气体分压较小时，较低的过饱和度难以形成新的晶核，薄膜便以衬底表面原子为晶核种子进行生长，由此可以得到外延单晶薄膜材料。而当反应气体分压较大时，较高的饱和度可形成大量晶核，并在生长过程中不断形成，最后生长成为多晶组织。在沉积多元组分的材料时，各反应气体分压的比例直接决定沉积材料的化学计量比，从而影响材料的性能。

气体流动状况：在化学气相沉积中，气体流动是质量输运最主要的表现形式。因此，气体流动状况决定输运速度，进而影响整个沉积过程。边界层的宽度与流速的平方根成反比，因此，气体流速越大，气体越容易越过边界层达到衬底界面，界面反应速度越快。流速达到一定程度时，有可能使沉积过程由质量迁移控制转向表面控制，从而改变沉积层的结构，影响沉积质量。

2）低压化学气相沉积（LPCVD）。低压化学气相沉积（约 10kPa）是相对于常压化学气相沉积而言的。由于反应器工作压力的降低大大增强了反应气体的质量输送速度，从而使低压化学气相沉积呈现出新的特点，因此，低压化学气相沉积在半导体工艺中得到了广泛的应用。

a）低压化学气相沉积的基本原理

在常压下，质量迁移速度与表面反应速度通常是以相同的数量级增加的；而在低压下，质量迁移速度的增加远比界面反应速度快。反应气体穿过边界层，当工作压力从 1.0×10^5 Pa 降至 70～130Pa 时，扩散系数增加约 1000 倍。因此，在低压化学气相沉积中，界面反应速度控制步骤。由此可以推断：低压 CVD 在一般情况下提供更好的膜厚度均匀性、阶梯覆盖性和结构完整性。当然，反应速率与反应气体的分压成正比，因此，系统工作压力的降低应主要依靠减少载气用量来完成。

b）低压化学气相沉积技术

半导体工业涂覆硅晶片用低压化学气相沉积装置，该反应系统采用卧式反应器，具有较高的生产能力；它的基座水平放置在热壁炉内，可以非常精确地控制反应速度，减少设备的复杂程度；另外，它采用垂直密集装片方式，更进一步提高了系统的生产效率。采用正硅酸乙酯沉积二氧化硅薄膜时，与常压 CVD 相比，LPCVD 的生产成本仅为原来的 1/5，甚至更小，而产量可提高 10～20 倍，沉积薄膜的均匀性也从常压法的±8%～±11%改善到±1%～±2%。

3）化学气相沉积的特点

化学气相沉积之所以得到发展，是和它本身的特点分不开的，其特点如下。

a）沉积物种类多：可以沉积金属、合金、陶瓷或化合物层，这是其他方法无法做到的。

b）能均匀覆盖几何形状复杂的零件，这是因为 CVD 涂覆过程中，离子有高度的分散性。

c）可以在大气压或者低于大气压下进行沉积。

d）通常在 850～1100℃下进行，覆盖和基体结合紧密，但工件畸变较大，沉积后一般仍需要热处理。

e）采用等离子或激光辅助技术，可以强化化学反应，降低沉积温度。

f）容易控制覆盖层得到高的致密度和纯度，也可以获得梯度覆盖层或混合覆层。

g）利用调节沉积的参数，可以控制覆层的化学成分、形貌、晶体结构和晶粒度等。

h）设备简单、操作维修方便。

2. 物理气相沉积

物理气相沉积（Physical Vapor Deposition，简称 PVD 法），是利用热蒸发、辉光放电或弧光放电等物理过程，在基材表面沉积所需涂层的技术。物理气相沉积一般分为真空蒸发镀膜技术（Vapor Evaporation）、真空溅射镀膜（Vapor Sputtering）、离子镀膜（Ion Plating）等。物理气相沉积具有以下特点：沉积层的材料来自固体物质源；物理气相沉积获得的沉积层薄；沉积层是在真空的条件下获得的，涂层的纯度高；沉积层的组织细密、与基体的结合强度高；沉积是在辉光放电、弧光放电等低温等离子体的条件下进行的，沉积层粒子的整体活性大，容易与反应气体进行化合反应；容易获得单晶、多晶、非晶、多层、纳米层结构的功能薄膜；在真空下进行，无污染。

物理气相沉积原理如下。

1）蒸发镀膜

在高真空中用加热蒸发的方法使镀料转化为气相，然后凝聚在基体表面的方法称蒸发镀膜（简称蒸镀）。蒸发镀膜过程是由镀材物质蒸发、蒸发材料粒子的迁移和蒸发材料粒子在基板表面沉积三个过程组成，其原理如图 6-8 所示。

其主要特点有：设备比较简单，操作容易；制成的薄膜纯度高、质量好，厚度可较准确控制；成膜速度快、效率高；薄膜的生长机理比较单纯。不容易获得结晶结构的薄膜，薄膜

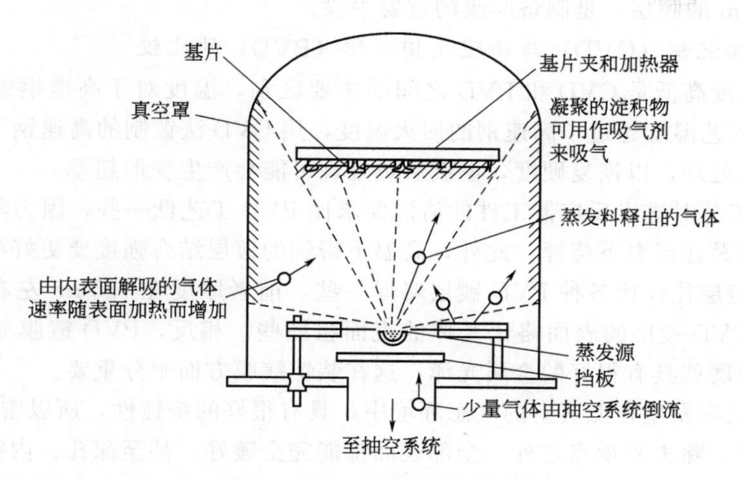

图 6-8 真空蒸发设备示意图

与基板的结合力小，工艺的再现性不好。

2）溅射镀膜

在真空室中，利用荷能粒子轰击材料表面，使其原子获得足够的能量而溅出进入气相，然后在工件表面沉积的过程。在溅射镀膜中，被轰击的材料称为靶。由于离子易于在电磁场中加速或偏转，所以荷能粒子一般为离子，这种溅射称为离子溅射。用离子束轰击靶而发生的溅射，则称为离子束溅射。

3）离子镀膜

离子镀是在真空条件下，借助于一种惰性气体的辉光放电使气体或被蒸发物质部分离化，气体或被蒸发物质离子经电场加速后对带负电荷的基体轰击的同时把蒸发物或其反应物沉积在基体上。离子镀膜的特点如下。

a）离子镀膜可在较低温度下进行。化学气相沉积一般均需在900℃以上进行，所以处理后要考虑晶粒细化和变形问题，而离子镀可在900℃下进行，可作为成品件的最终处理工序。

b）膜层的附着力强。如在不锈钢上镀制20～50μm厚的银膜，可达到300MPa黏附强度。主要原因是离子轰击时基片产生溅射，使表面杂质层清除、吸附层解吸，使基片表面清洁，提高了膜层附着力；溅射使膜离子向基片注入和扩散，膜晶格中结合不牢的原子将被再溅射，只有结合牢固的粒子形成膜；轰击离子的动能转变为热能，对蒸镀表面产生了自动加热效应，提高表层组织的结晶性能，促进了化学反应，而离子轰击产生的晶体缺陷与自加热效应的共同作用，增强了扩散作用；飞散在空间的基片原子有一部分再返回基片表面与蒸发材料原子混合和离子注入基片表面，促进了混合界面层的形成。

c）绕镀能力强。首先，蒸发物质由于在等离子区被电离为正离子，这些正离子随电场的电力线运动而终止在带负电的基片的所有表面，因而在基片的正面、反面甚至基片的内孔、凹槽、狭缝等都能沉积上薄膜。其次是由于气体的散射效应，特别是在工件压强较高时，沉积材料的蒸气离子和蒸气分子在它到达基片的路径上将与残余气体发生多次碰撞，使沉积材料散射到基片周围，因而基片所有表面均能被镀覆。

d）沉积速度快，镀层质量好。离子镀获得的膜层，组织致密，气孔、气泡少。而且镀前对工件清洗，处理较简单，成膜速度快，可达1～50μm/min，而溅射只有0.01～1μm/min。离子镀可镀制厚达 30μm 的膜层，是制备厚膜的重要手段。

3. 化学气相沉积（CVD）与物理气相沉积（PVD）的比较

（1）工艺温度高低是 CVD 和 PVD 之间的主要区别，温度对于高速钢镀膜具有重大意义。CVD 法的工艺温度超过了高速钢的回火温度，用 CVD 法镀制的高速钢工件，必须进行镀膜后的真空热处理，以恢复硬度，但镀后热处理可能会产生变形超差。

（2）CVD 工艺对进入反应器工件的清洁要求比 PVD 工艺低一些，因为附着在工件表面的一些污物很容易在高温下烧掉。此外，高温下得到的镀层结合强度要更好些。

（3）CVD 镀层往往比各种 PVD 镀层略厚一些，前者厚度在 7.5μm 左右，后者通常不到 2.5μm 厚。CVD 镀层的表面略比基体的表面粗糙些。相反，PVD 镀膜如实地反映材料的表面，不用研磨就具有很好的金属光泽，这在装饰镀膜方面十分重要。

（4）CVD 反应发生在低真空的气态环境中，具有很好的绕镀性，所以密封在 CVD 反应器中的所有工件，除去支承点之外，全部表面都能完全镀好，甚至深孔、内壁也可镀上。

（5）相对而论，所有的 PVD 技术由于气压较低，绕镀性较差，因此工件背面和侧面的镀制效果不理想。PVD 的反应器必须减少装载密度以避免形成阴影，而且装卡、固定比较复杂。在 PVD 反应器中，通常工件要不停地转动，并且有时还需要边转边往复运动；在 CVD 工艺过程中，要严格控制工艺，否则，系统中的反应气体或反应产物的腐蚀作用会使基体脆化，如高温会使 TiN 镀层的晶粒粗大。

（6）比较 CVD 和 PVD 这两种工艺的成本比较困难，有人认为最初的设备投资 PVD 是 CVD 的 3～4 倍，而 PVD 工艺的生产周期是 CVD 的 1/10。在 CVD 的一个操作循环中，可以对各式各样的工件进行处理，而 PVD 就受到很大限制。综合比较可以看出，在两种工艺都可用的范围内，采用 PVD 要比 CVD 代价高。

（7）操作运行安全问题。PVD 是一种完全没有污染的工序，有人称它为“绿色工程”。而 CVD 的反应气体、反应尾气都可能具有一定的腐蚀性、可燃性及毒性，反应尾气中还可能有粉末状以及碎片状的物质，因此对设备、环境、操作人员都必须采取一定的措施加以防护。

6.4 浸蚀

6.4.1 概述

从电镀零件表面清除金属氧化物的过程称为浸蚀，包括一般浸蚀和弱浸蚀。一般浸蚀可除去金属零件表面上的氧化皮和锈蚀物；弱浸蚀可除去预处理中产生的薄氧化膜，它是电镀前的最后一道工序，目的是使表面金属活化。浸蚀溶液要根据金属的性质，零件表面的状况及电镀要求而定。通常浸蚀液中主要含有某些无机酸作浸蚀剂，如硫酸、盐酸、硝酸、氢氟酸、磷酸等，常用的主要是一些无机酸，有些有机酸也用于某些特殊的场合。有时也采用混合酸或在酸溶液中加入缓蚀剂等物质。除化学浸蚀外，也可采用电化学浸蚀。所谓的浸蚀就是酸洗，它要求将欲镀零件表面的锈皮、氧化膜去除干净，以裸露出基体金属干净的表面，以利于电镀上结合力良好的金属镀层。它是电镀工序中紧排在脱脂后的第二道重要工序，关系到电镀质量的好坏。

根据欲镀金属表面的原始状态及所要求镀层表面粗糙度的高低，浸蚀分为一般浸蚀、强浸蚀和光亮浸蚀三种。

6.4.2 化学浸蚀

1. 化学浸蚀的原理

化学浸蚀是利用化学试剂的溶液，借助于化学或电化学作用显示金属的组织。纯金属及单相合金的浸蚀纯粹是一个化学溶解过程，磨面表层的原子被溶入浸蚀剂中，在溶解过程中由于晶粒与晶粒之间溶解度的不同，组织就被显示出来。浸蚀剂首先把磨面表层的非晶形层溶去，接着就对晶界起化学溶解的作用，因为晶界上原子排列的规律性较差，并具有较高的自由能，所以晶界处较易浸蚀而呈凹沟状，在显微镜下显示纯金属或固溶体的多面体晶粒。

化学浸蚀用的浸蚀剂，随合金性能而不同，有的合金易被浸蚀，只需用稀酸作为浸蚀剂即可，如碳素钢只需用4%硝酸酒精浸蚀；而某些合金却极难浸蚀，需要用极强的酸和碱才能浸蚀。

两相合金的浸蚀与单相合金的浸蚀原理不同，它主要是电化学腐蚀过程。合金中的两个组成相具有不同的电位，当磨面浸入浸蚀剂中便形成许多对微小的局部电池，具有较高负电位的一相成为局部电池的阳极，被很快地溶入浸蚀剂中，因而该相逐渐呈现凹沟。具有较高正电位的另一相成为阴极，在正常电化作用下不受浸蚀，保持原有的光滑平面。

多相合金的浸蚀也是一个电化学溶解过程。浸蚀过程中希望浸蚀对于各相有不同程度的浸蚀，使在显微镜下能识别各相组成。但是一般电化学作用对于多相合金的浸蚀，往往是对负电位较高的各相都产生溶解作用，只有正电位较高的一相未被浸蚀，一般不能鉴别多相组织，所以要选择浸蚀剂，用多种的浸蚀剂进行浸蚀。表6-13为部分常用金属材料的化学和电解浸蚀溶液成分与工艺。

表6-13 部分常用金属材料的化学和电解浸蚀溶液成分与工艺

适用材料	溶液成分		工作条件			备注
	组成	含量/(g/L)	电压/V	温度/℃	时间/s	
低碳钢和低合金钢	HCl 若干	50vol% 2～3		室温	60～300	时间从冒泡算起，适用于磷化
低合金钢和不锈钢	H_2SO_4	520～600	6～8	12～24		低合金钢：阳极30～60s；不锈钢：先阳极45s后阴极15s
	H_2SO_4	880～920	6～8	12～24		
不锈钢和镍基合金	$FeCl_3$ HCl	29～330 54～62		室温	90～120 (槽镀)	
合金钢和不锈钢	H_2SO_4 $K_2Cr_2O_7$	520～540 1～2	6～8	12～24		合金钢：阳极30～60s；不锈钢：先阳极45s后阴极15s
铜合金	H_2SO_4 HNO_3	880～900 240～250		室温	5	
铝合金	H_3PO_4	435～440		室温	20～30	适用于化学氧化
	NaOH	60～80		60～70	15～30	适用于电镀，阳极氧化等

2. 化学浸蚀的要点

① 由于化学浸蚀剂是酸或碱的溶液，有一定的腐蚀性及强烈的气味，所以操作时最好能在抽风柜内进行。

② 磨面浸蚀前必须冲洗清洁，去除任何污垢，以免阻碍浸蚀作用，浸蚀的方法有浸入法和揩擦法。浸入法是将试样用夹子或手指夹住，浸入盛有浸蚀剂的器皿中，使磨面朝下，并使试样全部浸入，但不能与器皿底部紧密接触，故应不时地轻微移动，免使磨面浸蚀不

均。在浸蚀过程中，应不断观察磨面的浸蚀程度，以防过蚀。整个浸蚀过程如下：光亮的磨面经浸蚀逐渐失去光泽，再变成银白色或淡黄色，最后成为黑色。一般宜浸蚀较浅先在显微镜下观察浸蚀程度，如果组织尚未显露，可不经抛光再进行浸蚀；如果浸蚀过度，重新抛光不但浪费时间，而且效果也不好。

如要求较严格的试样，浸入浸蚀剂中最好磨面朝上，这样可以观察到磨面的变化及防止磨面与容器接触造成浸蚀不均。在浸蚀过程中应摇动浸蚀剂，使磨面受蚀更均匀。

揩擦法浸蚀是将试样磨面朝上平放在工作台上，以蘸有浸蚀剂的棉花在磨面上轻轻揩擦。此法浸蚀后磨面易产生浸蚀不均匀，它适合大型工件和大试样的金相检查。

③ 试样的浸蚀时间和浸蚀程度受到试样的粗糙程度、浸蚀剂的浓度和新旧程度的影响，而且也受到浸蚀温度的影响。所以一般浸蚀的结果要根据操作者的经验或试验而得出满意的结果，不同放大倍数下的浸蚀程度也有所不同，一般应以能清晰地显示出组织为度。把经浸蚀适度的试样从浸蚀剂中取出后，应迅速用清水彻底冲洗，然后浸入酒精中或用酒精喷射试样磨面，再用热风吹干，喷酒精的目的是使磨面加快干燥，吹风时试样应倾斜，防止表面积水而成“水渍”，影响试样的微观质量。浸蚀后的试样磨面应保持清洁，不要用棉花揩擦，不要用手抚摸，也不要与其他物品或试样之间产生碰擦，目的是为了保护磨面不受损坏。浸蚀后的试样如不要求及时观察，或需要保存，应立即放入干燥器内。

参考文献

[1] 严岱年，刘虎．表面处理［M］．南京：东南大学出版社，2001.
[2] 胡传炘．表面处理手册［M］．北京：北京工业大学出版社，2005.
[3] 胡昌义，李靖华．化学气相沉积技术与材料制备［J］．稀有金属，2001，25（5）：365-370.
[4] 金和喜，王日初，彭超群等．镁合金表面化学转化膜研究进展［J］．中国有色金属学报，2011，21（9）：2049-2059.
[5] 金华兰，杨湘杰，危仁杰等．化学转化膜对镁合金抗腐蚀性的影响［J］．中国有色金属学报，2007，17（6）：963-967.
[6] 任雅勋．影响黄铜化学转化膜质量的因素［J］．电镀与涂饰，2001，20（6）：14-21.
[7] 彭玉田．黄铜化学转化膜洁净度的研究［J］．电镀与环保，2006，26（5）：20-22.
[8] 韩同宝．化学气相沉积设备与装置［J］．化学工程与装备，2011，（3）：136-137.
[9] 李能斌，罗韦因，刘钧泉等．化学镀铜原理、应用及研究展望［J］．电镀与涂饰，2005，24（10）：46-50.
[10] 田庆华，闫剑锋，郭学益等．化学镀铜的应用与发展概况［J］．电镀与涂饰，2007，26（4）：38-41.
[11] 李宁，屠振密．化学镀实用技术［M］．北京：化学工业出版社，2004.
[12] 熊海平，萧以德，伍建华等．化学镀铜的进展［J］．表面技术，2002，31（6）：5-11.
[13] 郑雅杰，邹伟红，易丹青等．化学镀铜及其应用［J］．材料导报，2005，19（9）：76-82.
[14] 高志强，沈晓冬，崔升等．化学镀铜的研究进展［J］．材料导报，2007，21（z1）：217-219.
[15] 赵峰，杨艳丽．CVD 技术的应用与进展［J］．热处理，2009，24（4）：7-10.
[16] 张迎光，白雪峰，张洪林等．化学气相沉积技术的进展［J］．中国科技信息，2005，（12）：82-84.
[17] 杨西，杨玉华．化学气相沉积技术的研究与应用进展［J］．甘肃水利水电技术，2008，44（3）：211-213.
[18] 张叶成，张津，郭小燕等．PCVD 技术在模具强化中的应用与进展［J］．模具工业，2008，34（2）：64-68.
[19] 汤青云，陈益平，徐玲等．等离子体化学镀膜技术在粉末冶金行业的应用［J］．湖南城市学院学报（自然科学版），2009，18（4）：48-51.
[20] 吴笛．物理气相沉积技术的研究进展与应用［J］．机械工程与自动化，2011，（4）：214-216.
[21] 关春龙，李垚，郝晓东等．电子束物理气相沉积技术及其应用现状［J］．航空制造技术，2003，（11）：35-37.
[22] 郭洪波，彭立全，宫声凯等．电子束物理气相沉积热障涂层技术研究进展［J］．热喷涂技术，2009，1（2）：7-14.
[23] 张传鑫，宋广平，孙跃等．电子束物理气相沉积技术研究进展［J］．材料导报，2012，26（z1）：124-126.
[24] 张宇峰，张溪文，任兆杏等．离子束辅助薄膜沉积［J］．材料导报，2003，17（11）：40-43.

[25] 阎洪．物理气相沉积的原理和应用［J］．材料导报，1996，10（3）：26-30.
[26] 张洪涛，王天民，王聪等．物理气相沉积技术制备的硬质涂层耐腐蚀的研究进展［J］．材料导报，2002，16（8）：15-16.
[27] 上海市机械制造工艺研究所．金相分析技术［M］．上海：上海科学技术文献出版社，1987.
[28] 蔡明东，孙瑜，孙国雄．灰铸铁金相定量检测系统的研制［J］．现代铸铁，1999，（4）：38-42.
[29] 张忠诚，张红兵．黄铜表面的发黑处理研究［J］．中国表面工程，2003，16（1）：41-42.
[30] 王文忠．简论铝材的化学清洗与化学浸蚀［J］．电镀与环保，2015，（1）：51-53.
[31] 陈坤，张萌，陈晓芳．铜铬镧合金中第二相铬颗粒定量金相分析［J］．南昌大学学报，2005，29（2）：169-171.

第7章

焊 接

7.1 概述

在现代工业生产中，焊接已经成为金属加工的重要手段之一。作为金属连接重要手段的焊接技术，早已广泛应用于石油、化工、电力、机械、冶金、建筑、航空、航天、交通等工业部门和海洋工程、核电工程、电子技术工程中。随着科学技术的不断发展，焊接已经成为一门独立的学科体系。

焊接，或称熔接、镕接，是一种以加热方式接合金属或其他热塑性材料如塑料的制造工艺及技术。焊接透过下列三种途径达成接合的目的：①加热欲接合之工件使之局部熔化形成熔池，熔池冷却凝固后便接合，必要时可加入熔填物辅助；②单独加热熔点较低的焊料，无需熔化工件本身，借焊料的毛细作用联接工件（如软、硬钎焊）；③在相当于或低于工件熔点的温度下辅以高压、叠合挤塑或振动等使两工件间相互渗透接合（如锻焊、固态焊接）。

焊接与其他工艺相比具有以下优点：①与铆接相比，焊接可以节省金属材料，从而减轻了结构的质量；与粘接相比，焊接具有较高的强度，焊接接头的承载能力可以达到与焊件材料相同的水平；②焊接工艺过程比较简单，生产率高，焊接既不需像铸造那样要进行制作木型、造砂型、熔炼、浇铸等一系列工序；也不像铆接那样要开孔，制造铆钉并加热等，因而缩短了生产周期；③焊接质量高。焊接接头不仅强度高，而且其他性能（如物理性能、耐热性能、耐腐蚀性能及密封性）都能够与焊件材料相匹配；④焊接可以化大为小并能将不同材料联接成整体。制造双金属结构还可将不同种类的毛坯连成铸-焊、铸-锻-焊复合结构，从而充分发挥材料的潜力，提高设备利用率，用较小的设备制造出大型的产品；⑤焊接的劳动条件比铆接好，劳动强度小，噪声低。由于具备上述优点，在锅炉、压力容器、船体和桥式起重机制造中，焊接已全部取代铆接。在工业发达国家，焊接结构所用钢材约占钢材总产量的50％。

依具体的焊接工艺，焊接可细分为气焊、电阻焊、电弧焊、感应焊接及激光焊接等其他特殊焊接。

焊接的能量来源有很多种，包括气体焰、电弧、激光、电子束、摩擦和超声波等。除了在工厂中使用外，焊接还可以在多种环境下进行，如野外、水下和太空。无论在何处，焊接都可能给操作者带来危险，所以在进行焊接时必须采取适当的防护措施。焊接给人体可能造成的伤害包括烧伤、触电、视力损害、吸入有毒气体、紫外线照射过度等。

7.1.1 焊接技术的发展

19世纪末之前，唯一的焊接工艺是铁匠沿用了数百年的金属锻焊。最早的现代焊接技术出现在19世纪末，先是弧焊和氧燃气焊，稍后出现了电阻焊。20世纪早期，第一次世界大战和第二次世界大战中对军用设备的需求量很大，与之相应的廉价可靠的金属连接工艺受到重视，进而促进了焊接技术的发展。战后，先后出现了几种现代焊接技术，包括目前最流行的手工电弧焊、以及诸如熔化极气体保护电弧焊、埋弧焊（潜弧焊）、药芯焊丝电弧焊和电渣焊这样的自动或半自动焊接技术。20世纪下半叶，焊接技术的发展日新月异，激光焊接和电子束焊接被开发出来。今天，焊接机器人在工业生产中得到了广泛的应用。研究人员仍在深入研究焊接的本质，继续开发新的焊接方法，并进一步提高焊接质量。

金属联接的历史可以追溯到数千年前，早期的焊接技术见于青铜时代和铁器时代的欧洲和中东。数千年前的两河文明已开始使用软钎焊技术。公元前340年，在制造重达5.4t的印度德里铁柱时，人们就采用了焊接技术。

中世纪的铁匠通过不断锻打红热状态的金属使其联接，该工艺被称为锻焊。维纳重·比林格塞奥于1540年出版的《火焰学》一书记述了锻焊技术。文艺复兴时期的工匠已经很好地掌握了锻焊，接下来的几个世纪中，锻焊技术不断改进。到19世纪时，焊接技术的发展突飞猛进，其风貌大为改观。1800年，汉弗里·戴维爵士发现了电弧；稍后随着俄国科学家尼库莱·斯拉夫耶诺夫与美国科学家CL哥芬（C. L. Coffin）发明的金属电极推动了电弧焊工艺的成型。电弧焊与后来开发的采用碳质电极的碳弧焊，在工业生产上得到广泛应用。1900年左右，AP斯特罗加诺夫在英国开发出可以提供更稳定电弧的金属包覆层碳电极；1919年，CJ霍尔斯拉格首次将交流电用于焊接，但这一技术直到10年后才得到广泛应用。

电阻焊在19世纪的最后十年间被开发出来，第一份关于电阻焊的专利是伊莱休·汤姆森于1885年申请的，他在接下来的15年中不断地改进这一技术。铝热焊接和可燃气焊接发明于1893年。埃德蒙·戴维于1836年发现了乙炔，到1900年左右，由于一种新型气炬的出现，可燃气焊接开始得到广泛的应用。由于廉价和良好的移动性，可燃气焊接在一开始就成为最受欢迎的焊接技术之一。但是随着工程师们对电极表面金属敷盖技术的持续改进（即助焊剂的发展），新型电极可以提供更加稳定的电弧，并能够有效地隔离基底金属与杂质，电弧焊因此能够逐渐取代可燃气焊接，成为使用最广泛的工业焊接技术。

第一次世界大战使得对焊接的需求激增，各国都在积极研究新型的焊接技术。英国主要采用弧焊，他们制造了第一艘全焊接船体的船舶弗拉戈号。大战期间，弧焊亦首次应用在飞机制造上，如许多德国飞机的机体就是通过这种方式制造的。另外值得注意的是，世界上第一座全焊接公路桥于1929年在波兰沃夫其附近的Słudwia Maurzyce河上建成，该大桥是由华沙工业学院的斯特藩·布莱林（Stefan Bryła）于1927年设计的。

20世纪20年代，焊接技术获得重大突破。1920年出现了自动焊接，通过自动送丝装置来保证电弧的连贯性。保护气体在这一时期得到了广泛的重视。因为在焊接过程中，处于高温状态下的金属会与大气中的氧气和氮气发生化学反应，因此产生的空泡和化合物将影响接头的强度。解决方法是，使用氢气、氩气、氦气来隔绝熔池和大气。接下来的10年中，焊接技术的进一步发展使得诸如铝和镁这样的活性金属也能焊接。20世纪30年代至第二次世界大战期间，自动焊、交流电和活性剂的引入大大促进了弧焊的发展。

20 世纪中叶，科学家及工程师们发明了多种新型焊接技术。1930 年发明的螺柱焊接（植钉焊），很快就在造船业和建筑业中广泛使用。同年发明的埋弧焊，直到今天还很流行。钨极气体保护电弧焊在经过几十年的发展后，终于在 1941 年得以最终完善。随后在 1948 年，熔化极气体保护电弧焊使得有色金属的快速焊接成为可能，但这一技术需要消耗大量昂贵的保护气体。采用消耗性焊条作为电极的手工电弧焊是在 20 世纪 50 年代发展起来的，并迅速成为最流行的金属弧焊技术。1957 年，药芯焊丝电弧焊首次出现，它采用的自保护焊丝电极可用于自动化焊接，大大提高了焊接速度。同一年，等离子弧焊发明。电渣焊发明于 1958 年，气电焊则于 1961 年发明。

焊接技术在近年来的发展包括：1958 年的电子束焊接能够加热面积很小的区域，使得深处和狭长形工件的焊接成为可能。其后激光焊接于 1960 年发明，在其后的几十年岁月中，它被证明是最有效的高速自动焊接技术。不过，电子束焊与激光焊两种技术由于其所需配备价格高昂，其应用范围受到限制。

焊接的经济成本是其工业应用的重要影响因素。影响焊接成本的因素很多，如设备、人力、原材料和能量成本等。焊接设备的成本对不同工艺来说变化很大，手工电弧焊和可燃气焊接相对成本低廉，激光焊接和电子束焊接则成本较高。由于某些焊接工艺的成本高昂，一般只用于制造重要的部件。自动焊接设备和焊接机器人的设备成本也很高，因此它们的使用也受到相应的限制。人力成本取决于焊接的速度、每小时工资和总工作时间（包括焊接和后续处理）。原材料成本包括购置母材、焊缝填充材料、保护气体的费用，能量成本则取决于电弧工作时间和焊接的能量需求。

对于手工焊接来说，人力成本往往占总成本的很大一部分。因此，手工焊接成本的降低往往着眼于减少焊接操作的时间，有效的方法包括提高焊接速度、优化焊接参数等。焊接之后的除渣也是一件费时费力的工作。因此，减少焊渣能够提高安全性、环保性，并降低成本，提高焊接质量。机械化和自动化作业也能有效地降低人力成本，但另一方面增加了设备成本，还需要额外的设备安装和调试时间。当产品有特殊需求时，原材料成本往往随之水涨船高。而能量成本通常是不重要的，因为它一般只占总成本的几个百分点。

近年来为了减少高端产品中焊接的人力成本，工业生产中的电阻点焊和弧焊大量采用自动焊接设备（尤其是汽车工业）。焊接机器人能够有效地完成焊接，尤其是点焊。随着技术的进步，焊接机器人也开始用于弧焊。焊接技术的前沿发展领域包括：异型材料之间的焊接（如铁和铝部件的焊接联接）、新型焊接工艺，如搅拌摩擦焊、磁力脉冲焊、导热缝焊和激光复合焊等。其他研究则集中于扩展现有焊接工艺的应用范围，如将激光焊接应用于航空和汽车工业。研究者们还希望进一步提高焊接质量，尤其是控制焊缝的微观结构和残余应力，以减少焊缝的变形断裂。

7.1.2 国内焊接技术的发展现状

我国的焊接技术是新中国成立后才获得发展的，虽然起步较晚，但已取得令人瞩目的成就。早在 20 世纪 60 年代，我国就掌握了万吨级巨轮和桥式起重机的焊接技术，并成功地设计和制造了全焊的 12000t 水压机。

近 30 年来，我国焊接技术的发展十分迅速，已经从单一的焊接技术发展成为综合性的制造技术，所涉及的技术领域包括结构材料、结构设计、焊接方法、焊接设备及工艺装备、焊接材料、焊件毛坯的预处理与加工、焊接标准、焊接过程的机械化和自动化、焊接工艺过程的控制、焊缝质量的监控、检验和管理、焊后热处理、焊件的后处理及涂装、焊接环保及焊接结构的失效分析等。焊接结构用材料已从普通的碳素钢、低合金钢扩大到各种中合金钢、高合金钢、不锈钢、低温钢、耐热钢及耐热合金、耐蚀镍基合金、铝及铝合金、铜及铜合金、钛及钛合金、耐磨合金、难熔金属及活性金属、铸铁、工程塑料以及陶瓷等。焊接结构的应用领域已从锅炉、压力容器、管道、船舶、车辆扩大到航天航空工程设备、建筑机械、桥梁、机床、核能设备、冶金矿山设备、轻工、医疗机械、家电器件、电子仪表以及食品、饮料加工设备等。

在工业生产中应用的焊接方法，除了气焊、焊条电弧焊（曾称为手弧焊）、埋弧焊、电阻焊及电渣焊等传统焊接方法外，目前已广泛采用了钨极氩弧焊、CO_2气体保护焊、熔化极惰性气体保护焊、等离子弧焊、电子束焊、激光焊、高频焊、感应压力焊、摩擦焊、爆炸焊、超声波焊、扩散焊、冷压焊、热剂焊、堆焊、钎焊及热喷涂等。焊接设备已从最原始的弧焊变压器和弧焊整流器等，发展到晶闸管整流电源、晶体管电源、逆变型电源以及微机控制焊接电源。自动与半自动焊机的控制系统也从最简单的电磁继电器控制，发展到无触点电子控制、微机控制和可编程序逻辑控制。焊缝跟踪、弧长控制和焊接参数的监控已在各类自动焊机中得到成功的应用。焊接工艺装备已从简单的操作机、滚轮架、变位器和翻转胎等发展到全自动化的专用成套焊接装备和焊接加工中心。焊接机器人和柔性制造系统也开始在专业化生产中发挥作用。为适应结构材料及焊接方法的发展，焊接材料已从以药皮焊条为主转变为多品种、多型号的生产。实心焊丝、药芯焊丝的产量逐年增加，高强度钢、耐热钢、不锈钢和铝材等焊接材料正不断地扩大其应用范围。焊件毛坯的表面状态及坡口加工精度是保证焊接接头质量的重要条件，这已为焊接工程界所普遍接受。现在已有不少企业建立了钢板、型钢、管子预处理生产线，配备了各种类型的坡口加工设备，如刨边机、铣边机、管端坡口机以及专用边缘车床等。焊件毛坯的预处理和坡口的精确加工已成为重要焊接结构制造工艺不可缺少的部分。随着焊接结构不断向高参数、大型化、重型化方向发展，对焊接接头的质量提出了越来越高的要求。焊接接头的各种无损检测技术，如表面磁粉探伤、X射线探伤、超声波探伤和渗透探伤法，得到了普遍的应用。在批量生产或连续生产线生产中，为加快无损检测的速度，射线图像数字分析和工业电视显示技术已开始实际应用。在超声波探伤中，智能化数字式超声波检测仪、计算机控制自动扫描超声波检测仪以及图像分析和信号处理系统已研制成功并投放市场。这些先进的检测仪不仅可提高缺陷检测精度，而且消除了超声波探伤仪缺陷信号波形无记录的弊病。对于锅炉、压力容器和高压管道等重要焊接结构，为确保焊接接头的各项性能与母材金属基本相等，焊后热处理工艺在很大程度上起着决定性的作用。在这些焊接结构中，广泛应用了高强度钢、耐热合金钢、高合金马氏体钢、不锈钢和沉淀硬化不锈钢等新型结构材料，使焊后热处理从简单的消除应力处理，发展到正火加回火处理，调质处理和固溶处理等较复杂的热处理工艺。我国是一个人口众多的发展中国家，近年来焊接事业虽然取得巨大的进步，但与工业发达国家相比还有较大的差距，在推广高质、高效、低成本的焊接技术，在焊接专机与辅机的研制，在用电子技术改造传统技术等方面，还有大量的工作要做。根据国家的发展计划，许多工业部门都对焊接技术提出了新的要求，这些无疑促进了焊接工艺的不断变化，从而可以获得更高质量、更能满足现场要求的焊接结构。

7.2 熔化焊

利用局部加热的方法，将焊件的结合处加热到熔化状态，并加入填充金属，凝固后，彼此焊合在一起，这类焊接方法称为熔化焊，是金属焊接的主要方法，属于这类的焊接有：①气焊；②电弧焊：手工电弧焊、自动埋弧焊、半自动埋弧焊；③铝热焊；④电渣焊；⑤等离子焊；⑥电子束焊；⑦气电焊：CO_2气体保护焊、惰性气体保护焊、氢原子焊；⑧激光焊。

焊接的加工对象不仅有各种各样的金属材料，也有塑料、陶瓷等非金属材料，但应用最多的是各种金属材料的焊接。

金属熔化焊的目的是将分离的两个金属零件通过加热熔化形成永久的接头，并且具有符合使用要求的各种性能。熔化焊过程中，因被焊金属（也称"母材"）和填充金属发生加热熔化，必然会产生一系列的冶金和热应力作用，从而可能产生裂纹、气孔、夹杂等焊接缺陷，使焊接接头的力学性能和理化性能等达不到使用要求。焊接接头的性能质量不仅与母材和填充金属有关，而且与熔焊中的物理化学反应或冶金反应有关。如手弧焊时，对于不同的母材，例如钢和铜，因材料不同，所用焊条不同，焊接接头性能不同。如果母材相同，但所选用的焊条药皮类型不同，得到的接头性能也不同。即使母材和焊条完全相同，如果焊接工艺条件不同，所获焊接接头的性能质量也不相同。

7.2.1 焊接性

焊接性就是金属材料在一定的工艺条件下焊接时，能获得优质焊接接头的一种工艺性能。如果一种材料只需用一般的焊接工艺就能获得优质接头，则该材料具有良好的焊接性；反之，如果要用很特殊、很复杂的焊接工艺才能获得优质接头，则该材料的可焊性较差。焊接的质量还取决于所采用的母材和填充材料。并非所有的金属都能焊接，不同的母材需要搭配特定的助焊剂。

从广义来说，"可焊性"这一概念还包括"可用性"和"可靠性"。可焊性取决于材料的特性和所采用的工艺条件。金属材料的可焊性不是静止不变的，而是发展的，例如原来认为可焊性不好的材料，随着科学技术的发展，有了新的焊接方法而变为易于焊接，即可焊性变好了。因此我们不能离开工艺条件来泛谈可焊性问题。

可焊性的相关试验是产品设计、施工准备以及正确拟订焊接工艺的重要依据。通过可焊性试验，可以知道金属材料在一定工艺条件下焊接后的情况，如焊接接头出现裂缝的可能性，即抗裂性好坏；焊接接头在使用中的可靠性，包括接头的力学性能和其他的特殊性能（耐热、耐蚀、耐低温、抗疲劳、抗时效等）。

7.2.2 焊接方法

1. 弧焊

弧焊使用焊接电源来创造并维持电极和焊接材料之间的电弧，使焊点上的金属融化形成熔池。它们可以使用直流电或交流电，使用消耗性或非消耗性电极。有时在熔池附近会引入某种惰性或半惰性气体，即保护气体，有时还会添加焊补材料。

（1）能量供应

弧焊过程要消耗大量的电能，可以通过多种焊接电源来供应能量。最常见的焊接电源包括恒流电源和恒压电源。在弧焊过程中，所施加的电压决定电弧的长度，所输入的电流则决定输出的热量。恒流电源输出恒定的电流和波动的电压，多用于人工焊接，如手工电弧焊和钨极气体保护电弧焊。因为人工焊接要求电流保持相对稳定，而在实际操作中，电极的位置很难保证不变，弧长和电压也会随之发生变化。恒压电源输出恒定的电压和波动的电流，因此常用于自动焊接工艺，如熔化极气体保护电弧焊、药芯焊丝电弧焊和埋弧焊。在这些焊接工艺中，电弧长度保持恒定，因为焊头和工件之间距离发生的任何波动都通过电流的变化来弥补。例如，如果焊头和工件的间隔过近，电流将急速增大，使得焊点处发热量骤增，焊头部分融化直至间隔恢复到原来的程度。

所用电的类型对焊接有很大影响。耗电量大的焊接工艺，如手工电弧焊和熔化极气体保护电弧焊通常使用直流电，电极可接正极或负极。在焊接中，接正极的部分会有更大的热量集中，因此，改变电极的极性将影响到焊接性能。如果是工件接正极，工件将更热，焊接深度和焊接速度也会大大提高。反之，工件接负极的话将焊出较浅的焊缝。耗电量较小的焊接工艺，如钨极气体保护电弧焊，可以通直流电（采用任意接头方式），也可以使用交流电。然而，这些焊接工艺所采用的电极都是只产生电弧而不提供焊料的，因此在使用直流电时，接正电极的时候，焊接深度较浅，而接负电极时能产生更深的焊缝。交流电使电极的极性迅速变化，从而将生成中等穿透程度的焊缝。使用交流电的缺点之一是，每一次变化的电压通过电压零点后，电弧必须重新点燃，为解决这一问题，一些特殊的焊接电源产生的是方波型的交流电，而不是通常的正弦波型，使得电压变化通过零点时的负面影响降到最小。

（2）弧焊工艺

手工电弧焊是最常见的焊接工艺。在焊接材料和消耗性的焊条之间，通过施加高电压来形成电弧，焊条的芯部分通常由钢制成，外层包覆有一层助焊剂。在焊接过程中，助焊剂燃烧产生二氧化碳，保护焊缝区免受氧化和污染。电极芯则直接充当填充材料，不需要另外添加焊料。这种工艺的适应面很广，所需的设备也相对便宜，非常适合现场和户外作业。操作者只需接受少量的培训便可熟练掌握。焊接时间较慢，因为消耗性的焊条电极必须经常更换。焊接后还需要清除助焊剂形成的焊渣。此外，这一技术通常只用于焊接黑色金属，焊铸铁、镍、铝、铜等金属时需要使用特殊焊条。缺乏经验的操作者还往往难以掌握特殊位置的焊接。

熔化极气体保护电弧焊，通常包含 MIG（又称为金属-惰性气体焊）及 MAG（又称为金属-活性气体焊），是一种半自动或自动的焊接工艺。它采用焊条连续送丝作为电极，并用惰性、半惰性或活性气体，以及混合气体保护焊点。和手工电弧焊相似，操作者稍加培训就能熟练掌握。由于焊丝供应是连续的，熔化极气体保护电弧焊和手工电弧焊相比能获得更高的焊接速度。此外，因其电弧相对手工电弧焊较小，熔化极气体保护电弧焊更适合进行特殊位置焊接（如仰焊）。

和手工电弧焊相比，熔化极气体保护电弧焊所需的设备要复杂和昂贵得多，安装过程也比较繁琐。因此，熔化极气体保护电弧焊的便携性和通用性并不好，而且由于必须使用保护气体，并不是特别适合于户外作业。但是，熔化极气体保护电弧焊的焊接速度较快，非常适合工厂化大规模焊接。这一工艺适用于多种金属，包括黑色和有色金属。

另一种相似的技术是药芯焊丝电弧焊，它使用和熔化极气体保护电弧焊相似的设备，但采用包覆着粉末材料的钢质电极芯的焊丝。和标准的实心焊丝相比，这种焊丝更加昂贵，在焊接中会产生烟和焊渣，但使用它可以获得更高的焊接速度和更大的焊深。

钨极气体保护电弧焊，或称钨-惰性气体（TIG 焊）焊接，是一种手工焊接工艺。它采用非消耗性的钨电极，惰性或半惰性的保护气体，以及额外的焊料。这种工艺拥有稳定的电弧和较高的焊接质量，特别适用于焊接板料，但这一工艺对操作者的要求较高，焊接速度相对较低。

钨极气体保护电弧焊几乎适用于所有的可焊金属，最常用于焊接不锈钢和轻金属。它往往用于焊接那些对焊接质量要求较高的产品，如自行车、飞机和海上作业工具。与之类似的是等离子弧焊，它采用钨电极和等离子气体来生成电弧。等离子弧焊的电弧相对于钨极气体保护电弧焊更集中，使对等离子弧焊的横向控制显得尤为重要，因此这一技术对机械系统的要求较高。由于其电流较稳定，该方法与钨极气体保护电弧焊相比，焊深更大，焊接速度更快。它能够焊接钨极气体保护电弧焊所能焊接的几乎所有金属，唯一不能焊接的是镁。不锈钢自动焊接是等离子弧焊的重要应用。该工艺的一种变种是等离子切割，适用于钢的切割。

埋弧焊，是一种高效率的焊接工艺。埋弧焊的电弧是在助焊剂内部生成的，由于助焊剂阻隔了大气的影响，焊接质量因此得以大大提升。埋弧焊的焊渣往往能够自行脱落，无需清理焊渣。埋弧焊可以通过采用自动送丝装置来实现自动焊接，这样可以获得极高的焊接速度。由于电弧隐藏在助焊剂之下，几乎不产生烟雾，埋弧焊的工作环境大大好于其他弧焊工艺。这一工艺常用于工业生产，尤其是在制造大型产品和压力容器时。其他的弧焊工艺包括原子氢焊、碳弧焊、电渣焊、气电焊、螺柱焊接等。

2. 气焊

最常见的气焊工艺是可燃气焊接，也称为氧乙炔焰焊接。它是最古老，最通用的焊接工艺之一，但近年来在工业生产中已经不多见。它仍广泛用于制造和维修管道，也适用于制造某些类型的金属艺术品。可燃气焊接不仅可以用于焊接铁或钢，还可用于铜焊、钎焊、加热金属（以便弯曲成型）、气焰切割等。

可燃气焊接所需的设备较简单，也相对便宜，一般通过氧气和乙炔混合燃烧来产生温度约为3100℃的火焰。因为火焰相对电弧更分散，可燃气焊接的焊缝冷却速度较慢，可能会导致更大的应力残留和焊接变形，但这一特性简化了高合金钢的焊接。一种衍生的应用被称为气焰切割，即用气体火焰来切割金属。其他的气焊工艺有空气乙炔焊、氧氢焊、气压焊，它们的区别主要在于使用不同的燃料气体。氢氧焊有时用于小物品的精密焊接，如珠宝首饰。气焊也可用于焊接塑料，一般采用加热空气来焊接塑料，其工作温度比焊接金属要低得多。

3. 铝热焊

铝热焊是用金属氧化物与铝粉的化学反应所放出的热来加热待焊接头到熔化状态使熔化的填充金属与熔化的母材共同结晶为一整体的焊接接头，按用化学反应热作为热源的分属于化学焊，按焊接成分属于熔化焊。

焊接时，预先把待焊两工件的端头固定在铸型内，然后把铝粉和氧化铁粉混合物（称铝热剂）放在坩埚内加热，使之发生还原放热反应，成为液态金属（铁）和熔渣（主要为Al_2O_3），注入铸型。液态金属流入接头空隙，形成焊缝金属，熔渣则浮在表面上。为了调整熔液温度和焊缝金属化学成分，常在铝热剂中加入适量的添加剂和合金。铝热焊具有以下几个优点：

1）铝热焊接自带热源，因此，设备简单，操作方便，快速，少量人员就可进行焊接操作；

2）焊件在焊接过程中几何位置几乎不变，因此其平顺性取决于工装卡具，故而焊接接头的平顺性优于气压焊；

3）铝热焊接是铸造过程，其焊缝金属是铸态组织，因此其接头的性能具有铸造的特点。力学性能相对比闪光焊、气压焊要差。

基于上述特点，铝热焊成为铁路无缝线路铺设的主要现场焊接方法。特别对于提速及高速线路，铝热焊接头以其优良的平顺性而得到世界各国的广泛采用。

4. 电渣焊

电渣焊是利用电流通过液态熔渣所产生的电阻热作为热源进行焊接的一种熔焊方法，其焊接过程如图 7-1 所示。

垂直放置的两个焊件端面间留有一定间隙（一般为 20～40mm），焊件两侧表面装有强迫成形的铜制滑块（内通冷却水），使两个焊件的联接处构成上端开口的方柱形空腔。在此空腔中由具有一定导电性的液态熔渣构成渣池，焊丝由空腔上端插入渣池中。焊接时，焊接电流从焊丝端部经过渣池流向焊件，渣池内产生的电阻热使温度升高达 1700～2000℃，将焊丝及焊件边缘熔化，熔化金属沉积到渣池下面形成熔池，熔池对熔池金属起良好的保护作用。随着过程的进行，熔池和渣池不断上升，熔池底部液态金属冷却凝固形成焊缝。根据焊件厚度不同，焊丝可采用一根或多根。

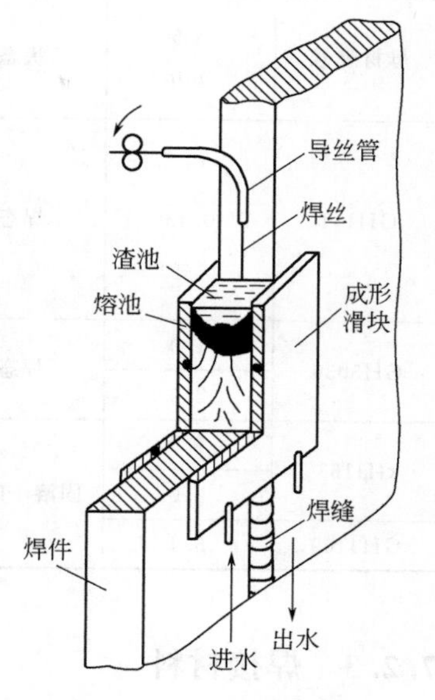

图 7-1 电渣焊过程

电渣焊的特点如下。

(1) 生产率高，可以一次焊成大厚度焊件。如单丝不摆动可焊接厚度 60mm 的焊件；若焊丝往复摆动，则可焊接厚度达 150mm。

(2) 成本低，焊前不需加工坡口，节省钢材和加工工时，节省焊接材料和电能。如焊剂消耗量仅为埋弧焊的 1/20，电能消耗只有埋弧焊的 1/3～1/2。

(3) 焊缝缺陷少，渣池机械保护效果好，熔池金属冷却缓慢，有利于气体和杂质的排出，不易产生气孔、夹渣和裂纹等缺焊陷。

(4) 焊接接头晶粒粗大，焊缝和热影响区高温停留时间长，晶粒粗大和过热现象严重，焊接后需要进行正火和回火处理。

电渣焊主要适用于板厚 40mm 以上的碳钢和合金结构钢构件的焊接。

5. 等离子焊

等离子焊是在钨极与喷嘴（或工件）间产生电弧，通入气体介质（氩、氢或氮气），使电弧受压缩而形成等离子焰区，温度可达 10000～15000℃，利用此高温可进行焊接的一种方法。焊接电源的一极接于喷嘴的，称为间接等离子焰；接于工件的，称为直接等离子焰。等离子焊应用于难熔、易氧化、热敏感性强的特种金属材料的焊接，如 W、Mo、Be、Cu、Al、Ni、Ti 等难熔金属、不锈钢、超高强度钢。

6. 激光焊

激光焊可以焊接各类高温合金，包括电弧焊难以焊接的含高 Al、Ti 的弥散强化和时效处理的高温合金。用于高温合金焊接的激光发生器一般为 CO_2 连续或脉冲激光发生器，功率调节范围很大。激光焊的保护气体，推荐采用氦气或氦气与少量氩的混合气体。使用氦气成本较高，但是氦气可以抑制离子云，增加焊缝熔深。高温合金激光焊的接头形式一般为对接和搭接接头，母材厚度可达 10mm。接头制备和装配要求很高，与电子束焊类似。激光焊的主要参数是输出功率和焊接速度等，它是根据母材厚度和物理性能通过试验确定的。高温合金激光焊接头的力学性能较高，接头强度系数为 90%～100%。表 7-1 列出了几种高温合金激光焊焊接接头的力学性能。

表 7-1　高温合金激光焊焊接接头的力学性能

<table>
<tr><th rowspan="2">母材牌号</th><th rowspan="2">厚度/mm</th><th rowspan="2">状态</th><th rowspan="2">试验温度/℃</th><th colspan="3">拉伸性能</th><th rowspan="2">强度系数/%</th></tr>
<tr><th>抗拉强度 σ_b/MPa</th><th>屈服强度 $\sigma_{0.2}$/MPa</th><th>伸长率 δ/%</th></tr>
<tr><td rowspan="4">GH141</td><td rowspan="4">0.13</td><td rowspan="4">焊态</td><td>室温</td><td>859</td><td>552</td><td>16.0</td><td>99.0</td></tr>
<tr><td>540</td><td>668</td><td>515</td><td>8.5</td><td>93.0</td></tr>
<tr><td>760</td><td>685</td><td>593</td><td>2.5</td><td>91.0</td></tr>
<tr><td>990</td><td>292</td><td>259</td><td>3.3</td><td>99.0</td></tr>
<tr><td rowspan="2">GH3030</td><td>1.0</td><td rowspan="2">焊态</td><td rowspan="5">室温</td><td>714</td><td>—</td><td>13.0</td><td>88.5</td></tr>
<tr><td>2.0</td><td>729</td><td>—</td><td>18.0</td><td>90.3</td></tr>
<tr><td rowspan="2">GH163</td><td>1.0</td><td rowspan="3">固溶＋时效</td><td>1000</td><td>—</td><td>31.0</td><td>100</td></tr>
<tr><td>2.0</td><td>973</td><td>—</td><td>23.0</td><td>98.5</td></tr>
<tr><td>GH4169</td><td>6.4</td><td>1387</td><td>1210</td><td>16.4</td><td>100</td></tr>
</table>

7.2.3　焊接材料

1. 钢铁

不同钢铁材料的可焊性与其本身的硬化特性成反比，硬化特性指的是钢铁焊接后冷却期间产生马氏体的能力。钢铁的硬化特性取决于它的化学成分，如果一块钢材料含有较高比例的碳和其他合金元素，它的硬化特性指标就较高，因此可焊性相对较低。要比较不同合金钢的可焊性，可以采用以一种名为当量碳含量的方法，它可以反映出不同合金钢相对于普通碳钢的可焊性。例如，铬和钒对可焊性的影响要比铜和镍元素高，而以上合金元素的影响因子比碳都要小。合金钢的当量碳含量越高，其可焊性就越低。如果为了取得较高的可焊性而采用普通碳钢和低合金钢的话，产品的强度就相对较低——可焊性和产品强度之间存在着微妙的权衡关系。19 世纪 70 年代开发出的高强度低合金钢则克服了强度和可焊性之间的矛盾，这些合金钢在拥有高强度的同时也有很好的可焊性，使得它们成为焊接应用的理想材料。

由于不锈钢含有较高比例的铬，所以对它的可焊性的分析不同于其他钢材。不锈钢中的奥氏体具有较好的可焊性，但是奥氏体因其较高的热膨胀系数而对扭曲十分敏感。一些奥氏体不锈钢合金容易断裂，因此降低了它们的抗腐蚀性能。如果在焊接中不注意控制铁素体的生成，就可能导致热断裂。为了解决这个问题，可以采用一只额外的电极头，用来沉积一种含有少量铁素体的焊缝金属。铁素体不锈钢和马氏体不锈钢的可焊性也不好，在焊接中必须要预热，并用特殊焊接电极来焊接。

2. 铝

铝合金的可焊性随着其所含合金元素的不同变化很大。工业纯铝、非热处理强化变形铝镁和铝锰合金，以及铸造合金中的铝硅和铝镁合金具有良好的可焊性；可热处理强化变化铝合金的可焊性较差，如超硬铝合金 LC4，因焊后的热影响区变脆，故不推荐弧焊。铸铝合金 ZL1、ZL4L5 系可焊性较差。

铝及铝合金的焊接特点如下。

(1) 铝极易氧化生成氧化铝（Al_2O_3）薄膜，厚度 0.1～0.2mm，熔点高（约 2025℃），组织致密。焊接时，它对母材与母材之间，母材与填充材料之间的熔合起阻碍作用，影响操作者对熔池金属熔化情况的判断，还会造成焊缝金属夹渣和气孔等缺陷，影响焊接质量。

(2) 铝导热系数大，约为钢的4倍。要达到与钢相同的焊速，焊接线能量应为钢的2～4倍。铝的导电性好，电阻焊时比焊钢需更大功率的电源。

(3) 铝及其合金熔点低，高温时强度和塑性低（纯铝在640～656℃间的延伸率<0.69%），高温液态无显著颜色变化，焊接操作不慎时会出现烧穿、焊缝反面焊瘤等缺陷。

(4) 铝及其合金线膨胀系数（23.5×10^{-6}/℃）和结晶收缩率大，焊接时变形较大；对厚度大或刚性较大的结构，大的收缩应力可能导致焊接接头产生裂纹。

(5) 液态可大量溶解氢，而固态铝几乎不溶解氢。氢在焊接熔池快速冷却和凝固过程中易在焊缝中聚集形成气孔。

(6) 铝及其合金一般说来焊接性是良好的，可以采用各种熔焊、电阻焊和钎焊等方法进行焊接，只要采取合适的工艺措施，完全能够获得性能良好的焊接产品。

(7) 冷硬铝和热处理强化铝合金的焊接接头强度低于母材，给焊接生产造成一定困难。

铝合金对热断裂的敏感度很高，因此在焊接时通常采用高焊接速度、低热输入的方法。预热可以降低焊接区域的温度梯度，从而减少热断裂。但是预热也会降低母材的力学性能，并且不能在母材固定时施加。采用适当的接头形式、兼容性更好的填充合金都能减少热断裂的出现。铝合金在焊接之前应清理表面，除去氧化物、油污和松散的杂质。表面清理是非常重要的，因为铝合金焊接时，过多的氢会造成泡沫化，过多的氧会形成浮渣。

3. 铜

铜是人类历史上应用最早的金属，迄今也是应用最广泛的金属材料之一。主要用作导电、导热并兼有耐蚀性的器材及制造各种铜合金，是电气仪表、化工、造船、机械等工业部门中的重要材料。

在航空工业中，铜及铜合金主要用于航空仪表及附件的生产，如导电元件、弹性元件、管道和抗磨零件。

铜及铜合金的可焊性是比较差的，焊接它们比焊接低碳钢困难得多。其主要问题有下面四点。

(1) 难熔性及易变形

焊接紫铜及某些铜合金时，如果采用的焊接规范小，则母材就很难熔化，填充金属和母材也不能很好地熔合，产生焊不透现象。另外，铜及铜合金焊后变形也较严重。

产生这些现象的主要原因与铜及铜合金的热导率、线胀系数和收缩率有关，铜的热导率大，20℃时铜的热导率比铁大7倍多，1000℃时大11倍多。焊接铜时热量可以迅速从加热区传导出去，使母材与填充金属难以熔合。所以焊接时要使用大功率的热源，通常在焊前或焊接过程中还要采取预热措施。

从铜及多数铜合金线胀系数和收缩率上看，如表7-2所示，铜的线胀系数比铁大15%，而收缩率比铁大一倍以上。再加上铜及多数铜合金导热能力强，焊接热影响区宽，焊接时如工件刚度不大，又无防止变形的措施，必然会产生较大的变形。如强力组装或工件刚度很大时，由于变形受阻又会产生很大的焊接应力。

表7-2 铜和铁物理性能的比较

金属	热导率/(W/m·K)		线膨胀系数	收缩率/%
	20℃	1000℃	(20～100℃)/$10^{-6}K^{-1}$	
Cu	393.6	326.6	16.4	4.7
Fe	54.8	29.3	14.2	2.0

(2) 裂纹

焊接铜及铜合金时，在焊缝及近缝区均可能产生裂纹，其中最常见的是焊缝热裂纹。

焊缝热裂倾向与两个因素有关：一是焊缝中杂质和合金元素的影响；二是焊接过程中所产生的应力。

氧是铜中经常存在的杂质，氧对焊缝的热裂倾向影响很大。由铜-氧平衡状态图可知，氧在铜中的溶解度是非常小的。高温下铜中的氧主要是以 Cu_2O 的形式存在的。Cu_2O 能溶解于液体铜中，其溶解度随温度的升高而增大。当在1200～1066℃温度间冷却时，Cu_2O 会从饱和铜液中析出来。Cu_2O 在固态铜中实际是不溶解的。Cu_2O 能与铜形成 $Cu+Cu_2O$ 共晶体并分布于晶界，共晶温度为1066℃，低于铜的熔点约20℃，扩大了高温时的脆性温度范围，使焊缝发生热裂纹倾向增大。

铅和铋是铜及其合金的主要有害杂质，它们几乎不溶于铜，而且本身熔点也较低（Pb的熔点为327.4℃、Bi的熔点为217℃），在熔池结晶过程中析出于晶界，并与铜形成低熔点共晶体，如熔点为270℃的Cu＋Bi共晶体和熔点为326℃的Cu＋Pb共晶体，它们均易促使焊缝形成裂纹。

铜合金焊缝的热裂纹倾向，除与上述杂质有关外，还与合金元素的种类、数量及其与铜的结晶特性有关。用不同成分焊丝焊接黄铜和青铜，当焊缝为（$\alpha+\beta$）双相组织时，焊缝即使含Pb、Bi量较高也未出现裂纹，焊缝有较好的抗裂能力。其原因是，焊缝为（$\alpha+\beta$）双相组织时，焊缝晶粒变细，晶界增长，同样数量的易熔共晶是以不连续状分布在晶界，故抗裂性能提高。而当焊缝为单相α组织时，焊缝晶粒粗大，晶界面积少，Pb与Bi的低熔点共晶形成较厚的夹层状连续分布于晶界，所以焊缝抗裂能力较差。当焊缝一定要保持单相α组织时，要提高焊缝抗裂能力，就要注意限制Pb、Bi等有害杂质的含量，在焊接黄铜及青铜时，如使焊缝成为$\alpha+\beta$双相组织，可使其抗裂性能大大提高，但由于β脆性相的存在，这时焊缝的塑性有所降低。

由于铜及其合金线胀系数及收缩率都较大，而且导热性强，焊接时又多采用较大的焊接热功率，使加热区域较宽，焊接接头呈现的都是较大的拉应力，这也是促使铜及铜合金焊接接头发生裂纹的另一个影响因素。

(3) 气孔

气孔是铜及其合金焊接时一个主要问题。氩弧焊焊接紫铜时，氩气中如有微量氢或水汽，焊缝容易出现气孔。紫铜焊缝对氢气孔的敏感性大大高于低碳钢焊缝。其原因是铜的导热系数（20℃）比低碳钢高达七倍以上，所以铜焊缝结晶凝固过程进行得特别快，氢来不及析出，熔池容易为氢所饱和而形成气泡，在结晶凝固过程进行很快的情况下，气泡不容易上浮出去，氢继续向气泡扩散，从而使焊缝形成气孔。

为了消除氢气孔，应控制焊接时氢的来源，并降低熔池冷却速度（如预热等），使气体有时间析出。另外一种气孔是通过冶金反应而生成的，人们称它为反应气孔。从前面所述我们知道，在高温时铜与氧有较大的亲和力而生成Cu_2O，它在1200℃以上能溶于液态铜，在1200℃就从液态铜中开始析出，随温度下降，其析出量也随之增大，它与溶解在液态铜中的氢发生下列反应：

$$Cu_2O+2H = 2Cu+H_2O\uparrow$$

所形成的水蒸气不溶于铜中。由于铜的导热性能强，溶池凝固快，水蒸气来不及逸出而形成气孔。当在铜中含氧量很少时，发生上述反应气孔的可能性是很小的。防止上述反应气孔的主要途径是减少氧、氢来源，对熔池进行适当脱氧，采取使熔池慢冷的措施也能起防止气孔的作用。

有些研究还发现，氩弧焊时氮也是形成气孔的一种原因，随着氩气中氮气量的增加，焊缝气孔数量随之上升。避免和减少氮气孔的措施可采用含适量脱氮元素（Ti、Al）的焊丝。

（4）焊接接头性能变化及控制

焊后，铜及铜合金焊接接头的力学性能有所下降。例如用紫铜电焊条手弧焊焊接紫铜时，焊缝金属的抗拉强度虽与母材相近，但延伸率只有10%～25%；又如用埋弧焊焊接紫铜时，焊接接头的抗拉强度虽与母材接近，但延伸率一般约为20%。

造成力学性能降低的一个重要原因，是焊接接头的粗晶组织。轧制的铜及铜合金多数为单相组织，加热和冷却过程中没有同素异构转变，即没有再结晶细化晶粒的作用，因此焊接这类合金时，无论是焊缝还是近缝区都呈粗大晶粒组织。解决粗大组织的措施是焊接时往熔池中加入某些变质剂，如钛、锰、硅、铬等，能使晶粒细化从而改善焊缝的力学性能。

焊接接头力学性能恶化的另一个原因是焊接接头晶界上存在一定数量的脆性共晶体，如果熔池脱氧不足，则 $Cu+Cu_2O$ 共晶体就会在粗大柱状晶体端部交界处析集，从而大大削弱焊缝中心处的强度和塑性。

改善接头力学性能的一些措施是：控制焊缝和母材中氧的含量；对焊缝金属进行适当合金化和变质处理；合理地选择焊接方法和焊接规范。

另外，焊缝杂质过多和合金元素过量能引起焊接接头导电性能的降低。

为了避免接头导电能力的下降，应尽量减少焊缝中杂质和合金元素的含量。如果为了保证接头力学性能而必须添加合金元素时，则应选用对导电能力影响较小的合金元素，如Ag和Cr等。埋弧焊和惰性气体保护焊时，熔池保护好时，如果填充材料选用得当，焊缝金属纯度较高，其导电能力可达到母材的90%～95%。

铜及铜合金耐腐蚀性能较高，但在焊接时也会发生接头抗腐蚀性能下降的问题。焊接时合金元素的烧损和蒸发、接头上各种焊接缺陷、近缝区晶界上集中的 $Cu+Cu_2O$ 共晶体等，都可能降低其抗腐蚀性能。

高锌黄铜、锰青铜、镍锰青铜、铝青铜和白铜等对应力腐蚀特别敏感。焊后冷却过程中所形成的拉应力，将使工件在腐蚀环境中过早地破坏。防止应力腐蚀的措施是工件焊后应进行适当的热处理，以消除焊接应力的影响。

7.2.4 实例

梁、柱

图7-2所示的焊接梁，材料为20钢，成批生产。现有钢板的最大长度为2500mm，具体要求如下：

① 确定上、下翼板的拼接焊缝位置；

② 选择各焊缝的焊接方法和接头形式；

③ 制定梁的焊接工艺和焊接顺序。

工艺设计要点如下。

（1）翼板、腹板的拼接焊缝位。首先分析图7-2所示梁承受载荷时的受力情况。梁受载后，上翼板内受压应力作用，下翼板内受拉应力作用，且中部承受拉应力最大。腹板受力较小。因此，对于上翼板和腹板，从使用要求看，焊缝位置可以任意安排。考虑到充分利用材料原长和减少焊缝数量，上翼板和腹板都采用两块2500mm的钢板拼接，即焊缝在梁的中部。对于下翼板，考虑到结构工艺性，焊缝应避开拉应力大的位置，所以应采用三块板拼接。为了充分利用原材料长度，故下翼板采用焊缝距离为2500mm的对称布置方案。

根据以上分析，翼板和腹板的拼接焊缝位置如图7-3所示。

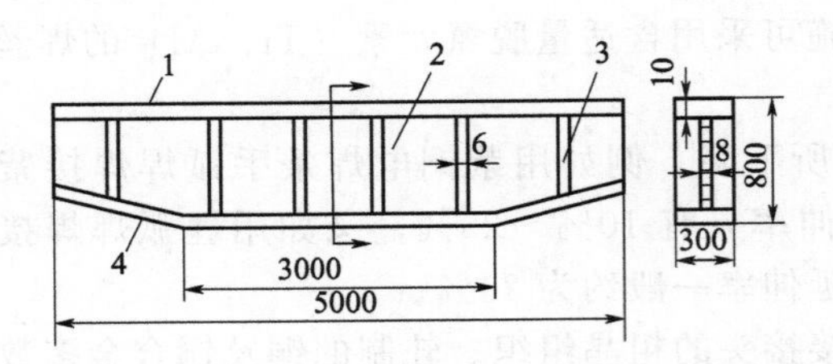

图 7-2　焊接梁

1—上翼板；2—腹板；3—肋板；4—下翼板

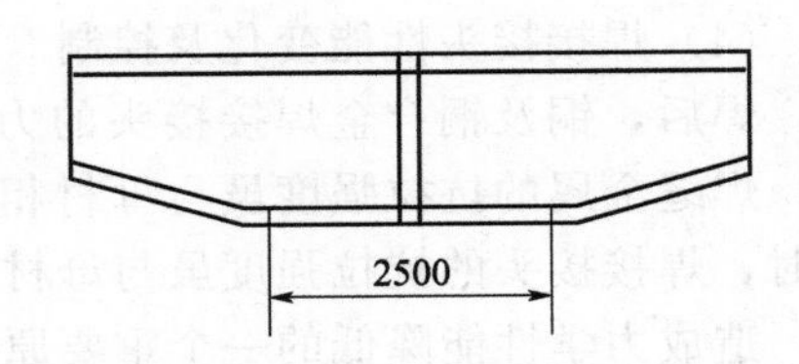

图 7-3　翼板、腹板拼接焊缝的位置

(2) 各焊缝的焊接方法及接头形式。根据焊件厚度、结构形状及尺寸，可供选择的焊接方法有：手工电弧焊，CO_2气体保护焊和埋弧自动焊。因为是批量生产，所以应尽可能采用埋弧自动焊。对于不便于采用埋弧自动焊的焊缝和没有埋弧自动焊设备的情况，可采用手工电弧焊或CO_2气体保护焊。各焊缝的焊接方法及接头形式见表 7-3。

表 7-3　各焊缝的焊接方法及接头形式

焊接名称	焊接方法	接头形式
拼板焊接	手弧焊或CO_2焊	10
翼板-腹板焊缝	①埋弧自动焊 ②手弧焊或CO_2焊	8 10
筋板焊缝	手弧焊或CO_2焊	6 10

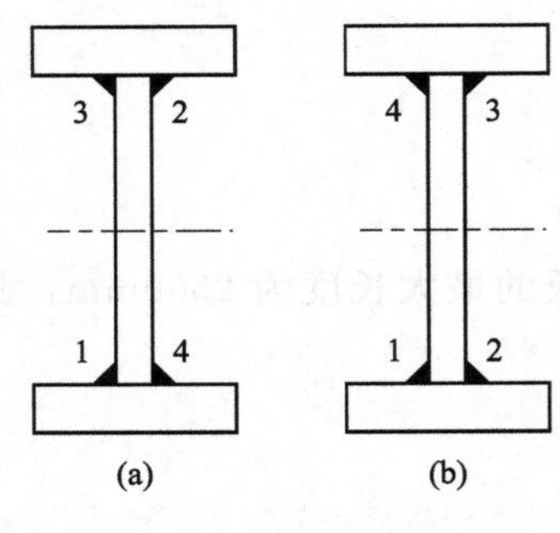

图 7-4　工字梁的焊接顺序

(3) 焊接工艺和焊接顺序。焊接过程是：拼板→装焊翼板和腹板→装配筋板。焊接筋板翼板和腹板的焊接顺序如图 7-4 所示。图 7-4(a) 所示的焊接顺序是对称焊，这样可以减少由纵向收缩引起弯曲变形；按图 7-4(b) 所示的焊接顺序焊接，将引起较大的弯曲变形。筋板的焊接顺序为：先焊腹板上的焊缝，由于焊缝对称可使变形最小；再焊下翼板上的焊缝；最后焊上翼板上的焊缝。这样可以使梁适当上挠，增加梁的承载能力。每组焊缝焊接时，都应从中部向两端焊，以减少焊接应力和变形。

7.3　钎焊和钎焊剂

钎焊属于固相联接，它与熔化焊方法不同，钎焊时母材不熔化，采用比母材熔化温度低的钎料，加热温度采取低于母材固相线而高于钎料液相线的一种联接方法。当被联接的零件和钎料加热到钎料熔化，利用液态钎料在母材表面润湿、铺展和在母材间隙中润湿、毛细流动、填缝与母材相互溶解和扩散而实现零件间的联接。

根据所使用的钎料熔点不同，钎焊分为软钎焊和硬钎焊两类：

(1) 钎焊钎料熔点低于450℃的钎焊称为软钎焊。软钎焊常用钎料有锡铅钎料等。软钎焊接头强度低（σ_b<70MPa），适用于钎焊受力不大或工作温度较低的焊件。

(2) 钎焊钎料熔点高于450℃的钎焊称为硬钎焊。硬钎焊常用钎料有铜基钎料和银基钎料等。其接头强度较高（σ_b>200MPa），适用于钎焊受力较大、工作温度较高的焊件。

钎焊时，一般要用钎剂。钎剂和钎料配合使用，是保证钎焊过程顺利进行和获得致密接头不可缺少的。它可以清除钎料和母材表面的氧化物，保护母材联接表面和钎料在钎焊过程中免于氧化，并改善钎料的润湿性能（钎焊时，液态钎料对母材浸润和附着的能力）。软钎焊时，常用的钎剂有松香、焊锡膏、氯化锌溶液等；硬钎焊时，常用钎剂由硼砂、硼酸等混合组成。

按钎焊时所采用的热源不同，钎焊方法可以分为：烙铁钎焊、火焰钎焊、浸沾钎焊（包括盐浴钎焊和金属浴钎焊）、电阻钎焊、感应钎焊和炉中钎焊等。

和熔焊相比，钎焊具有以下特点。

① 加热温度较低，母材金属组织和性能变化较小。

② 焊件变形较小，尤其是采用均匀加热的钎焊方法（如炉中钎焊），焊件变形可以减小到最低程度，容易保证焊件的尺寸精度。

③ 可以联接同种或异种金属，也可以联接金属和非金属。

④ 某些钎焊方法一次可以焊成多条（几十至几百）钎缝，生产率高；同时，可以实现某些其他焊接方法难以进行联接的复杂结构的联接，如蜂窝结构、封闭结构等。

⑤ 钎焊接头强度较低，耐热能力较差，焊前准备工作要求较高。

1. 钎焊方法分类

钎焊方法通常是以所应用的热源来命名的，其主要作用是依靠热源将工件加热到必要的温度，随着新热源的发展和使用，近年来出现了不少新的钎焊方法。生产中的一些主要或重要的钎焊方法是按加热方式区分钎焊方法的，例如利用热传导、利用热辐射、利用电能、利用声能等。

2. 材料的钎焊性

根据国际焊接学会对材料焊接性的定义可以推出，材料的钎焊性是指材料在一定的钎焊条件下获得优质接头的难易程度。对某种材料而言，若采用的钎焊工艺越简单，钎焊接头的质量越好，则该种材料的钎焊性越好；反之，如果采用复杂的钎焊工艺也难获得优质接头，那么该种材料的钎焊性就差。

影响材料钎焊性的首要因素就是材料本身的性质。例如Cu和Fe的表面氧化物稳定性低而易去除，因而Cu和Fe的钎焊性好；Al的表面氧化物非常致密稳定而难于去除，因而铝的钎焊性差。

材料的钎焊性可从工艺因素（包括采用何种钎料、钎剂和钎焊方法）来考察。例如大多数钎料对Cu和Fe的润湿作用都比较好，而对W和Mo的润湿作用差，故Cu和Fe的钎焊性好，而W和Mo的钎焊性差；又如Ti及其合金同大多数钎料作用后会在界面区形成脆性化合物，故Ti的钎焊性差；再如低碳钢在炉中钎焊时对保护气氛的要求较低，而含Al、Ti的高温合金只有在真空钎焊时才能获得良好的接头，故碳钢的钎焊性好，而高温合金的钎焊性差。总而言之，材料的钎焊性不但决定于材料本身，而且与钎料、钎剂和钎焊方法有关，因此必须根据具体情况进行综合评定。

钎焊已在工业生产中得到广泛应用。例如，在电子工业和仪表制造工业中，用于联接各种电子元器件和导线等；在机电制造工业中，用于制造硬质合金刀具、钻探钻头、换热器、自行车架、导管、触头、电缆等；在航空航天工业用于喷气发动机、火箭发动机等的制造中。

7.3.1 硬钎焊

硬钎焊是一种焊接方式，将熔点低于欲联接工件之熔填料（钎料）加热至高于熔点，使之具有足够的流动性，利用毛细作用充分填充于两工件之间（称为浸润），并待其凝固后将二者接合起来的一种接合法。

硬钎焊接头强度高，有的可在高温下工作。硬钎焊的钎料种类繁多，以铝、银、铜、锰和镍为基的钎料应用最广。铝基钎料常用于铝制品钎焊。银基、铜基钎料常用于铜、铁零件的钎焊。锰基和镍基钎料多用来焊接在高温下工作的不锈钢、耐热钢和高温合金等零件。焊接铍、钛、锆等难熔金属、石墨和陶瓷等材料则常用钯基、锆基和钛基等钎料。选用钎料时要考虑母材的特点和对接头性能的要求。硬钎焊钎剂通常由碱金属和重金属的氯化物和氟化物，或硼砂、硼酸、氟硼酸盐等组成，可制成粉状、糊状和液状。在有些钎料中还加入锂、硼和磷，以增强其去除氧化膜和润湿的能力。焊后钎剂残渣用温水、柠檬酸或草酸清洗干净。注意：母材的接触面应很干净，因此要用钎剂。钎剂的作用是去除母材和钎料表面的氧化物和油污杂质，保护钎料和母材接触面不被氧化，增加钎料的润湿性和毛细流动性。钎剂的熔点应低于钎料，钎剂残渣对母材和接头的腐蚀性应较小。软钎焊常用的钎剂是松香或氯化锌溶液，硬钎焊常用的钎剂是硼砂、硼酸和碱性氟化物的混合物。

铜硬钎焊技术（CuproBraze）是国际铜业协会专门为汽车行业和重工业生产制造热交换器而开发出的一种钎焊工艺技术。钎焊技术使填充材料和母体材料发生反应，在交界面处以合金化的形式形成金属的联接。铜硬钎焊技术的应用范围很宽，可生产用于客车、卡车和工程机械的散热器、暖风机、机油冷却器、中冷器、冷凝器和蒸发器等，应用领域十分广泛。

曾几何时，汽车尾气与大气环境污染已经画上了等号，而源自汽车发动机的氮氧化合物排放自然成了各国环保机构和组织关注的对象，欧洲、美国和日本的管理部门都就有害气体的排放制定了严格的限制措施。照 2005 年实施的欧洲Ⅳ号标准，对于柴油发动机来说，其氮氧化合物的排放量减少 30%；而根据美国环保局的要求，2007 年柴油发动机氮氧化合物的排放量减少 95%。面对未来苛刻的排放标准，众多汽车制造商不得不努力改进现有的技术和设计方法。

最有效的办法就是采用废气再循环（EGR）技术。这种技术能够将部分废气导入到发动机的进气口，通过废气与新鲜空气的混合来减少进入发动机内部的氧气量。氧气量的减少可使反应温度下降，反应产生的氮氧化合物量因而大幅降低。

然而，EGR 技术在发动机上的应用会使整个汽车冷却系统发生变化，对热交换器的耐高温性能、散热性能和强度的要求也随之大幅提高，而目前普遍使用的铝制热交换器又很难满足这些要求。汽车冷却系统逐渐成为汽车工业环保技术发展的瓶颈。铜硬钎焊技术的一个显著优点是它允许使用更薄的散热片和散热管材料，这就使采用高强度、耐腐蚀、高可靠性和高导热性的铜与铜合金成为可能。利用这种工艺和与之匹配的涂敷了钎焊膏的铜带和铜管，能够在低成本下制造出重量轻、效率高、坚固而小巧的热交换器。由于工艺中省却了危害环境的去油工序，且生产过程中无需清洗，因而不会产生废水、毒气等有害物质。用这种工艺生产的铜散热器一旦报废后，还可以 100%地完全回收，再次用于制作新散热器。所以说，铜硬钎焊技术是一种既能降低成本又可保护环境的新工艺、新技术。

散热器通常是由散热管、散热片和支撑主片的芯子支架组成。运用铜硬钎焊技术生产散热器，其工艺可分为散热带制造、散热管制造、涂敷焊膏、装配芯子、装焊浆、主片安装和加热钎焊几个步骤。在整个工艺中，钎焊是最重要的一个环节。它要求钎焊炉能够在450～650℃加热工件，迅速加温，迅速冷却，升温速度要大于每分钟30℃，冷却速度最快达每分钟150℃。由于铜硬钎焊的温度远高于软锡焊，为防止母体金属和填料氧化，焊接过程还需要气体保护，用高纯度的氮气将氧气驱出钎焊炉。

目前在美国、俄罗斯、法国和日本已有5家公司采用这项新技术，另有美国、芬兰、泰国和中国的8家企业正在洽谈采用这项技术。

7.3.2 软钎焊

美国焊接学会（AWS）规定钎料液相线温度高于450℃所进行的钎焊为硬钎焊，低于450℃所进行的钎焊为软钎焊，而我国常将350℃作为分界线。软钎焊主要依靠钎料对母材的润湿来形成接头。软钎焊是低温结合工艺，与硬钎焊相比它具有以下特点。

(1) 软钎焊可用烙铁、喷灯等普通热源进行钎焊，操作容易。

(2) 加热温度低，母材金属的组织性能变化不大，可以使铜铝构件以任何方式焊接，其可能发生的膨胀、强度变化和变形都较小。

(3) 钎焊生产率高，一次性能焊接几十至几千个焊缝，易于实现自动化生产。

(4) 由于使用的钎料熔化温度低，钎焊时焊剂不易被烧焦且适合的焊剂化合物可选择的范围广。

软钎焊性如下。

(1) 一个表面是否能被熔融钎料浸湿的性能特征。

(2) 钎料与元件引线、焊盘、导电孔四壁等金属表面形成联接的难易程度的表征，表面氧化物和金属间化合物对软钎焊性有重要影响。

软钎焊性不良即润湿角大于90°，和铺展界面存在缺陷。

主要原因有两点。

(1) 母材表面的氧化物未被钎剂去除干净，使得钎料难以在这种表面上铺展。

(2) 钎料本已良好润湿母材，但由于工艺不当，使得母材表面的金属镀层完全溶解到液态钎料中，或是形成了连续的化合物相，使已经铺展开的液态钎料回缩，接触角增大。

影响软钎焊性的因素如下。

(1) 钎料和母材成分。若钎料与母材在液态和固态下均不发生物理化学作用，则它们之间的润湿作用就很差；反之则好。

(2) 钎焊温度。加热温度的升高，液-气相界面张力减小，有助于提高钎料的润湿能力。

(3) 母材表面氧化物。在有氧化物的母材表面上，液态钎料往往凝聚成球状，不与母材发生润湿，也不发生填缝。

(4) 母材表面粗糙度。母材表面的粗糙度，对钎料的润湿能力有不同程度的影响。

(5) 钎剂使用。钎剂可以清除钎料和母材表面的氧化物，改善润湿作用。

(6) 间隙是直接影响钎焊毛细填缝的重要因素。毛细填缝的长度（或高度）与间隙大小成反比。

(7) 钎料与母材的相互作用。液态钎料与母材发生相互溶解及扩散作用，致使液态钎料的成分、密度、黏度和熔化温度区间等发生变化，这些变化都将在钎焊过程中影响液态钎料的润湿及毛细填缝作用。

钎剂是一种具有化学活性的化合物，受热后能够去除金属表面的氧化物，促进钎料与金属之间形成金属间化合物层。

软钎剂的种类包括：低渣、有机酸、松香、活性松香、中等活性松香。

软钎剂要去除的对象是母材金属表面的固体氧化膜。金属最外层表面是一层0.2～0.3nm的气体吸附层。接下来是一层3～4nm厚的氧化膜层。所谓氧化膜层并不是单纯的氧化物，而是由氧化物的水合物、氢氧化物、碱式碳酸盐等组成。在氧化膜层之下是一层1～10μm厚的变形层，这是由于压力加工所形成的晶粒变形结构，与氧化膜之间还有1～2μm厚的微晶组织。

软钎剂应起到的作用包括如下几个方面：在钎焊过程中去除母材和液态钎料表面的氧化物，为液态钎料的铺展创造条件；以液体薄层覆盖母材和钎料表面，从而隔绝空气起保护作用；起界面活性作用，改善液态钎料对母材表面的润湿性。

软钎剂必须具备的性能有：溶解或破坏母材（钎料）表面氧化膜的能力；熔化和活性温度应低于钎料熔化温度，当钎料熔化时，钎剂已充分去除母材表面的氧化膜；在钎焊温度下黏度要小、流动性要好，能很好地润湿母材和减小液态钎料对母材的表面张力。钎剂密度应小于钎料，以便易于浮出钎料表面起保护作用，同时不会在钎缝中形成夹渣；钎剂残渣对母材的腐蚀性要小，并容易清除。

7.4 其他联接

随着科学的发展，焊接技术也在不断地向高质量、高生产率、低能耗的方向发展。除了常用的焊接方法以外，其他的焊接方法也越来越广泛地应用到工程上，从而拓宽了焊接技术的应用范围。

7.4.1 扩散联接

扩散焊是在真空或保护性气氛下，使焊接表面在一定温度和压力下相互接触，通过微观塑性变形或联接表面产生微量液相而扩大物理接触，经较长时间的原子扩散，使焊接区的成分、组织均匀化，实现完全冶金结合的一种压焊方法。影响扩散焊过程和接头质量的主要因素是温度压力扩散时间和表面粗糙度。焊接温度越高，原子扩散越快，焊接温度一般为材料熔点的0.5～0.8倍。根据材料类型和对接头质量的要求，扩散焊可在真空、保护气体或溶剂下进行，其中以真空扩散焊应用最广。为了加速焊接过程、降低对焊接表面粗糙度的要求或防止接头中出现有害的组织，常在焊接表面间添加特定成分的中间夹层材料，其厚度在0.01mm左右。扩散焊接压力较小，工件不产生宏观塑性变形，适合焊后不再加工的精密零件。扩散焊可与其他热加工工艺联合形成组合工艺，如热耗-扩散焊、粉末烧结-扩散焊和超塑性成形-扩散焊等。这些组合工艺不但能大大提高生产率，而且能解决单个工艺所不能解决的问题。如超音速飞机上各种钛合金构件就是应用超塑性成形-扩散焊制成的。扩散焊的接头性能可与母材相同，特别适合于焊接异种金属材料、石墨和陶瓷等非金属材料、弥散强化的高温合金、金属基复合材料和多孔性烧结材料等。扩散焊已广泛用于反应堆燃料元件、蜂窝结构板、静电加速管、各种叶片、叶轮、冲模、过滤管和电子元件等的制造。

扩散焊的加热方法常采用感应加热或电阻辐射加热，加压系统常采用液压，小型扩散焊机也可采用机械加压方式。

扩散焊的优点如下。

(1) 焊接时母材不过热或熔化，焊缝成分、组织、性能与母材接近或相同，不出现有过热组织的热影响区、裂纹和气孔等缺陷，焊接质量好且稳定。

(2) 可进行结构复杂以及厚度相差很大的焊件焊接。

(3) 可以焊接不同类型的材料，包括异种金属、金属与陶瓷等。

(4) 劳动条件好，容易实现焊接过程的程序化。

扩散焊的主要缺点是焊接时间长，生产率低，焊前对焊件加工和装配要求高，设备投资大，焊件尺寸受焊机真空室的限制。

扩散焊在核能、航空航天、电子和机械制造等工业部门中应用广泛，如焊接水冷反应堆燃料元件、发动机的喷管和蜂窝壁板、电真空器件、镍基高温合金泵轮等。

7.4.2 压接

压力焊是在焊接的过程中需要加压的一类焊接方法，简称压焊。主要包括电阻焊、摩擦焊、爆炸焊和冷压焊等。

1. 电阻焊

电阻焊的原理是：两个或多个金属表面接触时，接触面上会产生接触电阻。如果在这些金属中通过较大的电流（1000～100000 安培），根据焦耳定律，接触电阻大的部分会发热，将接触点附近的金属熔化形成熔池。一般来说，电阻焊是一种高效、无污染的焊接工艺，但其应用因为设备成本的问题受到限制。

与其他焊接方法相比，电阻焊具有生产率高、焊接变形小、不需另加焊接材料、劳动条件好、操作简便、易实现机械化等优点；但其设备较一般熔焊复杂、耗电量大、可焊工件厚度（或断面尺寸）及接头形式受到限制。

按工件接头形式和电极形状不同，电阻焊分为点焊、缝焊、凸焊和对焊4种形式。

(1) 点焊　点焊是利用柱状电极加压通电，在搭接工件接触面之间产生电阻热，将焊件加热并局部熔化，形成一个熔核（周围为塑性态），然后，在压力下熔核结晶成焊点，焊完一个点后，电极将移至另一点进行焊接。当焊接下一个点时，有一部分电流会流经已焊好的焊点，称为分流现象。分流将使焊接处电流减小，影响焊接质量。因此两个相邻焊点之间应有一定距离。工件厚度越大，材料导电性越好，则分流现象越严重，故点距应加大。该方法的优点包括：能源利用效率较高，工件变形小，焊接速度快，易于实现自动化焊接，而且无需焊料。由于电阻点焊的焊缝强度明显较低，这一工艺只适合于制造某些产品。它广泛应用于汽车制造业，一辆普通汽车上由工业机器人进行的焊接点多达几千处。一种特殊的点焊工艺可用于不锈钢上。

影响点焊质量的主要因素有焊接电流、通电时间、电极压力及工件表面清理情况等。点焊焊件都采用搭接接头。

点焊主要适用于厚度为0.05～6mm的薄板、冲压结构及线材的焊接，目前，点焊已广泛用于制造汽车、飞机、车厢等薄壁结构以及罩壳和轻工、生活用品等。

(2) 缝焊　缝焊过程与点焊相似，只是用旋转的圆盘状滚动电极代替柱状电极，焊接时，盘状电极压紧焊件并转动（也带动焊件向前移动），配合断续通电，即形成连续重叠的焊点。因此称为缝焊。缝焊时，焊点相互重叠50%以上，密封性好。主要用于制造要求密封性的薄壁结构，如油箱、小型容器与管道等。但因缝焊过程分流现象严重，焊接相同厚度的工件时，焊接电流约为点焊的1.5～2倍。因此要使用大功率电焊机。缝焊只适用于厚度3mm以下的薄板结构。

（3）凸焊　凸焊的特点是在焊接处事先加工出一个或多个突起点，这些突起点在焊接时和另一被焊工件紧密接触。通电后，突起点被加热，压塌后形成焊点。由于突起点接触提高了凸焊时焊点的压力，并使焊接电流比较集中。所以凸焊可以焊接厚度相差较大的工件。多点凸焊可以提高生产率，并且焊点的距离可以设计得比较小。

（4）对焊　对焊是利用电阻热使两个工件整个接触面焊接起来的一种方法，可分为电阻对焊和闪光对焊。对焊主要用于刀具、管子、钢筋、钢轨、锚链、链条等的焊接。

a）电阻对焊，是将两个工件夹在对焊机的电极钳口中，施加预压力使两个工件端面接触，并被压紧，然后通电，当电流通过工件和接触端面时产生电阻热，将工件接触处迅速加热到塑性状态（碳钢为1000～1250℃），再对工件施加较大的顶锻力并同时断电，使接头在高温下产生一定的塑性变形而焊接起来。电阻对焊操作简单，接头比较光滑。电阻对焊一般只用于焊接截面形状简单、直径（或边长）小于20mm和强度要求不高的杆件。

b）闪光对焊，是将两工件先不接触，接通电源后使两工件轻微接触，因工件表面不平，首先只是某些点接触，强电流通过时，这些接触点的金属即被迅速加热熔化、蒸发、爆破，高温颗粒以火花形式从接触处飞出而形成“闪光”。此时应保持一定闪光时间，待焊件端面全部被加热熔化时，迅速对焊件施加顶锻力并切断电源，焊件在压力作用下产生塑性变形而焊在一起。

在闪光对焊的焊接过程中，工件端面的氧化物和杂质，在最后加压时随液态金属挤出，因此接头中夹渣少，质量好，强度高。闪光对焊的缺点是金属损耗较大，闪光火花易污染其他设备与环境，接头处有毛刺需要加工清理。

闪光对焊常用于对重要工件的焊接，还可焊接一些异种金属，如铝与铜、铝与钢等的焊接。被焊工件直径可小到0.01mm的金属丝，也可以是断面大到$20mm^2$的金属棒和金属型材。

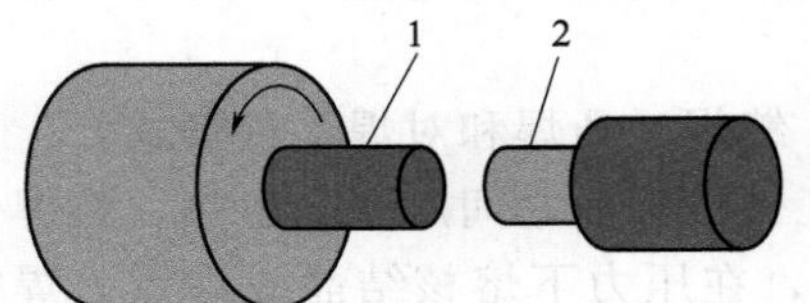

图7-5　摩擦焊原理示意图
1—焊件1；2—焊件2

2. 摩擦焊

摩擦焊是利用工件间相互摩擦产生的热量，同时加压而进行焊接的方法。

图7-5是摩擦焊示意图。先将两焊件夹在焊机上，加一定压力使焊件紧密接触。然后一个焊件作旋转运动，另一个焊件向其靠拢，使焊件接触摩擦产生热量，待工件端面被加热到高温塑性状态时，立即使焊件停止旋转，同时对端面加大压力使两焊件产生塑性变形而焊接起来。

摩擦焊的特点如下。

（1）接头质量好而且稳定，在摩擦焊过程中，焊件接触表面的氧化膜与杂质被清除，因此，接头组织致密，不易产生气孔、夹渣等缺陷。

（2）可焊接的金属范围较广，不仅可焊同种金属，也可以焊接异种金属。

（3）生产率高、成本低，焊接操作简单，接头不需要特殊处理，不需要焊丝，容易实现自动控制，电能消耗少。适用于单件和批量生产，在发动机、石油钻杆等产品的轴杆类零件中应用较广。

（4）设备复杂，一次性投资较大。

摩擦焊主要用于旋转件的压焊，非圆截面焊接比较困难。图7-6示出了摩擦焊可用的接头形式。

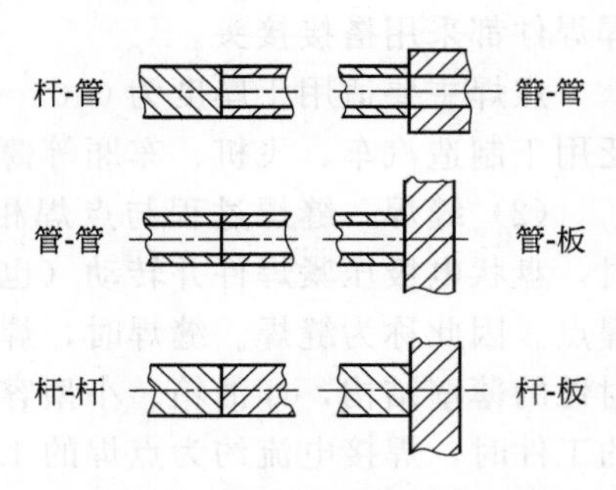

图7-6　摩擦焊接头形式示意图

3. 搅拌摩擦焊

1991年，FSW（搅拌摩擦焊）技术由英国焊接研究所发明。作为一种固相联接手段，它克服了熔焊的诸如气孔、裂纹、变形等缺陷，更使以往传统熔焊手段无法实现焊接的材料在FSW技术下实现焊接，被誉为“继激光焊后又一革命性的焊接技术”。

FSW主要由搅拌头的摩擦热和机械挤压的联合作用形成接头，如图7-7所示。

其主要原理和特点是：焊接时旋转的搅拌头缓缓进入焊缝，在与工件表面接触时通过摩擦生热使周围的一层金属塑性化。同时，搅拌头沿焊接方向移动形成焊缝。

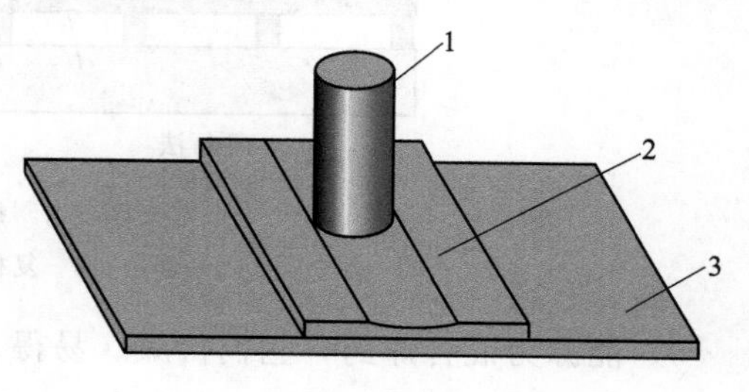

图7-7 搅拌摩擦焊示意图
1—搅拌头；2—被焊工件；3—垫板

作为一种固相联接手段，FSW除了可以焊接用普通熔焊方法难以焊接的材料外（例如可以实现用熔焊难以保证质量的裂纹敏感性强的7000、2000系列铝合金的高质量联接），还具有温度低，变形小，接头力学性能好（包括疲劳、拉伸、弯曲），不产生类似熔焊接头的铸造组织缺陷，并且其组织由于塑性流动而细化，焊接变形小，焊前及焊后处理简单，能够进行全位置的焊接等优点。

尤其值得指出的是，搅拌摩擦焊具有适合自动化和机器人操作的优点，诸如：不需要填丝、保护气（对于铝合金），可以允许有薄的氧化膜。对于批量生产，不需要进行打磨、刮擦之类表面处理非损耗的工具头，一个典型的工具头就可以用来焊接6000系列的铝合金达1000mm等。

4. 爆炸焊

爆炸焊接是以炸药为能源进行金属间焊接的一种方法。这种焊接利用炸药的爆轰，使被焊金属面发生高速倾斜碰撞，在接触面上形成一薄层金属的塑性变形，并在十分短暂的过程中形成冶金结合。

爆炸焊现象和弹片与靶子的撞击很相像。最早记入文献的是1957年美国的卡尔在费列普捷克成功地实现了铝和钢的爆炸焊接。

20世纪50年代末，国外开始了系统的研究。20世纪60年代中期以后，美、英、日等国先后开始了爆炸焊接产品的商业性生产。我国在20世纪60年代末和70年代初开始试验及生产的。

（1）爆炸焊典型装置

爆炸焊典型装置有平行法和角度法两种，如图7-8所示。引爆后，炸药释放出巨大的能量，产生几十万大气压力作用于复材，复材首先受冲击的部位立即产生弯曲，由静止穿过间隙加速运动，同基板倾斜碰撞，随着爆轰波以每秒几千米的速度向前传播，两金属碰撞点便以同样的速度向前推进，一直至焊接终了。

（2）爆炸焊的特点

1）能将任意相同的，特别是不同的金属材料迅速牢固地焊接在一起。

2）工艺十分简单，容易掌握。

3）不需要厂房、不需要大型设备和大量投资。

4）不仅可以进行点焊和线焊，而且可以进行面焊-爆炸复合，从而获得大面积的复合板、复合管和复合管棒等。

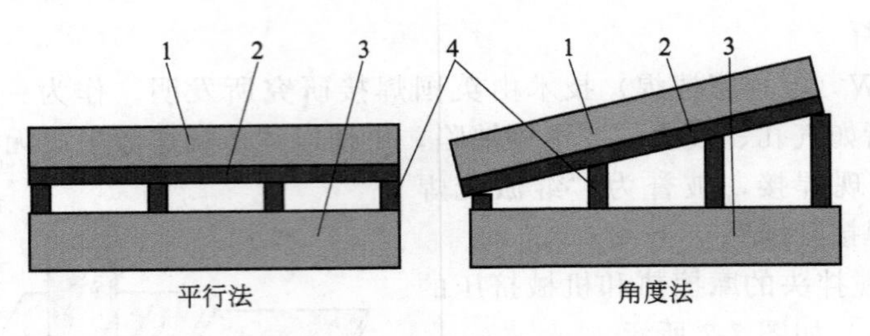

图 7-8 爆炸焊典型装置

1—炸药；2—复材；3—基材；4—支撑块

5）能源为混合炸药，它们价廉、易得、安全以及使用方便。

7.4.3 特殊联接

在联接材料的方法中，钎焊是人类最早使用的方法之一。第二次世界大战后，由于航空、航天、核能和电子等新技术的飞速发展，以及新材料、新结构的采用，对联接技术提出了更高的要求，钎焊技术因此受到人们更多的关注，开始以前所未有的速度发展起来并出现了许多新的钎焊方法。钎料品种日益增多，因此，其应用范围日益扩大。特别是当今航空事业不断发展，新型号机不断问世，钎焊在航空发动机焊接构件的联接上发挥着越来越重要的作用。目前，真空钎焊、感应钎焊、火焰钎焊、炉中保护气氛钎焊、电弧钎焊等钎焊技术非常广泛地应用于航空发动机重要部件的制造中。

1. 真空钎焊技术的应用

目前，真空钎焊广泛应用于作为各型号发动机封严构件的蜂窝结构。蜂窝结构由蜂窝芯和壳体组成，壳体材料一般为不锈钢或高温合金，蜂窝材料一般为 GH536 镍基高温合金薄带材料。它的钎焊是将钎料与壳体组合装配，最后采用真空钎焊方法进行钎焊。钎焊接头强度约为母材的 50%。

压气机成组静子叶片也是采用这种钎焊方法制造的，它由内外环和 10 余个叶片通过真空钎焊联接为一整体，该结构已装机使用数百台。另外，真空钎焊还应用于涡轮导向器、导流叶片、扩散器、火焰筒、油滤等部件的制造。

2. 感应钎焊和火焰钎焊技术

发动机燃油总管与油路总管绝大部分接头采用的都是感应钎焊和火焰钎焊技术。母材一般为不锈钢和高温合金。这些接头是采用银基或铜基钎料，以高频感应加热或氧-乙炔火焰作为热源进行联接。低温工作的油滤钎焊也可采用火焰钎焊法，所用钎料为软钎料。

3. 炉中的保护气氛钎焊

这种工艺技术主要应用于防止基体材料和钎料中易氧化元素烧损的钎焊工艺中，钎料含有高蒸气压元素 Cu、Mn 的组件钎焊，所用保护气体为高纯氩气，如发动机换热器构件和白铜封严件的钎焊。

4. 真空电弧钎焊

真空电弧钎焊主要应用于航空发动机涡轮叶片叶冠耐磨片的钎焊。这种钎焊方法适合整体加热敏感的材料或结构以及分布钎焊，操作复杂，工艺参数要求精确，工装调控要求精密。

5. 扩散焊在国内航空发动机制造中的发展现状

扩散焊的独到之处在于：焊接头的显微组织性能与母材接近或相同，在焊缝中不存在各种熔化焊缺陷，也不存在具有过热组织的热影响区；可操作性强，工艺参数易控制，质量稳定，合格率高；零件变形小；可焊接大面积接头；可焊接其他焊接方法难以焊接的材料。特别适合应用于陶瓷材料的联接，这对于第四代、第五代发动机的研制具有现实意义。北京航空制造工程研究所等相关单位已经较早地开展了扩散焊技术的研究与应用，并已经取得了一定成果。目前，扩散焊技术已在国内航空发动机制造中进入工程化应用阶段。

北京航空制造工程研究所多年研制生产的某重点型号发动机钛合金空心整流叶片，是采用超塑成型扩散联接（SPF-DB）技术制造的，实现了超塑成型工艺与扩散焊技术的结合，该叶片现已累计装机使用百余台。研究所还采用瞬间过渡液相扩散焊（TLP）技术应用自行研制的镍基中间层合金 KNi9 实现了氧化物弥散强化高温合金 MGH956 材料的有效联接，高温抗拉强度达到基体的80%。并在此基础上进行了某 MGH956 材料的多孔层板结构新冷却结构的研制。此外，还利用 TLP 扩散焊工艺技术进行了 Ni_3Al 金的扩散焊接试验研究，接头的持久强度达到基体的80%以上，在涡轮导向叶片制造中获得了应用。

某发动机转子用扩散焊工艺焊接了0.5mm 厚的铜板，使转子平面分油盘间摩擦副能处于较好的工作状态；转子柱塞孔也用此工艺焊铜套，使柱塞与柱塞孔摩擦副也处于较好的工作状态；柱塞座平面也采用了相同的工艺，保证了柱塞座与垫板这对摩擦副良好工作。

6. 摩擦焊在汽车工业中的主要应用

（1）旋转摩擦焊

旋转摩擦焊目前已经应用于冲焊结构车桥、气门、安全气囊、操纵杆、花键轴、拨叉、异种金属管件的焊接。最成功的应用是载货车车桥轮毂轴管的摩擦焊。冲焊车桥的壳体材料为16MnR，是低碳合金钢；轮毂轴管材料为40Cr 或 40MnB，是中碳合金钢，焊接时容易产生裂纹。目前，对于该处焊缝主要采用的焊接工艺有真空电子束焊接、CO_2 气体保护自动焊接和摩擦焊焊接。与两者相比，摩擦焊优势如下：摩擦焊比真空电子束焊、CO_2气体保护焊的运行费用成本低，而且产量越大，摩擦焊的运行成本优势越明显；摩擦焊基本不产生废气、辐射，属于绿色环保工艺；从产品的疲劳寿命和生产效率上看，摩擦焊工艺优越于真空电子束焊和 CO_2 气体保护焊工艺。

（2）搅拌摩擦焊

目前，汽车制造呈现出材料轻量化、多样化、高强度的发展趋势，铝合金、镁合金、塑铝复合部件等轻质材料使用的比例越来越大。目前，北美的汽车平均用铝量居世界之首，欧洲汽车工业用铝量增长最快，每辆汽车平均增加用铝26kg，增长率为28%。汽车上应用的铝部件主要为发动机、轮毂、传动装置、热交换器、轿车底盘及其零部件、防护罩和车体结构件等，其中铝合金轮毂应用最为广泛。铝合金材料不仅密度小，具有适宜的力学性能、优异的耐腐蚀性、可焊接性能、成型性能和良好的表面处理性能等特点，而且具备特有的再生性，是汽车实现减重、节能、环保和安全的首选材料。铝轮毂对比钢轮毂具有抓地性强、加速性和制动性快、刚性强、冷却快的优点。汽车用铝具有明显的减重节能效果，是促进汽车轻量化的重要材料之一。铝代替传统的钢铁制造汽车，可使整车重量减轻30%～40%。制造发动机可减重30%，铝质散热器比相同的铜制品轻20%～40%，轿车铝车身比原钢材制品轻40%以上，汽车铝车轮可减重30%左右。研究表明，汽车每使用1kg 铝，可降低自重2.25kg，减重效应高达125%，在汽车整个使用寿命周期内可减少废气排放20kg。

搅拌摩擦焊技术刚好可以满足铝合金等轻质材料对新型连接技术的要求。

目前，搅拌摩擦焊在汽车制造业中已经实现的应用有：发动机、底盘、车身支架、铝合金轮毂、散热器、液压成型管附件、铝合金车门、发动机罩盖、行李箱盖、轿车铝合金车身框架、载货车车身轻质合金部件、燃油箱、旅行车铝合金车身、客车车身等。使用不等厚板坯料的焊接缝合技术，可在优化结构强度和刚度设计的同时，大大减少汽车制造中的模具数量，还缩短了工艺流程。

用搅拌摩擦焊技术制造汽车轮毂的工艺流程：采用搅拌摩擦焊技术将铝合金板材焊接为筒体→将筒体采用成型技术压制成轮辋→将锻造的中心零件与锻铝制造的辐条用搅拌摩擦焊技术联接起来成为轮辐→将轮辋、轮辐采用搅拌摩擦焊技术焊接起来。

目前，我国铝车轮加工工艺的80%以上采用低压铸造技术。低压铸造技术的工艺流程：模具清扫→模具控温→喷膜→合型熔料→熔化、精炼→变质、除气、调温→升压→充型保压→凝固→去压→松型、开模取铸件→整形清理→初检。其中，熔炼是铸造生产的关键工序。由于铝合金在高温下会因氧化、吸气而造成烧损，夹渣气孔等缺陷，因此必须在工艺上采取合理的熔炼工艺，熔化过程要添加适量的熔剂，精炼时要通入净化气体去渣、排气，添加变质剂，细化晶粒。对比目前我国普遍采用的铝合金轮毂低压铸造技术，搅拌摩擦焊技术具有非常明显的优点。而且与低压铸造技术生产铝车轮对比，搅拌摩擦焊工艺具有非常大的经济效益，例如建年产50万只铝车轮生产厂，采用低压铸造工艺投资总额约9700万元以上，而采用搅拌摩擦焊工艺投资总额约在5800万元。

目前，搅拌摩擦焊适合于焊接熔点比较低的合金、塑铝复合材料、硬质塑料，如熔点在500～700℃的铝合金、镁合金等材料。在汽车产品设计时采用上述材料，既可以减轻车体质量还可以实现材料替代，以缓解钢铁材料资源日益紧缺的情况。

参考文献

[1] Weman, Klas. Welding Processes Handbook [M]. New York, NY: CRC Press LLC, 2003.
[2] 伍广．焊接工艺[M]．北京：化学工业出版社，2009.
[3] Cary, Howard B, Scott C. Modern Welding Technology [M]. Upper Saddle River, New Jersey: Pearson Education, 2005.
[4] 李力，邹立顺，高文会．钢轨铝热焊研究的应用与发展[A]．铁道科学技术新进展—铁道科学研究院五十五周年论文集[C]，2005.
[5] 李晓延，武传松，李午申．中国焊接制造领域学科发展研究[J]．机械工程学报，2012，48(6)：25-30.
[6] 林尚扬．我国焊接生产现状与焊接技术的发展[J]．船舶工程，2005，27(z1)：22-24.
[7] 杜坤，张丽芳．激光熔化焊技术的应用及焊缝性能研究[J]．汽车工艺与材料，2014，(5)：3-7.
[8] 郑振太，吕会敏，张凯等．熔化焊焊接热源模型及其发展趋势[J]．焊接，2008，(4)：3-5.
[9] 林浩磊，沈洁，张延松等．汽车用镀锌钢板电阻点焊可焊性的研究[J]．汽车工程，2011，33(6)：550-553.
[10] 罗辉，邹增大，王新洪等．双电极奥氏体不锈钢焊条单弧焊工艺研究[J]．材料科学与工艺，2007，15(4)：559-563.
[11] 董红刚，高洪明，吴林等．不锈钢PA-GTA双面弧焊工艺特点分析[J]．焊接学报，2006，27(3)：22-24.
[12] Zaeharia T, David S A, Vitek J M, et al. Surface temperature distribution of GTA weld pools on thin-plate 304 stainless steel [J]. Welding Journal, 1995, 74(11): 353-362.
[13] Hang Y M, Zhang S B, Jiang M. Keyhole double-sided arc welding process [J]. Welding Journal, 2002, 81(11): 249-255.
[14] 陆元三，唐小桃．奥氏体不锈钢气焊工艺研究[J]．热加工工艺，2011，40(11)：208-210.
[15] 王新彦，姚建辉，李晓梅．锡青铜轴瓦的焊补[J]．热加工工艺，2010，39(9)：189-190.
[16] 孙洪业．铬镍奥氏体不锈钢管与紫铜管的气焊工艺研究[J]．中国科技财富，2009，(22)：44.
[17] 黄小晨，戴虹，江俊志．小试样加压铝热焊工艺及性能[J]．电焊机，2014，44(11)：138-141.
[18] 李力，胡智博，邹立顺．预热不当导致的铝热焊接头缺欠研究[J]．铁道学报，2002，24(3)：118-120.
[19] 朱政强，陈立功，饶德林等．振动调制工艺在高炉用钢电渣焊中的应用[J]．焊接学报，2005，26(2)：60-63.
[20] 贾志华，王轶，马光等．钯合金扩散室微束等离子焊接[J]．贵金属，2013，(z1)：73-75.
[21] Burkhanov G S, Gorina N B, Kolchugina N B, et al. Palladium-based alloy membranes for separation of high

purity hydrogen from hydrogen-containing gas mixtures [J]. Platinum Metals Rev., 2011, 55(1): 3-12.
[22] 单际国，张婧，郑世卿等．压铸镁合金激光焊气孔形成原因的实验研究［J］．金属学报，2009，45（8）：1008-1012.
[23] 严绍华．金属工艺学（上册）［M］．北京：中央广播电视大学出版社，1996.
[24] 李晓舟，孙拂晓，刘贵军．机械工程综合实训教程［M］．北京：北京理工大学出版社，2012.
[25] 李亚江．先进材料焊接技术［M］．北京：化学工业出版社，2012.
[26] 徐峰．焊接工艺简明手册［M］．上海：上海科学技术出版社，2009.
[27] 李淑华，王申．焊接工程组织管理与先进材料焊接［M］．北京：国防工业出版社，2006.
[28] 李文用．铜硬钎焊散热器的发展前景［J］．中国高新技术企业，2012（17）：20-21.
[29] 诺尔达公司．铜硬钎焊技术在汽车热交换器上的应用［J］．汽车与配件，2007，（6）：25-28.
[30] 于文强，陈宗民．金属材料及工艺［M］．北京：北京大学出版社，2011.
[31] 陈益平，胡德安，邓子飞．基于CAN总线的电阻焊网络控制系统［J］．机械工程学报，2006，42（4）：148-151.
[32] 矫洪智．摩擦焊技术在汽车制造业中的应用与探讨［J］．汽车工艺与材料，2012，（5）：112-117.
[33] 张传臣，张田仓，季亚娟等．线性摩擦焊接头形成过程及机理［J］．材料工程，2015，43（11）：41-43.
[34] 史长根，王耀华，蔡立艮等．爆炸焊接界面的结合机理［J］．焊接学报，2002，23（2）：55-58.

第8章

铜及铜合金评价试验与测定方法

8.1 概论

铜合金具有优良的耐大气和海水腐蚀性能，在一般介质中以均匀腐蚀为主。在有氨存在的溶液中有较强的应力腐蚀敏感性，也存在电偶腐蚀、点蚀、磨损腐蚀等局部腐蚀形式。黄铜脱锌、铝青铜脱铝、白铜脱镍等成分腐蚀是铜合金独有的腐蚀形式。

铜合金在与大气和海洋环境相互作用的过程中，表面能生成钝态或半钝态的保护薄膜，使多种腐蚀受到抑制。因此，多数铜合金在大气环境中显示出优良的耐蚀性能。

8.1.1 铜合金的大气腐蚀

金属材料的大气腐蚀主要取决于大气中的水汽和材料表面的水膜。金属大气腐蚀速度开始急剧增加时的大气相对湿度称为临界湿度，铜合金与其他很多金属的临界湿度在50%～70%之间，大气中的污染对铜合金的腐蚀有明显的增强作用。城市工业大气的CO_2、SO_2、NO_2等酸性污染物溶解于水膜中，发生水解，使水膜酸化和保护膜不稳定。植物的腐烂和工厂排放的废气，使大气中存在氨和硫化氢气体，氨明显加速腐蚀特别是应力腐蚀。

铜及其铜合金在不同的大气腐蚀环境中腐蚀敏感性有较大差异。在一般的海洋、工业和农村等大气环境中的腐蚀为均匀腐蚀，年腐蚀速度为0.1～2.5μm/a。苛刻的工业大气、工业海洋大气对铜合金的腐蚀速度要高一个数量级。被污染的大气可使黄铜的应力腐蚀敏感性明显增强。根据环境因素来预测不同大气对铜合金腐蚀的速度并将其分级分类。

8.1.2 海洋环境腐蚀

铜合金在海洋环境的腐蚀除了海洋大气区之外，还有海水飞溅区、潮差区和全浸区等。

1. 飞溅区腐蚀

铜合金在海水飞溅区的腐蚀和在海洋大气区的十分接近。对苛刻的海洋大气具有良好抗蚀性的任何一种铜合金，在飞溅区也会有良好的耐蚀性。飞溅区提供了充分的氧气对铜的腐蚀起到加速作用，但可使铜及铜合金更容易保持钝态。暴露于飞溅区铜合金的腐蚀速度通常不超过5μm/a。

2. 全浸区腐蚀

暴露于全浸区的铜合金的腐蚀速度最快。其耐蚀性受海水温度、速度、海洋生物附着、泥沙冲刷沉积和海水污染情况的影响较大。材料的加工状态也是十分敏感的影响因素。铜镍合金、铝黄铜、铝青铜、锡青铜、海军黄铜等是在全浸区耐腐蚀性优良的铜合金材料。多数铜合金在全浸区都有优良的抗海洋生物附着性能。铜和铜合金经16年全浸腐蚀的年均腐蚀速度为1.3～20μm/a，局部腐蚀深度要高一个数量级，最大局部腐蚀深度可达5mm以上。铜镍合金在高速流动海水中的耐蚀性优良。耐蚀性较差或对于环境因素的变化承受能力较差的铜合金，在全浸条件下可能出现脱成分腐蚀、点蚀、缝隙腐蚀，甚至应力腐蚀开裂等局部腐蚀，其力学性能也会因此有不同程度的下降。

3. 潮差区腐蚀

铜及铜合金在潮差区受到的腐蚀，比全浸区轻，比飞溅区重，以均匀腐蚀为主，也有局部腐蚀发生。有些现象，如在潮差区，紫铜出现坑蚀，高锌黄铜出现严重脱锌等，都和全浸区的腐蚀结果类似。铜镍合金，铝黄铜等钝化能力较强的铜合金，在潮差区的腐蚀速度比全浸区的明显下降。

8.1.3 应力腐蚀

黄铜的季裂是铜合金应力腐蚀的典型代表。季裂发现于20世纪初，是指弹壳上向弹头皱缩的部位出现裂纹。这种现象常发生在热带，特别是在阴雨季节，因此称为季裂。由于与氨或氨的衍生物有关，故也称氨裂。事实上，氧及其他氧化剂的存在，水的存在，也都是黄铜发生应力腐蚀的条件。能引起铜合金发生应力腐蚀断裂的其他环境有：受到SO_2严重污染的大气、淡水、海水；用来清洗部件的硫酸、硝酸、蒸汽以及酒石酸、醋酸、柠檬酸等水溶液、氨和汞等。

应力大小改变着应力腐蚀断裂的敏感性。有些应力腐蚀断裂，其应力可能大到材料屈服强度的70%以上，但也有可能低于屈服强度的10%。在氨气气氛中，如果介质中存在氧化剂，对于特殊的合金类型和晶粒度，等于或低于6.9MPa的应力也有可能使合金发生断裂。暴露在水银中的黄铜部件，发生断裂的应力为55～69MPa。每种合金与某种环境的组合，是否存在造成应力腐蚀断裂的临界值，并不是都有确定的结论。应力有各种来源：外加应力，残余应力，热应力或焊接应力。在工程上很多由氨引起的黄铜应力腐蚀断裂，其应力并非来源于工作载荷，而来自于合金的加工过程。

铜合金中黄铜的应力腐蚀敏感性最强。锌含量小于15%的黄铜，对应力腐蚀断裂不敏感；含锌量达20%的铜合金，其敏感性有所增强；含40%锌的双相黄铜具有高的应力腐蚀敏感性。黄铜应力腐蚀的发生都伴随着脱锌腐蚀。在黄铜中添加少量砷、磷、锡等合金元素，能使其应力腐蚀断裂的敏感性降低。即使在残余应力充分消除的情况下，随着合金晶粒度的增大，应力腐蚀断裂的速度也加大，应力腐蚀的危险主要与使用高强度的材料相关。对纯金属或机械强度低的合金，应力腐蚀的威胁不严重。在纯度不太高时，紫铜在醋酸盐水溶液中也能产生应力腐蚀。青铜的应力腐蚀敏感性不如黄铜，但在潮湿空气和氨的作用下，铍青铜也有应力腐蚀断裂的倾向。铝青铜在蒸汽和热水中，应力腐蚀敏感性也有增强。在300～500℃的高压水和蒸汽中，载荷加到132MPa时，B10铜镍合金也发生应力腐蚀，裂纹扩展都是沿晶界的。铜合金的应力腐蚀既有沿晶界的，也有穿晶的，有时这两种形式发生在同一合金内。

现在火力发电厂的主冷凝器大量使用铜合金管材，防止其发生应力腐蚀破裂十分重要。

使用联氨消除锅炉水中的氧时，冷凝管的汽侧含有氨的环境。此时，如果蒸汽中溶入了氧，即使氧含量很低，也构成发生应力腐蚀破裂的环境。黄铜冷凝管对此最为敏感。在空冷区问题相对严重，因为氨在空冷区局部浓缩，浓度可提高到200mg/L以上。这个浓度远远超过了试验测定的氨对铜合金产生腐蚀的临界浓度（100mg/L）。火力发电厂内解决铜管氨蚀的办法除了控制氨浓度之外，还有尽量降低氧含量，或者选用对氨腐蚀不敏感的铜镍合金管材以及通过现场退火处理把黄铜管的应力降到最低限度等办法。

8.1.4 脱成分腐蚀

黄铜脱锌是铜合金脱成分腐蚀中最典型的一种，它可以伴随应力腐蚀过程同时发生，也可以单独发生。脱锌有两种形式：一种是层状脱落型脱锌，呈均匀腐蚀的形式，对材料使用相对危害性小；另一种是纵深栓状发展型脱锌，呈坑状腐蚀形式，使材料强度明显下降，危害性较大。脱锌的机理有两种：一种是由于锌在腐蚀介质中的电位比铜的负，锌遭受腐蚀，在合金中发生选择性的溶解，使黄铜的晶格点阵留下空位；另一种是合金的锌和铜同时溶解，锌离子停留在电解液中，铜离子又通过腐蚀的阴极过程重新沉积在合金表面。无论是选择性溶解还是共同溶解后再沉积，其结果都形成了非常疏松的铜结构，合金的强度大幅度下降。防止黄铜脱锌的途径有几个方面：降低溶液的腐蚀性，可加入缓蚀剂，也可设法除去溶液中的氧；进行阴极保护；选用脱锌敏感性较小的黄铜，使其在适当的介质中不易发生脱锌。黄铜中加入适量的锡、砷或磷等元素，在降低应力腐蚀敏感性的同时，亦可提高其抗脱锌腐蚀的能力。

铝青铜在某些环境介质中发生脱铝，亦是由于铜铝两组元之间存在电位差，构成腐蚀微电池所致。脱铝腐蚀与黄铜脱锌腐蚀机理相同。脱铝腐蚀与合金成分、显微组织和环境因素有关。随着合金铝含量的增加，脱铝腐蚀敏感性增强。晶粒愈粗大，脱铝腐蚀倾向也越大。在多相铝青铜中，阳极相首先发生脱铝腐蚀，阴极相是在阳极相脱铝腐蚀结束后才发生的。铝青铜各相组织脱铝腐蚀敏感性依下列秩序增大：α相、β相和γ相。促使铝青铜脱铝腐蚀的环境有：①介质不能充分流动；②酸性介质或含有氯化物的介质；③温度升高；④介质中铜离子浓度较高。铝青铜脱铝腐蚀的防止措施主要有两个方面：一方面是改善腐蚀环境，从改变介质的成分、浓度、温度、pH值及流动性方面入手，也包括采取阴极保护；另一方面是提高材料本身的耐腐蚀性，如在铝青铜中添加镍，铸态铝青铜进行适当退火处理等。

铜镍合金俗称白铜。白铜在铜合金中耐蚀性最为优良，以耐海水冲击腐蚀最为突出。但白铜脱镍也时有发生，以共同溶解后铜再沉积为主要形式。脱镍后的白铜表面常伴有铜结晶块和沿晶腐蚀形貌。由加工造成的表面氧化膜污染及沿晶界析出富镍富铁相的组织结构缺陷是发生白铜脱镍腐蚀的内在原因。

铜合金耐腐蚀行为的研究，正在从两个方面发展，即介质的腐蚀性研究和铜合金自身腐蚀敏感性的研究，二者相辅相成。针对一定的腐蚀介质，确定使用寿命及价格都满足要求的合金称为选材，这方面的工作在铜合金的工程需求下必将继续发展。缓蚀剂的研究也将是这方面工作的一部分。改变铜合金的腐蚀敏感性的研究又可分为开发耐蚀新合金，改进传统合金的加工热处理工艺以及通过表面处理提高耐蚀性能。在黄铜中加砷加硼，改善脱锌性能。经过适当加工热处理工艺使铜镍合金避免出现非连续沿晶析出，可大大提高传统白铜材料的抗局部腐蚀性能。对铜合金晶界结构与耐蚀性关系的研究，有望将铜合金的耐腐蚀性能提高。在表面处理方面，黄铜抗变色抗季裂的表面处理尚需进一步的研究和开发。事实上，铜合金的表面预成膜处理对延长其使用寿命非常重要，这方面的研究工作需要投入更多的力量。

应力松弛现象在室温下进行得很慢，但随着温度的升高就变得很显著，故在机械设计中必须加以重视。

8.2 评价试验

8.2.1 脱锌腐蚀试验

在一定的水溶液中，黄铜中所含的锌在高温下会被盐类的水溶液所溶解，产生脱锌的局部腐蚀现象，锌溶入溶液，实际上铜也溶解，但其后又沉积在合金表面上，而缺少锌的位置，将使得黄铜变成多孔性结构而变得很脆弱，黄铜表面覆盖一层疏松的红色薄膜，但强度和延性完全丧失。

1. 测试方法简述

依据 GB 10119—88《黄铜耐脱锌腐蚀性能的测定》标准规定，黄铜耐脱锌腐蚀性测定基于氯化铜溶液加速黄铜的脱锌腐蚀原理，由于不同的黄铜材料有着不同的脱锌腐蚀速率，从而产生不同深度的脱锌层，其深度用金相显微镜测定。

试剂：氯化铜溶液（1%）；

设备与仪器：SSY-H 不锈钢恒温水浴锅、金相显微镜（有测微目镜）；玻璃烧杯（1000mL）。

试验要求：每个试样测试暴露面积为 $100mm^2$ 左右，制样后清洁表面，在已加热到75℃的盛有氯化铜溶液（1%）的烧杯中进行计时开始试验，试验时间为连续 24h。要求烧杯口用塑料薄膜封扎，放置的试样应使暴露面垂直于烧杯底面，其间距大于 15mm。试验结束后取出试样清洗后吹干，放入干燥器皿中保存或及时将试样沿其暴露表面的垂直方向切片（横切面距暴露表面边缘至少 1.5mm，其穿过暴露表面的总长度应不小于 8mm），按金相试样制备方法研磨、抛光，用金相显微镜观察与测量试样截面厚度。

GB 10119—88《黄铜耐脱锌腐蚀性能的测定》标准规定的方法对薄片黄铜材料进行腐蚀试验和制样，结果发现无法进行很好的金相镶样，从而也无法进行腐蚀试验和试样腐蚀截面厚度的测量，需开展试验对试样制作方法及腐蚀厚度的测量方式进行改进。

2. 试样制备方法的改进

将试样裁成面积为 $100mm^2$ 左右的小方片，采用粘贴法进行金相镶样（热镶嵌），结果由于试样太薄且不平整，镶好的试样有的未经腐蚀试验就已脱落，有的在腐蚀试验过程中发生脱落，无法完成腐蚀试验，进而影响到后续试样切片以及其金相厚度的测试。

采用试样“侧立法”，即在脱锌腐蚀试验前，先裁剪出 10mm×25mm 左右的试样，将其非测试面和测试面的两边用透明胶带粘贴保护，中间露出 $100mm^2$ 左右即可，再将试样固定在一个小烧杯外侧面，保证其暴露面垂直于腐蚀液烧杯底面，其间距大于 15mm。

进行腐蚀试验时，将贴有试样的小烧杯沉浸放在腐蚀试验液中即可，待腐蚀试验后将小烧杯取出，揭掉试样上的透明胶带并清洗除胶后吹干，将试样腐蚀截面放置在镶样机的下模平台上，用双面胶使其粘立，试样太薄的可以弯成“L”形，使其“站立”在下模平台上进行热镶嵌。

该方法镶样后不需要再进行切片，可直接进行研磨、抛光后在显微镜下观察测量。该方法不仅可以直观地观察到试样的腐蚀厚度、原始厚度，还可以观察到试样材料的腐蚀程度状况，为材料的性能判断提供了直观的依据。另外，用金相显微镜检测试样腐蚀前后的厚度，要把样品的待测面放置在镶嵌机的下模平台上，双面胶固定后倒入一定量的镶嵌粉，要求试样的硬度与镶嵌粉的厚度相匹配。镶嵌工艺一般为：160℃，加热 15min，在加热的同时施加 20～30MPa 的压力，而后再用循环水冷却 5min，试样即被镶嵌成功。实验中根据试样的厚薄程度选择合适的压力，以免试样发生变形给测试带来不便，对于过薄的试样则采用另加贴一片材料陪镶的方法进行。试样制作方法和测厚与金相状态相结合的评价方法切合实际，有较强的实用性。

8.2.2 应力松弛试验

1. 应力松弛

黏弹性材料在总应变不变的条件下，由于试样内部的黏性应变分量随时间不断增长，使回弹应变分量随时间逐渐降低，从而导致回弹力随时间逐渐降低的现象。测定应力松弛曲线是测定松弛模量的实验基础。高温下的紧固零件，其内部的弹性预紧应力随时间衰减，会造成密封泄露或松脱事故。松弛过程也会引起超静定结构中内力随时间重新分布。用振动法消除残余应力就是设法加速松弛过程，以便消除材料微观结构变形不协调引起的内应力。使流动的黏弹性流体速度梯度减小或突然降为零，流体中的应力逐渐降低或消失的过程为应力松弛。

2. 应力松弛试验

应力松弛试验一般采用圆柱形试样，在一定的温度下进行拉伸加载，以后随着时间的推移，由自动减载机构卸掉部分载荷以保持总变形量不变，测定应力随时间的降低值，即可绘出松弛曲线。以压力 p 和时间 t 为坐标的应力松弛曲线可分为两个部分，分别代表两个不同的松弛阶段。在第Ⅰ阶段内，应力随时间的增长而急剧降低；在第Ⅱ阶段内，降低的速度减慢，最后趋于稳定。半对数坐标（$\lg\sigma$-t）的应力松弛曲线中，第Ⅱ阶段呈线性关系，因此可用以进行外推，即由较短时间的试验外推求得较长时间后的剩余应力。受相同的试验温度 T 和初应力 F 影响，经相同的时间后，如剩余应力越高，则材料的抗松弛性能越好。高温工作中的零件由于存在应力松弛，会不同程度地丧失弹性和紧固作用。因此对用于高温的紧固件如弹簧、螺栓等的材料，需要通过试验测定松弛性能。利用微机控制拉伸应力松弛试验机进行应力松弛试验，测控系统采用国内性能领先的高档试验机用 AEC-1200 控制器，配合国内首创的全能模块式 TestLive 计算机试验软件，应力松弛试验一般步骤如下。

（1）保持试验室温度在 20℃；（2）装铜绞线要正确选择夹片锚，夹片之间间隙要均匀；（3）打开电机电源，点击桌面 Yixw 图标，进入松弛试验软件系统界面；（4）点击〈原始数据〉下拉菜单下的〈原始数据输入〉，正确填写原始数据；（5）点击〈松弛试验〉下拉菜单下的〈自动试验〉；（6）点击〈预加载〉，系统自动进行预加载工作，当力值到 1kN 时，系统自动停止加载，然后对铜绞线夹片锚进行对中调整，对中调整完成后，点击〈加初载〉，系统开始均匀速度加初载，当力值加到理论初始载荷时，系统开始持荷，时间 5.5min，然后自动进入松弛试验，在加初载时可随时点击〈中断载荷〉，停止加载；（7）铜绞线自动进入试验状态后，关闭电机电源；（8）铜绞线松弛试验完成后（100h）系统自动停止，打开电机开关；（9）点击〈卸载〉，等到有足够的空间能够拆掉夹片锚时，点击〈中断载荷〉，接着拆下铜绞线两端夹片锚，然后关闭电机开关；（10）点击〈退出〉，退出自动试验界面；（11）进入数据分析界面，点击〈外推计算〉，在外推计算界面点击〈计算〉，然后点击〈退出〉；（12）点击〈打印输出〉，打印机自动打印原始记录。

8.2.3　应力腐蚀开裂试验

应力腐蚀开裂是指承受应力的合金在腐蚀性环境中由于裂纹的扩展而失效。应力腐蚀开裂具有脆性断口形貌，但它也可能发生于韧性高的材料中。发生应力腐蚀开裂的必要条件是要有拉应力（不论是残余应力还是外加应力，或者两者兼而有之）和特定的腐蚀介质存在。裂纹的形成和扩展大致与拉应力方向垂直。这个导致应力腐蚀开裂的应力值，要比没有腐蚀介质存在时材料断裂所需要的应力值小得多。在微观上，穿过晶粒的裂纹称为穿晶裂纹，而沿晶界扩展的裂纹称为沿晶裂纹，当应力腐蚀开裂扩展至其一深度时（此处，承受载荷的材料断面上的应力达到它在空气中的断裂应力），则材料就按正常的裂纹（在韧性材料中，通常是通过显微缺陷的聚合）而断开。因此，由于应力腐蚀开裂而失效的零件的断面，将包含有应力腐蚀开裂的特征区域以及与显微缺陷的聚合相联系的“韧窝”区域。常见有点腐蚀、晶间腐蚀、缝隙腐蚀和全面腐蚀。

1．应力腐蚀敏感性的判据

① 开裂时间 t_c 及断裂时间 t_f　金属材料在不同的应力状态下和不同的介质环境中的开裂或断裂时间来表示某种金属的应力腐蚀敏感性。一般来说，断裂或开裂时间越短，应力腐蚀破裂敏感性越大。

② 临界应力 σ_{SCC}　原则上说，当应力水平低于某一数值时，不会发生应力腐蚀破裂。该应力为临界应力，它是评定应力腐蚀破裂敏感性的重要指标。

③ 破裂深度 h_f　应力腐蚀裂纹的深度，或平均裂纹深度，或是最大裂纹深度来表示应力腐蚀敏感性，在一定条件下，应力腐蚀裂纹深度越大，应力腐蚀破裂的敏感性也越大。

④ 试样破裂百分比　用应力腐蚀试样在特定条件下发生破裂和未发生破裂的百分数来表示敏感性。

⑤ 应力腐蚀破裂敏感系数　在特定条件下，把应力腐蚀破裂时间的倒数，称为破裂敏感系数。当破裂敏感系数越大时，材料的应力腐蚀敏感性也越大。

⑥ 应力腐蚀破裂临界应力强度因子 K_{ISCC}　K_{ISCC} 的实用价值在于它可以预示材料在特定环境中抗应力腐蚀破裂的能力和使用寿命以及是否处于安全使用状态。

K_{ISCC} 可以实测得到，也可以通过计算方法求得。一般，通过理论方法求得 K_{ISCC} 十分麻烦，工程上多通过实测得到。

⑦ 裂纹扩展速率 da/dt 及裂纹扩展速度 v　应力腐蚀裂纹扩展速率 da/dt，是评定金属材料应力腐蚀破裂敏感性的重要指标。一般来说，da/dt 越大，材料的应力腐蚀敏感性也越大。已经产生应力腐蚀裂纹的 da/dt-K 曲线分为三个阶段：1）K 值超过 K_{ISCC} 达到某一门坎值 K_{TH}，裂纹随 K 值的增加迅速扩展，da/dt 与 K 基本呈线性关系；2）当 K 增加到某一数值时，这时的裂纹扩展速度达到某一稳定值，裂纹扩展速率基本是一个常数，da/dt 与 K 几乎无关；3）当 K 继续增加到某一数值时，随着 K 增加，da/dt 迅速增加，当 K 增加到 K_{IC}，材料发生机械失稳断裂。

⑧ 破裂电位范围和临界破裂电位　对于某一特定体系应力腐蚀破裂只发生于一定的电位以上，低于这个电位则不会发生，这个电位值称为应力腐蚀破裂临界电位。

2．应力腐蚀开裂试验

应力腐蚀敏感性常用测试方法有：1）拉伸试验：恒载荷拉伸试样，恒变形拉伸试样；2）弯曲试验：二支点弯曲试样，三点弯曲试样，四点弯曲试样，双弯梁；3）U形弯曲试验；4）C形环试验；5）O形环试验；6）叉形试验；7）薄板预变形试验；8）焊接接头应力腐蚀试验：焊接弯梁试样，焊接圆盘试样；9）管状试验；10）锅炉碱脆模拟试验装置；11）挂片试验。

主要介绍铜合金抗硫化物应力腐蚀开裂恒负荷拉伸试验方法（GB 4157—84）。

（1）原理：硫化物应力腐蚀开裂是金属在硫化物环境中的腐蚀和拉伸应力的联合作用下，所发生的延迟脆性断裂现象。

（2）方法：在常温常压下，将承受拉伸应力的试验浸在经酸化并以硫化氢饱和的氯化钠水溶液中，为获得硫化物应力腐蚀开裂数据，将外加应力加到屈服强度的一系列百分数，测定试样的断裂时间，直至720h试样不发生断裂的最大应力为止。

（3）试样：1）管材取纵向；板材取横向；见图8-1，标准试样尺寸为直径 D=6.4mm±0.1mm，标距 G=25mm±0.5mm，过渡圆弧半径 R=7.0mm。非标准试样尺寸为直径 D=2.5mm±0.05mm，标距 G=25mm±0.5mm，过渡圆弧半径 R=7.0mm。在试验材料不满足标准试样尺寸时，可以采用非标准试样，但必须加以注明。2）试样头部与试样工作段的不同心度不大于0.03mm。3）为了适应与加载夹具的连接及容器的密封，试样两端必须足够长。4）试样在机加工时，必须避免试样工作段过热和冷作硬化，最后两道切削量要小于0.05mm。5）要求试样表面粗糙度 R_a 不高于0.4μm。6）采用四氯乙烯或同类溶剂清除试样上的油污，用丙酮冲洗，放入干燥器内，直至使用时才取出。必须用干净的镊子或手套来拿取已经清洗过的试样。绝不能用手直接接触清洁的试样。7）测定材料的屈服强度、抗拉强度、延伸率和断面收缩率。拉伸试样和应力腐蚀试样应取自材料的相邻部位。在报告中注明材料化学成分、热处理制度、材料原始尺寸、取样部位和机加工工艺（例如冷变形量或预应变）等方面的全部有关数据。

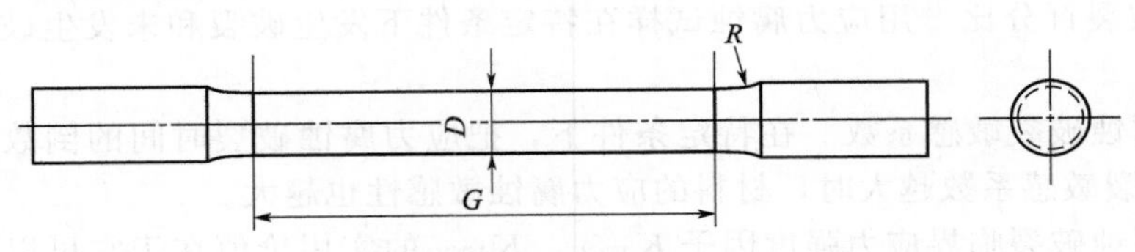

图 8-1 拉伸试样尺寸

（4）设备：1）采用静重力试验机或在液压室内能保持恒定压力的液压装置用于恒载荷试验，要求夹具或试样的松弛所引起的载荷降低减少到最小的程度；2）保证试样与任何接触试验溶液的其他金属电绝缘，试样周围的密封必须电绝缘和气密；3）如果需要将整套试验装置浸在试验溶液中，则试样与加载夹具以及其他金属部分必须电绝缘，并选用对硫化物应力开裂不敏感的材料做夹具。对开裂敏感的夹具必须用不传导和不渗透的涂层彻底涂覆；4）试验容器的尺寸和形状取决于实际试验机的加力装置，在试验开始前应排除容器中的氧，并在试验容器期间保证空气不进入容器，在硫化氢的流出线上装一个小型出口捕集器，并在试验容器内保持正压力，以防止氧通过小漏隙或从排气管线扩散进入容器。在实验过程中，由于乙酸的消耗，pH值随时间而增大，为了使pH值增大速度相对稳定，试验容器的体积应能保持每平方厘米试样面积有20～100mL溶液。容器和夹具材料应是惰性的。

（5）试验条件及步骤

溶液制备：将50g氯化钠和5g冰乙酸溶解于945g水中，初始酸度值应接近pH等于3，试验期间pH可能增加，但不超过4.5。试验溶液的温度应保持在24℃±3℃。试验步骤：①将清洗过的试样放进容器中，并接好必要的密封装置，然后用惰性气体净化试验容器；②试验容器净化后，小心加载，不得超过既定的加载水平；③立即将脱除空气的溶液注入试验容器，然后以100～200mL/min流速通入硫化氢，约10～15min，使溶液为硫化氢所饱和，并记录试验开始时间；④在试验期间必须保持硫化氢继续流通，以每分钟几个气泡的速度通过试验容器和出口捕集器，这样既保持了硫化氢浓度又保持了一个小的正压，从而防止空气通过漏隙进入试验容器；⑤在试验某些高合金耐蚀材料时，为了防止重新形成保护膜，有必要把加载顺序改变为①→③→②（如果按此顺序进行试验，则应在报告中注明）。

破坏的检测：①用电计时器和微动开关记录断裂时间；②可将拉伸试样加载到屈服强度的一系列百分数增量；③为了严格地确定破坏和不破坏的应力，应追加试样进行试验。

（6）试验报告

在每一应力水平下，所取得的断裂时间和不破坏的数据进行报告；所有铜材的化学成分，热处理制度，材料原始尺寸，取样部位，力学性能和其他所取得的数据应予以报告。报告表如表 8-1、表 8-2 所示。

表 8-1　试验成分及性能

钢号	化学成分/%					热处理制度	力学性能				
	C	Si	Mn	S	P		σ_b /MPa	σ_s /MPa	δ /%	Ψ /%	硬度（HRC）

表 8-2　试验结果

钢号	σ_s/%	70	75	80	85	90	95	100
	外加应力/MPa 断裂时间/h							

8.2.4 钎焊性试验

钎焊：采用比母材熔点低的金属材料作钎料，将焊件和钎料加热到高于钎料熔点，低于母材熔化温度，利用液态钎料润湿母材，填充接头间隙并与母材相互扩散实现连接焊件。

铜及铜合金的钎焊性：①纯铜不能在含氢的还原性气氛中钎焊；②锡黄铜钎焊性与黄铜相当，容易钎焊；铅黄铜中铅在加热时会形成粘渣，破坏钎料的润湿作用与流动性，必须选合适的钎剂以保证流动性；锰黄铜表面有锰的氧化物，其比较稳定，难以去除，应采用活性强的钎剂以保证钎料的润湿性；③青铜加入锡、铬或镉元素，对钎焊性影响不大，一般较容易进行钎焊；加入铝元素时，表面有铝的氧化物，难以去除，钎焊性变坏，必须采用专门的钎剂进行钎焊；加入硅元素时，硅青铜对热脆和熔融钎料作用下的应力开裂相当敏感；加入铍元素形成较稳定的 BeO，但常规钎剂能满足去除氧化膜的要求；④白铜含镍，选用钎料时应避免选用含磷的钎料，白铜对热裂和熔融钎料作用下的应力开裂都很敏感。如表 8-3 所示。

表 8-3　常用铜和铜合金的钎焊性

合金	铜 T_1	无氧铜		黄铜		锡青铜	锰黄铜	锡青铜		铅黄铜
		TU1	H96	H68	H62	HSn62-1	HMn58-2	QSn6.5-0.1	QSn4-3	HPb59-1
钎焊性	优	优	优	优	优	优	良	优	优	良

合金	铝青铜		铍青铜		硅青铜	铬青铜	镉青铜	锌白铜	锰白铜
	QAl9-2	QAl10-4-4	QBe2	QBe1.7	QSi3-1	QCr0.5	QCd1	BZn15-20	BMn40-1.5
钎焊性	差	差	良	良	良	良	优	良	困难

① 钎焊方法的选择：采用整体感应钎焊，通过感应加热对端环进行整体加热，再将热量传递到导条端部，通过钎料的浸润，达到钎焊的目的。

② 钎料：采用银基钎料 HL312 和厚 0.2mm 的银焊片，钎剂采用 QJ112 膏状钎剂和粉状钎剂 QJ101。

③ 钎焊前准备：a. 钎焊前用砂纸、锉刀将导条和端环钎焊槽内的氧化物清理干净，然后将清理的表面用酒精将油污杂物清洗干净，待酒精挥发后，在钎焊工件待焊表面均匀涂上 QJ112 膏状钎剂；b. 将 0.2mm 厚的银焊片均匀放置于端环凹槽内表面，将转子导条与端环装配形成 T 形钎焊接头，再将块状银基钎料 HL312 放置于导条与导条之间的槽内。

④ 母材预热及钎焊温度曲线设计：钎焊加热温度曲线设计为 7 个阶段，分为加热-保温-加热-钎焊-冷却等过程，通过电脑与设备的控制信号系统进行控制。

⑤ 钎焊实施：做好焊前准备工作后，选择设计好的钎焊程序，开启钎焊机，观察钎焊程序实施情况及钎焊接头温度的变化情况，钎料全部均匀的溶解，钎剂已浮于钎料液面上，钎缝成形良好，关闭钎焊机电源。

⑥ 焊后处理：转子端环钎焊以后，采用空冷的方式，当接头冷却到适当温度，即可进行清洗，再用干燥的压缩空气吹干。

⑦ 焊接接头试验及结果分析：a. 钎焊接头外观检查，包括裂纹、气孔、夹渣、表面成形及母材熔蚀情况；b. 钎焊界面特征分析：钎焊线扫描，分析焊接接头界面化学成分；钎焊面扫描，分析焊接接头界面组织结构；钎焊整体扫描，观察界面结合情况；c. 钎焊接头拉伸试验，对钎焊接头进行力学性能分析。

8.2.5 镀层性能试验

大多数铜合金具有高强度高导电性及耐热性等，但对应力腐蚀比较敏感。单独提高铜合金的性能，并不能大幅度提高铜合金的使用寿命，所以采用表面保护技术提高材料的耐磨性和耐蚀性，在材料表面形成一层极薄的钝化膜，即镀层。常用的镀层技术有热喷涂、电镀、化学镀以及气相沉积技术。应用计算机与近代分析技术结合对电镀工艺进行控制，使工艺控制在最佳状态，保证产品质量。

在镀层中孔隙率是指单位面积上从镀层表面穿透至基体金属的细小孔道的数目。测定镀层孔隙率的方法有腐蚀率、电图像法、气体渗透法、照相法等。腐蚀法和电图像法是目前国内经常使用的方法。其中腐蚀法最简单有效，应用广泛。而最常用的腐蚀方法为湿润滤纸贴置法。采用测孔隙液（铁氰化钾 10g/L，氯化钠 20g/L）测孔隙率。将刚电镀的镀件用水冲干，然后吹干。用孔隙率液润湿的滤纸贴在镀件表面，贴紧，不时地添加孔隙率液，保持滤纸湿润。10min 后取下，冲洗滤纸，用吹风机吹干，计算滤纸上的斑点（红褐色点：孔隙直至铜基体）数。

$$孔隙率=N/S(点/cm^2) \tag{8-1}$$

式中 N——孔隙显色斑点数；

S——被测试样的被检测面积，cm^2。

① 镀层显微硬度　使用维氏硬度 MH-5 型硬度测试机测维氏硬度。1min 时电镀时间过短，在测试硬度时镀层被击穿，此时测试不准，5～20min 为镀层的真实硬度。

② 镀层 XRD 分析　用 X 射线衍射仪 XRD-600 对镀层的物相进行分析。

③ 镀层能谱分析。

④ 镀层形貌分析　用扫描电镜观察镀层形貌。

⑤ 镀层厚度　扫描电镜下观察横切面形貌，确定镀层厚度。

⑥ 镀层的热震实验　测试镀层与基体的结合强度。将试样放在炉中加热到250℃保温5min，然后取出放入室温的水中骤冷，观察镀层是否鼓泡或脱落。

8.2.6　热交换器用铜合金管的残余应力试验

目前，我国用于热交换器的铜合金管残余应力检验的现行标准方法有三种。它们分别是：等效采用 ISO 196《加工铜及铜合金——残余应力测定——硝酸亚汞试验》的 GB/T 10567.1《铜及铜合金加工材残余应力检验方法——硝酸亚汞试验法》；等效采用 ISO 6957《铜合金——抗应力腐蚀的氨熏试验》的 GB/T 10567.2《铜及铜合金加工材残余应力检验方法——氨熏试验法》；GB/T 8000《热交换器用黄铜管残余应力检验方法》。

检验实践中，可根据合金类别、使用环境及工程设计要求选择合适的检验标准。

1. 硝酸亚汞试验法

本方法理论上适用于所有的铜及铜合金加工材。由于汞盐及其析出物有毒，只有在必须采用该方法时（如非黄铜合金的残余应力检验）才会被采用。见 GB/105667.1《铜及铜合金加工材残余应力检验方法——硝酸亚汞试验法》。其试验方法如下。

首先将试样用清洁的有机溶剂（三氯乙烯或热碱溶液等）除油，再将样品完全浸入含有15%（体积）硫酸的水溶液或含有60份体积蒸馏水和40份体积浓硝酸混合的溶液中，时间不超过30s，以除去样品表面含碳物及氧化膜的所有痕迹。将试样从酸洗液中取出，立即在水洗槽中用自来水冲洗干净。然后除去试样表面过量的水，并将其完全浸入每升含有10g硝酸亚汞和10mL硝酸（$\rho_{20℃}=1.40\sim1.42$g/mL）的溶液中。

密闭保持30min后，将样品从试验溶液中取出放在陶瓷托盘中，用自来水冲洗并用镊子夹药棉小心擦去样品表面多余的汞后立即检查样品开裂情况。

2. 氨熏试验法

本方法适用于黄铜加工材中残余应力的检测。见 GB/T 10567.2《铜及铜合金加工材残余应力检验方法——氨熏试验法》。其试验方法如下。

首先将试样用清洁的有机溶剂（三氯乙烯或热碱溶液等）脱脂除油，再将样品完全浸入含有5%硫酸的水溶液中清洗，清洗后立即先在流动冷水中，然后再在热水中清洗干净。最后用电热吹风机将试样完全干燥。

在试样温度达到20～30℃后，将试样置于同样温度的干燥器（$\phi240\sim\phi280$mm）中，立即密闭保持24h。干燥器内事先加入试验溶液（将107g±0.1g的氯化氨溶于水，配制成500mL试验溶液，再用20%～50%的氢氧化钠溶液调节至pH=10.0）。

试验溶液的量应保证每升容器总体积不少于200mL及每1dm^{2}试样表面积不少于100mL。试验期间试验温度应恒定在±1℃。仲裁时，试验温度为25℃±1℃。

氨熏结束后，先将样品在水洗槽内漂洗，再放进酸洗溶液内，于室温下清洗几分钟，直到样品表面腐蚀产物得以充分清除，可能产生的裂纹能够观察到为止。然后再充分水洗，并用电热吹风机吹干。

最后，用放大倍数为（10×～15×）的放大镜或显微镜观察样品是否开裂。

3. 热交换器用黄铜管残余应力检验方法

本方法是热交换器用黄铜管残余应力检验的专用标准（见 GB/T 8000）。其试验方法为：

首先将试样用清洁的有机溶剂（乙醇或丙酮等）除油，再将样品在硝酸（1+1）溶液中除去氧化膜，然后用清洁水洗去样品表面的残酸，浸入水中备用。

将样品置于 ϕ240～280mm 的干燥器中，立即倒入 200mL 浓氨水（25%～28%），并立即密闭。在室温下保持 4h。

从干燥器中取出样品，经水洗、酸洗除去样品表面腐蚀产物后，再充分水洗、晾（烘）干后用（10×～15×）的放大镜观察样品是否开裂。

残余应力检测对于样品有严格的要求。如样品不得有压扁、砸伤、划伤、起皮、皱折等缺陷，制样时不得有夹持、人为折断等行为，以免产生附加应力；为排除切取样品或试样表面有磕碰伤时所造成的局部应力的影响，距试样端部 5mm 以内的裂纹及表面的放射状或网状裂纹应忽略不计；试验中样品不得相互接触，以免因缝隙腐蚀或电偶腐蚀（尤其是不同合金共同试验时）影响试验结果；酸洗时应依据合金类别、酸洗液强弱适当控制酸洗时间，以免由于过酸洗影响对裂纹的判断；汞和氨对人体均有毒或有害，试验中应切实做好人身防护，注意操作安全，防止造成环境污染。

8.3 测定方法

8.3.1 极化特性测试方法

极化曲线反映极化特性，用恒电位法测定电极极化曲线。

1. 原理

金属的电化学腐蚀是金属与介质接触时发生的原电池自溶解过程：

$$Cu \longleftrightarrow Cu^{2+} + 2e \tag{1}$$

$$2H + 2e \longleftrightarrow H_2 \tag{2}$$

当电极不与外电路接通时，其净电流为零。当对电池进行阴极极化，反应（1）被抑制，反应（2）加速，电化学过程以 H_2 析出为主；当对电池进行阳极极化时，反应（2）被抑制，反应（1）加速，电化学过程以 Cu 溶解为主。

2. 测量方法

如图 8-2 中，W 表示研究电极、C 表示辅助电极、r 表示参比电极。参比电极与研究电极组成原电池，可确定研究电极的电位。辅助电极与研究电极组成电解池，使研究电极处于极化状态。在实际测量中，常采用的恒电势法有静态法和动态法，采用动态法时，电极表面建立稳态的速度越慢，则扫描速度也应越慢，这样才使测得的极化曲线与采用静态法测得的结果相近。（1）仪器与药品，CHI660A 电化学工作站 1 台，电解池 1 个，硫酸盐汞电极

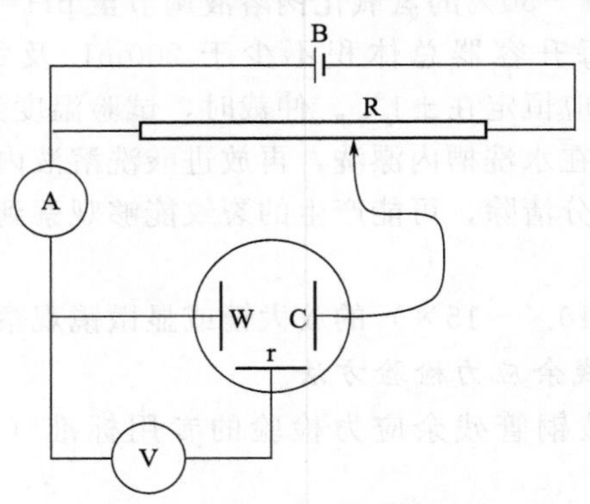

图 8-2　恒电位法原理示意图

（参比电极）、Cu电极（研究电极）、Pt片电极（辅助电极）各1支，0.1mol/L、1mol/L H_2SO_4溶液，1mol/L HCl溶液，乌洛托品（缓蚀剂）。

3. 实验步骤

①电极处理，用金相砂纸将铜电极表面打磨平整光亮，用蒸馏水清洗后滤纸吸干。每次测量前都需重复此步骤，电极处理得好坏对测量结果影响很大；②测量极化曲线：打开CHI660A工作站的窗口；将三电极分别插入电极夹的三个小孔中，使电极进入电解质溶液中，将CHI工作站的绿色夹头夹Cu电极，红色夹头夹Pt电极，白色夹头夹参比电极；测定开路电位，点击“T”选定对话框中“Open Circuit Potential-Time”实验技术，点击“OK”。点击“parameter”选择参数，可用默认值，点击“OK”。点击“开始”进行实验，测得的开路电位即为电极的自腐蚀电位；③开路电位稳定后，测电极极化曲线，点击“T”选中对话框中“Linear Sweep Voltammetry”实验技术，点击“OK”为使Cu电极的阴极极化、阳极极化、钝化、过钝化全部表示出来；初始电位设为“−1.0V”，终态电位设为“2.0V”，扫描速率设为“0.01V/S”，灵敏度设为“自动”，其他可用仪器默认值，极化曲线自动画出。按上述步骤分别测定Cu电极在0.1mol/L和1mol/L H_2SO_4溶液、1mol/L HCl溶液及含1%乌洛托品的1mol/L HCl溶液中的极化曲线；实验完毕，清洗电极、电解池，将仪器恢复原位，桌面擦拭干净。

4. 数据处理

①分别求出Cu电极在不同浓度的H_2SO_4溶液中的自腐蚀电流密度、自腐蚀电位、钝化电流密度及钝化电位范围，分析H_2SO_4浓度对Cu钝化的影响；②分别计算Cu在HCl溶液中及含缓蚀剂的HCl介质中的自腐蚀电流密度及按下式换算成腐蚀速率（v）：

$$v=3600Mi/nF \tag{8-2}$$

式中 v——腐蚀速率，$g \cdot m^{-2} \cdot h^{-1}$；

i——钝化电流密度，$A \cdot m^{-2}$；

M——Cu的摩尔质量，$g \cdot mol^{-1}$；

F——法拉第常数，C·mol/L；

n——发生1mol电极反应得失电子的物质的量。

8.3.2 膜厚测定方法

膜厚测定方法主要有：楔切法，光截法，电解法，厚度差测量法，称重法，X射线荧光法，β射线反向散射法，电容法，磁性测量法及涡流测量法等。其中前五种是有损检测，测量手段繁琐，速度慢，多用于抽样检验。X射线和β射线法是无接触无损测量，但装置复杂昂贵，测量范围较小，电容法只在薄导电体的绝缘镀层测厚时使用。如表8-4所示。磁性法和涡流法的测量仪适用范围广，量程宽，操作简便且价廉，是工业和科研使用最广泛的测厚仪器。

1. 磁吸力测量原理

永久磁铁（测头）与导磁钢材之间的吸力大小与处于这两者之间的距离成一定比例关系，这个距离就是覆层的厚度。利用这一原理制成测厚仪，只要镀层与基材的导磁率之差足够大，就可进行测量。测厚仪的基本结构由磁钢，接力簧，标尺及自停机构组成。磁钢与被测物吸合后，将测量簧在其后逐渐拉长，拉力逐渐增大。当拉力刚好大于吸力，磁钢脱离的一瞬间记录下拉力的大小即可获得覆层厚度，新型的产品可以自动完成这一记录过程。

表 8-4 光学方法测定膜厚

测量方法	薄膜特点	光源	测量范围	精度	实现难度	适用场合
激光干涉法	固态、透明、厚度均匀	激光	10～100μm	<10μm	小	工业检测
激光投射法	固态、半透明、吸收光	激光	100～1000nm	<10nm	大	实验室检测
激光反射法	固态、半透明、不吸收光	激光	10nm～100μm	<10nm	大	工业检测
颜色色调检测法	固态、透明、半透明、厚度不均匀	白光	100～1000nm	10～100nm	小	工业检测
分光光度测量法	固态、透明	白光	0.5～20μm	10～100nm	小	工业检测
液膜投射法	液态燃料溶液、厚度不均匀	激光	10～1000μm	<100μm	小	工业检测
液膜干涉法	液态、厚度不均匀	激光	10～1000μm	<10μm	大	实验室检测
光谱比较法	结冰燃料溶液表层融化形成薄膜	激光	10～1000μm	<100μm	中	实验室

2. 磁感应测量原理

采用磁感应原理时，利用从测头经过非铁磁覆层而流入铁磁基体的磁通的大小，来测定覆层厚度。也可以测定与之对应的磁阻的大小来表示其镀层厚度。镀层越厚，磁阻越大，磁通越小。一般要求基材磁导率在500以上，如果镀层也有磁性，则要求与基材的磁导率之差足够大。当软芯上绕着线圈的测头放在被测样本上时，仪器自动输出测试电流或测试信号。

3. 电涡流测量原理

高频交流信号在测头线圈中产生电磁场，测头靠近导体时，就在其中形成涡流。测头离导电基体越近，则涡流越大，反射阻抗也越大，这个反馈作用量表征了测头与导电基体之间距离的大小，也就是导电基体上非导电镀层厚度的大小。

参考文献

[1] 董超芳，肖葵，李久青等．3AM60镁合金与铜合金及铝合金偶接后的大气腐蚀行为［J］．中国有色金属学报，2005，15（12）：1941-1943.

[2] 梁彩凤，侯文泰．环境因素对钢的大气腐蚀的影响［J］．中国腐蚀与防护学报，1998，18（1）：1-5.

[3] 杨敏，王振尧．铜的大气腐蚀研究［J］．装备环境工程，2006，3（4）：38-44.

[4] 刘琼，王庆娟，杜忠泽．铜在自然环境中的腐蚀研究［J］．新技术新工艺，2008，（8）：80-82.

[5] Jouen，M Jean，B Hannoyer. Simultaneous copper run of and copper surface analysis in an outdoor area［J］.Surface and Interface Analysis，2000，30（10）：145-148.

[6] J Sandberg，I Odneva，U Wallinder，et al. Corrosion-induced copper runoff from naturally and pre-painted copper in a marine environment［J］. Corrosion Science，2006，48（12）：4316-4338.

[7] 黄桂桥．铜合金在海洋飞溅区的腐蚀［J］．中国腐蚀与防护学报，2005，25（2）：65-68.

[8] Huang G Q，You J T，Yu C J. Corrosion and fouling of copper alloys exposed to seawater at Qingdao Sea area［J］. Mater. Prot，1997，30（2）：7-9.

[9] 张秀利，王建峰．冷拉铜管材应力腐蚀倾向研究［J］．有色金属加工，2008，37（1）：41-44.

[10] 史博，宿彦京，王燕斌等．疲劳及拉伸预形变对纯铜应力腐蚀敏感性的影响［J］．金属学报，2001，37（2）：162-164.

[11] 李勇，朱应禄．黄铜脱锌腐蚀的研究进展［J］．腐蚀与防护，2006，27（5）：224-226.

[12] 刘建华，张瑞军，杨景茹等．试样状态对铜合金脱铬腐蚀的影响［J］．稀有金属材料与工程，2007，36（z3）：300-302.

[13] 肖翔鹏，许洪胤，刘觐．钴对Cu-Zn-Al合金耐腐蚀性能的研究［J］．电镀与精饰，2010，32（1）：24-26.

[14] 朱权利，刘楷周，吴维冬等．无铅易切削镁锑黄铜的脱锌腐蚀性能研究［J］．机电工程技术，2008，37（12）：

70-73.
[15] 赵惠芬，代文钢，丁家圆．热处理工艺对 C46500 黄铜脱锌腐蚀性能的影响［J］．《上海有色金属》，2014，35（1）：24-26.
[16] 刘昂，沈明荣，蒋景彩等．基于应力松弛试验的结构面长期强度确定方法［J］．岩石力学与工程学报，2014，33（9）：1922-1924.
[17] 李永盛．单轴压缩条件下四种岩石的蠕变和松弛试验研究［J］．岩石力学与工程学报，1995，14（1）：39-47.
[18] 刘长海，高军．加氢反应器材料的应力腐蚀试验［J］．东北林业大学学报，2009，37（4）：66-68.
[19] 卢志明，盘水光，方德明等．16MnR 钢作含硫化氧介质中慢拉伸应力腐蚀试验研究［J］．化工机械，2001，（3）：138-140.
[20] 陈梦成，杨广建，徐道荣．AZ91D 镁合金接触反应钎焊试验［J］．电焊机，2015，45（8）：47-50.
[21] 杨艳波，蔡刚毅，陈宇等．高强铝合金的化学镀镍镀层性能研究［J］．有色金属，2009，23（1）：44-48.
[22] 钟卫佳，马克定，吴维治．铜加工技术用手册［M］．北京：冶金工业出版社，2007.
[23] 程树英，陈岩清，钟南保等．阴极恒电位法电沉积 SnS 薄膜的性能研究［J］．太阳能学报，2006，27（7）：694-697.

第9章

废铜利用

9.1 铜的再生和利用概述

再生金属是将生产、流通和消费等过程中产生的因不再具有原使用价值而报废的各类金属制品或边角余料进行回收加工，还原其使用性能或生产新产品。再生金属不仅能有效缓解金属矿产资源严重短缺的状况，还能降低能耗，减少环境污染。

地壳中原生有色金属铜矿藏十分有限，远远不能满足人类经济活动高速发展的需求，因此二次资源的开发利用得到了世界各国普遍的重视。在我国，改革开放以来经济发展迅速，对有色金属铜的需求逐年增长，而铜矿藏资源相对贫乏，二次资源的利用就具有更加重要的意义。事实上近些年国内二次资源再生利用行业得到了快速发展，在珠三角、长三角、环渤海形成了大规模的产业带，从事有色金属铜再生加工的企业达数千家，在有色金属生产中占有重要的份额。

9.1.1 发展循环经济与有色金属

从有色金属储量方面看，随着经济社会的持续快速发展，中国有色金属消费量日益剧增的同时，新增矿产资源储量缓慢，矿产品供应矛盾日益突出。由于矿产储量的年增长率缓慢，与世界矿产资源生产和消费状况相比，中国有色金属资源普遍存在资源消耗速度快、可用资源比例明显下降的趋势，铜、金、银、铅、锌、锡等探明储量可供年限较短。目前已用铜矿资源占探明铜矿资源比重的67.1%，已用铅矿占68.2%，已用锌矿占71.5%，已用锡矿占89%，已用铝土矿占50%以上。

在中国有色金属资源探明储量增长缓慢的同时，中国对有色金属资源的需求却呈快速增长趋势。20世纪90年代以来，随着经济的快速发展和人口的不断增长，中国对生产生活所需的有色金属资源需求剧增，中国主要有色金属产品的消费出现加速趋势。1990～1999年的10年中，中国铜消费量以年均12左右的速度增长；2000～2009年的10年中，中国铜消费量年均增速达到17以上，详见表9-1。

因此，为了保障中国经济的持续发展，再生金属产业的发展无疑将增强中国矿产资源的保障能力，提高中国经济的可持续发展能力。

表 9-1 2000～2009 年中国铜消费量及增速

年份	2000	2001	2002	2003	2004
铜/万吨	192.81	230.73	273.69	308.37	320.03
铜增速/%	29.91	19.67	18.62	12.67	3.78
年份	2005	2006	2007	2008	2009
铜/万吨	365.61	361.38	486.34	513.36	714.41
铜增速/%	14.24	−1.16	34.58	5.56	39.16

从节能减排方面看，2008 年中国再生金属产量 520 万吨，占当年 10 种有色金属总产量的 20%左右，已成为有色金属工业的重要组成部分和当前循环经济建设的重要领域。其中，再生铜 198 万吨，占中国精炼铜的 52.43%。据海关数据显示，2008 年中国共进口有色金属废料 772.7 万吨。其中，进口废铜 557.7 万吨，进口废铜金额共计 59.7 亿美元。与原生金属生产相比，2008 年中国再生金属产业相当于节能 3000 万吨标煤、节水 17 亿吨、减少固体废物排放 10 亿吨、减少 SO_2 排放 45 万吨。统计显示，2002 年以来，中国再生金属产业共节能 15425 万吨标准煤、节水 88 亿吨、减少固废排放 54 亿吨、减少 SO_2 排放 242 万吨。再生金属产业的发展，不仅极大地缓解了中国原生矿产资源的供需矛盾，同时大大地促进了中国有色金属工业的节能减排和循环经济建设。

近年来，随着中国资源需求快速增长，原生有色金属材料市场供给能力已显不足，再生有色金属成为重要的市场补充，为再生有色金属行业发展提供了良好契机。一方面再生有色金属的利用能够在很大程度上弥补资源的短缺问题，不仅仅是产业发展的需要，更是可持续发展战略的迫切需求；另一方面再生有色金属能够优化资源配置，又符合环境保护政策，还能够降低中国对相关进口原料的依赖性，规避价格大幅波动给企业带来的风险，有利于中国有色金属行业健康发展。

9.1.2 再生铜工业现状和存在的问题

铜在有色金属中占有重要地位，在电力、机械、电子电器、武器装备及五金行业有不可替代的应用领域，铜的生产和使用量在有色金属中仅次于铝，是最重要的有色金属之一，而且铜的原生矿藏资源严重不足，也是资源和需求矛盾最突出的有色金属之一，铜的二次资源再生利用具有非常重要的意义。

自 20 世纪 80 年代以来，中国的铜供应就开始出现一定程度的短缺，中国政府和相关企业就已经开始重视对废杂铜的回收利用。90 年代以前，国家物资部门和供销社系统就在全国建立了广泛的废旧金属和废旧物资回收网络，并将废杂铜的回收列入指令性计划。随着中国再生有色金属产业的发展，中国的再生金属从回收、进口拆解到加工利用，已形成一条完整的产业链。鉴于原生铜涉及资源、能源、环境等一系列的问题，一些原生铜冶炼企业正在分析进口铜精矿和利用废杂铜的利与弊，考虑利用再生铜的问题，实际上，最近几年一些铜冶炼厂已经利用一定数量的废杂铜做原料。

近几年再生铜的回收网遍布全国，废杂铜回收利用产业蓬勃发展，涌现出再生铜企业数千家。这些企业中不乏比较大的企业，如宁波金田，废铜利用量非常巨大，从废铜的直接应用到废铜的精炼-电解应用，都取得了巨大的效果，不仅在利用其管理、技术、研发、资金等方面的优势带动和规范中国再生铜产业的发展方面具有积极意义，同时大大提高了中国再生铜产业的规模和集中度。近年来，中国再生铜行业技术装备水平不断提高，环境保护不断加强，金属熔炼回收率也有了较大的提高。经调研统计，目前中国规模再生铜企业中，铜的熔炼回收率达97%以上，与国外先进水平相当。

从区域分布上看，长江三角洲、珠江三角洲、环渤海地区作为铜的矿产资源紧缺区，已成为中国再生铜和铜加工产量最大的地区，已成为废杂金属的集散地。全国80%的铜加工企业分布在这三个区域，每年可回收利用全国75%的废杂铜。珠江三角洲地区主要是进口废料进行拆解、分类、销售废铜原料；长江三角洲地区以浙江为代表，利用废铜生产铜材及黄铜制品；环渤海地区主要以天津为主，有超过200家企业利用废铜生产电线电缆。目前，国家已建设了几个再生铜专业园区，为规模化再生铜利用和环保打下了基础。但是中国在有色金属再生的产量上，与发达国相比，差距较大。但由于再生有色金属在节能、环保等诸多方面的优势，近年来一些原生有色金属生产企业开始进入再生有色金属领域。

然而废杂铜资源量不稳定，国内对国外废杂铜的依赖程度越来越大，废杂铜的进口量除了受国际市场铜价涨落的影响外，最主要的是目前我国废杂铜没有稳定的进口渠道，这就直接影响到国内废杂铜原料的来源和供应形成。与此同时，国内废杂铜市场秩序极不规范，多头进口渠道形成分割局面，使废杂铜回收系统受到很大冲击。

我国再生铜生产企业多，规模小，经营分散，技术装备落后，能源消耗大，资源回收利用率低，特别是众多的小型集体和民营冶炼厂，设备十分简陋，技术水平不高。在冶炼过程中铜的损失大，产品质量差，给下步的精炼、电解带来一定的困难。

环境污染严重，众多的小企业进行废杂铜的熔炼回收再生，对环境造成严重的污染，引起这方面的问题有三点：一是进口废杂铜在国内进行分拣造成第一次污染；二是小冶炼厂点多面广，影响波及面大，造成第二次污染；三是生产技术和工艺水平低，能耗高。除尘收集欠缺，金属损失大，造成最严重的污染。

我国铜资源的不足与长期进口铜精矿和废杂铜是并存的，因此，为了贯彻可持续发展的战略方针，必须十分重视和解决环境保护问题，规范流通领域秩序，淘汰落后的工艺技术和生产设备，提高再生铜的回收率。

只有充分合理地解决废杂铜在流通领域、在再生回收生产中产生的新问题，才能很好地解决环境保护问题。只有这样，才能真正贯彻执行可持续发展的战略方针。然而其诸多不利因素一直未得到解决，特别原料的分选问题一直存在，亟待解决。

① 原料分选基本依赖人工，占用大量劳力，人工分选，劳动强度大，劳动条件恶劣，分选效率低，对于像金田这样的大型冶炼再生企业，每年废铜处理量在40万吨左右，铜料分选用工数量十分庞大。而且合金铜料分选是对技术经验依赖度很高的工作，普通工人很难通过短期培训而达到要求，这就造成企业难以获得足够的合格铜料分选工。

② 人工分选难以做到原料精细分类，废杂铜难以用于生产优质产品。在同一类别的合金中不同成分的铜料往往色泽差别很小，同一种外形的铜件也可能有不同成分，人的眼睛很难区分。这就容易造成不同牌号和成分的合金混杂，使得铜料的可用价值降低造成资源浪费。由于原料分选的原因使得一部分优质原料不能得到合理利用，这也造成了资源的浪费。

③ 连带非铜零件的铜料拆解困难。在一些回收的铜料中包含有阀门、水暖器材、水表、压力表壳体、油路分配器等铜合金器件和封闭型容器，这些器件中装配有其他金属和塑料、橡胶配件，采用人工拆解效率非常低。

④ 镀铬铜料和不锈钢难以区分。镀铬铜料和不锈钢外观非常相似，人工分选很难区分；这些不锈钢如果不分离，给配料带来困难，容易造成成分偏差。

⑤ 钎焊焊料的脱除问题。一些铜料带有钎焊焊料，例如废的汽车散热器等，本体铜的

品质很好，但由于表面敷有焊料限制了它的应用。普遍采用火法分解，仅能脱除少量铅、锡（50%以下）。

⑥ 废旧电磁线中绝缘材料和绝缘漆在熔炼中造成污染。拆解马达、变压器等旧电器产品回收的一些旧电磁线在废铜资源中占有较大比例，这些铜料中含有较多的绝缘材料和绝缘漆，是可燃成分。目前大多数企业对于这类材料的处理方法都是直接加入炉内熔炼（冶炼）或先焚烧后再入炉熔炼；但这两种方法都不可避免要对环境造成污染；为了保证金属收得率，防止铜线过度氧化，在以上两种方法都不能满足绝缘材料的充分燃烧条件；因此在燃烧过程中会产生大量黑烟，并有毒性很强的二噁英生成。

⑦ 加工返回铜料不经处理直接熔炼。在铜料生成过程中会产生一些废料，例如：铸造冒口、切头、废品等，挤压脱皮、压余以及加工过程中产生的切屑、锯末、料头、边角等；这些铜料容易返回熔炼，生成原牌号合金；但这些原料在加工过程中往往混入一些铁屑，杂质和油污；这些杂质和油污不经处理直接熔炼必然增加污染，影响合金的品质。

⑧ 直接利用的合金废料，熔炼配料粗放，许多成分不能得到合理利用，产品档次低。目前的再生熔炼工厂都是根据经验人工计算配料，这样一些少量的合金元素多作为杂质处理，再添加一些新金属调整，满足合金成分要求；这样生产的再生产品，质量不是很好，只能用于要求不高的产品。

实际上述一些合金元素在相应的牌号中，都是必要的有用成分；如果能够通过精细分选，精确配料，使得这些成分得到合理利用是对资源的重大节约，通过精确配料，也可采用再生资源生产出高性能的优质产品。

9.1.3 再生铜工业发展趋势

中国再生金属产业起步于20世纪50年代，还没有形成一个成熟的产业，其规模和循环利用比例还有待进一步提高。今后再生铜行业将向规模化、集约化管理、低能耗、低污染、少人工、机械化等方向发展。

① 引导再生铜企业做大做强，逐步走向规模化、集约化经营的轨道。目前真正达到一定规模的企业如宁波金田铜业（集团）股份有限公司、海亮集团有限公司所占比重仍然较小，而多数企业规模较小。今后的发展方向应是依据产业政策和发展规划，逐步引导再生铜企业做大做强，逐步走向规模化、集约化经营的轨道。

② 再生铜产业中的金属消耗和综合能耗需要进一步降低。目前，我国再生铜和铜加工产业的生产过程中，金属消耗与国外的金属消耗相比仍有较大差距。在我国再生铜和铜加工过程中，降低金属消耗仍然有很大的空间。综合能耗也存在同样的问题。我国再生铜和铜加工产业的综合能耗和电耗与国外先进水平相比也有很大差距。如何采用国外先进的工艺技术和管理水平来降低再生铜产业和铜加工工业的金属消耗及综合能耗，是值得大家探讨的问题。

③ 再生铜的环境保护需要进一步加强，再生铜产业是一项环保型产业。

根据有关专家测算，生产1t再生铜与生产1t原生铜相比，要节能0.33吨标准煤、节水734t，少排放固体废弃物420.5t，少排放SO_2等有害气体0.36t。但是，我国再生铜产业的这一优势并没有得到充分的体现和发挥。不少企业仍存在作业环境差、环境污染严重的问题，特别是废杂铜的拆解和分选环节，环境状况更加令人担忧。再生铜产业的环境问题，也是我国再生铜产业亟待解决的问题。

再生铜产业的发展不仅有利于缓解中国原生铜矿产资源的供需矛盾，同时也有助于推动我国铜加工工业的节能减排和中国循环经济的发展。但在再生铜产业链的发展方面，中国仍需要综合运用各种政策措施，尤其是税收政策，调节和引导企业的行为，建立起节约资源、保护环境的机制，促进经济社会的可持续发展。

从发达国家的经验看，再生铜的效益增长点主要体现在深加工领域，因此该领域向市场提供铜产品的质量、品种等直接影响到产品的增值水平，在今后的发展中，再生铜及分类清晰的废杂铜将在新产品开发中大量应用，如电子材料、电工材料、精细化工产品、粉末冶金产品、高纯阴极铜、高精度铸件等。随着再生铜产业化和再生技术的发展，再生铜生产已经向机械化、连续化、自动化方向发展，国外发达国家已出现了家电、电子元件、热交换器等重要再生铜品种的专业化再生利用的生产线。随着经济发展，再生铜将作为一个重要产业出现在工业体系之中。

9.2 铜废料的直接回收利用

目前我国生产再生铜产品的方法主要有两类：第一类是将废杂铜直接熔炼成不同牌号的铜合金或精铜，所以又称直接利用法；第二类是将杂铜先经火法处理铸成阳极铜，然后电解精炼成电解铜并在电解过程中回收其他有价元素。

含铜物料的直接利用，是指将已区分牌号的纯净铜合金废料和纯净的铜物料不需经过一般杂铜生产的氧化—还原—精炼等过程，直接配入适当的纯金属和中间合金（用铜和铜合金元素事先熔制成熔点较低的一种合金）经熔炼为精铜锭和性质相同或相近的铜合金。如将黄铜废料熔炼成黄铜；青铜废料熔炼成青铜，白铜废料熔炼成白铜等。此方案具有工艺流程短、设备简单、金属回收率高、能耗少、成本低等优点。因此工业发达国家都力求增加废铜直接利用的比例。如日本直接利用废铜的比例为80%，意大利为90%，英国为50%，美国为60%，之所以发达国家废铜直接利用率较高，是因为这些国家废杂铜收集过程中分类清晰。再生原料熔炼铜合金，目前广泛使用工频感应炉。

废铜的用途很广泛，主要用于生产电解铜、铜合金、铜粉、铜化工产品和铜箔。典型的铜再生工艺举例说明如下。

① 紫杂铜（裸铜线）→预处理（挑选、烘干、打捆、打包、制团等）→反射炉氧化、还原熔炼→中间保温炉→连铸连轧铜光亮杆（铜含量＞98%，电导率≥98%IACS）；特种紫杂铜是优质的工业原料，可以当作电解铜使用，目前许多企业利用特种紫杂铜生产铜盘条等加工材。

② 黄杂铜→预处理（挑选、打捆、打包、散料等）→感应熔炼→保温炉→多线水平连铸棒坯→铅黄铜易切削棒材（HPb58—2，用于制锁）。

分类比较清晰的铜合金可以直接生产铜合金产品，这也是一种直接利用。目前我国铜合金的直接利用率较高，大量用于铸造行业和铜材加工行业。

③ 汽车、拖拉机水箱→拆解、去掉壳体→烘烤，部分去掉铅锡焊料→坩埚炉熔化、除渣→铁模铸造→黄铜铸锭→分析化学成分→供生产铸造黄铜件、轴瓦、阀件、卫生洁具等。

④ 空调器蒸发器、冷凝器→预处理（切除弯管、端板、除油、破碎至长度为30～50mm）→风力吹除铝散热片→磁选除铁→打包→入炉熔炼铝青铜、铝黄铜，也可以生产紫铜铸块。

⑤ 再生黄杂铜铸块→感应炉熔炼高强耐磨黄铜。

⑥ 电缆制成铜米→直接作为紫铜熔炼配料使用，为防止铜末浮在铜液表面，可用铜皮包装后压入铜液之中。

⑦ 紫铜屑、黄铜屑→制团→感应熔炼→获得重熔铜锭→熔炼相应合金。

⑧ 氧化铜、铜灰→混匀木炭屑、黏土等，制团→火法炼铜，还原出粗铜→铸块→阳极炉→阳极板→电解精炼成电解铜。

⑨ 用废铜生产硫酸铜，因为硫酸铜本来是生产电解铜过程的一种中间产品，如果用废铜生产电解铜，经济上不合理，但在国际市场硫酸铜价格上涨的时候，利用废铜生产硫酸铜还是有较高的利润空间。

⑩ 生产电解铜箔：因为铜箔是生产线路板的主要原料。目前生产铜箔广泛使用电积法，而电积法要求加入铜碎料最好，溶解速度快，因此一些纯铜碎料是生产铜箔的理想原料。例如，在处理废电线时，经常采用铜米机，得到的铜米很受铜箔生产企业的欢迎，铜米的价格有时甚至高于电解铜。

9.2.1 用铜合金废料直接生产铜合金

将已经区分牌号和纯净的铜合金废料配入适当的纯金属和中间合金，经熔炼即可制得各种牌号的铜合金。

合金熔炼时需用覆盖剂和精炼剂。覆盖剂的作用是防止铜合金氧化、蒸发、吸气。而加精炼剂是为了去除合金中的有害杂质（如铝、硅、铁、碲等）。精炼剂中含有化学活性物质，它能使杂质转化为不溶于合金熔体的化合物而造渣。依所处理原料类型不同，可采用苏打、萤石、硫酸钠、硼砂、氟化钠、木炭、碱金属氯化物等作为熔剂，熔剂消耗约为炉料的0.5%～1.0%到3%～5%不等。

用废杂铜料熔炼合金的工艺包括配料、熔化、精炼、调整成分、铸造等作业。熔炼设备有坩埚炉、反射炉、电弧炉、竖炉和感应电炉等。

在再生原料熔炼铜合金中，近几十年来广泛使用工频感应电炉，它具有金属损失少，结构简单、劳动条件好等优点。工频感应电炉又分为有芯和无芯两种类型。目前较为先进的宁波金田铜业（集团）股份有限公司的“大吨位电炉熔炼—潜液转流—多流多头水平连铸技术和设备”，开发了潜液转流及多面多流多头连铸技术，集成了利用废杂铜大批量再生多品种铜材的高效、节能装备，生产效率得到极大提高。

含铜废料熔炼黄铜时，宜在有芯感应电炉中进行，熔炼再生青铜和黄铜时需进行精炼，其目的是降低溶解的气体（氢、氧）含量，除去悬浮的非金属夹杂和一些杂质元素（如铁、硫、铝、硅、锰等）。

还原铜合金中的 Cu_2O 可用磷、锂、硼、钙等作为脱氧剂，应用最广的以磷铜（8%～15%P）形式加入磷，生成挥发性 P_2O_5 进行脱氧。在实践中也用联合脱氧剂。如熔炼锡青铜时，先用磷除去大部分的氧，再用锂除去残余的氧，这样可得到精炼组织细小和力学性能好的合金。

铜合金除气主要是除氢（它占总气量的95%～98%）。除气方法有惰性气体法、氧化除气法、真空除气法和沸腾除气法四种。惰性除气法是经干燥和除氧处理过的氮气通入熔体中，形成大量的气泡，这些氮气泡中氢分压为零，熔体中的氢向气泡扩散，在气泡上浮过程中除去熔体中的氢气，同时也可脱除夹杂物。

9.2.2 用紫杂铜连铸连轧生产低氧光亮铜杆

西班牙拉法格的FRHC（Fire Refined High Conductivity）废杂铜精炼工艺，即“火法

精炼高导电铜”生产工艺，是西班牙拉法格-拉康巴（La Farga Lacam-bra）公司和意大利康特纽斯-普罗佩茨（Continuus-Propeizi）公司联合巴塞罗那大学的专家在20世纪80年代中期开发成功的一项废杂铜熔炼、连铸、连轧技术。1987年西班牙拉法格-拉康巴公司与意大利制造商康梯纽斯-普洛佩兹公司合资经营，开始向全世界销售以再生废杂铜为原料连铸连轧生产火法精炼低氧光亮铜秆的工艺技术和设备，利用其技术和设备，使用废杂铜生产的铜杆质量可达到EN1977（1998）CW005A标准，含铜量大于99.93%，电导率大于100.4% IACS。

目前世界上采用FRHC火法精炼的工艺和设备，主要有COS-MELT倾动炉生产工艺和COS-MELT组合炉生产工艺。

（1）COS-MELT倾动炉生产工艺和设备

COS-MELT倾动炉生产工艺所需的设备由加料装置、倾动式精炼炉、除尘装置组成。倾动式精炼炉由炉子本体、烟气沉淀室、燃烧系统、氧化还原精炼系统、液压倾动系统、检测控制系统组成。炉子是固定的，焊接在可倾动的框架结构中。炉子的倾动由液压缸完成。烧嘴位于前炉墙，朝向炉膛中心。燃烧风机和管道挠性连接，装在炉子框架上，和炉子一起倾转。炉子的转轴位于燃烧室上部，出炉烟气口位于前墙另一侧，烟气的排出接口在转轴上。倾动炉有3～5组氧化还原风眼，它们固定于浇铸侧的炉墙上。当炉子在正常位置时，风眼位于熔体液面上；氧化还原过程进行时，炉子倾转使风眼位置在熔体液面下。在浇铸过程中，靠控制炉子的倾转角度，保证风眼始终位于熔体液面上，这样风眼不会被铜水堵塞。

（2）COS-MELT组合炉生产工艺和设备

COS-MELT组合炉由1台竖炉、2台倾动炉和1台保温炉组成。

竖炉由加料装置和1台特殊的改进型竖炉组成，可连续加料并熔融铜废料和电铜。2台倾动炉主要起氧化还原和精炼作用，它的生产和工艺过程和上述倾动炉生产工艺类似。根据熔化和精炼周期，2台炉子交替向倾动式保温炉提供合格铜液。倾动式保温炉主要起平衡铜液的作用，保证连续地给连铸连轧机提供铜液，同时可以精确控制液态金属铜的流量和温度。

COS-MELT组合炉生产工艺流程如下。

竖炉（熔化铜废料）—倾动式精炼炉（氧化还原、精炼）—倾动式精保温炉（合格铜液）—连铸连轧浇铸机。

（3）两种工艺适用性比较

COS-MELT组合炉可使整个生产过程连续，处理含铜量96%以上的废铜，而COS-MELT倾动炉可以处理92%以上的废铜。在COS-MELT组合炉中，竖炉能够连续熔炼废杂铜，加快废铜的熔化速率，但是仍将受到倾动炉氧化还原周期性生产的制约，竖炉一次精炼后，还需根据铜液化验结果，在倾动炉中加入不同的添加剂进行二次精炼；而COS-MELT倾动炉是间断生产，有利于对杂质的控制。

综上所述，COS-MELT倾动炉生产工艺无论在原料要求.或生产过程控制上，都要优于COS-MELT组合炉生产工艺。西班牙拉法格火法精炼工艺和国内已有废杂铜制杆的工艺在理论上和实践上没有太大的区别，主要区别在火法精炼的设备上，拉法格技术使用的是倾动式精炼炉，而国内使用的是固定式精炼炉。

（4）FRHC法精炼技术的优势

废杂铜中的杂质主要包括铅、锡、锌、铁、镍、氧、硫等成分，业内一直认为火法精炼杂铜很难达到高导电铜的标准，特别在上述几种杂质大量存在且变化无常时。普罗佩茨-拉法格公司FRHC火法精炼技术在此领域实现了突破。该项成果主要是通过计算机辅助设计确定精炼工艺参数，选择特种添加剂及用量。它的精髓和核心是调整杂质成分和含氧量，而不是最大限度地去除杂质。他们利用计算机辅助设计，对废杂铜中主要的15种杂质元素进行了分析研究，通过对各种元素长期的研究和实验，找到各种元素相互化合后形成的微化合物铜合金，不影响铜杆的导电性和力学性能。这样，使FRHC火法精炼生产的铜杆中铜含量大于99.93%、杂质含量小于400mg/kg时，电导率大于100.4%IACS。因此其主要技术是化学精炼而不光是深度氧化还原。

与ETP（电工铜杆）和OFE（无氧铜杆）相比，FRHC铜杆除了杂质含量高许多以外，其余性能相差不大。因此，杂铜通过FRHC火法精炼后，接近于纯净电解铜，实际生产出一类微化合物铜合金，不影响铜杆的电导率，而且其再结晶软化温度、抗拉强度、扭曲次数等力学性能优异，在长期导电状态和超常温状态下均能使用，适合于代替电解铜生产光亮铜杆，在电线电缆行业使用。

和固定式反射炉相比，倾动式精炼炉熔化速度快，热效率高，由于熔化温度低于固定式反射炉，炉子寿命较传统反射炉延长很多。

9.3 废杂铜的火法冶炼

废杂铜资源回收复用加工处理的一般原则如下。

由于二次铜资源来源广泛、构成复杂，不同来源废铜料的成分差异极大，处理加工的原则一般是根据原料主成分的含量、合金组成、有害杂质的可能含量以及加工产品的应用方向的要求，按物尽其用的原则逐步由高向低加以利用，以达到最有效、最完全地综合利用其中的全部有价组分。

为了达到上述目的，对于二次铜资源要严格进行分类管理，尽可能通过分拣分类，按不同品质分别处理，以利优质优用，尽量减少加工过程，降低加工费用。

对于杂铜，最合理的利用方案是将其直接冶炼成为铜合金。这样原料中的所有有价成分都回收到成品中。

对于保管良好、无杂质污染、成分符合国标规定的二号铜标准的紫杂铜，可直接熔炼后铸成线锭，用于生产铜质导电体。其次，可以通过阳极炉精炼→电解生产高质量的阴极铜（再生铜）。对于能够区分出牌号和纯净的紫杂铜，也可用于生产铜合金。实际上这是把紫杂铜作为精铜使用。按其品质不同分别用于生产高级铜合金和普通铜合金。

废杂铜的种类繁多，回收利用技术和工艺也有所不同，但一般都将其分为预处理和再生利用两部分。

所谓预处理就是对混杂的废杂铜进行分类、挑选出机械夹杂的其他废弃物，除去废铜表面的油污等，最终得到品种单一，相对纯净的废铜，为熔炼提供优良的原料，从而简化了熔炼过程。

9.3.1 废杂铜的火法熔炼

用火法冶炼方法处理含铜废料时，通常又有三种不同的流程，即一段法、二段法和三段法。

一段法是将分类过的黄杂铜或紫杂铜直接加入反射炉精炼成阳极铜的方法。其优点是流程短、设备简单、建厂快、投资少，但该法在处理成分复杂的杂铜时，产出的烟尘成分复杂，难以处理；同时精炼操作的炉时长，劳动强度大，生产效率低，金属回收率也较低。

二段法是将杂铜先经鼓风炉还原熔炼得到金属铜，然后将金属铜在反射炉内精炼成阳极铜；或将杂铜先经转炉吹炼成粗铜，再在反射炉内精炼成阳极铜，再送电解生产阴极铜。由于这两种方法都要经过两道工序，所以称为二段法。鼓风炉熔炼得到的金属铜杂质含量较高，呈黑色，故称为黑铜。二段法适宜处理含锌量高的黄杂铜和白杂铜，原料不同，二段法的处理工艺也不同。图 9-1 和图 9-2 介绍了两种典型的二段法火法冶炼铜的工艺流程。

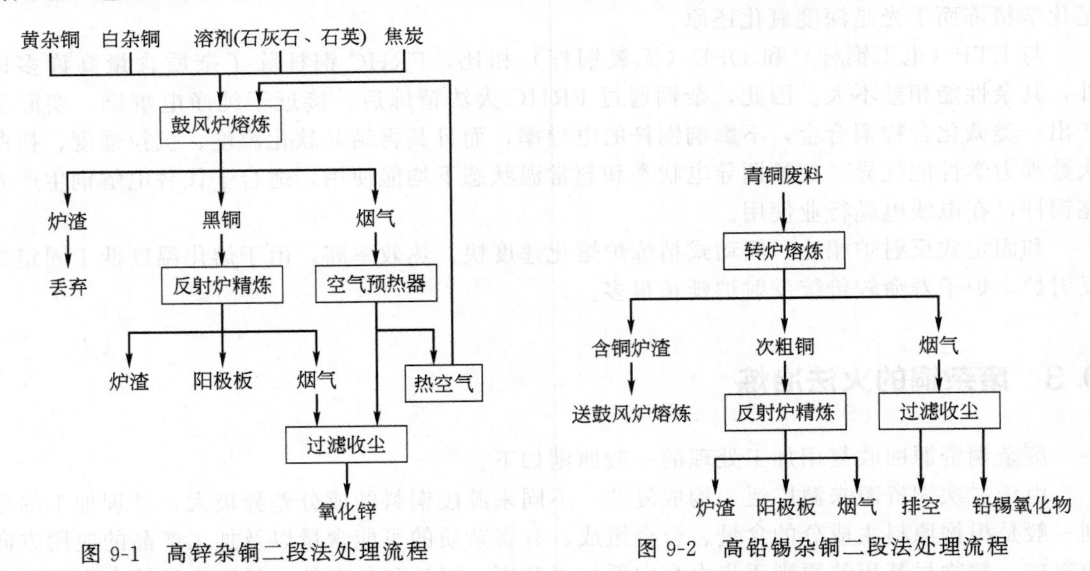

图 9-1　高锌杂铜二段法处理流程

图 9-2　高铅锡杂铜二段法处理流程

三段法是指将杂铜先经鼓风炉还原熔炼，产出含铅、锡较高，铜品位较低的黑铜，黑铜在转炉内吹炼，脱除部分铅、锡后成次粗铜，次粗铜再在反射炉中精炼成阳极铜，最后变成铜产品的工艺过程。原料要经过三道工序处理才能生产出合格的阳极铜，故称三段法。三段法主要原料是含铅、锡成分较高或成分复杂、难以分类或混杂的杂铜原料。三段法具有原料综合利用好，产出的烟尘成分简单、容易处理、粗铜品位较高、精炼炉操作较容易、设备生产率也较高等优点，但又有过程较复杂、设备多、投资大且燃料消耗多等优点，图 9-3 介绍了常用的三段法处理流程。因此，我国除规模较大的企业或需处理某些特殊废渣外，一般的

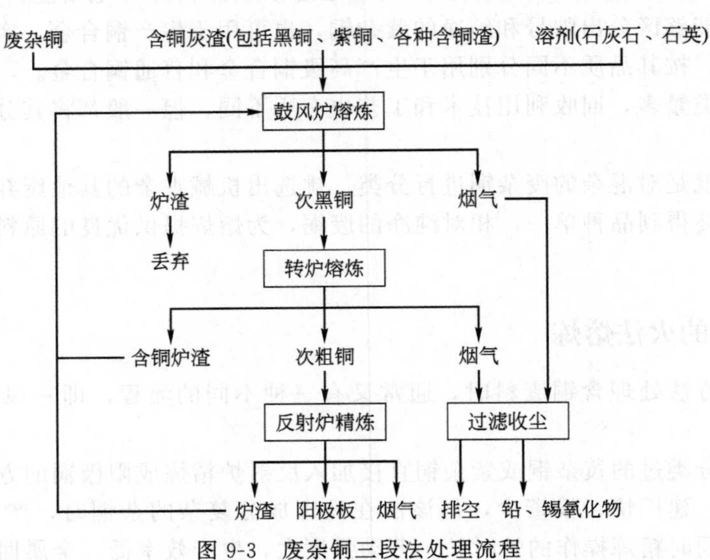

图 9-3　废杂铜三段法处理流程

废杂铜处理流程多采用二段法和一段法。

9.3.2 废杂铜熔炼常用熔炼炉及工艺

传统的废杂铜火法冶炼设备有反射炉、感应炉、竖式炉等。目前我国使用最多的冶炼设备是反射炉熔炼。反射炉、竖式炉介绍详见第 2 章第 1 节，这里着重介绍澳斯麦特技术和艾萨技术。

近年来，被炼铜企业和冶金专家看好的铜冶炼技术，基本上是闪速熔炼技术和顶部喷吹浸没熔池熔炼技术。其中闪速熔炼技术以奥托昆普闪速技术为主，顶部喷吹浸没熔池熔炼技术主要包括澳斯麦特技术和艾萨技术。

澳斯麦特技术是在 20 世纪 70 年代由约翰·弗洛伊德博士及其在联邦科学与工业研究组织（CSIRO）的团队发明开发的，是由最初的顶吹浸没喷枪（TSL）技术演变而来。该技术首先用于锡渣还原，称为“赛洛熔炼”（Simsmelt）。弗洛伊德博士看到了该技术的潜力，于 1981 年组建了澳斯麦特公司，推进该技术的商业化并将其应用范围从锡冶金扩展到了其他工艺。标准澳斯麦特炉结构示意图如图 9-4 所示。

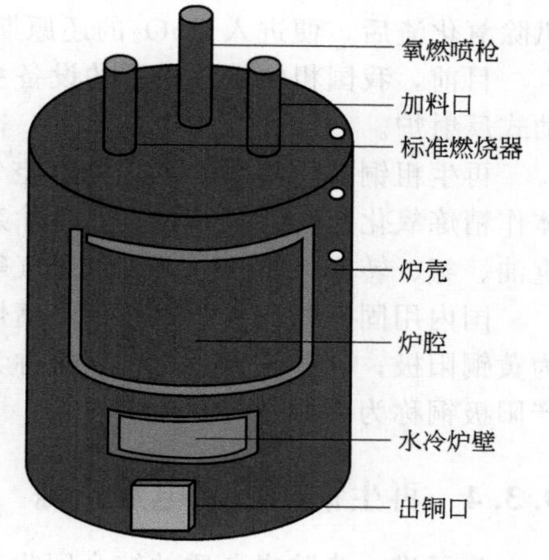

图 9-4 标准澳斯麦特炉结构示意图

此后，有澳斯麦特完成的工厂和项目覆盖了广泛的物料范围，主要是有色金属领域，最近，该技术也用于废料处理。我国的西部矿业集团在天津投资建设 20 万吨再生铜项目、广西梧州年产 30 万吨再生铜冶炼工程项目都采用以澳斯麦特炉（AUSMELT）熔炼为核心的工艺。该工艺属国际上节能环保的先进生产工艺技术，采用杂铜为原料，经配料、澳斯麦特炉熔炼、火法精炼、电解精炼主要工艺流程。韩国锌公司在韩国温山安装了一台澳斯麦特炉，进行废铜再生。该炉子设计为年处理 70000t 韩国锌公司铅精炼厂的铜浮渣和其他次生铜物料。

澳斯麦特炉投资少，建设周期短，对原料的品位、杂质含量、水分要求十分宽松，对原料的适应性极强。澳斯麦特炉燃料范围广、适应性强，以低热值废燃料为主。例如：利用火法冶炼企业废弃的煤渣等，既可以保护环境，变废为宝，又可以节约能源，降低成本。更值得一提的是，对于铜原料中的各种杂质，通过控制炉内的反应气氛，不但可以在铜冶炼过程中脱除而不影响铜的质量，而且可以使杂质以烟尘的状态回收，实现多金属同时回收。

澳斯麦特炉采用的顶吹浸没喷枪技术具有很强的通用性。顶吹浸没喷枪系统在吹炼过程中能产生强烈的搅动性能，与很多竞争性冶炼技术相比是一个重大改进，它促进了高反应率，并使渣和烟气达到平衡。这些综合效应使弃渣中含重金属量最低，并且从渣中浸出的重金属量也很低，保证了铜的洁净度。

澳斯麦特炉是一个密闭系统，具有很多环境优势。烟气排放量很低，并且可以通过对炉子抽力的直接测量和调节来保持负压。另外，因为漏风量低，需要处理的烟气量也很低，这样，烟气处理系统的工作量就比较低，相对而言，提高了效能。

9.3.3 再生粗铜的火法精炼

竖式炉、鼓风炉、转炉处理杂铜废料得到的往往是黑铜、再生粗铜或黄杂铜，需要进行火法精炼以得到较纯净的铜阳极产品。

再生粗铜的火法精炼既可单独进行，也可和原生粗铜一起进行。此外，纯净的黄铜和紫杂铜也可直接在反射炉中进行火法精炼，这便是所谓一段法生产阳极铜。再生粗铜含镍高，将它和原生粗铜搭配精炼。调节铜中的含镍量，可减少镍对火法和电解精炼的影响，此乃搭配精炼之优点。但其缺点是原生粗铜被镍污染。应根据具体情况，考虑两种粗铜比例，精炼时其他金属（尤其金、银）的回收率，以及精炼渣的处理方法等情况、选择最佳的精炼方案。

再生铜火法精炼的工艺过程与原生铜一样，即：熔化→氧化→除渣→还原→浇铸。

当液体铜中的杂质氧化入渣后，氧化期结束，为防止杂质扩散返回熔体，应及时扒渣。扒除氧化渣后，便进入CuO_2的还原期。CuO_2还原反应同时能够促进金属脱气。

目前，我国粗铜精炼采用的设备主要是固定式反射炉，如果是液体铜直接精炼，使用倾动式反射炉。

再生粗铜精炼所用的氧化剂有空气、富氧空气、蒸汽，实践证明，用蒸汽-空气混合气体作精炼氧化剂时，精炼过程具有除杂快、渣率低等优点。精炼过程用的还原剂有木炭粉、重油、氨、转换天然气、丙烷、煤气等。

国内用固定式反射炉进行火法精炼，根据原料不同，把精炼一号黑铜所产生的铜阳极称为黄铜阳极；二号黑铜所产铜阳极称为白铜阳极；次粗铜精炼产品称为粗铜阳极；紫杂铜所产阳极铜称为紫铜阳极。

9.3.4 再生铜阳极的电解精炼

为了进一步除去杂质并综合回收其他有价金属，再生铜阳极需要电解精炼。

对品位高、含杂质少的再生铜阳极（如紫铜阳极）电解精炼的技术条件基本上与原生铜阳极相同。对品位低、含镍高的再生铜阳极，其电解技术条件必须作适当修改，即采用较低的酸度、较低的电流密度、较多的添加剂用量，以保证产出高品位电解铜。

高镍阳极电解时产出的电解废液，富集了较高的硫酸镍，是提取硫酸镍的好原料。每天抽取出一定量的废液，经结晶硫酸铜和电积脱铜、砷后，送往生产粗硫酸镍，进一步制成纯硫酸镍作为副产品出售。

对高砷、锑再生阳极的电解精炼，欲生产国标一级电铜，原则上应采取如下技术条件：电解液有较高的Cu^{2+}浓度、较高的Cl^-浓度、较多的添加剂用量、较高的电解液温度、较大的极距、加强电解液的过滤及净化等。此外，向每百吨高砷锑阳极铜中加入1.1kg锡，使电解液保持少量Sn^{2+}，可防止阴极长粒子。

9.4 废杂铜的湿法冶炼

除目前常用的火法生产方法外，国内一些单位针对不同的含铜物料，采用湿法工艺处理杂铜也有不同程度的进展。如重庆市钢铁研究所用氨浸法处理复铜废钢料、用直接电解法从合金杂铜中制取电铜、采用高电流密度法从废铜料中生产紫铜管。西北矿冶研究院用乙腈法处理含铜杂料生产纯铜粉。北京矿冶研究总院用矿浆电解法从铜渣中生产铜粉和硫酸锌、废杂铜直接电解生产。

9.4.1 废铜再生的湿法冶金工艺

与火法工艺比较，湿法工艺具有主要金属和伴生金属的回收率更高；能耗较少，较为容易解决环境问题，生产过程容易实现自动化等优点。因此，再生铜湿法冶金工艺的应用日益广泛。

再生铜湿法冶金工艺目前应用较为成熟的有氨浸→重熔→电解法和合金铜直接电解法两种。前者用碳酸氢铵和氨水浸出杂铜料，浸出液经蒸氨后得到粗氧化铜粉，再配制电解液进行电解，生产阴极铜。此法的优点是可以使有色金属与铁分离，适宜处理表面覆铜的钢料（双金属料）；后者是我国重庆钢铁研究所研究开发的方法。该法直接将铜合金熔铸成阳极进行电解，可生产质量符合国家标准一级品的阴极铜，品级率为100%。该法工艺流程短、设备简单、投资少、见效快，适宜屑状废铜料直接生产精铜，且加工成本比火法工艺大大降低，有价金属综合回收利用好，铜总回收率可达99%以上，污染小、仅有少量酸雾，无公害。

在生产实践中，从浸出液中回收和分离各种金属的方法有：置换法、电积法、萃取法、离子交换法、水解法、硫化物沉淀法及以各种盐和金属屑粉末形式沉淀法等。在再生金属生产中，电积法用的最为成熟。

含铜废料湿法处理前需进行预处理，使金属与泥、油和绝缘物分开。先用70～80℃的碱液（含Na_2CO_3 20～25g/L、NaOH 10g/L）进行脱油，作业时间20～30min。脱油后的含铜废料送碱洗槽，用60～70℃的热水洗涤。含铜废料还需按粒度分级，压块料宜用电化学溶解，而碎料可用化学溶解。

（1）浸出过程

工业生产中，湿法冶炼含铜废料首先用溶剂将铜溶解出来，常用的溶剂有硫酸、氨溶液。工业浸出设备应保证有高强度的搅拌、较高的温度，一般溶液应加热到100℃（常压）或者高于100℃（高压），以强化浸出过程，缩短浸出时间。

硫酸是最有效的溶剂，但其缺点是对设备有腐蚀作用。

国外某电缆厂用硫酸浸出废铜线生产铜箔，其工艺过程是：废铜线→500℃焙烧去油→浸出（废电解液、酸洗液）→浸出液（含铜80～84g/L）→鼓形电解槽电积→20～35μm的铜箔。

氨溶液的腐蚀作用较小，且可使有色金属与铁分离。氨溶液浸出法是用含NH_3和某种铵盐的溶液作为浸出溶剂。氨浸不仅易于浸出粒状废杂铜料，且可有效地浸出压块废铜料、旧铜料及其他类型的再生原料。氨浸一般在50～60℃下于渗滤型设备中进行。溶液中原氨浓度约为100～150g/L，CO_2 80～100g/L。例如，用游离NH_3 150g/L、$(NH_4)_2CO_3$ 100g/L、Cu 55g/L的溶液浸出熔烧过的电动机定子的工业试验证明，铜浸出速度随溶液循环速度、铜离子浓度和温度的提高而增加。

铜在溶液中同时以一价和两价的氨络合物并存，铜浸出率高达99%。锌、银也进入溶液。铁、锡、铅则留在浸出渣中。这是氨浸法的一个主要优点。滤去浸出渣后的溶液送去沉铜。

（2）制粉

经济核算表明，铜以铜粉状态从氨溶液中析出是最合理的。铜粉的价值为致密铜的1.5倍，且生产工艺简便，先将溶液蒸馏按下述反应分解出黑色CuO沉淀：

$$[Cu(NH_3)_4]CO_3 \longrightarrow CuO+4NH_3+CO_2$$

然后在700～760℃下用氢还原到纯度达99.4%的铜粉。其主要杂质是铁。

$$CuO+H_2 \longrightarrow H_2O+Cu$$

参考文献

[1] 邵燕敏，汪寿阳．全球有色金属消费与进出口贸易研究［M］．北京：科学出版社，2012.

[2] 姜金龙，徐金城，吴玉萍．再生铜的生命周期评价［J］．兰州理工大学学报，2006，32（3）：1-6.
[3] 国家统计局．中国统计年鉴（2001）［M］．北京：中国统计出版社，2002.
[4] 李运刚．紫杂铜再生节能新工艺［J］．冶金能源，1994，13（4）：25-27.
[5] 王子龙．再生铜生产过程中的问题及对策［J］．有色冶炼，2002，29（1）：44-46.
[6] 路学成，崔辉，黄勇．浅论有色金属的材料环境化［J］．有色金属再生与利用，2004，（10）：10-12.
[7] 黄崇祺．论中国电缆工业的废杂铜直接再生制杆［J］．资源再生，2008，（7）：46-47.
[8] 张天姣，陈晓东，唐维学．废杂铜的回收与利用［J］．广东化工，2009，36（6）：133-134.
[9] 李刚，周萍，闫红杰等．再生铜反射炉的用能分析与节能措施［J］．冶金能源，2008，27（5）：37-39.
[10] 顾群音．煤气发生炉气化过程分析与提高煤气品质的技术措施［J］．上海理工大学学报，2006，28（1）：99-102.
[11] 刘宏．废杂铜冶炼技术在铜线坯生产中的应用［J］．铜业工程，2009，（1）：49-53.
[12] 康敬乐．废杂铜的再生火法精炼工艺探讨［J］．矿产保护与利用，2008，（4）：56-58.
[13] 张邦安．铜的回收与再生利用——废杂铜利用的途径［J］．有色金属再生与利用，2005，（7）：37-38.
[14] 郑骥．2010年中国再生铜产业发展回顾与展望［J］．新材料产业，2011，（7）：17-21.
[15] 韩明霞，孙启宏，乔琦等．中国火法铜冶炼污染物排放情景分析［J］．环境科学与管理，2009，34（12）：40-44.
[16] 秦庆伟，张丽琴，黄自力等．反射炉炼铜渣回收铜技术探索［J］．过程工程学报，2009，9（z1）：15-18.
[17] 王猛．降低废杂铜反射炉精炼渣含铜的生产实践［J］．中国有色冶金，2009，（6）：40-42.
[18] 王姣，岳焕玲，孟昭华．离子液循环吸收法有色冶炼烟气脱硫新技术［J］．有色设备，2008，（3）：5-7.
[19] 项钟庸，郭庆弟．蓄热式热风炉［M］．北京：冶金工业出版社，1988.
[20] 胡丕兴．提高澳斯麦特炉炉衬寿命的研究［D］．江西赣州：江西理工大学出版社，2011.
[21] 陈肇友．澳斯麦特铜熔炼炉用耐火材料与保护层形成问题［J］．中国有色冶金，2005，34（1）：27-28.
[22] 中国冶金建设协会．钢铁企业原料准备设计手册［M］．北京：冶金工业出版社，1997.
[23] 刘建军．再生铜火法精炼的设计与实践［J］．有色冶金设计与研究，2008，29（3）：11-16.
[24] 张希忠．中国再生铜工业现状及发展趋势［J］．有色金属再生与利用，2003，（11）：1-3.
[25] 肖红新．湿法分离——火焰原子吸收光谱法测定杂铜中的金［J］．贵金属，2013，34（1）：66-69.
[26] 师伟红，杨波，田锋．某冶炼厂炼铜炉渣浮选铜试验探讨［J］．有色金属（选矿部分），2006，（2）：15-17.
[27] 彭蓉秋．再生有色金属冶金［M］．北京：化学工业出版社，1994.

第 10 章

导电材料

10.1 概述

导电材料是指大量能够自由移动的带电粒子在电场作用下能很好地传导电流的材料。导电材料一般是指专门用作传导电流的材料，根据导电机理不同，可分为电子导电材料和离子导电材料两种类型。其中电子导电材料又分为半导体、导体和超导体。导体的电导率不小于10^5S/m，超导体的电导率为无限大（在温度小于临界温度时），半导体的电导率介于10^{-7}～10^4S/m之间。当材料的电导率小于10^{-7}S/m时，就认为该材料基本上不能导电，而称为绝缘体。

导电材料主要应用于电网的构建以及各类电工器材中的电能传输等方面，大部分为金属、合金和某些非金属，主要有电线电缆、电阻电热材料、触点材料、电刷制品等具体的产品。导电材料要求具备以下特点：①电阻率要小；②机械强度要高；③导热性能好；④密度较小，重量低；⑤热膨胀系数小，适应不同温度环境；⑥易加工、易焊接；⑦耐腐蚀、不氧化，使用寿命长等。

在电工领域内，导电材料通常指电阻率范围在（1.5～10）$\times 10^{-8}\Omega\cdot$m之间的材料。其主要用于电能和电信号的传输。在仪器外壳、电极制造、电磁屏蔽、电热材料等领域应用较为广泛，并且其用途尚在进一步的扩充中。较高的电导率、良好的力学性能、加工性能以及耐大气和化学腐蚀是电工领域使用的导电材料应具有的特点，同时也需资源丰富、价格低廉，利于成本控制。

常见金属导电材料分类具体有 4 类：金属元素、合金（铜合金、铝合金等）、复合金属以及不以导电为主要功能的其他特殊用途的导电材料。

（1）金属元素有：银（Ag）、铜（Cu）、金（Au）、铝（Al）、钠（Na）、钼（Mo）、钨（W）、锌（Zn）、镍（Ni）、铁（Fe）、铂（Pt）、锡（Sn）、铅（Pb）等。

（2）铜合金：银铜、镉铜、铬铜、铍铜、锆铜等；铝合金：铝镁硅、铝镁、铝镁铁、铝锆等。

（3）复合金属，常见的加工方法有 3 种：塑性加工复合法；热扩散复合法；镀层复合法。高机械强度的复合金属代表有以下：铜包钢、铝包钢、钢铝电车线等；高导电性能复合金属有：铜包铝、银复铝等；高弹性复合金属有：弹簧铜复铜、铜复铍等；耐高温性能优异的复合金属有：镍包铜、镍包银、铝复铁、铝黄铜复铜等；耐腐蚀性能优异的复合金属有：

不锈钢复铜、镀银铜包钢、银包铜、镀锡铜等。

（4）特殊功能导电材料是指不以导电为主要功能，而在电热、电磁、电光、电化学效应方面具有良好性能的导体材料。它们在热工仪表、电工仪表、电器、电子及自动化装置的技术领域得到了广泛应用。如高电阻合金、电触头材料、电热材料、测温控温热电材料等。重要的有银、镉、钨、铂、钯等元素的合金，铁铬铝合金、碳化硅、石墨等材料。

10.2 电力用铜系材料

10.2.1 纯铜类材料

纯铜，含铜量最高的铜，因外观呈紫红色，又称为“紫铜”、“红铜”或“赤铜”。主要成分为铜加银，含量为99.7%～99.95%；主要杂质元素为磷、铋、锑、砷、铁、镍、铅、锡、硫、锌、氧等；密度8.90g/cm³，具有良好的导电性能（电导率仅比银小），质量越好导电性越优异；还具有良好的导热性，仅次于银和金（热阻系数仅大于银和金）；富有良好的延展性，一滴水大小的纯铜，拉成细丝可长达2km，或压延成比床还大的几乎透明的箔；它还兼具较好的机械强度，良好的耐腐蚀性，无低温脆性，易于焊接；塑性强，便于对其进行各种冷、热压力加工。表10-1～表10-3为纯铜常见牌号、力学性能及分类。

表10-1 纯铜元素含量

品名	牌号				含量			
	美国	日本	德国	英国	Cu	P	Fe	Pb
纯铜	C11000	C1100	R-Cu58	C101	99.90	—	0.005	0.005
	C12200	C1220	SF-Cu	C106	99.9	0.015～0.040	—	—

表10-2 纯铜力学性能

牌号	状态	厚度/mm	抗拉强度 σ_b/MPa	伸长率 δ/%	维氏硬度(HV)
C11000	0	≥0.3	≥205	≥30	—
	1/4H		215～275	≥25	55～100
	1/2H		245～345	≥8	75～120
	H		≥295	≥3	≥80

表10-3 纯铜分类

类别	品种	代号	含铜量/%(不小于)	主要用途
普通纯铜	一号铜	T1	99.95	用于各种电线电缆用导体
	二号铜	T2	99.90	仪器仪表开关中一般导电零件
无氧铜	一号无氧铜	TU1	99.97	用于制作电真空器件、电子管和电子仪器用零件、
	二号无氧铜	TU2	99.95	耐高温导体微细丝、真空开关触点等
无磁性高纯铜		Twc	99.95	用作无磁性漆包线的导体，制造高精密仪器，仪表的动圈

铜是一种在应用上仅次于铁和铝的重要金属。纯铜的熔点为1084.5℃，具有良好的导电性，呈面心立方晶格，可塑性强，其伸长率δ达50%，适宜轧制或拉拔成不同形状和规

格的板材、带材，并可以焊接和钎焊。铜的强度低（σ_b=196MPa），为提高其抗拉强度只有通过加工硬化来实现（经加工硬化后，σ 可达392～490MPa）。

铜又具有逆磁性，是制造不允许被磁性干扰的仪器仪表的绝佳材料。铜的导热性也好，仅次于金和银，且价格较金、银便宜。

铜在潮湿的空气中与二氧化碳接触，表面生成绿色薄层——碱式碳酸铜［$Cu_2(OH)_2CO_3$］，俗称铜绿。铜绿可起保护膜的作用，使铜不再继续受腐蚀。所以，一般地说铜在空气中具有良好的耐腐蚀性。但是，当铜与含二氧化硫、氯化钠或者硫酸、盐酸、硝酸的介质接触时，就会加剧腐蚀。因此，在保管和应用时要注意防止腐蚀。

除用于研究类的少量纯铜，其纯度可达99.999%外，一般工业上使用的纯铜含有0.1%～0.5%的杂质（主要有铋、硫、氧、磷、砷、铁等），所有杂质对铜的导电性都有或多或少的影响。因此，以导电为主要用途的纯铜，其杂质含量要求不超过0.1%。

其中，铋和铅可使铜的力学性能和压力加工性能变差，因为铋和铅能使铜产生热脆，恶化了热压力加工性。因此，铜中含铋量应不超过0.002%～0.003%；铅含量应不超过0.005%～0.01%。为消除铜中因不可避免带入杂质而出现的热脆性，可以加入少量稀土、铈、钙或锆之类的元素，既能消除杂质元素的有害影响，还兼有提高铜的强度和硬度的作用。

硫几乎完全不溶于铜，而以稳定的CuS形式与铜形成高熔点共晶体，虽不妨碍热加工，但增加了冷加工的困难。因此，铜中含硫量要求不大于0.005%～0.01%。

氧是纯铜中含有的杂质元素之一，氧在铜中的溶解度很小，呈氧化亚铜（Cu_2O）形式存在。若在还原性气氛中加热，氢向铜中扩散可与氧化合成水（蒸汽）。当这种水（蒸汽）以一定压力由铜内逸出，会造成显微裂纹，称为“氢病”。因此，凡重要的电器和电子产品用铜，多用无氧铜。

紫铜的优良传导性能，使其在工业中，特别是电力工业和电器制造工业中，具有广泛的用途，主要用于制作发电机、母线、电缆、开关装置、变压器等电工器材和热交换器、管道、太阳能加热装置的平板集热器等导热器材。此外，紫铜还是黄铜、青铜和白铜等合金的原料。

紫铜冶炼的主要产品有铜锭、电解铜和铜线锭。铜锭也叫紫铜块，是火法冶炼的精铜，含铜量一般不低于4号铜标准的99.5%。电解铜又叫阴极铜或电解铜板，是用电解法制成的片状纯铜，纯度较高，含铜量不低于1号铜标准的99.95%。铜线锭是专供轧制盘条或线材及棒材用的一种电解铜；重熔铸锭。

中国紫铜加工材按成分分类有：普通紫铜（T1、T2、T3、T4）、无氧铜（TU1、TU2和高纯、真空无氧铜）、脱氧铜（TP1、TP2）、添加少量合金元素的特种铜（砷铜、碲铜、银铜）四类，见图10-1。紫铜的导电导热能力仅次于银，广泛用于制作导电、导热器材。紫铜有良好的耐蚀性，在大气、海水和某些非氧化性酸（盐酸、稀硫酸）、碱、盐溶液及多种有机酸（醋酸、柠檬酸）中有优异的耐蚀效果，用于化学工业。另外，紫铜有良好的焊接性，可经冷、热塑性加工制成各种半成品和成品。

微量杂质是导致紫铜的导电、导热性能下降的主要因素。其中钛、磷、铁、硅等显著降低电导率，而镉、锌等则影响很小。在铜中的固溶度较小的氧、硫、硒、碲等元素，可与铜生成脆性化合物，对导电性影响不大，但能明显降低加工塑性。普通紫铜在还原性（含氢或一氧化碳）气氛中加热时，氢或一氧化碳易与晶界的氧化亚铜（Cu_2O）作用，产生高压水蒸气或二氧化碳气体，可使铜破裂。这种现象常称为铜的“氢病”。氧不利于铜的焊接性，铋或铅与铜生成低熔点共晶，使铜产生热脆；而脆性的铋呈薄膜状分布在晶界时，又使铜产

(a) 普通紫铜

(b) 无氧铜

(c) 脱氧铜

图 10-1 中国紫铜加工材分类

生冷脆。磷能显著降低铜的导电性，但可提高铜液的流动性，改善焊接性。适量的铅、碲、硫等能改善可切削性。紫铜退火板材的室温抗拉强度为220～250MPa，伸长率为45%～50%，布氏硬度为45HBW。

10.2.2 铜合金材料

1. 黄铜

黄铜是以锌为主要合金元素的铜合金。按其化学成分，黄铜又可分为普通黄铜和特殊黄铜两大类。

(1) 普通黄铜

普通黄铜是铜-锌二元合金，其二元相图见图 10-2。在平衡状态下，合金中的含锌量低于39%时，锌能全部溶于铜中，构成单相的固溶体 α 相，此时的黄铜称为单相黄铜。锌原子的加入会产生固溶强化，使单相黄铜的强度与塑性均优于纯铜，且随合金中含锌量的增加而提高。当锌的含量为30%～32%时，其强度和塑性最佳，此后再增加含锌量，合金的塑性开始下降。当锌的含量高于39%时，合金中除 α 固溶体外，还出现以电子化合物 CuZn 为基础的固溶体 β 相，这样的黄铜称为双相黄铜。合金会由于 β 相的出现而强化，但塑性急剧下降，室温下已难于进行压力加工，只适于热压力加工或铸造，又称为铸造黄铜。当锌的含量接近50%时，合金全部由 β 相组成，此时性能极差，已无使用价值。工业上使用的普通黄铜，其含锌最大多不超过47%。

普通黄铜在空气、水以及除氨以外的碱溶液中有较好的耐蚀性。但含锌量大于7%，尤其是大于20%的普通黄铜，经冷加工后，若退火不充分，就会存在残留内应力。此时若把普通黄铜零件放在水或潮湿的空气中，特别是放在海水或含有氨的大气中，便会引起腐蚀而自动开裂，这种现象称为自裂，或称应力腐蚀开裂。黄铜的自裂倾向与含锌量有关，含锌量增加，自裂倾向增加，特别是含锌量大于20%时自裂倾向更大。预防自裂的方法是：对加工后的黄铜制品进行充分的去应力退火，一般将制品加热到250～300℃、保温1～3h。此外，还可以采用镀锌或镀锡，或加入1.0%～1.5%的硅来降低黄铜的自裂倾向。

火电厂的凝汽器原来使用普通黄铜管作为换热器，容易发生腐蚀而造成脱锌。这是因为铜与锌的电极电位不同，锌的电极电位较低的缘故。图 10-3 所示为凝汽器黄铜管的内壁腐蚀区宏观形貌（a）及腐蚀区基体 SEM 形貌（b）。用金相显微镜观察腐蚀区形貌，服役6个月后在黄铜管内壁出现与管轴向成一定角度的、有规律交错排列的裂纹状损伤。用SEM

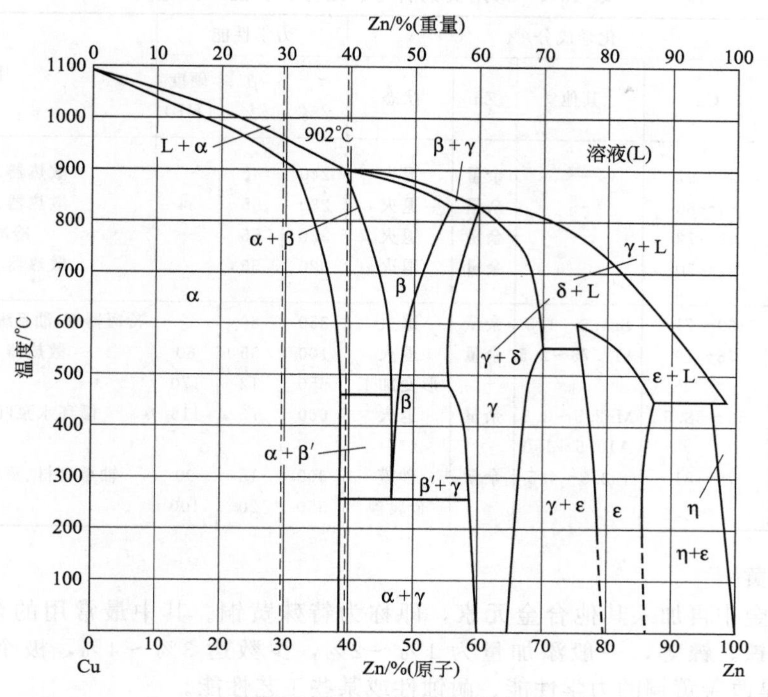

图 10-2 Cu-Zn 二元相图

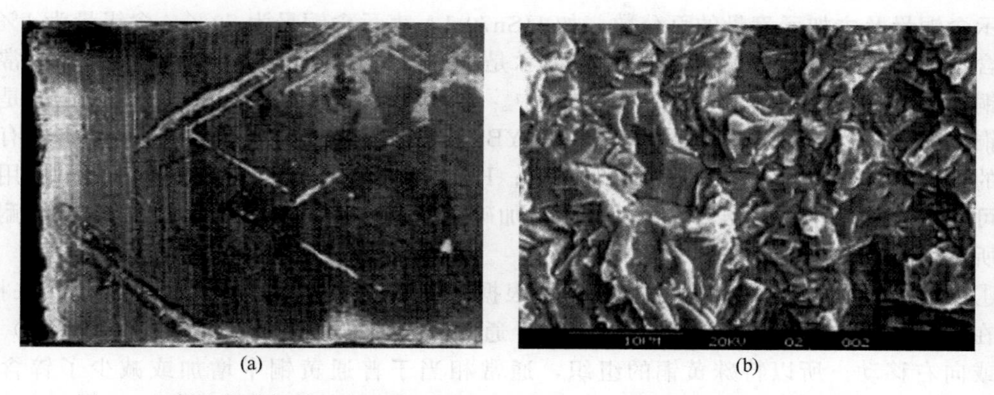

图 10-3 凝汽器黄铜管的内壁腐蚀区宏观形貌（a）及腐蚀区基体 SEM 形貌（b）

观察腐蚀区去除腐蚀产物后的黄铜基体，可见腐蚀区黄铜基体大都有与多晶体解理断口类似的形貌，这可能与腐蚀择优在晶界发生有关。

通常，在冷却水中加入某些药品，进行铜管的造膜，或在水中投加能使水质稳定的药剂等方法处理。另外，对凝汽器铜管进行阴极防护可以减轻脱锌腐蚀；对铜管进行硫酸亚铁预膜处理也能对腐蚀起到很好的控制。

普通黄铜的牌号是用黄字的汉语拼音首字母 H 加两位数字表示；数字表示平均含铜量的百分数，如 H68 即表示含铜量为 68%的普通黄铜。如果是铸造黄铜，则只需冠以字母 Z 如 ZH68 等。常用普通黄铜的成分、性能及用途列于表 10-4 中。

普通黄铜虽不能进行热处理强化，但其强度比纯铜高，塑性、耐蚀性也比较好，且价格较低，所以在工业中应用很广。在热力设备中，主要用于汽轮机冷油器管。而原来在凝汽器中大量使用的 H68 及 H70 均已由耐蚀性更好的特殊黄铜所替代。

表 10-4　常用黄铜牌号、成分、性能及用途

级别	牌号	化学成分/%				力学性能			用途
		Cu	其他	Zn	状态	τ_b /%	β /%	硬度(HB)	
普通黄铜	H96	95～97	—	余量	退火	240	45	—	散热器、冷凝器管
	H85	84～86	—	余量	退火	280	55	54	散热器、冷凝器管
	H70	69～72	—	余量	退火	320	55	—	冷凝器管
	H68	67～70	—	余量	退火	320	55	—	散热器、冷凝器管
特殊黄铜	HSn70-1	69～71	Sn1.0～1.5	余量	退火	350	60	—	冷凝器管,油系统定距管等以及铸件
	HA177-1	76～79	A11.75～2.5	余量	退火	100	55	60	散热器、冷凝器管
					形变加工	650	12	170	
	HMn57-3-1	55～58.5	Mn2.5～3.5	余量	退火	660	75	115	循环水泵叶轮、耐蚀零件
			A10.5～1.0						
	ZH80-3	79～81	Si2.5～4.5	余量	砂模	300	15	90	轴承套材、蒸汽管和水管配件
					金属模	350	20	100	

（2）特殊黄铜

在铜锌合金中再加入其他合金元素，即称为特殊黄铜。其中最常用的合金元素有锡、铅、铝、锰、铁、镍等，一般添加量为1%～2%，少数达3%～4%，极个别的达5%～6%，其目的是改善黄铜的力学性能、耐蚀性或某些工艺性能。

特殊黄铜的编号仍以H或ZH表示，其后附主加元素的元素符号；符号后面的数字依次表示含铜量及主加元素量的百分数，如HSn70-1A表示含铜量为70%，含锡量为1%，其余为含锌量的锡黄铜，编号末尾的A字表示是加砷（0.03%～0.06%）的锡黄铜。常用特殊黄铜的成分、性能及用途也列于表10-5中。电力工业对黄铜加工产品用量最大的是热交换器铜管（凝汽器、加热器、冷油器）。按YB716-78规定制造的热交换器黄铜管，有三个牌号的黄铜：HA177-2A用于海水热交换器；H68A用于淡水热交换器；HSn70-1A用于淡水也可以用于海水热交换器。三个牌号都是加砷黄铜，目的是提高热交换器黄铜管的耐蚀能力，所以在选用时应加以注意。

① 锌当量系数　复杂黄铜的组织，可根据黄铜中加入元素的“锌当量系数”来推算。因为在铜锌合金中加入少量其他合金元素，通常只是使Cu-Zn状态图中的$\alpha/(\alpha+\beta)$相区向左或向右移动。所以特殊黄铜的组织，通常相当于普通黄铜中增加或减少了锌含量的组织。例如，在Cu-Zn合金中加入1%硅后的组织，即相当于在Cu-Zn合金中增加10%锌的合金组织。所以硅的“锌当量”为10。硅的“锌当量系数”最大，使Cu-Zn系中的$\alpha/(\alpha+\beta)$相界显著移向铜侧，即强烈缩小α相区。镍的“锌当量系数”为负值，即扩大α相区。

② 特殊黄铜的性能　特殊黄铜中的α相及β相是多元复杂固溶体，其强化效果较大，而普通黄铜中的α及β相是简单的Cu-Zn固溶体，其强化效果较低。虽然锌当量相当，多元固溶体与简单二元固溶体的性质是不一样的。所以，少量多元强化是提高铜合金性能的一种途径。

③ 几种常用的特殊变形黄铜的组织和压力加工性能

铅黄铜　铅实际上并不溶于黄铜内，呈游离质点状态分布在晶界上。铅黄铜按其组织有α和（$\alpha+\beta$）两种。α铅黄铜由于铅的有害作用较大，高温塑性很低，故只能进行冷变形或热挤压。（$\alpha+\beta$）铅黄铜在高温下具有较好的塑性，可进行锻造。

锡黄铜　黄铜中加入锡，可明显提高合金的耐热性，特别是提高抗海水腐蚀的能力，所以，锡黄铜有“海军黄铜”之称。锡能溶入铜基固溶体中，起固溶强化作用。但是随着含锡量的增加，合金中会出现脆性的γ相（CuZnSn化合物），不利于合金的塑性变形，故锡黄铜的含锡量一般在0.5%～1.5%范围内。常用的锡黄铜有HSn70-1，HSn62-1，HSn60-1等。前者是α合金，具有较高的塑性，可进行冷、热压力加工。后两种牌号的合金具有（$\alpha+\beta$）两相组织，并常出现少量的γ相，室温塑性不高，只能在热态下变形。

锰黄铜　锰在固态黄铜中有较大的溶解度。黄铜中加入1%～4%的锰，可显著提高合金的强度和耐蚀性，而不降低其塑性。锰黄铜具有（$\alpha+\beta$）组织，常用的有HMn58-2，冷、热态下的压力加工性能相当好。

铁黄铜　铁黄铜中，铁以富铁相的微粒析出，作为晶核而细化晶粒，并能阻止再结晶晶粒长大，从而提高合金的力学性能和工艺性能。铁黄铜中的铁含量通常在1.5%以下，其组织为（$\alpha+\beta$），具有高的强度和韧性，高温下塑性很好，冷态下也可变形。常用的牌号为HFe59-1-1。

镍黄铜　镍与铜能形成连续固溶体，显著扩大α相区。黄铜中加入镍可显著提高黄铜在大气和海水中的耐蚀性。镍还能提高黄铜的再结晶温度，促使形成更细的晶粒。HNi65-5镍黄铜具有单相的α组织，室温下具有很好的塑性，也可在热态下变形，但是对杂质铅的含量必须严格控制，否则会严重恶化合金的热加工性能。

2. 青铜

历史上把铜锡合金称为青铜。现在，除黄铜和白铜（以镍为主要合金元素的铜合金）以外的铜合金都称为青铜，并依据加入元素的不同，分别称为锡青铜、铅青铜、硅青铜、铝青铜。下面仅对锡青铜、铝青铜及铍青铜作简单介绍。

（1）青铜

锡青铜的力学性能因含锡量的变化差异很大。最初随含锡量的增加，其抗拉强度及延伸率均是增加的。但当含锡量超过6%～7%后，延伸率则迅速下降，即塑性下降，而抗拉强度和硬度仍继续增加。当含锡量超过20%，不仅塑性非常低，强度也急剧下降。因此，工业上使用的锡青铜的含锡量，一般在3%～14%之间。用于压力加工的锡青铜，其含锡量不超过6%～7%；用于铸造的锡青铜，其含锡量可达10%～14%。

锡青铜在铸造时具有收缩率低的明显特点，但其流动性较差，容易产生偏析和分散缩孔，一般用来生产形状复杂、气密性要求不高的铸件。锡青铜的耐蚀性比黄铜优越，这已被大量的出土文物所证明，其耐磨性也比黄铜好。因此，锡青铜主要用于制造对耐磨和耐腐蚀性能要求较高的零件，如泵壳、轴承、轴套、蜗轮等。例如，国产高压汽轮机的推力轴承瓦块的制成材料常用ZQSn13-0.5和ZQSn10-1锡青铜。

青铜的编号方法是采用Q（青字的汉语拼音第一个字母）＋主添元素符号＋主添元素含量的形式。对于铸造青铜，在牌号前加Z。常用锡青铜的牌号有ZQSn10（称铸造锡青铜，主添元素为锡，其含量为10%，余为铜的含量），ZQSn10-1（铸造锡青铜，主添元素为锡，含量为10%，1表示辅加元素的含量为1%，经查阅手册得知，此辅加元素为磷），ZQSn6-6-4（铸造锡青铜，第一个数字6表示主添元素锡的含量为6%：第二个数字6表示辅加元素锌的含量为6%；第三个数字4表示辅加元素铅的含量为4%），QSn6.5-0.1（压力加工锡青铜，主添元素为锡，含量为6.5%；辅加元素为锌，含量为0.1%）。表10-5为常用青铜的牌号、化学成分、力学性能和用途。

表 10-5　常用青铜牌号、成分、性能和用途

组别	牌号	化学成分/%			力学性能				用途
		Sn	其他	Cu	状态	τ_b /MPa	δ /%	硬度 (HB)	
铸造锡青铜	ZQSn10	9～11		余量	砂模 金属模	200～250 200～250	10 3～10	70～80 70～80	在冲击和可变载荷下工作的复杂零件、铸件、管配件
	ZQSn10-1	9～11	P,0.6～1.2	余量	砂模 金属模	200～300 250～350	3 7～10	80～100 90～120	重要用途的轴承、齿轮、套筒
	ZQSn6-6-3	5～7	Zn 5～7 Pb 2～4	余量	砂模 金属模	150～200 180～250	8～12 4～8	60 65～75	承受中等载荷的轴承、涡轮、汽封环
压力加工锡青铜	QSn4-3	3.4～4	Zn 2.7～3.3	余量	退火 冷形变	350 550	40 4	60 160	弹簧、管配件和化工机械零件
	QSn4-4-2.5	3～5	Zn 3～5 Pb 1.5～3.5	余量	退火 冷形变	300～350 550～650	35～45 2～4	60 160～180	轴承、轴套、衬垫
	QSn6.5-0.1	6～7	P 0.1～0.25	余量	退火 冷形变	350～450 700～800	60～70 7.5～12	70～90 160～200	弹簧、耐磨零件
无锡青铜	ZQAl9-4	Al 8～9	Fe 2～4	余量	砂模 金属模	400 500	10 12	100 110	重要用途的耐磨、耐蚀零件(齿轮、轴套)
	QBe2	Be 1.8～ 2.0		余量	淬火 时效	500 1250	35 2～4	100 330	重要用途的弹簧和弹簧零件，高速、高压下工作的齿轮、轴承等

（2）铝青铜

铝青铜是以铝为主加元素的铜基合金。工业用铝青铜的含铝量一般在 5%～11%内。

铝青铜的结晶温度间隔小，流动性很好，铸造时形成集中缩孔，易获得组织致密的铸件。但其铸造收缩率较大，而且易形成 Al_2O_3 夹杂，使铸件质量降低。

与黄铜和锡青铜相比，铝青铜具有更高的强度、硬度和冲击韧性，以及抗大气、海水腐蚀的能力。此外，还有耐磨、耐热等性能。在特殊青铜中，铝青铜的应用最广泛。铝青铜常用来制造对强度和耐磨性要求较高的零件，如齿轮、轴套、蜗轮等。

铝青铜的缺点是对蒸汽的抗蚀力差、焊接性也较差。为改善铝青铜的性能，常在合金中添加少量铁、锰等元素，制成铝铁青铜等。如铝铁青铜 QAl9-4，具有较高的强度和耐磨性。电力工业经常用作齿轮，轴套、阀座等重要零件的材料。

（3）铍青铜

铍青铜是以铍为主加元素的铜合金。含铍量为 1.6%～2.5%的铍青铜具有良好的导电、导热性能，并具有无磁性、耐寒、受冲击时不产生火花等特殊性能。它的强度、硬度和弹性极限都很高，并可采用热处理进一步强化。铍青铜主要用于制造精密仪器、仪表中的各种重要弹性元件、钟表齿轮、电焊机电极和防爆工具等。铍青铜的主要缺点是生产工艺复杂、价格昂贵。

无锡青铜的牌号、化学成分、性能和用途列于表 10-5。

3. 白铜

以镍为主要添加元素的铜合金称白铜。铜镍二元合金为普通白铜；加有锰、铁、锌和铝

等元素的铜镍合金，称复杂白铜，即锰白铜、铁白铜、锌白铜和铝白铜等。

铜和镍二者能互相溶解，随着镍含量的增加，合金由红色向白色变化，任何比例都能呈单相固溶体组织（图10-4），面心立方晶格。具有优良的塑性和优良的耐蚀性能，特别是耐海水、海洋大气腐蚀，能够抗海洋生物生长，是重要的海洋工程用材料。

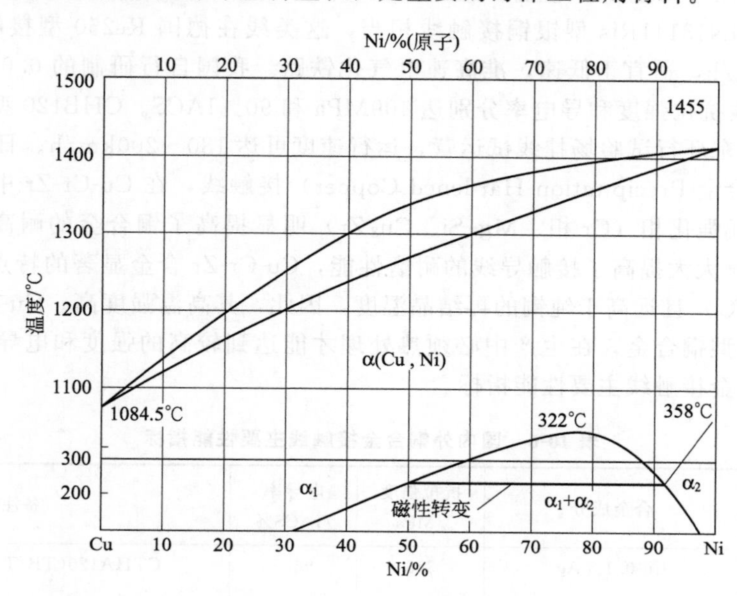

图10-4 Cu-Ni二元合金相图

白铜中的有害杂质是碳、硫和氢。白铜分结构材料白铜和电工材料白铜两种，均可承受压力加工。

结构材料白铜具有高的力学性能和良好的耐蚀性，并且有耐热性和耐低温性，广泛用于制造精密机械，化工机械和船舶用高温、强腐蚀性气氛中工作的零件。

锌白铜既可作结构材料，又可作电工材料白铜。锌白铜外观呈银白色，又称为“德银”，具有很好的力学性能和很强的抗蚀能力，是制造精密仪器和医疗器械的重要材料。锌白铜还可以代替锰铜和康铜制成变阻器，其性能虽然不如锰铜和康铜，但能够满足变阻器的要求，并且价格便宜得多。

铝白铜经热处理强化后，不仅力学性能和耐腐蚀性能得以提升，而且耐低温性和高弹性也较为改善。并且，在90K低温下，力学性能不但没有下降反而有所提升，这是铁基合金所没有的特性。锰白铜具有良好的导电导热性能。按含锰量的不同，锰白铜又分为锰铜、康铜和考铜。它们是制造精密电工测量仪器、变阻器、热电偶、补偿导线和电热器等必不可少的材料。

白铜的牌号以汉语拼音字母“B”加镍含量的平均百分数表示。而三元以上的白铜的牌号为汉语拼音字母“B”加第二个主要添加元素符号及除基元素铜外的其余元素含量组成。如3-12锰白铜，牌号为BMn3-12，表示含镍3%、含锰12%的锰白铜。

4. 应用实例

铜属于金属良导体，其合金材料常用于制造传输和分配电能的电缆。在电力电缆制造行业中，尤其是对用于高速电气化铁路接触网的接触导线材料的需求正日益增长。根据材质，合金类接触线主要有三大类，分别如下。

(1) 铜合金接触线

铜合金接触导线的主要特点是强度高，耐磨性好，而相对电导率下降不大。国外高速电气化铁路几乎全部采用铜合金接触导线，比如，在铜中加入少量Cd后，其电导率虽下降约10%，但合金的耐磨损性能可提高30%～40%，在铜中加入少量Sn后，电导率虽下降约20%，可延长使用寿命达40%左右。我国的型号为CTHA120接触线（TB/T 2821—1997）其性能与德国DIN43141Ris型银铜接触线相当，这类线在德国Re250型接触网中已使用，时速可达250km/h，适宜于低速，准高速电气化铁路。我国自行研制的0.04%Ag-0.07Sn-Cu铜合金接触线抗拉强度和导电率分别达409MPa和90%IACS。CHB120型接触线在铁道部科学研究院京东环行试验场挂线试运营，运行速度可达180～200km/h。日本开发的PHC（析出强化型铜合金Precipitation-Hardened Copper）接触线，在Cu-Cr-Zr中添加微量元素Mg、Si形成多元强化相（Cr相、Mg_2Si、Cu_3Zr）明显提高了铜合金的耐高温性能，软基体中的硬质点Cr大大提高了接触导线的耐磨性能，Cu-Cr-Zr合金显著的特点是再结晶温度高（大约为500℃）且远高于纯铜的再结晶温度，因此，其高温强度高。Cu-Cr-Zr合金是一种高强高导耐热型铜合金，在生产中必须热处理才能达到较高的强度和电导率。表10-6所示为国内外铜合金接触线主要性能指标。

表10-6　国内外铜合金接触线主要性能指标

接触线种类	合金成分	抗拉强度/MPa	电导率/IACS%	备注
铜银接触线	Cu-0.1%Ag	353	96.5	CTHA120(TB/T 2821—1997)
	Cu-0.1%Ag	367	96.5	Ris120(DIN43141)
	Cu-0.12%Ag	369	97.0	JIS36512-3F
铜银锡接触线	Ag-Sn-Cu	368	90.0	CTHB1-120(TB/T 2821—1997)
	Ag-Sn-Cu	376	85.0	CTHB2-120(TB/T 2821—1997)
	0.04Ag-0.07Sn-Cu	409	90.0	中国专利 PATENT NO. 93117113
铜锡接触线	Cu-Sn	361	70.0	CTHC120(TB/T 2821—1997)
	Cu-0.3Sn	396	70.0	JIS3651-7A
铜镉接触线	107-CuCd	439	84.0	107-CuCd(BS23)
	Cu-0.7Cd	413	86.3	DIN43141
	Cu-1.0%Cd	425	82.6	Rik100(DIN17666)
铜镁接触线	Cu-0.4Mg	455	72.0	半硬点385℃
	Cu-0.6Mg	500	68.0	半硬点385℃
铜铬锆接触线	Cu-0.4Cr-0.14Zr-0.06Si	567	80.1	PHC析出强化铜合金
	Cu-0.31Cr-0.07Zr-0.02Si	609	80.7	ϕ4mm圆截面Cu-Cr-Zr导线

针对我国高速电气化铁路对接触线用材料提出的性能要求，刘勇等研制和开发了新型接触线用稀土微合金化高强高导Cu-Cr-Zr(-RE)合金材料，并对其时效析出特性、强化机理、电滑动磨损性能等进行了系统深入研究，研制和开发出新型接触线用稀土微合金化高强高导Cu-Cr-Zr(-RE)合金，提出和优化了接触线用合金线材的加工工艺，其性能全面超过我国“十五”规划中电气化铁路用接触线性能指标要求。基于动态电阻法研究并建立了Cu-Cr-Zr(-RE)合金的等温加热和连续加热时效析出动力学曲线。利用裂纹柔度法对Cu-Cr-Zr(-RE)合金线材进行了残余应力分布的检测与计算。在本实验条件下，建立了接触线-滑块电磨损

的物理模型和数学模型。主要结果如下。

① 在合金时效析出过程中，基体中溶质不断析出、合金电阻率会发生相应降低，利用相对电阻率的变化量$\Delta\gamma$，采用动态电阻法对Cu-Cr-Zr(-RE）合金的时效析出动力学进行了研究：合金在等温时效开始阶段，$\Delta\gamma$急速增加，随后$\Delta\gamma$上升幅度逐渐变小，至时效结束时趋于稳定，且$\Delta\gamma$的增加速率随等温时效温度升高呈现上升趋势；随等温时效温度升高，三种试验合金的孕育期相当且均呈现缩短趋势。合金在等速加热（变温）时效过程中，加热速率较小时$\Delta\gamma$较大，反之$\Delta\gamma$则较小；且随着加热速率提高，时效过程开始和结束温度也相应升高。合金等温时效和等速加热时效动力学图中转变曲线均未呈现“C”形。

② 研究了Cu-Cr-Zr合金固溶时效特性及冷变形对其时效析出性能影响：Cu-Cr-Zr合金经950℃×1h固溶处理后，在480℃时效2h可以获得较好的综合性能，其显微硬度和导电率分别可达106HV和72.8%IACS；固溶态Cu-Cr-Zr合金进行60%变形后在480℃时效处理可比Cu-Cr-Zr合金固溶后直接时效时获得更好的综合性能，时效1h后其性能可达154V和83.5%IACS。

③ 为进一步改善和提高Cu-Cr-Zr合金时效处理后性能，分别加入了微量稀土元素Ce、Y及混合稀土元素（Ce+Y）并对其影响进行了研究。研究结果表明，不论是固溶态合金直接进行时效还是固溶态合金变形后再进行时效处理，添加微量RE元素后其显微硬度比Cu-Cr-Zr合金高出约15～20HV，而导电率则降低约2%～4%IACS。各种稀土元素加入后对Cu-Cr-Zr合金的抗软化温度均有提高，其中以加入混合稀土元素（Ce+Y）对Cu-Cr-Zr合金的高温性能改善作用最为显著，可将合金抗软化温度提高30～40℃。

④ 过饱和的固溶态合金变形处理后，在时效过程中会出现析出和再结晶两个过程，它们之间的交互作用会对时效后的组织和性能产生一定影响。在本研究中，冷变形的Cu-Cr-Zr(-RE）合金在时效过程中没有出现再结晶先于析出的现象，而是析出先于再结晶或是析出和再结晶同时产生，发生何种现象取决于变形量和时效处理温度等工艺参数。TEM和HREM的分析结果均表明：Cu-Cr-Zr(-RE）合金中的时效析出相，由在铜基体上以共格关系析出的体心立方晶格的Cr单质以及面心立方的$CrCu_2$(Zr，Mg）两种析出相组成。

⑤ 在上述试验研究基础上，提出Cu-Cr-Zr(-RE）合金接触线加工优化工艺为：950℃×1h固溶→变形率为40%的一次拉拔变形→480℃×2h时效→变形率为75%的二次拉拔变形。经此工艺加工得到的Cu-Cr-Zr(-RE）合金接触线抗拉强度、导电率和延伸率分别达到606MPa、80.8%IACS和10.2%，超过我国“十五”规划中电气化铁路用接触线性能指标要求。

⑥ 在采用矩形梁弯曲试验进行应变分布测试结果的基础上，成功选用勒让德多项式作为裂纹柔度法中插值函数对残余应力大小及其分布进行了计算。经固溶-时效-变形处理后合金残余应力将发生释放并由固溶态的－550MPa和230MPa降低到约－50～30MPa范围内。

⑦ 通过稀土微合金化Cu-Cr-Zr系合金的电磨损试验研究、表面磨损形貌和亚表层剖面组织分析，以及基于接触线-滑块接触的弹性力学分析，结合剥层磨损理论和电接触理论对其电磨损机理进行深入分析和相关计算，得到下述结论：a. 稀土微合金化Cu-Cr-Zr系合金的电磨损与干滑动磨损具有相似的规律，即在磨损的初始阶段，磨损率增加较快，随着磨损时间的延长，磨损率近似呈直线增加，进入稳定磨损状态；回归分析表明，稀土微合金化Cu-Cr-Zr系合金的电磨损率正比于电流强度，当电流强度较小时，总的电磨损率中加载电

流引起的电接触磨损、电弧烧损的份额较低（<1%），而当电流强度较大时电接触磨损、电弧烧损的份额急剧增加（>5%）。b. 磨损表面形貌分析表明，稀土微合金化Cu-Cr-Zr系合金的电磨损以机械磨损为主，电弧磨损为辅，存在较复杂的黏着磨损、磨粒磨损、剥层磨损和电弧磨损综合电磨损机制。计算分析表明，剥层磨损是主要的机械磨损形式，摩擦热效应和电接触热效应对机械磨损存在一定影响，电弧磨损以电弧转移形式的磨损为主。建立了本研究条件下的接触线-滑块电磨损的物理模型和数学模型，其总电磨损体积为：

$$V=\left[K_1\cdot K_2\cdot K_3\cdot P\cdot H^{-1}+\frac{k\cdot P}{3p_{\mathrm{m}}}+\frac{\Delta L^2\cdot d(\Delta\overline{C}_L+\Delta\overline{C}_R)}{\lambda\cdot l_{\mathrm{c}}}+\frac{K\cdot\varepsilon\cdot V_{\mathrm{a}}\cdot I}{v}\right]\cdot S+\beta\cdot\Delta T$$

其中，在各种磨损形式中以剥层磨损为主。

（2）铝合金接触线

铝合金接触线是我国独有的一种接触导线，由于我国的铜资源比较匮乏，20世纪70年代提出了以铝代铜的口号，开发了Al-Mg、Al-Mg-Si-Fe和Al-Mg-Si-RE三个系列的铝合金接触线。由于耐磨性差、寿命短、强度低、可靠性差等缺点，铝合金接触线正逐渐退出接触网，目前在接触网中的占有率不足4%，且仍在萎缩。

（3）复合金属接触线

① 上、下复合结构的钢铝接触线　此类接触线的常见牌号为GLCA-100/215，由于钢铝通过压力加工机械包覆结合在一起，结合强度低难免会分离；钢铝二相的电化学势不同存在电化学腐蚀；钢铝接触导线抗盐雾、大气腐蚀性能差，不宜在大气腐蚀严重、多雾潮湿的沿海地区使用。此外，接头多，易断裂，接触网可靠性差；由于铝电导率低，为保证较大的载流量，需增大导线的截面积，从而使导线对风、冰、雪的负载增大，目前逐渐被CGLN-250型铝包钢接触线所取代。

② 铝包钢接触线　我国改型生产的CGLN-250铝包钢接触线和日本研制开发的TA-196铝包钢接触线，抗拉强度和电导率都较低，但由于截面积大，拉断力分别为54kN和68.6kN。在准高速和高速接触网中均可满足拉断力的要求，从电导率着眼，铜、铝的电导率分别为97%IACS和61%IACS。基于提高电导率的考虑，日本开发了铜包钢接触线。

③ 铜包钢接触线　1987年日本采用热浸涂法研制成功GT-CS-110和GT-CSD-110铜包钢接触线，并已在300km/h的高速接触网中使用（CS的铜复比约为60%，CSD的铜复比为80%左右，铜复比为铜与复合导线截面积之比）。铜包钢接触线的铜复比可在20%～85%之间变化，故可制成不同电导率与强度相匹配的导线。东北大学、大连交通大学采用浸涂上引法生产了铜包钢线材，但线材的性能未见报道。该工艺复杂，设备庞大，技术难度大，生产效率低，在我国尚未工业化生产。钢铝、铜包钢复合接触线的主要技术指标见表10-7。

表10-7　钢铝、铜包钢复合接触线的主要技术指标

接触导线的牌号	抗拉强度/MPa	电导率/(%IACS)
GLCA-100/215	≥182	≥43.6
CGLN-250(钢铝)	≥216	≥46.3
TA-196(钢铝)	≥350	≥46.5
GT-CS-110	≥655	≥60.2
GT-CSD-110	≥493	≥81.1

10.2.3　仪表用铜合金材料

在电气仪表中，有些特殊零件除要求具有良好的导电性能以外，还对其机械强度、弹性

和韧性有较高的要求。有的甚至还需要在工作环境温度变化的情况下具有一定的稳定性。这些性能要求纯铜无法满足，常需要铜合金来代替纯铜，但其电导率比纯铜稍有降低。

铜基合金比其他类型合金，作为弹性材料的历史要更早，而且至今仍在广泛应用。这是由于此类合金除具有一定的弹性和强度外，还具有良好的导电和导热性、耐蚀性以及良好的加工成型性。铜合金主要品种有银铜，铬铜、镉铜、锆铜、铍铜、钛铜以及镍铜类。

用作弹性材料的铜基合金大致可分为两类：一类是经冷加工成型，再经低温回火后应用的合金，有铜锌合金（黄铜）、铜锡磷合金（磷青铜）、铜锌镍合金（德银）等。这类合金的低温回火不是为了通过组织的回复而使合金软化，而是在回复过程中产生硬化现象，以提高合金的强度、屈服点和弹性极限等性能，所以也称低温硬化退火。这种硬化现象的出现，可能是由于溶质原子与晶体缺陷之间的化学相互作用，使缺陷周围的溶质原子浓度增高所致。另一类是经淬火后冷加工成型，再经时效处理后应用的合金，有铍铜合金（亦称铍青铜），铜钛合金等。这类合金主要是依靠最终时效处理析出第二相而产生硬化。上述两类合金主要性能列于表 10-8。

表 10-8　几种仪表用铜合金

名称	合金元素含量	性　能
银铜合金	0.1%～0.2%Ag	改变其软化温度和抗蠕变性能对电导率影响极微，导电性能最好，接触电阻小，良好的导热性硬度和耐磨性、抗氧化性、耐腐蚀性能也较好。
铬铜合金	0.5%～0.8%Cr	较高温度（<400℃），具有较高的硬度和强度。经过时效硬化处理后，其导电性、导热性、强度、硬度均显著提高；缺点是在缺口处或尖角处容易造成应力集中，导致机器损坏。
镉铜合金	约 0.1%Cd	减摩擦性能好，耐磨、抗拉强度高，灭弧性能和抗电弧的灼蚀性能良好，压力加工性能良好

铍铜合金是目前使用较广泛的一种铜基合金，它以铍作为主要添加元素。铍铜合金按铍含量可分为：w_{Be}（质量分数）为 2%左右的高强度铍铜合金，主要用于制作膜盒、波纹管、微型开关连接器等；w_{Be}在 0.5%左右，具有高导电性的铍铜合金，主要用于制作高导电弹簧，大电流开关等。如果按生产方式，铍铜合金可分为压延合金、铸造合金及易切削合金。

铍铜合金一般在真空感应炉中熔炼，以防止铍过多的烧损和挥发，保证合金成分。淬火温度一般为 780～800℃，淬火介质为水。淬火后呈单相固溶体，进行冷变形，变形量控制在 30%～35%。成品前的淬火工艺应严格控制，它对合金性能有重要影响。时效处理是使过饱和固溶体析出第二相，达到弥散强化的目的。铍青铜的最大强化效果与时效过程中析出的亚稳态的 γ'相有关，γ'相是厚度为 5～10nm 的片状组织，与母体保持着共格关系。一旦这种共格关系被破坏，γ'相将转变成稳定的 γ 相。这时合金出现过时效现象、硬度下降。铍青铜时效时的脱溶过程不但速度快、而且 γ'相先在晶界处析出，然后逐渐向晶内长大。即晶界处脱溶进程大大超过晶内，这一现象称为晶界反应。研究发现，在合金中加入 $w_{Co}=0.3\%$，或 $w_{Ni}=0.15\%\sim35\%$，或 $w_{Ti}<0.3\%$，可大大降低合金的晶界反应，使合金具有较高的强度和硬度。

10.3　电极材料

铜的导电率在金属中仅次于银，价格远远低于银。在铜中添加少量合金元素可以显著改善铜的物理与力学性能，尤其是硬度和软化温度有较大提高，因此，在电阻焊中广泛应用的是铜合金。电极铜合金中常用的添加合金元素有：银、镉、铬、镍、锆、硅、铍、钴、铝等。它们与铜组成具有不同性能的二元合金、三元合金或多元合金，能适应不同金属材料焊接的各种需要。

电阻焊电极用铜合金材料的发展历史分三个阶段。

第一阶段，20世纪70年代之前，高导电、中等硬度的非热处理硬化合金。这类材料只能通过冷作硬化提高硬度，再结晶温度低，主要应用于焊接要求不高的地方。常用的电极材料有紫铜、镉铜、银铜。

第二阶段，从20世纪80年代初至90年代初，热处理强化合金。通过热处理和冷变形联合加工，添加少量的析出强化合金元素进行合金化，在不显著降低电导率的同时，能够明显提高合金的强度和使用温度，是国内外应用最广泛的电极铜合金。最具代表性的材料有铬铜和铬锆铜。

第三阶段，从20世纪90年代开始，对电极材料要求日益提高。此类铜合金材料多为固溶时效强化型合金，是高强度、中等电导率的电极材料。抗拉强度在600MPa以上，同时具有高的电导率。这类材料的铸件通过适当的热处理后，甚至可以达到锻件的力学性能。常用材料有铍钴铜、镍硅铜。同时也发展了一些具有专用性能的铜合金，如合金硬度很高的铍铜，和要求高硬度和软化温度的钨铜和碳化钨等烧结材料。

近年来，国内外相继采用弥散强化、原位复合强化等特殊方法，研制和开发出了性能更高、更好的高性能电极铜合金。

目前主要应用的常见电极铜合金有：镉铜、铬铜、锆铜、铬锆铜、铬铝镁铜、镍硅铜、铍钴铜、铍铜。有关电阻焊的电极材料的国内外标准较多，如JB 4281—86、HB/T 5420—89和JB/T 7598—1994等，标准中对材料进行了分类，规定了化学成分、物理和力学性能要求，见表10-9。但是，电极材料的选用，需要作多方面的考虑，即要根据被焊材料、结构制定不同电阻焊工艺。例如，在焊接不锈钢等类高温合金时，通常需要施加较大的焊接力，选择电极材料时应着重于考虑它的高温强度和耐磨硬度，适当降低对电导率和热导率的要求；而在点焊高电导率和热导率材料时，如铝合金，选用电极材料就应重点考虑电导率和热导率方面的性能，适当降低对材料高温强度和硬度的要求，并减少电极与焊件的粘连等。

表10-9 常用电极材料的成分及性能

材料名称	化学成分/%	材料性能			适用范围
		硬度(HV)(30kgf)	电导率/(MS/m)	软化温度/K	
纯铜 Cu-ETP	Cu≥99.9	50～90	56	423	制造焊铝及铝合金电极，镀层钢板电焊
镉铜 CuCd1	Cd 0.7～1.3	90～95	43～45	523	
锆铌 CuZrNb	Zr 0.10～0.25	107	48	773	
铬铜 CuCr1	Cr 0.3～1.2	100～140	43	748	最适用的电极材料，广泛用于电焊低碳钢、不锈钢、镶嵌电极等
铬锆铜 CuCr1Zr	Cr 0.25～0.65 Zr 0.08～0.20	135	43	823	
铍钴铜 CuCo2Be	Co 2.0～2.8 Be 0.4～0.7	180～190	23	748	电焊电阻率和高温强度高的材料，如不锈钢、镶嵌电极等
钨	99.5	420	17	1273	电焊高导电性能有色金属(Ag、Cu)的复合电极板
钼	99.5	150	17	1273	
WC70Cu	Cu30	300	12	1273	复合电极镶块材料：对焊式镶嵌电极
W65Ag	Ag35	140	29	1173	

10.3.1 电阻焊用电极材料

1. 概述

电阻焊是将被焊工件压紧于两电极之间，并通以电流，利用电流流经工件接触面及邻近区域产生的电阻热将其加热到熔化或塑性状态，使之形成冶金结合的一种热加工工艺。电阻焊方法主要有点焊、缝焊、凸焊、对焊四种，见图 10-5。

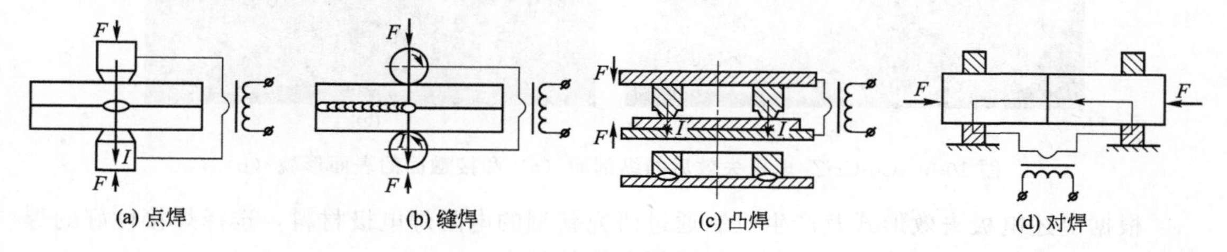

图 10-5 常用电阻焊

点焊时，工件只在有限的接触面上，即所谓“点”上被焊接起来，并形成扁球形的熔核。点焊又可分为单点焊和多点焊。多点焊时，使用两对以上的电极，在同一工序内形成多个熔核。

缝焊类似点焊，缝焊时，工件在两个旋转的金属电极（滚盘）间通过后，形成一条焊点前后搭接的连续焊缝。

凸焊是点焊的一种变型。在一个工件上有预制的凸点，凸焊时，一次可在接头处形成一个或多个熔核。

对焊时，两工件端面相接触，经过电阻加热和加压后沿整个接触面被焊接起来。

2. 电极材料使用性能要求

电阻焊电极在焊接镀层钢板和铝合金时，存在的主要问题是电极高温强度不足导致的过量塑性变形失效，电磨损失效以及和工件焊接在一起而不能分离的熔接失效等三种主要失效形式。其中，过量塑性变形是影响电阻焊电极寿命的主要原因之一。

电极头部的材料在焊接压力和热的联合作用下产生塑性变形导致电极头部直径或滚轮边缘尺寸增加。实际上当电极焊接时，如果施加的压应力大于电极所处温度下的屈服强度时就产生塑性变形。由于电极头部或滚轮边缘与焊件接触处的温度最高，所以塑性变形都集中在头部或轮缘，这个过程被形象的称为“蘑菇化”。塑性变形不仅与电极尺寸和材料状态有关，而且与焊接时的压力和电流密度密切相关。

图 10-6 为 Cu-Cr-Zr 点焊电极失效后的端部纵剖面组织形貌和电极接触面的表面形貌。可以看出有 Cu-Cr-Zr 点焊电极失效后的端部纵剖面组织形貌呈现明显的热镦粗特征，有明显的热塑性变形产生的热加工流线形貌［图 10-6(a)］，表现出较低的热塑变抗力，其接触面表面形貌也较平坦，但存在大量电极材料熔凝形成的球形颗粒，同时观察到明显的与被焊接材料粘着后分离所形成的剥落痕迹［图 10-6(b)］，表面能谱分析证明粘着物为被焊接材料，说明 Cu-Cr-Zr 电极的抗粘接能力有待改善。

电极端部尺寸变化使焊接区电流密度增大，焊接质量降低且不稳定。如经常修整电极将造成生产停产，对自动化生产不利。焊接镀锌钢板时，电极端部 Zn 的附着形成发达的 Cu-Zn合金层，并产生剥离，造成端部凸凹不平，影响电极寿命。电极工作时端部温升，使工件材料中的 Zn、Sn、Al 等与铜迅速合金化，使电极与工件产生严重黏附，使焊接工序中断。

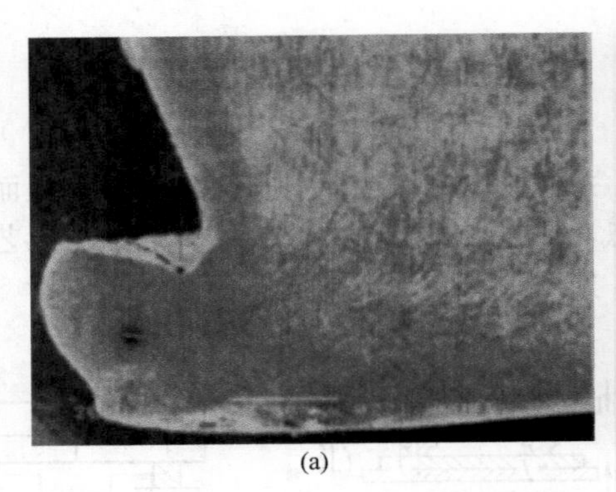

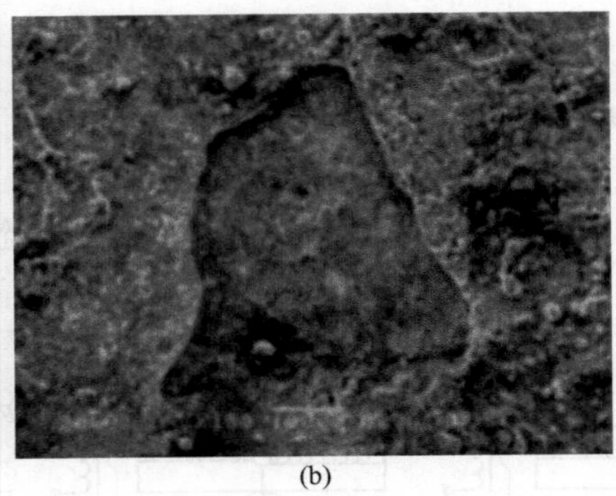

图 10-6　Cu-Cr-Zr 电极失效后的纵剖面（a）和接触面的表面形貌（b）

根据上述电极失效形式及产生机制通过研究新型的电阻焊电极材料，选择焊接性好的焊接材料和改进电阻焊工艺和设备提高电阻焊电极的寿命。

电阻焊电极材料的使用性能要求：①良好的导电导热能力，电极的导电能力越强，消耗的能量就越少。焊接时，通过工件产生大量的热，其中10%～30%传给电极，部分通过冷却水带走；部分使电极温度升高。如若电极具有良好的导热能力，使热量迅速散失，就不易形成高温。一般焊铝镁轻合金要求电极导电率＞85%IACS；焊碳钢电极导电率＞70%IACS；焊耐热合金电极导电率＞45%IACS。②有高的硬度和高的软化温度；电极在焊接时受热受压，为减少损耗，保持电极形状和焊接质量，必须有足够的硬度和软化温度。③抗氧化性好，合金化倾向小：电极在焊接的高温高压下易产生氧化，使导电导热能力恶化，影响寿命。因此，电极合金必须有高的抗氧化能力。此外，要求电极与工件的合金化倾向小，以保证电极端部只形成单合金层；避免和减少熔接。新品加工和再生操作要容易进行，即要求材料具有良好的加工塑性。

自19世纪末以来，电阻焊方法发展迅速，尤其是随着汽车工业等大批量生产企业的兴起，其应用日趋广泛。电阻焊是指焊件组合后，通过电极施加压力利用电流通过接头的接触面及邻近区域产生的电阻热进行焊接的方法。电极是电阻焊机向焊件传输焊接电流、焊接力和逸散焊接区热量的工具。电极质量将直接影响焊接过程、生产率和焊接质量。

通常这些要求在选用电极材料时未必都能满足。如焊接高温合金要求采用高温下硬度高的电极材料，但其电导率和热导率往往较差，焊接时必须注意加强冷却；焊接铝和铝合金类高电导率金属时，需选用高电导率的电极材料，如紫铜、镉铜等，但高温下硬度高，容易与焊件金属产品黏附。

因此，在焊接不同的材料时，选取电极材料要综合考虑其主要性能，同时其他方面也要有所兼顾，或以一定的电极形状和结构弥补电极性能的不足。

在焊接过程中，由于表面直径增大，工件表面被加热，电阻增大，工件表面被焊件污染导致修磨电极。为减少修磨，电极材料的选择应注意：具有高导电性和导热性，使电极在焊接过程中发热最小；必须具有较高的硬度，特别是在高温下仍保持较高的硬度及具有高的再结晶温度，不应与焊件金属形成合金，电极材料在焊接过程中不易被氧化。

电极材料的分类如下。

一类电极材料：高导电率和中硬度的铜及铜合金，如表10-10所示。

二类电极材料：具有较高电导率，硬度高于一类电极合金，如表10-11所示。

三类电极材料：电导率低于一、二类电极材料，具有更高的力学性能，耐磨性好，软化温度高，但导电率低，见表10-12。

表 10-10 一类电极材料

材料名称	化学成分	材料性能			适用范围
		硬度(HV)(30kgf)	电导率/MS·m⁻¹	软化温度/K	
纯铜 Cu-ETP	Cu≥99.9	50～90	56	423	适用于制造焊铝及铝合金的电极，也可用于镀层钢板的电焊
镉铜 CuCd1	Cd 0.7～1.3	90～95	43～45	523	
锆铌铜 CuZrNb	Zr 0.10～0.25	107	48	773	

表 10-11 二类电极材料

材料名称	化学成分	材料性能			适用范围
		硬度(HV)(30kgf)	电导率/MS·m⁻¹	软化温度/K	
铬铜 CuCr1	Cr 0.3～1.2	100～140	43	748	最通用的电极材料，广泛用于电焊低碳钢、低合金钢、不锈钢、高温合金、导电率低的铜合金及镀层钢等
铬锆铜 CuCrZr	Cr 0.25～0.65 Zr 0.08～0.20	135	43	823	
铬铝镁铜 CuCrZrMg	Cr 0.4～0.7 Zr 0.10～0.25 Mg 0.15～0.25	126	40	—	
铬锆铌铜 CuCrZrNb	Cr 0.15～0.7 Zr 0.10～0.25 Nb 0.08～0.25 Ce 0.02～0.16	142	45	848	

表 10-12 三类电极材料

材料名称	化学成分	材料性能			适用范围
		硬度(HV)(30kgf)	电导率/MS·m⁻¹	软化温度/K	
铍钴铜 CuCo2Be	Co 2.0～2.8 Be 0.4～0.7	180～190	23	748	适用于电焊电阻率和高温强度高的材料，如不锈、高温合金等；凸焊或对焊电极夹具及镶嵌电极
硅镍铜 CuNi2Si	Ni 1.6～2.5 Si 0.5～0.8	168～200	17～19	773	
钴铬硅铜 CuCo2CrSi	Co 1.8～2.3 Cr 0.3～1.0 Si 0.3～1.0 Nb 0.05～0.15	183	26	600 873	
钨 W	99.5	420	17	1273	电焊高导电性能有色金属(Ag、Cu)的复合电极镶块
钼 Mo	99.5	150	17	1273	
W75Cu	Cu25	220	17	1273	复合电极镶块材料；凸焊、对焊的镶嵌电极
W78Cu	Cu22	240	16	1273	
WC70Cu	Cu30	300	12	1273	
W65Ag	Ag35	140	29	1273	抗氧化性好

(1) 铜及铜合金材料

按其成分和性能特点可分成四类。

① 第1类为高电导率、中等硬度的非热处理硬化合金。这类材料只能通过冷作硬化来提高其硬度，再结晶温度较低。常用的该类电极材料有纯铜、镉铜和银铜等。

② 第2类为热处理强化合金。通过热处理和冷变形联合加工以获得良好的力学性能和物理性能。其电导率略低于第1类材料，但力学性能和再结晶温度远高于第1类，是国内外应用最广泛的一种制造电极用的铜合金，典型的有铬铜和铬锆铜等。

③ 第3类为热处理强化合金。其力学性能高于第2类材料，但电导率低于上述两类，属高强度、中等电导率的电极材料，常用的有铍钴铜和镍硅铜等。

④ 第4类为具有专用性能的铜合金。有些硬度很高，但其电导率不高；有的电导率高，但硬度不很高，它们之间不宜取代使用。常用的该类电极材料有铍铜和6%Ag的银铜等。

(2) 粉末烧结材料

这组材料由钨、钼金属以及它们的粉末与铜粉（或银粉）以一定比例混合后，经烧结而成的。按成分的不同，可归纳如下。

① 铜和钨粉末烧结的材料。这类电极材料有很高的硬度和软化温度，其电导率随钨含量的增加而降低。

② 铜和碳化钨粉末烧结的材料。因碳化钨的硬度高于钨，故这类材料的硬度比上述材料高，另外，其电导率较低，软化温度和上述材料相同。

③ 纯钼或纯钨。后者的硬度远高于前者，两者的软化温度相同，均为1273℃。

④ 银和钨粉末烧结的材料。这种材料具有较好的抗氧化性能，电导率高于铜钨，和其他材料相比，其硬度和软化温度略低。

3. 电阻焊铜电极的性能

在电阻焊的电极材料中，应用最广、用量最大的是铜及铜合金。在铜中还添加了少量的合金元素以改善铜的物理性能和力学性能，特别是提高其硬度和软化温度，以满足焊接中对电极的使用要求。

电极铜合金中常用的合金元素有镉（Cd）、银（Ag）、铬（Cr）、锆（Zr）、镍（Ni）、硅（Si）、铍（Be）、钴（Co）和铝（Al）等。这些合金元素与铜组成二元、三元或多元合金而具有不同的性能，从而适应各种金属材料焊接的需要。

目前常用的电极铜合金主要有镉铜、铬铜、锆铜、铬锆铜、铬铝镁铜、镍硅铜、铍钴铜和铍铜等。先分别对几种典型材料简述如下。

(1) 镉铜

镉铜是电极铜合金中最重要的一种材料，0.7%～1.0%Cd，属于热处理强化合金，可通过冷作硬化提高其硬度（可达140HV）。镉铜具有良好的导电、导热性能和耐磨与抗蚀性能，冷作硬化后其再结晶温度较低，故只适于在200℃以下使用，而且焊接时需加强对电极的冷却，以提高其使用寿命。

(2) 铬铜

铬铜具有高强度高导电性的特点，应用最为广泛，0.5%～1.0%Cr，电导率可达纯铜的80%～90%，属于热处理强化合金。经热处理后的铬以弥散形式在晶粒间沉淀析出，使基体得到强化且电导率增加。若再经过冷加工，其力学性能会进一步提高。铬铜软化温度较高，具有良好的耐热性，可在450～477℃高温下安全工作，不过使用温度仍要防止超过铬铜的软化温度并加强冷却。

在铬铜中若加入少量银、铝、镁和硅等元素，形成多元铜合金，如铬银铜和铬铝镁铜等，可以进一步提高力学性能和软化温度。

(3) 锆铜

锆铜是一种高电导率、高热导率的热处理强化合金。铜中加入锆能显著提高铜的力学性能和软化温度，常用的有0.2%Zr和0.4%Zr两种锆铜合金。锆铜在经过固溶处理及一定程度的冷加工再时效强化后才具有较高的力学性能和软化温度。使用性能优于铬铜和铬锆铜，但锆价格比铬贵，制造成本较高。

(4) 铬锆铜

铬锆铜是高强度、高电导率热处理强化铜合金中性能最好的一种，兼有铬铜的高时效强化性能和锆铜的高软化温度的优点，因而在常温和高温下均有较高的硬度。Cr含量通常为0.25%～0.80%，Zr含量在0.08%～0.50%之间，还含有少量的Mg。经固溶和时效热处理后，在铜基体上均匀析出弥散的Cr和Cu_3Zr粒子，改善其性能。加入少量Mg是为了提高其热稳定性。

实践表明，用铬锆铜做成点焊电极来焊接低碳钢或镀层钢，电极寿命会比用铬铝镁铜电极提高5～10倍。铬锆铜（CuCrZr）是最常用的电阻焊电极材料，这是由它本身优良的化学物理特性及良好的性价比所决定的。

(5) 铍铜

铍铜是铜合金中强度和硬度最高的一种，含2.0%Be。铍铜经固溶和时效热处理后，其强度和抗磨性可达到高强度合金钢水平。但铍铜的电导率和软化温度较低，使用温度超过550℃时，便完全软化，因此不适用于接触面积小、焊接表面温度高的点焊或缝焊电极，否则会因导电、导热性能低而引起严重黏附。

(6) 铍钴铜

铍钴铜属高强度、中等电导率电极铜合金的一种，0.4%～0.7%Be、2.0%～2.8%Co，属热处理强化合金。加入铍和钴可以形成高熔点高硬度的金属化合物，以显著提高铜的强度，钴还能提高合金沉淀硬化效果。

(7) 镍硅铜

镍硅铜属热处理强化型合金，具有较高的强度和硬度，有良好的耐磨性，可替代铍铜作电极材料，通常2.4%～3.4%Ni，0.6%～1.1%Si。该合金在热处理时镍和硅能形成金属间化合物并呈弥散相析出，使基体得到强化，所以其力学性能和电导率较高。

10.3.2 放电加工用电极材料

电极材料必须遵循导电性良好，放电稳定等特点来选择。纯铜（紫铜）电极的加工性能良好，特别是加工稳定性，在大多数加工中能稳定放电，不会轻易发生电弧放电或过渡电弧放电，因而得到广泛采用。另外，石墨电极加工稳定性也较好，最突出特点是在较大电流的粗加工中，依旧能保持稳定的放电，并且保证电极的低损耗。但在精加工中，易发生放电不稳定现象以及产生拉弧烧伤。铜钨合金和银钨合金是很少采用的电极材料，因为材料的价格昂贵，它们在加工微细部位、深槽等难加工部位仍能很稳定地放电，电极损耗极小，在精密加工中被考虑使用，选用的电极材料必须保证质量才能在加工中放电稳定。纯铜必须是无杂质的电解铜，最好经过锻打。石墨电极材料有好几种分类，如埃米级、特细级、超细级、精细级等。可根据加工的精度、效率要求选择。石墨材料的质量应组织均匀，强度较好，在加工中不易产生剥落。使用不同的电极材料进行加工应灵活处理好电参数的匹配，才能达到加工中放电稳定、加工效果良好、发挥所选材料价值的目的。现在很多电加工机床都能根据不同的加工材料组合自动配对电参数，电参数配对主要是处理电流、脉冲宽度、脉冲间隙的大小。应根据电极材料的性能，选用合适的电参数发挥材料的加工优势，处理好其加工中的缺陷问题。

纯铜电极质地比较细密、加工稳定性良好，而且耗损较小，适应范围很广，适用于贯通模和型腔模的加工，若采用细管电极，即可加工小孔，又可用电铸法作电极加工结构较为复杂的三维模件，特别适用于精密花纹模电极的制造。其缺点为精车、精密机械加工困难。

黄铜电极最适用于中小规格情况下加工，稳定性好，但缺点也是十分明显的，就是电极损耗率较一般电极大，不容易使被加工件一次成形，所以只用在简单的模具加工或通孔加工、取断丝锥等。

在精加工时，铜因熔点较低，电极损耗率较大，所以极有必要引入另一种高熔点材料，以降低电极损耗率。铜钨合金兼有铜的高导热性和钨的高熔点、低热胀系数和耐电火花侵蚀能力的特点，使其成为一种高性能的工具电极材料。铜钨合金电极主要用于加工模具钢和碳化钨工件，其中的铜、钨含量比一般为 25∶75。

铜钨合金材料很少用于通常加工中，只有常用在高精密模具及一些特殊场合的电火花加工。由于含钨量高，可有效地抵御电火花加工时的损耗，能保证极低的电极损耗，在极困难的加工条件下也能实现稳定的加工。缺点是造价过高，材料不易获得。加工电子接插件类高精度模具时，对细微部分的形状（如深长直壁孔、复杂小型腔）要求很严格，这就要求加工中电极损耗必须极小，选用铜钨合金来制造电极是该加工技术的基本要求。针对钨钢、高碳钢、耐高温超硬合金等金属材料的加工，因普通电极损耗大、速度慢，铜钨电极也是首选材料。

10.4 超导电铜材料

10.4.1 超导材料概述

近百年来，超导材料无疑是当今世界最前沿的研究及开发课题之一。超导体具有极为丰富而奇特的物理化学特性，如零电阻、抗磁性、磁通量子效应以及 Josephson 效应等，正是这些特性使它在电力、可控核聚变、磁悬浮、电磁推进装置、储能、磁材料、微电子以及微波器件等领域显示出其他材料无法比拟的优越性，成为推动超导材料研究的巨大动力。但是，从发现超导现象到 1986 年为止，70 多年来人们研究了各种超导材料，但是其最高超导转变温度只有 23K，因此超导材料只能工作在液氦或者液氢介质中，不仅造价昂贵，而且需要复杂的密闭环境，超低温制冷技术及成本问题严重制约着超导技术的开发与应用。目前，某些超导材料的超导转变温度达到 130K 以上。

我们常把某些物质在一定温度条件下电阻降为零的性质称为超导电性，低于某一温度出现超导电性的物质称为超导体。超导材料是指具有在一定的低温条件下呈现出电阻等于零以及排斥磁力线的性质的材料。从电阻不为零的正常态转变为超导态的温度称为超导临界温度 T_c。超导体的电阻率小于目前所能检测的最小电阻率 $10^{-26}\Omega \cdot cm$，可以认为电阻为零。

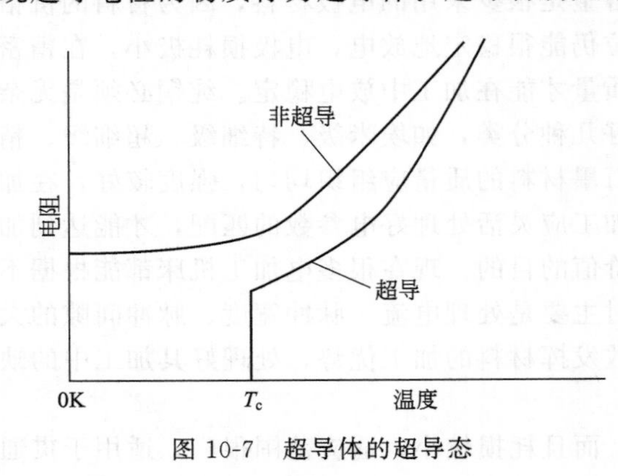

图 10-7 超导体的超导态

超导材料具有以下特性。

（1）完全导电性。超导体进入超导态时，其电阻率实际上等于零。例如：室温下将超导体放入磁场中，冷却到低温进入超导状态，去掉外加磁场后，线圈产生感生电流，由于没有电阻，此电流将永不衰减。即超导体的“持久电流”，如图10-7所示。

(2) 完全抗磁性。不论开始时有无外磁场，只有 $T<T_c$，超导体变为超导态后，体内的磁感应强度恒为零，即超导体能把磁力线全部排斥到体外，这种现象称为迈斯纳效应。

(3) 在温度处于临界温度以下时，若进入超导体内的电流强度以及周围磁场的强度超过某一临界值后，超导状态也被破坏，而成为普通的常导体状态，电流和磁场的这种临界值分别称为临界电流 I_c 和临界磁场 H_c。

目前已经发现的具有超导电性的金属元素有30种，其中19种属于过渡族元素，如Ti、V、Zr、Nb、Mo、W等，非过渡族元素有11种，如Pb、Sn、Al、Ga等，几种常见金属临界温度如表10-13所示。

表10-13 几种常见金属临界温度

超导金属	临界温度
Lead(Pb)	7.196K
Lanthanum(La)	4.88K
Mercury(Hg)	4.15K
Tin(Sn)	3.72K
Aluminum(Al)	1.175K
Molybdenum(Mo)	0.915K
Zinc(Zn)	0.85K
Zirconium(Zr)	0.61K
Cadmium(Cd)	0.517K
Titanium(Ti)	0.40K
Tungsten(W)	0.0154K
Platinum(Pt)	0.0019K
Rhodium(Rh)	0.000325K

1. 零电阻效应

1911年荷兰著名低温物理学家昂纳斯（H. K. Onnes）发现在 $T=4.1\text{K}$ 下汞具有超导电性。采用“四引线（探针）电阻测量法”可测出超导体的 R-T 特性曲线，如图10-8所示。

图中的 R_n 为电阻开始急剧减小时的电阻值，对应的温度称为起始转变温度 T_S；当电阻减小到 $R_n/2$ 时的温度称为中点温度 T_M；当电阻减小至零时的温度为零电阻温度 T_0。由于超导体的转变温度还与外部环境条件有关，定义在外部环境条件（电流，磁场和应力等）维持在足够低的数值时，测得的超导转变温度称为超导临界温度。

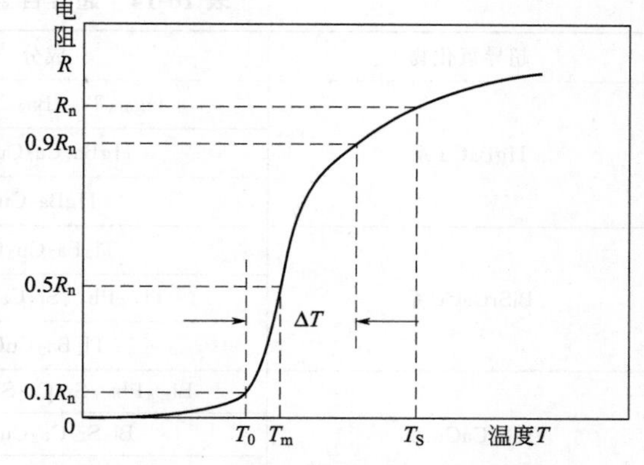

图10-8 超导材料的 R-T 关系曲线

2. 迈斯纳效应

1933年，迈斯纳（W. Meissner）发现：

当置于磁场中的导体通过冷却过渡到超导态时，原来进入此导体中的磁力线会一下子被完全排斥到超导体之外（图 10-9），超导体内磁感应强度变为零，这表明超导体是完全抗磁体，这个现象称为迈斯纳效应。

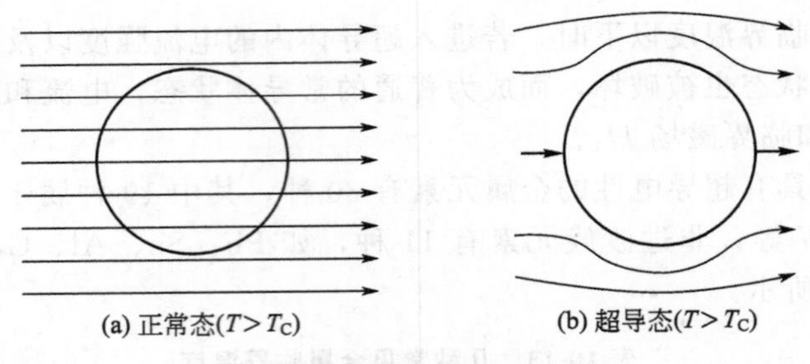

图 10-9 迈斯纳效应示意图

3. 同位素效应

超导体的临界温度 T_c 与其同位素质量 M 有关。M 越大，T_c 越低，这称为同位素效应。例如，原子量为 199.55 的汞同位素，它的 T_c 是 4.18K，而原子量为 203.4 的汞同位素，T_c 为 4.146K。M 与 T_c 有近似关系：

$$T_c M^{\frac{1}{2}} = 常数 \tag{10-1}$$

4. 约瑟夫森效应

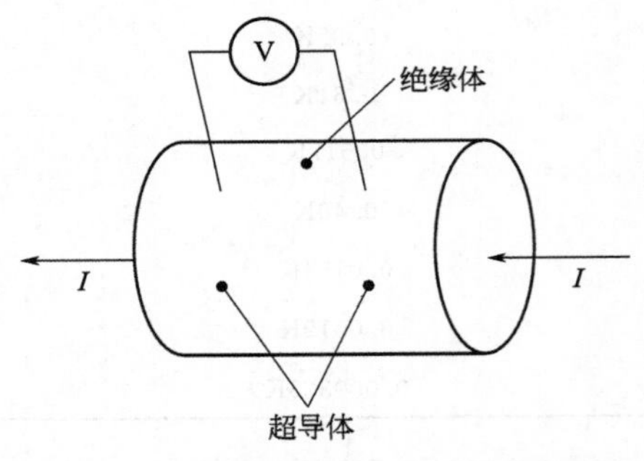

图 10-10 约瑟夫森效应示意图

当在两块超导体之间存在一块极薄的绝缘层时，超导电子（对）能通过极薄的绝缘层，这种现象称为约瑟夫森（Josephson）效应，相应的装置称为约瑟夫森器件，如图 10-10 所示。

临界温度（T_c）、临界磁场（H_c）、临界电流 I_c 是约束超导现象的三大临界条件。当温度超过临界温度时，超导态就消失；同时，当超过临界电流或者临界磁场时，超导态也会消失，三者具有明显的相关性。只有当上述三个条件均满足超导材料本身的临界值时，才能发生超导现象，部分超导合金成分的临界温度见表 10-14。

表 10-14 超导合金成分和临界温度

超导氧化物	成分	临界温度
HgBaCu 系	$Hg_{0.8}Tl_{0.2}Ba_2Cu_3O_{8.33}$	138K(record-holder)
	$HgBa_2Ca_2Cu_3O_8$	133～135K
	$HgBa_2Cu_4$	94～98K
BiSrCaCu 系	$Tl_2Ba_2Cu_3O_{10}$	127～128K
	$Tl_{0.5}Pb_{0.5}Sr_2Ca_2Cu_3O_9$	118～120K
	$Tl_2Ba_2CuO_6$	95K
BiSrCaCu 系	$Bi_{1.6}Pb_{0.6}Sr_2Ca_2Sb_{0.1}Cu_3O_7$	115K
	$Bi_2Sr_2Ca_2Cu_3O_{10}$	110K
	$Bi_2Sr_2Ca_{0.8}Y_{0.2}Cu_2O_8$	95～96K

续表

超导氧化物	成分	临界温度
LaBaCu系	$TmBa_2Cu_3O_7$	90～101K
	$YBa_2Cu_3O_7$	93K
	$YbBa_{1.6}Sr_{0.4}Cu_4O_8$	78K
	$La_2Ba_2CaCu_5O_9$	79K
	$(La,Sr,Ca)_3Cu_2O_6$	58K
	$La_2CaCu_5O_9$	45K
	$(La_{1.85},Sr_{0.15})CuO_4$	40K
	$(La,Ba)_2CuO_4$	35～38K
	$(La_{1.85},Ba_{0.15})CuO_4$	30K(First 高温超导陶瓷,1986年)

超导合金很多，临界温度有所提高，如NbTi二元合金，其临界温度为8～10K；NbTiZr三元合金，其临界温度为10K。1986年，Bednorz和Muller发现了具有较宽转变温度范围的超导体，属于LaBaCu系，进入超导态的开始温度为30K，因为该项工作而获得了诺贝尔奖。1987年2月我国科学家赵忠贤等人获得临界温度在93K的YBaCu系超导体，化学计量式为$YBa_2Cu_3O_7$，见图10-11。即所谓的123材料，通常材料都有氧空位，因此写成$YBa_2Cu_3O_{7-x}$。从结构上看，具有以下特征：①钙钛矿式的层状结构；②同时存在Cu^{2+}和Cu^{3+}；③存在氧空位。

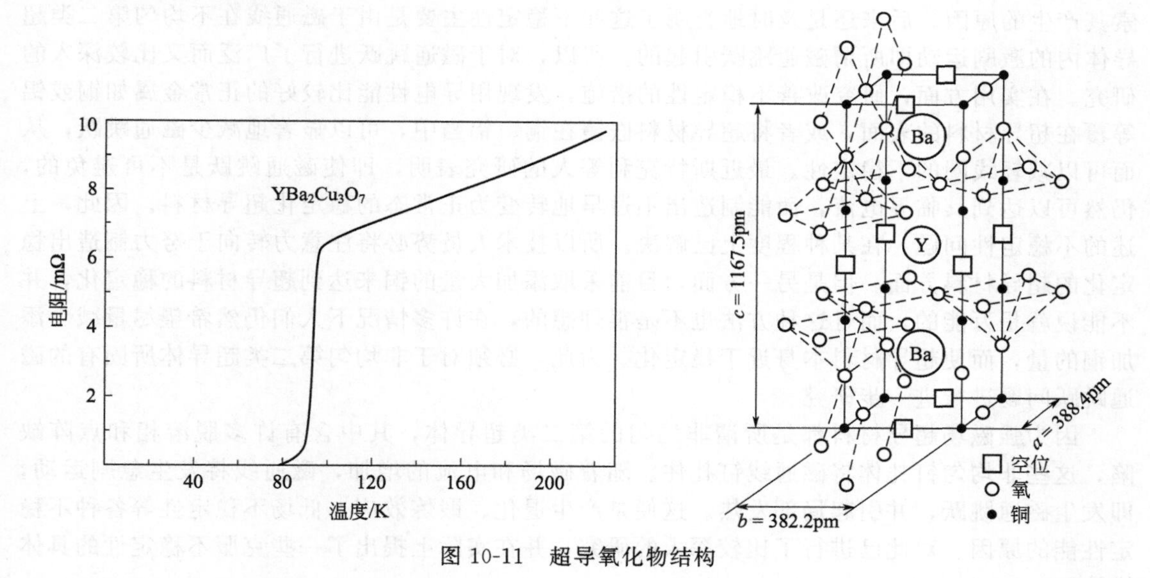

图10-11 超导氧化物结构

10.4.2 超导电线的稳定化

人们把铜和NbTi、Nb_3Sn、V_3Ga等实用超导体复合在一起，构成复合超导材料。显著地提高了超导材料的稳定性。

超导材料中铜的稳定作用如下。

第一，由于在低温下铜的电阻率可降到比磁流通电阻小三个数量级的程度，当超导体发生磁通流动乃至磁通跳跃时，它能起重要的旁路作用，从而大大减少焦耳热的发生。

第二，铜的低温热扩散系数D为超导体的10^3～10^4倍，这种良好的导热性有利于因磁通跳跃所引起功耗的发散。

第三，铜的低电阻率使其磁扩散系数很小，为超导体的10^{-3}～10^{-4}倍。有利于阻尼磁通在导体内的运动，屏蔽电磁干扰。

在铜基 NbTi 超导材料中，铜的稳定作用最主要的是第一点。

根据稳定性理论，当超导材料中的电流超过其临界电流时，导体上的电压和电流有如下的关系：

$$V=\frac{i-1}{1-q} \tag{10-2}$$

其中：$V=\frac{E}{I_cR_f}$，$i=\frac{I}{I_c}$，$q=I_c^2R_f[rp(T_{CH}-T_B)]^{-1}$。

I_c为在环境温度时的临界电流；R_f为单位长度的磁流通电阻；r为传热系数；p为传热周长；T_{CH}和T_B分别为磁场下的临界温度及环境温度；I为通过超导体的总电流；E为两端电压。

当用超导长线绕成磁体时会出现下述几种不稳定现象。

① 退化效应：当电流比由短样品测出的临界电流还低时，超导电性就被破坏了。

② 锻炼效应：超导电性经反复破坏之后，临界电流值逐渐增加，最终趋于一恒定值。

③ 低场不稳定性：退化和锻炼效应在20千高斯以下的低场范围内，比较显著。

这些不稳定现象是超导磁体的试制过程中一个很棘手的问题，给磁体的设计带来了很大的困难。所以，在强磁场超导磁体试制的初期阶段，人们就对此给予了很大的重视，极力探索其产生的原因。后来还是及时地查明了这些不稳定性主要是由于磁通线在不均匀第二类超导体内的激剧运动即所谓磁通跳跃引起的。所以，对于磁通跳跃进行了广泛而又比较深入的研究。在实用方面，研究改善不稳定性的措施，发现用导电性能比较好的正常金属如铜或铝等覆在超导材料的表面，或者将超导材料嵌镶在铜、铝当中，可以显著地减少磁通跳跃，从而可以减轻线圈的不稳定性。最近斯特克利等人的研究表明，即使磁通跳跃是不可避免的，仍然可以达到其临界电流，而能制造出不过早地转变为正常态的稳定化超导材料。因此，上述的不稳定性问题，在某种程度上已解决。所以技术人员势必将注意力转向于努力制造出稳定化的超导材料方面。但是另一方面，目前采取添加大量的铜来达到超导材料的稳定化，并不能说就是万能的，而且这种方法也不是很理想的，在许多情况下人们仍然希望尽量减少添加铜的量，而使超导材料本身近于稳定化。为此，必须对于非均匀第二类超导体所固有的磁通跳跃问题进行进一步研究。

因为强磁场超导材料都是所谓非均匀的第二类超导体，其中含有许多脱溶相和点阵缺陷，这些非均匀钉扎体将磁通线钉扎住。随着磁场和电流的增加，磁通线将发生急剧运动，即发生磁通跳跃，并引起局部发热。这便是产生退化、锻炼效应，低场不稳定性等各种不稳定性能的原因。对此已进行了比较深入的研究，并在实际上提出了一些克服不稳定性的具体措施。

为了克服前面谈到的超导材料的不稳定性，除了要设法避免磁通跳跃产生大量的热外，还应该考虑将这种局部的发热迅速地传走，而不至于使正常态区传播到整个材料当中。超导材料在正常态下的电阻比纯金属高得多，甚至在4.2K下电阻率仍高达几十微欧·厘米的程度。因此，超导材料某一部分因磁通跳跃而转变为正常态时，这部分就要产生大量的热。若热量逐渐传播开来，就可能最终使整个材料都进入正常态。又因为超导材料的热导率在极低温下比纯金属也小得多，所以发热难以迅速地传到液氦中去。相反，铜在极低温下的电阻率比超导材料要低得多，在后面将谈到，在4.2K下只有10^{-3}～10^{-4}微欧·厘米的程度。而且铜在极低温下的热导率非常高，所以，如果在超导材料的表面上覆铜，就可以将由磁通跳跃所产生的热量迅速地传走。

同时，由于铜的电阻率很小，如果超导线上某一个地方超导电性被破坏了，电流就会分流到铜层内，旁路电流在电阻很小的铜层内通过，不至于出现严重的发热。而且磁通跳跃产生的涡流，流经电阻很小的铜层，可能具有防止磁通发生雪崩式运动的作用。铜的作用如此之大，所以现在生产的超导材料一般都要敷铜。敷铜的方法可以是电镀、包镀或者将超导材料嵌镶到铜内，成为复合导体敷铜的方法和厚度由使用条件所决定。例如，线径为 0.25mm 的线常包镀以 50μm 厚的铜层。通过这种方法，基本上克服了早期超导材料所存在的不稳定问题。铜的电导率和热导率，随着材料内部含有的杂质（尤其是间隙式杂质氧等）和点阵缺陷的数量的增加，而显著地下降。在极低温下，变化更为显著。所以应该注意选用高纯无氧铜并且设法在绕线圈时，不要产生内应力，以避免在铜层内产生大量的点阵缺陷，致使铜层的电阻增加。

其次，还必须考虑到铜的磁阻。金属在强磁场下，其电阻会显著地增加，这就是所谓磁阻效应。因为超导材料在足够高的磁场下使用，铜的电阻在高磁场下将可能增加几倍。材料内的杂质和点阵缺陷等对磁阻的影响，是一个很复杂的课题，至今已进行了相当多的研究。

10.4.3 稳定化态铜在极低温度下的特性

导电金属和合金的电阻是由晶格对于电子的散射所造成的，金属和合金的电阻率由如下的公式决定：

$$\rho=\rho_0+\rho(T) \tag{10-3}$$

式中，$\rho(T)$ 为随温度而变化的电阻率，主要反映了晶格振动对于电子散射的影响。ρ_0 为温度接近于 0K 时的剩余电阻率，与所含合金元素或杂质有关，主要反映了晶格畸变对于电子散射的影响。

如表 10-15 所示，不同纯度的铜在室温附近电阻率的差别是不大的，反映了在这个温度范围内（T）起了主要的作用。而在 4.2K 的低温区域不同纯度铜的电阻率差别就明显了，纯度为 4 个 9 的铜和 3 个 9 的铜相应电阻率的差别达 10 倍左右，而 5 个 9 的铜和 3 个 9 的铜在 4.2K 时的电阻率的差别可达 23.8 倍，反映了在这个温度范围内 ρ_0 所起的作用明显地大了起来。

根据超导材料的稳定性理论，作为 NbTi 超导材料的铜基体来说，要的就是其在低温下的电阻率，真正起稳定作用的不是别的，正是铜在极低温度下的剩余电阻率，所以对于铜基体低温电阻率的测定和改善是很重要的。

K 为相同温度下纯度为 5 个 9 的铜的电阻率之比。

表 10-15 不同纯度时 Cu 的电阻率

材料名称	温度/K	不同纯度时的电阻率×10⁻⁹/(Ω·cm)					
		99.9%		99.99%		99.999%	
		电阻率	K	电阻率	K	电阻率	K
Cu	273	1670	1.06	1590	1.01	1580	—
	77(LN_2)	206	1.07	194	1.01	192	—
	4.2(LHe)	8.01	23.8	0.834	2.48	0.336	—

参考文献

[1] 巩济生．电力工程材料［M］．北京：水利电力出版社，1991.

[2] 高改莲，盛经文．电力工程常用材料［M］．北京：水利电力出版社，1994.
[3] 刘平，田保红，赵冬梅．铜合金功能材料［M］．北京：科学出版社，2005.
[4] 解秀亮，李美霞，郭志猛．电阻焊电极用铜合金材料的研究进展［J］．科技咨询导报，2007，(10)：4.
[5] 张兆龄，周顺利．徐州发电厂凝汽器的腐蚀与防护［J］．腐蚀与防护，2002，(4)：168-171.
[6] 张晓冬．凝汽器换热管腐蚀类型分析与防范措施［J］．内蒙古电力技术，2001，(5)：28-29.
[7] 苏光浩，舒保华．发电厂凝汽器铜管的腐蚀［J］．发电设备，2000，(1)：21-23.
[8] 李培元．火力发电厂水处理及水质控制［M］．北京：中国电力出版社，2000.
[9] 李天彪，颜河恒．电厂凝汽器黄铜管腐蚀机理研究［J］．锅炉制造，2005，(4)：64-66.
[10] 张强．我国高速电气化铁路接触线与承力索的研制［J］．电气化铁道，1997，(2)：9-14.
[11] Liu Yong, Liu Ping, Su Juan-hua, et al. Aging Behavior of Cu-Cr-Zr-Ce Alloy［J］. Transactions of Materials and Heat Treatment, 2004, 25(5)：612-614.
[12] 刘勇，刘平，李伟等．Cu-Cr-Zr-Y 合金时效析出行为研究［J］．功能材料，2005，36(3)：377-379.
[13] 刘勇，刘平，李伟等．Cu-Cr-Zr-Ce 合金时效行为和电滑动磨损性能研究［J］．摩擦学学报，2005，25(3)：265-269.
[14] 刘勇，刘平，董企铭等．Cu-Cr-Zr-Ce-Y 合金时效析出特性和受电磨损行为研究［J］．材料热处理学报，2005，26(5)：92-96.
[15] 刘勇，刘平，田保红等．微量 RE 对接触线用铜合金时效析出特性和软化温度的影响［J］．中国稀土学报，2005，23(4)：482-485.
[16] 刘勇，刘平，田保红等．Cu-Cr-Zr 合金电滑动磨损微观形貌分析［J］．金属热处理，2006，31(3)：85-87.
[17] 刘勇，刘平，康布熙等．微量 Ce 对 Cu-Cr-Zr 合金性能的影响［J］．稀土，2006，27(3)：16-19.
[18] 刘勇，刘平，董企铭等．变形量对接触线用 Cu-Cr-Zr-Y 合金时效特性和力学性能的影响［J］．中国有色金属学报，2006，16(3)：417-421.
[19] 刘平，刘勇，田保红等．Cu-Cr-Zr 合金电滑动磨损行为研究［J］．功能材料，2006，37(2)：213-215.
[20] 刘勇，刘平，田保红等．微量 Ce 和 Y 对 Cu-Cr-Zr 合金时效析出特性和受电磨损行为的影响［J］．金属热处理，2007，32(3)：22-24.
[21] LIU Yong, LIU Ping, TIAN Bao-hong, et al. Aging Precipitates Characteristics and Electrical Sliding Wear Behavior of Cu-Cr-Zr Alloy Contact Wire［A］. Proceedings of the 3rd Asian Conference on Heat Treatment of Materials［C］. Seoul, Korea: The Korea Society for Heat Treatment, 2005, 64-66.
[22] LIU Yong, LIU Ping, TIAN Bao-hong, et al. Effect of Trace RE Elements on Aging Behavior and Softening Resistance of Cu-Cr-Zr Alloys Contact Wire［A］. 2006 BIMW (2006 Beijing International Materials Week), China Beijing, 2006, 6, 25-30.
[23] 吴予才．高速电气化铁路接触网线用铜锡合金线坯生产实践［J］．稀有金属，2006，30(S1)：168-171.
[24] 王祝堂，田荣璋．铜合金及其加工手册［M］．长沙：中南大学出版社，2002.
[25] 傅仁利，王寅岗．仪表电器材料学［M］．北京：国防工业出版社，2004.
[26] 朱正行，严向明，王敏．电阻焊技术［M］．北京：机械工业出版社，2000.
[27] 侯秀荔．实用焊工手册(第3版)［M］．北京：化学工业出版社，2008.
[28] 韩胜利，田保红，宋克兴等．点焊电极用 Al_2O_3/Cu 复合材料性能研究［J］．材料开发与应用，2004，19(1)：9-11.
[29] 李玉娟．Cu-Al 合金薄板内氧化法制备块体 Cu-Al_2O_3 复合材料［D］．洛阳：河南科技大学，2014.
[30] 曹先杰，李湘海，蒋长乐．弥散铜电阻焊电极材料工艺研究［J］．铜加工，2011，(1)：34-39.
[31] 刘志东，高长乐．电火花加工工艺及应用［M］．北京：国防工业出版社，2011.
[32] 王振龙，赵万生，李文卓．电火花加工技术的发展趋势与工艺进展［J］．制造技术与机床，2001，(7)：8-11.
[33] 赵万生．先进电火花加工技术［M］．北京：国防工业出版社，2003.
[34] 贾宝贤，赵万生，王振龙等．微细电火花机床及其关键技术研究［J］．哈尔滨工业大学学报，2006，38(8)：402-405.
[35] 杨晓冬，赵万生．基于神经网络的型腔电火加工工艺效果预测模型［J］．航空制造技术，2000，(3)：41-43.
[36] 焦正宽，朱震刚，宁宇宏．超导电技术及其应用［M］．北京：国防工业出版社，1975.
[37] 王金星．超导物理［M］．沈阳：东北大学出版社，2002.
[38] 林良真．我国超导技术应用研究进展［J］．电工电能新技术，1994，13(3)：25-30.
[39] Shiohara Y, Fujiwara N, Hayashi H, et al. Japanese Efforts on Coated Conductor Processing and its Power

Applications: New 5 Year Project for Materials and Power Applications of Coated Conductors（M-PACC）[J]. Physica C, 2009, 469:863.
[40] 徐乃英．超导技术的发展及其应用［J］．电线电缆，2000,（2）:3-11.
[41] 唐跃进，任丽，石晶等．超导电力基础［M］．北京：中国电力出版社，2011.
[42] 王银顺．超导电力技术基础［M］．北京：科学出版社，2011.

第11章

电子工业用材料

11.1 电子管用材料

铜在电子管中的应用不同于其他金属，主要由于它具有高的电导率和热导率。此外，它还有高的耐磨蚀能力，铜便于在合理成本的情况下获得。它既能够根据设计需要制成所需要的形状，也可以镀到别的基体金属上，使它们的表面具有需要的特性，因此可以利用较坚硬的材料当作构件，而同时在它的表面上保持高的电导率和热导率。

正是由于具有高导电、高导热、弹性好、耐腐蚀、无磁性、氢渗透率小，以及易于机械加工和成本低等诸多特点，目前，在真空电子器件中，无氧铜已居该领域中七大结构材料中用量之首，例如：行波管管壳和螺旋线，环杆慢波线，调速管的腔体，漂移管和调谐杆，磁控管的阳极块，真空开关管的触头，电力电子器件的接触块等。

当铜用作真空电子器件的管壳或内部构件时，必须选用通称“OFHC”的无氧高导铜的专用品种。只有为数极少的铜合金（例如铜-镍）用于内部构件。至于外部元件（例如单独装在外套的散热器），可用其他等级的铜。铜在大功率管和全部微波管中广泛用作阳极、谐振腔结构和集电极的材料。

11.1.1 电子管用无氧铜

无氧铜是指不含氧也不含任何脱氧剂残留物的纯铜。含氧量是无氧铜最重要的性能之一，由于氧在铜中固溶量很小，因而无氧铜中的氧，实际是以 Cu_2O 形式而存在。无氧铜的化学活性不大，在低于185℃时，Cu零件不与干空气和氧起反应。在有湿气和 CO_2 气体的情况下，可在其表面生成绿色碱式碳酸铜 $Cu_2(OH)_2CO_3$。在空气中，加热Cu会产生表面氧化，低于375℃，会形成黑色CuO，而在375～1000℃范围内，会形成不致密的Cu氧化物，外层是黑色CuO，而内层是红色 Cu_2O，从而形成从黑到红的梯度色调。甚至在高温下，Cu与 N_2 也不起反应，因而上述气体被广泛应用于对Cu热处理的保护气氛。H_2 在致密Cu中的溶解度是不大的，在400℃时，1kg Cu中可溶解0.6mg H_2。Cu的氧化物较容易被 H_2 还原，在150℃时，Cu的氧化物可与 H_2 开始反应并被 H_2 还原，其化学反应式为：

$$CuO + H_2 \longrightarrow Cu + H_2O \uparrow$$

在高温下，氢以很大的速度在铜中扩散，遇到 Cu_2O 并将其还原，产生大量的水蒸气。水汽压力很大，例如 0.01%含氧量的铜，退火后在 100g 铜中会形成 $14cm^3$ 的水蒸气，会产生几千兆帕压力。该水蒸气不溶于铜，不能通过晶粒渗出，只能从晶界处放出，从而使铜明显产生开裂、气泡和斑点。因而，对氧含量必须进行严格限制。

按标准规定，氧的含量不大于 0.03%，杂质总含量不大于 0.05%，铜的纯度大于 99.95%。根据含氧量和杂质含量，无氧铜又分为一号和二号无氧铜。一号无氧铜纯度达到 99.97%，氧含量不大于 0.003%，杂质总含量不大于 0.03%；二号无氧铜纯度达到 99.95%，氧含量不大于 0.003%，杂质总含量不大于 0.05%。无氧铜无氢脆现象，导电率高，加工性能和焊接性能、耐蚀性能和低温性能均好。工业纯铜（加工铜）通常被分为韧铜（ETP）、磷脱氧（DHP）和无氧铜三类，其中无氧铜的质量品级最高。无氧铜的研制在 1932 年始于美国，目前许多工业发达国家如美、德、日等国家都已有了无氧铜的化学成分标准，见表 11-1。

表 11-1　国外无氧铜含量标准

标准名称	含氧量/%	说明
ISO197	≤0.001	电解精炼无氧铜
ASTMB244(美国)	≤0.001	二级无氧铜(电子级)
JIS(日本)	≤0.001	电子管用无氧铜 C1011
ASTMF168—93	≤0.0005	一级无氧铜(电子级)
前苏联厂 OCT859—78	≤0.001	
英国 BS6017/1981	≤0.001	电工级
OUTOKUMPU CO	≤0.0005	电子级

我国早期含氧量的标准（GB 5231—85）是 0.002%（质量分数，一号无氧铜）和 0.003%（质量分数，二号无氧铜），见表 11-2。

表 11-2　加工无氧铜化学成分（GB 5231—85）

组别	牌号	代号	元素	化学成分(质量分数)/%												
				Cu+Ag	P	Bi	Sb	As	Fe	Ni	Pb	Sn	S	Zn	O	杂质总和
无氧铜	一号无氧铜	TU1	最小值	99.97												
			最大值		0.002	0.001	0.002	0.002	0.004	0.002	0.003	0.002	0.004	0.003	0.002	0.03
	二号无氧铜	TU2	最小值	99.95												
			最大值		0.002	0.001	0.002	0.002	0.004	0.002	0.004	0.002	0.004	0.003	0.003	0.05

上述数据与国外标准相比，尚有差距。

① ISO 197/1—83 电解精炼无氧铜（电工级）规定：O≤0.001%（质量分数，下同）。

② 美 ASTM B224 铜分类中，2 级无氧铜 C10200 规定：O≤0.001%。

③ 美 ASTM F68—93 中关于 1 级无氧铜 C10100（电子级）中规定：O≤5×10^{-6}。

④ 日本 JIS 中 C1011 为电子管用无氧铜，其氧含量规定：O≤0.0010%。

⑤ 前苏联 OCT 859—78 中无氧铜 M06 牌号中规定：O≤0.0010%。

⑥ 英国 BS 6017/1981 标准中无氧铜（电工级）规定：O≤0.0010%。

由此可以看出：国际上无氧铜的含氧量通常是 O≤0.0010%，比我国早期国家标准要严。

国外电子器件用无氧铜20世纪90年代的标准有三个特点：第一是含氧低，一般是0.001%以下；第二是杂质少，特别是有害杂质少，一般是≤0.0003%（如Zn，Cd，P等）；第三是纯度高，一般是≥99.99%，见表11-3。

表11-3　国外无氧铜的化学成分（杂质为最大值）

标准	化学成分/(mg/kg)																Cu(最小值)/%
	Sb	As	Bi	Cd	Fe	Pb	Mn	Ni	O	P	Se	Ag	S	Te	Sn	Zn	
ASTM B170—93(Ⅰ级)	4	5	1	1	10	5	0.5	10	5	3	3	25	15	2	2	1	99.99
JISH3510—92C1011	Hg1	—	10	1	—	10	—	—	10	3	10	—	18	10	—	1	99.99

目前无氧铜的主要不足之处在于高温强度很低，高温下屈服点较低。我国无氧铜含氧量新的国家标准（GB/T 5231—2001）规定，其中TU0的含氧量为0.0005%（质量分数），这方面已与国际接轨。

拥有30多年无氧铜生产经验的洛阳铜加工厂（简称洛铜），无氧铜产品质量和产品产量迅速提高。不仅生产TU1、TU2，而且还按美国ASTM标准大量生产C10200品级的高纯无氧铜，最高品级的TU0即相当于美国ASTM标准中C10100品级的高纯无氧铜也进入了生产阶段。我国不仅已有相应于C10100无氧铜牌号的国家标准，而且制造出完全符合C10100牌号质量水平的产品。

11.1.2　电子管用无氧铜的其他用途

无氧铜具有高的电导率（退火态至少100%IACS），良好的热导性能和延展性、很好的焊接和钎焊性能，主要作高导电材料使用。如用来制造作为广播、移动通讯、雷达等用途的同轴电缆，光导海底电缆用其作屏障保护光导纤维。在对镀层有很高质量要求的特定电镀工艺中，纯度较高的无氧铜优先被选作阳极材料。用无氧铜来制造导线、开关、感应线圈、波导管和各种电器接插件等。无氧铜正是兼具较高纯度和优异导电能力的特点（101%IACS以上），且其氧含量和高温易挥发的杂质元素含量极低，在电子电器领域中具有特定的用途。无氧铜主要用来制造真空电子器件，典型的用途是制造各种高频波导管、粒子加速器的腔体、电子射线管、X射线管、微波仪表中的高频发射源、真空开关管和真空减压器等元件，特别是适用于制造用电子束焊接方法连接的元器件。目前我国的无氧铜使用比较多的是TU1。从化学成分标准看，它介于OFE与OF无氧铜之间。但某些电子管厂在验收材料时，用OFE无氧铜烧氢金相检查作为判定其氧含量的标准，就是说，对氧含量的要求需达到OFE。这些厂使用这种材料来制造各种功率的金属陶瓷发射管、玻璃发射管、高频加热振荡管、行波管、调速管以及真空开关管、真空继电器、真空接触器、真空电容器和真空断路器等。

11.2　半导体封装用材料

IC产品由芯片、引线和引线框架、粘接材料、封装材料等几大部分构成。半导体封装是指将通过测试的晶圆按照产品型号及功能需求加工得到独立芯片的过程。封装过程为：来自晶圆前道工艺的晶圆通过划片工艺后被切割为小的晶片，然后将切割好的晶片用胶水贴装到相应的基板（引线框架）架的小岛上，再利用超细的金属（金锡铜铝）导线或者导电性树脂将晶片的接合焊盘连接到基板的相应引脚，并构成所要求的电路；然后再对独立的晶片用塑料外壳加以封装保护，塑封之后还要进行一系列操作，封装完成后进行成品测试，通常经过入检、测试和包装等工序，最后入库出货。半导体生产流程由晶圆制造、晶圆测试、芯片封装和封装后测试组成。塑封之后，还要进行一系列操作，如后固化、切筋和成型、电镀以及打印等工艺。典型的封装工艺流程为：划片→装片→键合→塑封→去飞边→电镀→打印→切筋和成型→外观检查→成品测试→包装出货。

IC封装要求其必须具备高强度、高导电、导热性好、良好的可焊性、耐蚀性、塑封性、抗氧化性等一系列综合性能，因而对其所用材料的要求也十分苛刻，所用材料的各项性能指标的优劣，最终都将直接影响IC的质量及成品率。

IC封装材料应满足下列特性要求。

① 导电、导热性好，伴随芯片集成度的提高，尤其是功耗较大的IC，芯片工作时发热量增加，要求引线框架能及时向外散发热量，良好的导电性可降低电容和电感引起的不利效应。材料导电性高，将使引线框架上产生的阻抗小，也利于散热。

② 较高的强度和硬度，冷热加工性能良好，抗拉强度至少为441MPa（45kgf/mm^2），尤其是薄形化的材料强度要求高，延伸率不小于5%，硬度（HV）应大于130。

③ 弹性优良，屈服强度高，提高强度改善韧性。

④ 耐热性和耐氧化性好，热稳定性优良，耐氧化性对产品的可靠性有很大影响，要求因加热而生成的氧化膜尽可能小。

⑤ 具有一定的耐蚀性，不发生应力腐蚀裂纹以及潮湿气候下断腿现象。

⑥ 较低的热膨胀系数CTE，并与封装材料的CTE匹配，确保封装的气密性。

⑦ 弯曲、冲制加工容易，且不起毛刺；弯曲、微细加工的刻蚀性能好，适应引线框架加工制作方法多样化需求。

⑧ 表面质量好，可焊性高，为提高可焊性，需要采取镀锡、镀金或镀银，电镀性好。

⑨ 成本尽可能低，满足大批量商业化应用要求。

11.2.1 引线框架材料

随着信息产品向小型化、薄型化、轻量化、低能耗、高速化、多功能化和智能化发展，以及集成电路（IC）向大规模（LIC）和超大规模（VLIC）方向发展，半导体集成电路封装用金属材料（引线框架材料、引线材料、焊料）得到了很大发展，而作为封装材料中一个关键组成部分，引线框架材料性能更是得到极大提高。目前，引线框架封装密度、引线密度越来越高，封装引线脚数逐年持续高速增长，而引线节距逐年下降，现已达到0.1mm，厚度逐渐减薄，已从原0.25mm减至0.08～0.1mm，引线框架正向短、轻、薄、高精细度、多引线、小节距的方向发展。

半导体集成电路的小型化、高集成化及安装方式的变化等对引线框架材料的质量、特性的要求日趋严格，这就需要投入更多的人力、物力去研发新型材料。自20世纪60年代第一块集成电路问世以来，人们就一直不停地在开发更优质的集成电路材料，各种引线框架和电子封装材料不断涌现出来，迄今已被开发应用的性能比较突出的引线框架材料主要有铁镍合金（主要是KOVAR合金及42合金）和高铜合金两大类，见表11-4。

表 11-4 IC引线框架材料比较

材料	优点	缺点	待解决的问题
Fe-Ni-Co可伐合金	强度高、可保证电路可靠性	价格昂贵、导电导热性极差	返回料利用
Fe-Ni42合金	强度高、可保证电路可靠性	价格贵、导电导热性极差	返回料利用
铜系合金	导电导热性好、复镀性好、价廉	一般强度低	提高强度以满足特殊用途电路需要

KOVAR合金（Fe29Ni18Co）是传统的优良引线框架材料，在集成电路问世初期是引线框架主要材料。它的优点是强度高，抗拉强度可达530MPa，可保证电路可靠性，缺点是导电导热性比较差，不过在当时它还是基本能满足工作要求的，但由于1987年世界能源危机，钴价猛涨，随之而来KOVAR合金价格猛增，其用量也就开始锐减，随着新型材料的研发，它慢慢地退出工作舞台。

Fe-Ni42合金正是在KOVAR合金价格递增时开发出来的一种新型框架材料，该合金的热膨胀系数和机械强度相对KOVAR合金很相近，只是导电导热性能略差，但由于它不含Co元素，价格比KOVAR合金要低很多，故问世后就以极快的速度发展，并替代了很大一部分KOVAR合金的使用，其用量在20世纪80年代占框架材料40%以上，直到后来开发出铜基框架材料其用量才开始下降，目前用量大约占20%。Fe-Ni42合金属于一种铁磁性恒弹性合金（弹性模量温度系数或频率温度系数很小的合金），具有延迟时间的温度系数小、机械品质因数 Q 值高和输出脉冲宽度扩展小等特点，并在低热膨胀系数和抗氧化方面具有明显优势；传统Fe-Ni42恒弹性合金的物理和力学性能见表11-5。

表 11-5 Fe-Ni42恒弹性合金的物理和力学性能

电导率 /%IACS	热导率(20℃) /(cal/cm·s·℃)	线膨胀系数 20～300℃ $\times10^{-6}$/℃	弹性模量 /GPa	抗拉强度 /MPa	屈服强度 /MPa	延伸率 /%	硬度 (HV)
3	0.03	4.3	148	650	600	9.5	199

11.2.2 引线框架用铜材料

1. 高强高导铜合金的强化途径

铜合金具有优良的导电、导热性能，但强度不高是限制铜合金应用的重要原因。如何在保持高导电、导热性能前提下，提高铜合金的强度，使其获得更广泛的应用，一直是人们感兴趣的研究课题。常见高强高导铜合金的强化手段如下。

（1）固溶强化

铜基体中溶入合金元素后，会引起铜晶体点阵畸变，形成应力场，该应力场与位错周围的弹性应力场交互作用，造成位错运动时，要克服溶质原子对位错运动的摩擦阻力，从而产生固溶强化效应。与此同时，晶体中畸变的晶格点阵对运动电子的散射作用也相应加剧。固溶强化对铜的导电性和强度的效应是矛盾的。合金元素对铜的导电率的影响与固溶元素的种类和数量有关。微量的Ag、Cd、Cr、Zr和Mg对导电性降低较少，而Ti、P、Si、Fe、Co、As、Be、Mn和Al等会强烈降低Cu的导电性。因此，在高导电铜合金中，一般都要求固溶状态元素含量较低，通常控制在1%以下。

（2）细晶强化

由 Hall-Petch 关系可知，晶粒尺寸减小，合金的强度提高。因为多晶体在受力变形过程中，位错被晶界阻挡而塞积在晶界外，从而迫使晶粒内的滑移而由易到难，最终被开动。此外，停留在晶界处的滑移带在位错塞积群的顶部会产生应力集中，位错塞积群可以与外加应力作用，当这个应力大到足以开动取向不同晶粒，从而使材料强化。由于晶体的传导性能与晶粒取向无关，晶粒细化仅使晶界增多，因而对铜的导电性能影响很小。

可以在浇铸时采取合适的措施或通过合适的热处理方法获得细小的晶粒，也可以加入合金元素来细化。如可以加入 B 或 Ti 以及稀土可使铜合金晶粒显著细化，提高强度，改善韧性，而对铜的导电性影响很小，且稀土 RE 和 B 还是优良的脱氧剂。

(3) 冷变形＋时效强化

金属和合金经过中等或强烈冷变形后形成一种位错密度很高的组织状态。高密度的位错相互交截，形成割阶，位错的可动性减小，使合金的强度、硬度大大提高，导电率也因位错密度的增加而略有降低。单一的变形强化使合金强度提高的幅度有限，通常要与其他强化方式配合使用，如采用：①固溶＋冷变形＋时效，或②固溶＋时效＋冷变形。性能要求侧重于导电率时采用工艺①，侧重于强度时则采用工艺②。冷变形时效强化是目前开发高强度高导电铜合金普遍采用的方法。变形量的大小对时效处理后合金的组织和性能都有一定的影响。适当的冷变形促进了析出相沿位错析出，使导电率在时效处理后得到较大的提高，并且析出物对位错的钉扎作用减缓了回复及随后的再结晶过程。冷变形后再时效是提高材料硬度和导电率的有效措施之一。

(4) 弥散强化

弥散强化铜是通过向基体中引入均匀分布、细小、具有良好热稳定性的氧化物颗粒来强化铜而制得的材料。Al_2O_3、ZrO_2、SiO_2、Y_2O_3、ThO_2 等氧化物具有硬度高、热稳定性好和较易获得细小的颗粒等特点，最适合用作弥散体。在铜基体中引入微量、细小、弥散分布的硬粒子相，由于强化相的“钉扎”阻止了位错的运动，从而有效地阻止了铜基体的回复和再结晶，在大大提高基体铜的强度及热稳定性的同时，导电、导热性却降低不多。目前，研究得最充分的是 Cu-Al_2O_3 系。弥散强化铜合金性能的提高取决于均匀弥散在铜基体中的氧化物颗粒种类、粒度、形态和分布，弥散的质量在很大程度上取决于制备工艺。制备工艺主要有组元机械混合法、共沉淀法、机械合金化、内氧化法以及溶胶-凝胶法等。

(5) 快速凝固析出强化

快速凝固析出强化法是将铜合金液体快速冷却，使过量的合金元素固溶于铜基体中，并保存大量晶体缺陷，经时效处理后，在铜基体中形成弥散分布的析出相，阻碍位错的移动，从而提高材料的强度。由于快速凝固的铜基体中溶质原子含量高，而且缺陷密度大，因而所获得的第二相的弥散度增大，即可获得更高的强度，但导电率也略有下降。

(6) 铜基原位复合材料

铜基原位复合材料是指向合金中加入过量的合金元素如 Nb、Fe、Cr 等。通过处理使过量的合金元素以单相形式存在于凝固态的合金中，此时单相合金元素一般以树枝状分布于铜基体中，然后对合金进行锻造、深拉，使合金的树枝相结构转变为纤维状结构，并与轧制方向平行排列，有效的阻止位错的移动，从而提高合金的强度。可用于原位复合处理的合金元素应具有与纯铜相近的塑性，而且在铜中的固溶度很小，铜基原位复合材料具有很高的强度和良好的导电性。

(7) 加工硬化

单独利用某种强化效果不是很明显，通常要与其他强化方式配合使用。加工硬化是最常见的铜合金强化手段之一，其特点是材料强度上升的同时其塑性迅速下降，电导率也因位错密度的增加而略有降低。某种特定的材料，其加工硬化是有一定限度的。加工硬化带来的材料塑性下降和性能各向异性，也对其应用有很大限制。另外当使用温度上升时，材料会发生回复、再结晶而软化，这使得加工硬化铜合金的高温强度一般较低。

2. 引线框架铜合金材料的主要种类及其特点

引线框架用铜合金大致分为铜-铁系、铜-镍-硅系、铜-铬系、铜-镍-锡系（JK-2 合金）等，三元、四元等多元系铜合金能够取得比传统二元合金更优的性能，更低的成本，铜-铁系合金的牌号最多，具有较好的机械强度，抗应力松弛特性和低蠕变性，是一类很好的引线框架材料。由于引线框架制作及封装应用的需要，除高强度、高导热性能外，对材料还要求有良好的钎焊性能工艺性能、蚀刻性能、氧化膜粘接性能等。表 11-6 表示出铜基复合引线框架材料性能，国内外某些大量使用的引线框架材料的主要性能如表 11-7 所示，表中导电率的%IACS（International Annealed Copper Standard）为国际软铜电导率标准，100% IACS=$5.80\times10^5 S\cdot m^{-1}$。

表 11-6　铜基复合引线框架材料性能

材料名称	密度/(g/cm³)	硬度(HBW)	CTE/(10^{-6}/K)	热导率/(W/m·K)
Cu20FeNiCu20	8.4	90～120	5.2	160
Cu20Mo60Cu20	9.7	130～170	6.8	244
W80Cu20	15.6	220	7.6～9.1	180～210
W90Cu10	17.0	250～280	5.6～6.5	140～170
Mo85Cu15	10.0	187～200	6.5～7.1	150～170
Mo70Cu30	9.7	143～170	7.6～8.5	170～210

表 11-7　某些引线框架材料主要性能

材料	合金牌号	合金成分/%	抗拉强度/MPa	电导率/%IACS	延伸率/%
铜-铁系合金	C192(KFC)	Cu-01Fe-0.03P	401.8	92	7
	C195	Cu-0.6Sn-1.5Fe-0.8Co-0.1P	617.4	50	3～13
	C196	Cu-1.0Fe-0.3Zn-0.3P	588～627.2	65～75	3～10
	EFTEC-5	Cu-1.0Fe-0.5Sn-0.5Zn	539	54	8
	Tamac-5(C19520)	Cu-1.25Sn-0.75Fe-0.03P	490	40	16
铜-镍-硅系合金	KLF-1	Cu-3.2Ni-0.7Si-0.32Zn	608	55	6
	KLF118	Cu-1.8Ni-0.4Si-1.1Zn	674	50	
	HCL305	Cu-Ni-Si	760	43	
铜-铬-锆系合金	CCZ	Cu-0.65Cr-0.25Zr	490	85	
	OMCL-1	Cu-0.3Cr-0.1Zr-0.02Si	600	82.7	
铜-镍-锡系合金	JK-2	Cu-0.2Ni-0.15Sn-0.05SiMn	608	35	6

（1）铜-铁系合金

近 20 年来，人们对 Cu-Fe 系合金进行了相当深入的研究，诞生了一大批实用型、满足 IC 框架多种性能要求的合金，由于工艺性能优良、价格低廉，在 IC 框架制造中得到了广泛应用。目前是铜合金引线框架材料的主流合金。Cu-Fe系合金性能最好的和使用最广泛的合金是Cu-Fe-P系合金，但Cu-Fe系合金也存在钎焊耐热剥离性较差的问题。为满足IC框架多方面要求，在Cu-Fe合金中还可以加入Zn、Sn、Mg、Ti等元素，其中Zn的加入可以提高焊料的抗剥离性能。目前Cu-Fe系列合金中应用最广泛的合金是高导电型合金KFC，即我国的TFe0.1合金，其次是高强中导型合金C194，相当于我国的TFe2.5合金。各类型的铜基引线框架的性能和牌号如表11-8所示。

表11-8 各类型的铜基引线框架的性能和牌号

类型	电导率/%IACS	拉伸强度/MPa	典型合金牌号
高导电型	≥80	300～500	KFC，KLF2，TAMAC1，TAMAC2，TAMAC4，SLF1，SLF10，SLF11，EFTEC3，BFTEC6，BFTEC7，2ZrOFC，DK1，DK6
中导电中强度型	60～79	500～600 300～550 550～600	OMCL-1，C197，NK240，DK10，SLF3，KFG-SH C194，EFTEC4，DK2，DK3，DK4 C194EX，C195，KLF194SHT，EFTEC164T，ML21，DFK21，K21，PMC102
低导电中强度型	40～59 30～39	500～600	C195，KLF-1，KLF-4，TAMAC5，ML-23，NB105，K72 KLF5，MF202，HF202，XK202，EFTEC8，DK7，KLF52
高强度型	25～59	≥600	KLF125，C7025，SLF7，M1224，DK5，NK164，TAMAC750，EFTEC232

（2）铜-铬系合金

铬铜合金是最优秀的高强高导合金，日本三菱公司研究的OMCL-1合金性能已达到相当好的水平。其中Cu-Cr-Zr系合金是最优秀、最有发展前途的高强高导合金，其电导率可以达到90%IACS以上，在带材生产中可以不专门设淬火工序，时效如能采用气体时效炉，性能会更好；目前熔炼合金尚需真空感应熔炼，如能采用非真空熔炼合金，其带材成本会大大降低。在二元合金中，往往加入Zr、Mg、Sn、Zn、Ag等元素，Zr、Mg可以改善高温性能和抗疲劳性能；Sn能够抑制热加工和冷加工时Cr的析出；Ag可以提高高温性能；Zn可以改善钎焊和塑封性能。

（3）铜-镍-硅系合金

Cu-Ni-Si系是美国Corson发现的典型的析出强化型合金。因其具有较高的导电性，且能获得很高的强度，近年来十分引人注目。研究表明，最佳的合金强度可达800～900MPa，电导率为30%～60%IACS，是高强中导框架合金的理想材料。而且在高精度框架材料的生产过程中，不需要专门的淬火时效工序，只是采用成品退火就可以满足要求。这类合金具有优良的抗弯曲性能，抗软化特性良好，但Cu-Ni-Si合金有钎焊耐热剥离性差的缺点。从引线框架可靠性的观点出发，应改善钎焊耐热剥离性问题。

Cu-Ni-Si系列合金是一种时效强化型合金，其时效强化效应是Corson在1927年首次发现的，近年来由于其高强度而得到了很大发展，新型Cu-Ni-Si系引线框架用合金在不断涌现，用量也不断增大。国内研制开发Cu-Ni-Si系列引线框架合金，作为新材料研制的基础，必须详细研究合金的化学成分设计，以保证在合适的后续加工后材料能获得良好的力学性能、电导率和应用性能，满足集成电路制造厂家的需要。

Cu-Ni-Si系合金能够进行析出强化，在适当的条件下进行热处理，可使Ni与Si形成化合物，在铜的母相中析出。这种析出物本身及在母相内产生的变形将阻碍位错的移动，因此能提高材料的强度。另外，合金成分转变为析出物，可减少铜母相的合金化元素的含量，从而获得优良的导电性和导热性。为了能兼顾高强度和优良的导电性，必须使合金中大量地产生单独的微细形状的析出物。因此，尽量减少固溶状态下残留的合金成分是非常重要的。Cu-Ni-Si 系列合金在时效过程中形成大量细小且均匀分布的盘状 Ni_2Si 析出物，该析出物以 Orowan 机制阻碍位错运动而提高材料的强度。当合金中 Ni 与 Si 元素原子数之比偏离 2∶1 时，多余合金元素将以固溶原子形式存在，而固溶态 Si 元素对铜合金电导率的损害很大。Cu-Ni-Si 系合金成分设计时，应使 Ni 与 Si 的质量百分比略大于 4∶1，以保证材料获得高强度的同时，实现高电导率。

图 11-1 为一种典型的集成电路引线框架用 Cu-2.0Ni-0.5Si 合金，以及分别添加微量元素 Ag 和 P 后获得合金，经 900℃×1h 固溶处理得到的显微组织照片。可以看出，晶内未溶的第二相数量很少，说明固溶处理基本上能使合金中的 Ni、Si、Ag、P 元素固溶于 Cu 基体中。

(a) Cu-2.0Ni-0.5Si

(b) Cu-2.0Ni-0.5Si-0.15Ag

(c) Cu-2.0Ni-0.5Si-0.03P

图 11-1　三种合金固溶处理的金相组织

从图中可以看出微量的合金元素 Ag、P 的加入使 Cu-2.0Ni-0.5Si 合金的晶粒明显细化，且 P 的加入使晶粒细化最为明显，这是由于微量的合金元素 Ag、P 的加入使 Cu-2.0Ni-0.5Si 合金造成了较为严重的晶格畸变，所以起到有效的细化晶粒的作用，晶粒的细化为性能的提高起到积极作用。

表 11-9 所列为三种合金固溶处理后的抗拉强度、显微硬度、电导率、平均晶粒直径。可以看出，由于微量合金元素 Ag、P 的加入，起到细晶强化的作用，因而合金的抗拉强度、显微硬度比 Cu-2.0Ni-0.5Si 合金有明显的上升，对比电导率发现 Cu-2.0Ni-0.5Si-0.15Ag、Cu-2.0Ni-0.5Si-0.03P 合金比 Cu-2.0Ni-0.5Si 合金略有降低，这是由于微量合金元素加入形成固溶体后，固溶原子的存在使得点阵发生畸变，增加了合金的电阻，由于加入的合金元素较少，所以对电导率的影响很小。

表 11-9　三种合金 900℃×1h 固溶处理后的抗拉强度、显微硬度、电导率、平均晶粒直径

合金	抗拉强度/MPa	显微硬度(HV)	电导率/IACS%	平均晶粒直径/μm
Cu-2.0Ni-0.5Si	269	82	22.1	178.3
Cu-2.0Ni-0.5Si-0.15Ag	281	87	21.6	156.1
Cu-2.0Ni-0.5Si-0.03P	288	109	20.8	78.8

图 11-2 为 Cu-2.0Ni-0.5Si 合金经 950℃下进行 1h 固溶处理后，再在 450℃下分别时效 2h（a）和 48h（b）的微观组织形貌。从图中可以看出析出物成弥散分布，在较短时间时效时，析出相细小弥散分布，所以在较低温度时效时，合金表现出较高的显微硬度，当时效时

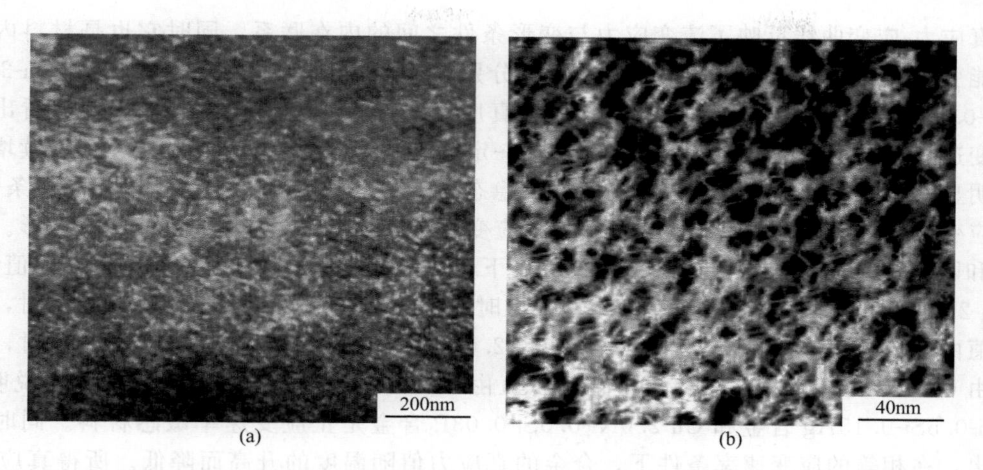

图 11-2 Cu-2.0Ni-0.5Si 合金在 450℃时效 2h（a）与 48h（b）的析出相形貌

间延长时，析出物逐渐长大，显微硬度随着时效时间的延长而缓慢下降。如右图中析出物已有明显长大。对比左图可以看出，显微硬度随着时效时间的延长而缓慢下降，从而从微观组织也能很好的解释显微硬度随着时效时间的延长而缓慢下降的原因。对 Cu-2.0Ni-0.5Si 合金在 450℃下时效 48h 的析出相进行选区电子衍射，并通过对其进行标定，发现析出相为 Ni_2Si。可以看出，即使合金在 450℃下时效 48h，仍能观察到具有花瓣状的析出相呈现共格和半共格析出。

11.2.3 引线框架用铜合金热变形行为

1. Cu-Ni-Si 合金热变形行为

金属的热塑性成形具有生产效率高，产品质量稳定且可有效地改善材料组织性能的优点，因此成为合金高温成形的一种重要手段。通过试验研究材料高温变形规律，对于指导制订合理的热塑性成形工艺，从而获得实际需要的产品具有重要的理论和现实意义。

金属热变形流变应力是材料在高温下的基本性能之一，无论是在制定合理的热加工工艺，压力加工设备力能参数设计，还是在金属塑性变形理论研究方面都是极其重要的。在现代塑性加工力学中，金属的流变应力一直作为一项基本参数，其精确流变应力表达式是提高理论计算精度的关键。在合金成分一定的情况下，金属和合金的热流变应力受变形温度、变形程度和应变速率的影响，描述他们之间关系的方程即为本构方程。由于热加工情况复杂，目前的本构方程通常由半经验公式给出，其中 Arrhenius 方程得到了广泛认可。

热轧是生产 Cu-Ni-Si 合金带材的关键工艺，对 Cu-Ni-Si 合金的高温热变形的研究显得非常必要，有利于确定热轧的应力水平和力能参数，有利于确定热轧终轧温度，另外，目前国内外没有对 Cu-Ni-Si 合金的高温热变形行为的报道。为了更好地研究 Cu-Ni-Si 合金的高温热变形，对 Cu-2.0Ni-0.5Si-0.15Ag 和 Cu-2.0Ni-0.5Si-0.03P 引线框架合金在 Gleeble-1500D 热模拟试验机上，在变形温度为 600～800℃，应变速率为 0.01～5s^{-1} 和变形量为 60%的条件下，进行了圆柱体高温单道次轴对称压缩实验，通过对合金热压缩变形流变应力与变形程度、应变速率以及变形温度之间的关系，通过回归结果分析求得了 Cu-2.0Ni-0.5Si-0.15Ag 合金和 Cu-2.0Ni-0.5Si-0.03P 合金的高温热变形材料常数 α、n、Q 值，并得到了两种合金的流变应力模型，并且对 Cu-Ni-Si 合金的热变形激活能进行了探讨，为实际生产提供理论依据。

真应力-应变曲线反映了流变应力与变形条件之间的内在联系，同时它也是材料内部组织性能变化的宏观表现。图 11-3 和图 11-4 分别为 Cu-2.0Ni-0.5Si-0.15Ag 合金 Cu-2.0Ni-0.5Si-0.03P 合金高温热压缩变形的真应力-真应变（σ-ε）实验曲线。从图中可以看出，在高应变速率和低温条件下，当真应变 σ 超过一定值后，真应力 σ 并不随应变量的继续增大而发生明显变化，即合金高温压缩变形时出现稳态流变特征。而在低应变速率或高温条件下，当真应变 ε 超过一定值后，真应力 σ 仍然随应变量的继续增大而减小，趋于稳态变形。由图 11-3 和图 11-4 可知，合金在同样的变形温度下，随应变速率的增加，材料的真应力值升高，如 Cu-2.0Ni-0.5Si-0.15Ag 合金在 800℃变形时，应变速率由 $0.01s^{-1}$ 提高到 $5s^{-1}$ 时，峰值应力值由 34.29MPa 提高到 74.81MPa；Cu-2.0Ni-0.5Si-0.03P 合金在 800℃变形时，应变速率由 $0.01s^{-1}$ 提高到 $5s^{-1}$ 时，峰值应力值由 29.66MPa 提高到 67.49MPa。这说明 Cu-2.0Ni-0.5Si-0.15Ag 合金和 Cu-2.0Ni-0.5Si-0.03P 合金是正应变速率敏感材料。同时还可以看出，在相等的应变速率条件下，合金的真应力值随温度的升高而降低。所得真应力-真应变曲线可以分为两类。第一类为动态再结晶型：即应力达到峰值应力 σ_p 后应力下降至一稳定态值保持不变，且峰值应力随变形温度的降低和应变速率的增大而升高，如图 11-3 和图 11-4 中当变形温度为 750℃、800℃时这一现象较为明显。峰值应力的出现是动态再结晶的结果，热变形过程中热激活能控制着软化机制。随着变形速率的增加，软化率降低说明对于 Cu-2.0Ni-0.5Si-0.15Ag 合金和 Cu-2.0Ni-0.5Si-0.03P 合金动态再结晶是在较高温度下进行的。另一类为动态回复型：这种类型又可分为两种，第一种为当加工硬化和动态回复基本达到平衡状态，流变应力的上升部分基本消失应力趋向恒定值，如图 11-3 和图 11-4 中 650～700℃的真应力-真应变曲线。第二种是动态回复发生后加工硬化仍占上风，即在较大

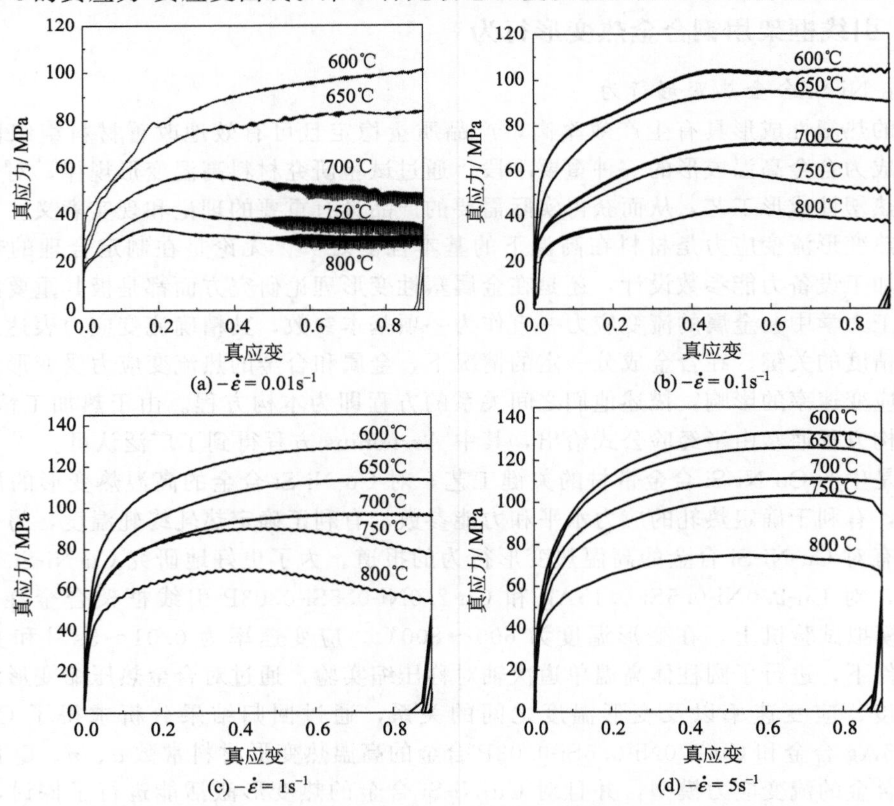

图 11-3 Cu-2.0Ni-0.5Si-0.15Ag 合金热压缩变形的真应力-应变曲线

应变下，真应力-真应变曲线的最后阶段仍为上升的，如图 11-3 和图 11-4 中 600℃时的真应力-真应变曲线。

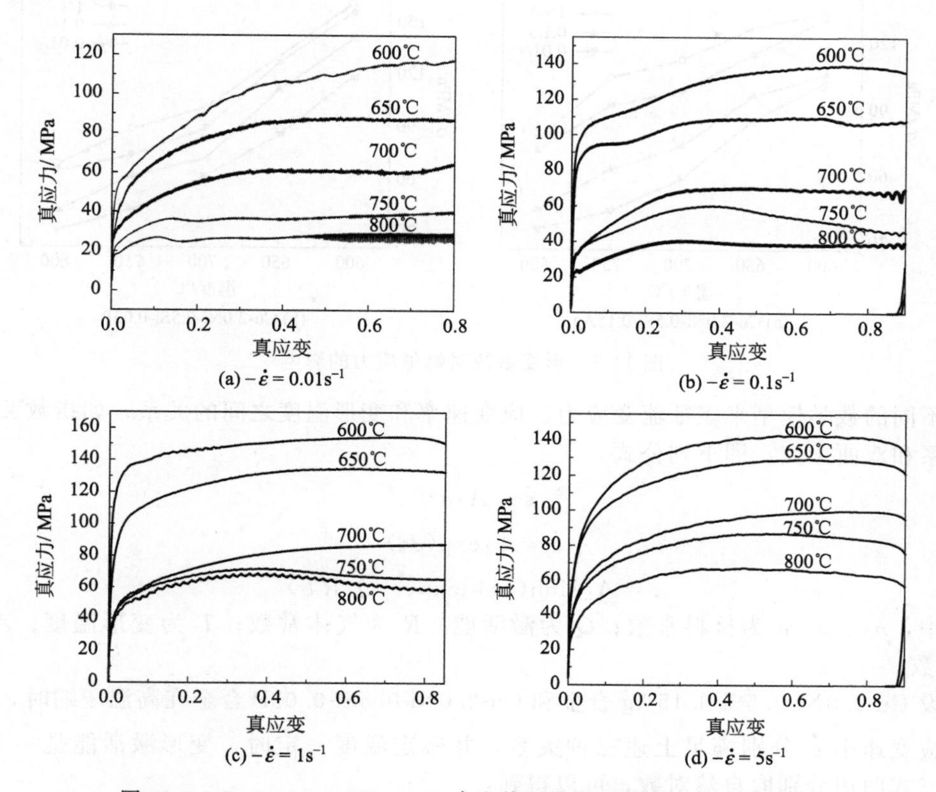

图 11-4 Cu-2.0Ni-0.5Si-0.03P 合金热压缩变形的真应力-应变曲线

一般认为，峰值应力的出现是由位错堆积造成的硬化和动态再结晶软化共同作用的结果。在变形初期，一方面位错增殖带来的位错密度急剧增加，结果产生固定割阶、位错缠结等障碍，使得合金要继续变形就要不断增加外力以克服位错间强大的交互作用力，反映在真应力-真应变曲线上就是变形抗力急剧上升，这就是所谓的加工硬化效应；另一方面在变形过程中位错通过交滑移和攀移运动，使异号位错相互抵消，当位错重新排列发展到一定程度时，形成了清晰的亚晶界，这种结构上的变化使得材料软化，就是所谓的动态回复效应，从而使加工硬化速度逐渐减弱，反映在真应力-真应变曲线上，随着变形量的增加，曲线变化的斜率越来越小。当应变量超过临界应变值时，位错密度达到发生动态再结晶所需的临界密度，动态再结晶开始。无畸变的晶核生长、长大替代含有高位错密度的变形晶粒，位错密度下降速率大于增加速率，流变应力很快降低。

图 11-5 为 Cu-2.0Ni-0.5Si-0.15Ag 合金和 Cu-2.0Ni-0.5Si-0.03P 合金高温热压缩变形下，变形温度和应变速率对峰值应力的影响，由图可见，当变形温度一定时，峰值应力随变形速率增加而增加；当变形速率一定时，峰值应力随变形温度的不断升高而降低，这种变化趋势与应力应变曲线的类型无关。

应变速率是影响流变应力的一个重要因素，从前述分析可以看出，在恒温压缩的情况下，随着应变速率的增加，峰值应力和稳态应力相应的增加，但并不随应变速率的增加成比例的增加，这是因为应变速率增加，使硬化和软化效应都增强，但增强的幅度不同。研究表明，描述高温变形时流动应力、应变速率和变形温度之间的关系有不同的表达式，即通常人

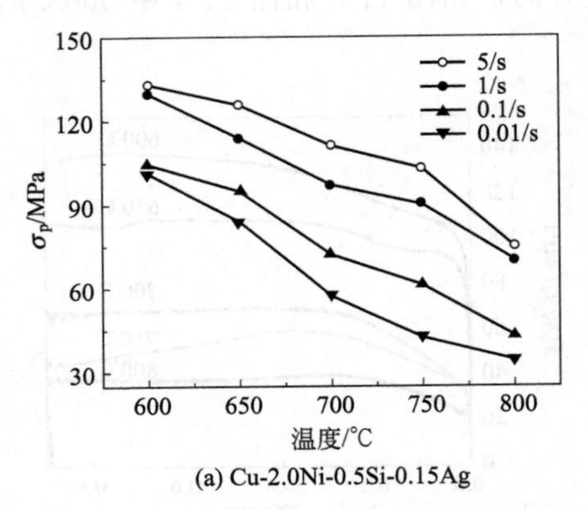

(a) Cu-2.0Ni-0.5Si-0.15Ag

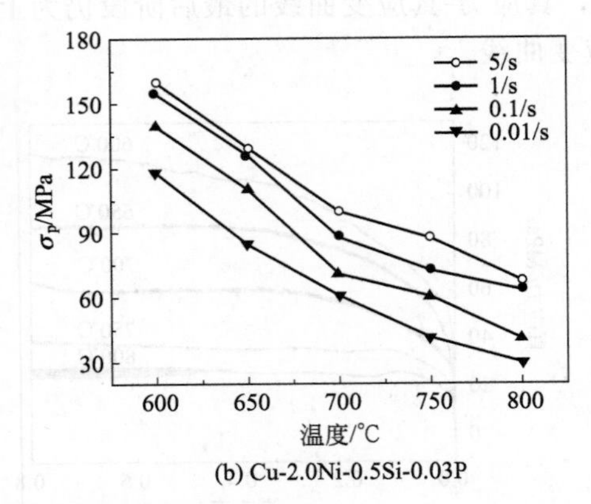

(b) Cu-2.0Ni-0.5Si-0.03P

图 11-5 形变参数对峰值应力的影响

们采用不同的数学模型来表征流变应力、应变速率和变形温度之间的关系，如指数关系、幂指数关系和双曲正弦，即下列公式：

$$\dot{\varepsilon}=A_1\sigma^{n_1} \tag{11-1}$$

$$\dot{\varepsilon}=A_2\exp(\beta\sigma) \tag{11-2}$$

$$\dot{\varepsilon}=A[\sinh(\alpha\sigma)]\exp(-Q/RT) \tag{11-3}$$

式中，n_1、β、α 为材料常数；Q 为激活能；R 为气体常数；T 为变形温度；A、A_1、A_2为常数。

假设 Cu-2.0Ni-0.5Si-0.15Ag 合金和 Cu-2.0Ni-0.5Si-0.03P 合金在高温压缩时，峰值应力 σ 和应变速率 $\dot{\varepsilon}$ 分别满足上述三种关系，并假定温度一定时，变形激活能是一个常数，则对这三式两边分别取自然对数，可以得到：

低应力状态下： $$\ln\dot{\varepsilon}=\ln A_1+n_1\ln\sigma \tag{11-4}$$

高应力状态下： $$\ln\dot{\varepsilon}=\ln A_2+\beta\sigma \tag{11-5}$$

所有应力状态下： $$\ln\dot{\varepsilon}=\ln A-Q/RT+n\ln[\sinh(\alpha\sigma)] =\ln A_3+n\ln[\sinh(\alpha\sigma)] \tag{11-6}$$

将不同变形温度条件下 Cu-2.0Ni-0.5Si-0.15Ag 合金和 Cu-2.0Ni-0.5Si-0.03P 合金的峰值应力随应变速率变化情况（见图 11-5）分别代入式(11-4)、式(11-5) 和式(11-6) 中，绘制出 $\ln\dot{\varepsilon}$-$\ln\sigma$、$\ln\dot{\varepsilon}$-σ、$\ln\dot{\varepsilon}$-$\ln[\sinh(\alpha\sigma)]$ 关系图，Cu-2.0Ni-0.5Si-0.03P 合金和 Cu-2.0Ni-0.5Si-0.15Ag 合金的关系图分别如图 11-6 和图 11-7 所示。然后对上述三式分别进行一元线性回归处理。从图 11-6 和图 11-7 可以看出，各变形温度下的实验数据关系与上述线性关系吻合较好。其中 Cu-2.0Ni-0.5Si-0.15Ag 合金压缩变形时应变速率的峰值应力相关性以幂指数关系和双曲正弦函数关系的回归效果最好；而 Cu-2.0Ni-0.5Si-0.03P 合金压缩变形时应变速率的峰值应力相关性以双曲正弦函数关系的回归效果最好。对于 Cu-2.0Ni-0.5Si-0.03P 合金，由于式(11-4) 适合低应力水平，所以取图 11-6(a) 中 700℃、750℃、800℃斜率的平均值得到 $n_1=8.98$，由于式(11-5) 适合高应力水平，所以取图 11-6(b) 中 700℃、650℃、600℃斜率的平均值得到 $\beta=0.14$，由 $\alpha=\beta/n_1$ 得到 Cu-2.0Ni-0.5Si-0.03P 合金的 $\alpha=0.016$，将 α 值代入式(11-6) 即可以绘制 $\ln\dot{\varepsilon}$-ln [sinh($\alpha\sigma$)] 关系曲线并进行线性回归，见图 11-6(c)，并求其斜率的平均值为：7.21。同理得到 Cu-2.0Ni-0.5Si-0.15Ag 合金的 $n_1=7.59$、$\beta=0.14$、$\alpha=0.018$、$\ln\dot{\varepsilon}$-ln[sinh($\alpha\sigma$)] 关系曲线的斜率的平均值为：6.326。

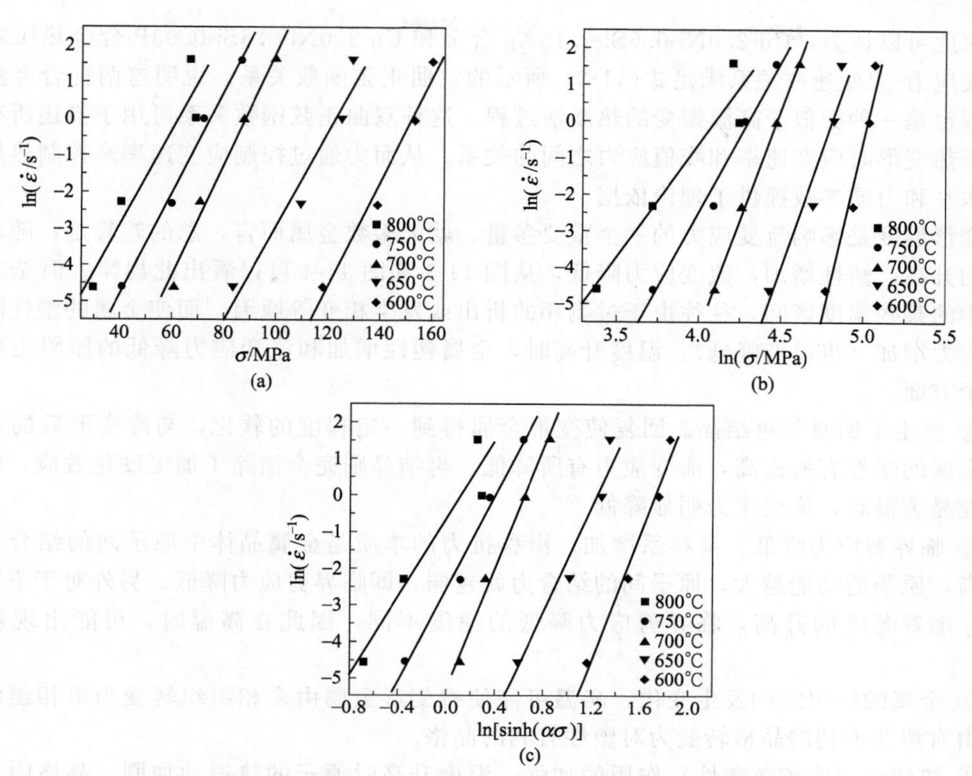

图 11-6　Cu-2.0Ni-0.5Si-0.03P 峰值应力与应变速率之间的关系

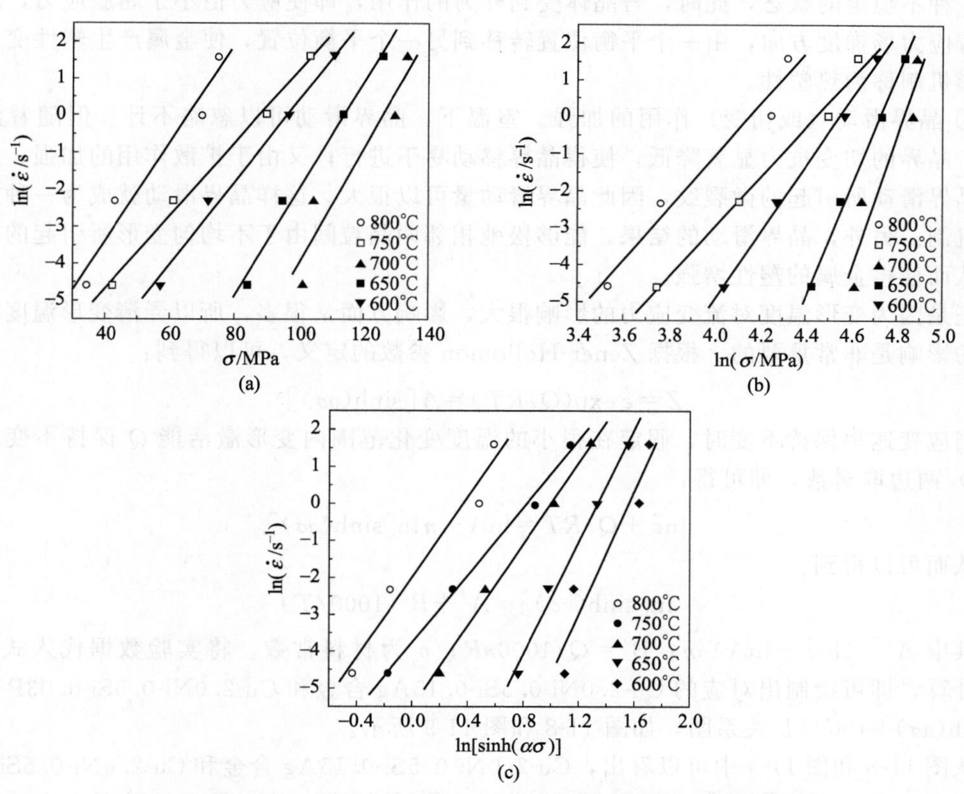

图 11-7　Cu-2.0Ni-0.5Si-0.15Ag 合金峰值应力与应变速率之间的关系

由此可以认为，Cu-2.0Ni-0.5Si-0.15Ag合金和Cu-2.0Ni-0.5Si-0.03P合金热压缩变形时流变应力-应变速率关系满足式(11-3) 所示的双曲正弦函数关系。说明这两种合金塑性变形过程也是一种类似于高温蠕变的热激活过程。这种双曲正弦函数关系可用于描述所有应力水平下热变形时应变速率和峰值应力之间的关系，从而为通过控制应变速率来控制热加工的应力水平和力能参数提供了理论依据。

变形温度是影响流变应力的一个重要参量。就大多数金属而言，总的趋势是：随着变形温度的升高，塑性增加，流变应力降低，从图11-3和图11-4可以看出此规律。但是在温升过程中的某些温度区间，往往由于过剩相的析出或发生相变等原因，而使金属的塑性降低和流变应力增加（也可能降低）。温度升高时，金属塑性增加和流变应力降低的原因主要有以下几个方面。

① 发生了回复与再结晶。回复使变形金属得到一定程度的软化，与冷变形后的金属相比，金属的塑性有所提高，流变应力有所降低。再结晶则完全消除了加工硬化效应，使金属的塑性显著提高，流变应力明显降低。

② 临界剪应力降低，滑移系增加。滑移抗力的本质是金属晶体中原子间的结合力。温度越高，原子的动能越大，原子间的结合力就越弱，即临界剪应力降低。另外对于不同的滑移系，随着温度的升高，临界剪应力降低的速度不同，因此在高温时，可能出现新的滑移系。

③ 金属的组织结构发生变化。高温可能使得变形金属由多相组织转变为单相组织，也可能由对塑性不利的晶格转变为对塑性有利的晶格。

④ 热塑性（或扩散塑性）作用的加强。温度升高时原子的热振动加剧，晶格中的原子处于一种不稳定的状态，此时，若晶体受到外力的作用，即使应力值小于屈服应力，原子就会沿着应力场梯度方向，由一个平衡位置转移到另一个平衡位置，使金属产生塑性变形，这种变形机制称为热塑性。

⑤ 晶界滑动（或切变）作用的加强。室温下，晶界滑动可以忽略不计。但随着温度的升高，晶界的切变抗力显著降低，使得晶界移动易于进行；又由于扩散作用的加强，及时消除了晶界滑动所引起的微裂纹，因此晶界滑动量可以很大。这样晶界滑动就成为一种重要的变形机制。另外，晶界滑动的结果，能够松弛相邻两晶粒间由于不均匀变形所引起的应力集中，从而使得金属的塑性增强。

正是因为变形温度对流变应力的影响很大，影响方面又很多，所以弄清变形温度对流变应力的影响是非常重要的。根据Zener-Hollomon参数的定义，可以得到：

$$Z=\dot{\varepsilon}\exp(Q/RT)=A[\sinh(\alpha\sigma)]^{n} \tag{11-7}$$

当应变速率保持不变时，假定在很小的温度变化范围内变形激活能 Q 保持不变，对式(11-7) 两边取对数，即可得：

$$\ln\dot{\varepsilon}+Q/RT=\ln A+n\ln[\sinh(\alpha\sigma)] \tag{11-8}$$

从而可以得到：

$$\ln[\sinh(\alpha\sigma)]=A'+B'(1000/T) \tag{11-9}$$

其中 $A'=(\ln\dot{\varepsilon}-\ln A)/n$；$B'=Q/1000nR$；$n$ 为材料常数。将实验数据代入式(11-9) 进行计算，即可绘制出对应的Cu-2.0Ni-0.5Si-0.15Ag合金和Cu-2.0Ni-0.5Si-0.03P合金的 $\ln[\sinh(\alpha\sigma)]$-$1000/T$ 关系图，如图11-8和图11-9所示。

从图11-8和图11-9中可以看出，Cu-2.0Ni-0.5Si-0.15Ag合金和Cu-2.0Ni-0.5Si-0.03P合金的流变应力的双曲正弦对数项和绝对温度的倒数间满足较好的线性关系，由此证明了

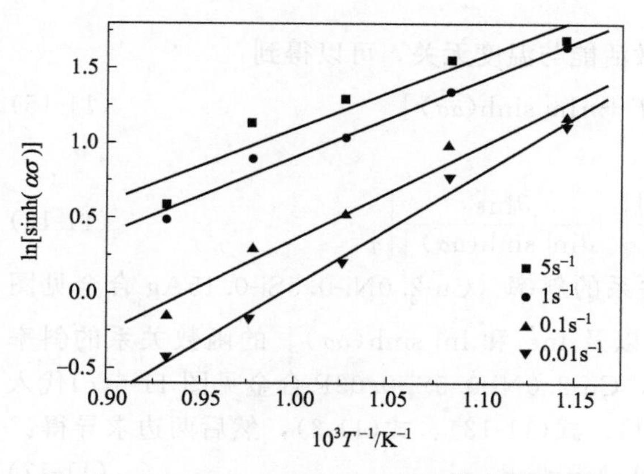

图 11-8 Cu-2.0Ni-0.5Si-0.15Ag 峰值应力与温度之间的关系

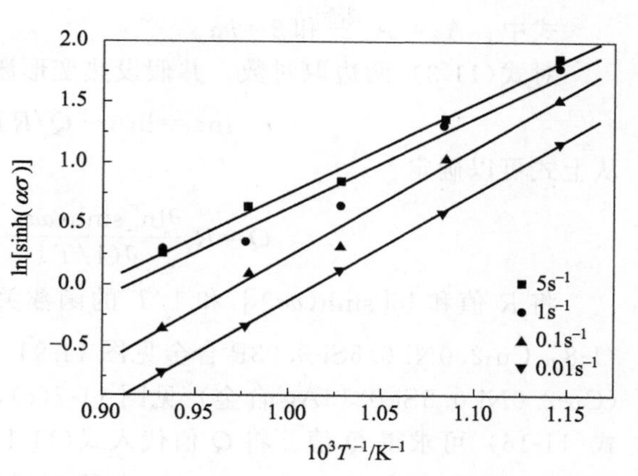

图 11-9 Cu-2.0Ni-0.5Si-0.03P 峰值应力与温度之间的关系

Cu-2.0Ni-0.5Si-0.15Ag 合金和 Cu-2.0Ni-0.5Si-0.03P 合金高温变形时流变应力 σ 和变形温度 T 之间满足 Arrhenius 关系，即可以用包含 Arrhenius 项的 Z 参数描述 Cu-2.0Ni-0.5Si-0.15Ag 合金和 Cu-2.0Ni-0.5Si-0.03P 合金在高温压缩变形时的流变应力应变行为，即 Cu-2.0Ni-0.5Si-0.15Ag 合金和 Cu-2.0Ni-0.5Si-0.03P 合金高温塑性变形时是受热激活控制的。由此可以推断，流变应力和温度补偿应变速率 Zener-Hollomon 参数 Z 值存在对应关系，即可表达成：

$$\sigma=f[\dot{\varepsilon}\exp(Q/RT)]=f(Z) \tag{11-10}$$

前述分析可以看出，Cu-2.0Ni-0.5Si-0.15Ag 合金和 Cu-2.0Ni-0.5Si-0.03P 合金在高温变形过程中流变应力与温度和应变速率之间的关系服从 Sellars 和 Taegart 方程（Zener-hollomom 参数），即服从双曲正弦关系。即在特定的变形条件下，当变形温度 T、应变速率 $\dot{\varepsilon}$ 和流动应力 σ 为已知时，方程中的材料参数 α、n 和 Q 为常数。利用压缩实验数据可求解出这些常数。

求解材料高温塑性变形激活能等材料常数的方法很多，如等温法、补偿时间法、变温法和 Zener-Hollomon 参数法等。前三种适用于蠕变变形，而 Zener-Hollomon 参数法则主要用于控制速率的变形。本书就采用 Zener-Hollomon 参数法来求解 Cu-2.0Ni-0.5Si-0.15Ag 合金和 Cu-2.0Ni-0.5Si-0.03P 合金高温塑性变形的变形激活能等材料常数。热变形激活能 Q 反映材料热变形的难易程度，也是材料在热变形过程中重要的力学性能参数。如果知道函数关系 $Z=f(\sigma)$，或者更确切地说已知与实验结果相符的经验公式 $Z=f(\sigma)$，便可以测定与 σ 无关的热变形激活能。该方法有些自调节功能，即材料常数的近似值已包含在 $Z=f(\sigma)$ 式中，由该公式确定的 Q 值又反过来进一步精确材料常数值。

对式(11-7) 和式(11-3) 中的 $\sinh(\alpha\sigma)$ 进行泰勒级数展开，可近似得到较小 $\alpha\sigma$ 时上述两式的表达式为：

$$Z=A_1\sigma^n \tag{11-11}$$

$$\dot{\varepsilon}=A_1\sigma^n\exp(-Q/RT) \tag{11-12}$$

其中 $A_1=A\alpha^n$，而较大的 $\alpha\sigma$ 时，可以忽略 $\sinh(\alpha\sigma)$ 中的 $\exp(-\alpha\sigma)$ 项，从而式(11-11) 和式(11-12) 也可以表示成：

$$Z=A_2\exp(\beta\sigma) \tag{11-13}$$

$$\dot{\varepsilon}=A_2\exp(\beta\sigma)\exp(-Q/RT) \tag{11-14}$$

式中：$A_2=A/2^n$ 和 $\beta=n\alpha$。

对式(11-3) 两边取对数，并假设热变形激活能与温度无关，可以得到：

$$\ln\dot{\varepsilon}=\ln A-Q/RT+n\ln[\sinh(\alpha\sigma)] \tag{11-15}$$

从上式可以确定：

$$Q=R\left.\frac{\partial\ln[\sinh(\alpha\sigma)]}{\partial(1/T)}\right|_{\dot{\varepsilon}}\left.\frac{\partial\ln\dot{\varepsilon}}{\partial\ln[\sinh(\alpha\sigma)]}\right|_{T} \tag{11-16}$$

将 R 值和 $\ln[\sinh(\alpha\sigma)]$ 和 $1/T$ 的函数关系的斜率（Cu-2.0Ni-0.5Si-0.15Ag 合金见图 11-8，Cu-2.0Ni-0.5Si-0.03P 合金见图 11-9）以及 $\ln\dot{\varepsilon}$ 和 $\ln[\sinh(\alpha\sigma)]$ 的函数关系的斜率（Cu-2.0Ni-0.5Si-0.15Ag 合金）见图 11-7(c)，Cu-2.0Ni-0.5Si-0.03P 合金见图 11-6(c)代入式(11-16) 可求得 Q 值。将 Q 值代入式(11-11)、式(11-13)、式(11-3)，然后两边求导得：

$$\ln Z=\ln(A_1)+n\ln\sigma \tag{11-17}$$

$$\ln Z=\ln(A_2)+\beta\sigma \tag{11-18}$$

$$\ln Z=\ln A+n\ln[\sinh(\alpha\sigma)] \tag{11-19}$$

最后由 $\ln Z$ 和 $\ln\sigma$、$\ln[\sinh(\alpha\sigma)]$ 之间的函数关系求得各材料参数，通过比较它们的相关性以及各参数的误差值来确立流变应力方程。

对于 Cu-2.0Ni-0.5Si-0.15Ag 合金，前面已计算得出 $n_1=7.59$、$\beta=0.14$、$\alpha=0.018$，由图 11-7(c) 可知 $\ln\dot{\varepsilon}$-$\ln[\sinh(\alpha\sigma)]$ 关系曲线的斜率的平均值为：6.326，从图 11-8 中可得出 $\ln[\sinh(\alpha\sigma)]$ 和 $1000/T$ 的函数关系的斜率为 5.937，从而得到 Q 值 312.3kJ/mol。将计算所得的 Q 值代入式(11-7) 得：

$$Z=\dot{\varepsilon}\exp(312.3\times10^3/RT) \tag{11-20}$$

再将不同变形温度、不同应变速率代入式(11-20) 得到不同的 Z 值（见表 11-10），再与对应的峰值应力一起代入式(11-17)、式(11-18) 和式(11-19)，再用最小二乘法线性回归，绘制相应的 $\ln Z$-$\ln\sigma$、$\ln Z$-σ、$\ln Z$-$\ln[\sinh(\alpha\sigma)]$ 间的函数关系图，如图 11-10 所示。

表 11-10　Cu-2.0Ni-0.5Si-0.15Ag 合金高温压缩时不同条件下的 lnZ 值

应变速率/s^{-1} \ 变形温度 T/℃	600	650	700	750	800
0.01	39.66	37.26	35.11	33.17	31.41
0.1	41.96	39.56	37.41	35.47	33.71
1	44.26	41.86	39.71	37.77	36.01
5	45.87	43.47	41.32	39.38	37.62

从图 11-10 可以看出，Z 参数的对数和峰值应力关系较好地满足线性关系，即 Cu-2.0Ni-0.5Si-0.15Ag 合金高温变形时的流变应力方程遵从 Zener-Hollomon 参数的指数函数形式，从而 Cu-2.0Ni-0.5Si-0.15Ag 合金高温变形时的应变速率 $\dot{\varepsilon}$、流变应力 σ 和温度 T 之间的关系可用式(11-14) 加以描述。从图中还可以看出，对于 Cu-2.0Ni-0.5Si-0.15Ag 合金而言，其图中 $\ln Z$-$\ln[\sinh(\alpha\sigma)]$、$\ln Z$-$\ln\sigma$、$\ln Z$-σ 关系曲线的线性相关性分别为 0.97737、0.95647、0.98213，由此可见图 11-10(c) 中 $\ln Z$-σ 的线性相关性最高，把图 11-10(c) 中的斜率和截距带入式(11-18)，得到 $\ln A_2=27.49$。

将求得的 A、β 和 Q 等材料参数值代入式(11-14)，得到 Cu-2.0Ni-0.5Si-0.15Ag 合金热压缩变形时的流变应力方程为：

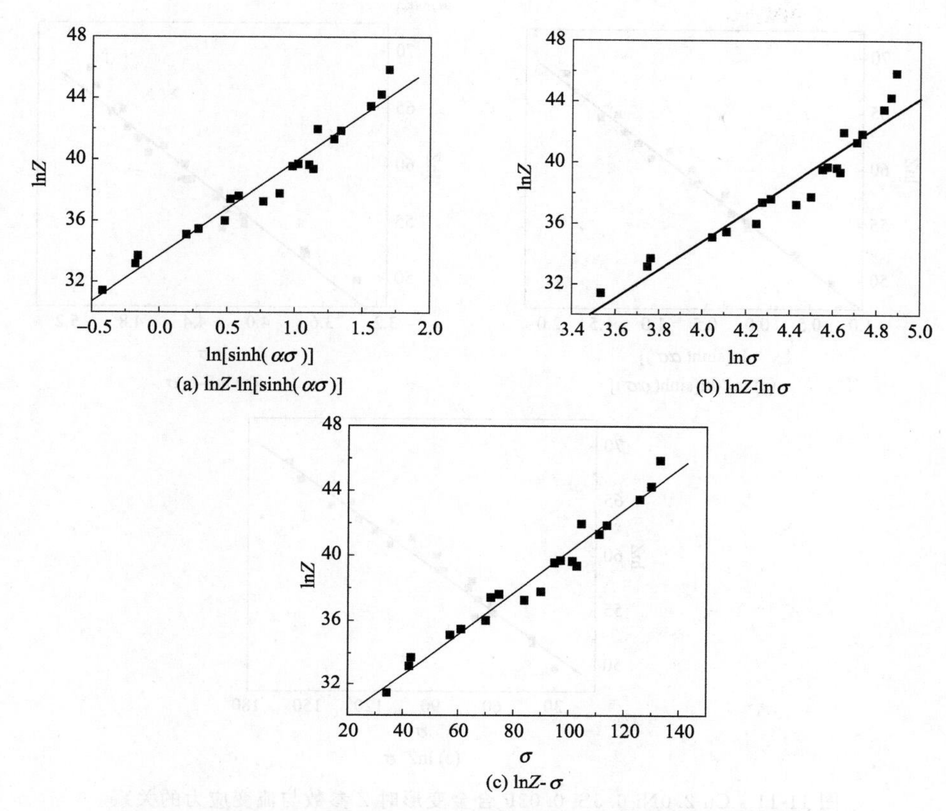

(a) lnZ-ln[sinh(ασ)] (b) lnZ-lnσ (c) lnZ-σ

图 11-10 Cu-2.0Ni-0.5Si-0.15Ag 合金变形时 Z 参数与流变应力的关系

$$\dot{\varepsilon}=8.67\times10^{11}\mathrm{e}^{0.128\sigma}\exp(-312.3\times10^{3}/RT) \tag{11-21}$$

也可表示为：

$$\sigma=\frac{1}{0.128}\left\{\ln\left[\dot{\varepsilon}\exp\left(\frac{312.3\times10^{3}}{RT}\right)\right]-27.5\right\} \tag{11-22}$$

对于 Cu-2.0Ni-0.5Si-0.03P 合金，前面已计算得出 $n_1=8.98$、$\beta=0.14$、$\alpha=0.016$，由图 11-10(c) 可知 $\ln\dot{\varepsilon}$-ln[sinh(ασ)] 关系曲线的斜率的平均值为 7.21，从图 11-9 中可得出 ln[sinh(ασ)] 和 1000/T 的函数关系的斜率为 8.1，从而得到 Q 值 485.6kJ/mol。将计算所得的 Q 值代入式(11-3) 得：

$$Z=\dot{\varepsilon}\exp(-485.6\times10^{3}/RT) \tag{11-23}$$

再将不同变形温度、不同应变速率代入式 (11-20) 得到不同的 Z 值 (见表 11-11)，再与对应的峰值应力一起代入式(11-17)、式(11-18) 和式(11-19)，再用最小二乘法线性回归，绘制相应的 lnZ-ln[sinh(ασ)]、lnZ-lnσ、lnZ-σ 间的函数关系图，如图 11-11 所示。

表 11-11 Cu-2.0Ni-0.5Si-0.03P 合金高温压缩时不同条件下的 lnZ 值

应变速率/s^{-1} \ 变形温度 T/℃	600	650	700	750	800
0.01	62.29	58.67	55.42	52.48	49.82
0.1	64.60	60.97	57.72	54.79	52.13
1	66.90	63.28	60.02	57.09	54.43
5	68.51	64.88	61.63	58.70	56.04

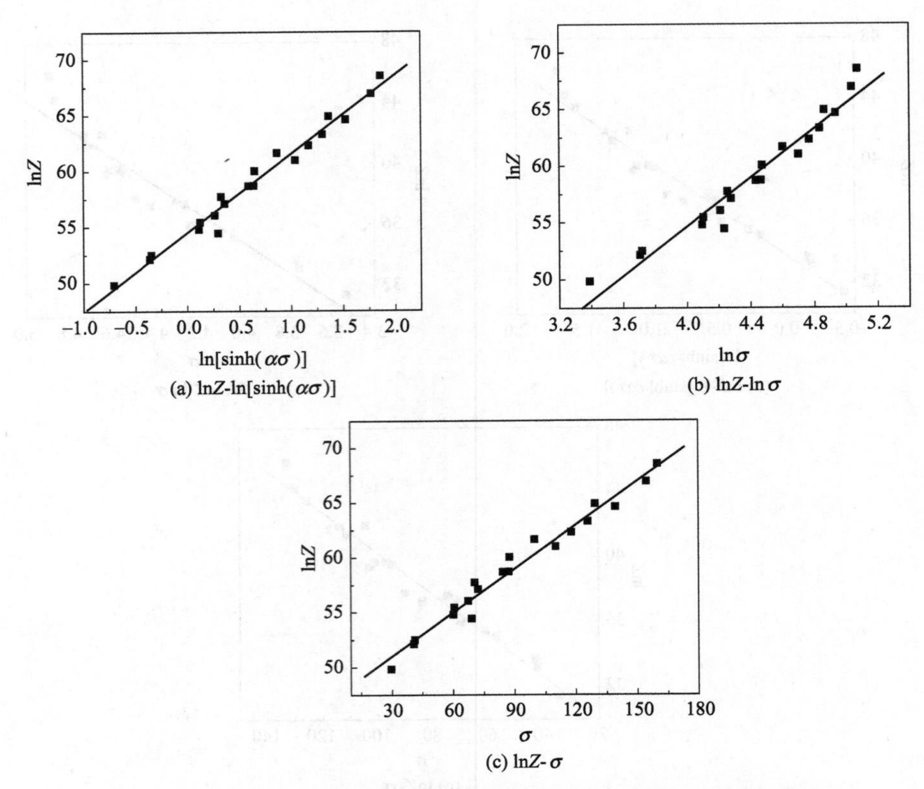

图 11-11 Cu-2.0Ni-0.5Si-0.03P 合金变形时 Z 参数与流变应力的关系

从图 11-11 可以看出，对于 Cu-2.0Ni-0.5Si-0.03P 合金而言，其图中 $\ln Z$-$\ln[\sinh(\alpha\sigma)]$、$\ln Z$-$\ln\sigma$、$\ln Z$-σ 关系曲线的线性相关性分别为 0.98861、0.97463、0.98668，由此可见图 11-11(a) 中 $\ln Z$-$\ln[\sinh(\alpha\sigma)]$ 的线性相关性最高，把图 11-11(a) 中的斜率和截距代入式(11-19)，得到：

$$\ln Z = 54.49 + 7.06\ln[\sinh(\alpha\sigma)] \tag{11-24}$$

即 $\ln A = 54.49$，$n = 7.06$，将求得的 A、β 和 Q 等材料参数值代入式(11-14)，得到 Cu-2.0Ni-0.5Si-0.03P 合金热压缩变形时的流变应力方程为：

$$\dot{\varepsilon} = 4.62\times10^{23}[\sinh(0.016\sigma)]^{7.06}\exp(-485.6\times10^3/RT) \tag{11-25}$$

也可表示为：

$$\sigma = \frac{1}{0.016}\ln\left\{\left[\frac{\dot{\varepsilon}\exp(-485.6\times10^3/RT)}{4.62\times10^{23}}\right]^{1/7.06} + \left[\left(\frac{\dot{\varepsilon}\exp(-485.6\times10^3/RT)}{4.62\times10^{23}}\right)^{2/7.06} + 1\right]^{1/2}\right\} \tag{11-26}$$

利用式(11-22) 和式(11-26) 分别计算 Cu-2.0Ni-0.5Si-0.15Ag 和 Cu-2.0Ni-0.5Si-0.03P 合金不同的变形温度、不同的变形速率下的应力峰值，并与试验结果进行比较，结果见图 11-12。结果表明 Cu-2.0Ni-0.5Si-0.03P 合金预测值与实际值误差均保持在 10%以内；Cu-2.0Ni-0.5Si-0.15Ag 合金预测值与实际值误差均保持在 7%以内，可见由式(11-22) 和式(11-26) 计算出的应力峰值和试验值吻合的较好。这说明：本文试验条件控制的较好，试验数据离散性较小；用式(11-22) 和式(11-26) 应力模型能较客观地反映出 Cu-2.0Ni-0.5Si-0.15Ag 和 Cu-2.0Ni-0.5Si-0.03P 合金在试验条件下的高温压缩流变行为。因此，本节给出的 Cu-2.0Ni-0.5Si-0.15Ag 和 Cu-2.0Ni-0.5Si-0.03P 合金的流变应力方程可以为通过计算峰

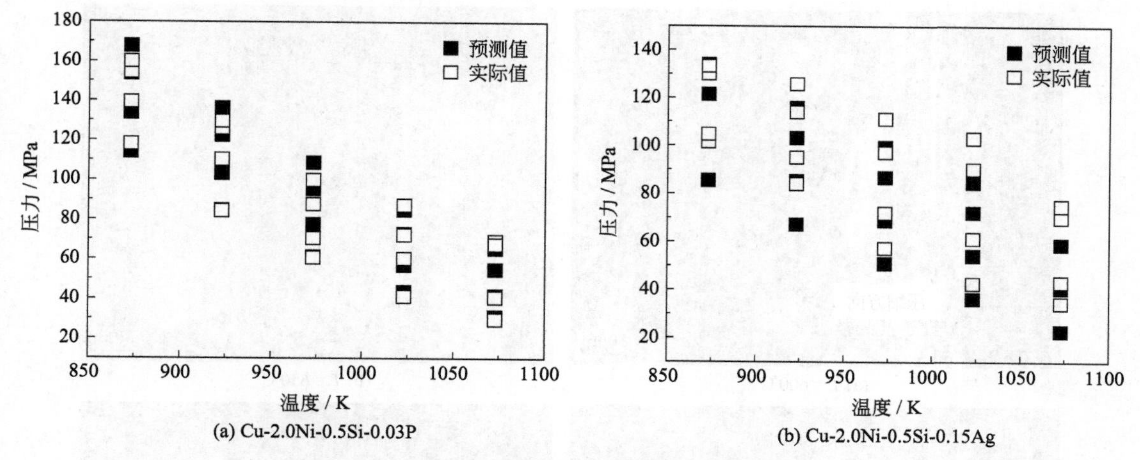

图 11-12 峰值应力的模型预测值和试验值比较

值应力来确定热加工设备参数提供理论依据。

采用同样的方法，可以计算得到 Cu-2.0Ni-0.5Si 合金的材料参数及流变应力方程如下：

$$\alpha=0.013、n=5.52、Q=245.4\text{kJ/mol};$$

$$\dot{\varepsilon}=2.31\times10^{12}[\sinh(0.013\sigma)]^{5.52}\exp(-245.4\times10^{3}/RT) \tag{11-27}$$

也可表示为：

$$\sigma=\frac{1}{0.013}\ln\left\{\left[\frac{\dot{\varepsilon}\exp(-245.4\times10^{3}/RT)}{2.31\times10^{12}}\right]^{1/5.52}+\left[\left(\frac{\dot{\varepsilon}\exp(-245.4\times10^{3}/RT)}{2.31\times10^{12}}\right)^{2/5.52}+1\right]^{1/2}\right\} \tag{11-28}$$

图 11-13 为 Cu-2.0Ni-0.5Si-0.15Ag 合金在变形速率为 $\dot{\varepsilon}=0.1\text{s}^{-1}$ 时，不同温度下进行热压缩后的光学显微组织（垂直方向为压缩方向）。从图中可以看到，当温度较低时，晶粒沿垂直于压缩方向上被拉长，如图 11-13(a) 所示。随着温度的升高，晶粒继续变形，其中大角度晶界出现模糊状况，开始局部动态再结晶形核，如图 11-13(b) 所示；随着温度的进一步增加，动态再结晶所形核的区域越来越多，再结晶的形核也越来越多，被拉长的晶粒的晶界完全模糊，形成所谓的“项链”结构，如图 11-13(c) 所示；当温度达到 750℃时，被拉长且较大的晶粒基本上已被再结晶晶粒所取代，只能看到很少的拉长晶粒，如图 11-13(d) 所示；随着温度的继续升高，为再结晶的形核的长大提供了驱动力；当温度达到 800℃时，动态再结晶的形核长大成为细小的等轴晶，且完全取代了被拉长的晶粒，如图 11-13(e) 所示。结合图 11-3 中的真应力-真应变曲线，可以看到材料的组织变化和材料在压缩过程中的应力变化情况是一一对应的关系。

图 11-14 为 Cu-2.0Ni-0.5Si-0.03P 合金在变形速率为 $\dot{\varepsilon}=5\text{s}^{-1}$ 时，不同温度下进行热压缩后的光学显微组织（垂直方向为压缩方向）。从图中可以看出当温度较低时，晶粒沿垂直于压缩方向上被拉长，随着温度升高，晶粒进一步变形，晶界变得不明显，形成了纤维状条纹。当温度达到 700℃时，可以看到原始晶界被大量的细小、等轴的动态再结晶晶粒所包围。随着温度的进一步升高，再结晶晶粒大量增加，在图 11-14(d) 中几乎全部为再结晶组织。当温度达到 800℃时，已经发生完全的动态再结晶，且再结晶晶粒已趋向于长大，如图 11-14(e) 所示。动态再结晶过程是通过形核和长大来完成的，其机理是大角度晶界（或亚晶界）向高位错密度的区域迁移，是一个热激活过程，因此温度对其有重要影响。再结晶晶核的形成与长大都需要原子的扩散，只有当变形温度高到足以激活原子，使其能进行迁移

(a) $T=600℃$　(b) $T=650℃$　(c) $T=700℃$　(d) $T=750℃$　(e) $T=800℃$

图 11-13　$\dot{\varepsilon}=0.1s^{-1}$时 Cu-2.0Ni-0.5Si-0.15Ag 合金在不同温度下压缩后的光学显微组织

时，再结晶过程才能进行。由于相对低的变形温度不利于晶界移动，再结晶孕育期延长，因此在光学显微镜下，图 11-13(a) 和图 11-14(a)、(b) 中均未观察到动态再结晶行为。当温度升高到 700℃时，热激活作用增强，原子扩散、位错交滑移及晶界迁移能力增强，尽管此时的动态回复也会增强，减少形变储存能，但高温依然促进再结晶形核和晶粒长大。根据再结晶动力学，有 Johnson-Mehl-Avrami (JML) 方程：

$$X_d=1-\exp(-\pi G^3Nt^4/3) \tag{11-29}$$

式中，X_d为再结晶体积分数；G 为再结晶长大速度；N 为再结晶形核率，其中 G、N 与 $\exp(-Q/RT)$ 有关，及与 Z 参数有关，从方程(11-29) 可以看出，随变形温度的升高，再结晶生长速度 G 和再结晶形核率 N 相继增大，即加速了动态再结晶过程，这与图 11-13

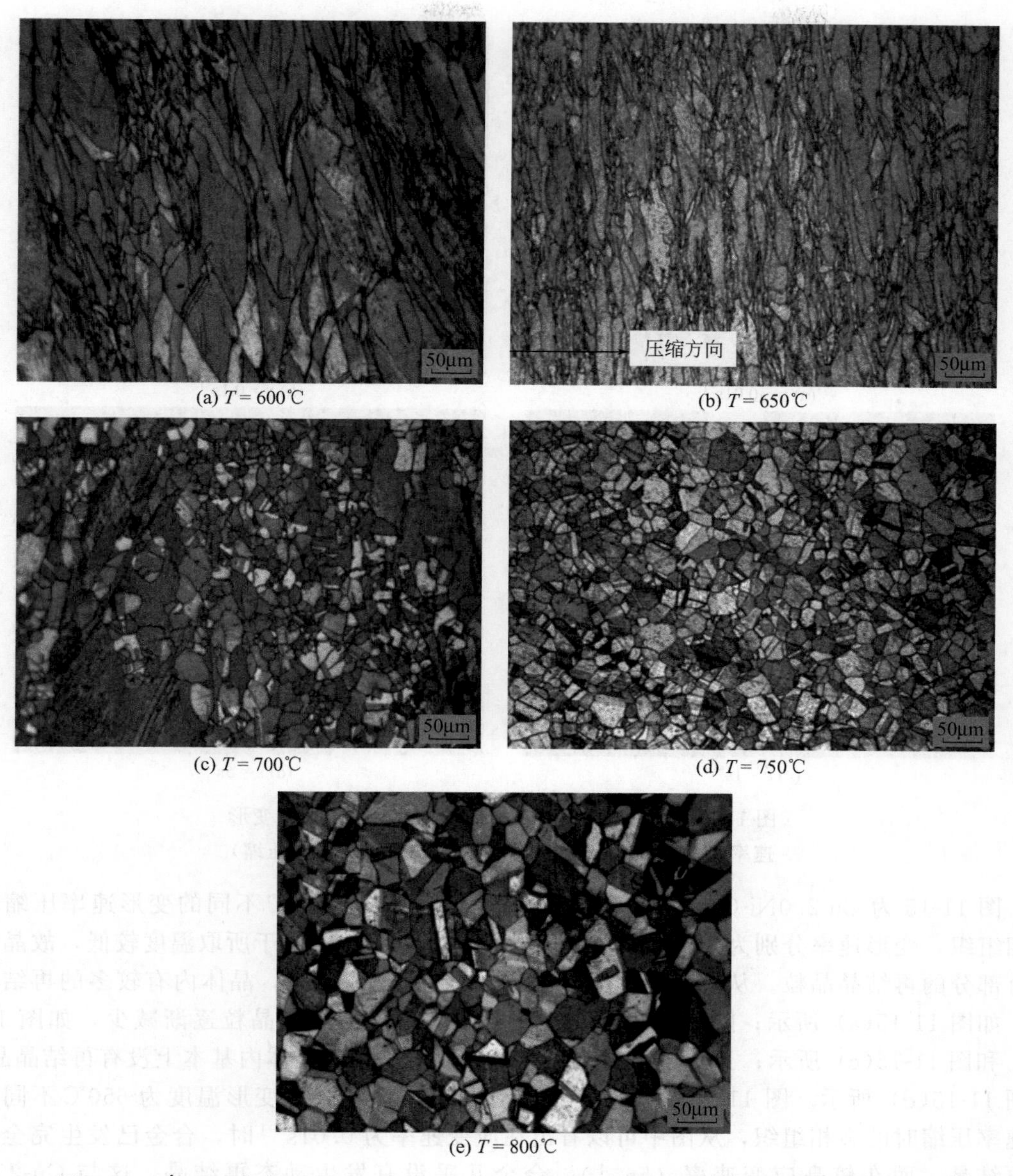

(a) $T=600$℃ (b) $T=650$℃

(c) $T=700$℃ (d) $T=750$℃

(e) $T=800$℃

图 11-14 $\dot{\varepsilon}=5s^{-1}$时 Cu-2.0Ni-0.5Si-0.03P 合金在不同温度下压缩后的光学显微组织

和图 11-14(c)、(d) 中所示相符合。影响动态再结晶行为的因素有很多，除温度外还有应变速率、变形程度，材料化学成分等，但总体来说，温度升高将促进动态再结晶的发生，图 11-3 和图 11-4 中峰值应力对应的临界应变随温度升高而减小的现象也证实了这一点。晶界和亚晶界是位错滑移的障碍，这一事实会导致在晶界或亚晶界附近集中形成小尺寸的亚晶粒。研究发现再结晶晶核经常通过相邻亚晶的聚合在原始晶界上形成，此外在热变形的金属与合金中，原始晶粒的大角晶界是最不均匀的地方，在动态再结晶中，在晶界上形核起因于原始大角晶界的局部迁移，这就是之所以会产生如图 11-13(c) 所示的原始晶界附近的“链状”再结晶组织的原因。从图 11-13 和图 11-14 也可以看出，当温度达到 700℃时，合金的动态再结晶已经开始，这与前述的 θ-ε 曲线所确定的 Cu-2.0Ni-0.5Si-0.15Ag 和 Cu-2.0Ni-0.5Si-0.03P 合金发生动态再结晶的形变条件为 $T\geqslant700$℃的结果一致。

(a) $\dot{\varepsilon}=0.01s^{-1}$　(b) $\dot{\varepsilon}=0.1s^{-1}$

(c) $\dot{\varepsilon}=1s^{-1}$　(d) $\dot{\varepsilon}=5s^{-1}$

图 11-15　Cu-2.0Ni-0.5Si-0.15Ag 合金在不同的变形速率下热压缩时的金相组织（$T=650℃$，轴向压缩）

图 11-15 为 Cu-2.0Ni-0.5Si-0.15Ag 合金在变形温度为 650℃不同的变形速率压缩时的金相组织，变形速率分别为 $0.01s^{-1}$、$0.1s^{-1}$、$1s^{-1}$、$5s^{-1}$。由于所取温度较低，故晶体内只有部分的再结晶晶粒。从图 11-15 可以看出：在变形速率低时，晶体内有较多的再结晶晶粒，如图 11-15(a) 所示；随着变形速率增大，晶体内再结晶的晶粒逐渐减少，如图 11-15(b) 和图 11-15(c) 所示；当在较高的变形速率下热压缩时，晶体内基本上没有再结晶晶粒，如图 11-15(d) 所示。图 11-16 为 Cu-2.0Ni-0.5Si-0.03P 合金在变形温度为 650℃不同的变形速率压缩时的金相组织，从图中可以看出在应变速率为 $0.01s^{-1}$时，合金已发生完全的动态再结晶，而在较高应变速率（$5s^{-1}$），合金几乎没有发生动态再结晶，这与 Cu-2.0Ni-0.5Si-0.15Ag 合金观测结果是一致的。

动态再结晶形核及长大需要一定的孕育期，除与畸变能大小和温度高低有关外，还受原子扩散速率的影响。当应变速率较小时，材料有充分的时间进行再结晶，并择优于原始晶界处形核长大。当应变速率增大时，一方面尽管有利于畸变能增加，但形变时间缩短，原子扩散不充分，阻碍了再结晶晶粒的长大；另一方面，提高应变速率，导致缺陷增加，有助于提高再结晶形核率，但晶粒又来不及长大，因此晶粒度会略有细化。

2. Cu-Cr-Zr 合金热加工性能

在材料的热加工过程中，单位体积内材料的吸收功 P 一般用两个互补的函数 G 和 J 来表示，可以用下面的数学式表达：

$$P=\sigma \cdot \dot{\varepsilon}=\int_0^{\dot{\varepsilon}}\sigma \mathrm{d}\dot{\varepsilon}+\int_0^{\sigma}\dot{\varepsilon}\mathrm{d}\sigma \tag{11-30}$$

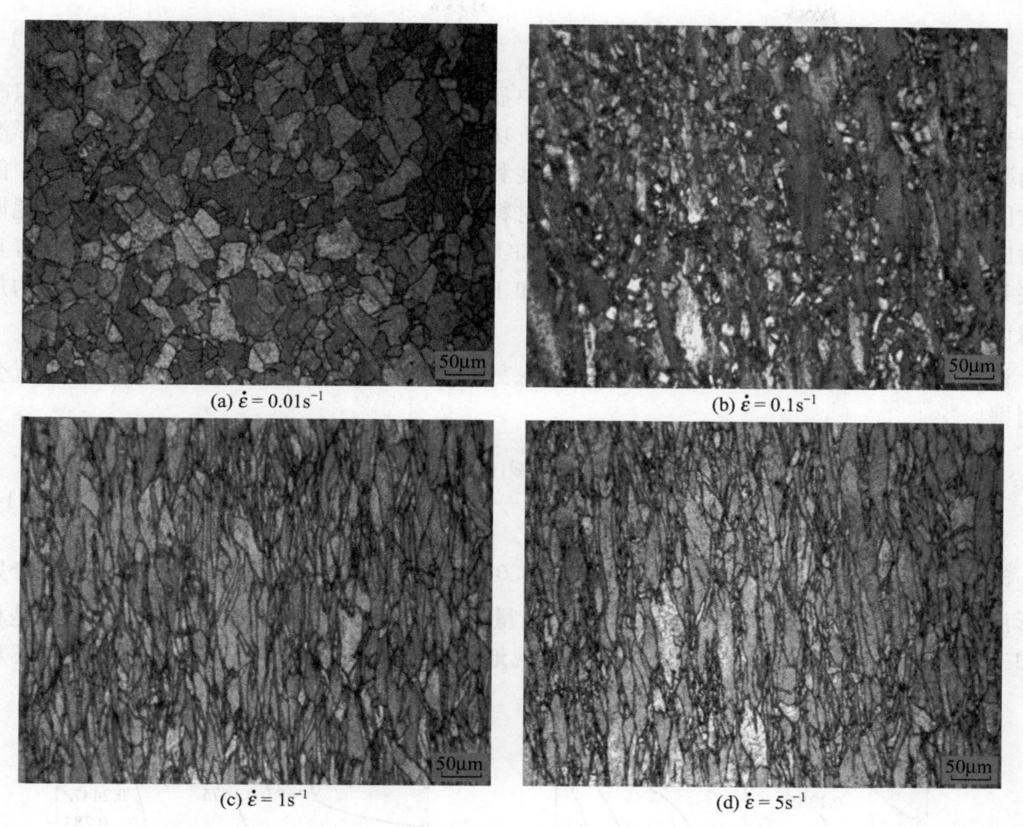

(a) $\dot{\varepsilon}=0.01\mathrm{s}^{-1}$　(b) $\dot{\varepsilon}=0.1\mathrm{s}^{-1}$　(c) $\dot{\varepsilon}=1\mathrm{s}^{-1}$　(d) $\dot{\varepsilon}=5\mathrm{s}^{-1}$

图 11-16　Cu-2.0Ni-0.5Si-0.03P 合金在不同的变形速率下热压缩时的金相组织（$T=650$℃，轴向压缩）

其中：$G=\int_0^{\dot{\varepsilon}}\sigma \mathrm{d}\dot{\varepsilon}$，$J=\int_0^{\sigma}\dot{\varepsilon}\mathrm{d}\dot{\sigma}$。

其中 σ 表示流变应力；$\dot{\varepsilon}$ 表示应变速率；G 表示耗散量，表征材料因发生塑性变形而消耗的能量；J 表示耗散协量，是一个与材料内部组织演化有关的量。

这个模型的假设是在一个封闭的热力学结构中，把被作用的工件当作是一个能量耗散体，这样外界输入能量 P 的耗散就取决于热压缩流变行为：

$$\sigma=k\dot{\varepsilon}^{m} \tag{11-31}$$

其中：k 是常数；m 是变形速率敏感指数；

在形变量和变形温度一定的条件下，应变速率敏感指数 m 是由 J 与 G 的变化率构成的，即：

$$m=\frac{\mathrm{d}J}{\mathrm{d}G}=\left[\frac{\partial(\ln\sigma)}{\partial(\ln\dot{\varepsilon})}\right]_{\varepsilon,\mathrm{T}} \tag{11-32}$$

当热变形过程中的流变应力符合以上数学式时，耗散量 J 还可表示为：

$$J=\sigma\dot{\varepsilon}\,m/(m+1) \tag{11-33}$$

由式(11-33) 可知，当热压缩过程中材料处于理想的耗散状态时，能量耗散 J 有最大值 $J_{\max}=\sigma\dot{\varepsilon}/2$，这时 $m=1$；但一般情况下，材料的应变速率敏感指数 m 与应变速率和变形温度之间有着非线性的关系，所以有 $0<m<1$。为了方便描述，这里引入一个无量纲的功率耗散效率因子 η：

$$\eta=\frac{J}{J_{\max}}=\frac{2m}{m+1} \tag{11-34}$$

功率耗散系数 η 反映了材料热变形过程中显微组织的转变，描述了材料因显微组织改变和理想的耗散两种状态所消耗的能量的比值。功率耗散系数是形变量与应变速率和变形温度的函数。根据功率耗散系数 η 以及对应的温度和应变速率可以做出合金的能量耗散图，能量耗散图是热加工图的一部分。一般情况下，材料的热塑性越好，越容易加工，在能量耗散图中对应的能量消耗效率的值就越大。材料热加工性能的好坏与能量消耗功率的值并没有直接的关系，有些较高的能量耗散功率也可能在加工图的失稳区出现，所以也要确定合金的加工失稳区。

根据热力学的不可逆极值原理，这里引入另一个无量纲的参数 $\xi(\dot{\varepsilon})$ 作为材料的流变失稳判据。

$$\xi(\dot{\varepsilon})=\frac{\partial\ln\frac{m}{m+1}}{\partial\ln\dot{\varepsilon}} \tag{11-35}$$

$\xi(\dot{\varepsilon})$ 与材料的微观组织有关。当 $\xi(\dot{\varepsilon})<0$ 时，表示材料处于非稳态。失稳图是分别以变形温度和应变速率为自变量，$\xi(\dot{\varepsilon})$ 为因变量，由此而绘出的等值线图，失稳图也是材料热加工图的一部分。通过失稳图可以比较直观地看出材料热加工过程中因显微组织的不稳定

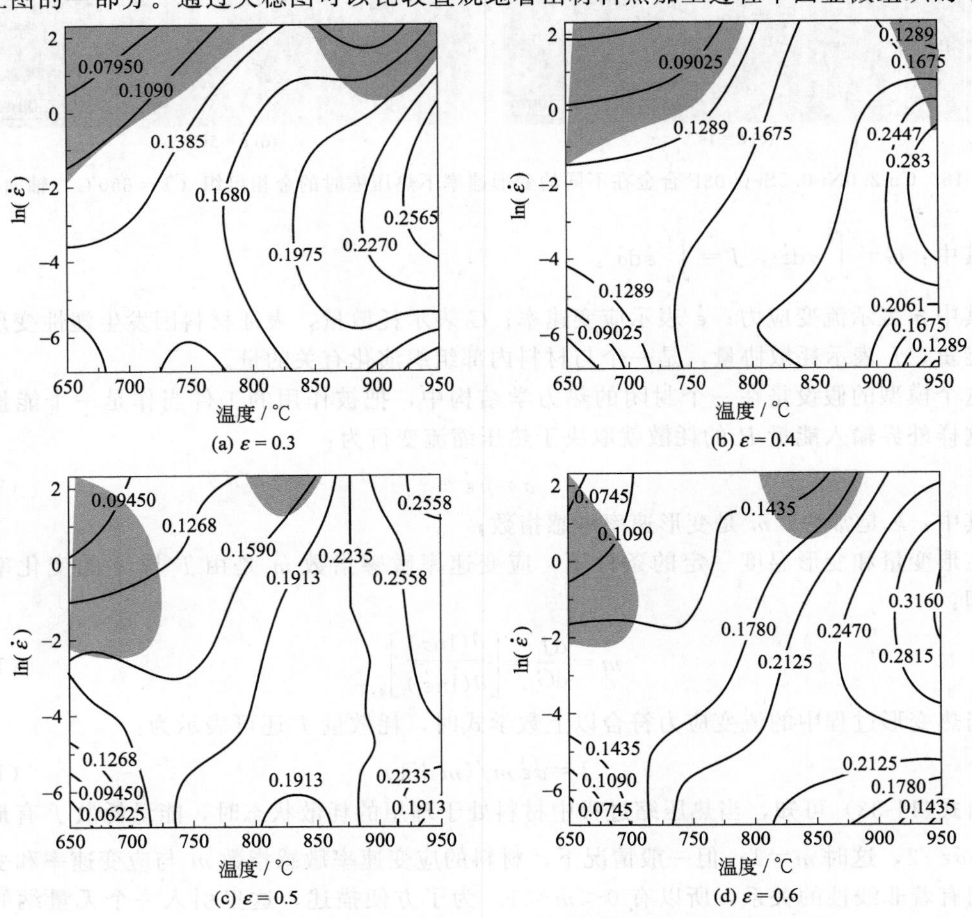

图 11-17 Cu-0.8Cr-0.3Zr 合金不同变形量的热加工图

而产生的流变失稳，借此在实际生产中可以避免流变失稳的产生。材料的热加工图就是将功率耗散图与失稳图直接叠加在一起而形成。

图 11-17 为 Cu-0.8Cr-0.3Zr 合金不同变形量的热加工图。其中白色区域代表的是加工的安全区，灰色区域表示的是加工的失稳区，等值线表示的是能量耗散效率 η(%)。从图中可以直观地看出合金加工的安全区和失稳区及能量耗散率，依据这些可以为合金的热加工工艺的确定提供理论指导。

根据材料动态理论模型，高的耗散效率意味着材料的显微组织在变形过程中发生了转变。高温变形机制实际上与功率耗散率的变化是相对应的。结合材料的显微组织可以对合金的热加工图进行更加精确的解释。图 11-18 是合金的典型显微组织图。

结合图 11-17 和图 11-18 可以看出：合金 Cu-0.8Cr-0.3Zr 的失稳区主要集中在两个区域。在变形量较小时，如 ε 是 0.3 和 0.4 时，应变速率为 0.27～$10s^{-1}$，温度为 650～710℃和应变速率为 1～$10s^{-1}$，温度 920～950℃；在变形较大时，如 ε 是 0.5 和 0.6 时，应变速率为 0.12～$10s^{-1}$，温度为 650～700℃和应变速率为 3.3～$10s^{-1}$，温度为 800～850℃。这两个失稳的区域对应的应变速率都较高，这主要是因为应变速率较高时，不能够及时的释放界面滑移所产生的应力集中，很容易在材料内产生微裂纹，不同的是第一个失稳区内温度较低，在大速率变形下材料主要产生机械孪生，组织为大小不一的拉长的扁平状晶粒，如图 11-18(a) 所示，易引起局部塑性流动，导致变形不均匀，形成开裂；第二个失稳区的温度较高，在压缩过程中材料的晶界和相界处更易发生滑动，但由于应变速率较大，热压缩过程中产生的热量来不及完全扩散而积聚在晶界上，使得晶界处的温度过高，促使动态再结晶在晶界处率先发生，使得合金在部分变形母晶粒的晶界周围出现了细小的等轴晶，如图 11-18 (b) 所示，这种混晶组织使得合金内部应力分布不均匀，应力在界面处集中分布，最终会

(a) 650℃,$1s^{-1}$ (b) 750℃,$10s^{-1}$ (c) 950℃,$10s^{-1}$ (d) 950℃,$1s^{-1}$

图 11-18 不同状态下的 Cu-0.8Cr-0.3Zr 合金高温变形组织

导致开裂。

比较这些加工图的失稳区可以看出，加工失稳区域都是出现在低变形温度和高应变速率的条件下。有研究指出：在低温高应变速率区域出现加工失稳主要与基体空洞的形成有关。即在高应变速率条件下变形时，在溶质原子的周围很容易形成高密度的位错区，在界面处晶格也会因发生比较大的畸变而产生应力集中，而且由于变形时间短，界面和溶质原子周围的位错来不及通过运动来进行相互抵消，很容易产生晶间裂纹，造成断裂。由于应力集中，在加工图的失稳区域功率耗散效率会出现急剧下降，因此在制备合金的加工工艺时应尽量避免该区域。从图 11-17 中合金 Cu-Cr-Zr 的热加工图可以看出其能量耗散效率的峰值 $\eta=31.6\%$ 出现在变形温度 920～950℃、应变速率 0.12～0.82s^{-1} 的区域。即为 Cu-0.8Cr-0.3Zr 合金的最优热加工参数。

11.3 机械零件用材料

11.3.1 弹簧材料

弹簧是在机械工业中广泛使用的一个基础元件，担负着极其重要的使命，在许多情况下对机器的性能和寿命起着决定性的作用。弹簧材料的发展水平直接影响弹簧的设计及制造方法。

弹簧的性能和寿命主要取决于材料，弹簧材料应具有较高的弹性极限、强度极限、疲劳极限和良好的抗冲击性。弹簧通常是用热卷法或冷卷法制成的，卷绕弹簧时因为弯曲引起残余应力，在弹簧制造中，通常在卷绕后采用适当的热处理来消除残余应力，弹簧材料还应具有良好的淬透性和抗脱碳性。

弹簧材料的种类很多，包括普通碳素钢、合金钢、不锈钢以及有色金属材料如磷青铜、弹簧黄铜、铍青铜和各种镍合金。其中，铍青铜合金是具有优良的耐磁性、高弹性、高强度和良好的疲劳强度等特点，是一种在各种电气设备、计测仪器、通信机等各工业部门广泛使用的高级弹簧材料。常用铜合金弹簧材料及性能见表 11-12。

表 11-12 常用铜合金弹簧材料及性能

材料名称	牌号	直径规格 /mm	切变模量 G/GPa	弹性模量 E/GPa	推荐硬度	推荐温度 /℃	性能
硅青铜	QSi3-1	0.1～6.0	41	93	90～100HBW	−40～120	有较高的耐腐蚀性和防磁性能，用于机械或仪表等弹性元件
锡青铜	QSn4-3 QSn6.5-0.1 QSn6.5-0.4 QSn7-0.2	0.1～6.0	40	93	90～100HBW	−250～120	有较高的耐磨损、耐腐蚀性和防磁性能，用于机械或仪表等用弹性元件
铍青铜	QBe2	0.03～6.0	44	129	37～40HBW	−200～120	较高的耐磨损、耐腐蚀性和防磁性能，用于机械或仪表等用弹性元件

根据热处理方式的不同，可将弹簧材料分成三大类。

1. 经过强化处理的弹簧钢丝

通常，对于较细线径的弹簧钢丝，我们可以直接选用经过强化处理的钢丝，这类钢丝包括如下。

① 重要用途弹簧钢丝　这类钢丝常用于弯曲半径较小的拉簧和扭簧，以及钢丝直径较

小的压缩弹簧。

② 碳素弹簧钢丝和重要用途的碳素弹簧钢丝　通常，对于钢丝直径较细的高应力压缩弹簧多采用碳素弹簧钢丝和重要用途的碳素弹簧钢丝，尤其对于弹簧不仅承受高应力而且要求疲劳强度也很高的情况。

③ 奥氏体型不锈耐酸钢丝以及某些铜合金　1Cr18Ni9、1Cr18Ni9、0Cr18Ni9 等都是最常见的奥氏体不锈钢丝材料。最常见的铜合金材料有硅青铜线和锡青铜线，此外还有铝青铜、锌白铜线和黄铜线等。

2. 需淬火并回火处理的弹簧钢丝

以退火状态的弹簧钢丝，以及某些不锈钢丝等材料做成弹簧后需进行淬火并回火处理。

① 以退火状态交货的弹簧钢丝　包括碳素弹簧钢丝和合金弹簧钢丝，做成弹簧后需进行淬火并回火处理。常用的以退火状态交货的合金弹簧钢丝有如下几种：硅锰弹簧钢丝、铬钒弹簧钢丝、阀门用铬钒弹簧钢丝、铬硅弹簧钢丝。

② 制造弹簧的马氏体不锈钢 3Cr13 和 4Cr13　一般采用淬火并回火的方法，使钢既具有较高的强度和硬度，又具有一定的韧性。

③ 铜合金　铝青铜和铬青铜以及铝白铜、钛青铜等铜合金，可淬火回火强化。

3. 需时效处理的合金丝

(1) 铍青铜线、钛青铜和硅青铜　铍青铜线是典型的时效强化型合金，它的应用非常普遍。制造弹簧的铍青铜材料在供货时大都已经过固溶处理和冷变形，弹簧成形后只需进行时效处理。此种材料也很常见。另外，有些钛青铜和硅青铜做成弹簧后需时效处理。

(2) 沉淀硬化型不锈耐酸钢丝　是最常见的需进行时效硬化处理的弹簧钢丝。此类材料在供货时，已经过固溶处理和冷拉加工，冷卷成弹簧后，只需进行时效硬化处理。0Cr17Ni7Al 和 0Cr5Ni7Mo2Al 钢属于超高强度沉淀硬化不锈钢，其特点是具有很高的强度和足够的韧性，能承受很高的应力。常用来制造直径较粗的不锈钢弹簧。

(3) 钛合金　钛合金的种类很多，有些类型的钛合金（指冷拔钛合金材料）在供货时已经过固溶处理和冷变形，做成弹簧后可直接进行时效强化。钛合金的特点是密度小、具有高的比强度和良好的耐腐蚀性能。除此之外钛合金还有较好的热强性和低温性能。钛合金主要用于制造特殊用途的弹簧。常用的是仅 $\alpha+\beta$ 型钛合金 TC3（Ti-5Al-4V）和 TC4（Ti-6Al-4V）。

11.3.2 触点材料

随着科学技术和工业自动化的不断发展，继电器、接触器和开关的产量及品种大幅度地增长，随之而来的是对触点需求量的与日俱增。对触点性能的要求越来越高，对材料品种类型的需求也越来越广。触点材料的物理性能是触点材料研究与选用的重要性能指标。其物理性能包括密度、熔点、电阻率、电阻温度系数、热导率、弹性模量及硬度等。表 11-13 为常见铜钨材料的物理性能。

铜合金触头材料是高、中压电器中的关键元件之一，担负着接通与分断电流的任务，它直接影响开关、电器运行的可靠性及使用寿命。随着现代化工业的高速发展，高压输变电网路负荷日益增加，低压配电系统与控制系统日益发展，自动化水平不断提高，这就对电触头提出越来越高的要求。因此，世界各先进工业国家如美、德、日、法、英等国都十分重视电触头材料的研究。

表 11-13 铜钨材料物理性能

材料	Cu的体积分数/%	密度/(g/cm³)	熔点/℃	电阻率/μΩ·cm	热导率/[W/(m·k)]	硬度/(×10²MPa)
CuW(50)	68	12.0	1083	4.2	200	11～16
CuW(60)	59	13.0	1083	4.5	195	14～20
CuW(70)	48	14.1	1083	5.0	175	16～22
CuW(75)	42	14.9	1083	5.3	160	17～24
CuW(80)	35	15.4	1083	5.6	150	20～26

触头在频繁的开闭过程中产生的现象很复杂，其破坏形式通常表现为氧化、熔焊及桥接等。为此对电触头材料的要求也是多方面的，但是没有一种材料能完全满足这些要求。因此，只有通过合金化或粉末冶金方法将几种金属或金属与非金属按性能要求组合起来，才能得到较为理想的触头材料。目前已开发的此类材料有 Cu-Ag、Cu-Cd、Cu-Ni-Zn、Cu-Co-Cr-Si、Cu-Cr、Cu-Cr-Zr 系等合金。其中低合金含量的电触头材料已经比较成熟，目前的热点是高铬含量的真空开关用 Cu-Cr 合金，其 Cr 含量通常不低于 25%。

由于真空开关和高压断路器要求电触头材料必须具有高的电导率和导热率、电弧烧损少、高的抗焊接性、高的熔化能、低的截止电流、高的介电强度，只有高铬含量的 Cu-Cr 系合金才能满足这些要求，而且比其他触头材料具有更大的分断电流能力，更强的抗电弧烧蚀能力。高铬含量的电触头用铜合金材料研究重点主要集中在合金成分优化设计和制备技术研发两方面。主要的合金系有 Cu-Cr-W，Cu-Cr-Mo-Fe，Cu-Cr-Te 等。关于制备技术，目前常采用的方法是粉末冶金、金属溶渗及自耗电极电弧熔炼。比较新颖的制备方法有等离子体技术（电弧熔炼、等离子喷涂、电弧重熔）、自蔓延合成技术、激光表面合金化技术等。

本节主要介绍真空开关用 Cu-Cr、W-Cu 电触头材料和高压断路器用触头材料。

1. 真空开关用触头材料

真空开关的结构简图如图 11-19 所示，开关内部是一个封闭的腔体，冷态真空度为 1.33×10^{-4} Pa，采用金属与陶瓷真空钎焊技术，实现腔体的最后封接，以保证内部获得高真空状态。真空开关的工作原理是通过机械传动使真空室中的动触头与静触头分开或闭合实现电路的开关。在触头分离的瞬间，由于强电场作用，触头间燃起电弧，电弧的高温使触头表面微区金属熔化并蒸发形成金属蒸气流，后者使电弧得以持续。这个过程一直进行到触头之间的金属蒸气密度太小，不足以维持电弧为止，这时电流突然截断，电路亦随之断开。电弧引起的金属蒸气一部分沉积在触头表面，另一部分则沉积在专门设计的金属屏蔽罩壳上。

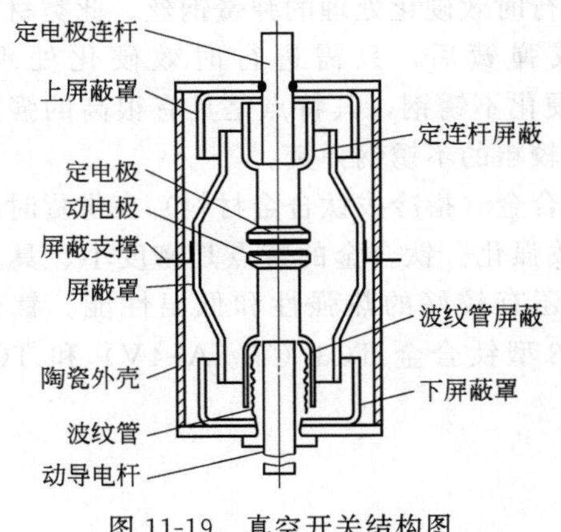

图 11-19 真空开关结构图

目前真空开关方面的工作在于：提高现有真空开关的分断容量；在相同的分断容量下缩小尺寸；改进制造工艺；减少生产成本。而在这些工作中，触头材料性能的提高是重要因素。真空开关对触头材料的主要要求如下。

①为了保证欧姆损耗低和导热性好，材料须具有高的电导率和热导率；②在电弧作用下烧损少，这样便可长期使用；③为了避免发生冷焊，材料须具有高的抗焊接性；④高的熔化能，以避免很快熔化而可承受大的短路电流；⑤为避免通断感性负载时发生过电压，材料须

有低的截止电流；⑥高的介电强度，以减少重燃概率。由于以上有些要求互相之间是有矛盾的，所以真空开关采用的触头材料通常由两种组元烧结制成：其中一种是高导电导热相铜或银；另一种是难熔相钨、碳化钨或铬等。

目前用于不同规格的真空开关触头材料大致可分 3 类。①半难熔金属加良导体，典型的如铜铬合金；②难熔金属加良导体，典型的如钨铜合金；③铜合金，如铜铋合金等。这 3 类材料的定性比较结果（见表 11-14）表明：第③类以铜铋合金为代表的材料除了在气体含量方面较优外，其余性能均低于第 1 类以铜铬合金为代表的材料。因此，目前第③类材料仅用于一些老式低性能产品上，而铜铬合金正全面取代铜铋合金，成为换代产品。到目前为止，尚未发现有新的电触头材料的性能在中压大功率真空开关应用方面优于铜铬合金。

表 11-14　中压、大电流真空灭弧室触头材料特性的定性评估

材料	气体含量	熔点	蒸气压力	功函数电子发射	游离电位	电导率热导率	剩余气体吸收能力	组织结构质量	触头表面光滑、无毛刺、裂痕
半难熔加高电压（如 CuCr）	+	+	+	++	+	++	++	++	++
难熔加高电导	+	+	+	—	+	+	+	++	++
铜合金（如 CuBi）	++	+	+	++	+	++	+	—	—

注：—不能接受，+可接受，++最好。

(1) 真空开关用铜铬触头材料

1) 铜铬二元相图

图 11-20 为铜铬二元相图，该图表明当合金中铬的浓度低于 94.5%时，加热至 1750℃，合金已全部熔化，但含 Cr 量为 40%～94.8%时，存在着液/液两相区，分别为富 Cu 相和富 Cr 相，只有温度超过双结点线以上时，才能获得单一均匀的高温熔体。根据相图的这些特点，用常规工艺生产铜铬铸锭是不可能的；当铬含量为 1.5%～40%时，合金由高温单相区冷却进入液固两相区时，液相中将析出过饱和的铬，在重力场作用下，密度较轻的固态 Cr 粒子将迅速上浮，导致 Cu/Cr 两相分离。当 Cr 含量为 40%～94.5%之间时；合金由高温单相区进入液/液两相区时，单一的液相还要经历一个液相分解过程，分离的铬相在重力场下也将迅速上浮而实现铜/铬分离，最后导致合金化过程失败，因此一般不采用常规方法制备铜铬合金。

2) 铜铬合金的制备工艺

目前铜铬合金的制备工艺主要分成下列 3 种。即粉末烧结法、熔渗法和自耗电极法。

(a) 粉末烧结法。将一定比例的铜粉和铬粉经充分混合均匀，压坯，然后烧结成形。根据压坯和烧结条件的不同，又可细分为真空热压烧结，H_2还原气氛下热压烧结，冷压真空烧结和冷压 H_2还原烧结。粉末烧结法主要的特点是工艺相对比较简单，合金成分易于调节和控制，适合制备铬含量较低的合金且生产成本相对较低，它的主要缺点是对粉末质量，尤其是铬粉的质量要求很严。

(b) 熔渗法。英国电气公司最早发明铜铬合金时就是采用了熔渗技术。它的主要工艺路线是将适量铜粉与全部的铬粉充分混合后压坯，在真空或还原性气氛下先烧结成多孔的铬骨架，烧结温度控制在铜的熔点附近（1083℃），然后在真空下浸入熔融铜中，使之在毛细力作用下，充分浸渗入预先烧结的铬骨架中，该工艺可以比粉末烧结法得到更致密的产品，致密度达 98%以上，整个烧结—熔渗过程一次完成，时间约 3h。这种技术的优点是可以在烧结铬骨架时进行氢还原或真空碳热还原，使铬粉原料中的氧大大减小，从而获得含氧量很

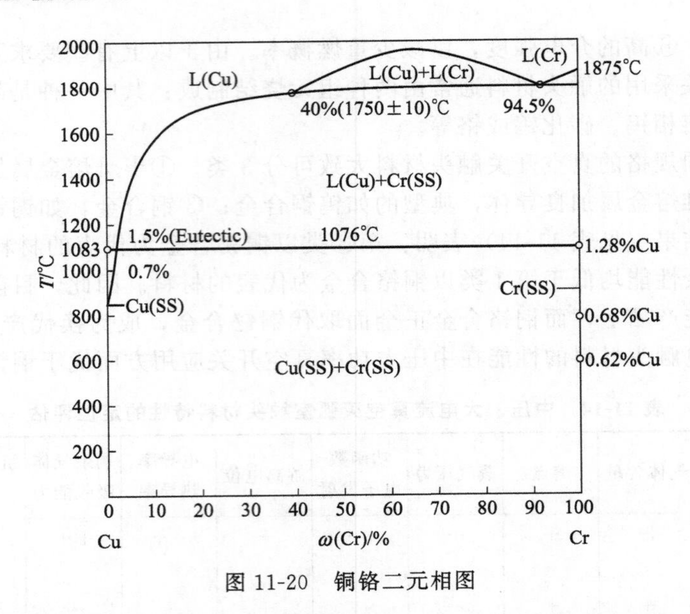

图 11-20　铜铬二元相图

低的优质产品：熔渗法主要的缺点是生产效率较低，铬粒子相对比较粗大，且含铬量要达到相当的比例，一般为50%，合金的电导率和热导率均较低，含铬较少的合金不易制备，这些缺点与该工艺的制备原理有关。

(c) 自耗电极法。为了进一步提高铜铬触头的内在质量和生产效率，德国 Siemens 公司从 1986 年起研制成功一种自耗电极法生产铜铬合金，工艺路线是将比例合适的铜粉和铬粉充分混合均匀，然后在 2×10^9Pa 压力下等静压压制棒坯，并在真空下 950℃进行烧缩，制成自耗电极棒坯。自耗电弧炉中充以低压氩气，以避免合金过多蒸发。所获得铸造单锭质量达 30kg，毛坯锭直径达 80mm，生产效率达 42～48kg/h。铸锭经进一步冷挤，可从直径 75mm 挤成 30mm 棒材，大变形量冷挤过程中铬枝晶颗粒有一定形变能力。可随基体变形不破碎，这种工艺的特点是自耗熔炼时由于水冷铜结晶器的激冷有效地抑制了合金凝固中铬的析出和分离过程，获得均匀合金，同时这种快冷有利于获得很细的第二相铬粒子均匀分布，提高合金的综合性能。在低压氩气环境下电弧熔炼，有助于除去一部分原料带入的氧，使产品含气量得以控制。

在三种现有主要制备工艺中，自耗电极法是生产效率最高、产品质量最好的一种制备方法，特别适于大批量生产，因此是最有发展潜力的一种技术。三种不同的技术路线生产的铜铬触头性能的定量对比由表 11-15 给出。

表 11-15　三种不同工艺制备的铜铬合金性能

工艺	w(Cr)/%	电导率/$m\Omega^{-1}\cdot mm^{-2}$	硬度
粉末烧结法	25	30～32	70～110HV
熔渗法	50	16～17.5	80～90HBW
自耗电极法	30	22	30HV

3) 铜铬合金中铬的含量

铜铬合金中铬的含量达到25%左右就可以保证很好的触头电性能，高的铜含量可以使触头材料具有高的电导率和热导率，有利于增加触头分断电流的能力，因此合金中过高的铬含量既无必要，亦不合理。对合金中铬含量影响的最新研究结果表明，当铬含量在25%～75%范围变化时，无论是单一阴极材料电弧烧蚀速率还是总电弧烧蚀速率均基本不变，合金的平均截断电流亦与合金中铬含量无关，但无论是触头的本体电阻还是表面接触电阻均随合金中铬含量的上升而上升。基于各个实验室的研究结果，目前粉末烧结法和自耗电极法制备的铜铬合金中铬含量在25%～40%范围以内；而熔渗法则根据工艺的特殊需要，采用含铬量为50%的合金。

为了进一步改进铜铬合金的使用性能，以满足不同产品对使用性能提出的各种要求，也研究了添加第三组元的CuCrX三元合金配方，一些成功的结果包括：钨，添加量为2%，主要目的是提高触头的耐电压强度；碲，添加量0.1%～4%，主要目的是提高触头表面抗熔焊的能力；Bi，添加量2.5%～15%，主要目的是减小截断电流；Ti或Er，添加量为1%，主要目的是增加分断电流能提高击穿电压；锑，添加量2%～9%，主要目的是减小截断电流。

4）铜铬触头的电性能

(a) 分断电流能力。真空开关最重要的性能指标之一就是分断电流的能力，真空开关触头材料最主要的技术优势就是在于这种材料具有好的分断电流能力：①铜铬合金的热导率较小，因而触头表面微区由电弧烧蚀形成的熔池深度较浅（纯铜为1mm，而铜铬仅为150μm）；②在微区熔池中存在未熔化的固态铬粒子。这两个效应结合，阻碍触头表面微区熔池中液体运动，抑制了液滴长大的过程，由于这些微观机制的作用，使得真空电弧持续阶段金属蒸气的质量密度急剧降低，这就是铜铬合金具有大电流分断能力的基本原因。

(b) 抗电弧烧蚀能力。在低电流低电压电路中，WC-Ag是最好的触头材料，使用寿命极长；铜铬铋也有很好的抗电弧烧蚀能力，并且在分断高的短路电流方面性能较优，在中压电路中铜铬合金是一种很好的长寿命真空触头。

(c) 耐电压强度。铜铬合金有很高的耐电压强度，24kV真空开关中CuCr25触头间隙为1～3mm时，临界击穿电场E_c为10.2×10^9V/m。

(d) 抗熔焊性能。真空开关发明的早期，人们曾担心清洁的触头表面可能易于产生粘连。因此第一代真空开关触头材料铜铋合金中铋的一个主要作用是提高触头抗熔焊性能。然而通过对真空开关结构设计改进和触头材料的研究，表面熔焊粘接并未成为真空开关中一个问题。对铜铬合金，研究发现在使用过的触头横切面可以清楚地看见一层表层细晶层，其硬度比基体要高得多，这是由于电弧高温作用下，表层瞬间熔化后，又被基体高速冷却淬硬形成的，由于这一硬脆的表面细晶层存在，大大提高了触头材料的抗熔焊性能。因此后来在铜铬合金中添加第三组元铋，其作用并非提高抗熔焊性能，而是减小截断电流。

(e) 截断电流。截断电流是开关电路中一个受到普遍关注的技术指标，对于多数开关电路实际使用经验表明，铜铬合金的平均截断电流和最大截断电流均较低，因此对真空开关的用户，可根据电路浪涌阻抗的大小，采用或不用浪涌保护装置。

表11-16给出了真空开关触头材料的若干性能比较，对中压真空开关，铜铬合金被认为是最佳的触头材料，它结合了触头材料几种最关键的电性能于一身，即优良的导电性，高的分断电流能力，良好的抗电弧熔蚀性能和很好的抗表面熔焊能力，是近年来真空开关触头材料研究领域取得的最好的成就。

表11-16 各种触头电性能定性的比较

材料	分断电流能力	抗电弧烧蚀能力	耐电压强度	载流能力	截断电流	抗熔焊性能
Cu-Cr	优秀	优秀	优秀	好	好	一般
Cu-Cr-Bi	一般	好	一般	好	好	好
WC-Ag	差	优秀	优秀	一般	好	好
W-Cu	差	优秀	优秀	好	一般	好
Cu-Bi	一般	优秀	差	优秀	优秀	好

(2) 真空开关用钨铜材料

钨铜材料作为高压开关电器的电触头和各种电加工电极的应用已有几十年之久。其应用一般均在空气或介质（油、SF6 等）中。然而，随着真空开关和电子器件的不断发展，20 世纪 80 年代后期，钨铜材料作为真空开关的触头和集成电路、微波器件中的散热元件得到新的应用，并由此发展了新的钨铜材料系列—真空钨铜材料。与常规钨铜材料相比，真空钨铜材料的含气量应尽量低，材料的导电导热性尽量好。除此之外，根据使用条件还对其耐热性、机械强度、热膨胀系数及其他的性能有不同的要求。吕大铭等对真空开关和电子器件用钨铜材料作了总结。

1）真空钨铜材料的制取工艺

真空钨铜材料的制取与常规钨铜材料的制取最大的区别在于前者采用了真空工艺。其制取方法主要有两种：熔渗法和直接烧结法。近年来直接烧结法获得很大的发展。

① 熔渗法。熔渗法又分为高温烧结钨骨架后渗铜和低温烧结部分混合粉后渗铜两种方法。(a) 烧结钨骨架法：直接将钨粉压制成形，在高温的氢气中烧结形成钨骨架，然后将烧结的钨坯在真空下 1300℃融熔铜中渗铜，使烧结后的孔隙在渗铜后得到所需的铜含量。此法适宜制取含铜量较低（Cu≤15%）的真空钨铜材料；(b) 部分混粉烧结渗铜法：将钨粉混入部分铜粉和少量烧结添加剂（一般是 Ni 粉），在较低的温度下在氢气中预烧结，然后将烧结料进行渗铜。它适宜于制取含铜量较高（Cu≥20%）的真空钨铜材料。为了获得低气体含量的真空钨铜材料，必须保证在烧结过程中充分还原和除气，并采用真空下渗铜和高真空下的脱气处理。

② 直接烧结法。它是将所需成分的钨和铜的混合粉压型后直接烧结制得产品。根据所用混合粉制取方法的不同，主要有混合氧化物共还原粉和机械合金化混合粉（按粉末粒度大小不同，又分为一般机械合金化粉和机械合金化纳米粉）等工艺。过去这种工艺烧结后得到的制品密度偏低（相对密度<97%），特别是含铜量低的材料更为严重，因此无法直接应用。近年来由于制粉方法改进，可以得到密度高的烧结产品（相对密度>97%），因此引起普遍关注和获得迅速发展。

2）真空钨铜材料的性能

表 11-17、表 11-18 和表 11-19 列出了国内外一些单位用熔渗法生产的真空钨铜材料的主要性能数据，这些牌号的材料均含有“V”字标识，这是“真空”英文“Vacuum”的字头，表明该材料系用于真空状态，以区别于常规用的钨铜。表 11-15 同时列出了非真空状态下使用的钨铜材料的性能。表 11-18 和表 11-19 为采用混合粉末直接烧结制取的真空钨铜材料的性能，表 11-18 所用混合粉粒度为 1～3μm 并加入少量烧结添加剂。表 11-20 所用混合粉的粒度为 1～17μm，不加入烧结添加剂。表 11-21 为采用混粉直接烧结制取的真空钨铜材料的性能。

表 11-17 奥地利 Plansee 公司生产的钨铜材料的性能（加入烧结添加剂 Ni）

材料牌号	成分/%	电导率/MS·m^{-1}	硬度
K10VS	90W-10Cu	22	(313±5)HV
K20VS	80W-20Cu	25	260HV
K33VS	67W-33Cu	28	(190±20)HV
K10	90W-10Cu	20	280HBW
K20N	80W-20Cu	14	210HBW
K33	67-33Cu	27	165HBW
K40	60W-40Cu	29	140HBW
K50	50w-50Cu	33	120HBW

表 11-18 德国 DoDuCo 公司生产的真空钨铜材料的性能（加入烧结添加剂 Ni）

材料牌号	成分/%	最大气体含量/$\times 10^{-6}$	电导率/MS·m^{-1}	硬度(HV)
W20CuV	80W-20Cu	75	16	220
W35CuV	65W-35Cu	75	23	150
W35CuSbV	65W-35Cu+Sb	120	10～16	200～240

表 11-19 国内目前生产的真空钨铜材料的性能（加入烧结添加剂 Ni）

材料牌号	成分/%	最大气体含量/$\times 10^{-6}$	电导率/MS·m^{-1}	硬度(HV)
WCu10V	90W-10Cu	15	22	240～260
WCu15V	85W-15Cu	15	24	220～240
WCu20V	90W-10Cu	120	14	260～280

表 11-20 混料直接烧结制备的真空钨铜材料的性能（加入烧结添加剂 Ni）

材料牌号	成分/%	最大气体含量/$\times 10^{-6}$	热导率/W·m^{-1}·K^{-1}	硬度(HV)
WCu10	90W-10Cu	16.5	140	415
WCu15	85W-15Cu	17.6	150	400
WCu20	90W-10Cu	18.8	160	350

表 11-21 混粉直接烧结制取的真空钨铜材料的性能

材料牌号	成分/%	电导率/MS·m^{-1}	热导率/W·m^{-1}·K^{-1}	硬度(HV)
WCu5	95W-5Cu	18.6	171	375
WCu10	90W-10Cu	22	188	352
WCu15	85W-15Cu	24	197	333
WCu20	80W-20Cu	27	210	275
WCu25	75W-25Cu	29	225	281

2. 高压断路器用触头材料

按高压电压等级划分，特高压为1000kV以上，我国的电压等级为1200kV；超高压为300～1000kV，我国的电压等级为110kV和220kV；中压为1～100kV。输电线路的电压愈高，输送容量愈大，效率愈高。国外超高电压750kV和特高电压1200kV的高压开关已进入了使用阶段，我国现运行的输变线路最高电压为500kV，主要输变电设备中的高压开关均为引进技术生产，水平相对落后，如断路器以压气式为主，国外则主要用膨胀式（智能式）配弹簧操作机构。我国在“十五”期间大力发展超高电压500kV以上高压开关，并建设一条750kV输电线路，对开发相应新型高压开关的要求相当迫切。触头作为断路器等高压开关的关键部件，触头材料在很大程度上决定了断路器的发展。

(1) 高压断路器用弧触头材料

目前性能最好且普遍使用的弧触头仍为CuW触头，不过由于断路器结构的改进，弧触头结构正在由触指——弹簧结构向自力式整体触头改进，自力式CuW/Cu-Cr整体触头已经占据主导地位。这种自力式整体触头结构简单、性能可靠，其弹性是靠整体触头尾部导电端的Cu-Cr合金来提供的。自力式动、静弧触头通常采用耐电蚀的铜钨合金与高导电率、高弹性铬青铜材料连接而成。连接方式可以是焊接也可以是粉末冶金方式。

1) CuW触头部分制备工艺

Cu 和 W 的熔点相差很大，W 的熔点高于 Cu 的沸点且 Cu、W 不相溶，Cu、W 组元的特征常数见表 11-22。一般的熔炼方法难于生产 CuW 合金，目前国内外制备 CuW 合金材料均采用粉末冶金法，大致可以分为以下两种：混粉烧结法、熔渗法。

表 11-22 Cu、W 组元的特征常数

元素	晶体结构	点阵常数 $(\times10^{-10})/m$	熔点 /℃	沸点 /℃	热导率 $/(W\cdot m^{-1}\cdot K^{-1})$	密度 $/(g\cdot cm^{-3})$	线膨胀系数 $/(\times10^{-4})\cdot K^{-1}$	再结晶温度 /℃
Cu	面心立方	3.615	1083	2595	394	8.96	16.5	120
W	体心立方	3.158	3410	5930	174	19.32	4.5	1200

① 熔渗法。熔渗法是制备难熔金属与低熔点金属假合金的常用方法。熔渗法制备 CuW 合金的工艺为：将一定粒度的钨粉或混有少量诱导铜粉的钨粉压制或通过其他成形方法制成坯块，再通过烧结制成一定密度及强度的多孔基体骨架，然后在真空或保护气氛的烧结炉中进行熔渗，使液态铜在毛细管力作用下渗入多孔基体钨骨架，从而获得 CuW 合金材料。用此法制备的 CuW 合金材料致密度高，烧结性能好，电导和热导性能也很理想，缺点是熔渗后需进行机加工以去除多余的金属铜，增加了加工费用，降低了成品率。

② 混粉烧结法。混粉烧结法是一种常规的粉末冶金生产工艺，即混粉→压制→烧结工艺。混粉烧结法又可分为固相烧结和液相烧结两种。混粉烧结法制取 CuW 合金的工艺过程为：按一定比例将一定粒度的铜粉与钨粉在保护气氛下混合，高压压制成形，然后在保护气氛下在低于铜熔点的温度（固相烧结）或高于铜熔点的温度（液相烧结）烧结从而制得 CuW 合金。混粉烧结法的特点是：生产工序简单易控，但要求烧结温度高，烧结时间长，致使烧结费用较高，且烧结体的性能较差，特别是烧结致密度较低，一般只为理论密度的 90%～95%，通常不能满足使用要求。

上述两类制备方法中，熔渗法制取 CuW 合金材料虽有一定的局限性，但可使材料获得优异性能。因此，该方法是目前制备 CuW 合金材料中应用最广泛的方法。

2）CuW/CrCu 整体材料的制备方法

由于触头材料不仅需要良好的耐烧损性能，而且还要求优良的传导性能，尤其是对于自力型触头还需要触头自身提供弹性，来取代传统的外加弹簧结构，所以通常需将 CuW 合金与纯铜或铬青铜连接起来制成复合件使用。常用的 CuW/CrCu 整体材料制备工艺如下。

① 钎焊。日本的“三菱公司”及“东芝公司”，采用钎焊方法将 CuW 与 CrCu 连接在一起。该方法的缺点是，在 CuW 与 CrCu 的结合面处易产生气孔、夹渣等焊接缺陷，降低了结合强度，同时由于焊接过程中的热影响，焊缝附近的铬青铜基体材料处于完全退火状态，原来的强化效应消失，降低了铬青铜的强度；此外，钎焊焊接工艺只能完成较简单的结合面形状，结合强度较低。

② 电子束焊。德国的“DODUCO”公司及美国的西屋公司采用电子束焊方法将 CuW 与 CrCu 连接在一起。电子束焊无需焊料，也无焊缝结构，焊接强度较高。由于电子束焊仍然是热熔焊，在焊缝 5mm 之内的铬青铜基体同样发生退火软化，影响铬青铜的性能。此外，电子束焊的焊接结合面只能为平面，限制了其应用范围。

③ 热等静压扩散焊接。热等静压技术已广泛应用于各种金属材料之间的扩散连接：热等静压扩散焊接不存在焊接缺陷。界面结合良好，结合性能优良，但结合面形状受到限制且所需成本较高。

④ 整体烧结熔渗法。考虑到焊接方法带来的不可避免缺陷和退火现象，20 世纪 90 年代

初出现可将 CuW 与 CrCu 采用整体烧结方式将两部分结合在一起，根据触头在炉内放置的方式不同，分为立式烧结和卧式烧结两种工艺。

(a) 传统的连续式炉卧式烧结熔渗：我国粉末冶金产品通常采用的是传统的连续卧式烧结炉，采用该工艺烧结 CuW/CrCu 整体触头时，触头是卧放在模具中，为了防止发生粘结现象，在模具表面要涂敷涂料。该工艺简单，工艺周期短，成本较低；但是，由于触头在模具中是卧放，在熔渗 CrCu 时，由予 Cr 的比重小于 Cu 的，熔化后会偏析上浮，这样就使触头中的 Cr 沿圆周方向分布不均，从而造成提供弹性的动弧触头的弹性不均；而且，由于连续式烧结温度与气氛不能独立控制，不能使触头在烧结的过程中很好的还原，结合强度普遍偏低；另外，由于涂料的存在，很容易在结合面处产生气孔和夹渣。

(b) 立式整体烧结熔渗法：针对卧式烧结熔渗的不足，西安理工大学范志康等人提出了立式整体无涂料烧结熔渗法，该工艺过程为：先制备铜钨合金，然后加工出所需的钨端面形状，再在立式整体烧结炉内熔渗铬青铜从而制得 CuW/CrCu 整体材料。该方法的优点是：铜钨与铬青铜基体间形成基本无缺陷的冶金结合；由于立式气氛控制烧结炉能有效的控制炉内气氛组成及浓度，使 CuW 部分充分还原，含氧量明显低于连续烧结炉或真空炉生产的，并且烧结熔渗温度及时间可以独立控制，CuW 部分的静态物理机械性能超过了国际著名的 DODUCO 等公司同类产品标准性能指标。触头耐烧损性能优良；由于采用了立式气氛控制烧结和坩埚壁钨涂料熔渗，所以在结合面处不易产生夹渣气孔，结合面洁净，界面结合强度高；熔渗过程中，控制触头在炉内立式放置，补缩由上而下，补缩冒口小，工艺出品率高，立式气氛整体烧结熔渗一次装炉完成，炉温控制精确，工艺过程按设定程序自动进行；由于触头在炉内立式放置烧结熔渗，不造成 Cr 元素沿圆周的不均匀分布，动弧触头弹性均匀克服了触指使用中弹性不均匀的问题。

上述四种制备 CuW/CrCu 整体材料的方法中，立式整体烧结熔渗法工艺简单，能够获得各种形式的结合面及优良的结合性能，是目前制备 CuW/CrCu 整体材料最新的也是最主要的方法。

(2) 高压断路器用主触头材料

主触头是高压断路器导通时的主回路触头，要求导电能力强，弹性好，通常用铜合金制作。目前应用的主要有两类铜合金，一类是时效强化型铜合金，如铬青铜；另一类是颗粒增强铜基复合材料，如 Al_2O_3/Cu 复合材料、TiB_2/Cu 复合材料等，这里主要介绍铬青铜。

铬青铜合金系指含 Cr0.4%～1.0%质量分数的 Cu-Cr 二元合金。一般称为 CC 合金，它是一种属于铜合金系列的特殊合金，在适当的热处理条件下，其硬度几乎是纯铜的 3 倍，而电导率下降甚微。因此，它是一种高强高导电的铜合金。

1) 铬青铜熔炼工艺

铬青铜常采用真空或保护气氛熔炼，铬以 Cu-Cr 中间合金加入。为了改善合金性能，有时加入少量的 Al、Mg 等合金元素。洛阳船舶材料研究所的孔庆祥等采用中频感应电炉在大气下熔炼，铬是以纯金属铬加入，简化了熔炼进程降低了制造成本，并获得了性能优良的铸造 Cu-Cr 合金。

a) 直接加铬的熔炼和铸造。铬是极易氧化并会大量吸气的金属，加之其熔点高，在铜中的溶解度小（约为 0.6%～0.7%），所以铬青铜是难以熔铸的合金。在熔炼过程中应能解决如下两个问题。①合金吸气：纯铜在熔炼中容易吸气（主要是吸氢）。因此，要进行富氧熔炼。另外，铬极易氧化，也使合金大量吸气，铬青铜要比纯铜含气量更多，使铸件产生气孔；②铬的回收：铬氧化后，形成坚硬的氧化膜，漂浮于液面，难熔入铜液中。铬在铜液中为扩散型熔化，合金熔化困难，导致铬的回收率很低且又不稳定。为此，对铬青铜的熔铸采取了如下方法。原材料为电解铜、金属铬，采用石墨坩埚，含碳覆盖剂。先将坩埚预热至暗红色，加入电解铜板。小功率加热升温，待电解铜呈红热状态时，加入烘烤（150℃）过的石墨粉粒；覆盖层厚度约为20～30mm，进行快速熔化。待熔化温度达到1200℃时，扒出覆盖的石墨粉粒，将液面和炉口清理干净，迅速将金属铬粒均匀撒在液面上，并用含碳覆盖剂重新覆盖，覆盖层厚度约为30mm。然后急速升温，在1250～1300℃下保温20～30min。保温时间的长短根据金属铬粒的尺寸大小而定。出炉温度为1250～1300℃，浇铸温度为1130～1180℃。浇铸铬青铜的铸型可为砂型或金属型。铬青铜的铸造性能尚好，其收缩率比纯铜和锡青铜要大，比黄铜和铝青铜要小。浇注方式以底注为佳，浇注系统选用开放式。为使合金不出现缩松，凝固方式应为顺序凝固。

b）工艺参数对熔炼的影响。①铬粒尺寸对铬回收率的影响：在相同的熔炼条件下，铬粒尺寸、保温时间与铬回收率的关系见表11-23。该表表明，铬的粒度对其在铜中的溶解度有很大的影响。铬粒越小，溶解越容易。对于容量为100kg的中频感应炉来说，铬的粒度以小于5mm为佳，在大约1280℃的温度下，保温时间以20min为佳。②关于脱氧：一般情况下熔炼铬青铜时，在加铬前，常采用诸如Mg、Li、Ca、Zn或Be等元素进行脱氧。显然，在铜液脱氧后加铬，对铬的回收是有利的。孔庆祥采用直接添加较多的铬（1%）来实现加铬目的。虽然这样做增加了铬的耗损，但从简化熔炼操作和经济上看是有利的。③关于加铬方法：通常，铬青铜熔炼时，铬是以Cu-Cr中间合金的形式加入的，加入方法常采用钟罩将其压入铜液中，孔庆祥采用铬粒直接撒在铜液面上加盖覆盖剂的方法。由于铬在铜中为扩散溶解，即使撒在液面，在高温和磁感应作用下，也能迅速溶解并达到铜液内部。取样分析表明，铬在铜中的分布是均匀的：不同加铬方法实测铬收得率结果如表11-24所示。

表11-23　不同铬粒尺寸和保温时间对铬回收率的影响

铬粒尺寸/mm	保温时间/min				
	5	15	25	35	45
5～10	0.27	0.31	0.36	0.29	0.25
2～5	0.35	0.45	0.42	0.40	0.32
2～1	0.42	0.63	0.60	0.51	0.47
<1	0.61	0.72	0.71	0.64	0.53

表11-24　不同加铬方法收得率效果

加入铬方法(条件)	直接放入炉底	用钟罩压入	撒入(粒度6mm以上)	撒入(粒度2～5mm)
加铬温度/℃	—	1280	1280	1280
覆盖剂厚度/mm	—	30	30	30
保温时间/min	—	30	20	20
加入量/%	1.4	1.2	1.2	1.0
收得率/%	0	<10	10～30	40～70

2）铬青铜性能

a）力学性能。昆明市有色金属铸造厂的孟育时等研究了铬青铜中铬含量与力学性能的关系，见表11-25。

表 11-25 铬青铜中铬含量与力学性能的关系

Cr 加入量/%	分析含量/%	抗拉强度/MPa	伸长率/%	硬度(HBW)
0.28	0.20	236	21	85
0.57	0.43	284	18	87
0.71	0.49	287	17	90
0.86	0.56	312	15	92
1.10	0.82	336	10	101
1.43	0.97	338	11	105
1.71	1.16	339	8	108

西安理工大学的陈文革等研究了铬青铜经不同固溶时效强化工艺处理后固溶温度、时效温度、时效时间与硬度及弹性比功的关系如图 11-21 所示。可见，QCr0.5 合金经 980～1000℃固溶处理，在 450℃时效 4～5h 可获得较高的硬度和弹性比功。

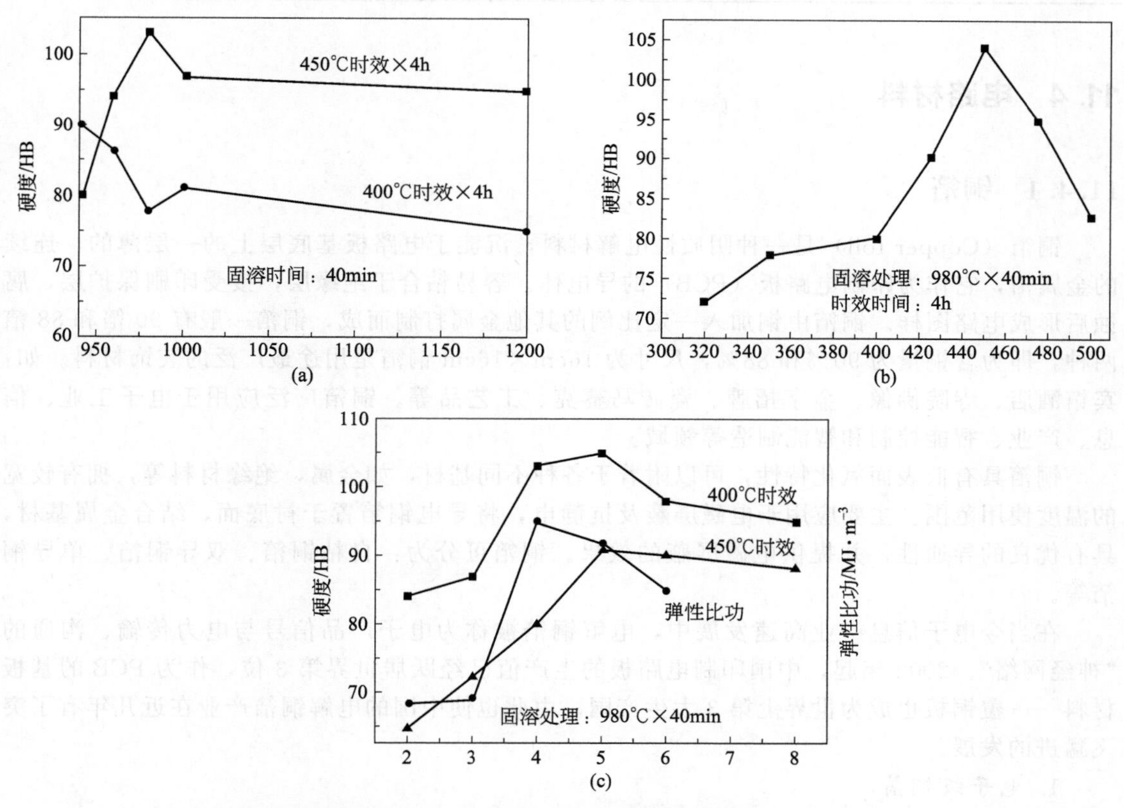

图 11-21 固溶温度、时效温度、时效时间与硬度及弹性比功的关系

b）导电性能。西安理工大学的范志康等研究了铬青铜中铬含量及固溶时效工艺与导电性能的关系，如表 11-26～表 11-28 所示。

表 11-26 Cr 的质量分数对 Cu-Cr 合金导电性的影响

w(Cr)/%	0.21	0.48	0.65	1.20	2.04	备注
IACS/%	82.3	82.4	82.6	80.5	78.4	固溶 900℃×1h,450℃时效,4h

表 11-27　固溶温度及时间对 Cu-Cr 合金导电性的影响（IACS%）

固溶时间/h	固溶温度/℃				备注
	900	950	1000	1050	
0.5	74	78	80	80	ϕ30mm 试样，Cr0.68%，时效 450℃×4h
1	76	81	82	82	
1.5	78	81	83	82	

表 11-28　时效温度及时间对 Cu-Cr 合金导电性的影响

时效时间/h	时效温度/℃					备注
	350	400	450	500	550	
1.0	70	73	78	78	80	ϕ30mm 试样，Cr0.68%，固溶 950℃×1h
1.5	76	78	82	82	82	
2.0	76	79	83	82	82	
4.5	77	78	82	82	82	

11.4　电路材料

11.4.1　铜箔

铜箔（Copper foil）是一种阴质性电解材料，沉淀于电路板基底层上的一层薄的、连续的金属箔，它作为印刷电路板（PCB）的导电体。容易粘合于绝缘层，接受印刷保护层，腐蚀后形成电路图样。铜箔由铜加入一定比例的其他金属打制而成，铜箔一般有 90 箔和 88 箔两种，即为含铜量为 90%和 88%，尺寸为 16cm×16cm 铜箔是用途最广泛的装饰材料。如：宾馆酒店、寺院佛像、金字招牌、瓷砖马赛克、工艺品等。铜箔广泛应用于电子工业、信息、产业、智能控制和智能制造等领域。

铜箔具有低表面氧化特性，可以附着于各种不同基材，如金属，绝缘材料等，拥有较宽的温度使用范围。主要应用于电磁屏蔽及抗静电，将导电铜箔置于衬底面，结合金属基材，具有优良的导通性，并提供电磁屏蔽的效果。铜箔可分为：自粘铜箔、双导铜箔、单导铜箔等。

在当今电子信息产业高速发展中，电解铜箔被称为电子产品信号与电力传输、沟通的“神经网络”。2002 年起，中国印制电路板的生产值已经跃居世界第 3 位，作为 PCB 的基板材料——覆铜板也成为世界上第 3 大生产国。由此也使中国的电解铜箔产业在近几年有了突飞猛进的发展。

1. 电子级铜箔

电子级铜箔（纯度 99.7%以上，厚度 5～105μm）是电子工业的基础材料之一。电子信息产业快速发展，电子级铜箔的使用量越来越大，产品广泛应用于工业用计算器、通讯设备、QA 设备、锂离子蓄电池，民用电视机、录像机、CD 播放机、复印机、电话、冷暖空调、汽车用电子部件、游戏机等。国内外市场对电子级铜箔，尤其是高性能电子级铜箔的需求日益增加。有关专业机构预测，到 2016 年，中国电子级铜箔国内需求量将达到 30 万吨，中国将成为世界印刷电路板和铜箔基地的最大制造地，电子级铜箔尤其是高性能铜箔市场看好。

2. 电解铜箔

电解铜箔生产工序简单，主要工序有三道：溶铜生箔、表面处理和产品分切。其生产过程看似简单，却是集电子、机械、电化学为一体，并且是对生产环境要求特别严格的一个生产过程。所以，到现在为止电解铜箔行业并没有一套标准通用的生产设备和技术，各生产商各显神通，这也是影响目前国内电解铜箔产能及品质提升的一个重要瓶颈。

3. 溶铜生箔

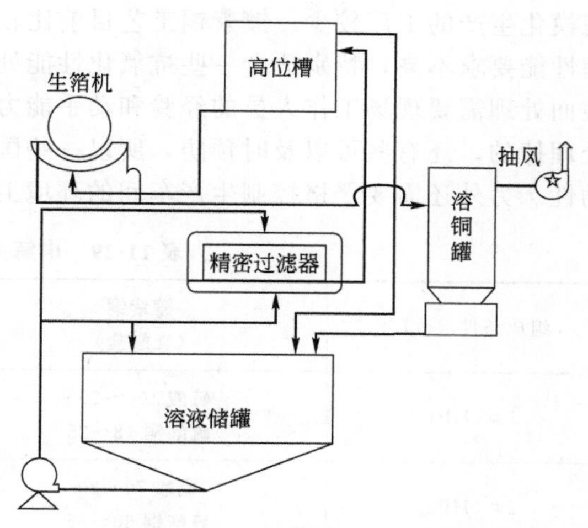

图 11-22 溶铜生箔工艺简图

随着市场进一步的竞争，哪怕是高附加值的电解铜箔也不得不从生产成本着手进行控制。由于生产电解铜箔对其电解溶液（硫酸铜溶液）的洁净度要求非常严格，所以在以往的生产工艺中重复使用许多过滤系统和上液泵。在这里提供一套新的工艺流程见图 11-22，可从根本上控制产品质量和减少生产成本。

图 11-22 的工艺流程特点如下。

①一台上液泵，根据不同的位差进行自动控制，即可溶铜又可生产毛箔，生产成本可大大降低。②涂覆过滤材料简单，可操作性强。过滤精度可达到 0.2μm。③总的溶液体积减少，容易控制生产工艺参数。主盐铜含量可控制在±1g/L，也可方便采用在线去除杂质。④可减少劳动强度，自动化程度高，溶铜能力可根据在线检测自动调节阀门（溶液回流阀或风量）进行控制。

电解铜箔毛箔产品质量的好坏及稳定性，主要取决于添加剂的配方和添加方法。目前电解铜箔添加剂的配方很多，不同的配方可以调整出不同的产品晶粒结构，主要有以日本三井公司为代表的一次性过滤材料的投加，以美国叶茨公司为代表的适量均匀投加。以日本三井公司为代表的投加方法，吸附材料为一次性投加，在生产开始一段过程中需要较长时间稳定期的寻找，并且其添加剂的添加量与吸附量也不是恒定的，比较难控制。而以美国叶茨公司为代表的添加方法比较稳定，在生产过程中采用连续滴加与勤加的方法同时投加添加剂和吸附材料，无论生产机组怎样变化，都容易找到其添加量的比值。

在溶铜生箔段，除了上述比较重要工艺控制外，要生产出高质量的毛箔还与阴极辊表面材质、电流密度、溶液中杂质含量、添加剂成分以及溶液中氯离子含量等有关。

近年，国家政策和 RoHs 指令将一定程度上影响铜箔工艺。该指令要求 2006 年 7 月 1 日以后新投放欧盟市场的机电产品中，6 种有害物质即铅、镉、汞、六价铬、多溴联苯和多溴二苯醚的含量不能超过 RoHs 指令规定的最高限量（镉为 0.01%，其余 5 种均为 0.1%）。各个铜箔厂家必须按照 RoHs 指令适当修改相应工艺，否则难以出口和销往合资企业。

（1）表面处理

目前电解铜箔表面处理以颜色简单划分有三种：镀紫红（红色）、镀锌（灰色）、镀黄铜（黄色），如表 11-29 所示。

表面处理的三种工艺，由于氰化物具有剧毒，废水处理比较困难，所以现在采用此工艺规模化生产的工厂较少。镀紫铜工艺目前比较适合锂离子电池市场，对铜箔的表面外观和物理性能要求不高，特别适合一些抗氧化性能处理和表面处理还不过关的工厂使用。电解铜箔表面处理需要现场工作人员的经验和动手能力，一般有许多表面外观缺陷是在现场可以及时处理掉的，还有些可以及时预防，所以一些国外铜箔厂都比较注重现场员工的技能培训和流动性。另外还需要严格控制生产车间的环境卫生以及温湿度。

表 11-29　电解铜箔表面处理规范

<table>
<tr><th>组成条件/(g/L)</th><th colspan="2">镀紫铜
（硫酸盐）</th><th>碱性</th><th>镀锌
酸性</th><th>镀黄铜
（氰化物）</th></tr>
<tr><td>1＃（HP1）</td><td colspan="2">硫酸 100～200
硫酸铜 18～25</td><td>同左</td><td>同左</td><td>同左</td></tr>
<tr><td>2＃（HP2）</td><td colspan="2">硫酸 70～80
硫酸铜 60～65</td><td>同左</td><td>同左</td><td>同左</td></tr>
<tr><td>3＃（TA）</td><td colspan="2">硫酸铜</td><td>同左</td><td>同左</td><td>同左</td></tr>
<tr><td rowspan="2">4＃</td><td rowspan="2">锌 5～7
焦硫酸盐
140～150</td><td rowspan="2">锌 20～22
酒石酸盐
110～120</td><td>pH11～13</td><td>pH1.8～2.3</td><td rowspan="2">70～80
pH11～12</td></tr>
<tr><td colspan="2">黄铜 18～26
氰化钠</td></tr>
<tr><td rowspan="2">5＃（NT）</td><td colspan="2">同右</td><td>pH11～14</td><td>硫酸 1.0～1.5</td><td rowspan="2">同左</td></tr>
<tr><td>铬酐 4～5</td><td>铬酐 1.0～1.3</td><td colspan="2">pH3.6～3.9</td></tr>
</table>

（2）电解铜箔的抗剥离强度

1）毛箔的晶粒控制为关键，一般每平方英尺面积上有 4.5×10^7 个，低轮廓铜箔 $R_Z\leqslant 3.5\mu m$，一般电解铜箔 $R_Z\leqslant 5\mu m$，并且毛箔的抗剥离强度须大于 $0.4kg/cm^2$。

2）1＃镀铜槽温度≤35℃。

3）1＃、3＃镀铜槽需要添加适量添加剂，以防止铜箔表面有铜粉脱落，降低抗剥离强度。

（3）镀锌面颜色不均匀

1）1＃镀铜槽均镀能力较差，添加剂量不够。

2）4＃镀锌槽 pH 值偏酸性，锌被溶解。

3）4＃镀锌槽阳极板 DSA 涂层脱落，更换阳极板。

4）镀锌后水洗压力过大，冲洗掉镀锌层。

（4）电解铜箔的抗氧化性能

1）4＃镀锌槽、5＃镀铬槽工艺参数稳定控制为关键。

2）在 5＃镀铬槽添加少量 Zn，使 Cu^{2+} 部分还原为 Cu。

3）镀锌面首先必须镀一层 Cu，然后 Cu 通过其他吸附或化学键的作用，进行填充空隙，进一步加强表面钝化作用，抑制镀锌层的腐蚀。

4）电解铜箔表面的镀层不是合金电镀，而是混合物。

（5）生产过程中产生腐蚀点

1）红点为电解铜箔表面处理前产生，被酸蚀刻的点。

2）黑点为电解铜箔表面处理后产生，被酸蚀刻的点。需要经过存放一段时间方可显露出来。

3）白（亮点）由于生产空间湿度较大，酸雾点落在电解铜箔表面一段时间后引起。

4）以上点处理措施：控制生产空间湿度，加强空气对流。

电解铜箔发展至今，生产技术、设备制造以及生产产量等关键项均走在世界前列的要数美国和日本。国内虽然在 20 世纪 90 年代末相继起来了一批电解铜箔制造厂商，但与美、日两国比较还相差甚远，目前资料显示国内能够批量生产高质量 12μm 以下电解铜箔用 PCB 行业的生产商有四家——苏州福田、安徽华纳、灵宝华鑫、惠州联合。其中灵宝华鑫和安徽华纳国际在 2011 年左右先后调试出 8～12μm 各类特殊要求铜箔，开始批量生产。国内电解铜箔行业的今后发展目前还需国家的相关政策扶持以及走强强联合（技术、资金）之路。

根据有关资料预测电解铜箔今后的发展方向：①高延展、低轮廓（LP、VLP）的电解铜箔；②环保型涂树脂铜箔（RCC）；③超薄电解铜箔的制造技术（3μm、9μm）；④高性能的表面处理技术；⑤阳极涂层 DSA 的使用与推广。

11.4.2 铜印刷电路

印刷电路的发明人是奥地利的保·艾斯勒。他通过印刷技术把拍摄下来的图片底版蚀刻在铜版或锌版上，用这种铜版或锌版去进行印刷。在制造电路板时，仿照印刷业中的制版方法先画出电子线路图，再把线路图蚀刻在一层铜箔的绝缘板上，不需要的铜箔部分被蚀刻掉，只留下导通的线路，这样，电子元件就通过铜箔形成的电路连接起来。1936 年，艾斯勒用这种方法成功地装配了一台收音机。

艾斯勒的发明受到美国军方的重视，于是印刷电路首先被使用在近发引信上。这种引信要求把许多电子元件紧凑地安装在体积很小的设备里，所以采用了印刷电路。盟军使用装有近发引信的高射炮弹，给德国飞机以毁灭性的打击，印刷电路从此为世人所知。

铜印刷电路，是把铜箔作为表面，粘贴到作为支撑的塑料板上，用照相的办法把电路布线图印制在铜版上，通过侵蚀把多余的部分去掉而留下相互连接的电路。然后，在印刷线路板上与外部的连接处冲孔，把分立元件的接头或其他部分的终端插入，焊接在这个路口上，这样一个完整的线路便组装完成了。如果采用浸镀法，所有接头的焊接可以一次完成。这样，对于那些需要精细布置电路的场合，如无线电、电视机、计算机等，采用印刷电路可以节省大量布线和固定回路的劳动，因而得到广泛应用，需要消费大量的铜箔。此外，在电路的连接中还需用各种价格低廉、熔点低、流动性好的铜基钎焊材料。

习惯上按印刷电路的分布划分电路板为：①单面板。仅一面有导电图形的印制板；②双面板。两面都有导电图形的印制板；③多层板。有三层或三层以上导电图形和绝缘材料层压合成的印制板。

印刷电路的好处是用不着在电路板上一次一次地进行焊接，免去了大量复杂的手工接线操作，而且能达到高精度，使电路板的生产效率大大提高。印刷业可以将大的图片缩小制版，印刷电路同样也可以把电子线路图缩小制版，从而为集成电路的产生准备了条件。今天，所有的计算机以及所有的电子产品，都使用了印刷电路。现在的印刷电路是把导体图形用印制手段蚀刻或感光在一块绝缘基板上，是使电子元件互相连接的一种电子电路。它已经可以使用自动绘图仪迅速地把导体图形直接描绘在玻璃板上制版，然后印刷出来。印刷电路使电子设备的批量生产变得简单易行，使电子设备性能一致，质量稳定，结构紧凑。如果没有印刷，20 世纪 50 年代以来的电子设备就不可能取得这样大的进展。

（1）铜蚀刻在印刷线路板上的应用。印刷线路板是在层积板上形成铜布线图形。除电阻、电容、线圈部件、三极管、二极管等分立器件以外，可用焊接把混合集成电路和集成电路固定起来，同时还应用于电器连接方面。

印刷线路板上铜图形形成的方法有减去法和添加法。添加法工序简单，成本低廉，铜的损耗小，因为镀后不需要除去抗蚀剂，板面仍具有平滑等优点。但是，用化学镀获得良好的镀膜比较困难，因此在生产中要设定适当的条件和严格的工艺管理。相反，减去法工序复杂，但贴铜箔在贴铜层积板容易操作，用电镀容易得到良好的膜层，质量也稳定，是目前制作印刷线路板的主要技术。

在印刷电路板制造工艺中，蚀刻工艺占有很重要的位置。蚀刻技术也是制备大规模集成电路和超大规模集成电路中极其重要的关键技术，控制好蚀刻质量是确保高密度电路图形高品质的关键。随着电子技术及计算机技术的迅速发展，对半导体存储器的容量提出了新的更高的要求，对现代印制电路板要求愈细愈密，特点是高密度、细线路、细孔径，因此蚀刻技术的要求也越来越精细。

(2) 电解铜箔。电解铜箔的生产已有数十年的历史，现在铜箔最宽可达1～2.5mm，厚度可到0.005mm，主要用于印刷电路板的制造。其中0.035mm厚的铜箔用量占95%，0.018mm以下的占5%。电解铜箔的生产工艺主要由两部分组成，即制成满足宽度和厚度要求的卷状铜箔工序和表面处理工序。

电解铜箔可分为标准箔（STD-E）和高延箔（HD-E），其中标准箔要求单位面积质量为44.6～1831g/m^2。

电解铜箔起源于20世纪30年代，最初仅作为装饰、防水材料应用于建筑行业。50年代，随着电子工业的迅速发展，人们才发现电解铜箔是制作印刷线路导体的最佳材料。目前，电解铜箔广泛用于印刷电路、挠性母线、电波屏蔽板、高频汇流线及热能搜集器等，是先进电子工业最重要的专用基础材料之一，其中世界电解铜箔产量的95%用于生产印刷线电路板。

从电解铜箔业的生产布局及市场发展变化的角度来看，可将其发展历程划分为三大阶段，及电解铜箔业起步的时期（1955年至20世纪70年代），日本铜箔企业全面垄断世界市场的时期（1974年至20世纪90年代）和世界多极化争夺市场的时期（20世纪90年代至今）。电解铜箔的生产水平以美国最高，可制得厚度为5mm厚的电解铜箔，宽度1～2.5mm的铜箔，单机生产能力达100～300t/a，现有生产线140多条，YATES公司和GOULD公司年产均在15000t以上。电解铜箔国外的最大生产厂家为日本三井矿冶公司，生产能力为55000t，见表11-30。

表11-30 电解铜箔工业发展

发展阶段	年代	主要事件	阶段特点
起步阶段	1937年	美国新泽西州Anaconda公司炼铜厂最早开始生产	作为装饰，防水材料应用于建筑行业
发展阶段	1955年	美国Yates公司从Anaconda公司脱离，专门生产经营PCB用铜箔	铜箔的主要应用市场步入尖端精密的电子工业
	1957年	美国的Gould公司也相继投产	
	20世纪50年代末	日本的三井(Mitsui)企业开始引进Anaconda公司的技术，在日本首家生产铜箔 日本的古河(Frukawa)企业与Yates公司合作建厂 日本的日矿(Nippon Mining)企业，成立了Nikko Gould公司	日本引进美国的铜箔生产技术，使得该时期的日本铜箔工业形成多家鼎立的局面
角色转换阶段	20世纪70年代中、后期至今	Yates公司与Gould公司先后退出亚洲市场的竞争 日本公司通过购并美国的Yates公司与Gould公司，获得其最尖端的电解铜箔生产技术	日本的铜箔工业在生产技术、产量及市场份额等方面均已超过美国

虽然中国电解铜箔业发展速度较快，但还不能满足电子工业的需要，与国际先进水平存在一定的差距。

11.5　使用环境和失效

恶劣的气候条件是引起电子设备中金属和非金属材料发生腐蚀、老化、霉烂、有效性能寿命大幅缩短等各种损坏的最重要的因素。在腐蚀学科中，常把大气分为工业、海洋和农村大气三类，其中的海洋大气腐蚀最为严重，工业大气次之，农村大气最轻。

11.5.1　电子器件的使用环境

电子设备的工作环境是影响设备性能的重要因素。电子设备的工作环境，大体分为自然环境、工业环境和特定环境。除自然环境外，工业环境和特定环境一般是人为制造和改变的。国外曾对机载电子设备进行故障剖析，结果发现，50%以上的故障是由环境因素所致。而温度、振动、湿度三项环境造成的故障率则高达 44%。

使用于情报、通信、交通、电业等领域的电子仪器，发生故障时会对社会产生巨大影响，因而这类产品应具有极高的可靠性。而电子产品的可靠性与寿命受使用环境的影响很大，如在有腐蚀性气体、高湿度的环境使用等。为了保持电子仪器的可靠性及长寿命，必须研究使用环境中各种腐蚀因素产生的腐蚀行为，开发使用环境的腐蚀性等级评价、防蚀技术以及大气环境模拟加速试验方法。

11.5.2　环境因素与失效现象

1. 高温氧化

高温金属氧化过程：金属与介质作用失去电子的过程：

$$M \longrightarrow M^{n+} + ne$$

$$xM + yX = M_xY_y$$

第一步：吸附、化合成膜：$O_2 \xrightarrow{\text{吸附、分解}} O \xrightarrow{+2e} O^{2-} \xrightarrow{+M^{2+}} MO$　（界面反应）

第二步：膜成长（图 11-23）：阳极反应：$M \longrightarrow M^{2+} + 2e$

阴极反应：$\frac{1}{2}O_2 + 2e \longrightarrow O^{2-}$　（扩散过程）

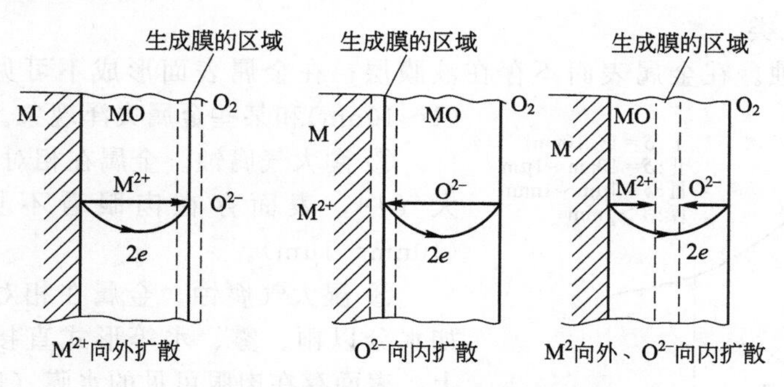

图 11-23　金属氧化膜成长的扩散方式

金属氧化膜的结构和形态决定反应物质（M^{2+} 或 O^{2-}）通过膜的扩散方式和扩散速度。

金属与含 S 气体接触，反应生成硫化物，使金属不断腐蚀的现象。硫化比氧化作用更严重，晶格缺陷浓度也高得多，膜的熔点低（共晶物更低）。

2. 大气腐蚀

金属在大气自然条件下发生的腐蚀；在金属表面上的薄层电解液膜中进行的电化学腐蚀；金属表面的水膜成分，是大气中的杂质溶解在水膜中形成的相应的电解质溶液；大气腐蚀过程遵循电化学腐蚀的一般规律；阴极以耗氧腐蚀为主；腐蚀程度受大气的成分和湿度影响。

3. 土壤中的腐蚀

与在电解液中腐蚀的本质是一样的。阴极过程主要是氧的去极化过程；土壤的结构和湿度的影响；易因充气不匀形成供氧差异腐蚀电池；杂散电流引起的腐蚀现象。

4. 海水中的腐蚀

与在电解液中腐蚀的本质是一样的。阴极过程主要是氧的去极化过程；电负性很强的金属及合金发生氢的去极化反应；受海水的流速影响；选用在含氯离子的溶液中有稳定钝态的金属和合金，降低腐蚀速度；异种金属在海水中容易发生电偶腐蚀。

11.5.3 室内环境

空气中侵蚀金属的主要因素大多数是氧气。但是当空气有一定的相对湿度（即所谓临界湿度）时才会发生重要的实际腐蚀作用。一般临界湿度为60%～70%，超过临界湿度越大，则腐蚀作用越大。

在居住和工作房间中，夏季的相对湿度高，因而腐蚀作用比冬天大。在山区和海洋地区，室内的相对湿度大多比平坦的内地高，腐蚀作用相对较大。如果空气中不存在特别侵蚀的成分，那么腐蚀的量一般来说就比较小。因此，腐蚀作用会由于尘埃的增加，空气中的气态杂质，特别是二氧化硫、酸雾以及由燃烧气体产生的含硫有机化合物（厨房和餐室中散发氨气）等含量的增加而加剧。

更严重的腐蚀可能是由于制件和各种物体相接触而产生的，如接触汗水、木材（有机酸或浸湿剂）、纸张（酸、碱，氯化物和硫化物）等。

11.5.4 大气腐蚀

金属材料或构筑物在大气条件下发生化学或电化学反应引起材料的破损称为大气腐蚀。在大气中参与腐蚀过程的是氧和水气，其次是二氧化碳。根据金属表面的潮湿程度的不同，把大气腐蚀分为三类。

① 干大气腐蚀。在金属表面不存在液膜层；在金属表面形成不可见的保护性氧化膜（1～10nm）和某些金属失泽现象。

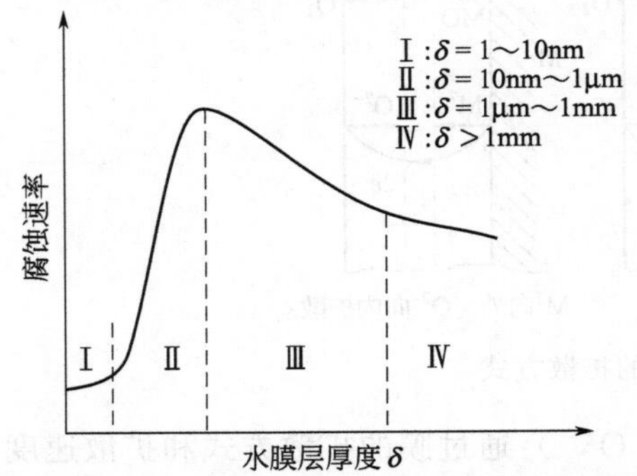

图 11-24 大气中腐蚀速率和水膜厚度的关系

② 潮大气腐蚀。金属在相对湿度小于100%的大气中，表面存在肉眼看不见的薄的液膜层（10nm～1μm）。

③ 湿大气腐蚀。金属在相对湿度大于100%，如水分以雨、雾、水等形式直接溅落在金属表面上，表面存在肉眼可见的水膜（1μm～1mm）。

大气腐蚀速度与金属表面水膜厚度的关系，如图 11-24 所示。腐蚀速度与水膜厚度的规律大致可划分四个区域。金属的表面在潮湿的大气中会吸附一层很薄的湿气层即水膜，当这个水膜达到20～30个分子层厚时，就变成电化学腐蚀所必须的电解液膜。

① 区域Ⅰ金属表面只有约几个水分子厚（1～10nm）水膜，没有形成连续的电解质溶液，干的大气腐蚀，腐蚀速度很小。

② 区域Ⅱ金属表面水膜厚度约在1μm时，由于形成连续电解液层，腐蚀速度迅速增加，发生潮的大气腐蚀。

③ 区域Ⅲ水膜厚度增加到1mm时，发生湿的大气腐蚀，氧通过该膜扩散到金属表面显著困难，因此腐蚀速度明显下降。

④ 区域Ⅳ金属表面水膜厚度大于1mm，相当于全浸在电解液中的腐蚀，腐蚀速度基本不变。

通常所说的大气腐蚀是指在常温下潮湿空气中的腐蚀。

大气腐蚀的特点是金属表面处于薄层电解液下的腐蚀过程，因此其腐蚀规律符合电化学腐蚀的一般规律。主要参与是氧和水气，其次是二氧化碳及污染气体，是发生化学和电化学反应共同作用。

阴极过程：金属发生大气腐蚀时，由于氧很容易到达阴极表面，故阴极过程主要依靠氧的去极化作用。

中性或碱性介质中：$O_2+2H_2O+4e \longrightarrow 4OH$。

酸性介质中：$O_2+4H^++4e \longrightarrow 2H_2O$。

阳极过程：腐蚀的阳极过程就是金属作为阳极发生溶解的过程，在大气腐蚀的条件下，阳极过程反应为：$M+xH_2O \longrightarrow M^{n-1}\cdot xH_2O+ne$。

在薄的液膜条件下，大气腐蚀的阳极过程受到较大阻滞，因为氧更容易到达金属表面，生成氧化膜或氧的吸附膜，使阳极处于钝态。阳极钝化及金属离子化过程困难是造成阳极极化的主要原因。当液膜增厚，相当于湿的大气腐蚀时，氧到达金属表面有一个扩散过程，因此腐蚀过程受氧扩散过程控制。

湿度是决定大气腐蚀类型和速度的一个重要因素。每种金属都存在一个腐蚀速度开始急剧增加的湿度范围，人们把大气腐蚀速度开始剧增时的大气相对湿度值称为临界湿度。对于铁、钢、铜、锌，临界湿度约在70%～80%之间。

防止大气腐蚀的方法有提高金属材料的耐蚀性，在碳钢中加入Cu、Cr、Ni及稀土元素可提高其耐大气腐蚀；用有机和无机涂层及金属镀层；采用气相缓蚀剂。降低大气湿度（主要用于仓储金属制品的保护）。另外，合理设计构件，防止缝隙中存水，去除金属表面上的灰尘等都有利于防蚀。尤其要开展环境保护，减少大气污染，这不仅有利于健康，而且对延长金属材料在大气中的使用寿命也是相当重要的。

11.5.5　硫化物蠕变

含硫气体和湿气能够腐蚀电路板上所有暴露在外的镀铜。所生成的腐蚀产物（硫化铜）能够引起电路板蠕变，并会造成临近的相隔功能部件短路，这种现象叫硫化物蠕变，也叫铜蠕变腐蚀，也是蠕变的一种。当温度很高，应力很低时，蠕变速度与应力成正比，这种蠕变与位错关系不大，此时的形变主要是由应力作用下物质的定向流动造成的，这种蠕动即扩散蠕动。

因硫化物导致的接触不良：电子产品的保管通常是放在泡沫箱中，而泡沫箱会释放出微量的硫化氢，当保管期长时，将发生因硫化使触点的接触电阻增大，从而发生接触不良。

11.5.6 迁移

迁移，又称渗移，泳移。在物理场的作用下，物质的分子、离子或其他粒子等沿一定方向的运动。场可以是电场、磁场、重力场或离心力场、浓度场等。例如在电场下的迁移是电泳；在浓度场下的迁移是分子扩散；在重力场下的迁移是沉降；在温度场下的迁移是热扩散。

“电子迁移”是20世纪50年代在微电子科学领域发现的一种从属现象，指因电子的流动所导致的金属原子移动的现象。因为此时流动的“物体”已经包括了金属原子，所以也有人称之为“金属迁移”。在电流密度很高的导体上，电子的流动会产生不小的动量，这种动量作用在金属原子上时，就可能使一些金属原子脱离金属表面到处流窜，结果就会导致原本光滑的金属导线的表面变得凹凸不平，造成永久性的损害。这种损害是个逐渐积累的过程，当这种“凹凸不平”多到一定程度的时候，就会造成CPU内部导线的断路与短路，而最终使得CPU报废。温度越高，电子流动所产生的作用就越大，其彻底破坏CPU内一条通路的时间就越少，即CPU的寿命也就越短，这也就是高温会缩短CPU寿命的本质原因。电子迁移属于电子科学的领域，在20世纪60年代初期才被广泛了解，是指电子的流动所导致的金属原子的迁移现象。在电流强度很高的导体上，最典型的就是集成电路内部的电路，电子的流动带给上面的金属原子一个动量，使得金属原子脱离金属表面四处流动，结果就导致金属导线表面上形成坑洞或凸丘，造成永久的损害，这是一个缓慢的过程，一旦发生，情况会越来越严重，到最后就会造成整个电路的短路，整个集成电路就失效了。

11.5.7 微动

微动是地球表面日常微小的颤动，它区别于有特定震源和发震事件的“微震”，在任何事件和地点均可以观测到。微动位移幅度一般为几个微米，频率变化范围在0.3～5.0Hz之间。

微动磨损，是指在相互压紧的金属表面间由于小振幅振动而产生的一种复合型式的磨损。滚动轴承零件的接触表面，由于振幅很小的振动式的相对运动而产生的磨损现象，叫做微动磨损。在有振动的机械中，螺纹联接、花键联接和过盈配合联接等都容易发生微动磨损。一般认为，微动磨损的机理是：摩擦表面间的法向压力使表面上的微凸体黏着。黏合点被小振幅振动剪断成为磨屑，磨屑接着被氧化。被氧化的磨屑在磨损过程中起着磨粒的作用，使摩擦表面形成麻点或虫纹形伤疤。这些麻点或伤疤是应力集中的根源，因而也是零件受动载失效的根源。根据被氧化磨屑的颜色，往往可以断定是否发生微动磨损。如被氧化的铁屑呈红色，被氧化的铝屑呈黑色，则振动时就会引起磨损。有氧化腐蚀现象的微动磨损也称微动磨蚀。在交变应力下的微动磨损称为微动疲劳磨损。

微动磨损的特点是：在一定范围内磨损率随载荷增加而增加，超过某极大值后又逐渐下降，温度升高则磨损加速，抗粘着磨损好的材料抗微动磨损也好。零件金属氧化物的硬度与金属硬度之比较大时，容易剥落成为磨粒，增加磨损；若氧化物能牢固地黏附在金属表面，则可减轻磨损，一般湿度增大则磨损下降。在界面间加入非腐蚀性润滑剂或对材料进行表面处理，可减小微动磨损。螺纹联接加装聚四氟乙烯垫圈也可减小微动磨损。

1. *磨损机理*

微动磨损和其他类磨损一样，是一个极其复杂的过程，由于表面变形、摩擦温度、接触压力和环境介质等因素的影响，表面层将发生机械性质、组织结构、物理和化学变化。接触副表面的破坏形式也不是单一的。

自20世纪90年代以后，国外学者在微动损伤的机理研究上提出了开创性新理论。

① 第二体理论 该理论认为在微动磨损过程中，由于产生了磨屑，所以摩擦系统会由二体接触变为三体接触。三体接触可分为五个位置，每个部位都有四种调节方式（弹变、断裂、剪切、滚动）。

② 速度调节机理 三体接触中的五个位置，每个位置都有四种调节方式，共有二十种可能运用的调节机理，多次测试结果证明，滑移幅度的变化就是通过速度调节机理实现的。

③ 微动图 微动图理论揭示了微动磨损的运行机制和破坏规律，是近年来微动领域最具代表性的进展。微动图包括运行工况和材料响应微动图，运行工况微动图由部分滑移区、混合区和滑移区组成，其区域的划分由摩擦力、位移幅值、循环次数的变化特征确定，混合区的形成和大小主要与摩擦副的特性、界面介质有关；材料响应微动图由轻微损伤区、裂纹区和磨损区组成，其区域的划分主要由损伤类型确定，损伤区域分布、尺寸大小与循环次数密切相关。

期间国内学者根据非平衡态热力学理论，提出了一种新的研究微动损伤机理的方法，该方法认为完善的摩擦学理论应该涵盖摩擦磨损过程的各方面因素：力学效应、热作用、电磁作用、化学作用和材料效应五个方面。由此提出了描述微动损伤的数学模型，并预测了在不同微动参数下的磨损区形貌和磨损产物，在微动试验机上开展的试验结果表明所做的预测是正确的。

2. 微动磨损的研究

实际工况中的微动现象十分复杂，从相对运动方式来看，可以分解为切向、径向、扭动和滚动微动四种基本模式，其中至今大多数研究集中在切向微动上，主要理论也是在此基础上建立的。大量的实际损伤问题包括钢缆、输电导线、电接触等部件都是径向微动等其他模式及多种运动模式复合的结果。为解决复杂的微动损伤问题提供了理论指导和试验模拟手段。

研究表明，对于径向微动，只有异质接触副材料才能产生微滑，引起微动损伤，另外，材料性质、表面粗糙度和载荷水平强烈地影响径向微动的动力学行为，径向微动的损伤主要表现为接触疲劳的剥落。对于切向与径向叠加的复合微动，在控制载荷循环过程中，微动损伤明显地呈现三个阶段的特征，用位移协调机制可以很好地揭示微动的运行和损伤机理。在复合微动过程中，在一定的试验条件下可以观测到混合区的存在，而且随着试验的循环周次增加，材料的磨损与疲劳存在明显的竞争关系。

3. 表面工程技术抗微动磨损

减缓微动损伤在各领域都有着重要的意义。近十年来，表面工程抗微动磨损和疲劳的研究逐渐增多，呈现良好的发展趋势。根据微动图理论和大量试验研究，减缓微动损伤的措施主要考虑四方面因素：消除滑移区和混合区、增加接触表面强度、减低摩擦系数和采用合理的材料选用于匹配。

目前，抗微动损伤表面工程技术主要包括机械强化、表面热处理与热化学处理、电沉积技术、堆焊与热喷涂技术、物理气相沉积与化学气相沉积、高能束表面处理和固体润滑涂层等。从作用机制来看，表面工程技术减缓微动损伤主要是改变微动区域、引入残余压应力、降低摩擦系数、增加表面硬度、改变表面化学性质、改变表面粗糙度等。目前针对固体润滑涂层和硬质 TiN 涂层已有较系统的研究。

11.5.8 扩散

扩散是指物质分子从高浓度区域向低浓度区域转移，直到均匀分布的现象。扩散的速率与物质的浓度梯度成正比。

扩散可以分类为很多不同种类的扩散，其需要和状态大体不相同。有些扩散需要介质，而有些则需要能量。因此不能将不同种类的扩散一概而论。有生物学扩散、化学扩散、物理学扩散等。

由于分子（原子等）的热运动而产生的物质迁移现象。一般可发生在一种或几种物质于同一物态或不同物态之间，由不同区域之间的浓度差或温度差所引起，前者居多。一般从浓度较高的区域向较低的区域进行扩散，直到同一物态内各部分各种物质的浓度达到均匀或两种物态间各种物质的浓度达到平衡为止。显然，由于分子的热运动，这种“均匀”、“平衡”都属于“动态平衡”，即在同一时间内，界面两侧交换的粒子数相等，如红棕色的二氧化氮气在静止的空气中的散播，蓝色的硫酸铜溶液与静止的水相互渗入，钢制零件表面的渗碳以及使纯净半导体材料成为 N 型或 P 型半导体掺杂工艺等都是扩散现象的具体体现；在电学中半导体 PN 结的形成过程中，自由电子和空穴的扩散运动是基本依据。扩散速度在气体中最大，液体中其次，固体中最小，而且浓度差越大、温度越高、参与的粒子质量越小，扩散速度也越大。扩散过程，是分子挣脱彼此间分子引力的过程。这个过程，分子需要能量来转化为动能，也就需要从外界吸收热量。

晶体学中，扩散是物质内质点运动的基本方式，当温度高于绝对零度时，任何物系内的质点都在作热运动。当物质内有梯度（化学位、浓度、应力梯度等）存在时，由于热运动而导致质点定向迁移即所谓的扩散。因此，扩散是一种传质过程，宏观上表现出物质的定向迁移。在气体和液体中，物质的传递方式除扩散外还可以通过对流等方式进行；在固体中，扩散往往是物质传递的唯一方式。扩散的本质是质点的无规则运动。晶体中缺陷的产生与复合就是一种宏观上无质点定向迁移的无序扩散。晶体结构的主要特征是其原子或离子的规则排列，然而实际晶体中原子或离子的排列总是或多或少地偏离了严格的周期性。在热起伏的过程中，晶体的某些原子或离子由于振动剧烈而脱离格点进入晶格中的间隙位置或晶体表面，同时在晶体内部留下空位。显然，这些处于间隙位置上的原子或原格点上留下来的空位并不会永久固定下来，它们将可以从热涨落的过程中重新获取能量，在晶体结构中不断地改变位置而出现由一处向另一处的无规则迁移运动。在日常生活和生产过程中遇到的大气污染、液体渗漏、氧气罐泄漏等现象，则是有梯度存在情况下，气体在气体介质、液体在固体介质中以及气体在固体介质中的定向迁移即扩散过程。由此可见，扩散现象是普遍存在的。晶体中原子或离子的扩散是固态传质和反应的基础。无机材料制备和使用中很多重要的物理化学过程，如半导体的掺杂、固溶体的形成、金属材料的涂搪或与陶瓷和玻璃材料的封接、耐火材料的侵蚀等都与扩散密切相关，受到扩散过程的控制。通过扩散的研究可以对这些过程进行定量或半定量的计算以及理论分析。无机材料的高温动力学过程——相变、固相反应、烧结等进行的速度与进程亦取决于扩散进行的快慢。并且，无机材料的很多性质，如导电性、导热性等亦直接取决于微观带电粒子或载流子在外场——电场或温度场作用下的迁移行为。因此，研究扩散现象及扩散动力学规律，不仅可以从理论上了解和分析固体的结构、原子的结合状态以及固态相变的机理；而且可以对材料制备、加工及应用中的许多动力学过程进行有效控制，具有重要的理论及实际意义。

11.5.9 应力腐蚀开裂

应力腐蚀开裂是指承受应力的合金在腐蚀性环境中由于裂纹的扩展而发生失效的一种通用术语。应力腐蚀开裂具有脆性断口形貌，但它也可能发生于韧性高的材料中。发生应力腐蚀开裂的必要条件是要有拉应力（不论是残余应力还是外加应力，或者两者兼而有之）和特定的腐蚀介质存在，裂纹的形成和扩展大致与拉应力方向垂直。这个导致应力腐蚀开裂的应力值，要比没有腐蚀介质存在时材料断裂所需要的应力值小得多。在微观上，穿过晶粒的裂纹称为穿晶裂纹，而沿晶界扩展的裂纹称为沿晶裂纹，当应力腐蚀开裂扩展至其一深度时（此处，承受载荷的材料断面上的应力达到它在空气中的断裂应力），则材料就按正常的裂纹（在韧性材料中，通常是通过显微缺陷的聚合）而断开。因此，由于应力腐蚀开裂而失效的零件的断面，将包含有应力腐蚀开裂的特征区域以及与显微缺陷的聚合相联系的“韧窝”区域。

① 点腐蚀　是一种导致腐蚀的局部腐蚀形式。

② 晶间腐蚀　晶粒间界是结晶学取向不同的晶粒间紊乱错合的界域，它们是金属中各种溶质元素偏析或金属化合物（如碳化物和 δ 相）沉淀析出的有利区域。因此，在某些腐蚀介质中，晶粒间界可能先行被腐蚀乃是不足为奇的。这种类型的腐蚀被称为晶间腐蚀，大多数的金属和合金在特定的腐蚀介质中都可能呈现晶间腐蚀。

③ 缝隙腐蚀　是局部腐蚀的一种形式，它可能发生于溶液停滞的缝隙之中或屏蔽的表面内。这样的缝隙可以在金属与金属或金属与非金属的接合处形成，例如，在与铆钉、螺栓、垫片、阀座、松动的表面沉积物以及海生物相接触之处形成。

④ 全面腐蚀　是用来描述在整个合金表面上以比较均匀的方式所发生的腐蚀现象的术语。当发生全面腐蚀时，材料由于腐蚀而逐渐变薄，甚至材料腐蚀失效。不锈钢在强酸和强碱中可能呈现全面腐蚀。全面腐蚀所引起的失效问题并不怎么令人担心，因为，这种腐蚀通常可以通过简单的浸泡试验或查阅腐蚀方面的文献资料而预测它。

铜合金腐蚀介质是 NH_3 蒸气，氨溶液，汞盐溶液，含 SO_2 的大气，三氯化铁，硝酸溶液。空气中少量的 NH_3 是鼻子嗅不到的，却能引起黄铜的氨脆。19 世纪下半叶，英军在印度生产的弹壳每到雨季就会发生破裂。由于不了解真正的原因，当时给了个不恰当的名字叫“季脆”，原因是黄铜弹壳的应力加上湿度大气中含有微量 NH_3 的共同作用，引起铜合金的应力腐蚀开裂。

黄铜的应力腐蚀破裂：苯酚树脂常用作绝缘物，乌洛托品常作为硬化剂，这两者分解会产生氨从而导致黄铜应力腐蚀破裂。此外，建设发电站时，土建与电子仪器的安装是同时进行的，为了防尘，通常用塑料薄板制的合成板保护电子仪器以防尘，由于合成板用了大量的甲醛，而甲醛会致使黄铜发生应力腐蚀破裂。

参考文献

[1] 高陇桥．陶瓷-金属材料实用封接技术［M］．北京：化学工业出版社，2011.

[2] 《重有色金属加工手册》编写组．重有色金属加工手册［M］．北京：冶金工业出版社，1979.

[3] 胡艳萍，段建松．无氧铜管棒生产中氧含量的控制［J］．江西理工大学学报，2009，30（3）：11-13.

[4] 王艳，王琪．无氧铜杆中氧含量的控制与精确测定［J］．机械，2000，27（z1）：180-181.

[5] 于朝清，秦秀芳，刘安利．无氧铜的制备及电子铜的发展趋势［J］．《电工材料》，2006（1）：10-13.

[6] 谢建新．材料加工新技术与新工艺［M］．北京：冶金工业出版社，2004.

[7] 孙向明．高纯无氧铜银合金带材生产工艺的探讨［J］．工程建设与设计，2001，(1)：43-45.
[8] 钟卫佳，肖恩奎．高品质无氧铜的生产［A］．电子工业用铜合金材料研讨会论文集［C］，2002.
[9] 陈文革，王纯．集成电路用金属铜基引线框架和电子封装材料研究进展［J］．材料导报，2002，16(7)：29-30.
[10] 涂思京，闫晓东，谢水生．引线框架用铜合金C194的组织性能［J］．稀有金属，2004，28(1)：199-201.
[11] 汪黎，孙扬善．Cu-Ni-Si基引线框架合金的组织和性能［J］．东南大学学报（自然科学版），2005，35(5)：729-732.
[12] 杨春秀，郭富安．引线框架用Cu-Cr-Zr合金的研究现状［J］．金属功能材料，2006，13(3)：24-28.
[13] 王晓娟，蔡薇，柳瑞清．铜合金引线框架材料现状与发展［J］．江西有色金属，2004，18(1)：31-34.
[14] 张毅．微合金化高性能Cu-Ni-Si系引线框架材料的研究［D］．西安：西安理工大学，2009.
[15] 谢水生，李彦利，朱琳．电子工业用引线框架铜合金及组织的研究［J］．稀有金属，2003，27(6)：772-775.
[16] 潘承怡，向敬忠，宋欣．机械零件设计［M］．北京：清华大学出版社，2012.
[17] 刘平，田保红，赵冬梅．铜合金功能材料［M］．北京：科学出版社，2004.
[18] Yi Zhang, Zhe Chai, Alex A. Volinsky, et al. Processing maps for the Cu-Cr-Zr-Y alloy hot deformation behavior [J]. Materials Science and Engineering A, 2016, 662(4)：320-329.
[19] Yi Zhang, Baohong Tian, Alex A. Volinsky, et al. Dynamic recrystallization model of the Cu-Cr-Zr-Ag alloy under hot deformation [J]. Journal of materials research, 2016, 31(9)：1275-1285.
[20] Yi Zhang, Huili Sun, Alex A. Volinsky, et al. Hot Deformation and Dynamic Recrystallization Behavior of the Cu-Cr-Zr-Y Alloy [J]. Journal of Materials Engineering and Performance, 2016, 25(3)：1150-1156.
[21] 陈良生，徐有容，王德英．高铝不锈钢热加工特性与综合流变应力模型［J］．钢铁，2000，35(5)：55-59.
[22] Sellars C M, T egart, W J McG. Relation Entrela Resistanceetla Structure Dansle Deformationa Chaud [J]. Mem Sci Rev Metall, 1966, 63: 731-746.
[23] C. M. Sellars, W. J. McG Tgart. Hot workability, Into [J]. M. Reviews, 1972, 17: 1-24.
[24] Yi. Zhang, Alex. A. Volinsky, Qianqian Xu, et al. Deformation behavior and microstructure evolution of the Cu-2Ni-0. 5Si-0. 15Ag alloy during hot compression [J]. Metallurgical and Materials Transactions A, 2015, 46A(12)：5871-5876.
[25] Zhang Yi, Liu Ping, Tian Bao-hong, et al. Hot deformation behavior and processing map of Cu-Ni-Si-P alloy [J]. Transactions of Nonferrous Metals Society of China, 2013, 23(8)：2341-2347.
[26] Yi Zhang, Hui-Li Sun, Alex A. Volinsky, et al. Characterization of the Hot Deformation Behavior of Cu-Cr-Zr Alloy by Processing Maps [J]. Acta Metallurgica Sinica, 2016, 29(5)：422-430.
[27] 许倩倩．高强高导Cu-Cr-Zr(-Nd/Ag)合金热变形和时效行为研究［D］．洛阳：河南科技大学，2015.
[28] Yi Zhang, Zhe Chai, Alex A. Volinsky, et al. Hot Deformation Characteristics and Processing Maps of the Cu-Cr-Zr-Ag Alloy [J]. Journal of Materials Engineering and Performance, 2016, 25(3)：1191-1198.
[29] 黄有林，王建波，凌学士．热加工图理论的研究进展［J］．材料导报，2008，22(s3)：173-176.
[30] 邢献强．气门弹簧用OT钢丝的现状与发展趋势［J］．金属制品，2008，(2)：7-10.
[31] 武怀强．气门弹簧疲劳断裂失效分析［J］．金属制品，2007，(6)：37-39.
[32] 万代红．弹簧常用材料的归纳［J］．机械工业标准化与质量，2012，(z1)：30-32.
[33] 陈复民，李国俊，苏德．弹性合金［M］．上海：上海科学技术出版社，1986.
[34] 李赋屏，周永生，黄斌等．铜论［M］．北京：科学出版社，2012.
[35] 孟育时．高强度锌基合金的增性研究［D］．昆明：昆明理工大学，2005.
[36] 陈文革，丁秉均．钨铜基复合材料的研究及进展［J］．粉末冶金工业，2001，11(3)：46-50.
[37] 范志康，梁淑华，肖鹏．CuW/CrCu自力型整体触头界面还原及结合强度［J］．电工材料，《电工材料》，2003(4)：13-17.
[38] 王强．熔渗CuW/CrCu整体材料的界面行为及CuW合金性能的研究［D］．西安：西安理工大学，2001.
[39] 黄培云．粉末冶金原理［M］．北京：冶金工业出版社，1982.
[40] 郑茗天．超薄铜箔材料的腐蚀行为研究［D］．北京：北京化工大学，2010.
[41] 杨玉婷．铜箔生产企业节能技术研究及工程应用［D］．长沙：湖南大学，2014.
[42] 周培国，郑正，彭晓成等．氧化亚铁硫杆菌浸出线路板中铜的研究［J］．环境污染治理技术与设备，2006，(12)：126-128.
[43] 韩洁，聂永丰，王晖．废印刷线路板的回收利用［J］．城市环境与城市生态，2001，(6)：13-16.
[44] 谭瑞淀，王同华，檀素霞等．微波辐照热解废印刷电路板产物的分析研究［J］．环境污染与防治，2007，(8)：

17-19.
[45] 曾振欧，李哲，杨华等．$CuCl_2$-HCl酸性蚀刻液的ORP测量及其应用［J］．电镀与涂饰，2010，29（2）：14-18.
[46] 王祝堂，田荣璋．铜合金及其加工手册［M］．长沙：中南大学出版社，2002.
[47] 张明．电子设备结构防腐设计中的材料应用［J］．电子机械工程，2004，20（4）：45-48.
[48] 闫康平．过程装备腐蚀与防护［M］．北京：化学工业出版社，2002.
[49] 何源．7075铝合金双级时效的组织与性能及其应力腐蚀开裂机理研究［D］．杭州：浙江工业大学，2010.

第 12 章

热交换器材料

热交换器是用来使热量从热流体传递到冷流体，以满足规定工艺要求的装置，是对流传热及热传导的一种工业应用，是化工、石油、动力、食品及其他许多工业部门的通用设备，在生产中占有重要地位。

热交换器由于工作使命的需要，把从高温零件产生的热量吸收，通过热对流和热传导作用，输送到低温介质，并维持温度的稳定。因此，良好的导热率必然成为热交换器材料的核心性能参数之一。同时在节能减排的世界潮流下，热交换器件的紧凑化和轻量化也成为行业的发展方向之一，因此在达到相同功能条件下，用来制造热交换器的材料越轻越好。对于汽车用散热器，其位置一般在汽车前段迎风口，长期的风吹雨淋、废气污染、吸放热循环和周期性振动，将严重影响散热器的寿命，对热交换材料的选择提出了更高的挑战。因此，想要制备出散热性能优异、工艺简单、简洁轻便、可靠性强的热交换设备，对其材料的性能有如下要求：①导热性能优异；②具有一定的机械强度，耐环境腐蚀性好；③优良的加工成型性能和焊接性能；④良好的经济型。

选择导热系数较高的金属作为热交换材料对提高传热效率有很大的帮助。和铜的优良导电性能相似，在所有的金属当中，铜也具有仅次于银的优良导热性能，常见金属材料的导热系数列入表 12-1。但银资源有限，价格昂贵，满足不了经济性这一指标，所以在热交换设备发展的一百多年中，铜及铜合金作为设备的主体散热部件得到了广泛应用。

表 12-1　一些常见金属的热导率　　单位：W/(cm·℃)

金属	银(Ag)	金(Au)	铝(Al)	锌(Zn)	铁(Fe)	锡(Sn)	铅(Pb)	铜(Cu)
热导率	4.15	3.12	2.26	1.13	0.94	0.66	0.35	3.97

注：测定温度为 0℃。

铜及铜合金所具有的优良加工成型性和焊接性能，优异的抗腐蚀性能等优点，长期以来都是热交换设备的首选材料。黄铜因具有较好的机械强度常用作散热导管，而紫铜则以优良的导热性和延展性著称，被广泛应用于制造热交换设备散热片。

12.1　冷冻空调用铜管

空调器和冷冻机的控温作用，主要通过热交换器铜管的蒸发及冷凝作用来实现。热交换传热管的传热性能和尺寸，在很大程度上决定了整个空调机和制冷装置的功效和小型化。在这些机器上采用的都是高导热性的异型铜管。

在家用空调的主要部件中有两个换热器，即蒸发器和冷凝器，简称“两器”。“两器”都是由铜管和铝箔制成的，所用的内螺纹铜管的内壁有50～70条凸起的螺旋肋条。换热器的换热方式包括三种基本的方式：传导、对流、辐射，换热器中的铜管起着传导换热的作用，是换热的最直接方式。而为了适应空调器节能、省材的要求，铜管已经向细径化、薄壁化方向发展，并从光滑管发展到内螺纹管后，强化了换热效果，提高了热交换能力，空调整机尺寸因此得以大大缩小，实现了换热器铜管的一次革命。

为了满足空调制冷行业的迅速发展，全国有色金属标准化技术委员会先后组织制定了GB/T 17791—1999《空调与制冷用无缝铜管》、YS/T 440—2001《内螺纹铜管》、GB/T 1531—1994《铜及铜合金毛细管》、《冰箱用高清洁度铜管》以及《铜及铜合金无缝翅片管》等一系列国家标准和行业标准。这些标准的陆续发布和实施，正确引导和规范了空调领域用铜管的发展，进一步满足了空调制冷用铜管的质量要求，促进了国产铜管替代进口产品的进程。

12.1.1 腐蚀类型

冷凝铜管的腐蚀在各个使用领域都不同程度的存在，空调用铜管也难于幸免。众所周知，在蒸发器铜管中，液态氟利昂制冷剂蒸发（沸腾）变成气态，吸收热量使温度降低；在冷凝器铜管中，来自蒸发器的高温气态氟利昂降温并凝结（冷凝）为液态，放出热量使温度升高。主要应用于大型商场、宾馆和写字楼的中央空调，也多以溴化锂或氟利昂水冷式制冷机组进行制冷。这些物质都会对铜管的表面造成腐蚀和结垢，导致蒸发器、冷凝器的传热效率下降，制冷量降低，能耗上升，缩短设备使用寿命。另外，无数次的高低温冷热循环也会加剧材料内部的应力，在应力和腐蚀介质的共同作用下造成应力腐蚀开裂。因此，对冷冻空调用铜管腐蚀和防护的研究十分必要。

不同用途或使用场合运行条件的变化会使空调铜管产生各异的腐蚀形态，其主要腐蚀类型有以下几种。

（1）点蚀　点蚀是指在金属材料表面大部分不腐蚀或腐蚀轻微而分散发生的局部高度腐蚀现象。经大量实验和研究表明，发生点蚀与铜管表面存在Cu_2O有关，Cu_2O膜对铜管不仅不具有保护作用，而且与含氧化物的水接触时，由于电极电位差的存在，从而导致铜管发生点蚀。无论是机组实际运行，还是模拟化学实验，都得出一个相同结论：带有严重氧化膜的铜管与光管或膜管相比，其耐蚀性最差。

（2）应力腐蚀　铜管加工成型过程中，会在其内部或多或少留下部分机械应力，使用过程中高低温的循环变化也会在铜管内部形成应力。在应力和腐蚀介质的共同作用下，铜管容易产生应力腐蚀开裂。

（3）冲击腐蚀　冷却水或制冷介质的湍流以及进入水流的气体或颗粒，将使铜管表面局部保护膜遭到破坏，形成冲击腐蚀。

（4）沉积物腐蚀　水冷式中央空调的冷却水系统为敞开式循环系统，冷却水极易高度浓缩，水中有些溶解盐因过饱和而析出。这些盐垢的存在不仅降低了热交换效率，同时也导致垢下氧的浓差腐蚀，给机组造成隐患。

（5）晶间腐蚀　晶间腐蚀是一种由微电池作用而引起的局部腐蚀，是金属在特定腐蚀介质中沿着材料的晶界产生的腐蚀。晶间腐蚀一般与合金成分的不均匀性有关，多数发生在含硫化物多、含氧低盐水中。铅、磷、砷等被认为是引起黄铜产生晶间腐蚀的主要元素。

造成空调铜管腐蚀的因素很多，按照产生腐蚀的原因，大致可以分为四类：溶解氧腐蚀、有害离子腐蚀、微生物腐蚀和电偶腐蚀。

12.1.2 高性能传热管

空调管是散热管的重要代表，主要用于空调器中的蒸发器、冷凝管、连接管等。空调器铜管全部使用加磷脱氧铜管制造，这种合金具有优良的耐蚀性、良好的工艺性能，因此在散热铜管中广泛应用。空调管的生产已经高度现代化，其生产技术与方法已取得多项发明专利，产品供货有直角、蚊香盘、盘管卷等多种形式。目前，我国空调管产品的国家标准已经建立，空调管的技术要求和典型品种列入表12-2。

表12-2 典型高效散热管品质要求　　单位：mm

产品名称	质量及技术要求	说明
空调制冷管	合金：TP_2 直管($\phi 4 \pm 0.05$)×(0.25 ± 0.025) ($\phi 30 \pm 0.08$)×(2.0 ± 0.2)×(400～10000) 盘管($\phi 4 \pm 0.05$)×(0.3 ± 0.03) ($\phi 30 \pm 0.08$)×(0.20 ± 0.0215) 椭圆度外径0.7%～1.5% 切斜度≤2 M：$\sigma_b \geqslant 205$MPa，$\sigma_5 \geqslant 40\%$ Y：$\sigma_b \geqslant 315$MPa 扩口30%～40% 晶粒度：0.025～0.06mm 清洁度≤0.038g/m² ϕ6～30mm外径管逐根进行涡流探伤	GB/T 17791—1999
内螺纹铜管	$\phi 9.52 \pm 0.05/\phi_内$ 8.66 ± 0.03 底壁厚0.28 ± 0.03 齿高0.15 ± 0.02 螺旋角18°±2° 螺纹数60 齿顶角53°±5° 合金：TP2 状态：退火 M：$\sigma_b \geqslant 215$～270MPa 晶粒度0.015～0.035mm 扩口60°冲头、>30% 逐根涡流探伤 清洁度≤0.038g/m²	YS/400—2000
水箱用毛细管	合金：T2、TP1、TP2 规格：($\phi_外$ 0.5～3.0)±0.03 规格：($\phi_内$ 0.3～2.5)±0.02 Y：$\sigma_b \geqslant 345$MPa Y_2：σ_b245～370MPa M：$\sigma_b \geqslant 205$MPa 清洁度≤0.310g/m²	GB/T 1531—2009

12.2 汽车散热器材料

近年来，汽车工业的快速发展带动了汽车零部件需求量的高速增长，相应地拉动了汽车用铜合金材料需求量的快速增长。随汽车类型和大小而异，汽车用铜每辆达10～21kg，这些铜材主要被用于制造水箱铜带、同步器齿环、电子接插件、汽车电子、汽车空调、液压装置和油路管等部件。

12.2.1 腐蚀类型与控制方法

随着汽车技术的飞速发展，一辆较高档的汽车一般都含有十余个单独的热交换器，其中最主要的是发动机散热器以及空调系统中的冷凝器、蒸发器。汽车散热器所处的工作环境恶劣，极容易被腐蚀而减少寿命，这对散热器材料的抗腐蚀性能提出了更高的要求，是散热器延长寿命，降低成本、提高效率、走向实用化的关键。

1. 腐蚀类型

散热器由散热扁管和翅片焊接而成，在扁管内存在热交换介质的流动，所以散热器就难免受到冷却介质的腐蚀，即内部腐蚀；另外，恶劣的外部环境对散热器也会造成腐蚀，即外部腐蚀。

(1) 内部腐蚀　表12-3列出了汽车热交换器所处的内、外部环境。由此看出，内部腐蚀主要是由管内的防冻液造成的，汽车防冻液的主要成分为水和防冻剂（乙二醇、氟利昂）。因此，水质（水中的有害杂质离子）、水温、溶解氧等都是散热器内部腐蚀的影响因素。冷却水中含有的氯化物（漂白剂）、硫酸盐、重金属（Cu、Fe）、卤化物焊剂等物质都会对散热器内壁造成腐蚀甚至穿孔。

表12-3　汽车热交换器的内、外部环境

热交换器类型	管内环境	管外可能环境
散热器	冷却水、冷却介质	酸雨、废气
油冷器	各种机油	酸雨、废气
蒸发器	冷却介质	管道空气、冷凝水汽
冷却器	冷却介质	酸雨、废气
加热器	冷却水、冷却介质	管道空气
空气交换冷却器	过滤空气	酸雨、废气

(2) 外部腐蚀　散热器位于汽车前端迎风口，所承受的外部环境与内部环境是截然不同的，腐蚀因素也有很大差异。外部环境中主要遭受雨水、盐渍的腐蚀，沙粒、灰尘、泥浆以及汽车热尾气所造成的污染。散热器不仅要经受如此恶劣的外部工作环境，同时还要承受系统自身的反复热循环和周期性振动，这就要求材料性能和焊接效果一定要好。此外，管材除了容易被外界腐蚀介质侵蚀外，还有可能与翅片之间产生电化学作用而引起电化学腐蚀。

2. 腐蚀控制

研究散热器的腐蚀控制，首先要弄清楚材料的腐蚀原因、机理和影响因素，以便控制和防止材料腐蚀。实践中使用最多的腐蚀控制方法有以下几种。

① 改变环境成分，添加缓蚀剂。

② 选用合适的金属材料、优化金属结构。

③ 电化学保护。

④ 采用保护性覆盖层。

12.2.2 材料

1. 水箱带材料

水箱带材生产历史悠久，其主要功能是散失汽车发动机工作中的热量。随着汽车工业的发展，水箱向小型化、高散热方式发展，水箱的结构也发生了重大变化，管带式结构完全取代了管片式水箱。水箱铜带也向高精度、超薄、耐腐蚀、抗高温软化方向发展。为降低成本，合金的含铜量也在不断降低，水箱管带已由含铜90%的H90合金改为含铜65%的H65合金；水箱散热片带材的厚度已由0.1mm减少为0.06mm。

中国汽车工业发展迅速，汽车产量已居世界前列，国内外汽车水箱用铜材品种列入表12-4。虽然轿车用水箱已绝大部分改用铝材，但是在其他车型中仍以铜制水箱为主。

表 12-4 国内外汽车水箱用铜材牌号及规格

品种	牌号		规格/mm	
	国内	国外	国内	国外
散热管料	T2 H90	H65 H63 H70	0.11～0.15	0.085
散热片料	T2 H90	T2加微量Sn、Zn	0.04～0.15	0.025～0.03
水室主板料	H68	H68	0.5～1.0	0.4～0.8

2. 汽车用铜散热器

现代的汽车用管带式散热器，用黄铜带焊接成散热器管子，用薄的铜带折曲成散热片。近年来为了进一步提高铜散热器的性能，增强它对铝散热器的竞争力，已做了许多改进。在材质方面，向铜中添加微量元素，以达到在不损失导热性的前提下，提高其强度和软化点，从而减薄带材的厚度，节约用铜量；在制造工艺方面，采用高频或激光焊接铜管，并用铜钎焊代替易受铅污染的软钎焊组装散热器芯体。结果见表12-5。

表 12-5 汽车用新型铜散热器与铅钎焊散热器的比较

散热器芯	铝散热器	铜散热器
头部宽度/mm	432	395
散热管高度/mm	550	505
散热片厚度/mm	0.114	0.038
散热管厚度/mm	0.381	0.102
冷却液压力降/kPa	4.75	4.75
空气压力降/kPa	0.307	0.307
芯的净重量/kg	1.67	1.56
芯的湿重量/kg	2.04	1.89

12.3 工业用热交换器材料

工业热交换器用铜合金主要用于海水和劣质水质的各种热交换器中，其中典型用途有发电站主冷凝器管道，军舰的主冷凝器、辅冷凝器。此外，在海洋工程中也有广泛应用，如海水淡化、海上石油开采、制盐等行业。

火力及核能发电都需要依靠蒸汽做功。其循环回路如下：锅炉发生蒸汽—蒸汽推动汽轮机做功—做功后蒸汽送至冷凝器，冷却成水回到锅炉重新变成蒸汽。其中主冷凝器由管板和冷凝管组成。由于铜的导热性好并抗水的腐蚀，所以冷凝管均使用铜合金制造。根据资料介绍，每万千瓦装机容量需要 5t 冷凝管。我国很多地区的水质都不同程度受到污染，严重影响了冷凝管的使用寿命，因而电站检修用冷凝管的数量将相当巨大。

随着世界工业的快速发展，环境污染却也因此日益恶化，由工业废水、生活污水等导致的水体污染现象十分严重；另外，各地地震及海啸等自然灾害的频频发生，也不断侵蚀淡水资源。世界各国开始努力研发海水淡化技术，以求缓解人类淡水资源匮乏的紧张局面。目前，海水淡化技术已日趋成熟，而铜合金冷凝管是海水淡化装置中冷凝器及散热器管的关键材料，因此其应用前景非常广阔。

铜和许多铜合金，在水溶液、盐酸等非氧化性酸、有机酸（如醋酸、柠檬酸、脂肪酸、乳酸等）、除氨以外的各种碱及非氧化性的有机化合物（如油类、酚、醇等）中，均有良好的耐蚀性。因而，在化学工业中大量用于制造接触腐蚀介质的各种容器、管道系统、过滤器、泵和阀门等部件。还利用它的导热性，制造各种蒸发器、热交换器和冷凝器。由于铜还具有良好的塑性，特别适合制造现代化工工业中结构复杂、交叉编织的热交换器。此外，在石油精炼车间都使用青铜生产工具，原因是冲击时不迸出火花，可以防止火灾的发生。

铜合金冷凝管的生产和研究已有近 200 年的历史，随着科技的发展，不锈钢和钛管部分取代了铜合金冷凝管的市场，但是铜合金冷凝管在发电站、舰船冷凝器中仍然占据主导地位。在冷凝管合金的研究中在黄铜合金（HSn70-1、HAl77-2）中加入 0.015%～0.04%的砷，同时加入微量的硼，解决了黄铜脱锌腐蚀的问题，使发电站冷凝管的寿命由 2 年提高到 20 年；在白铜合金（含镍 30%的 B30 合金和含镍 10%的 B10 合金）中加入 1.0%～1.5%的铁和锰，提高了抗海水腐蚀能力。常用耐蚀铜合金的成分及性能列入表 12-6 和表 12-7。

表 12-6 常用耐蚀铜合金

合金名称及牌号	化学成分/%	标准代号
HAl77-2	Cu:76.0～79.0,Al:1.8～2.3,As:0.03～0.06,Zn:余量	GB 5232—85
HSn70-1	Cu:69.0～71.0,Sn:0.8～1.3,As:0.03～0.06,Zn:余量	
HSn70-1B	Cu:69.0～71.0,Sn:0.8～1.3,As:0.03～0.06,B:≤0.01,Zn:余量	
HSn70-1AB	Cu:69.0～71.0,Sn:0.8～1.3,As:0.03～0.06,B:≤0.01,Zn:余量	
BFe30-1-1	Ni+Co:29.0～32.0,Fe:0.5～1.0,Mn:0.5～1.2,Cu:余量	
BFe10-1-1	Ni+Co:9.0～11.0,Fe:1.0～1.5,Mn:0.5～1.0,Cu:余量	

表 12-7 国产冷凝器管材的性能对照

合金牌号	状态	抗拉强度 σ_b/MPa	屈服强度 $\sigma_{0.2}$/MPa	伸长率 δ_{101}%	弹性模量 E/GPa	密度(20℃) /g·cm^{-3}	热导率 /W·m^{-1}·K^{-1}	线膨胀系数(20～100℃) /×10^{-6}K^{-1}	比热容(20℃) /J·kg^{-1}·K^{-1}
H68A	半硬(Y_2) 软(M)	≥320 ≥295	≥412 ≥118	≥35 ≥38	103	8.60	121	19.9	376

续表

合金牌号	状态	抗拉强度 σ_b/MPa	屈服强度 $\sigma_{0.2}$/MPa	伸长率 δ_{10}/%	弹性模量 E/GPa	密度(20℃)/g·cm^{-3}	热导率/W·m^{-1}·K^{-1}	线膨胀系数(20～100℃)/$\times10^{-6}$K^{-1}	比热容(20℃)/J·kg^{-1}·K^{-1}
HSn70-1	半硬(Y_2)	≥320	≥147	≥35	108	8.54	109	20.2	376
	软(M)	≥295		≥38					
HAl77-2	半硬(Y_2)	≥370	≥412	≥40	108	8.40	100	18.5	376
	软(M)	≥345	≥137	≥45					
HSn70-1B	半硬(Y_2)	≥295	—	≥38	—	8.54	—	—	376
	软(M)								
HSn70-1AB	半硬(Y_2)	≥320	≥128	≥35	—	8.53	120	—	376
	软(M)								
BFe30-1-1	半硬(Y_2)	≥490	≥167	≥6	118	8.90	46	17.8	376
	软(M)	≥370		≥25					
BFe10-1-1	半硬(Y_2)	≥345	≥195	≥8	118	8.90	46	16.2	376
	软(M)	≥300	≥137	≥25					

参考文献

[1] 王碧文，王涛，王祝堂．铜合金及其加工技术 [M]．北京：化学工业出版社，2007.

[2] 刘平，任凤章，贾淑果等．铜合金及其应用 [M]．北京：化学工业出版社，2007.

[3] 刘平，田保红，赵冬梅．铜合金功能材料 [M]．北京：科学出版社，2004.

[4] 郭莉，李耀群．冷凝管生产技术 [M]．北京：冶金工业出版社，2007.

[5] 张智强，张敬华，何叔林．HSn70-1B 冷凝管成分组织及耐蚀性能研究 [J]．腐蚀与防护，2007，20 (9) :15-21.

[6] 费勇，夏明珠，雷武等．中央空调系统的腐蚀结垢与防护 [J]．腐蚀与防护，2003，24 (2) :27-29.

[7] 冯静．热交换器覆层用 7072Al 合金的合金化研究 [D]．上海：上海交通大学出版社，2013.

[8] 李茂东．中央空调系统管材的腐蚀现状与防护 [J]．石油和化工设备，2005，8 (4) :48-50.

[9] 黄晖，马翠英，李国祥等．汽车散热器材料及其制造新技术 [J]．客车技术与研究，2006，28 (4) :45-48.

[10] 徐坤豪，万晓峰，朱松．汽车空调发展趋势对换热器铝材的影响 [J]．制冷与空调，2014，(1) :44-47.

[11] 蒋晨，丁玉梅，谢鹏程等．大型汽车水箱滚塑成型的变形分析 [J]．塑料，2013，42 (3) :83-85.

[12] 员冬玲，邵敏，蔡中盼等．振荡流热管汽车散热器传热性能的实验研究 [J]．制冷学报，2013，34 (5) :79-81.

[13] 程建奕，陈福山，曹建国等．热交换器用高耐蚀铜合金的研究进展 [J]．材料导报，2006，20 (5) :79-82.

[14] HanS Conrad. Influence of an electric or magnetic field on the liquid solid transformation in materials and on the microstructure of the solid [J]. Materials Science and Engineering A, 2000, 287: 205-213.

[15] 查长松，胡德明，徐宜桂．舰船用冷凝器冷却管腐蚀寿命的可靠性探讨 [J]．热能动力工程，1999，(1) :4-6.

[16] Bendard C, Guerrier B, Rosset M M. Optimal building energy management: Pan I-Control [J]. ASME Journal of Solar Energy Engineering, 1992, 114 (1) :1465-1474.

第13章

建筑用材料

建筑业用铜的生产有英国标准BS2870和德国标准DIN17650控制，其具有极佳的氧焊和锡焊性能，英标BS2870，C106章规定铜的含量不低于99.85%，德标DIN17650要求铜的纯度必须高于99.90%。

13.1 建筑给水用铜管

由于铜管适应温度为－196～205℃，具有良好的韧性、易弯曲性、易扭转性，不易裂缝、不易折断、抗冻胀和抗冲击性能好，故铜管道可以承受极冷和极热的温度，可以在任何气候或温度条件下安装，使用性能不会因长期使用和温度的变化而降低。铜为惰性元素，活性仅强于金和银，其表面的黑色氧化层是最坚硬的保护层，耐腐蚀性强，不污染水质。因此在住宅和公用建筑中，铜及铜合金日益受到人们的青睐，被大量应用于供水、供热、供气以及防火喷淋系统，成为当前的首选材料。

13.1.1 特征

建筑给水管道是有压管道，所以管材应能经得起震动冲击和循环热胀冷缩，并经受时间考验，不漏水、不爆裂。铜合金管材集金属管材和非金属管材的优点于一身。它比塑料管硬，具有一般金属的高强度；其表面的黑色氧化膜可以对管材起到良好的保护作用，能在各种不同环境中使用。从国外铜管材的使用资料看，许多铜管道的使用寿命甚至超过了建筑物本身。在其数十年的使用过程中，铜管道系统工作安全可靠，坚韧如初，其特征可概括如下。

① 极耐腐蚀。铜的电化学稳定性仅次于金、铂和银，本身不易腐蚀。在管材服役过程中，其表面会形成一层结构致密、与基体黏结紧密而且不会被介质溶解的保护膜，把铜与介质隔开，阻止腐蚀过程。铜质给水管道的长期使用不会因为腐蚀问题而产生沉积造成堵塞或泄露。

② 耐高温、阻燃性好。铜的熔点为1083℃，耐热性能较好。一般金属在温度下降时会变脆，而铜在－183～253℃的温度范围内塑性不变，所以铜管道能在各种环境下服役。

③ 不可渗透。铜管及配件坚固密实，铜管的表面形成一层坚硬密实的保护层，无论是

油脂、细菌和病毒、氧气、有害液体还是紫外线都不能穿过它，也不能侵蚀它而污染水质。铜管及其相配套的部件在连接时大多采用焊接的方式，使焊口处牢固密封，整个管道系统形成封闭的一体，这也是塑料管道所不能做到的。

④ 适合暗埋敷设。由于铜本身的极耐腐蚀性及与空气的隔绝，暗埋铜质给水管的外表面也不会被介质腐蚀，这从铜管在建筑中应用历史悠久，是公认的经百年以上时间在充分检验中可以得到证明。

⑤ 健康卫生。铜管不像镀锌钢管或化学管材那样易造成饮用水的二次污染，铜管能抑制细菌的生长，保持饮用水清洁卫生。生物学研究表明，供水中的大肠杆菌在铜管道中不能再继续繁殖；99%以上的水中细菌在进入铜管道 5h 后自行消失，这是由于微量的铜溶于水中而造成的；另外，据世界卫生组织（WHO）确认：铜是人体组织进行正常活动不可缺少的元素，是造血的必要物质。常见给水用管材性能指标见表 13-1，给水用铜管的物理性能和工艺性能列入表 13-2。

表 13-1　给水管材的性能指标

项目	塑料管	薄壁铜管	薄壁不锈钢钢管	镀锌衬 PVC 钢管
卫生安全	好	很好	很好	一般
给水可靠	一般	好	好	一般
工作压力	低中	高	很高	高
工作温度	有限制	不限制	不限制	有限制
连接安装	方便	较方便	较方便	方便
水力条件	最好	好	好	较好
耐腐蚀	最好	较好	较好	较好
材料的刚度	低	较高	高	高
材料的线膨胀系数	大	较小	小	较小
使用年限和抗老化	较长	长	长	较短
总造价	较低	中	高	低
综合经济	中	好	好	差
环保和节能	中	好	好	差
适用场合	低中标准	中高标准	高等标准	低中标准

表 13-2　铜水管的物理性能和工艺性能

合金熔点/℃	1083	弹性模量/MPa	117600
密度/g·cm^{-3}	8.9	强度/MPa	265～343
传热系数/J·(cm·s·℃)$^{-1}$	3.36	硬度(HB)	75～95
电导率/%IACS	85	使用温度/℃	−196～205℃
热导率/W·(m·K)$^{-1}$	330	热加工温度/℃	750～850
热膨胀系数/℃$^{-1}$	17.26×10^{-6}	可承受冷加工率/%	95

13.1.2　使用注意要点

1. 管材选用及安装要点

铜管应采用拉制成型的薄壁硬态铜管，管径小于等于 25mm，可采用半硬态铜管。铜管有多种牌号，可用于各不相同的用途。制备铜水管的合金主要是加磷脱氧铜，在铜合金中加入磷，能起到脱氧、增加液态金属流动性、提高合金耐各种水腐蚀性能、改善焊接性能等多种作用。最常用的用于给水系统铜管牌号有T2和TP2两种牌号的化学成分见表13-3。从表13-3可以看出，T2和TP2的区别在于TP2含磷，而含氧量为T2的1/6。导致铜腐蚀的原因不在于氯含量，而在于氧含量，TP2价格比T2稍贵些，但耐腐蚀性能和接口的强度则超过T2牌号的铜管，因此，推荐采用TP2牌号的铜管。

表13-3 管材的牌号及化学成分

牌号	主要成分/%		杂质成分/%
	Cu+Ag	P	O
T2	≥99.90		≤0.06
TP2	≥99.90	0.015～0.040	≤0.01

(1) 连接方式

铜管连接方式推荐使用钎焊，即利用毛细现象使焊料渗入管材与承插管件缝隙连接铜管的方法。钎焊又分硬钎焊和软钎焊。两者的区别在于，钎焊料熔点高于450℃为硬钎焊，低于450℃为软钎焊。软钎焊的抗拉性能约为硬钎焊的60%，但对焊工的技术要求低。2.5MPa的铜管，当采用软钎焊时，强度会降至1.5MPa左右，这对管材和壁厚的选用至关重要。但是，并不是所有场合都能采用钎焊连接方式。比如，在不能动用明火处、施工现场间隙较小或焊工技术水平较低的情况下，此时多采用机械连接方式，如卡套式、压接式、插接式、法兰式、沟槽式连接。不同的连接方式对管材要求也不同，如沟槽式要求壁厚加厚，表面硬度要加强等。

(2) 允许偏差

铜管和管件的规格尺寸允许偏差有精准级（高准级）和普通级。以往我国都要求普通级，存在的问题是当插口为正公差而承口为负公差时，插口插不进承口；当插口为负公差而承口为正公差时，承插口间的间隙又偏大，当管中心不对准时，情况就更加严重。此时钎焊接口的强度不是焊接强度而变成钎料强度，从而影响管道的力学性能，因此有必要将允许偏差从普通级提高至精准级，从而有助于铜管的强度保证。

(3) 规格尺寸

过去给水和热水系统使用铜管，规格尺寸下限*DN*15，上限为*DN*200，一般可满足工程要求。而今，生活给水方面有饮用净水系统，需增加*DN*6，*DN*8，*DN*10，*DN*12几种规格；上限由于大量建筑的出现，管径有用至*DN*300的，因此在*DN*200之上，还需增加*DN*250和*DN*300两种规格。

(4) 公称压力

用于建筑给水的铜管，公称压力推荐1.0MPa和1.6MPa，有特殊要求时可另行加工，以满足使用要求。

(5) 位移补偿装置

铜管的线膨胀系数远小于塑料管，但也有热胀冷缩问题，也需要设置位移补偿装置。经研究，合适的做法是*DN*40以上采用不锈钢双层薄壁波纹管来解决*DN*40以下采用管道自然伸缩来解决。

(6) 固定支架

位移补偿装置需和固定支架配套才能起作用。铜管固定支架的难度在于铜管比不锈钢管要软，而且刚度低，也在于一般的固定支架都为黑色金属，和铜之间存在电位差会加剧腐蚀现象。在众多的固定支架设置中，铜套管式安装法应用较为普遍，即在铜管外套一铜质套管，铜套管可为封闭圆环，也可为不封闭圆环，套管和铜管用钎焊连成一体，在套管外再焊上螺栓固定到钢支架的预留孔洞中。

(7) 防铜管腐蚀

要保护铜管表面氧化层以防冲刷腐蚀，对延长铜管使用寿命十分重要。为此，铜管输送介质应无悬浮物等杂质；管道始端应设过滤器；水流速度应予控制，一般小于1.2m/s；弯头应采用大曲率半径（$R=D$，R不包括承口深度），焊料中应不含锌，同时注意系统排气，防止氧化腐蚀。

2. 薄壁铜管安装方法

目前铜管的连接主要有卡套式连接、钎料承插式连接、内置焊料环连接三种连接方法。

① 卡套式连接　是利用外力将卡套配件内密封圈与管子紧密挤压接触，以达到密封的目的。

② 钎料承插式连接　用氧-乙炔火焰作为热源，将承插好的管子和管件预热后，将钎料熔化住管子和管件的间隙，形成牢固结合体，达到紧密连接的目的。

③ 内置焊料环连接　它可分为内置锡环和内置铝合金环焊接。它是预先将焊料设置在管件的插口内，与管子承插好，管件加热后便可自动熔化，冷却后便完成连接。

其中，在民用建筑给水工程中最理想的连接方式为钎料承插式连接，以下着重介绍薄壁铜管承插连接的安装。

(1) 管道安装前管材及管件检查

成对管材及管件外观质量进行检查，检查其表面及内壁均应光洁，无凹凸、裂缝、结痕及气孔现象。

检查管材与管件的配合公差，垂直度和失圆度（不圆度）。

(2) 确定安装管段长度、装管

根据施工图和实际管位，画出管线及所需管件预制图，正确计算出安装所需的管段长度，切管时可用电动切管机或手动切管机进行切管。切管时应采用木制衬垫做夹具，用力不可过大应均匀，避免用力过大或不均匀导致管口变形，从而影响管材与管件间毛细间隙，为了便于识别管道安装时保证管子插入管件的长度，切管后必须将管子两端距管口一定距离沿管周画线，以保证管子能插入管件承口底部，使两端有足够的毛细接触面，以保证焊接质量。

(3) 薄壁铜管钎料承插焊接

① 装管焊接前处理　焊接前必须对铜管和管件进行认真清洁，特别连接处清洁，除去表面污物、油脂、氧化物、灰尘，以保证焊接质量。否则会严重影响钎料对母材的焊接性，清洁时可使用细砂纸或铜丝刷、钢丝刷处理连接的端部，管道清洁完毕后，进行装管，装管时必须确认管子完全插入承口底部后方可进行加热焊接。

② 钎料焊接　一般使用氧-乙炔做热源加热，用外焰进行加热，火焰应呈中性，加热时焊炬应沿管子作环向转动，使之均匀加热，防止局部过热。当管子直径较大时，可用2～3个焊炬同时加热，一般加热至铜管呈暗红色，然后用加热后钎料取适量钎剂（焊粉）均匀地涂抹在缝隙，当温度达650～750℃时送钎料，特别注意火焰不能与钎料直接接触，应是接头处的热量熔化钎料，由于毛细管作用和润湿作用使熔化后的液态钎料在缝内渗透。当钎料全部熔化时停止加热，否则钎料会不断地往里渗透，不能形成饱满的焊角，影响焊接质量。钎料也可能过多，过多会在接头底部形成小球，或者进入管子内部。

③ 焊接后处理　当焊接之后，应先让管道在未受到任何移动之前冷却下来，使钎料凝固。然后用湿布擦拭管子外连接处，以清除焊接面上所有溶渣，防止腐蚀，同时也可稳定焊接部位，焊后应检查焊缝有无气孔、裂纹和未熔合等缺陷，如发现有以上缺陷应即时返工直

至达到要求。

(4) 管道防腐处理

管道安装完毕，应在外壁涂上防腐保护层，如防锈漆、防锈油脂等。

(5) 管道的支、吊架固定

① 由于铜管较轻，并具有一定的刚性。因此，与其他金属管道相比所需的支架数量相对较少，安装时按照施工规范要求进行施工。

② 薄壁铜管，特别是热水管网保温薄壁铜管，应采用带木垫式支、吊架。不能将管道以点荷载的方式直接支承在支架上，特别注意如果用其他金属材质钢环紧箍，与管子的接触面应采用绝缘材料隔离，防止电位差腐蚀铜管道。

(6) 管道清洗试压

管道安装后，保温和隐蔽之前，应进行管道系统清洗，清洗管道内焊膏和其他杂质残留物，清洗后应进行管道系统试压。如发现渗漏现象，应进行重新焊接，直至试压合格。

3. 薄壁铜管在给水工程安装中的几个问题

(1) 管道的运输、存放

薄壁铜管壁薄，所以在运输和存放过程中应小心轻放。管材应水平堆放，避免重压，弯曲、油脂污染。

(2) 管道布置和敷设

薄壁铜管应尽量暗装，特别是小管径铜管应采用封塑管材嵌墙暗装，大管径应尽量设置在不易被撞击的地方。管道穿越楼板、墙、屋面、柱、梁时应设套管，管道空隙部位应采用防水阻燃的填料填实。

(3) 尽量增加预制管段数量

尽可能增加预制管道数量，尽量避免焊接时承口朝下或是呈水平状态，因为预制时可将预制管段放在有利于焊接的操作台上任意调整承口朝向，使之调整到便于焊接的承口朝上状态进行焊接，从而提高效益，保证焊接质量。

(4) 管与管件连接的正确选用

薄壁铜管管件是采用挤压生产工艺、将紫铜管塑性变形制成各种结构形状的管件。如：有各种规格的一承口一内或外螺纹接头、45°、90°、180°同径和异径接头的双承口或一承口一插口的弯头同径和异径三承口三通接头、松套法兰等管件来实现各种情况下管道布置的连接，能满足建筑给水管网施工要求，比起以往镀锌钢管的配件在品种和规格上显得更加丰富，使用起来也更加灵活，如：管道间的法兰连接或管道与法兰阀门连接时，当选用承口铜翻边松套法兰配件进行连接，在安装过程中，不但能自如调整螺栓孔，而且可拆卸自如。因此在安装时，应熟悉铜管各类配件和用途，结合工程具体情况灵活运用，合理配置，避免造成配件使用的浪费。

(5) 管径及壁厚的正确选择

DN（公称直径）与 DW（铜管外径）是两个很容易混淆的概念，设计人员往往用 DN 表示管径，而未注明管外径及壁厚。而 $DW \neq DN+2T$（壁厚），所以在铜管安装施工中应该注意公称直径与铜管外径的对照，并及时与设计人配合根据管网工作压力等各种因素，正确选择管径及壁厚。

(6) 确保管子插入管件底部

正确计算安装管段长度，确保管子插入管件底部，管子插入管件的长度关系到配管时管长计算及焊接质量。在装管时要将管插入配管时所画的管口标记线位置，不可用任意调节管段的插入长度来调整管位。

（7）管道的电位腐蚀

管网中管子与所有管件（如阀门等）连接必须是相同材质的金属管件，因为不同材质其腐蚀电位不同，在它们之间会产生电化学接触腐蚀，引起腐蚀电位较低金属的腐蚀，所以当安装不需要与其他材质金属管及管件连接时，加装绝缘垫片等绝缘材料进行连接。

13.2 屋顶用铜板

在欧洲，利用铜板材料制作屋顶和漏檐已有悠久的历史，北欧部分国家甚至用它作墙面装饰。铜板既耐大气腐蚀性能很好、又便于回收利用，同时，良好的加工性，使其可以方便地制作成各种复杂的形状，而且兼具美学价值，因而很适合于用作房屋装修。它在教堂等古建筑物屋顶上的应用已有很长的历史，至今仍散发出诱人的色彩；而且在现代大型建筑甚至公寓和住宅的建设上的应用也越来越普遍。此外，室内的装饰装潢，如：门把手、锁、百叶窗、护栏、灯具、墙饰以及厨房炊具等，使用铜制品不但经久耐用，抗菌卫生，而且还可以装点出高雅的气息，深受人们的喜爱。

13.2.1 特征

铜板的屈服强度和延伸率成反比关系，经过不同程度的加工折弯后的铜板硬度增加明显，但可以加热处理而降低。在所有建筑用金属中，铜是具有最好的延伸性能的金属材料之一，所以，在造型适应性方面具有最高级别的优势。铜板的加工性能不受温度限制，低温时也不变脆；高熔点使其可以采用氧吹等热熔焊接方式。即使在极高腐蚀性的大气环境中，铜板也会形成坚固的钝化保护层，俗称“铜绿”。其化学成分取决于所在地区的空气条件，但各种成分的“铜绿”对铜板的保护效果基本相同。这层钝化膜非常稳定，受到破损可自动修复，肉眼难辨。同时，铜的循环使用率高达90%以上。这是环保材料的重要特征。

设计选用要点如下。

铜板具有极佳的加工适应性和强度，适用于用平锁扣式系统、立边咬合系统、贝姆系统、单元墙体板块、雨排水系统等各种工艺和系统。适用于这些系统所需的弯弧、梯形、转角等各种加工要求；有多种的表面处理，满足不同的建筑需求。

铜板屋顶具有多种优点如下。

① 利于承建、设计、施工各方开展工作，并且易于配合周边环境条件，小的选择范围，且可适用于任何形状的屋顶设计。

② 与混凝土屋顶相比，重量较轻，大幅降低整体建筑的荷重，也有利于施工、维修及材料管理。

③ 具有优良的耐腐蚀性，并对冲击、暴雨及台风等苛刻的气候环境有良好的适应性。而且，容易适应屋顶表面温度的变化，水密性强，寿命比其他材料屋顶更长。

④ 不需拆除既定屋顶而可更换材料，维修过程迅速简便。而且废旧屋顶材料可回收利用，有利于节省费用及环境保护。从使用周期及经济效率的观点来看，初期施工费用虽较高，但其有耐久力强、寿命长等特点，还是比其他材料更受欢迎。

13.2.2 着色铜板

依据建筑师和客户的要求，铜板提供四种表面处理的产品：原铜板，氧化铜板，紫铜板和锡铜板。氧化铜板：形成了统一外观的棕色铜表面。紫铜板：带有金属光泽，使建筑物表面拥有逐渐变化的特性，如同拥有生命，而不断演化。锡铜板：双面镀锡的铜板，对于希望突破铜板原色的要求，同时有铜板的机械加工特点和强度优势，或要达到钛锌板的效果，锡铜板是极好的选择。

参考文献

[1] 马桂芬．电工设备对铜的需求及铜替代产品介绍［J］．电工电气，2009，(12)：60-62.
[2] 王华俊．美国铜消费结构及铜循环利用趋势研究［A］．中国有色金属学会第七届学术年会，2008.
[3] 王高尚．未来20年世界铜铝需求趋势预测［J］．世界有色金属，2003，(7)：6-8.
[4] 徐曙光，陈丽萍，张迎新等．铜下游行业的未来需求［J］．国土资源情报，2010，(12)：28-31.
[5] 肖睿书，闫利国，吴宁霞．紫铜管在建筑给水系统中的合理应用［J］．给水排水，2002，28(12)：5-7.
[6] 杨琦．建筑给水中管材的设计选用［J］．给水排水，2006，32(1)：90-93.
[7] 陈爱珠．建筑给水薄壁铜管安装技术探讨［J］．福建建设科技，2003，(1)：53-54.
[8] 张旭，王世强．新型建筑给水管材的选用［J］．科技信息，2010，(34)：320-324.
[9] 王宏旭，董欢涛，姚尔可．开放式几何折线型铜板外幕墙施工技术［J］．建筑技术开发，2013，40(10)：50-53.
[10] 郭鹿．铜塑料复合板的研制［J］．中国建材科技，2008，17(4)：15-17.
[11] 池任伟．卫浴用H70铜板的生产工艺及质量分析［J］．冶金丛刊，2011，(4)：42-44.

第 14 章

切削成形用材料

14.1 切削用铜合金

14.1.1 概述

切削用铜合金，是可用于切削加工的铜基合金。传统易切削黄铜，如 HPb59-1、ZCuZn40Pb2、HPb63-3 等，多为含铅黄铜。铅在黄铜中的溶解度极低，也不易与铜形成金属间化合物，绝大部分的铅以单质游离态，呈细小均匀独立分布于（α＋β）两相黄铜的基体之中，加上铅为软质点，所以能够有效地改善合金的机械加工性能，获得光滑的加工表面，能满足各种形状零部件的机加工要求。同时铅黄铜的冷热加工性好，可通过不同的铸造工艺，如型模、硬模、连续铸造等进行成形，因而被广泛应用于各种领域，例如电子电工行业的电子电器接插件、仪表行业的仪表零件、水暖卫浴行业的水管、水龙头、阀门、管接头等，发达国家仅黄铜水管的使用率就高达 90%以上。国际铜业协会经过成本核算发现，用易切削黄铜加工的汽车零件的综合成本比易切削钢的还要低，国外汽车生产厂家越来越多地使用易切削黄铜，易切削黄铜的市场份额不断增长。

但是，易切削铅黄铜为（α＋β）两相黄铜，细小的颗粒铅呈弥散分布，废弃后铅极易进入土壤，如被焚烧还会进入大气，特别是当铅黄铜用作水龙头、管接头等饮用水管道配件时，铅会在水中物质的作用下浸出而进入水中，严重危害人体健康，因而其应用日益受到严格限制。美日欧等发达经济体已立法，将逐步禁止在饮用水管道配件、玩具和家用电器等产品中使用含铅铜合金。铅黄铜被无铅黄铜取代，是一个必然的趋势。

铋黄铜作为在市场上最先替代铅黄铜的无铅铜合金，已经占有了发达国家很大的市场。目前，美国已开发出 8 个牌号的以铋代铅的铋黄铜，它们分别为：C89510、C89520、C89550、C89325、C89831、C89833、C89835、C89837。美国已开发的这些无铅铜合金在加入铋的同时，大多数还添加了锡和镍，少数还添加了昂贵的硒。可见，无铅铋黄铜的原材料成本远比铅黄铜的成本高，只能在环保要求很高的铅黄铜市场存在需求。另一方面，无铅铋黄铜的焊接性不佳，给零部件的加工带来难度，使其很难获得广泛的推广与应用。

14.1.2　易切削黄铜的成分和组织

1. 无铅易切削铋黄铜

两相黄铜中基体相为 α 相和 β 相，铋在合金中主要以单质形式存在。由于铋的原子半径（约为 0.156nm）比铜的原子半径（约为 0.127nm）大，固溶于铜中需要克服较大的原子间作用力，并引起晶格畸变。同时，铜为面心立方结构，铋为菱立方结构，所以铋在铜中的固溶度低。当铋含量较少时，铋单质以细小的颗粒分布在 α 晶界和 β 相界上。随着铋含量的增加，铋颗粒除了在 α 相和 β 相的相界上，也开始在晶粒内出现。当铋含量继续增加时，铋颗粒增大、增多，进而相互连接形成薄膜，薄膜逐渐将晶粒覆盖。挤压态无铅铋黄铜的屈服强度和硬度都随着铋含量的增加而增大，而延伸率则随着铋含量的增加而降低。其原因在于随着铋颗粒的增加，在拉伸时基体在颗粒强化效应的作用下被增强，屈服强度和强度提高，但合金更易形成断裂源，塑性被降低。

2. 无铅易切削硅黄铜

庞晋山等以硅代铅（硅的添加量大于 1%，质量分数）并添加一定量的变质剂开发了一种新型的无铅易切削硅黄铜。虽然 β 相的强度、硬度比 α 相高，但通过冷、热加工，特别是热加工，其塑性比 α 相还好。而 γ 相则不同，它是一个硬脆相，铸态下以星花状分布于基体中，严重影响黄铜的加工性能。加入硅和添加剂后可使星花状的 γ 相转变成细粒状的 γ 相，并在 β 相基体中均匀分布。这种细小的 γ 相在切削时可起断屑作用。但这种以硅代铅的无铅易切削硅黄铜的切削性能只能达到铅黄铜的 70%～80%，离实际应用还有一定的距离，还需要进一步的研究。

3. 无铅易切削镁黄铜

黄劲松等在黄铜中加入少量的铋、硅、铝和稀土，加入一定量的镁（0.2%～1.3%，质量分数），开发出了一种新型的镁黄铜。该合金的组织特点：晶内和晶界间有白色和黑色的球状第二相粒子分布，该粒子为金属间化合物，具有脆而不硬的特点。无铅镁黄铜的力学性能：半硬态镁黄铜的抗拉强度 550MPa，而屈服强度大约为 280MPa，延伸率为 16.30%，断面收缩率为 32.4%。

该合金的切削性能：从切削过程中切削力的大小以及切屑的形貌、大小可以判断，镁黄铜的切削性能接近于 C3604 铅黄铜。该合金的耐腐蚀性能：在酸中和盐中的耐蚀性均较好，比较而言耐盐性更优。

4. 无铅易切削锑镁黄铜

朱权利等以锑镁代铅，研制了无铅易切削锑镁黄铜，其力学性能比铸造铅黄铜 ZCuZn40Pb2 的更好，而切削性能与之相当。其原理也是利用锑、镁与铜生成在晶内弥散分布复杂金属间化合物细小颗粒（第三相），对基体起到强化作用，提高合金的力学性能。这些弥散分布的第三相金属间化合物颗粒在切削时起到良好的断屑作用，从而改善了黄铜的切削加工性能。

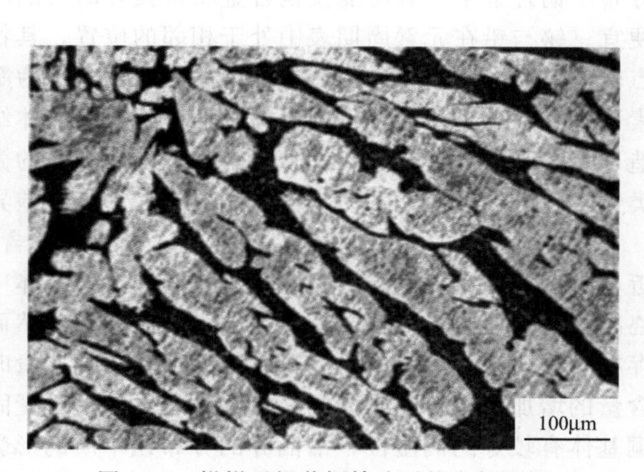

图 14-1　镁锑无铅黄铜铸造后的金相组织

图 14-1 为优化后的铸造无铅黄铜

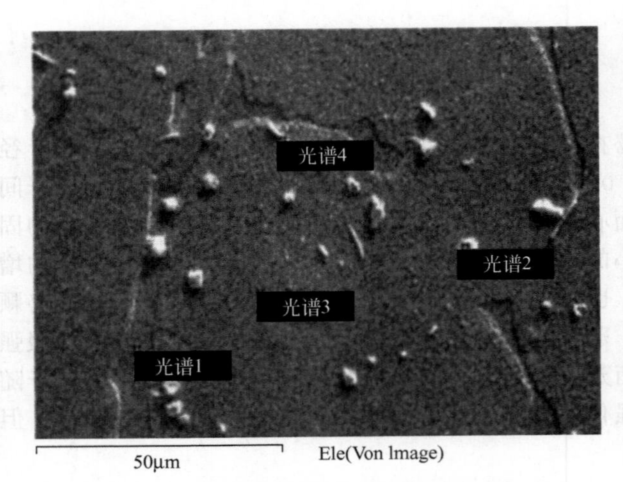

图 14-2 镁锑无铅黄铜铸态扫描图像

试样经 3% $FeCl_3$ 溶液腐蚀后的金相组织。由于 β 相比 α 相更易被腐蚀，所以 α 相呈亮色，β 相呈深色。该黄铜主要由呈长条状的 α（灰白色）和网状 β（灰黑色）两相基体组成，α 相的数量较多，基本金相组织与铅黄铜的金相组织相似。

图 14-2 所示为镁、锑无铅黄铜铸造态扫描电镜像，由图可知，镁、锑无铅黄铜除 α 相和 β 相（易被侵蚀，凹陷部分）外，还有其他相（白色颗粒和条状）存在。锑无铅黄铜合金组织中除存在基本的 α 相和 β 相之外，还存在 Cu、Mg、Sb 复杂金属间化合物细小颗粒，此相均匀弥散分布于 α 相和 β 相之中。镁锑无铅黄铜中，存在的金属间化合物细小颗粒，在切削时起到良好的断屑作用，从而改善了黄铜的切削加工性能。

14.1.3 易切削性能

在易切削铅黄铜中含有 0.8%～3.2% 的铅。铅在黄铜的基体中不固溶，而是以细小点状游离弥散分布。且铅颗粒具有脆而不硬的特点，在切削过程中，这些弥散的铅颗粒易于碎裂而使切屑断裂，从而起到碎屑断屑的作用，改善其切削性能。

选择适当的无害元素加入到黄铜合金中，要求添加的元素应有以下特性。

① 与铜形成金属间化合物，这种金属间化合物具有脆而不硬的特点，且均匀分布于基体内，起到断屑的作用，从而使材料具有较好的切削加工性能。

② 新型的无铅黄铜具有较好的力学性能、物理性能、加工工艺性能和防腐性能。

③ 无毒性、资源丰富、成本低廉，易于推广应用。

通过对元素性质和合金相图的分析，可以判断：镁、锑等元素少量固溶于铜中。能与铜形成金属间化合物，且这种铜、镁、锑金属间化合物硬度不高。如果这些金属间化合物弥散分布于铜合金中，有可能使铜合金获得良好的切削性能。且镁、锑无毒性，资源丰富，价格便宜。铋与铅在元素周期表中处于相邻的位置，其物理和化学性质存在很多相似之处，如熔点较低、硬度小、脆性大、在铜中的固溶度几乎为零等，因此在黄铜合金中适当地添加铋元素可以起到与铅相似的作用。但是两种元素的晶体结构和与铜的润湿性存在差异，导致在铸造、加工和热处理三种状态下，铅和铋在铜基体的微观组织形貌存在着一定的不同，造成两类铜合金的切削性能和力学性能同样存在一定的差异。

含铅和铋铜合金铸造结晶过程中，当铅、铋含量低于 0.1% 时，铸态组织形貌非常相近，凝固过程中低熔点的铅和铋都是不固溶于基体中并以液态单质的形式保留在晶界处，最终凝固成颗粒状单质，以微小颗粒沿晶界分布；然而随着铅、铋含量的增加，铅颗粒结晶时存在较强的球化趋势，在晶界上依然保持与低含量时相类似的球形颗粒均匀分布；而随着铋含量的增加，由于先凝固的 α 相和 β 相对铋单质凝固长大的某些方向上起到约束作用，铋与铜基体有较好的润湿性，沿晶界的分布铋单质的形貌将逐步由微小的颗粒转变成片状，特别是当铋含量达到 2.5% 时，铋将沿晶界呈连续薄膜状分布，进而影响合金的抗拉强度和后续的冷热加工性能。

铅黄铜的易切削机理可归纳为，由于铅在黄铜熔体中的溶解度很大，在铜中的固溶度几乎为零，故在铅黄铜熔体凝固时，铅会沉淀而形成弥散的铅颗粒。铅有较脆而不硬的特点，故当铅黄铜被切削时，这些弥散的铅颗粒易于断裂而使切屑断裂，从而起着碎裂屑、减少黏结和焊合以及提高切削速度的作用。由于这些弥散的铅颗粒较软，可以使刀头磨损减少到最低。由于铅颗粒的熔点较低（铅的熔点为 327.5℃），从而在刀头与屑的接触局部受热而瞬间熔化（热脆），这有助于改变切屑的形状，并起到润滑工具的作用。从铅黄铜的易切削机理可以看出，有益于铜材切削性能的元素或杂质，按其在铜中存在的形式主要分为 3 类：第 1 类是微量固溶于铜但与铜形成共晶的元素，如：铅、铋、硒和碲等；第 2 类是不固溶于铜但与铜形成化合物的元素，如：硫和氧分别与铜形成 Cu_2S 和 Cu_2O；第 3 类是部分固溶于铜、也与铜形成化合物的元素，如：磷和硅等。

图 14-3 为 Bi 黄铜切屑图片。A0 切屑呈粉末状，不能成形，A6、A7 切屑呈细而短的螺旋状，切削力较小，切削面光洁度较高。因此我们把 A0、A6、A7 的切削性能分别认定为：140、110、90。在铜含量为 56%～62%的黄铜中添加铋和微量稀土形成（α＋β）和 β 相，得到易切削黄铜。其切削机理如下：在（α＋β）中铋呈现出点状均匀分布，绝大多数的铋以单质游离态均匀分布在β相内，或者少量分布于晶界附近。这是由于加入了稀土元素可以起到细化作用，并使更多的铋粒存在于β相内，也减少了柱状晶区宽度，从而改善切屑性能。铋本身是一种较脆、硬度较低的金属，因此它的存在可视为合金基体中产生了微小的空间，从而割断了基体的连续性，成为应力集中源，产生所谓的“切口效应”，构成许多弱化微区。在温度较低的剪切区，这些铋粒是很好的内部固体断裂剂。根据这一机理，切削这类材料时，在刀刃的接触线上就有大量脆而硬度低的铋粒存在，相当于减小了切削层面积，所以使得刀具磨损减小，切削温度和切削力降低，已加工表面粗糙度也减小。这些铋粒分割基体后，促使剪切滑移变得容易，故剪切角增大，切屑呈短小的螺旋状，刀-屑接触长度因此减小。由于常温下材料的延伸率和硬化指数下降，以及加入稀土后也减小或消除了柱状晶区，从而减轻和消除了毛刺的产生，得到易切削且光洁的铋黄铜表面。

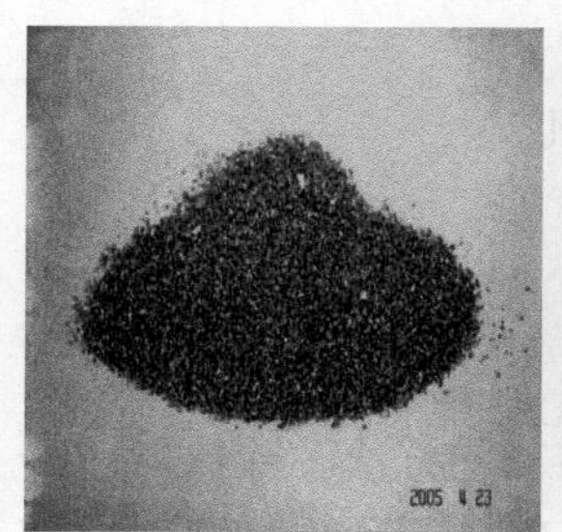

(a) A0车削图片

(b) A7车削图片

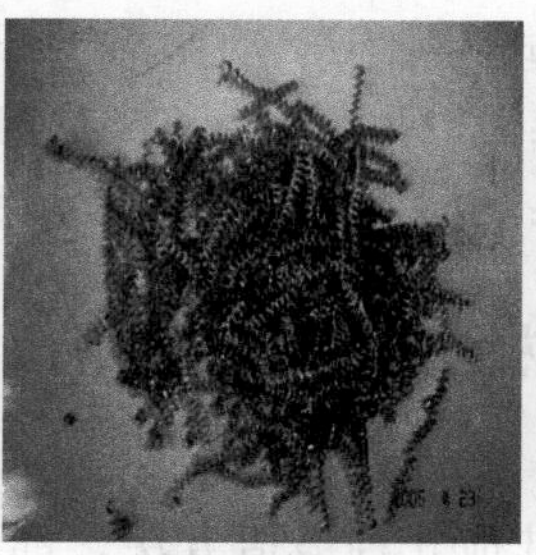
(c) A6车削图片

(d) HPb59-1车削图片

图 14-3　Bi 黄铜切屑图片

14.2　锻造用铜合金

14.2.1　锻造和锻造机械的种类

锻造是机械制造中常用的成形方法。通过锻造能消除金属的铸态疏松，焊合孔洞，锻件的力学性能一般优于同样材料的铸件。机械中负载高、工作条件严峻的重要零件，除形状较简单的可用轧制的板材、型材或焊接件外，多采用锻件。

按变形温度，锻造又可分为热锻（锻造温度高于坯料金属的再结晶温度）、温锻（锻造温度低于金属的再结晶温度）和冷锻（常温）。

热锻：在金属材料再结晶温度以上进行锻造。

温锻：在金属再结晶和回复温度之间进行锻造。

冷锻：在金属材料的回复温度以下进行锻造。

根据坯料的移动方式，锻造可分为自由锻、镦粗、挤压、模锻。

① 自由锻　利用冲击力或压力使金属在上下两个砥铁（砧块）间产生变形以获得所需锻件，主要有手工锻造和机械锻造两种。

② 模锻　模锻又分为开式模锻和闭式模锻，金属坯料在具有一定形状的锻模膛内受压变形而获得锻件，又可分为冷镦、辊锻、径向锻造和挤压等。

③ 闭式模锻和闭式镦锻　由于没有飞边，材料的利用率高。用一道工序或几道工序就可能完成复杂锻件的精加工。由于没有飞边，锻件的受力面积就减少，所需要的荷载也减少。但是，应注意不能使坯料完全受到限制，为此要严格控制坯料的体积，控制锻模的相对位置和对锻件进行测量，努力减少锻模的磨损。

根据锻模的运动方式，锻造又可分为摆辗、摆旋锻、辊锻、楔横轧、辗环和斜轧等方式。摆辗、摆旋锻和辗环也可用于精锻加工。为了提高材料的利用率，辊锻和横轧可用作细长材料的前道工序加工。与自由锻一样的旋转锻造也是局部成形的，它的优点是与锻件尺寸相比，锻造力较小情况下也可实现形成。包括自由锻在内的这种锻造方式，加工时材料从模具面附近向自由表面扩展，因此，很难保证精度。所以，将锻模的运动方向和旋锻工序用计算机控制，就可用较低的锻造力获得形状复杂、精度高的产品，例如生产品种多、尺寸大的汽轮机叶片等锻件。

锻造设备的模具运动与自由度是不一致的，根据以下四点变形限制特点，锻造设备可分为下述四种形式。

① 限制锻造力形式：油压直接驱动滑块的油压机。

② 准冲程限制方式：油压驱动曲柄连杆机构的油压机。

③ 冲程限制方式：曲柄、连杆和楔机构驱动滑块的机械式压力机。

④ 能量限制方式：利用螺旋机构的螺旋和摩擦压力机。

14.2.2　锻造的加热方式

锻造包括自由锻、模锻、挤压、轧制、冷镦、冷冲和辗扩等诸多工艺方法。除冷镦、冷冲在常温下进行外，其他几种锻造方法，都要将欲进行锻造的金属坯料进行预先加热，以使金属具有良好的塑性，较低的变形抗力。经过锻造的金属，组织更为致密，具有更高的力学性能。一般金属锻造坯料的加热温度，取决于金属的再结晶温度，锻造的温度与金属的性质密切相关。铜的锻温度为800℃左右，铜与铜合金的锻造温度在750～900℃。

金属坯料锻造前的加热必须配备加热设备。而加热设备的配置主要取决于金属本身对加热温度的工艺要求，满足这些工艺要求的热源有多种。原则上，凡是能使金属温度升高至锻造工艺要求的热源都可以利用，但选择加热设备仍然要考虑能源的经济性，加热设备建造的投入成本，加热温度控制的可能性、稳定性，以及满足环保所提出的要求。锻造加热设备以其加热能源不同，所要采用的加热能源，要因地制宜，同时综合考虑加热金属坯料自身的固有特性，以及加热坯锭的尺寸、重量和批量等各种因素。依据设备的锻造加热分类见图14-4。

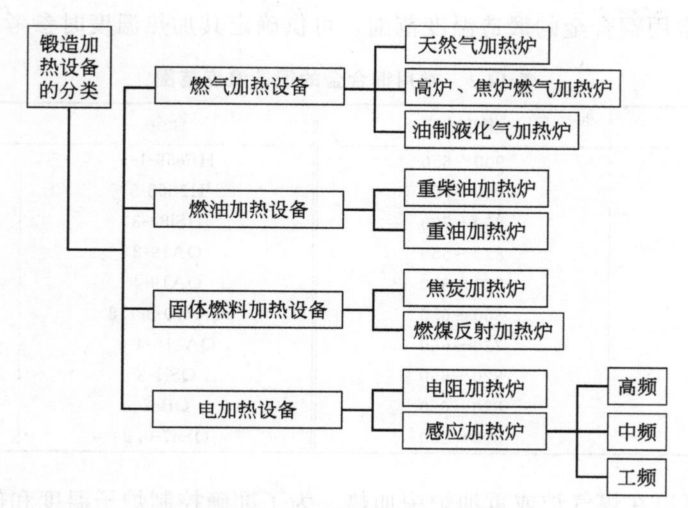

图 14-4 依据设备的锻造加热分类

各种铜合金锻造前的加热温度，主要根据其塑性图来确定。纯铜的塑性图如图 14-5 所示，它在 900℃温度具有最佳的塑性，温度超过 900℃后，由于晶粒迅速长大，导致塑性下降。故纯铜的加热温度不应超过 900℃，一般情况下多取 870℃。

1．普通黄铜的加热温度

图 14-6 是几种普通黄铜的塑性图。由图可以看出：普通黄铜在 20℃以下的低温区和在 700～900℃的高温区，都有很高的塑性。加热温度超过 900℃后，由于晶粒急剧长大，导致塑性下降。故普通黄铜的加热温度都不超过 900℃。在 20℃以下的低温区，普通黄铜虽有很高的塑性，但由于它在低温区的变形抗力，比它在高温区的变形抗力高出许多倍。所以，在低温区锻造它们比较困难。另外，特殊黄铜除锌以外还加入了其他合金元素。因此，它的加热温度比普通黄铜的加热温度稍低一些，一般不超过 800℃。

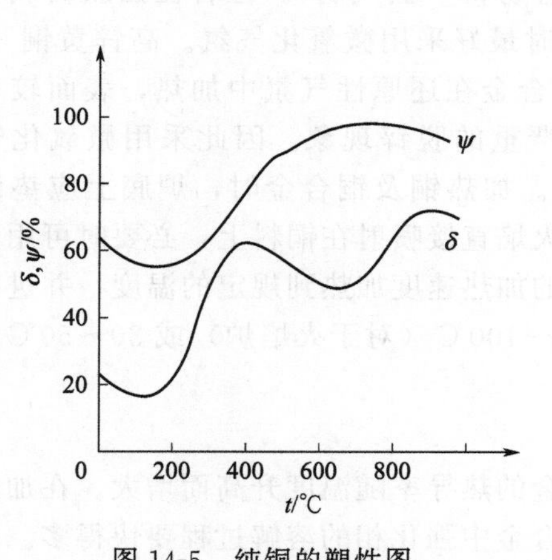

图 14-5 纯铜的塑性图

（氧 0.04%，铜 99.93%）

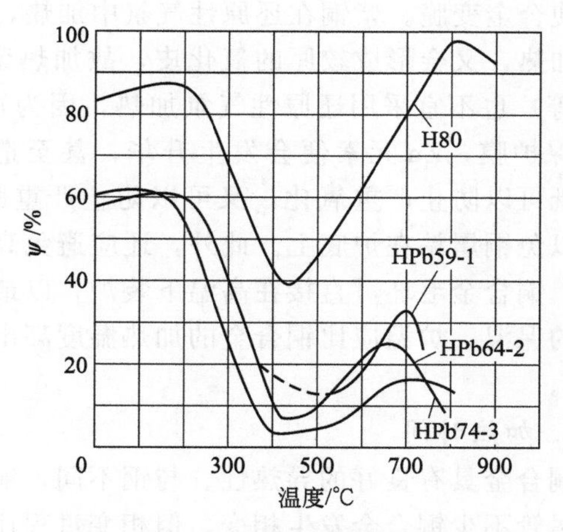

图 14-6 几种普通黄铜的塑性图

2．青铜的加热温度

青铜的种类繁多，组织比较复杂。它的塑性较低且随温度的变化而有较大的变化，所以，各种青铜的加热温度应根据具体的资料，特别是通过它的塑性图来确定。

表 14-1 列出常用铜合金的锻造温度范围，可供确定其加热温度时参考。

表 14-1　常用铜合金的锻造温度范围

合金	温度/℃	合金	温度/℃
T1,T2,T3,T4	900～650	HFe59-1-1	800～650
H90	900～700	HNi65-5	840～650
H70	850～700	HSi80-3	800～700
H68	820～650	QA19-2	900～700
H62	820～650	QA19-4	900～700
HPb60-1	800～650	QA110-3-1.5	850～700
HPb59-1	730～650	QA110-4-4	900～750
HSn62-1	820～650	QSi1-3	880～700
HSn60-1	820～650	QBe2	800～600
HMn58-2	800～650	QSn7-0.2	800～700

铜及铜合金可以在煤气炉或重油炉中加热。为了准确控制炉子温度和保证加热质量，最好采用电炉加热。铜合金的加热温度比钢料的加热温度低，因此，当用加热钢料的炉子来加热铜合金时，应将燃烧装置调整到流量较小的情况下进行低温燃烧。但是这样较难保证做到燃烧稳定，故最好采用低温烧嘴燃烧。炉内的气氛最好是中性的，但是，在普通火焰炉中，中性气氛很难得到，不是呈微氧化便是呈微还原气氛。一切含铜量高的铜合金，如无氧铜、低锌黄铜、铝青铜、锡青铜、白铜在高温下极易氧化，故适宜在还原性气氛中加热。含氧量较高的铜合金，不适宜在还原性气氛中加热。因为在含有 H_2、CO、CH_4 等气体的还原性气氛中加热到 700℃以上时，这些气体会向金属内部扩散，与 Cu_2O 反应而生成不溶于铜的水蒸气或 CO_2，其反应式为：

$$Cu_2O + H_2 \longrightarrow 2Cu + H_2O$$

$$Cu_2O + CO \longrightarrow 2Cu + CO_2$$

生成的气体具有一定的压力，力图从金属内部逸出。其结果便是在金属的内部形成微裂纹，使合金变脆。紫铜在还原性气氛中加热，很容易得“氢气病”。但若在强烈的氧化性气氛中加热，又会形成较厚的氧化皮，故加热紫铜时最好采用微氧化气氛。高锌黄铜（H62、H68 等）也不宜采用还原性气氛加热，因为这类合金在还原性气氛中加热，表面较难生成 ZnO 保护膜，Zn 元素便会发生升华，甚至造成严重的脱锌现象。因此采用微氧化气氛较好，既可以防止严重氧化，又可以防止严重脱锌。加热铜及铜合金时，炉底上应垫以薄铁板，以免铜屑粘在炉底上。此外，还应避免高温火焰直接喷射在铜料上，必要时可用薄铁板遮隔。铜合金毛坯可直接在高温下装炉，以最快的加热速度加热到规定的温度，并进行一定时间的保温，炉温应比铜合金的加热温度高出 50～100℃（对于火焰炉）或 30～50℃（对于电炉）。

3. 加热时间

铜合金具有良好的导热性。与钢不同，铜合金的热导率随温度升高而增大。在加热过程中，尽管不少铜合金发生相变，但相变过程比铝合金中强化相的溶解过程要快得多。所以铜合金毛坯的加热速度不需限制。在另一方面，不少铜合金的过热倾向大。保温时间过长，容易引起晶粒过分长大，从而恶化合金的锻造性能。因此，铜合金加热时的保温时间不宜过长，以热透为原则。根据生产经验，铜合金的加热时间可以确定如下：直径或厚度小于 50mm 的毛坯，按每毫米直径或厚度 0.75min 计算；直径或厚度大于 100mm 的毛坯，按每毫米直径或厚度 1 分钟计算；直径在 100～50mm 范围的毛坯，可按下式计算：

$$t=0.75+0.006(d-50) \tag{14-1}$$

式中 t——每毫米直径或厚度的加热时间，min；

d——毛坯的直径或厚度，mm。

14.2.3 加热锻造用润滑剂

热锻历来使用的润滑剂是废机油、锯末等，后来发展成机油加二硫化钼、机油加石墨。十几年前国外开始流行水基石墨润滑剂，并且使用的相当广泛。我国在70年代末引进联邦德国锻压机时带进了水基石墨润滑剂，国内单位开始研究生产水基石墨润滑剂，并得到迅速推广。国内锻造企业每年需用量在4000t左右。

继水基石墨润滑剂之后，一种合成型非石墨的润滑剂在国外资料中有所报道。90年代初，在美国等发达工业国家，这种非石墨合成型的润滑剂在锻造上的应用已相当广泛，操作工人不需再戴着面具进行操作。根据有关资料介绍，在欧美国家合成型润滑剂用量占50%，而在日本却占到80%。最近国内也有厂家正在进行这种润滑剂的研制，济南泰华公司已将此产品投放市场。

目前使用的润滑剂可分成两大类：一类是含石墨的；另一类是非石墨合成型润滑剂。

(1) 含石墨的润滑剂（黑色）

油基，没有冷却作用，难成形的锻件使用，一般情况不用。

水基，有冷却作用，之前很常用，目前仍有使用。

(2) 非石墨合成型（白色）

油基，不常用。

油水，一种乳化液，可防止工具的磨损，较常用。

水基，近年很流行。

1. 热锻润滑剂的特性

锻造加工按其成形温度划分为热锻、温锻和冷锻。热锻润滑剂一般是用于型腔表面的，而温锻又可以用于坯料表面浸涂。对于各种润滑剂的特性已有很多报道，无论是哪一种润滑剂都要求设计配方合理，使用方便，价格低廉。以下从十个方面简述实际生产中润滑剂的考虑因素。

(1) 润滑性能

减少坏料与型腔面间的摩擦，易于金属向模腔内流动，提高金属的充填性，降低打击力。

(2) 脱模性能

能有效地进行坯料与型面的分离，在型腔与锻件间存有一层气垫，防止金属的“啮合”。

(3) 绝热性能

减少坯料与型面间的热传导，防止造成热疲劳，提高模具寿命。

(4) 冷却作用

以水为载体的润滑剂能冷却模具，保持一定的温度（200℃），有利于提高模具使用寿命。

(5) 成模性

能很好地覆盖型腔，在模具型面上生成一层致密的固体润滑膜，成膜均匀。

(6) 无腐蚀性

不能对坯料、型腔、设备等有腐蚀作用，不与金属起化学反应。

(7) 易于清理

润滑剂在型腔中不能有堆积，不能粘贴到型面上无法清理。

(8) 卫生无害

不能对人体造成危害，不能污染环境。

(9) 使用性

具有较好的悬浮性，便于搅拌稀释，使用起来更容易和方便。

(10) 经济性

设计润滑剂必须是很经济的，价格要低廉，对于锻造企业来讲成本核算很重要。

考虑到以上因素后生产出来的润滑剂，是易于被企业接受的。但也有一点需要说明，价格比较高的润滑剂要比便宜的更有利于锻造生产，因为价格也是一项综合评价的结果。

2. 热锻润滑剂的基本材料

(1) 石墨

石墨是热锻润滑剂中用得最多的一种。石墨的结构是一种六方晶系层状结构，在不高于500℃时使用，获得较小的摩擦系数，润滑性能较好。石墨的纯度越高，对热的稳定性就越高。有些价格低的润滑剂因其纯度不够，而其中灰分较多，影响润滑性能，而且对模具有磨损作用。这就是前面讲的价格高低对使用上的差别。

(2) 二硫化钼

与石墨相同，也有较低的摩擦系数。用于较低的温度370℃以下，对于冷锻、半温锻有效。在较高温度，如400℃以上，其润滑性能远不如石墨。

(3) 玻璃

玻璃在450～2200℃范围内，都具有良好的润滑性能。随着温度的变化，熔化后黏度也变化，具有化学稳定性，润滑性良好。采用低熔点的玻璃液用于型腔润滑目前正在推广应用，尤其是涂在如钛、镍合金的坯料上进行热锻可起到保护作用。

(4) OF合成物

它是一种与石墨相似，具有六方晶系结构的白色固体粉末。具有良好的润滑性能，在高温（900℃）亦有较好的化学稳定性。用此研制的合成型润滑剂，价格较高，从卫生、保健和改善环境角度出发，日益受到人们的欢迎。

14.2.4 锻造常见缺陷

锻造生产中，除了必须保证锻件所要求的形状和尺寸外，还必须满足零件在使用过程中所提出的性能要求，采用合理的锻造工艺参数，可以通过下列几方面来改善原材料的组织和性能。

(1) 打碎柱状晶，改善宏观偏析，把铸态组织变为锻态组织，并在合适的温度和应力条件下，焊合内部空隙，提高材料的致密度。

(2) 铸锭经过锻造形成纤维组织，进一步通过轧制、挤压、模锻，使锻件得到合理的纤维方向分布。

(3) 控制晶粒的大小和均匀度。

(4) 改善第二相的分布。

(5) 使组织得到形变强化或形变-相变强化等。

由于上述组织的改善，使锻件的塑性、冲击韧度、疲劳强度及持久性能等也随之得到了提高，然后通过零件的最后热处理就能得到零件所要求的硬度、强度和塑性等良好的综合性能。

如果所采用的锻造工艺不合理，则可能产生锻件缺陷，包括表面缺陷、内部缺陷或性能不合格等，会影响后续工序的加工质量，有的则严重影响锻件的性能，降低制成品件的使用寿命，甚至危及安全。锻件组织对最终热处理后的组织和性能的影响主要表现在以下几方面。

（1）不可改善的组织缺陷：奥氏体和铁素体耐热不锈钢、高温合金、铝合金、镁合金等在加热和冷却过程中，没有同素异构转变的材料，以及一些铜合金和钛合金等，在锻造过程中产生的组织缺陷用热处理的办法不能改善。

（2）可以得到改善的组织缺陷：在一般过热的结构钢锻件中的粗晶和魏氏组织，过共析钢和轴承钢由于冷却不当引起的轻微的网状碳化物等在锻后热处理时，锻件最终热处理后仍可获得满意的组织和性能。

（3）正常的热处理较难消除的组织缺陷：例如低倍粗晶、9Cr18不锈钢、H13的孪晶碳化物等需用高温正火、反复正火、低温分解、高温扩散退火等措施才能得到改善。

（4）用一般热处理工艺不能消除的组织缺陷：严重的石状断口和棱面断口、过烧、不锈钢中的铁素体带、莱氏体合金工具钢中的碳化物网和带等使最终热处理后的锻件性能下降，甚至不合格。

（5）在最终热处理时将会进一步发展的组织缺陷：例如，合金结构钢锻件中的粗晶组织，如果锻后热处理时未得到改善，在碳、氮共渗和淬火后常引起马氏体针粗大和性能不合格；高速钢中的粗大带状碳化物，淬火时常引起开裂。

（6）如果加热不当，例如加热温度过高和加热时间过长，将会引起脱碳、脱锌、脱锆、过热、过烧等缺陷。

（7）锻后冷却过程中，如果工艺不当可能引起冷却裂纹、白点等，在热处理过程中开裂。

14.3 拉深用材料

14.3.1 拉深用铜合金

铜是人类从最早就使用的金属，利用其特殊性质（电导率、热导率的优越方面），对于电气产品、热交换器等是不可缺少的材料。而且，作为铜合金，更能有效利用其铸造性、耐蚀性和加工性而应用于各种机械零件。特别因为能带来与润滑油的亲和性、热导率好，易磨合等优点，所以作为轴承材料是最合适的。作为一般轴承材料，图14-7和图14-8中分别表示了黄铜、青铜的力学性能。在黄铜中，H70黄铜主要作为板材用于冷作塑性加工，适于各种拉深制品。H64黄铜主要是作为棒料，有效利用它的强度而用在各种零件中。青铜中锡含量大多数为6%～10%，主要是在铸造产品中使用。

14.3.2 拉深加工力学

拉深是用平面板坯制作杯形件的冲压成形工艺，又称拉延。通过拉深可以制成圆筒形、球形、锥形、盒形、阶梯形、带凸缘的和其他复杂形状的空心件。采用拉深与翻边、胀形、扩口、缩口等多种工艺组合，可以制成形状更复杂的冲压件。汽车车身、油箱、盆、杯和锅炉封头等都是拉深件。拉深设备主要是机械压力机。图14-9为拉深的原理图。在圆筒形工

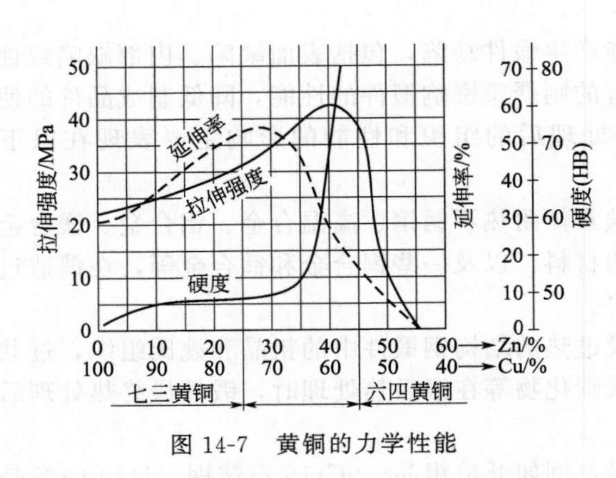

图 14-7　黄铜的力学性能

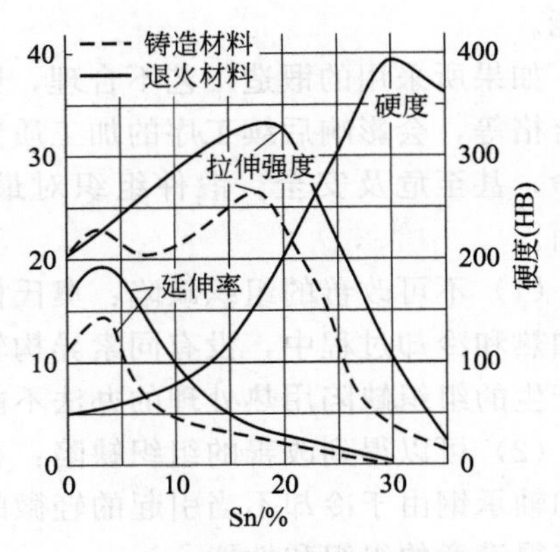

图 14-8　青铜的力学性能

件的拉深过程中，板坯由初始直径 D_0 缩小为冲压件的圆筒直径 d。表示拉深变形的大小，称为拉深变形程度。

变形程度很大时，拉深所需变形力可能大于已成形零件侧壁的强度而把工件拉断。为了提高拉深变形程度以制出满意的工件，常常把变形程度较大的拉深分为两道或多道成形，逐步缩小直径、增加高度（图 14-10）。

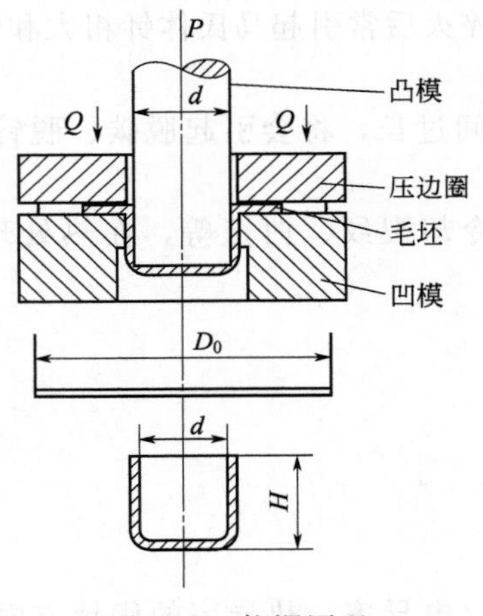

图 14-9　拉深原理

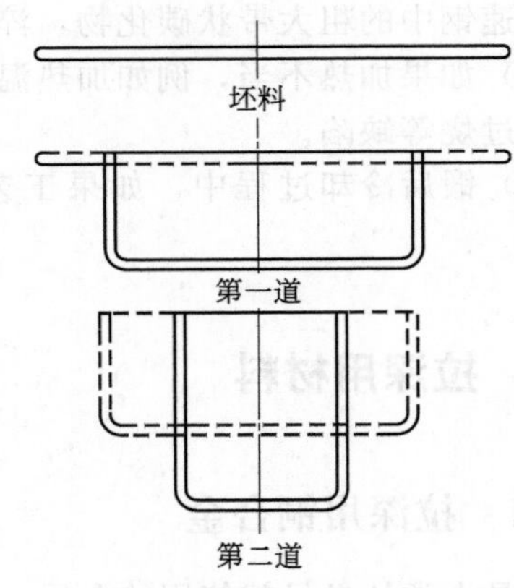

图 14-10　两道拉深

拉深时，平板坯料受凸模向圆筒侧壁传递的拉力，由四周向中心移动，直径逐渐缩小，这部分金属互相受压。当板坯的厚度小、拉深变形程度大时，在压应力作用下，圆筒工件的平面法兰部分会出现失稳起皱现象。为了防止起皱现象和保证拉深件质量，在拉深模中常设有压边装置（压边圈）。简单的压边圈是靠弹簧或压缩空气压住坯料周边的。大型件拉深时，常采用双动压力机，利用外滑块的作用压边。当毛坯的厚度较大、零件的尺寸较小时，不用压边装置也可以进行拉深。压边圈的作用力在保证板坯不起皱前提下，应选取尽量小的数值。

拉深件各部位的厚度因受力不同有所不同，一般是底部中心厚度不变。底部周边和侧壁下部受拉力作用，厚度稍减少。侧壁上部和平面法兰部分受压力作用，厚度稍增加。若拉深模与压边圈之间的间隙稍大于坯料的厚度，则制成的拉深件的壁厚基本上等于初始的板料厚度。如果拉深模与压边圈之间的间隙小于坯料的厚度，拉深件的侧壁就会受模具间隙的作用而变薄，这种方式称为变薄拉深。用变薄拉深法可以制成底厚、壁薄、高度大的零件，如深筒食品罐等。

拉深时板坯的法兰部位变形抗力最大。为减少这个部位的抗力、加大变形程度和提高变形效率，在生产中可采用差温拉深法。差温拉深的原理是：在坯料变形区，即板坯法兰部位加热，降低拉深变形抗力；在传力区，即筒壁下部和底部保持常温，以保持抗拉强度，防止拉断。用这种方法可以减少拉深次数，但需要耐高温的模具，在钢板拉深中应用尚少。此外，还可用橡胶、液体或气体代替刚体的凸模或凹模对金属进行拉深成形，即软模拉深，其特点是可以提高拉深变形程度和节省模具费用。

14.3.3　拉深工艺性与金属学的关系

拉深的基本原理：利用具有一定圆角半径的拉深模，将平板毛坯或开口空心毛坯冲压成容器状零件的冲压过程称为拉深。

1. 拉深起皱与破裂

圆筒形件拉深过程顺利进行的两个主要障碍是凸缘起皱和筒壁拉断。拉深过程中，凸缘材料由扇形挤压成矩形，材料间产生很大的切向压力，这一压力犹如压杆两端受压失稳似的使凸缘材料失去稳定而形成皱褶，见图 14-11。

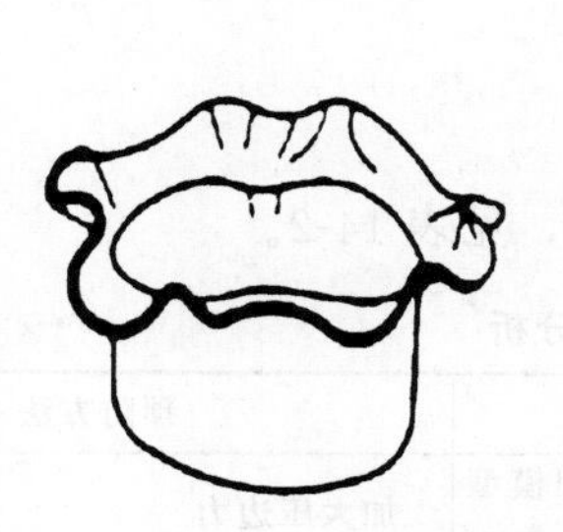
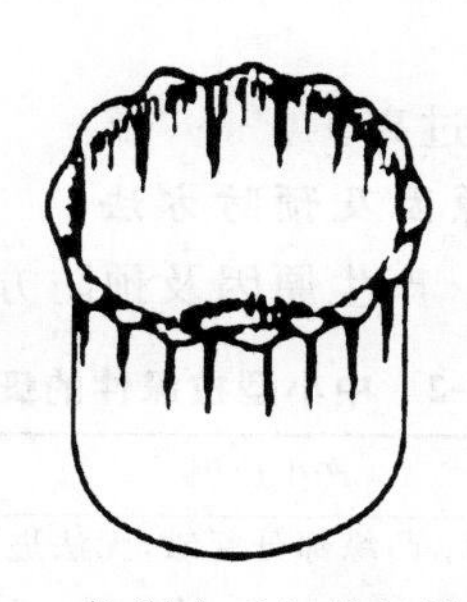
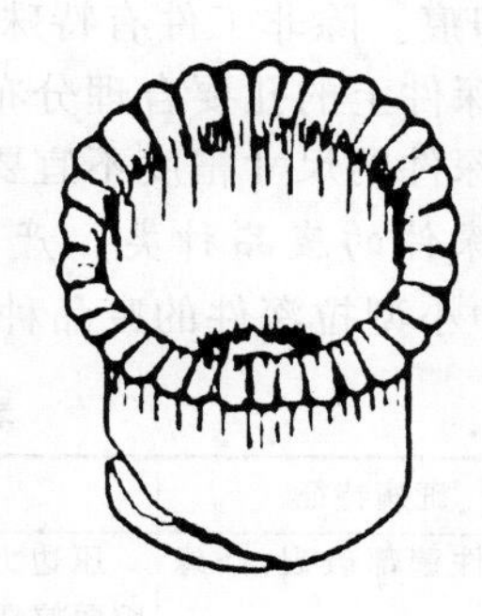

图 14-11　拉深中毛坯的起皱现象

另外，当凸缘部分材料的变形抗力过大时，使得筒壁所传递的力量超过筒壁的极限强度，便使筒壁在最薄的凸模圆角处（危险断面）产生破裂，见图 14-12。

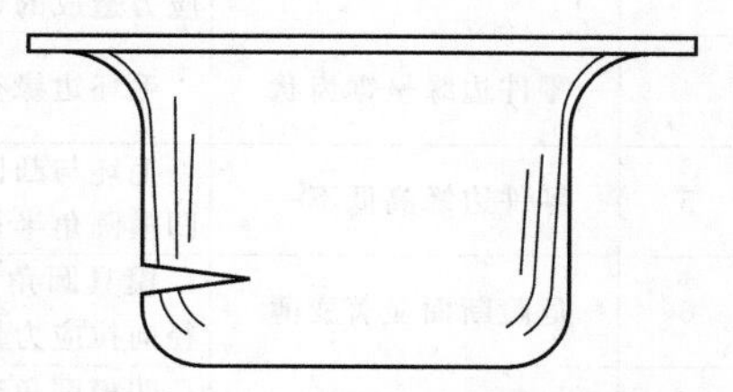

图 14-12　拉深时毛坯的断裂

为了防止起皱，需加压边力，此压边力又成为凸缘移动的阻力，此力与材料自身的变形阻力和材料通过凹模圆角时的弯曲阻力合在一起即成为总的拉深阻力。

对于凸缘上产生的拉深阻力，如果不施加与之平衡的拉深力，则成形是无法实现的。此拉深力由凸模给出，它经过筒壁传至凸缘部分。筒壁为了传递此力，就必须能经受住它的作用。筒壁强度最弱处为凸模圆角附近（即筒壁与底部转角处），所以此处的承载能力大小就成了决定拉深成形能否取得成功的关键。

在改善拉深成形，提高成形极限的时候，通常研究的问题是筒壁的承载能力及拉深阻力（包括摩擦阻力）这两个方面，目的是使拉深阻力减少及提高筒壁的承载能力。

2. 拉深成形极限

影响圆筒形件拉深的主要问题是凸缘区压缩失稳产生起皱和零件底部圆角与筒壁连接处破裂。由于起皱可用压边圈或其他工艺措施避免，所以圆筒件拉深的成形极限主要由破裂来确定。

圆筒形件拉深的成形极限一般用极限拉深比 LDR 表示：

$$LDR = D/d \tag{14-2}$$

式中 d——凸模直径；

D——零件底部圆角附近不被拉破时允许的最大毛坯直径。

目前生产中习惯用拉深系数 $m=d/D$ 来表示。两者的关系是：

$$m = d/D = 1/LDR \tag{14-3}$$

3. 拉深件的工艺性

① 拉深件的形状应尽量简单，对称轴对称拉深件在圆周方向上的变形是均匀的，模具加工也容易，其工艺性最好。其他形状的拉深件，应尽量避免急剧的轮廓变化。

② 拉深件各部分尺寸比例要恰当。应尽量避免设计宽凸缘和深度大的拉深件（即 $d_{凸}>3d$，$h\geqslant 2d$），因为这类工件需要较多的拉深次数。

③ 拉深件的圆角半径要合适。拉深件的圆角半径，应尽量大些，以利于成形和减少拉深次数。

④ 拉深件厚度的不均匀现象要考虑。拉深件由于各处变形不均匀，上下壁厚变化可达 $1.2t$ 至 $0.75t$。多次拉深的工件内外壁上或带凸缘拉深件的凸缘表面，应允许有拉深过程中所产生的印痕。除非工件有特殊要求时才采用整形或赶形的方法来消除这些印痕。

⑤ 拉深件上的孔要合理分布。

⑥ 拉深件的尺寸精度不宜要求过高。

4. 拉深件的废品种类、产生原因及预防方法

普通中小型拉深件的废品种类、产生原因及预防方法，见表 14-2。

表 14-2 中小型拉深件的疵病分析

序号	疵病特征	产生原因	预防方法
1	零件壁部破裂，凸缘起皱	压边力太小，凸缘部分起皱，无法进入凹模型腔而拉裂	加大压边力
2	壁部拉裂	材料承受的径向拉应力太大，造成危险断面的拉裂	减小压边力，增大凹模圆角半径，使用润滑，或是增加材料塑性
3	凸缘起皱	凸缘部分压边力太小，无法抵制过大的切向压应力造成的切向变形，失去稳定，形成皱纹	增加压边力或适当增加材料厚度
4	零件边缘呈锯齿状	毛坯边缘有毛刺	修整毛坯落料模刃口以消除毛坯边缘毛刺
5	零件边缘高低不一	毛坯与凸凹模中心不合或材料厚薄不匀以及凹模圆角半径，模具的间隙不匀	调整定位，校匀模具间隙和凹模圆角半径
6	危险断面显著变薄	模具圆角半径太小，压边力太大，材料承受的径向拉应力接近 Q_b，引起危险断面缩颈	加大模具圆角半径和间隙，毛坯涂上合适的润滑剂
7	零件底部拉脱	凹模圆角半径太小，材料实际上处于切割状态（一般发生在拉深的初始阶段）	加大凹模圆角半径
8	零件顶部拉脱	凹模圆角半径太大，在拉深过程的末阶段，脱离了压边圈但尚未越过凹模圆角的材料，压边圈压不到，起皱后被拉入凹模，形成口缘折皱	减少凹模圆角半径或采用弧形压边圈
9	锥形件的斜面或半球形件的腰部起皱	拉深开始时，大部分材料处于悬空状态，加之压边力太小，凹模圆角半径太大或润滑油过多，使径向拉应力小，材料在径向拉应力的作用下，势必失去稳定而起皱	增加压边力或采用拉深筋，减少凹模圆角半径，也可加厚材料或几片毛坯叠在一起拉深
10	盒形件角部破裂	模具圆角半径太小，间隙太小或零件角部变形程度太大，导致角部拉裂	加大模具角部圆角半径及间隙，或增加拉深次数（包括中间退火工序）

续表

序号	疵病特征	产生原因	预防方法
11	零件底部不平整	毛坯不平整，顶料杆与零件接触面积太小或缓冲器弹力不够	平整毛坯，改善顶料装置
12	盒形件直臂部分不挺直	角部间隙太小，多余材料向侧臂挤压，失去稳定，产生皱曲	放大角部间隙，减少直臂部分间隙
13	零件臂部拉毛	模具工作平面或圆角半径上有毛刺，毛坯表面或润滑油中有杂质，拉伤零件表面，一般称拉丝	须研磨抛光模具的工作平面和圆角，清洁毛坯，使用干净的润滑剂
14	盒形件角部向内折拢，局部起皱	材料角部压边力太小，起皱后拉入凹模型腔，所以局部起皱	加大压边力或增大角部毛坯面积
15	阶梯形零件肩部破裂	凸肩部分成形时，材料在母线方向承受过大压力，导致破裂	加大凹模口及凸肩部分圆角，或改善润滑条件，选用塑性较好的材料
16	零件完整，但呈歪扭状	模具没有排气孔，或排气孔太小、堵塞、以及顶料杆跟零件接触面太小，顶料时间太早（顶料杆过长）等	钻、扩大或疏通模具排气孔，整修顶料装置

14.3.4　特殊拉深加工

1. 软模拉深

用橡胶、液体或气体的压力代替刚性凸模或凹模，直接作用于毛坯上，也可以进行冲压加工。它可完成冲裁、弯曲、拉深等多种冲压工序。由于软模拉深所用的模具简单且通用化，在小批量生产中获得了广泛的应用。

（1）软凸模拉深

用液体代替凸模进行拉深，其变形过程如图 14-13 所示。在液压力作用下，平板毛坯中部产生胀形，当压力继续增大时使毛坯凸缘产生拉深变形，凸缘材料逐渐进入凹模而形成筒壁。毛坯凸缘拉深所需的液压力可由下列平衡条件求出：

$$\pi d^2 p_0/4=\pi dtp \quad (14\text{-}4)$$

$$p_0=4tp/d \quad (14\text{-}5)$$

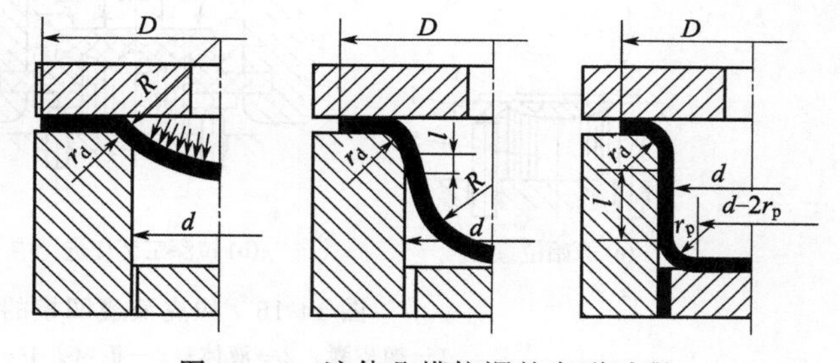

图 14-13　液体凸模拉深的变形过程

式中，t 为板厚，mm；d 为工件直径，mm；p_0 为开始拉深时所需的液压应力，MPa；p 为板材拉深所需的拉应力。

用液体凸模拉深时，由于液体与毛坯之间几乎无摩擦力，零件容易拉偏，且底部产生胀形变薄，所以该工艺方法的应用受到一定的限制。但此法模具简单，甚至不需要冲压设备，故常用于小批量生产。锥形件、半球形件和抛物面件等用液体凸模拉深时，可得到尺寸精度高、表面质量好的零件。

此外，也可以用聚氨酯凸模进行浅拉深。

（2）软凹模拉深

该方法是用橡胶或高压液体代替金属拉深凹模的方法，见图 14-14 及图 14-15。拉深时软凹模将毛坯压紧在凸模上，增加了凸模与材料间的摩擦力，从而防止了毛坯的局部变薄，提高了筒部传力区的承载能力，同时减少了毛坯与凹模之间的滑动和摩擦，降低了径向拉应力，能显著降低极限拉深系数，而且零件壁厚均匀，尺寸精准，表面光洁。

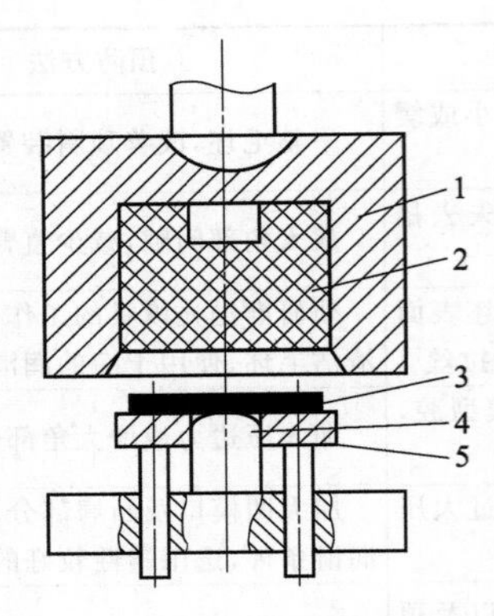

图 14-14 聚氨酯橡胶拉深模

1—容框；2—聚氨酯橡胶；3—毛坯；4—凸模；5—压边圈

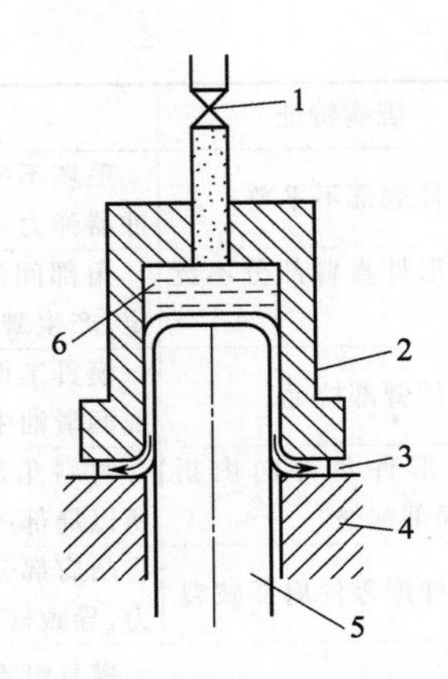

图 14-15 液体凹模拉深

1—溢流阀；2—凹模；3—毛坯；4—模座；5—凸模；6—润滑油

2. 变薄拉深

所谓变薄拉深，主要是在拉深过程中改变拉深件筒壁的厚度，而毛坯的直径变化很小，见图 14-16。

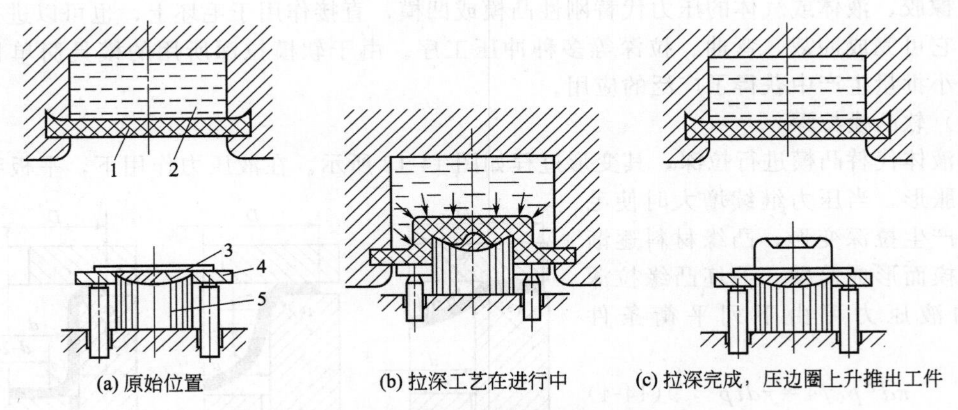

(a) 原始位置　(b) 拉深工艺在进行中　(c) 拉深完成，压边圈上升推出工件

图 14-16 橡皮液囊凹模的拉深过程

1—橡皮囊；2—液体；3—板材；4—压力圈；5—凸模

和普通拉深相比，变薄拉深具有如下特点。

① 由于材料是在周向和径向的压应力及轴向的拉应力作用下变形的，材料产生很大的加工硬化，增加了强度。

② 拉深件的表面粗糙度小。

③ 因拉深过程的摩擦严重，故对润滑及模具材料的要求较高。

14.4 货币用材料

14.4.1 货币用材料的种类

历史学家按人类使用的材料，把人类的发展历史分为石器时代、青铜器时代与铁器时代。货币，起始于原始商品，也是商品交换的产物，货币的发展无不打上了人类社会发展的烙印。

贝壳是古代最早的货币材料，是石器时代货币的典型代表。中国大概在殷代到西周间就开始用贝作为货币材料。我国古代之所以用贝作为货币材料，甚至在青铜器盛行后的一段时期内仍没有把它淘汰，这是因为贝在那时具有比其他东西作为货币的优越条件。第一，贝本身具有价值和使用价值（古代的装饰品）；第二，贝作为货币具有自然的单位，这在金属铸造技术落后，以及对价值计量单位要求并不十分精确的古代，贝作为货币确实比较方便；第三，贝较坚固耐用；第四，贝较便于携带。

由于自然生长的贝壳不足，为满足使用要求，当时会用珧贝、骨头和蚌仿制贝。最后用铜来仿制贝壳，标志着金属货币应用的开始。

铜币是最早的古代金属硬币。随着冶铸业的发展，人类由新石器时代进入了青铜器时代，出现了贝币的仿制品——铜币。仿贝状的青铜铸贝是我国最早的金属原始货币。铜贝的诞生是科技进步的体现，是祖先利用自然资源开创冶金业的里程碑。铜贝、金贝、银贝，以及镀金铜贝等的出现，标志着中国货币开始进入金属铸币的时代，并在货币领域中取代天然或人工的非金属材料，实现货币材质的历史性转折。

在世界金属货币历史上，有两种独立的体系：一是西方的希腊系统；二是东方的中国系统。西方货币以金银为主，没有穿孔，一开始就在币面刻鸟兽人物草木等图样。东方货币以铜铁为主，有方孔，币面有字无画。

青铜器时代的中国，拥有发达的青铜冶铸业，青铜冶铸技术先进。大量的考古资料证明，商代的冶铸师已经掌握了铜合金的最佳配比以及冶炼的复杂技术。可以根据青铜器的不同用途和特点对材质的硬度、光泽、耐磨、耐腐蚀等性能要求以及合金的高温熔铸特性（熔化温度、熔体黏度）等，设计选择铜合金的化学组成和配比。当时的铜金属材料分为紫铜、黄铜、青铜和白铜，其中紫铜为纯铜，其他三者为铜的合金。黄铜是铜和锌的合金（含锌16%～26%）；青铜是铜和锡，铜和铅或者铜和铅、锡的合金（含锡6%～16%，铅2%～26%）。冶铸业的发展为金属铸币的发展提供了物质基础，金属铸币与社会生产和商业贸易同步发展，公元前约500年的春秋战国时代，齐、燕、赵诸国以铜合金铸造的刀币、布币，楚国铸造的铜贝等均是典型的金属流通铸币。从秦朝开始“废贝行钱”，“钱”成为货币的专称或金属货币的通称。从此几乎全部以铜合金为材质的“方孔圆钱”成为货币的主体，并在全国趋于统一，延续至清朝末年。

14.4.2 货币用材料的加工

硬币是由一种或多种金属及其合金制造的货币，相对于纸币，硬币的面值通常较低。硬币一般是由非贵重金属及合金（如铜、镍）铸造，但纪念币和收藏币一般是由贵重金属（如金、银）铸成。

1. 硬币的特性

硬币是在各种气候条件下流通的货币，要与人们的手及其他物件接触，会产生腐蚀、摩擦与碰撞。因此，硬币用金属的选用，主要涉及以下材料特性的问题。

① 价值与面值　在经济上，硬币本身价值在预见的长时间内应略低于其所标的面值，否则犯罪分子可能仿制或收集硬币而熔炼。金与银历来就是造币材料，但因其本身价值高，多用于纪念币和收藏币种，而在流通硬币中将趋于减少。此外，我国发行的部分纪念币是用铜镍合金（白铜）制造的。

② 尺寸、形状和颜色　硬币的颜色必须是造币合金所特有的，即该合金在空气或其他

使用环境中不易被污染而变色。硬币需采用不同的尺寸、颜色、形状以区别于其他面值的硬币，从而易识别。有时还会改变硬币尺寸以适应金属价格上涨而产生的价值高于面值的现象。

③ 防伪性能　即硬币应难以仿造以确保安全性。大多数自动售货机利用电导率来识别硬币以防假币。即每个硬币必须有自己独特的“电子签名”，而这取决于硬币的合金成分。

④ 成形性　优异的塑性和韧性，使所设计的硬币浮雕能嵌入硬币表面并凸现出来。

⑤ 耐磨性能　硬币必须具有足够的硬度和强度，在长期使用中，其表面浮雕不易被磨损。硬币材料在（造币）冲压成形中产生的形变强化（加工硬化）可提高其硬度。

⑥ 耐蚀性能　在使用寿命中，硬币因腐蚀的物质损耗应最小。

⑦ 抗菌性　硬币在使用中与人体接触，不能有损健康，应避免不良微生物在其表面生长。

⑧ 可回收性　从可持续发展考虑，硬币用材要易于回收。

铜及铜合金能满足上述标准，许多国家选用不同的铜合金或合金组合作为硬币用材。

2. 各国的硬币

(1) 人民币硬币

1）第一套硬币分别是1分、2分、5分，材质是铝镍合金，如图14-17所示。

图14-17　第一套人民币硬币

2）第二套硬币分别为1角、2角、5角、1元，3种角币材质是铜锌合金，1元硬币材质是铜镍合金，如图14-18所示。

图14-18　第二套人民币硬币

3）第三套硬币分别是1角、5角、1元，如图14-19所示。1角的材质是铝锌合金，5角的材质是铜锌合金，1元的材质是钢芯镀镍。

4）第四、五套硬币分别是1角、5角、1元，如图14-20所示。1角的材质是铝锌合金（1999～2004年）2005年开始材质为不锈钢；5角的材质于2002年开始采用钢芯镀铜；1元的材质于1999年采用钢芯镀镍。

人民币5角硬币分别采用黄铜（铜锌合金）和钢芯镀铜，色泽为金黄色。黄铜不是普通的“四六”黄铜或“三七”黄铜，而是一种多元铜合金，即除锌外，还添加了若干起特殊作用的微量元素，以提高其耐磨性、抗变色性和耐蚀能力。此外，该合金还具有造币加工性能优良、防假性强、原材料丰富、成本较低的特点。

人民币1元硬币分别采用白铜（铜镍合金）和钢芯镀镍两种，色泽为银白色。钢芯镀镍

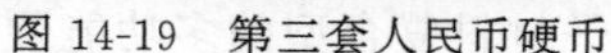

图 14-19 第三套人民币硬币

图 14-20 第四套人民币硬币

首先用低碳钢板冲出坯币，电镀镍后再进行特殊的热处理，使铁原子向镍镀层中扩散，而镍原子则向钢芯中扩散，这样便在镍镀层与钢芯之间形成了一层以铁为基体的铁-镍固溶体带，大大提高了镍镀层与钢芯的结合力，在任何情况下镀镍层都不会脱落。该硬币不但保留了纯镍的外观特征，而且具有相当高的抗磨性与耐蚀性，还大大减少了镍的用量，生产成本大幅度下降，防伪性能也得到很大提高。

第五套 1 角硬币 2005 年版的材质为不锈钢，色泽为钢白色，2000 年版为铝合金。铝与空气中的氧形成只有几微米厚的氧化铝膜，呈银白色、致密，且氧化铝膜具有很高的耐蚀性，在大气中不会失去光泽。但铝合金的硬度低，在使用中易磨损而产生硬币表面图案的损坏或产生污染，因此，2005 年以后改用不锈钢。第五套 1 元硬币材质为钢芯镀镍，第五套 5 角硬币材质是钢芯镀铜。

（2）欧元硬币　欧元硬币如图 14-21 所示。

图 14-21 欧元硬币

1 欧元、2 欧元硬币，为由外圈和内盘组成的双金属硬币。2 欧元硬币外圈使用 75Cu-25Ni 合金，呈银色，内盘为镍铜合金（75Cu-20Zn-5Ni），呈金色；1 欧元硬币外圈呈金色．内盘呈银色，其外圈和内盘所使用的合金是 2 欧元硬币的调换；50 欧分、20 欧分和 10 欧分硬币由 89Cu-5A1-5Zn-1Sn 合金制成，呈金色；5 欧分、2 欧分和 1 欧分硬币为钢芯镀铜。

（3）美元硬币　美国流通硬币共有 1 美分、5 美分、10 美分、25 美分、50 美分和 1 美元 6 种面额，如图 14-22 所示。

图 14-22 美元硬币（硬币正面，从左至右依次为 1 美元、50 美分、25 美分、10 美分、5 美分、1 美分）

美元硬币用材主要有：纯铜、白铜（88Cu-12Ni）、黄铜（95Cu-5Zn、77Cu-12Zn-7Mn-

4Ni)、青铜［95Cu-5(Zn+Sn)］、锌镀铜（97.5Zn-2.5Cu）。仅在1943年发行了钢芯镀锌，但钢芯镀锌硬币的边缘对锈蚀极为敏感。在1974年试验了铝合金和钢芯镀铜，但均未流通。

铝合金被剔除的原因之一是：硬币是最常见的儿童误食的吞咽异物。儿科医师指出，被吞食的铝币其x射线成像很接近人体的软组织，因此会很难检测到其位置，难以诊治。

由上可见，硬币材料在力学、物理、化学性能等方面应具有较高的强度、耐磨、耐蚀、抗菌、轻质、光泽、美观、廉价等一系列特点。随着高新技术及材料科学的发展，未来的硬币制造可能会出现金属材料、无机非金属材料和有机高分子材料复合型的多功能硬币材料。

3. 硬币的加工过程

硬币是由坯饼压印而成的，铜是人类最早认识和利用的金属之一，铜可呈天然块状，以天然金属形式出现。在地壳中分布广泛，易于锻造加工，但铜质软，加工时易产生气孔。用铜铸造铜币时，一般加入少量的锡、锌、铝等改善铜的性能，如我国古代的刀币和铲币就是铜币，现在发行的5角硬币采用Cu-Zn合金制造，国外如意大利发行的硬币中心为铜，外围镀铬，美国的硬币则中部为Cu，外层为Cu-Ni复合材料。

整个硬币的制造过程可以归纳为三个基本内容：选材和坯饼处理、设计制模、压印。

（1）选择材质

制造硬币可以采用不同的金属材质，比较常见且相对价格低廉的金属被用来铸造低面额硬币，而稀有金属如黄金、白银、铂则被用来铸造具有投资和收藏价值的纪念币。

好的铸币材质要求具有一定的物理特性，例如金属质地要软而易于加工成形，同时还要有相当的硬度以便能够经受流通过程中的磨损。由于兼具上述特性的金属极少，因此铸币材质通常是两种或多种金属熔为一体的合金。在美国和其他许多国家，常见使用的金属有铜、锌、镍、铁、铝等，其中铜无论本身还是构成合金都是一种非常理想的铸币材质。金银通常与其他金属合金来提高硬度，铜就是首选材料。平常所说的“纯”普制金银币其实都含有微量的其他金属成分，当然，其价值还主要是按币中贵金属的含量来估算。制造合金的具体过程是：①将所选择的金属放在熔炉中熔成液态合金，浇入铸锭（槽）冷却或被压制成条片（较厚）；②在液压车间对铸锭或较厚的条片进行数次滚压，使之成为厚度符合坯饼要求的条片；③将条片冲压成半成品的坯饼，并等待进一步加工处理。

（2）坯饼处理

坯饼的好坏直接影响成品的质量，因此坯饼的处理是一个非常关键的环节。从合金条片冲压下来的坯饼很粗糙，表面不光滑且四周有毛边，需要进一步精加工，具体步骤是：①将坯饼放入外形类似特制搅拌机的柱状退火炉中，退火炉旋转。高温对坯饼进行软化处理；②退火软化后的坯饼被置入稀释的酸或肥皂溶液中进行清洗；③用专门的机器设备对坯饼磨边、抛光。经过以上处理后的坯饼就可以直接用来压印硬币了。

（3）设计制模

1）模具及其工作原理

对冶金学不甚了解的人很难想像硬金属还可以像液体一样四处流动，但这是客观事实，因为固体金属可以在压力下发生内部结构移动而变形，就如同在汽车制造厂里把一块（片）钢板变成有着各种曲线形状的汽车外形钢架一样。

使一块金属变成一枚有图案的硬币需要借助模具，而且是正面、背面两个模子，因为物理学上力的作用是相互的，即力量相等、方向相反，任何人不可能把金属坯饼置于空中来制造硬币。实际操作的方法是，把其中的一个模子固定并将坯饼放在上面，用另一个可上下移动的模子来冲压，这样就使坯饼的两个面在相互力的作用下同时压印上图案。模子一般由特种钢制成，其表面刻有图案且质地坚硬，可以在制造过程中使硬币表面呈现镜面效果。原先的模子是手工制成的，雕刻师用特制工具在模子表面艰难地刻划出文字、数字及各种图案。随着技术的进步，现在制模普遍采用了雕刻机、电镀、电脑辅助设计等设备和工艺来代替手工，效率和精确度都有了很大的提高。

由于硬币表面是浮雕镜面效果，因此工作模表面图案的每一部分都是凹进去的，即所说的“阴模”。为了便于理解，在此举例说明，将一片铝箔覆在一枚硬币上，用擦子反复刮压，然后取下铝箔，会发现铝箔与硬币接触的那一面出现了凹进去的图案，这是因为硬币表面的图案是凸出来的。同样道理，如果硬币表面的图案是凹进去的，则工作模表面图案相应是凸出来的。

2）图案从平面到立体的制模过程

图案设计工作开始于艺术家的平面画稿，而使平面图案变成硬币上精美逼真的立体浮雕则需要一个复杂的工艺过程：①雕刻师用油土将画稿上的平面图案通过三维立体表现出来，然后翻成石膏模或树脂模；②将石膏模或树脂模放入电解液中，经过电镀制成图案凸出的铜质模坯，也称铜型或母模；③通过雕刻机上触针和雕刻刀的同步划动而把母模上的立体图案按既定的比例缩刻复制到另一个金属模坯上，这就形成了原模，也称子模，其表面的浮雕效果与实际硬币的完全相同；④把原模淬火增加硬度后，在大吨位液压机上对另外的模坯进行反复冲压，形成图案下凹、具有镜面效果的工作模，然后再将工作模淬火提高硬度，以备压印时用。

一个原模可以反复使用、冲压翻制成很多图案完全一样的工作模，这就是为什么有些图案不变的流通硬币可以常年生产而不间断的原因。应当说，新的制模工艺不仅更加规范，而且效率有了很大的提高，它使得原来熟练的雕刻师需要花费一整天才能做完的工作在几个小时内就可以完成。

3）压印硬币

以前的工作模可能只能压印几百枚硬币，而现在的工作模能够压印上百万枚硬币。现代的铸币机器是一种精确而高效的设备系统，集压印和自动传送为一体，它以极快的速度连续把坯饼准确地放到压印位置并且冲压可以瞬间完成，因此每分钟有多达几百枚的硬币喷涌而出。

在早期人们通过手工锤击方法铸币的时候，曾采用了金属垫圈技术，这一技术现在仍被利用，即在金属板上开凿一个与硬币直径相同的圆孔，将坯饼放入孔中，以防止在冲压过程中坯饼由于受压而延展变形。有齿边的硬币要求金属垫圈内侧四周要设计成齿状，机器冲压时，坯饼四周的齿状和正背面图案同时压印出来，成为有齿边的硬币；周边有字的硬币则要使用四周刻字的工作模和分割开的金属垫圈，然后通过液压机将文字压印上去。

现代铸币压印机充分将机械力学原理应用到实践中，常见的冲压机就是采用“曲杆动力”驱使冲压头上下移动（如同手指关节弯曲、伸直）来完成印压。利用原模通过冲压制成工作模需要几百吨的压力，压印硬币的吨位虽然小一些，但也需要相当大的压力，如一枚镍币需要 30 吨/平方英寸的压力，而一枚银币则需要 150 吨/平方英寸的压力，其他材质的硬币也基本在这个范围内。

就是通过上述的机械过程，坯饼被压印成可流通的硬币。

参考文献

[1] 庞晋山，肖寅昕．无铅易切削黄铜的研究［J］．广东工业大学学报，2001，18(3):63-66.

[2] 黄劲松，彭超群，章四琪等．无铅易切削铜合金［J］．中国有色金属学报，2006，16(9):1487-1489.

[3] 朱权利，陈耿春，吴维冬等．无铅易切削镁锑黄铜的研究［J］．机电工程技术，2008，37(4):52-54.
[4] 田荣璋，王祝堂．铜合金及其加工手册［M］．长沙：中南大学出版社，2004.
[5] 陈丙璇，宋婧，钟建华．Bi黄铜易切削机理的研究［J］．南方金属，2006，26(3):32-33.
[6] 汪治军，张天莉．绿色易切削无铅黄铜棒的研制［J］．有色金属加工，2004，(6):10-11.
[7] 洛阳铜加工厂中心实验室金相组．铜及铜合金晶相图谱［M］．北京：冶金工业出版社，1983.
[8] 盛若川．锻造的种类［J］．杭氧科技，2000，(4):53-54.
[9] 廖自基．环境中微量重金属元素的污染危害与迁移转化［M］．北京：科学出版社，1989.
[10] 刘娜．环保易切削白色铜合金的制备及其相关基础问题研究［D］．长沙：中南大学出版社，2013.
[11] 许传凯，胡振青，黄劲松等．无铅易切削黄铜的研究进展［J］．有色金属加工，2009，38(6):11-13.
[12] 闫静．环境友好无铅易切削黄铜的开发及性能研究［D］．成都：四川大学出版社，2007.
[13] 高克．无铅易切削黄铜材料的现状与发展［J］．上海有色金属，2013，34(3):134-137.
[14] 张敏恩，王智祥，梅军．无铅易切削铋黄铜的研究动态与展望［J］．有色金属科学与工程，2012，(3):7-9.
[15] 肖寅昕，匡同春，蔡英儿．新型高锌加工黄铜变质处理研究［J］．特种铸造及有色合金，1998，(5):1001-2249.
[16] 姜瑞虎，于群．热锻润滑剂的开发与应用［J］．山东科技，1994，(4):31-33.
[17] 渡边彬．机械设计概论［M］．北京：机械工业出版社，1985.
[18] 纪良波，周天瑞．基于神经网络和遗传算法的拉深成形工艺优化［J］．机床与液压，2010，38(5):20-21.
[19] 周杰，阳德森，李路等．基于可控拉深筋的高强度板拉深性能优化及预测［J］．同济大学学报（自然科学版），2010，38(12):1800-1803.
[20] 武荣，陈关龙，林忠钦等．板料成形中的新型可控压边力技术研究［J］．塑性工程学报，2007，14(1):102.
[21] 江峰，钟约先，袁朝龙．基于多目标遗传算法的板料拉深成形工艺参数优化设计［J］．中国机械工程，2006，卷(S1):74.
[22] 印钞造币行业培训教材．硬币压印（机密）［M］．北京：中国印钞造币总公司，2006.
[23] 许江平．金银纪念币压印成形模拟算法研究及成形工艺参数优化［D］．武汉：华中科技大学出版社，2009.
[24] 张正贵，牛建平，金光等．实用机械工程材料及选用［M］．北京：机械工业出版社，2014.

第15章

特殊功能材料

功能材料是指具有优良的电学、磁学、光学、热学、声学、力学、化学、生物医学功能，特殊的物理、化学、生物学效应，能完成功能相互转化，主要用来制造各种功能元器件而被广泛应用于各类高科技领域的高新技术材料。功能材料是新材料领域的核心，是国民经济、社会发展及国防建设的基础和先导。它涉及信息技术、生物工程技术、能源技术、纳米技术、环保技术、空间技术、计算机技术、海洋工程技术等现代高新技术及其产业。功能材料不仅对高新技术的发展起着重要的推动和支撑作用，还对我国相关传统产业的改造和升级、实现跨越式发展起着重要的促进作用。本章主要介绍有关铜合金在形状记忆合金、耐磨材料、结晶器材料以及减振材料中的应用。

15.1 形状记忆合金

15.1.1 概述

材料及其应用研究在人类文明社会的发展中扮演着非常重要的角色。功能材料的特性和应用研究是当代材料研究中的一个热点。形状记忆材料是近几十年发展起来的一种新型功能材料。这种材料的主要特征之一是具有形状记忆效应，即该种材料若在低温相时发生变形，加热到临界温度（逆相变点）时能够通过逆相变恢复到其原始形状。人们把具有这种效应的合金称为形状记忆合金。形状记忆效应可分为3种类型，即单程形状记忆效应、双程形状记忆效应和全程形状记忆效应。所谓单程形状记忆效应，就是材料在高温下制成某种形状，在低温时将其任意变形，再加热时恢复为高温相形状，而重新冷却时却不能恢复低温相时的形状。若加热时恢复高温相时的形状，冷却时恢复低温相形状，即通过温度升降自发可逆的反复恢复高低温相形状的现象称为双程形状记忆效应。当加热时恢复高温相形状，冷却时变为形状相同而取向相反的高温相形状的现象称为全程形状记忆效应。它是一种特殊的双程形状记忆效应，只能在富Ti-Ni合金中出现。

1932年，瑞典人奥兰德在Au-Cd合金中首次观察到“记忆”效应，即合金的形状被改变之后，一旦加热到一定的跃变温度时，它又可以魔术般地变回到原来的形状，人们把具有这种特殊功能的合金称为形状记忆合金。记忆合金的开发迄今不过20余年，但由于其在各领域的特殊应用，正广为世人所瞩目，被誉为“神奇的功能材料”。

1963 年，美国海军军械研究所的比勒在研究工作中发现，在高于室温较多的某温度范围内，把一种 Ni-Ti 合金丝绕成弹簧，然后在冷水中把它拉直或折成正方形、三角形等形状，再放在 40℃以上的热水中，该合金丝就恢复成原来的弹簧形状。后来陆续发现，某些其他合金也有类似的功能，这一类合金被称为形状记忆合金。每种以一定元素按一定重量比组成的形状记忆合金都有一个转变温度；在这一温度以上将该合金加工成一定的形状，然后将其冷却到转变温度以下，人为地改变其形状后再加热到转变温度以上，该合金便会自动地恢复到原先在转变温度以上加工成的形状。

1969 年，Ni-Ti 合金的“形状记忆效应”首次在工业上应用。人们采用了一种与众不同的管道接头装置，为了将两根需要对接的金属管连接，选用转变温度低于使用温度的某种形状记忆合金，在高于其转变温度的条件下，做成内径比对接管子外径略微小一点的短管（作接头用），然后在低于其转变温度下，将其内径稍加扩大，达到该接头的转变温度时，接头就自动收缩而扣紧被接管道，形成牢固紧密的连接。美国在某种喷气式战斗机的油压系统中便使用了一种 Ni-Ti 合金接头，从未发生过漏油、脱落或破损事故。

1969 年 7 月 20 日，美国宇航员乘坐“阿波罗”11 号登月舱在月球上首次留下了人类的脚印，并通过一个直径数米的半球形天线传输月球和地球之间的信息。这个庞然大物般的天线是用一种形状记忆合金材料做成，先在其转变温度以上按预定要求做好，然后降低温度把它压成一团，装进登月舱带上天去。放置于月球后，在阳光照射下，达到该合金的转变温度，天线“记”起了自己的本来面貌，变成一个巨大的半球。科学家在镍-钛合金中添加其他元素，进一步研究开发了钛镍铜、钛镍铁、钛镍铬等新的镍钛系形状记忆合金；除此以外还有其他种类的形状记忆合金，如铜镍系合金、铜铝系合金、铜锌系合金、铁系合金等。形状记忆合金在生物工程、医药、能源和自动化等方面也都有广阔的应用前景。

15.1.2 形状记忆合金的力学性能和机理

马氏体相变具有可逆性，将马氏体向高温相（奥氏体）的转变称为逆转变。形状记忆效应是热弹性体马氏体相变产生的低温相在加热时向高温相进行可逆转变的结果。

设 M_s、M_f分别表示冷却时奥氏体向马氏体转变的开始温度和终了温度，A_s、A_f表示加热时马氏体向奥氏体逆转变的开始温度和终了温度。具有马氏体逆转变，且 M_s和 A_s温度相差（称为转变的热滞后）很小的合金，将其冷却到 M_s点以下，马氏体晶核随着温度下降而逐渐长大；温度回升时，马氏体相变又反过来同步随温度上升而缩小，马氏体相的数量随温度的变化而发生改变，这种马氏体称为热弹性马氏体。在 M_s以上某一温度对合金施加外力也可以引起马氏体的相转变，所形成的马氏体叫应力诱发马氏体。若热弹性马氏体相变驱动力小，在低于 M_s点的温度下，通过降温进行热弹性马氏体相变，从而呈现形状记忆效应。这种特性与参数关系见图 15-1。

因此，形状记忆效应是热弹性马氏体相变产生的低温相在加热时向高温相进行可逆转变的结果。研究表明，合金呈现形状记忆效应必须具备如下条件。

① 马氏体相变是热弹性的。

② 母相与马氏体相呈现有序点阵结构。

③ 马氏体内部是孪晶变形的。

④ 相变时在晶体学上具有完全可逆性。

由于有序点阵结构的母相与马氏体相变的孪生结构具有共格性，在母相→马氏体→母相的转变循环中，母相完全可以恢复原状，这就是单程记忆效应的原因。

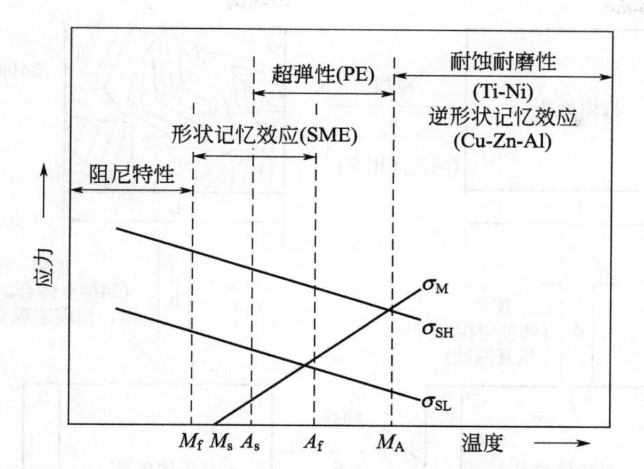

图 15-1 形状记忆合金的各种特性和应力与工作温度之关系

σ_M—应力诱发马氏体相变临界应力；σ_{SL}—母相低屈服应力；σ_{SH}—母相高屈服应力

形状记忆时晶体结构变化的模型见图 15-2。

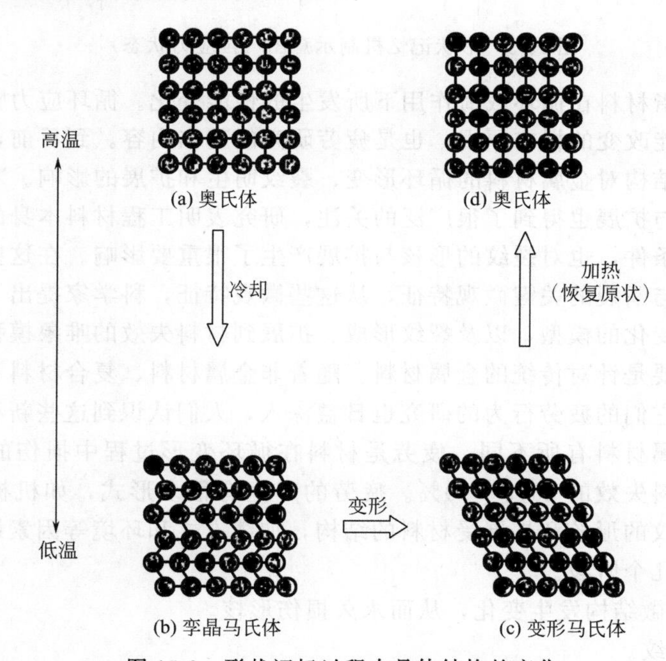

图 15-2 形状记忆过程中晶体结构的变化

形状记忆效应历程可用图 15-3 表示：(a) 将母相冷却到 M_s点以下进行马氏体相变，形成 24 种马氏体变体，由于相邻变体可协调地生成，微观上相变应变相互抵消、无宏观变形；(b) 马氏体受外力作用时（加载），受体界面移动，相互吞食，形成马氏体单晶、出现宏观变形；(c) 由于变形前后马氏体结构没有发生变化，当去除外应力时（卸载）无形状改变；(d) 当加热高于 A_f点的温度时，马氏体通过逆转变恢复到母相形状。双程记忆效应和全程记忆效应的机理比较复杂，有许多问题尚不清楚。

形状记忆合金的力学性能是指在不同环境（温度、介质、湿度）下，承受各种外加载荷（拉伸、压缩、弯曲、扭转、冲击、交变应力等）时所表现出的力学特征。一般来讲材料的力学性能主要有脆性、强度、塑性、硬度、韧性、疲劳强度、弹性等。

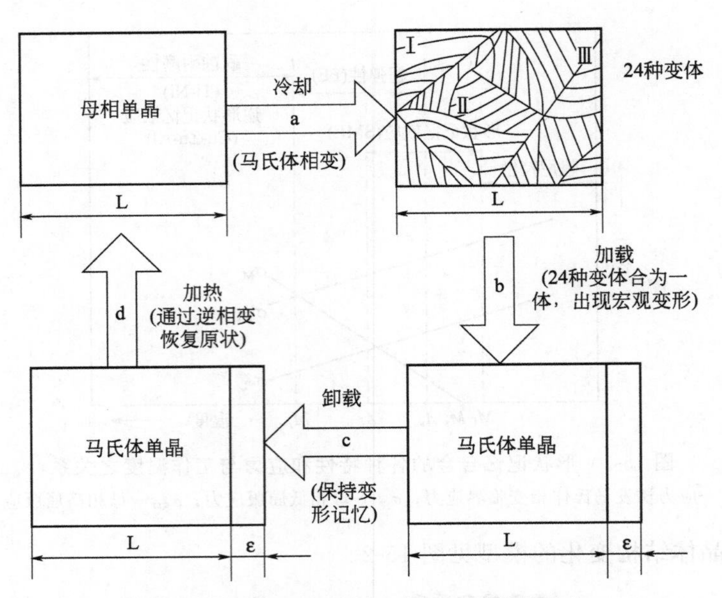

图 15-3 形状记忆机制示意图（拉应力状态）

材料的疲劳是指材料在循环载荷作用下所发生的性能变化。循环应力幅作用下的疲劳损伤与破坏是这种性能改变的根本原因，也是疲劳研究的基本内容。到目前，已有大量研究针对各种力学、组织结构对金属材料的循环形变、裂纹萌生和扩展的影响。对于工程应用的金属材料的裂纹形核与扩展也得到了很广泛的关注，研究表明工程材料本身的缺陷（夹杂和气孔）和材料的使用条件，也对裂纹的形核与扩展产生了很重要影响。在这些进展中，一些研究辨识了疲劳形变与断裂的关键微观特征，从这些微观特征，科学家提出了大量的位错的形核、运动以及结构变化的模型，以及裂纹形成、扩展到材料失效的唯象模型和定量模型。过去文献中的报道主要是针对传统的金属材料。随着非金属材料、复合材料和先进的功能材料的大量应用，对于它们的疲劳行为的研究也日益深入，人们认识到这些新型材料的疲劳与断裂的机理与传统金属材料有所不同。疲劳是材料在循环变形过程中损伤的产生和发展导致的，大约占工业材料失效的80%～90%。疲劳的产生有很多形式，如机械疲劳，热机械疲劳和腐蚀疲劳。裂纹的形核和扩展受材料的结构，加载方式和环境等因素影响。疲劳破坏的发展大致分为下面几个阶段。

① 亚结构和显微结构发生变化，从而永久损伤形核。

② 产生微观裂纹。

③ 微观裂纹长大和合并，形成“主导”裂纹。主导裂纹可能最终导致突然破坏（从实际观点上看，这一阶段的疲劳通常是裂纹萌生与扩展之间的分界线）。

④ 主导宏观裂纹的稳定扩展。

⑤ 结构失去稳定性或完全断裂。

由于从应力循环开始到主裂纹的萌生循环数可能高达疲劳寿命的90%，因此，从科学的观点来看，理解裂纹萌生过程是非常重要的。金属的循环塑性变形所伴随的位错结构以及疲劳裂纹的萌生的定义与观察的尺度密切相关，科学界通常把裂纹沿驻留滑移带的形核看作疲劳失效的开始，而工业界通常根据裂纹检测技术的分辨率来确定疲劳裂纹形核的门槛值。Thompson、Wadsworth 和 Louat 的试验结果表明，金属在产生滑移带后去除一层之后继续循环，滑移带仍会在原位出现，他们把这种表面痕迹叫做“驻留滑移带”(PSB)，PSB 形成产生的挤出和侵入台阶造成材料表面应力集中，而在金属表面形成裂纹。PSB 和基体间的界面是一个不连续的面，在此面两侧位错密度分布的突变也可能导致裂纹沿 PSB 萌生。对于工业中使用的材料，Wood 等提出I型机理，假设前提是材料的反复循环应变在不同的滑动面上产生不同的净滑移量，而且沿滑移带的剪切位移的不可逆性使材料表面变粗糙，这种粗糙表面以微观的峰和谷的形式表现出来，谷根部的应力集中效应对滑移和疲劳裂纹萌生有促进作用。Hunsche 和 Neumann 等通过试验证明了裂纹在驻留滑移带和基体界面萌生。

由于记忆合金同普通金属具有不同的力学特点，即在循环加载过程中超过临界应力发生马氏体相变，所以在研究 Ni-Ti 形状记忆合金的疲劳性能时也与普通金属有差异。Hornbogent 将记忆合金的疲劳分为机械疲劳和形状记忆疲劳两类。

① 传统的机械疲劳，即缺陷的聚集，裂纹的生成和扩展。

② 记忆效应疲劳，或称功能疲劳，即相变温度的改变，记忆效应的衰减，超弹性效应的消失或者减振效应。记忆合金疲劳的影响因素包括很多方面，如材料的成分、测试的温度、加载的模式和表面粗糙度等。目前对于记忆合金的研究主要集中在循环加载下应力应变的响应、疲劳寿命和疲劳裂纹扩展等方面。

15.1.3 铜系形状记忆合金的种类

迄今为止，人们发现具有形状记忆的合金有 50 多种。按照合金组成和相变特征，具有较完全形状记忆效应的合金可分为 3 大系列：钛-镍系形状记忆合金，铜基系形状记忆合金和铁系形状记忆合金。它们的性能见表 15-1。

表 15-1 部分形状记忆合金性能比较

项目	量纲	Ni-Ti	Cu-Zn-Al	Cu-Al-Ni	Fe-Mn-Si
熔点	℃	1240～1310	950～1020	1000～1050	1320
密度	kg/m³	6400～6500	7800～8000	7100～7200	7200
电阻率	$10^{-6}\Omega\cdot m$	0.5～1.10	0.07～0.12	0.1～0.14	1.1～1.2
热导率	W/(m·℃)	10～18	120(20℃)	75	—
热膨胀系数	10^{-6}/℃	10(奥氏体) 6.6(马氏体)	— 16～18(马氏体)	— 16～18(马氏体)	— 15～16.5
比热容	J/(kg·℃)	470～620	390	400～480	540
热电势	10^{-6}V/℃	9～13(马氏体) 5～8(奥氏体)	—	—	—
相变热	J/kg	3200	7000～9000	7000～9000	—
E—模数	GPa	98	70～100	80～100	—
屈服强度	MPa	150～300(马氏体) 200～800(奥氏体)	150～300 —	150～300 —	— —
抗拉强度(马氏体)	MPa	800～1100	700～800	1000～1200	700
延伸率(马氏体)	%应变	40～50	10～15	8～10	25
疲劳极限	MPa	350	270	350	—
晶粒大小	μm	1～10	50～100	25～60	—
转变温度	℃	50～100	200～170	200～170	20～230

续表

项目	量纲	Ni-Ti	Cu-Zn-Al	Cu-Al-Ni	Fe-Mn-Si
滞后大小(A_s-A_f)	℃	30	10～20	20～30	80～100
最大单程形状记忆	%应变	8	5	6	5
最大双程形状记忆 $N=10^2$ $N=10^5$ $N=10^7$	%应变	 6 2 0.5	 1 0.8 0.5	 1.2 0.8 0.5	
上限加热温度(1h)	℃	400	160～200	300	—
阻尼比	SDC%	15	30	10	--
最大弹性应变(单晶)	%应变	10	10	10	—
最大弹性应变(多晶)	%应变	4	2	2	—
恢复应力	MPa	400	200	—	190

铜系列形状记忆合金种类比较多，主要包括 Cu-Zn-Al，Cu-Zn-Al-X（X＝Mn、Ni），Cu-Al-Ni，Cu-Al-Ni-X（X＝Ti、Mn）和 Cu-Zn-X（X＝Si、Sn、Au）等系列。但是，铜系列合金的形状记忆效应明显低于 Ti-Ni 合金。提高这类合金的形状记忆性能的主要方法是加入适量的稀土和 Ti、Mn、V、B 等元素。另外，由于这类合金的优点在于原料充足、容易加工、价格低、转变温度宽、热滞后小、导热性好。因此，具有一定的发展空间。表 15-2 列出了具有代表性的 3 类铜基形状记忆合金的成分和性能。铜基系合金只有热弹性马氏体相变，比较单纯。在铜基系形状记忆合金中，以 Cu-Zn-Al 合金的性能较好，可以根据实际需要，调整合金的成分，以改变材料的热弹性马氏体相变温度，应用日益广泛。

表 15-2　铜基形状记忆合金的成分与性能

分类	合金系	成分(质量分数)/%	熔点/℃	密度/(kg/cm³)	M_s/℃
Ⅰ	Cu-Zn-Al	25.9Zr,4.04Al	957	7940	40
Ⅱ	Cu-Al-Ni Cu-Al-Ni-Ti Cu-Al-Ni-Mn-Ti	13.89Al,3.47Ni 13.5Al,3.48Ni,0.99Ti 11.68Al,5.03Ni,2.0Mn,0.96Ti	1060 1045 —	7150 7060 —	40 26 120
Ⅲ	Cu-Al-Be	9.02Al,0.77Be	1033	7420	36

铜基系合金的形状记忆效应明显低于 Ti-Ni 合金，而且形状记忆稳定性差，表现出记忆性能衰退现象。这种衰退可能是由于马氏体转变过程中产生逆相协调和局部马氏体变体产生“稳定化”所致。逆相变加热温度越高，衰退速度越快；载荷越大，衰退也越快。为了改善铜基系合金的循环特性，提高其记忆性能，可加入适量稀土和 Ti、Mn、V、B 等元素，以细化晶粒，提高滑移形变抗力；也可采用粉末冶金和快速凝固法等以获得微晶铜基系形状记忆合金。通过变性处理，可得到有利的组织结构，提高记忆性能，避免铜系记忆合金热弹性马氏体的“稳定化”。

铜基系形状记忆合金的优点是原料来源充足，容易加工成形，价格较 Ti-Ni 合金低得多，转变温度范围较宽，热滞后小，导热性好，因此有一定的发展潜力。

15.1.4　Cu-Zn-Al 合金的制造工程

在 Cu-Zn 二元系中，能进行热弹性马氏体相变的高温无序点阵结构（相经无序——有序）转变成有序点阵结构的B_2相，转变发生在454～468℃之间，其热弹性马氏体相变温度过低。需要添加第3元素，如Al、Ge、Si、Sn、Be来调整，以提高M_s温度和稳定β相。在Cu-Zn-Al三元合金中，随Al含量的提高，可使高温为bcc结构的β相区大幅度移向贫Zn侧，而随Zn的增加，相分解温度范围也向高温一侧扩大，表现为实际使用温度下时效使形状记忆性能恶化。

常用的Cu-Zn-Al合金制造方法是熔炼法，然后再浇铸、热锻、冷轧成所需形状。

1. Cu-Zn-Al合金马氏体转变的热力学特征

由热力学定律可知相变前后系统总的自由能改变必须小于零，减小的自由能用于提供相变驱动力。热弹性马氏体相变的热力学条件是母相以大于临界冷却速度V_C的速度过冷到M_S点以下。相变驱动力来源于新旧两相的化学自由能差；相变驱动力正比于样品的过冷度。Cu-Zn-Al合金母相和马氏体相的自由能与温度的关系如图15-4所示。由于冰盐水过冷度和热传导能力远大于室温水，相变驱动力较大，所以淬于冰盐水中的马氏体要比淬于室温水中的马氏体粗大，且形状记忆效应也优于室温水淬火。

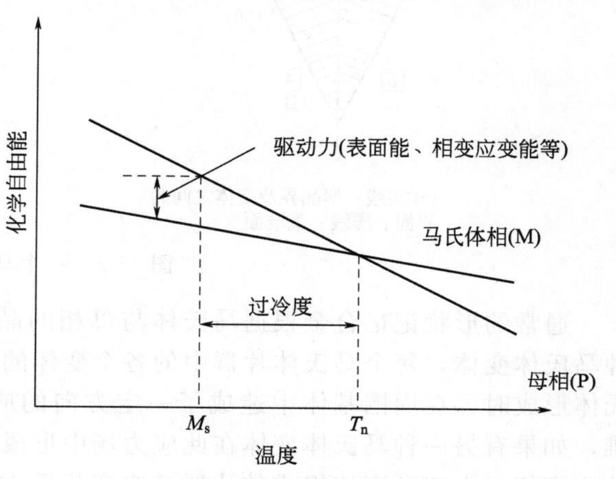

图15-4 母体和马氏体相的自由能与温度的关系及与相变的关系

2. Cu-Zn-Al合金形状记忆效应的本质

(1) 热弹性马氏体所具有的晶体学可逆性是产生形状记忆的主要原因。具有热弹性马氏体相变的合金，当温度降低到相变温度M_S点时，马氏体晶核就会生成，并且急速长到一定的尺寸，但它并不是最终大小，随着温度的进一步下降，已生成的马氏体会继续长大，同时还有新的马氏体形核并长大。当下降到M_f温度以下，马氏体就长大到最终大小。当温度处在M_f～M_S之间时，若给以反向变温，使温度升高马氏体会收缩，出现弹性式的消长现象，且在相变过程中，马氏体的大小和某一温度相对应。也就是说在热弹性马氏体中，合金的母相和马氏体相的界面随着温度的升降表现出弹性式的推移，推移的位置和温度相对应，这就说明热弹性马氏体具有晶体学可逆性。这种晶体可逆性不仅表现为晶体结构在逆相变中恢复到了原来母相的晶体结构，而且也表现为在晶体位向上的完全恢复。在逆转变中马氏体相之所以能完全恢复到母相结构，主要是由于形状记忆合金母相一般为具有高对称性的点阵结构，且绝大部分为有序结构，如B2、DO3。而马氏体的晶体结构较母相复杂，对称性低，且大多为长周期堆垛，对于Cu-Zn-Al合金来说，一般为9R和19R。所以同一母相可有几种不同的马氏体结构，但当马氏体转变为母相时，由于其对称性低，在逆转变时不出现多个等效母相变体，马氏体和母相之间具有特定的对应关系，只有特定取向的晶核才能不断长大。即热弹性马氏体相变形成的24种不同位向的马氏体变体和母相的某一位向的晶格存在着晶格对应关系。尤其当母相为长程有序时，更是如此。当自协作马氏体片群中不同变体存在强的力学偶时，形成单一位向的倾向更大。具有热弹性马氏体相变的形状记忆合金在逆相变中，必定会选择相变前母相的晶格位向，表现出可逆的形状记忆效应。

(2) 马氏体形成过程中的自协作效应也是使其具有形状记忆效应的重要机制。由于马氏体转变是一种非扩散型转变，转变过程是一个均匀切变过程。热弹性马氏体转变不会引起试样的宏观变形。母相向马氏体转变，可理解为原子排列面的切应变，由于剪切变形方向不同，而产生结构相同、位向不同的马氏体，称为马氏体变体。以 Cu-Zn-Al 合金为例，合金相变时围绕母相的一个特定位向常形成四种自协作的马氏体变体，其惯习面以母相的该方向对称排列，四种变体合称为一个马氏体片群，见图 15-5。

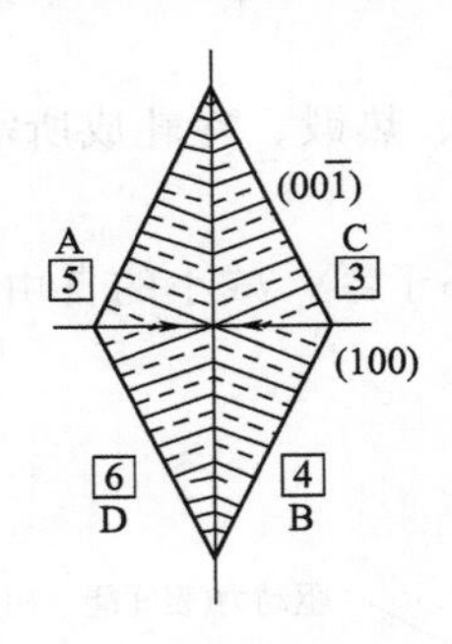

(a) 实线：孪晶界及变体之间的界面；虚线：基准面

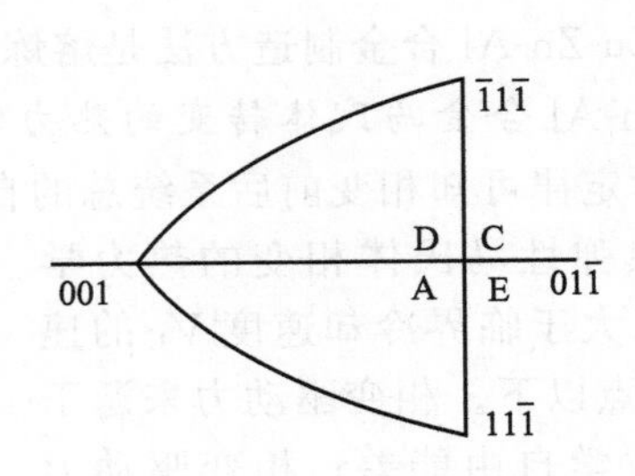

(b) 在011标准投影图中，变体的惯习面法线的位置

图 15-5　一个马氏体片群

通常的形状记忆合金根据马氏体与母相的晶体学关系，共有 6 个这样的片群，形成 24 种马氏体变体，每个马氏体片群中的各个变体的位向不同，有各自不同的应变方向。每个马氏体形成时，在周围基体中造成了一定方向的应力场，使沿这个方向上变体长大越来越困难，如果有另一种马氏体变体在此应力场中形成，它当然取阻力小、能量低的方向，以降低总应变能，由四种变体组成的片群总应变几乎为零，也就是说每片马氏体形成时都伴随有形状的变化，在合金的局部产生凹凸，但从整体上看，若干个马氏体组成菱形状片群，见图 15-5，它们互相抵消了生成时产生的形状变化，故其整体上并未发生形状变化这样的一个自协作效应就保证了母相向马氏体转变时不会发生形状变化。

（3）热弹性马氏体的取向效应对形状记忆效应也有贡献。相邻的不同取向的马氏体之间呈孪晶关系，在单向外力作用下，处在有利取向上的马氏体可以通过孪晶面的移动而使其朝某一方向长大，其他处于不利取向上的马氏体会不断缩小，最终被吞食，逐渐形成一个择优取向的马氏体。对于铜基的形状记忆合金，这种取向效应更加明显，其主要原因是由于马氏体的自协作能力很高，在其淬火中形成的马氏体已经表现出很好的取向性，故其在外力作用下，取向效应会更加明显。当大部分或全部的马氏体都采取一个取向时，整个材料变为伪单晶马氏体，在宏观上发生变形。应力撤除后，存在有残留应变，当加热至 A_S 以上时，伪单晶马氏体逆转变恢复到母相状态，实现形状记忆效应。

15.1.5　特性

形状记忆合金（SMA）与马氏体相变有关。通常把马氏体相变中的高温相称为母相（P），低温相称为马氏体相（M），从 P 到 M 的相变为马氏体相变，从 M 到 P 的相变为马氏体逆相变。形状记忆合金一般是在马氏体逆相变中产生。医用 NiTi 形状记忆合金低温（0～5℃）下为马氏体态，比较柔软，可以随意变形。当温度升高到接近人体温度（>35℃）时，合金发生马氏体逆相变，便可自行恢复至设定的形状，同时产生适当的形状恢复力作用于骨骼，从而起到矫形及支撑的作用。形状记忆合金具有的特性如下。

1. 超弹性

超弹性是 NiTi 形状记忆合金较重要的性能之一。当合金受到应力时，发生马氏体逆相变，产生远大于其弹性极限的应变，在卸载时应变自动恢复，这种现象称为超弹性。金属材料弹性一般不超过 0.5%，而 SMA 达 5%～20%，其中 NiTi 形状记忆合金 8%，远优于普通材料。

2. 生物相容性和耐腐蚀性

大量的基础研究表明，NiTi SMA 具有比较优良的生物相容性。ElMedawar 等通过对人胚胎上皮细胞培养及增殖实验发现，纯金属 Ni 具有较强的细胞毒性并且不耐腐蚀，纯金属 Ti 的细胞毒性较弱，NiTi SMA 虽具有一定的抑制细胞生长的作用，但比纯金属 Ti 的作用要低。Bogdanski 将 NiTi SMA 分别与成鼠纤维细胞、SAOS-2、MG-63 等骨肉瘤细胞放在一起作细胞培养，比较合金中 Ni 与 Ti 的含量不同时的细胞毒性，发现 Ni : Ti 为 1 : 1 时，具有最佳的生物相容性。Huang 比较 NiTi SMA 与不锈钢制作的牙用矫形丝在人工唾液中的耐腐蚀性，发现 NiTi SMA 不易被酸性的唾液腐蚀。Marcus 通过实验发现，在体液的作用下，NiTi SMA 受到腐蚀后会释放出对人体有致癌作用的 Ni^{2+} 离子。目前的实验研究表明，通过对 NiTi SMA 表面进行改性处理，可以减少 Ni^{2+} 离子释放，增强血液相容性，并且提高抗腐蚀能力[7]。

3. 耐磨性

在用 NiTi SMA 制作关节假体或骨替代材料时，需考虑合金的耐磨性，因为合金磨损后无法自我修复，且摩擦产生的碎屑会导致骨吸收或其他异物反应。王立民等采用有限元法、Vickers 压痕和滑动磨损实验，研究超弹 TiNi 合金在法向载荷作用下的机敏摩擦学特性，结果超弹 TiNi 合金的弹性恢复量大于奥氏体不锈钢，在载荷 0.98N 时的弹性恢复量是不锈钢的 1.30 倍。机敏摩擦学特性是 TiNi SMA 具有极好耐磨性的根本原因。

4. 低弹性模量

NiTi SMA 在母相时的弹性模量约 67GPa，马氏体态时仅 26GPa。目前所用金属植入材料的弹性模量一般为 100～200GPa，与人体骨骼弹性模量（1～30GPa）差别很大，而这种巨大差异会导致内固定器应力遮挡率的增加，常造成植入材料周围骨质的疏松。三种形状记忆合金各种特性总汇如表 15-3 所示。

表 15-3　三种形状记忆合金各种特性汇总

性能种类	性能指标	量纲	NiTi	CuZnAl	CuAlNi
物理性能	熔点	℃	1240～1310	950～1020	1000～1050
	密度	kg/m^3	6400～6500	7800～8000	7100～7200
	导热性 奥氏体态 马氏体态	W/(m·K)	18 8.6	120	75
	热膨胀系数 奥氏体态 马氏体态	$10^{-6}/K$	11 6.6	16～18	16～18
	比热	J/(kg·K)	470～620	390	400～480
	转变焓	J/kg	3200～12000	7000～9000	7000～9000
	耐蚀性		类似不锈钢	类似铝青铜	类似铝青铜
电磁性能	电阻率	$10^{-6}\Omega \cdot m$	1.0	0.07	0.1
	磁透过率		<1.002		

续表

性能种类	性能指标	量纲	NiTi	CuZnAl	CuAlNi
力学性能	杨氏模量	GPa	70～98	70～100	80～100
	弹性极限 奥氏体态 马氏体态	MPa	200～800 150～300	150～300	150～300
	抗拉强度 马氏体态	MPa	700～1100 1300～2000	700～800	1000～1200
	延伸率 马氏体态(取决于晶粒大小)	%	40～50	10～15	8～10
	百万次疲劳极限	MPa	350	270	350
	晶粒尺寸	μm	1～10	50～100	25～60
	弹性各向异性	$2C_{44}/C_{11}-C_{12}$	2	15	13
	转变温度	℃	−200～100	−200～120	−200～170
	热滞后	℃	20～30	10～20	20～30
形状记忆行为	最大单程记忆应变	%	8	5	6
	最大双程记忆应变 百次时 十万次时 千万次时	%	6 2 0.5	1 0.8 0.5	1.2 0.8 0.5
	可承受一小时最高温度	℃	400	160～200	300
	阻尼能力(取决于频率和振幅)	%SDC	15	30	10
	最大超弹应变 单晶 多晶	%	10 4	10 2	10 2
	回复应力	MPa	600～800		
	应力速率	MPa/K	12/4～20	2.5/2.5	
经济性能	熔炼与成分控制		难、需真空	容易	容易
	热(轧制)成型性		热、困难	温、容易	热、困难
	冷成型性		困难	有限	不可行
	机械加工性		困难	很好	好
	大约成本比率 (与形状和量有关)		100	1.0～10	1.5～20

15.1.6 使用方法和应用举例

形状记忆材料作为新型功能材料在航空航天、自动控制系统、医学、能源等领域具有重要的应用。

1. 形状记忆合金的应用

表 15-4 列举了形状记忆合金的一些应用实例，下面选择重点应用加以概述。

表15-4 形状记忆合金的应用实例

工业上形状恢复的一次利用	工业上形状恢复的反复利用	医疗上形状恢复的利用
紧固件 管接头 宇宙飞行器用天线 火灾报警器 印刷电路板的结合 集成电路的焊接 电路的连接器夹板 密封环	温度传感器 调节室内温度用恒温器 温室窗开闭器 汽车散热器风扇的离合器 热能转变装置 热电继电器的控制元件 记录器用笔控制装置 机器手、机器人	消除凝固血栓过滤器 管内矫正棍 脑瘤手术用夹子 人造心脏、人造肾的瓣膜 骨折部位固定夹板 矫正牙排用拱形金属线 人造牙根

(1) 高技术中的应用。形状记忆合金应用最典型的例子是制造人造卫星天线，见图15-6。由Ti-Ni合金板制成的天线能卷入卫星体内，当卫星进入轨道后，利用太阳能或其他热源加热就能在太空中展开。美国宇航局（NASA）曾利用Ti-Ni合金加工制成半球状的月面天线，并加以形状记忆热处理，然后压成一团，用阿波罗运载火箭送上月球表面，小团天线受太阳照射加热引起形状记忆而恢复原状，即构成正常运行的半球状天线，见图15-7，可用于通讯。

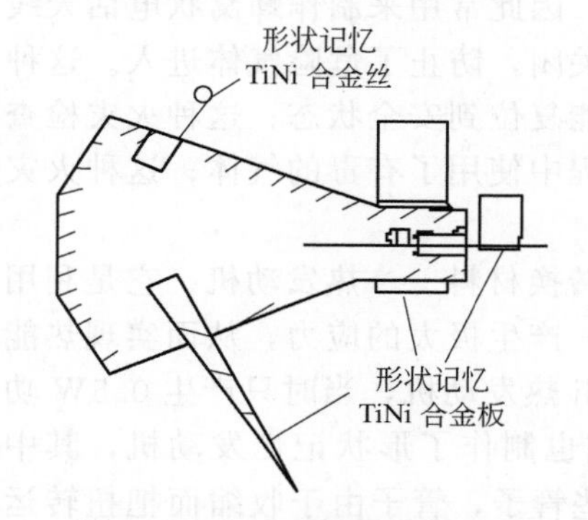

图15-6 人造卫星天线示意图

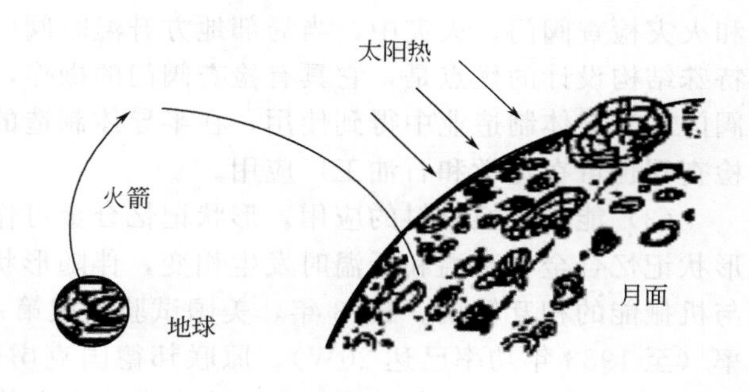

图15-7 形状记忆合金月面天线的自动展开示意图

大量使用形状记忆合金材料的是各种管件的接头。美国古德伊尔公司最早发明形状记忆合金管接头。将Ti-Ni合金加工成内径稍小于欲接管外径的套管（管接头内径比待接管外径小约4%），使用前将此套管在低温下加以扩管，使其内径稍大于欲接管的外径，将接头套在欲连接的两根管子的接头部位，加热后，套管接头的内径即恢复到扩管前的口径，从而将两根管子紧密地连接在一起。由于形状记忆恢复力大，故连接得很牢固，可防止渗漏，装配时间短，操作方便。美国自1970年以来，已在F14喷气战斗机的油压系统配管上采用了这种管接头，其数量超过10万个，迄今未发现一例泄漏事故。这类形状记忆合金管接头还可用于核潜艇的配管、海底管道，电缆系统的连接等。我国已研制成Ti-Ni-5Co、Ti-Ni-2.5Fe形状记忆合金管接头。试验表明，它们具有双向形状记忆，密封性好，耐压强度高，抗腐蚀，安装方便。

还有在军用飞机的液压系统中的低温配合连接件，欧洲和美国正在研制用于直升机的智能水平旋翼中的形状记忆合金材料。由于直升机高震动和高噪声使用受到限制，其噪声和震动的来源主要是叶片涡流干扰，以及叶片型线的微小偏差。这就需要一种平衡叶片螺距的装置，使各叶片能精确地在同一平面旋转。目前已开发出一种叶片的轨迹控制器，它是用一个小的双管形状记忆合金驱动器控制叶片边缘轨迹上的小翼片的位置，使其震动降到最低。

（2）智能方面的应用。形状记忆合金作为一种兼有感知和驱动功能的新型材料，若复合在工作机构中，并配上微处理器，便成为智能材料结构，可广泛用于各种自动调节和控制装置。如农艺温室窗户的自动开闭装置，自动电子干燥箱，自动启闭的电源开关，火灾自动报警器，消防自动喷水龙头。尤其是形状记忆合金薄膜可能成为未来机械手和机器人的理想材料，它们除了温度外不受任何外界环境条件的影响。可望在太空实验室、核反应堆、加速器等尖端科学技术中发挥重要作用。例如防烫伤阀，在家庭生活中，已开发的形状记忆阀可用来防止洗涤槽中、浴盆和浴室的热水意外烫伤；这些阀门也可用于旅馆和其他适宜的地方。如果水龙头流出的水温达到可能烫伤人的温度（大约48℃）时，形状记忆合金驱动阀门关闭，直到水温降到安全温度，阀门才重新打开。

在眼镜框架的鼻梁和耳部装配Ti-Ni合金可使人感到舒适并抗磨损，由于Ti-Ni合金所具有的柔韧性已使它们广泛用于眼镜时尚界。用超弹性Ti-Ni合金丝做眼镜框架，即使镜片热膨胀，该形状记忆合金丝也能靠超弹性的恒定力夹牢镜片。这些超弹性合金制造的眼镜框架的变形能力很大，而普通的眼镜框则不能做到。

移动电话天线和火灾检查阀门使用超弹性Ti-Ni金属丝做蜂窝状电话天线是形状记忆合金的另一个应用。过去使用不锈钢天线，由于弯曲常常出现损坏问题。使用Ti-Ni形状记忆合金丝移动电话天线，具有高抗破坏性受到人们普遍欢迎。因此常用来制作蜂窝状电话天线和火灾检查阀门。火灾中，当局部地方升温时阀门会自动关闭，防止了危险气体进入。这种特殊结构设计的优点是，它具有检查阀门的操作，然后又能复位到安全状态；这种火灾检查阀门在半导体制造业中得到使用，在半导体制造的扩散过程中使用了有毒的气体；这种火灾检查阀也可在化学和石油工厂应用。

（3）能量转换材料的应用。形状记忆合金可作为能量转换材料——热发动机。它是利用形状记忆合金在高温和低温时发生相变，伴随形状的改变，产生极大的应力，从而实现热能与机械能的相互转换。1973年，美国试验制成第一台Ti-Ni热发动机，当时只产生0.5W功率（至1983年功率已达20W）。原联邦德国克虏伯研究院也制作了形状记忆发动机，其中大部分元件由Ti-Ni合金管制成，热水和冷水交替流过这些管子，管子由于收缩而把扭转运动传到飞轮上，推动飞轮旋转。日本研制的涡轮型发动机的最大输出功率约为600W。尽管目前这些热机的输出功率还很小，但发展前景非常诱人，它可以把低质能源（如工厂废气、废水中的热量）转变成机械能或电能，也可用于海水温差发电，其意义是十分深远的。

（4）医学上的应用。作为医用生物材料使用的形状记忆合金主要是Ti-Ni合金。Ti-Ni合金强度高，耐腐蚀，抗疲劳，无毒副作用，生物相容性好，可以埋入人体作生物硬组织的修复材料。例如，Ti-Ni合金丝插入血管，由于体温使其恢复到母相的网状，作为消除凝固血栓用的过滤器。用Ti-Ni合金制成的肌纤维与弹性体薄膜心室相配合，可模仿心室收缩运动、制造人工心脏。用Ti-Ni合金制成的人造肾脏微型泵、人造关节、骨骼、牙床、脊椎矫形棒、骨折固定连接用的加压骑缝钉、颅骨修补盖板、以及假肢的连接等，疗效较好。牙齿矫形丝用超弹性Ti-Ni合金丝和不锈钢丝做的牙齿矫正丝，其中用超弹性Ti-Ni合金丝是最适宜的。通常牙齿矫形用不锈钢丝Co-Cr合金丝，但这些材料有弹性模量高，弹性应变小的缺点。为了给出适宜的矫正力，在矫正前就要加工成弓形，而且结扎固定要求熟练。如果用Ti-Ni合金作牙齿矫形丝，即使应变高达10%也不会产生塑性变形，而且应力诱发马氏体相变使弹性模量呈现非线型特性，即应变增大时矫正力波动很少。这种材料不仅操作简单，疗效好，也可减轻患者不适感。

脊柱侧弯矫形各种脊柱侧弯症（先天性、习惯性、神经性、佝偻病性、特发性等）疾病，不仅身心受到严重损伤，而且内脏也受到压迫，所以有必要进行外科手术矫形。目前这种手术采用不锈钢制哈伦顿棒矫形，在手术中安放矫形棒时，要求固定后脊柱受到的矫正力保持在 30～40kg 以下，一旦受力过大，矫形棒就会破坏，结果不仅是脊柱，而且连神经也有受损伤的危险。同时存在矫形棒安放后矫正力会随时间变化，大约矫正力降到初始时的 30%，就需要再进行手术调整矫正力，这样给患者在精神和肉体上都造成极大痛苦。采用形状记忆合金制作的哈伦顿棒，只需要进行一次安放矫形棒固定。如果矫形棒的矫正力有变化，以通过体外加热形状记忆合金，把温度升高到比体温约高 5℃，就能恢复足够的矫正力。

另外，外科中用 Ti-Ni 形状记忆合金制作各种骨连接器、血管夹、凝血滤器以及血管扩张元件等。同时还广泛应用于口腔科、骨科、心血管科、胸外科、肝胆科、泌尿科、妇科等，随着形状记忆的发展，医学应用将会更加广泛。

2. 形状记忆聚合物的应用

形状记忆聚合物（SMP）主要应用在医疗、包装材料、建筑、运动用品、玩具及传感元件等方面。

（1）异径管接合材料。目前，SMP 应用最多的是热收缩套管和热收缩膜材料。先将 SMP 树脂加热软化制成管状，趁热向内插入直径比该管子内径稍大的棒状物，以扩大口径，然后冷却成型抽出棒状物，得到热收缩管制品。使用时，将直径不同的金属管插入热收缩管中，用热水或热风加热，套管收缩紧固，使各种异径的金属管或塑料管有机地结合，施工操作十分方便。这种热收缩套管广泛用于仪器内线路集合、线路终端的绝缘保护、通讯电缆的接头防水、各种管路接头以及包装材料。

（2）医疗器材。SMP 树脂用作固定创伤部位的器具可替代传统的石膏绷扎，这是医用器材的典型事例。首先将 SMP 树脂加工成创伤部位的形状，用热风加热使其软化，在外力作用下变形为易装配的形状，冷却固化后装配到创伤部位，再加热便恢复原状起固定作用。取下时也极为方便，只需热风加热软化，这种固定器材质量轻，强度高，容易做成复杂的形状，操作简单，易于卸下。SMP 材料还用作牙齿矫正器、血管封闭材料、进食管、导尿管，采用可生物降解的 SMP 树脂可作为外科手术缝合器材、止血钳、防止血管阻塞器等。

（3）缓冲材料。SMP 材料用于汽车的缓冲器、保险杠、安全帽等，当汽车突然受到冲撞保护装置变形后，只需加热，就可恢复原状。将 SMP 树脂用来制作火灾报警感温装置、自动开闭阀门、残疾病人行动使用的感温轮椅等。采用分子设计和材料改性技术，提高 SMP 的综合性能，赋予 SMP 的优良特性，必将在更广阔的领域内拓宽其应用。

总之，随着形状记忆材料的理论研究和应用开发的不断深入，将使形状记忆材料向多品种、多功能和专业化方向发展，进一步拓宽其应用领域，使形状记忆材料能成为 21 世纪重点发展的新型材料。

15.2 汽车用耐磨材料

15.2.1 概述

随着科学技术和现代工业的高速发展，机械设备的运转速度越来越高，受摩擦的零件被磨损的速度也越来越快，其使用寿命越来越成为影响现代设备（特别是高速运转的自动生产线）生产效率的重要因素。尽管材料磨损很少引起金属工件灾难性的危害，但其所造成的能源和材料消耗是十分惊人的。据统计，世界工业化发达的国家约 30%的能源是以不同形式消耗在磨损上的。如在美国，每年由于摩擦磨损和腐蚀造成的损失约1000亿美元，占国民经济总收入的4%。而我国仅发生在冶金、矿山、电力、煤炭和农机部门，据不完全统计，每年由于工件磨损而造成的经济损失约400亿元人民币。因此，研究和发展耐磨材料，以减少金属磨损，对国民经济的发展有着重要的意义。

国外耐磨材料的生产和应用经过了多年研究与发展的高峰期，现已趋于稳定，并有自己的系列产品和国家标准、企业标准。经历了从高锰钢、普通白口铸铁、镍硬铸铁到高铬铸铁的几个阶段，目前已发展为耐磨钢和耐磨铸铁两大类。耐磨钢除了传统的奥氏体锰钢及改性高锰钢、中锰钢以外，根据其含量的不同可分为中碳、中高碳、高碳合金耐磨钢；根据合金元素的含量又可分为低合金、中合金及高合金耐磨钢；根据组织的不同还可分为奥氏体、贝氏体、马氏体耐磨钢。而耐磨铸铁主要包括低合金白口铸铁和高合金白口铸铁两大类。二者中最具有代表性的是低铬白口铸铁和高铬白口铸铁，而且这两种材料目前在耐磨铸铁中占有主导地位。马氏体或贝氏体、马氏体组织的球墨铸铁在制作小截面耐磨件方面也占有一席之地，中铬铸铁应用则较少。从整体上看，合金白口铸铁的耐磨性优于耐磨铸钢，但后者韧性好，在诸如衬板、耐磨管道等方面有着广泛的应用。

据统计，国内每年消耗金属耐磨材料约达300万吨以上，应用摩擦磨损理论防止和减轻摩擦磨损，每年可节约150亿美元。近年来，针对设备磨损的具体工况和资源情况，研制出多种新型耐磨材料。主要有改性高锰钢、中锰钢、超高锰钢系列，高、中、低碳耐磨合金钢系列，铬系抗磨白口铸铁系列，锰系、硼系抗磨白口铸铁及马氏体、贝氏体抗磨球墨铸铁，不同方法生产的双金属复合耐磨材料，表面技术处理的耐磨材料等。同时，在耐磨材料生产工艺设备上先后从日本、德国、比利时等国引进数条机械化自动化生产线。在引进基础上结合国情，发展了消失模铸造工艺设备、金属型覆砂工艺设备、挤压造型工艺设备、离心铸造工艺设备等新技术新设备等新型工艺设备。熔炼工艺上采用炉外精炼与连铸等新技术，使产品的内在质量、外观质量和性能都得到明显提高，同时，金属消耗也大幅度降低，一些厂家产品已达到或超过国际水平，出口东南亚、日本、南非、美国、澳大利亚等地，取得了良好的效益。耐磨材料的生产和应用已趋于稳定，但对基础理论和应用的科学研究仍在继续，还有更多的新型耐磨金属材料需要去探求。

15.2.2 汽车同步器齿环材料的摩擦与磨损

同步器是变速箱的重要部件之一，它能够有效地降低汽车换挡过程中的震动、冲击和噪音，从而提高汽车操纵的稳定性和行驶的安全性。从目前同步器发展趋势来看，改变同步器结构和同步器锥面的摩擦材料是提高同步器性能的最主要手段，为了确保变速器良好的工作性能，要求同步环摩擦内衬材料具有高而稳定的摩擦系数、优异的加工性能、良好的耐磨性、高强度、耐高温、优异的抗冲击载荷能力、稳定的弹性模数等。

传统的同步环采用铜合金材料制造，尽管使用性能满足要求，但铜合金成本较高。近年来，同步环采用的摩擦材料主要有喷钼材料、纸基材料、粉末冶金材料和碳纤维材料等。其中，碳纤维材料由于具有良好的耐磨性和散热性正逐步成为同步环粘接用的首选材料。

1. 汽车同步器齿环国内外生产现状

为了寻找最佳的同步器齿环耐磨材料，从20世纪70年代末开始国外对复杂黄铜耐磨材料进行了广泛的研究，国内自80年代也开始对同步器齿环材料和制造技术进行了探索性研究。同步器齿环所采用的材料一般包括特殊黄铜合金、钢基喷钼材料、纸基摩擦材料、铜基粉末冶金摩擦材料等十几种。轿车用同步器齿环主要采用特殊黄铜合金。特殊黄铜合金制得的同步环，其摩擦锥面和接合齿是同一种材料。该材料既要满足锥面高的摩擦磨损性能要求又要满足齿部的高强度要求，是最早用作同步环的材料，所占市场份额约 75%。当前用得最多的，是采用锰铝黄铜合金，经离心铸造环坯，摩擦压力机精密锻造成型和加工中心机械加工而成。

由于国内主要以引进车型为主，我国没有制订国内专用的同步器齿环材料标准或技术规范，大部分材料是参照国外技术标准和规范进行设计的，属于复杂锰黄铜和复杂铝黄铜系列。一般采用多种元素如铝、铁、硅及难熔的钴、镍、铬和低熔点的锡、铅等元素。以我国市场上应用的高强耐磨复杂黄铜为例，除 HA161-4-3-1 和 HMn62-3-3-0.7 两种合金列入 GB5231 外，其他诸如 TL081、TL084、MBA-2、QN4OSO、HMn59CM 等，都是厂家命名的牌号。根据汽车类型不同，同步器齿环使用工况的特殊要求也不同，一般同步器齿环用高强耐磨复杂黄铜不仅对合金基体的强度、韧性有较高的要求，而且要求在基体上必须均匀、稳定地分布有硬度极高的耐磨相，在硬度极高的耐磨相和硬度相对较低的基体间形成优良的耐磨机制，同时也有利于在摩擦时建立稳定的润滑层，使材料在高速、重载的恶劣工况下能有效地抵抗载荷的冲击及剧烈的磨损作用，具有良好的高强、耐磨特性。

目前国际上大部分齿环材料生产所采用的挤制工艺，虽然投资成本比较高，但是非常适合大批量生产。国际上大部分同步器齿环材料生产核心技术，集中在少数几个大公司的手中。主要有德国代傲（DIEHL）公司、日本中越合金（CHUETSU）、日本三菱金属。这些企业都具有独立开发材料的能力，而且材料独立成为一个系列。

2. 材料摩擦磨损的基本机制

在足够大的牵引力作用下，接触面发生相对移动。因为是微区接触，材料产生变形—变形累积—形成裂纹—裂纹扩展—形成磨屑的过程；由于接触面的分子作用力或者微区的温度升高产生微区微熔，从而产生黏着，当黏着力大于某种摩擦材料的键作用力时，便撕裂产生磨损；掉下来的磨屑本身可以硬化，外来环境的硬质点比如灰尘、对磨料上材料硬的一方的微凸体等都可以压入软基体，产生显微切削作用，从而形成磨粒磨损；介质中的物质或者氧气有可能与基体材料发生反应，形成腐蚀磨损或氧化磨损。以上各种摩擦磨损有其相关的表面形貌，但有一个相同的地方是：都存在裂纹的形成和扩展机制。因此，我们可以从控制材料的裂纹形成和扩展来提高耐磨性。

3. 磨损及表层组织

摩擦磨损过程中，金属的磨损行为在很大程度上受磨损过程中摩擦及表层组织和性能变化的控制。大多数情况下，摩擦及表层可分为图 15-8 所示的几个区。

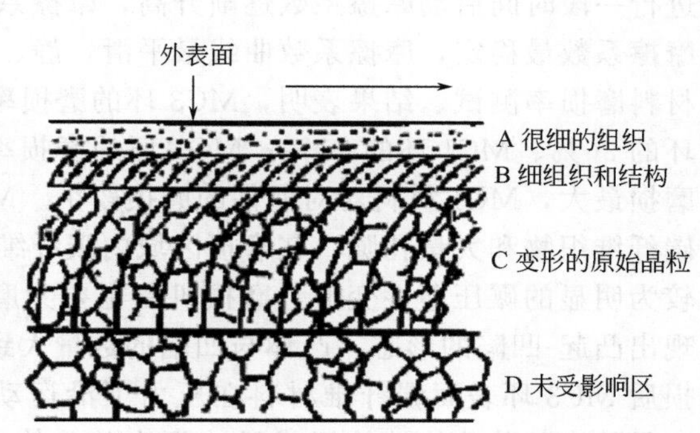

图 15-8 磨损及表层组织示意图

其中，A 层是极细的组织，B 层类似细小但有一定的变形，C 层是变形的原始晶粒，D 是未受影响区。极细层组织的形成是摩擦磨损条件下表面层严重变形的结果，它的存在是表面下裂纹的起始源及扩展的路径，又是薄的片状磨层形成的有利条件。M. Sundberg 研究了 Cu-12Al-2.7Mn-0.9Si-33.6Zn 特殊黄铜，观察到 3 层：第 1 层为极细晶区，主要由 α 相构成；第 2 层的晶粒细小，含有破碎的第二相颗粒；第 3 层为变形区，有拉长的第二相，基体沿摩擦方向变形。再下面是未受影响的区域。认为β相的稳定元素 Si、Al 的氧化消耗导致第 1 层的 α 相的形成，添加元素所形成的氧化物对第1层的性能有关键的影响，正是这种影响决定了材料的耐磨性。

Robert. A 研究铝青铜的摩擦磨损层，发现了 Al_2O_3 和 Cu_2O 氧化物。在跑合阶段，主要是黏着磨损，而在稳定磨损阶段，磨损主要为氧化磨损。

15.2.3 实用合金的种类和特性

1. Cu-3Al-3.15Mn-0.64Si-0.4Ni-0.17Cr-31.5Zn

材料经熔炼离心浇注制成同步器齿环坯，经锻压、机加工制成同步器齿环产品。在日本产的同步器齿环产品单体磨耗试验机上进行产品磨损试验，并分析磨损机制及磨损结果。结果发现此材料的磨损率小于日本的KD品牌的材料。同步器齿环产品在使用中，磨损失效有黏着磨损及氧化磨损。在日产材料（KD品牌）及Cu-3Al-3.15Mn-0.64Si-0.4Ni-0.17Cr-31.5Zn材料，都有组织的撕裂、对磨材料的转移、磨损层以下材料组织的严重变形等黏着磨损特征，而有些材料则又有氧化磨损特征。其中，KD品牌合金黏着磨损较为严重，Cu-3Al-3.15Mn-0.64Si-0.4Ni-0.17Cr-31.5Zn合金轻微，分析表明，日本KD品牌材料中加入Ni和Cr元素后，磨损表面能够在使用的过程中形成硬质尖晶石类氧化物的表面膜（主要为 $FeAl_2O_4$ 正型尖晶石），从而保护了齿环基体材料，减少了产品的磨损；合金Cu-3Al-3.15Mn-0.64Si-0.4Ni-0.17Cr-31.5Zn的成分设计更加注重控制磨损类型，经实际分析测试，材料在使用中表面形成了比日产材料更硬、更致密的多元复合尖晶石型氧化物。资料表明：稀土元素能使材料中形成复合化合物，并细化晶粒组织，使材料的磨损类型由主要为黏着磨损向氧化磨损转化，从而使磨损降至最小；试验表明，同步器齿环产品的磨损失效控制关键是磨损类型，即产品以黏着磨损为主时磨损失效严重，而以氧化磨损为主则磨损较轻，这是Cu-3Al-3.15Mn-0.64Si-0.4Ni-0.17Cr-31.5Zn合金耐磨性能好的根本原因。

2. 碳纤维材料

采用MC1碳纤维和MC3碳纤维制作的齿环与喷钼材料制备的齿环相比较，研究碳纤维制备齿环的摩擦特性，碳纤维材料和喷钼材料的基体均为20CrMnTiH，经研究表明，MC碳纤维制备的齿环表面硬度低于喷钼材料。经过同步环静摩擦系数和动摩擦系数的测试。喷钼环的动摩擦系数在试验初始阶段较高，之后逐渐下降并保持平稳；MC1材料在试验进行一段时间后动摩擦系数逐渐升高，摩擦系数曲线出现波动；试验过程中MC3材料的动摩擦系数最稳定，摩擦系数曲线最平滑，静、动摩擦系数比最接近于1.0。经过同步环摩擦材料磨损率测试。结果表明，MC3环的磨损率明显低于喷钼环和MC1环，其磨损率为喷钼环的30%、MC1环的11%；MC1环的磨损率最高。在几种材料中，喷钼材料对对偶件的磨损最大，MC1材料对对偶件的磨损较小。MC1材料磨损前的表面形态主要表现为粗大的碳纤维织物和大量孔隙。在磨损区域内碳纤维织物被碾压；钢球磨损表面有犁削痕迹并发生较为明显的碾压塑性变形，磨损机制主要为磨粒磨损与塑性变形。MC3碳纤维材料表面呈现出凸起-凹陷的形态，凸体与凹陷的数量大致相当，在表面还可观察到一定数量的孔洞；磨损后MC3环表面碳纤维材料在压力下沿运动方向流动，使部分凸体越过凹陷连接在一起，另外有部分凸体被挤压成尺寸更小的凸体，但材料表面仍保持凸起-凹陷的分布形态，对磨钢球表面可见犁削痕迹，磨损机制主要为微犁削导致的磨粒磨损。MC3碳纤维材料表面呈凸起-凹陷的分布形态，有利于润滑油的储存和油膜形成。油膜可以阻止两种物质直接接触，因此MC3环的磨损率较低，且动摩擦系数曲线平滑。

3. HMn62-3-3铝锰高强度黄铜

材料经熔炼离心浇注制成同步器齿环环坯，经锻压、机加工制成同步器齿环产品。原材

料的金相组织为 β+浅灰色颗粒 Mn_5Si_3 析出相，晶粒细小均匀，平均直径为 0.11～0.13mm。经过台架试验并检测磨损表面，表明：在三档和四档各循环 11 万次后，同步齿与齿轮的缝隙与设计值差 0.4mm。吻合精度较高。观察表面发现以黏着磨损为主时，磨损失效严重，而以氧化磨损为主时，则磨损较轻。

15.3 连铸结晶器用铜材料

15.3.1 概述

连续铸造简称连铸。早在 19 世纪中期美国人塞勒斯（1840 年）、赖尼（1843 年）和英国人贝塞麦（1846 年）就曾提出过连续浇注液体金属的初步设想，并用于低熔点有色金属的浇铸；但类似现代连铸设备的建议是由美国人亚瑟（1886 年）和德国人戴伦（1887 年）提出来的。在他们的建议中包括有水冷的上下敞口的结晶器、二次冷却段、引锭杆、夹辊和铸坯切割装置等设备，当时是用于铜和铝等有色金属的浇铸。

此后又经过许多先驱者不懈地研究试验，于 1933 年德国人容汉斯建成一台结晶器可以振动的立式连铸机。并用其浇铸黄铜获得成功，后又用于铝合金的工业生产。结晶器振动的实现，不仅可以提高浇注速度，而且使钢液的连铸生产成为可能，因此容汉斯成为现代连铸技术的奠基人。

在工业规模上实现钢的连续浇铸困难很多，与有色金属相比，钢的熔点高、导热系数小、热容大、凝固速度慢等。要解决的这些难题，都集中在结晶器技术的试验研究上。容汉斯的结晶器振动方式是结晶器下降时与拉坯速度同步，铸坯与结晶器壁间无相对运动；而英国人哈里德则提出了“负滑脱”概念。在哈里德的负滑脱振动方式中，结晶器下振速度比拉坯速度快，铸坯与结晶器壁间产生了相对运动，真正有效地防止了铸坯与结晶器壁的粘连，钢连续浇铸的关键性技术得到突破，因而在 20 世纪 50 年代连续铸钢步入了工业生产阶段。

世界上第 1 台工业性生产连铸机于 1951 年在苏联“红十月”冶金厂建成，是 1 台立式双流板坯半连续铸钢设备，用于浇铸不锈钢，其断面为 180mm×800mm。1952 年第 1 台立弯式连铸机在英国巴路厂投产。主要用于浇铸碳素钢和低合金钢，是 50mm×(50～100)mm×100mm 的小方坯。同年在奥地利卡芬堡钢厂建成 1 台双流连铸机，它是多钢种、多断面、特殊钢连铸机的典型代表。1954 年在加拿大阿特拉斯钢厂投产第 1 台方坯和板坯兼用连铸机，可以双流浇铸 150mm×150mm 的方坯，也可以单流浇铸 168mm×620mm 的板坯，主要生产不锈钢。

进入 20 世纪 60 年代，弧形连铸机的问世，使连铸技术出现了一次飞跃。世界第一台弧形连铸机于 1964 年 4 月在奥地利百录厂诞生。同年 6 月由我国自行设计制造的第 1 台方坯和板坯兼用弧形连铸机在重钢三厂投入生产。此后不久，在联邦德国又上马了 1 台宽板弧形连铸机，并开发应用了浸入式水口和保护渣技术。同年英国谢尔顿厂率先实现全连铸生产，共有 4 台连铸机 11 流，主要生产低合金钢和低碳钢，浇注断面为 140mm×140mm 和 432mm×632mm 的铸坯。也开发应用了浸入式水口和保护渣技术。1967 年由美钢联工程咨询公司设计并在格里厂投产 1 台采用直结晶器、带液心弯曲的弧形连铸机。同一年在胡金根厂相继投产了 2 台超低头板坯连铸机，浇注断面为 (150～250)mm×(1800～2500)mm 的铸坯，该铸机至今仍在运行。

由于氧气顶吹转炉炼钢法的普及，更需要与连续铸钢相匹配，以适应快节奏生产；因而又一批弧形连铸机建成投入生产。到20世纪60年代末，世界连铸机总数已达200多台，设备能力近5000万吨。20世纪70年代，世界范围的两次能源危机促进了连铸技术的大发展，提高了连铸机的生产能力，从而改善了铸坯的质量，扩大了品种。到1980年，连铸坯的产量已经逾2亿吨，相当于1970年的8倍。进入20世纪80年代以后，连铸技术日趋成熟，如出现了盛钢桶精炼、电磁搅拌、小方坯多级结晶器、钢液钙处理、结晶器液面检测和漏钢预报、粒状保护渣的使用和自动加入、中间罐冶金、结晶器在线调宽等一系列技术；连铸坯的热送和直接轧制及其相伴随无缺陷铸坯生产技术；近终型薄板薄带连铸机的开发；异型坯连铸机建成投产等，都说明连铸技术的飞速发展和深入普及。

自20世纪50年代连续铸钢开始步入工业生产到60年代末，世界钢产量的连铸比仅为5.6%；70年代末上升为25.8%，10年中连铸比每年平均增长2个百分点；80年代连铸比每年平均增长3.65个百分点；到1997年连铸比为80.5%。其增长情况如图15-9所示。工业发达国家的连铸比已超过90%，日本的连铸比增长速度尤为突出。1996年一些发达国家连铸比的统计：日本为96.4%；欧共体（12国）为94.3%，德国为95.8%，法国为94.6%，美国的连铸比是93.2%。目前连铸技术的开发与应用已成为衡量一个国家钢铁工业发展水平的标志。

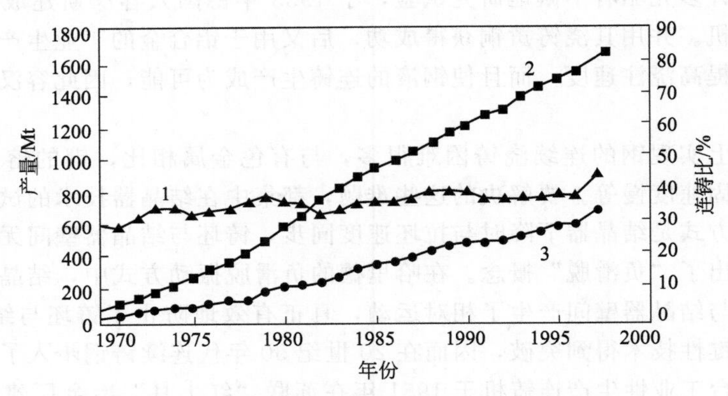

图15-9 世界钢产量、连铸坯产量及连铸比的增长

1—世界粗钢产量；2—世界钢产量连铸比；3—世界连铸坯料产量

我国是连续铸钢技术发展较早的国家之一，早在20世纪50年代就已开始研究和进行工业试验工作。1957年当时上海钢铁公司中心试验室的吴大柯先生主持设计并建成第1台立式工业试验连铸机，浇铸75mm×180mm的小断面铸坯。由徐宝升教授主持设计的第1台双流立式连铸机于1958年在重钢三厂建成投产。接着由黑色冶金设计院设计的1台单流立式小方坯连铸机于1960年在唐山钢厂建成投产。由徐宝升教授主持设计的第1台方坯和板坯兼用弧形连铸机于1964年6月24日在重钢三厂诞生投产，其圆弧半径为6m，浇铸板坯的最大宽度为1700mm，这是世界上最早的生产用弧形连铸机之一。鉴于这一成就，1994年徐宝升教授在《世界连铸发展史》一书中被列为对世界连铸技术发展做出突出贡献的13位先驱者之一。此后，由上海钢研所吴大柯先生主持设计的1台4流弧形连铸机于1965年在上钢三厂问世投产；该连铸机的圆弧半径为4.56m，浇铸断面为270mm×145mm。这也是世界最早一批弧形连铸机之一，以后一批连铸机相继问世投产。70年代我国成功地应用了浸入式水口和保护渣技术。到1978年我国自行设计制造的连铸机近20台，实际生产量约112万吨，连铸比仅3.4%。当时世界连铸机总数为400台左右，连铸比在20.8%。

改革开放以来，为了学习国外先进的技术和经验，加速我国连铸技术的发展，从70年代末一些企业引进了一批连铸技术和设备。例如 1978 年和 1979 年武钢二炼钢厂从前联邦德国引进单流板坯弧形连铸机 3 台；在消化国外技术基础上，围绕设备、操作、品种开发、管理等方面进行了大量的开发与完善工作，于 1985 年实现了全连铸生产，产量突破了设计能力。首钢二炼钢厂在 1987 年和 1988 年相继从瑞士康卡斯特引进投产了 2 台 8 流弧形小方坯连铸机，1993 年产量已超过设计能力；并在消化引进技术的基础上，自行设计制造又投产了 7 台 8 流弧形小方坯连铸机，成为国内拥有连铸机机数和流数最多的生产厂家。1988 年和 1989 年上钢三厂和太钢分别从奥地利引进浇铸不锈钢的板坯连铸机。1989 年和 1990 年宝钢和鞍钢分别从日本引进了双流大型板坯连铸机。1996 年 10 月武钢三炼钢厂投产 1 台从西班牙引进的高度现代化双流板坯连铸机。这些连铸技术设备的引进都促进了我国连铸技术的发展。

据统计，到 1995 年年底我国运转和在建的连铸机已有 300 多台，其中自行设计制造的占 80%，由国外引进的只有 70 台左右。目前我国在异型坯、大圆坯和大方坯连铸机的设计制造方面仍有些困难；不过，我国在高效连铸技术小方坯领域已跻身世界先进行列。2004 年，我国连续铸钢发展势头强劲，全国连铸比约达 96.03%，比 2003 年提高 0.63 个百分点。其中中国钢协 70 家会员企业共生产连铸坯 2.25 亿吨，比 2003 年增长 25.73%，连铸比 97.00%，比 2003 年提高 1.69 个百分点；147 个非会员企业共生产连铸坯 4000 万吨，比 2003 年增长 25.61%，连铸比 99.01%，比 2003 年提高 0.25 个百分点；全行业连铸比为 97.34%，比 2003 年提高 1.21 个百分点。从国外引进的近终形薄板坯连铸连轧生产线，已在珠江、邯郸、包头等地起动实施，于 1998 年建成投产。马钢 H 型钢连铸机和 H 型钢轧钢机工程现在已经投产。采用国产技术的第 1 台高效板坯连铸机也已在攀钢投产。

今后我国冶金企业将持续推进以全连铸为方向，以连铸为中心的炼钢生产的组合优化，淘汰落后的工艺设备，开发高附加值的品种，实现降产能和提高质量并举，加大节能降耗的力度和环保技术的改造，提高炼钢与轧钢热衔接协调匹配。图 15-10 为我国自 1972 年以来连铸比增长情况。

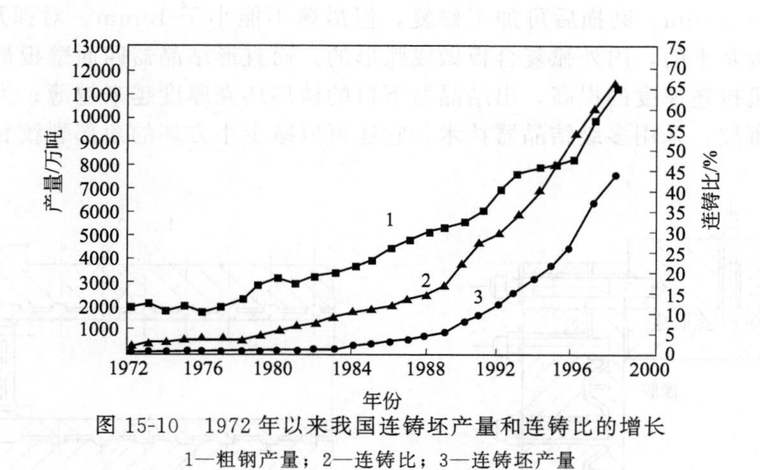

图 15-10　1972 年以来我国连铸坯产量和连铸比的增长

1—粗钢产量；2—连铸比；3—连铸坯产量

15.3.2　连续铸造用结晶器的要求和特性

结晶器是连铸设备中的铸坯成型设备，人们称它是连铸机的心脏。它的功能是将连续不断地注入其腔内的高温钢液通过冷却壁强制冷却，带走其热量，使钢液在结晶器内逐渐凝固成所需的断面形状和一定厚度的坯壳，并使这种芯部仍为液态的铸坯不断地从结晶器的下口被拉出，进入二次冷却区。为保证坯壳不被拉漏以及不产生变形和裂纹等缺陷，结晶器的性能对连铸机的性能以及对连铸机的生产能力和铸坯的质量都起到非常重要的作用。按结晶器的外形可分为直结晶器和弧形结晶器。直结晶器用于立式、立弯式及直弧形连铸机，而弧形结晶器用在全弧形和椭圆形连铸机上。从其结构来看，有管式结晶器和组合式结晶器；小方坯及矩形坯多采用管式结晶器，而大型方坯、矩形坯和板坯多采用组合式结晶器。

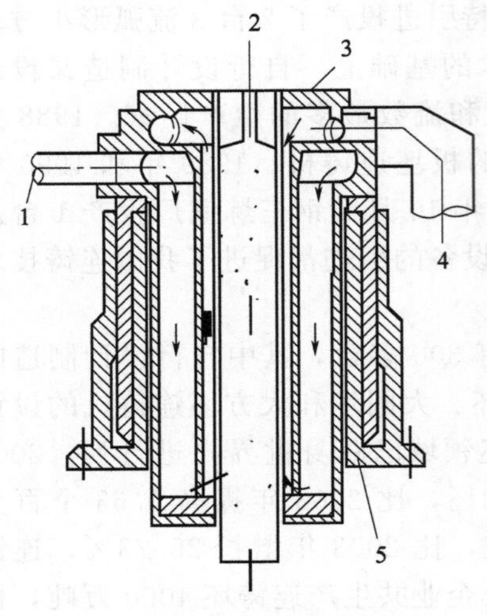

图 15-11　管式结晶器

1—冷却水入口；2—钢液；3—夹头；4—冷却水出口；5—油压缸

管式结晶器的结构如图 15-11 所示。其内管为冷拔异形无缝铜管，外面套有钢质外壳，铜管与钢套之间留有约 7mm 的缝隙通以冷却水，即冷却水缝。铜管和钢套可以制成弧形或直形。铜管的上口通过法兰用螺钉固定在钢质的外壳上，见图 15-11，铜管的下口一般为自由端，允许热胀冷缩；但上下口都必须密封，不能漏水。结晶器外套是圆筒形的。外套中部有底脚板，将结晶器固定在振动框架上。

管式结晶器结构简单，易于制造、维修，广泛应用于中小断面铸坯的浇注，最大浇注断面为 180mm×180mm。另外有的管式结晶器取消水缝，直接用冷却水喷淋冷却。

组合式结晶器是由 4 块复合壁板组合而成。每块复合壁板都是由铜质内壁和钢质外壳组成。在与钢壳接触的铜板面上铣出许多沟槽形成中间水缝。复合壁板用双螺栓连接固定，见图 15-12。冷却水从下部进入，流经水缝后从上部排出。4 块壁板有各自独立的冷却水系统，4 块复合壁板内壁相结合的角部，垫上厚 3～5mm 并带 45°倒角的铜片，以防止铸坯角裂。现已广泛采用宽度可调的板坯结晶器。可用手动、电动或液压驱动调节结晶器的宽度。内壁铜板厚度在 20～50mm，磨损后可加工修复，但最薄不能小于 10mm。对弧形结晶器来说，两块侧面复合板是平的，内外弧复合板做成弧形的。而直形结晶器四面壁板都是平面状的。

随着连铸机拉坯速度的提高，出结晶器下口的铸坯坯壳厚度越来越薄；为了防止铸坯变形或出现漏钢事故，采用多级结晶器技术。它还可以减少小方坯的角部裂纹和菱形变形。多

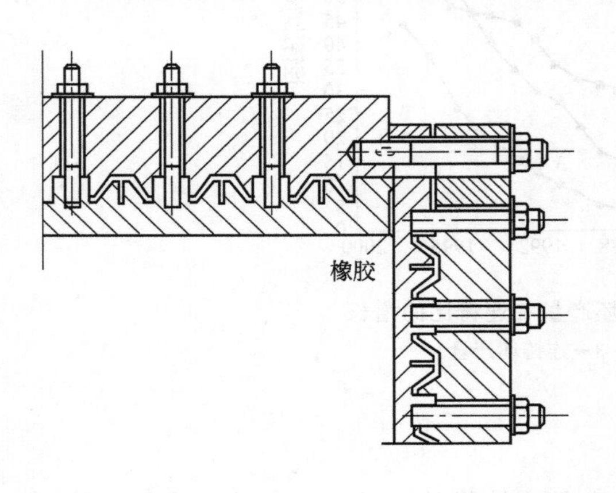

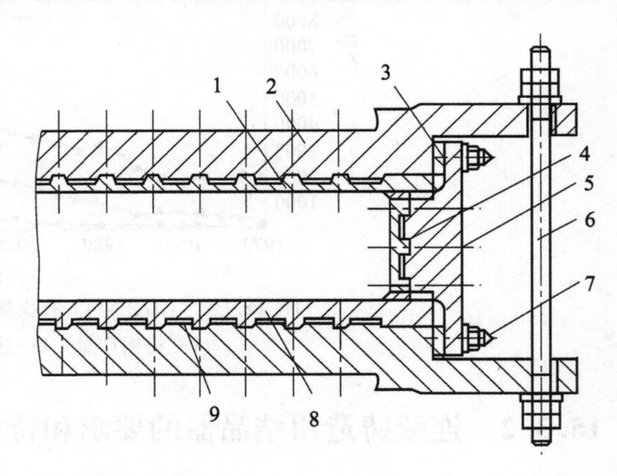

图 15-12　组合式结晶器及连接方式

1—外弧内壁；2—外弧外壁；3—调节垫块；4—侧内壁；5—侧外壁；6—双头螺栓；7—螺钉；8—内弧内壁；9—水缝

级结晶器即在结晶器下口安装足辊、铜板或冷却格栅，见图 15-13。

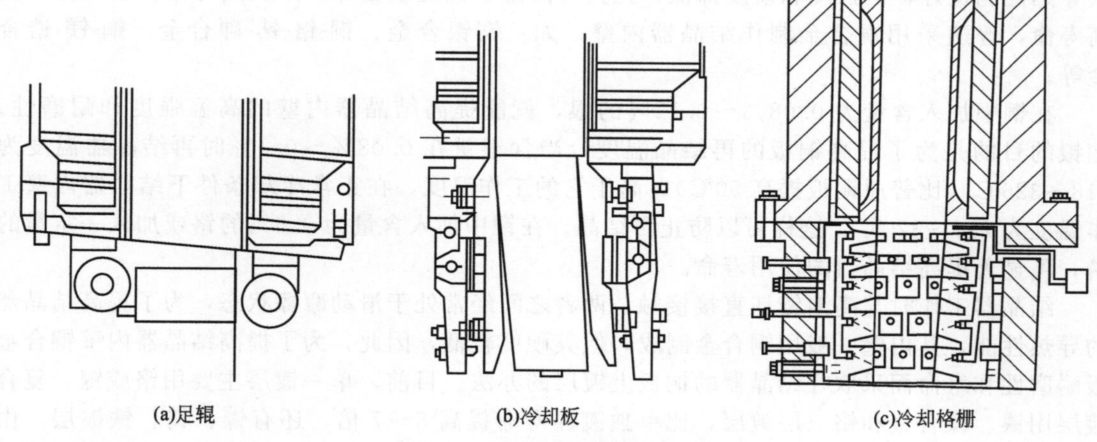

图 15-13 多级结晶器结构示意

结晶器是非常重要的设备，结晶器为坯壳形成的最初阶段提供了冷却、几何形状和空间，连续的钢水通过结晶器内部的铜板强制冷却，逐步成型。这个过程是钢水（坯壳）与结晶器之间连续相对运动下进行的。因此结晶器一直承受着钢水静压力、坯壳和铜板间摩擦力钢水热量的传导等因素的影响，使结晶器始终处在机械应力和热应力综合作用下，工作条件极为复杂。结晶器在生产过程中，是否能够保证均匀强化的冷却，以及在机械应力和热应力的作用下不致产生变形，保证铸坯质量，降低溢漏率，提高结晶器使用寿命，因此一个良好的结晶器设计应该满足以下要求。

① 良好的导热性，能使钢液快速凝固，形成足够厚度的坯壳。每 1kg 钢水浇注成坯并冷却到室温，放出的热量约为 1340kJ/kg，而结晶器约带走 5%～10%，即 67～134kJ/kg。结晶器长度又较短，一般不超过 1m，在这样短的距离内要能带走大量的热量，要求它必须具有良好的导热性能。若导热性能差，会使出结晶器的铸坯坯壳变薄，为防止拉漏，只好降低拉速，因此结晶器具有良好的导热性是实现高拉速的重要前提。

② 结构刚性要好。结晶器内壁与高温金属接触，外壁通冷却水，而它的壁厚又很薄（仅有 10～20mm），因此在它的厚度方向温度梯度极大，热应力相当可观，其结构必须具有较大的刚度，不易变形，以适应大的热应力。

③ 装拆和调整方便。为了能快速改变铸坯尺寸或快速修理结晶器，以提高连铸机的生产能力，现代结晶器都采用了整体吊装或在线调宽技术。

④ 工作寿命长。结晶器在高温状况下伴随有铸坯和结晶器内壁之间的滑动摩擦，因此结晶器内壁的材质应有良好的耐磨性和较高的再结晶温度。

⑤ 振动时惯性力要小。为提高铸坯表面质量，结晶器的振动广泛采用高频率小振幅，最高已达 400 次/min，在高频振动时惯性力不可忽视，过大的惯性力不仅影响到结晶器的强度和刚度，进而也影响到结晶器运动轨迹的精度。重量要小，以减少振动时的惯性力。

⑥ 结晶器结构要简单，以便于制造和维护。

⑦ 有良好的刚性和加工性，易于制造。

⑧ 成本要低。

结晶器内层是钢水凝固时进行热交换并使钢水成型的关键部件，因此要求其内壁材质热导率要高；膨胀系数要低；在高温下有足够的强度和耐磨性；塑性还要好，易于加工。紫铜板导热性能良好，但强度和硬度都低，尤其在高温下强度就更低，因而其寿命较短。为了提高寿命，普遍采用铜合金制作结晶器内壁，如：铜银合金、铜-铬-锆-砷合金、铜-镁-锆合金等。

在铜中加入含量为0.08%～0.12%的银，就能提高结晶器内壁的高温强度和耐磨性。加银的目的是为了提高铜板的再结晶温度，当含银量在0.08%～0.1%时再结晶器温度为318～326℃（比普通铜板提高50℃），高于它的工作温度，在正常冷却条件下结晶器内壁工作温度为250～320℃，这样可以防止再结晶。在铜中加入含量为0.5%的铬或加入一定量的磷，可显著提高结晶器的使用寿命。

结晶器工作时与高温铸坯直接接触，两者之间经常处于滑动摩擦状态，为了提高结晶器的导热性能，其内壁一般用铜合金制成，但其硬度较低，因此，为了提高结晶器内壁铜合金板耐磨性和寿命而采取在结晶器的铜板上镀层的办法。目前，单一镀层主要用铬或镍，复合镀层用镍、镍合金和铬三层镀层，比单独镀镍寿命提高5～7倍。还有镍、钨、铁镀层，由于钨和铁的加入，其强度和硬度都适合高拉速铸机使用。

15.3.3 实用合金的种类和特性

结晶器铜板设计是结晶器设计的最重要环节。铜板的导热效果及寿命主要与铜板的材质、热面镀层、结晶器冷却水水量、结晶器与支撑辊及二次冷却区的对弧精度有关，除此之外，合理的结构设计显得更为重要。结晶器铜板母材推荐采用Cu-Cr-Zr合金，也可采用Cu-Ag合金，在一台结晶器上两种材质也可一起采用，易磨损的窄面铜板采用Cu-Cr-Zr材质，相对不易磨损的宽面铜板采用Cu-Ag材质，铜板厚度一般取40～50mm。铜板镀层采用Ni-Cr、Ni-Fe、Ni-Co、Co-Ni等，铜板每次刨修量1.5mm。结晶器铜板的最小有效使用厚度（铜板表面至水槽底部）10mm。铜板水槽分布：结晶器铜板水槽的分布和传热密切相关，结构设计包括水槽的宽度、深度、数量分布及铜板固定螺栓的布置等。其要点是设置合适的冷却水流量与流速，并考虑结晶器冷却的均匀性。设计时螺栓直径在M16～M20之间选取，螺栓间距应尽可能小，尽量减小固定螺栓近旁的水槽间距，并采用长短结合的水槽深度，即布置在铜板固定螺栓近旁的水槽可适当深一些，这样可有效降低固定螺栓处的铜板热面温度差，使结晶器热量传递及形成的坯壳更为均匀。

1. Cu-Zr-Cr合金

鞍钢第三炼钢厂连铸机自1990年从日本引进以来，一直使用日本进口结晶器，所耗外资逐年增长。为此，1993年以来，鞍钢研制了一种Cu-Zr-Cr合金新材料。为使这种新材料同时兼有良好的热传导性和较高的常温及高温强度，在工业研制过程中，运用金相光电显微分析技术及物理测试方式，对这种多元合金内部易产生的氧化产物的性质及防止方法进行了研究。同时对Zr、Cr等合金元素在材料中的强化机理做了较为深入细致的探讨，旨在提高材料的纯净度，改善材料的热传导性能的同时，最大限度地发挥合金元素的强化作用。

Cu-Zr-Cr板强度和硬度较高，再结晶温度可达500℃，有效避免了铜板因再结晶引起的机械性能下降和铜板变形。Cu-Zr-Cr在熔炼过程加入的Zr、Cr元素在纯铜的基体中析出均匀细小分散的第二相金属化合物（如$ZrCu_3$、Cu_2Zr+Cr），颗粒分散在基体中成为位错和晶界移动的障碍，即沉淀强化；同时Cu-Zr-Cr板经过锻、轧工序后产生的剧烈塑性变形和晶粒细化，使金属晶体的抗变形能力进一步提高。

结晶器用Cu-Zr-Cr合金，在冶炼过程中极易氧化，其氧化产物主要是ZrO_2、Cr_2O_3、

SiO_2等，严重时，将会形成复合氧化夹渣。要获得纯净度高，导热性能好的 Cu-Zr-Cr 合金，在冶炼时必须保证真空系统封闭完好。Zr、Cr 元素要配成低熔点的中间合金加入，以防止氧化，确保 Zr、Cr 元素的收得率。高纯净度的 Cu-Zr-Cr 合金具有较好的热传导性能，良好的常温及高温力学性能，是制造高拉速板坯连铸结晶器的完美的合金材料。

2. Cu-Ag 合金

Cu-Ag 合金为铜中加入 0.08%～0.12%的银，银的加入可显著提高软化温度（再结晶温度）、硬度和蠕变强度，而很少降低铜的导电、导热性和塑性。添加 Ag 后软化温度可升至 350℃。银铜塑性很高，一般采用冷作硬化来提高强度，它具有很好的耐磨性和耐蚀性。Cu-Ag 合金热导率很高，接近紫铜。Cu-Ag 合金在 300℃以上会出现硬度下降的情况。因此，Cu-Ag 板适合于低速连铸机（不大于 1m/min）结晶器表面温度低于 300℃的情况。而在 300℃以上温度下长时间工作时内应力将消失，材料强度也将明显下降。

3. TP2（磷脱氧铜）

结晶器的工况条件要求本体材料必须具有良好的导热性，故结晶器开始的研究主要采用脱氧铜作为结晶器的材料。脱氧铜结晶器在使用中虽能满足材料的导热性，但是它在使用中由于产生收缩和磨损，严重妨碍钢液在结晶器内凝壳的正常成长，进而诱发跑钢，因而成为影响连铸设备运转的主要因素。目前脱氧铜一般多用于小方坯连铸结晶器。累计过钢量较低，一般只有 3000～5000t 左右。

4. ODSCu 板

ODSCu（氧化铝铜或弥散强化铜）是一种新型结构功能材料，具有较高的强度以及良好的抗高温软化能力，同时兼有优良的导电、导热性能。弥散铜材料组织中的强化粒子是原位生成的纳米级氧化铝颗粒。与析出强化型铜合金时效析出的金属间化合物粒子不同，在接近铜基体熔点的温度下，仍保有其原始粒度和颗粒间距，不发生强化相的复熔及变形现象，能有效地阻碍位错的运动和晶界的滑移。在提高合金室温和高温强度的同时，仍具有良好的导电性能，且耐磨性和耐蚀性也较好。

弥散铜材料随着氧化铝含量的不同，性能也呈现差异化。随着氧化铝含量的增加，弥散铜材料的强度硬度增加，导电率相应降低。一般来讲，中高铝含量的弥散铜材料强度硬度较高，延伸率较低，冷加工性能稍差。而低铝含量的弥散铜材料强度硬度稍低，但电导率、延伸率高，具有良好的冷加工性能。例如作者团队研制的 LGT20 牌号的低铝弥散铜（0.24% Al_2O_3）材料硬度达到 126HBW，电导率达到 93.0%IACS，软化温度 800℃；LGT60 牌号的中铝弥散铜（0.60%Al_2O_3）材料硬度达到 147HBW，电导率达到 86.5%IACS，软化温度 930℃。

板坯结晶器的窄面铜板不仅在液面附近有热裂和剥离现象，同时由于热膨胀受宽面夹紧力的制约，使窄面铜板受压应力的影响而出现蠕动变形，在其下部由于调锥度，磨损更严重。通常情况下窄面铜板的寿命远低于宽面铜板，结晶器使用寿命的确定是依据最薄弱零件的失效周期来决定的，当窄面铜板达到下线周期时，宽面铜板状况再好，结晶器都要下线检查或者解体修复。因此，一般窄面铜板寿命比宽面短，应选用较优的材质。ODSCu 强度硬度最高，而且抗高温软化能力强，软化温度大于 900℃。线膨胀系数略低于其他铜合金，更接近 Ni 基合金镀层。与 Cu-Zr-Cr 板相比，弥散铜材料具有高的屈服强度和硬度，同时软化温度大于 900℃，具有优越的抗高温软化能力，能在窄面铜板受压应力的工况下，减少蠕动变形。同时弥散铜材料硬度也高于 Cu-Zr-Cr 板，抗磨损，能显著减少窄面铜板的磨损量。这就使其达到与宽面铜板相当的使用周期和寿命，减少结晶器铜板修复的次数，提高生产效率。美国已经将弥散铜材料用于连铸机结晶器内衬。

5. Cr 镀层

Cr 含量一般大于 99.9%，其硬度高，显微硬度大于 700HV，镀层的化学稳定性好，可防止钢液飞溅，减轻划痕，耐磨性好。缺点是：①镀层的厚度受到限制，仅在 0.06～0.12mm 之间；②镀层容易剥落，有裂纹存在，耐蚀性差；③镀层与结晶器铜板的线膨胀系数和热导率相差大，工作时镀层易出现撕裂、剥落，使铸坯出现渗铜及其他缺陷，现已很少应用，仅在小方坯等管式结晶器铜板修复中还有应用。

6. Ni 镀层

Ni 镀层化学稳定性较好，封闭能力很强，且能镀至 3～8mm。镀层尽管与结晶器铜板结合力好，可以有效地防止铸坯的星形裂纹和减轻磨损，但是镀层的硬度不高，仅为 180～250HV，不能满足连铸钢坯的磨损要求，并且镀层在弯月面处容易产生热裂纹，特别是用于窄面结晶器铜板时，耐蚀性还不好，因此镀层寿命不高。

15.4 减振合金

随着现代工业的迅速发展，交通、能源、建筑、航天等领域对机器及其部件的要求也愈发苛刻，主要表现在高速重载条件下要求零件保持高强度的同时，能够具有低损耗和长寿命的特点。但是，机器在运转中所产生的振动，特别是共振，严重影响机构零部件的寿命，降低机械产品的质量以及仪器仪表的精度和可靠性。同时，噪声和振动是一对孪生姐妹，它污染环境，损害人体健康，是三大公害之一。因此，振动和噪声水平已成为决定产品价值和市场竞争能力的重要因素，如何减少振动、降低噪声，逐渐成为人们十分关注的问题。

减振合金又称为阻尼合金，是一种能将机械振动能转化为热能而耗散掉的新型金属功能材料。采用减振合金来设计制造的各类振动源构件可以从根本上有效地减轻振动的产生，大大降低振动和噪声所产生的危害。20 世纪 50 年代初期，美国和英国率先在减振合金方面取得突破，开发出了 Mn-Cu 系减振合金。这种合金掉到地上只发出微弱的响声，并被人们成功地应用在潜艇的螺旋桨上，大大提高了潜艇的隐蔽性。以此为契机，大量减振材料的研究和开发被引向深入。作为一类特殊的功能材料，减振合金最大的特征是在受到敲击时不像青铜、钢材那样发出洪亮的金属声，而只是像橡胶那样发出微弱的哑声。一般金属材料由于共振曲线的形状十分尖锐，振动衰减很慢，因此敲击时发出的声音响亮刺耳，而且持续时间很长，这是敲击时响声大的原因。而对于减振合金，其共振曲线趋于扁平，振动衰减快，共振振幅小，因此敲击时声音微弱。之所以产生这样的效果，跟合金内部吸收振动能量的能力有很大的关系。

按照减振机理的不同，可将目前的减振合金分为六大类：复相型减振合金、超塑性型减振合金、孪晶型减振合金、位错型减振合金、铁磁型减振合金和 Fe-Mn 基减振合金。本文重点对这几种减振合金的减振机理、性能特点和应用范围进行介绍。

15.4.1 减振机理

1. 复相型减振合金

减振机理：在周期应力的作用下，一些复相合金中强度较高的相会发生弹性形变，较软的相则发生塑性形变，从而产生内耗使振动的能量得以耗散。典型代表：灰口铸铁。性能特点及应用范围：灰口铸铁的主要特点是成本低，易加工，可以在铸态使用，目前已经被广泛用来制造各类发动机和机床的基座。灰铸铁的减振特性既与母相基体有关（珠光体基体的减振性能低于铁素体或奥氏体基体），又与非金属夹杂物形态有关（含有片状石墨的灰铸铁的减振特性要远优于含有球状石墨的球铁）。最近的研究表明，含球状石墨为主的延性铸铁在临界温度以下温度退火，其减振性能将大幅度提高，能达到高减振灰口铸铁的水平，而且其综合力学性能比一般的灰口铸铁要高得多。美国已将这种铸铁用于福特公司生产的涡轮增压发动机曲轴和汽车柴油发动机定时齿轮上，相关部门正计划下一步将这种铸铁扩展应用于海军舰船柴油发动机部件。

2. 超塑性型减振合金

减振机理：在周期应力的作用下，一些合金中的晶界和相界面会发生塑性流动，从而产生内耗使振动的能量得以耗散。因这种机理与合金的超塑性机理类似，所以称具有这种减振机理的合金为超塑性型减振合金。典型代表：Zn-Al 合金。性能特点及应用范围：Zn-Al 基合金的主要特点是密度小，在微小振动中能保持较高的减振能力，不受磁场的影响，有利于电子电器产品的减振降噪，但其强度较低，不耐海水腐蚀。这类合金的 Al 含量通常在20%～50%（质量百分比）之间，在合金中添加适量的 Si、Zr、Al 等元素，可使合金的性能得到改善：Si 的加入能提高合金的力学性能；少量 Zr 和稀土元素（都不到1%质量百分比）可以细化组织和强化基体，同时还能够提高阻尼性能。在美国和日本，Zn-Al 基合金已经被用于滑动轴承、轿车发动机机座、越野摩托车的凸轮轴和驱动轮、风镐减振部件等领域。

3. 孪晶型减振合金

减振机理：在周期应力的作用下，与热弹性马氏体相变有关的共格孪晶界面（马氏体/马氏体、母相/马氏体）将发生重新排列运动，产生非弹性应变而使应力松弛，从而将外加振动能耗散，形成对振动的减振衰减。典型代表：Mn-Cu、Ni-Ti、Cu-Al-Mn 和 Cu-Zn-Al 等。性能特点及应用范围：Mn-Cu 合金的主要特点是减振性能和力学性能较好，Mn 含量越高（>50%）、应变量越大、高温热处理时间越长，减振性能越高。但其受温度影响较大，只适合较低温度下使用，并且成本较高。目前广泛用作潜艇螺旋桨的材料。Ni-Ti 基合金是一类性能优异的形状记忆合金，在其 M_s 相变点温度下变形，然后加热到 A_f 温度以上可以产生形状恢复，同时其在 M_s 温度以下还具有高减振性能。通过改变成分，Ni-Ti 基合金的 M_s 温度可以在－100～200℃之间变动，具有广泛的适用性。这类合金的主要特点是减振性能、形状记忆性能和力学性能优异，但加工性能差，成本较高。Ni-Ti 基合金已被地震工程专家成功地用在大厦和大型建筑物的减震装置上，并可保证建筑物在遭受强震后的复原性。另外，这种合金作为减振材料在汽车和机械制造领域也都得到了一定的应用。Cu-Al-Mn 和 Cu-Zn-Al 合金是另一类形状记忆合金，它们的特点是减振性能优良，价格较 Ni-Ti 基合金便宜，但力学性能差，使用温度不高（一般低于 50℃），目前已经被用于滑雪装置上的减振垫片。

4. 位错型减振合金

减振机理：在周期应力的作用下，一些合金中的位错会脱开沿线钉扎的点缺陷（杂质原子或空位）而进行运动，这个过程就会在弹性应变范围内产生附加的位错应变，从而产生内耗将外界振动能耗散。典型代表：Mg 及 Mg 合金（Mg-Zr、Mg-Si、Mg-Cu、Mg-Al 等）。性能特点及应用范围：Mg 合金的主要特点是比重小，耐蚀性好，减振性能高，但其力学性能太差，尤其是强度低，限制了其应用。合金化是解决该问题的有效途径，人们研究了添加 Zr、Si、Cu、Al 等合金元素的影响，结果表明这些合金的综合性能得到提高，大大地拓宽了Mg合金的应用范围。目前，Mg合金已成功用于节能汽车发动机部件、电脑外壳、镜框、高尔夫球杆等。此外，Mg合金还具有较高的电磁屏蔽性能，在航天和航空工业中具有广泛的应用前景，例如制备航天飞机仪表盘、电器设备壳体等构件不仅可以减小振动，还可以减小宇宙射线对电子仪器设备的电磁干扰，提高电子仪器设备的工作精度和使用寿命。

5. 铁磁型减振合金

减振机理：在一些铁磁合金中，原子之间通过交换作用而产生磁矩，相同方向的磁矩排列起来形成磁畴。在周期应力的作用下，合金中相当部分的磁畴界面因磁机械效应的逆效应而发生不可逆移动，在应力应变曲线上就会产生应变滞后于应力的现象，进而产生内耗将振动能耗散。典型代表：Fe-Cr基、Fe-Al基、Co-Ni基等合金。性能特点及应用范围：铁磁型减振合金的主要特点是强度较高，成本较低，较高温度和低应变振幅下减振性能优异，但其经变形后或在磁场环境中减振性能会迅速下降甚至消失。该类合金已经成功应用在汽轮机叶片、齿轮变速箱和机械传动装置上。

6. Fe-Mn基减振合金

减振机理：Fe-Mn基合金层错能低，具有相变过程，所以研究学者普遍认为其减振机理同马氏体以及层错有关。弹性变形范围内，Fe-Mn合金在周期应力的作用下马氏体以及层错界面会发生相对滑动从而产生内耗，将外加振动能转化为热能耗散掉，因而具有高减振性能。典型代表：Fe-17Mn。性能特点及应用范围：Fe-Mn基合金是近十几年才开发出的一种新型减振合金，是上述几类减振合金中强度最高（抗拉强度大于700MPa）、成本最低的（仅为Mn-Cu的1/4），其减振性能随着应变振幅的增大而增加，并且不受外界磁场的影响，但其低应变下减振性能低是限制其应用的主要障碍。这种合金非常适合承受较大振动和冲击的部件使用，比如刹车制动盘、齿轮、切石机、破碎机等。

15.4.2 热处理和组织

热处理对减振的影响如下。热处理或人工时效对合金减振性能的影响情况较复杂，晶界、相界、第二相等微观组织的变化均会影响减振性能，因此对这方面所进行的研究也较多。热处理若使材料内部位错或缺陷（晶界、相界、第二相等）密度增加，或使杂质原子在位错线上的聚集密度减少，则位错线钉扎长度增大，能提高其减振性能。

Riehemann等对hp-Mg（99.99%）和cp-Mg（99.8%）进行了不同的热处理，发现经过413℃、1h高温退火后镁的减振性能提高幅度很大，见图15-14。他对这种结果解释为由于高温退火减小了镁中偏析在位错线上的杂质原子的浓度，致使退火态镁中的位错线上钉扎位错的杂质数量低于铸态镁中位错线上钉扎位错的杂质数量，即退火态镁中L_n增大，位错“弓出”容易，所以退火后镁的减振性能高于铸态。

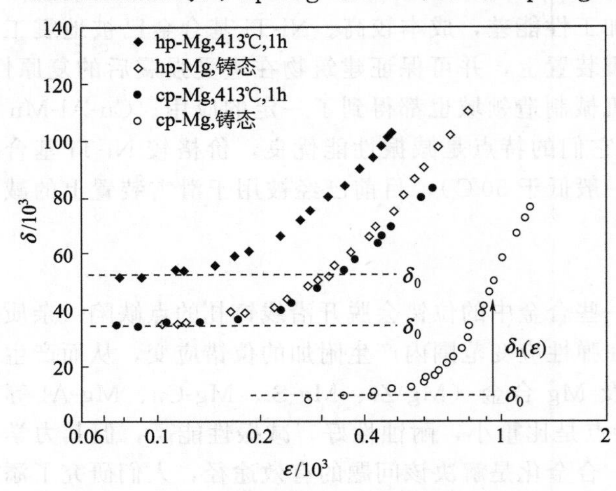

图15-14 不同状态下纯镁的减振性能曲线

G. oken等对均匀化处理后的AZ91合金进行固溶热处理，发现温度在413℃以下的热处理对AZ91的减振性能没有太大的影响。但在热处理温度高于413℃时，由于在淬火过程中产生微裂纹，所以减振性能随热处理温度的增大而快速增大。

(1) 晶粒尺寸对镁合金减振性能的影响

根据G-L-K位错钉扎模型，镁合金中位错线越长，钉扎位错的质点越少，可动位错密度越高，其减振性能越好。晶体中晶界是位错运动的有效障碍，晶粒大小决定晶体中晶界的总量，所以晶粒大小对位错运动有影响，进而对减振性能也有影响。

Sugimoto等利用G-L位错钉扎模型解释了晶粒尺寸对镁合金减振性能的影响。他通过对两种相同成分的镁合金（Mg-15.6%Ni，质量分数）经过不同的热处理制度，得到两种不同的晶粒尺寸。Sugimoto指出，当晶粒尺寸小于10μm时，因为晶界数量增多，位错运动困难，所以位错即使在很大的应力下也无法脱钉，因此减振性能很小。李明等研究了Mg-0.6%Zr合金锻压热加工后，在TEM下观察到了晶粒尺寸小于10μm的亚晶，由于亚晶内位错运动没有足够空间，而且亚晶界对位错运动有明显的阻碍作用，所以，Mg-0.6%Zr合金的铸态减振性能明显高于锻压后的。

(2) 镁基复合材料的减振性能

对于实际的金属材料，其减振性能往往是几种机理叠加所表现出来的，镁基复合材料主要用复相型和位错型减振来解释。

现今对镁基减振复合材料所进行的研究中，一般选择本身减振性能很好的纯Mg、Mg-Zr作为基体，把它们与常用的增强体，如碳化硅颗粒、硅酸铝短纤维、短切碳纤维、碳化硅晶须、硼酸铝晶须、Al_2O_3颗粒、碳、石墨纤维等，制成复合材料。镁基复合材料相对于各组元减振性能的提高是多种机理共同作用的结果。

第一个重要机理是由于镁基复合材料中增强相与基体热膨胀系数的不同，在复合材料制备的过程中，它导致材料冷却或热处理时产生内应力而耗散能量。Narasimalu Srikanth等采用DMD的方法在镁合金中添加Cu的研究证明，应变引起的高残余应力产生位错，界面结合处的位错数量提高，高位错密度使材料中的位错线在较小的外应力下就可以作往复运动，由此消耗能量而提高复合材料的减振性能。随着Cu掺加量的增加，AZ91镁合金的减振性能不断提高（见表15-5）。这主要归因于高位错密度以及热膨胀系数不相匹配所产生的塑性区减振和热弹性减振。同样在SiC/ZM5复合材料中SiC的热膨胀系数为4.3×10^{-6}/K，ZM5镁合金为28.7×10^{-6}/K。由于增强体与基体合金之间热膨胀系数不匹配，在复合材料制备的冷却过程中，将会在界面及近界面处产生热错配残余应力，使基体发生塑性流变，产生高密度位错。高密度位错的存在将引起位错强化，成为高减振性能（位错钉扎与脱扎）的基础。

表15-5 微观结构特性的理论值以及减振性能实验测试结果

Cu /%	粒子间距 /μm	塑性区半径 /μm	位错密度 /(个/m²)	η_{free}	减振性能增加 /%
0.0	—	—	—	0.0086	—
8.1	13.33	0.37	2.12×10^{12}	1.00141	64
15.5	7.36	0.77	5.76×10^{12}	1.00153	78
20.6	5.13	1.07	9.53×10^{12}	0.00178	107

第二个机理是在复合材料制备的冷却过程中，在界面及近界面处产生热错配残余应力，引起基体发生塑性流变，产生更高密度位错，从而增大减振。张永锟研究了在SiCw/AZ91D、SiCw/Mg、SiCw/Mg-Si复合材料的减振性能。在SiCw/AZ91D的界面附近由热错配应力产生的位错会形成位错网络，相互缠结，缠结的结点亦是强钉扎点；对于SiCw/Mg、

SiCw/Mg-Si，由于基体合金与AZ91D的热膨胀系数相差不大，而增强体相同，热错配应力与SiCw/AZ91D中的热错配应力相近，但其基体合金Mg、Mg-Si的强度都比AZ91D低，因而其界面附近亦存在类似的位错网络结构，其减振性能比较低。瑞士的C. Mayencour和R. Schaller利用定向凝固技术制备了Mg_2Si/Mg高减振复合材料，研究认为Mg_2Si/Mg复合材料在热应力作用下，由于基体和纤维热膨胀系数不同，促使位错增殖和运动，从而使减振增加。C. Mayencout和R. Schaller以气体压力渗透法制备了C长纤维与Al_2O_3短纤维分别增强Mg-2%Si复合材料，研究表明：C/Mg-2%Si复合材料具有高的减振能力，减振机理可以用G-L模型机理解释，这个模型认为，位错线被滑移面上的“钉扎点”固定，随着应力振幅的增加（在小的振幅条件下），位错从钉扎点处脱离，从而耗散能量；Al_2O_3/Mg-2%Si展现了较低的减振能力，这是由于在镁合金中存在大量的杂质，使杂质和界面相互作用而位错线不能自由振动，从而降低减振能力，其减振机理可用界面减振机理解释。

第三个机理是增强体的引入有细化晶粒的作用，使晶界密度增大，提高减振性能。晶粒度下降一方面使材料的力学性能得到提高，另一方面由于界面增多，提高了材料的界面减振。复合材料基体合金的晶粒细化机理通常有三种：第一种是基体合金初生相在增强体表面的非均匀形核机理；第二种是基体合金与增强体表面的界面热交换；第三种是细小间距的增强体能够限制基体晶粒过分长大。这些机理使得镁基复合材料基体的晶粒小于合金的晶粒度，如SiC/AZ80复合材料的基体晶粒尺寸约为AZ80合金晶粒尺寸的1/3。

镁基复合材料在基体与增强相之间的结合界面为弱界面时，界面在应力作用下发生相对的微滑移，也是金属复合材料减振增加的另一个原因。在高温下，界面减振的效果逐渐表现出来，成为减振的重要贡献之一。而且弱结合界面的金属基复合材料的减振性能优于强结合界面。德国的Z. Trojava等用粉末冶金法制备3%ZrO_2纳米颗粒（$d_m=14$）增强微晶镁基复合材料和3%C颗粒（$d_m \approx 1\mu m$）增强纳米晶镁基复合材料。把$\mu Mg+3nZrO_2$和$nMg+3C$分别在不同温度退火后立即在水中淬火，冷却后立即在室温真空状态下用弯曲梁测试振幅-内耗曲线，采用界面滑移模型解释其减振机理，复合材料基体和颗粒之间的结合面为弱界面在周期性应力作用下，增强体和颗粒间界面相互摩擦而耗散能量。

张虹等研究了不同增强体镁基复合材料的减振性能。选用高减振的Mg-0.63Zr作为基体，分别以短切碳纤维、碳化硅晶须、硼酸铝晶须为增强体，采用压力铸造复合工艺分别制作镁基复合材料，结果表明，以短切碳纤维作为增强体的复合材料具有最好的减振性能。王建强等研究了变质剂Al5TiB对Mg-8Zn-4Al-0.3Mn镁合金减振性能的影响。结果表明：Al5TiB的加入显著细化了Mg-8Zn-4Al-0.3Mn镁合金晶粒，增大了界面面积，提高了合金的界面减振。

张小农等以真空压力浸渍工艺制备了不同体积含量（总的体积含量4%～35%）的碳化硅颗粒与硅酸铝纤维混杂（碳化硅颗粒与硅酸铝纤维比例为1：1）增强MB3镁合金基复合材料和体积含量为24%的碳化硅晶须与碳化硼颗粒（碳化硅晶须与碳化硼颗粒比例为1：1）混杂ZK60A镁合金基复合材料，研究发现复合材料的减振性能会随温度升高而大大增加，且在低频下的增加效果更大，超过了镁合金，这是复合材料中具有更大的位错减振和界面减振共同作用的结果。

15.4.3 实用合金的种类和特性

减振合金就是具有较高减振损耗因子的合金材料，它具有良好的减振降噪性能，即使结构材料又具有高减振性能。对各种金属材料的减振性能（ψ，Q^{-1}）与抗拉强度（UTS）进行比较，可以看出，一般常用的金属材料，即铝合金、铜合金、钛合金和钢等的减振性能很低，其$Q^{-1} \ll 10^{-2}$；而一些特殊的金属材料，如 Mg、Fe、Ni 等金属，以及 Zn-Al、Mg-Zr、Mn-Cu 等合金，其减振性能$Q^{-1} \geqslant 10^{-2}$，它们因此被称为高减振金属（HIDAMETS）或高减振合金（HIDALLOYS）。高减振合金的减振性能比一般金属材料大得多，具有金属材料的强度和其他力学性能，可直接用于制造承受振动的结构件，而不用附加其他减振措施。高减振合金的制造工艺简单，是一种积极有效的减振技术，也是当今材料科学研究的热点。

1. 按其减振能力来分类

按其减振本领的大小，高减振合金可以分为三类：低减振（$0.1<P_{0.1}<1$）、中减振（$1<P_{0.1}<10$）和高减振（$P_{0.1}>10$），$P_{0.1}$为减振本领（应力振幅为使材料屈服的振幅的10%的比减振值）。图 15-15 给出了按这种方法分类时一些合金的减振性能，其中横坐标是抗拉强度σ_b，纵坐标是比减振本领 $P_{0.1}$。可见，一些常用的高减振合金（如 Mn-Cu 合金、Ti-Ni 合金、Cu-Al-Ni 合金、Fe-Cr 合金、Al-Zn 合金、Mg-Zr 合金和 Pb 等）的比减振本领都在 10 至 100 之间。

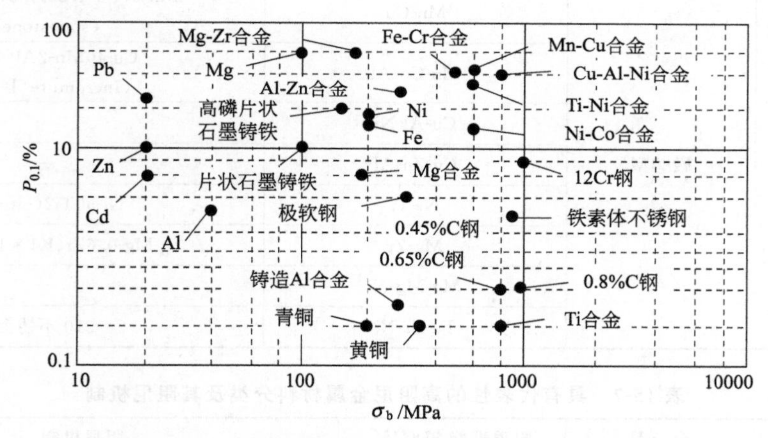

图 15-15 高减振合金按其减振本领大小分类示意

2. 按减振机理分类

高减振合金按其内耗产生的机理不同，可分为四类。

①高减振特性来源于复相组织相界或晶界的黏滞性流动的称为复合型减振合金，如 Fe-C-Si、Al-Zn 等；②来源于畴壁不可逆位移的称为铁磁性型减振合金，如 Fe-Cr、Fe-Cr-Al、Co-Ni 以及 Fe、Ni 等；③来源于位错运动以及位错与点缺陷交互作用的称为位错型减振合金，如 Mg、Mg-Zr 等；④来源于热弹性马氏体相变、孪晶界以及母相与马氏体相界移动的称为双晶型减振合金，如 Mn-Cu、Mn-Cu-Al、Cu-Al-Ni、Ti、Ni 等。高减振合金如表 15-6、表 15-7 所示。表 15-8 是各类高减振的使用特点。从减振机理类型看，复相型减振合金的减振机理属动滞后型，其减振性能与温度和频率有关；而强磁性型、孪晶型和位错型合金的减振机理则属静滞后型，其减振性能与振幅有关，与温度和频率无关。如图 15-16 所示应力应变回线示意图。从性能和应用特点看，复合型减振合金随温度升高减振性能明显提高，可在高温下使用。强磁性型合金具有较好的耐蚀性能、加工性能和焊接性能，可在居里点温度下使用，但需热处理，制备费用昂贵，并且在强磁场中、静载荷下减振性能明显下降。孪晶型减振合金在高于 M_s 点温度以上不能使用。位错型减振合金可在应力下使用，但

在150℃下合金发生应变时效，其减振性能明显下降。此外，除位错型减振合金外，其余三种减振合金的密度均很大，通常超过 $5\times10^3kg/m^3$。

表 15-6 高阻尼合金按其阻尼机制的分类

阻尼合金类型	阻尼机制	合金系列	举例
复相型	位错、界面	Fe-C-Si Zn-Al	片状石墨铸铁 SPZ(Zn-22Al)
		Fe,Ni	TN-Ni(用 ThO2 弥散强化的 Ni)
强磁性型	磁畴型	Fe-Cr	Fe-12Cr
		Fe-Cr-Al	Fe-12Cr-3Al (silentalloy)
		Fe-Cr-Al-Mn	Fe-12Cr-1.36Al-0.59Mn (Tranqalloy)
		Fe-Cr-Mo	Fe-12Cr-(0.1-5)Mo (Gentalloy)
		Co-Ni	Co-22Ni-2Ti-1Zr (NIVCO-10)
弱磁性型	磁畴型	Mn-Cu	Mn-37Cu-4.25Al-3Fe-1.25Ni (sonostone)
		Mn-Cu-Al	Cu-40Mn-2Al(-2Sn) (Incramute Ⅰ,Ⅱ)
		Cu-Al-Ni	—
		Cu-Zn-Al	—
		Ni-Ti	Ni-50Ti2(nitinol)
		Mg-Zr	Mg-0.6Zr(K1×1 alloy)
		Mg-Mg-Ni	—
		Fe-Cr-Ni	310 不锈钢

表 15-7 具有代表性的高阻尼金属材料分类及其阻尼机制

分类	合金系	阻尼性能 SDC/%	阻尼机制
位错型	纯 Mg Mg-Zr	40～60	晶体中的滑动位错与杂质机制相互作用导致机械静滞后效应造成损失
孪晶型	Mn-Cu Ti-Ni Cu-Al-Ni	30～40	与马氏体的相变孪晶界或母相与马氏体的相界移动有关的能量损失
铁磁型	纯 Fe Co-Ni Fe-Cr	20～30	伴随磁畴壁非可移动发生的磁-机械静滞后造成的能量损失
复相型	Fe-C Zn-Al	10～20 20～30	第二相与基体界面上发生塑性流动或第二相变形吸收振动能量
复合型	复合阻尼钢板 表面涂层钢板	＞60 ＞30	钢板中间裹有黏弹性高聚物的夹层，应用约束阻尼原理，缓和钢板与黏弹性物质界面的振动应力 钢板表面粘贴或涂覆减振材料，应用非约束阻尼原理，减振层的伸缩变形消耗振动能量。

注：阻尼性能 SDC（Spcific Damping Capacity，orφ）表示系统振动一周所损耗能量▽W 与系统能量 W 之比：▽W/W。

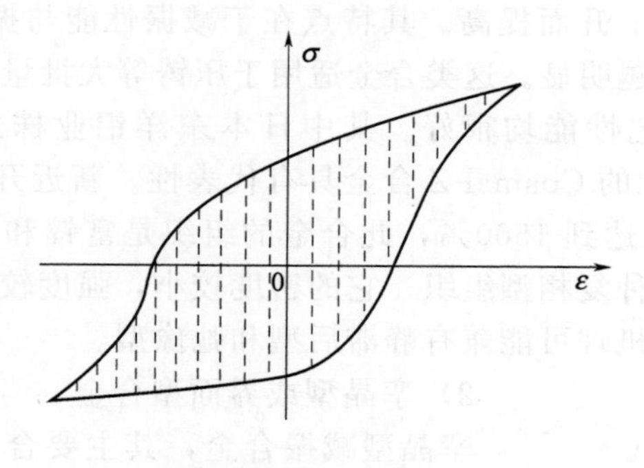

(a) 静滞后型内耗

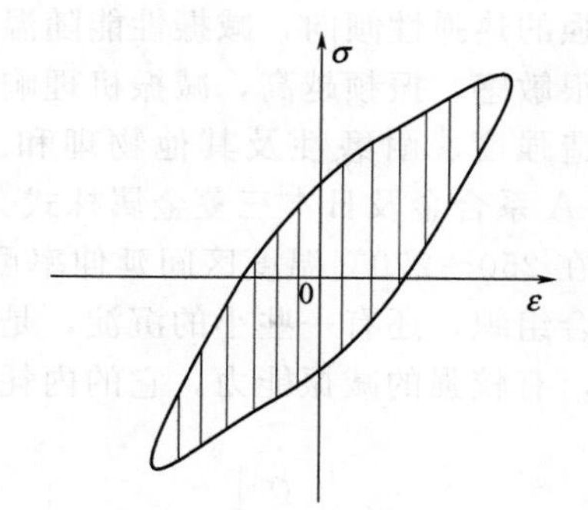

(b) 动态驰豫型内耗

图 15-16 应力应变回线示意图

表 15-8 高阻尼合金的使用特点

分类	热处理	使用极限温度/℃	时效变化	与应变振幅的关系	与频率的关系（声频）	与磁场的关系	塑性加工性	耐腐蚀性	强度/MPa	表面强化处理	焊接性	成本
复合型	不需要	~150	无	小	有	无	不行	差	—	可能	难	低
孪晶型	要(难)	~80	大	中	无	无	容易	稍差	~600	可能	难	高
位错型	不需要	—	无	中	无	无	难	稍差	~200	不行	不行	高
铁磁型	要(容易)	~380	无	大	无	有	容易	好	~450	容易	良好	低

1）复相型合金

这类减振合金是由两种以上的多相组织构成，其减振机理是受振动时由第二相与基体界面发生塑性流动或第二相变形而吸收振动能，并将振动能变成热能而耗散。片状石墨铸铁是一种比较常用的复相型高减振合金，其内耗 Q^{-1} 随振幅（a）和温度（b）变化示意图见图 15-17。研究表明，这种合金的减振性能取决于第二相石墨的形态，数目及分布，尤其形态更为重要。片状石墨形态具有很高的减振性能，而球状石墨 Fe-C-Si 合金的内耗要低两个数量级。事实上灰铸铁的高减振归因于 E_g/E_m（E_g和 E_m 分别表示石墨和基体的杨氏模量）比值比较小，从这点可以得出纤维增强复合材料内耗低的原因。但该类合金强度低，质脆，故加工困难，应用受到一定限制。

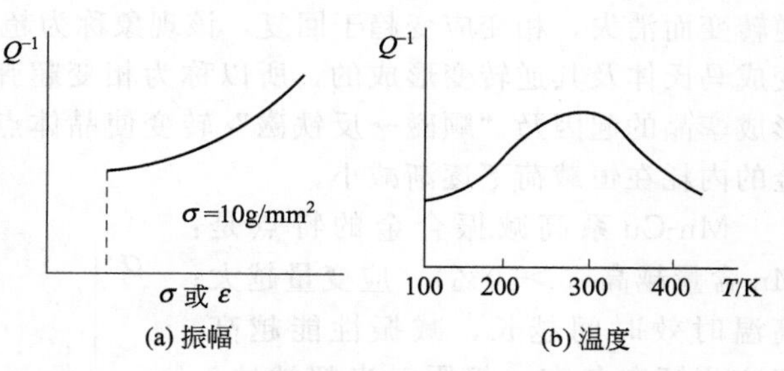

(a) 振幅　(b) 温度

图 15-17 片状石墨铸铁的内耗 Q^{-1} 随振幅（a）和温度（b）变化示意图

Al-Zn 系减振合金也归于复相型减振合金，因为该合金硬的 β 相（富 Zn 相）中分布了软的 α 相（富铝相）。如图 15-18 所示，内耗与振幅无关，在 270℃左右存在相变峰。Al-Zn 系减振合金减振机理是外界应力的作用激发金属内部热作用，从而导致晶界运动障碍消除，产生运动，生成内耗，故这类合金

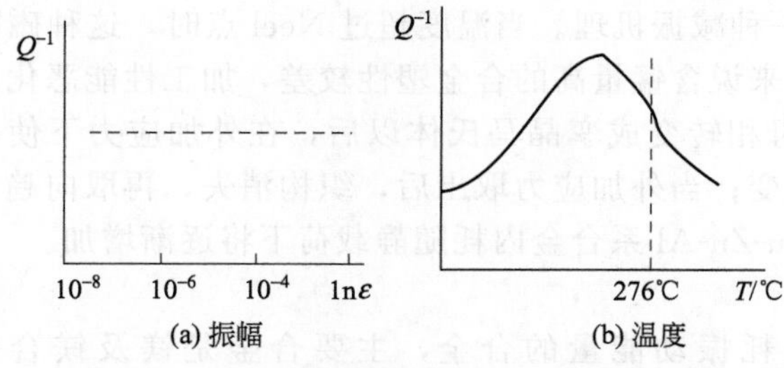

(a) 振幅　(b) 温度

图 15-18 超塑性的铝锌共析合金的内耗 Q^{-1} 随振幅（a）和温度（b）变化示意图

表现出极强的热弹性倾向，减振性能随温度上升而提高。其特点在于减振性能与振幅无关，但对振频很敏感，振频越高，减振机理响应越明显。这类合金适用于压铸等大批量生产，费用低，铸造强度、耐磨性及其他物理和工艺性能均很好。其中日本东洋铝业株式会社的Gentalloy-A系合金及日本三菱金属株式会社的Cosmal-Z合金具有代表性。新近开发的Zn-22%Al，在250～270℃温度区间延伸率可以达到1500%，此合金的组织是富锌和富铝两种片层的叠合组织，还有一些小的沉淀，是一种复相型组织；它的密度较小，强度较高而不是铁磁性的，有较强的减振能力，它的内耗和机理可能兼有静滞后型和弛豫型。

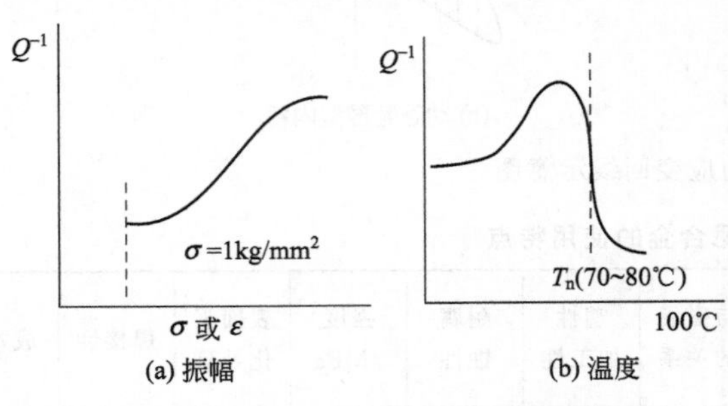

图 15-19 Sonoston的内耗 Q^{-1} 随振幅（a）和温度（b）示意变化图

2）孪晶型或界面型合金

孪晶型减振合金，其主要合金有Mn-Cu，Mn-Cu-Al，Cu-Al-Ni，Cu-Zn-Al和Ni-Ti等，属于该类合金系最典型的是Mn-Cu系合金和Cu-Zn-Al系，如Sonoston（54.25%Mn、37%Cu、4.75%Al、3%Fe、1%Ni）和Proteus［Cu＋（13%～21%Zn）＋（3%～8%Al）］。见图15-19、图15-20，内耗随振幅、温度示意图变化类似，但内耗机理不同。对于Mn-Cu系合金，一种观点认为在一定温度条件下，对母相外加应力，诱发形成马氏体，并发生相变应变。当外加应力去除后，马氏体发生逆转变而消失，相变应变趋于回复，该现象称为超弹性效应。由于这种超弹性效应是母相转变成马氏体及其逆转变形成的，所以称为相变超弹性。另一种观点认为，Mn-Cu合金强烈形成孪晶的起因乃“顺磁→反铁磁”转变使晶体点阵产生足够大的畸变所致。Mn-Cu系合金的内耗在恒载荷下逐渐减小。

Mn-Cu系高减振合金的特点是：Mn含量越高（＞50%），应变量越大；高温时效时间越长，减振性能越高。但这些倾向各有一极限，当超越这一极限时，反而出现减振性能下降的趋势。另外，这类减振合金对工作温度非常敏感，当温度为Neel点温度时，每2个相邻Mn原子构成的原子磁偶将呈反磁性有序排列，形成反磁性磁畴。在受到外界运动时，磁畴产生运动，形成内耗，这是Mn-Cu系合金特有的一种减振机理。当温度超过Neel点时，这种磁畴有序排列受到破坏，减振性能下降。但一般来说含锰量高的合金塑性较差，加工性能恶化。

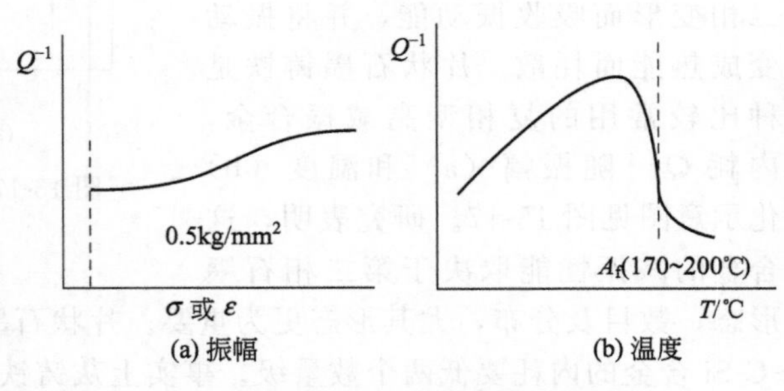

图 15-20 Proteus的内耗 Q^{-1} 随振幅（a）和温度（b）示意变化图

对于Cu-Zn-Al系合金，一种观点认为母相转变成孪晶马氏体以后，在外加应力下使马氏体组织再取向形成织构，并发生再取向应变；当外加应力取出后，织构消失，再取向趋于回复，所以再取向形成超弹性效应，并且Cu-Zn-Al系合金内耗随静载荷下将逐渐增加。

3）位错型合金

位错型合金即位错脱钉—钉扎过程消耗振动能量的合金，主要合金是镁及镁合金（Mg-Ni，Mg-Zr，Mg-Cu，Mg-Al，Mg-Si等），典型合金为Mg-Zr合金（Mg-0.6%Zr的KIXI合金），其中图15-21为纯镁由位错引起的内耗随振幅及温度示意变化图。位错型合金减振机理是由于位错与杂质原子之间相互作用，位错从杂质原子的钉扎点脱离产生静态滞后损耗而吸收振动能，可用G-L-K位错模型解释。位错型合金优点是比强度高、比重轻，减振本领高；主要缺点是强度偏低，耐腐蚀性以及压力和切削加工性都较差。

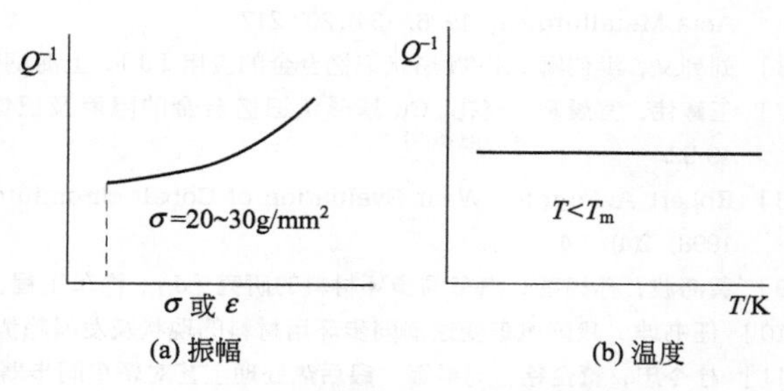

图 15-21 纯镁内耗 Q^{-1} 随振幅(a) 及温度 (b) 变化示意图

新近研究的 MCM 合金（Cu5%～7%、Mn0.1%～3%、余为 Mg）以铸态和压铸件使用，MT 合金（含 Ti、Mg 合金）则以烧结件使用。MCM 合金用于节能汽车发动机部件、电脑外壳等，MT 合金已用于医用材料、镜框、高尔夫球杆等。

4）铁磁型合金

铁磁型减振合金，其减振机理是在受到外界的交变振动时，合金中的磁畴壁发生非可逆性移动，形成磁—机械静滞后作用，从而在应力和应变关系上出现滞后曲线，造成能量耗散，形成对振动的减振衰减。铁磁型合金的内耗大小与所处的磁场有关，磁化到饱和态的铁磁体，各磁畴的磁矩都是同向的，所以应力引起的内耗小。未磁化的或部分磁化（即未达到饱和的）铁磁体在外力作用下的内耗要大些。

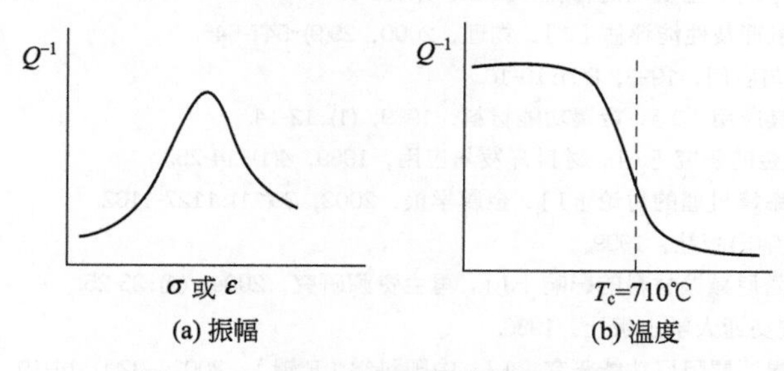

图 15-22 Silentalloy 的内耗 Q^{-1} 随振幅 (a) 和温度 (b) 变化示意图

铁磁型减振合金主要有：铁基合金（Fe-Cr，Fe-Al，Fe-Al-Si，Fe-Co，Fe-Ti，Fe-Cr-Al，Fe-Cr-Mo 等），镍基合金（Ni-Co）等。典型且实用的有 Fe-Cr-Al 合金 Silentalloy（12% Cr、2%Al、余 Fe），如图 15-22 所示，内耗随振幅先增后减，随温度升高而逐减。

铁磁型减振合金的特点是：内耗强烈地依赖于应变振幅，应变振幅增大，内耗提高，直到一峰值，然后又逐渐降低；内耗受磁畴壁移动难易程度的控制，移动越容易，内耗就越高；在达到磁饱和时，减振性能锐减。该类合金的主要优点是成本低，加工性能好，具有一定的耐磨损和耐腐蚀性能，受频率的影响较小，使用极限温度高，性能稳定，并且可以用合金化和表面处理来提高性能。主要缺点是受应变振幅的影响较大，要求的热处理温度较高（1000℃左右）。

参考文献

[1] 刘建辉，李宁，文玉华．形状记忆合金的应用［J］．机械，2001，28(3):56-58.

[2] 吴廷斌．等温时效 CuAlBe 形状记忆合金内耗行为研究［J］．金属功能材料，1999，6(2):73-76.

[3] 陈树川，陈凌冰．材料物理性能［M］．上海：上海交通大学出版社，1998.

[4] Thompson N，Wadsworth N J，Louat N. The origin of fatigue fracture in copper［J］. Philos Mag，1956，(1): 113-126.

[5] Hunsche A，Neumann P. Quantitative Measurement of Persistent Slip Band Profiles and CrackInitiation［J］.

Acta Metallurgica，1986，(34)：207-217.
[6] 刘列义，洪伟卿．Ni-Ti 形状记忆合金的应用［J］．上海钢研，1981，(59)：68.
[7] 王建伟，宫晨利，赵礼．Cu 基形状记忆合金的阻尼及记忆效应的应用［J］．有色金属科学与工程，2011，2(5)：49-52.
[8] Robert A. Poggie. Wear Evaluation of Cobalt-chromium Alloy［J］. Journal of Musculos Teletal Research，1998，2(4)：2-4.
[9] 黄海波，孙扬善．汽车同步环材料的研究［J］．汽车工程，1995，17(3)：187-192.
[10] 任书坤．我国汽车变速器同步环用材料的现状及发展趋势［J］．汽车技术，1993，(10)：44-46.
[11] 杜令忠，董企铭，刘平等．锻后热处理工艺对轿车同步器齿环用 HMn59-2-1-0.5 合金组织与性能的影响［J］．热加工工艺，2002，14(1)：23-24.
[12] 杜令忠，徐滨士，董世运等．热处理工艺对轿车同步器齿环用 HMn59-2-1-0.5 合金磨损性能的影响［J］．中国有色金属学报，2004，14(4)：633-63.
[13] 郭淑梅，王硕，曹秀兰．轿车同步器齿环用 HMn59-2-1-0.5 合金的组织和性能关系研究［J］．上海有色金属，2011，22(3)：101-105.
[14] 孙家枢．金属的磨损［M］．北京：冶金工业出版社，1992.
[15] 钱坤才，唐石丹．超高磷合金铸铁闸瓦材质及其摩擦性能的研究［J］．机车车辆工艺，1994，(3)：18-19.
[16] Aheed A W．几种高强度黄铜的显微组织与摩擦性能［J］．谢士英译．铜加工，1996，(1)：45-52.
[17] 王涛．新型高强耐磨复杂黄铜及其生产技术［J］．有色金属加工，2005，34(6)：2-9.
[18] 马斌，张胜华．高强度黄铜的显微组织和磨损性能［J］．湖南有色金属，2001，17(2)：35-37.
[19] 刘平，田保红，赵冬梅．高性能铜合金及其加工技术［M］．北京：冶金工业出版社，2004.
[20] 李和文，李宁，文玉华．减振合金的研究与发展［J］．机械，2002，29(3)：66-69.
[21] 邓华铭，陈树川．锰基高阻尼合金的研究进展［J］．金属功能材料，2000，7(2)：1-6.
[22] 方前锋，朱震刚，葛庭燧．高阻尼材料的阻尼机理及性能评估［J］．物理，2000，29(9)：541-545.
[23] 方正春．减振材料的最近发展［J］．材料开发与应用，1993，8(1)：10-16.
[24] 高光惠，顾敏，贾禄坤．减振合金种类特性及其应用［J］．金属功能材料，1989，(1)：12-14.
[25] 方正春，哈学基．舰船螺旋桨用 2301 高阻尼合金的研究［J］．材料开发与应用，1989，4(1)：14-25.
[26] 张进修，熊小敏．内耗频谱仪的应用及内耗频率峰机理的讨论［J］．金属学报，2003，39(11)：1127-1132.
[27] 冯端．金属物理学（第 3 卷）［M］．北京：科学出版社，1999.
[28] 梁瑞林，高超．压电陶瓷废料对氯化丁基橡胶阻尼减振材料的影响［J］．再生资源研究，2004，(4)：23-25.
[29] 戴德沛．阻尼减振降噪技术［M］．西安：西安交通大学出版社，1986.
[30] 张晓农，吴人洁，李小瑞等．金属基复合材料界面层阻尼功能研究［J］．中国科学（E 辑），2002，32(1)：14-19.
[31] 杨根仓．现代阻尼材料的发展与展望［J］．航空科学技术，1994，(3)：12-14.
[32] 孙庆鸿．振动与噪声的阻尼控制［M］．北京：机械工业出版社，1993.
[33] 徐文娟，吴申庆，卫中山等．短纤维增强铝基复合材料的热循环尺寸稳定性［J］．特种铸造及有色合金，1999，(5)：22-25.
[34] 张小农，陈思跟，张荻等．Gr/Mg 复合材料的阻尼行为研究［J］．材料工程，1997，(8)：19-22.
[35] 李沛勇，戴圣龙，刘大博等．材料阻尼及阻尼合金的研究现状［J］．材料工程，1999，(8)：44-47.
[36] 戴德沛．阻尼技术的工程应用［M］．北京：清华大学出版社，1991.
[37] 罗兵辉，柏振海，谢佑卿．高阻尼金属的发展及应用［J］．材料导报，1997，11(5)：23-26.
[38] 崔升，沈晓冬，高志强等．高阻尼材料的研究进展［J］．材料导报，2006，20(3)：33-36.
[39] 张虹，斯永敏，刘庆国．不同增强体镁基复合材料的阻尼性能［J］．国防科技大学学报，1996，18(3)：54-58.

第16章

粉末冶金材料

16.1 概述

粉末冶金是制取金属粉末或用金属粉末（或金属粉末与非金属粉末的混合物）作为原料，经过成形和烧结，制造金属材料、复合材料以及各种类型制品的工艺技术。

粉末冶金技术有如下特点。

① 可以直接制备出具有最终形状和尺寸的零件，是一种无切削、少切削的新工艺，从而可以有效地降低零部件生产的资源和能源消耗。

② 可以容易地实现多种类型的复合，充分发挥各组元材料各自的特性，是一种低成本生产高性能金属基和陶瓷基复合材料的工艺技术。

③ 可以生产普通熔炼法无法生产的具有特殊结构和性能的材料和制品，如多孔含油轴承、过滤材料、生物材料、分离膜材料、难熔金属与合金、高性能陶瓷材料等。

④ 可以最大限度地减少合金成分偏聚，消除粗大、不均匀的铸造组织，在制备高性能稀土永磁材料、稀土储氢材料、稀土发光材料、稀土催化剂、高温超导材料、新型金属材料（如 Al-Li 合金、耐热 Al 合金、超合金、粉末耐蚀不锈钢、粉末高速钢、金属间化合物高温结构材料等）具有重要的作用。

⑤ 可以制备非晶、微晶、准晶、纳米晶和过饱和固溶体等一系列高性能非平衡材料，这些材料具有优异的电学、磁学、光学和力学性能。

⑥ 可以充分利用矿石、尾矿、轧钢铁鳞、回收废旧金属作原料，是一种可有效进行材料再生和综合利用的新技术。

粉末冶金由于在技术上和经济上的优越性，在国民经济中的应用越来越广泛。可以说，现在没有哪一个工业部门不使用粉末冶金材料和制品的。粉末冶金材料和制品大致分类列于表 16-1 中，金属粉末和粉末冶金材料及制品的应用列于表 16-2 中。

表 16-1　粉末冶金材料和制品的分类

类　别	材料和制品名称		
机械零件和结构材料	减摩材料	多孔含油轴承	铁基含油轴承
			铜基含油轴承

续表

类　别	材料和制品名称		
机械零件和结构材料	减摩材料	多孔含油轴承	铝基含油轴承
		金属塑性减摩材料	
		致密减摩材料	
	机械零件		铁基机械零件
			有色金属基机械零件
	摩擦材料		铁基摩擦材料
			铜基摩擦材料
	多孔材料	过滤器	
		其他多孔材料： 液体分布元件 多孔电极 发散与发汗材料 隔声材料 密封材料等	
工具材料	硬质合金	含钨硬质合金	WC-Co 硬质合金
			WC-T-Co 硬质合金
		无钨硬质合金	碳化钛基硬质合金
			碳化锆基硬质合金
		钢结硬质合金	
	超硬材料	立方氯化硼	
		金刚石工具材料	
	陶瓷工具材料		
	粉末高速钢		
磁性材料和电工材料	磁性材料	软磁材料	
		硬磁材料	
		高温磁性材料	沉淀硬化型高温转子材料
			弥散强化型高温转子材料
			纤维强化型高温转子材料
		巨磁铁氧体	
		旋磁铁氧体	
	电接触材料	电触头材料	金属-金属触头
			金属-石墨触头
			金属-金属化合物触头
		集电器	
	电热材料		金属电热材料
			难熔金属化合物电热材料
	电真空材料		

续表

类 别	材料和制品名称		
耐热材料	粉末超合金		粉末镍基超合金
			粉末钴基超合金
	难熔金属及其合金		
	金属陶瓷	高温金属陶瓷	氧化物基金属陶瓷
			碳化钛基金属陶瓷
	金属陶瓷	高温涂层	
	弥散强化材料		氧化物弥散强化材料
			碳化物、硼化物、氮化物弥散强化材料
	纤维强化材料		
原子能工程材料	核燃料元件		铀合金、钚合金核元件
			化合物核元件
			弥散强化型复合核元件
	其他原子能工程材料	反应堆结构材料	
		减速材料	
		反射材料	
		控制材料	
		屏蔽材料	

表 16-2 金属粉末和粉末冶金材料及制品的应用

工业部门	金属粉末和粉末冶金材料、制品应用举例
采矿	硬质合金，金刚石-金属组合材料
机械加工	硬质合金，陶瓷刀具，粉末高速钢
汽车制造	机械零件，摩擦材料，多孔含油轴承，过滤器
拖拉机制造	机械零件，多孔含油轴承
机床制造	机械零件，多孔含油轴承
纺织机械	多孔含油轴承，机械零件
机车制造	多孔含油轴承
造船	摩擦材料，油漆用铝粉
冶金矿山机械	多孔含油轴承，机械零件
电器制造	多孔含油轴承，钢—石墨电刷
精密仪器	仪表零件，软磁材料，硬磁材料
电气和电子工业	电触头材料，真空电极材料
无线电和电视	磁性材料
计算机工业	记忆元件
五金和办公用具	锁零件，缝纫机零件，打字机零件
医疗器械	各种医疗器械
化学工业	过滤器，防腐零件，催化剂
石油工业	过滤器
军工	穿甲弹头，炮弹箍，军械零件
航空	摩擦片，过滤器，防冻用多孔零件，粉末超合金
航天和火箭	发汗材料，难熔金属及合金，纤维强化材料
原子能工程	核燃料元件，反应堆结构材料，控制材料

铜基粉末冶金材料的发展从 20 世纪 20 年代的青铜含油轴承开始，由于这种含油轴承具有设计结构简单、无需加油、噪音低、性能稳定、寿命长等优点，很快在汽车、纺织、航空等领域得到了广泛的应用。并且，随着家电、计算机、手机等新产品的出现，含油轴承起到越来越重要的作用。含油轴承从最早的几十克至几百克，发展到现在最小的 0.005g，可起到其他材料很难完成的作用。

16.2 制造技术

16.2.1 粉末的制造

工业化生产铜粉的工艺为电解法、雾化法及氧化还原法，而生产铜合金粉末的工艺主要由雾化法（包括水雾化和气雾化两种）、扩散法和雾化-内氧化法（铜基复合粉末）、化学法以及其他物理化学方法。本节重点介绍了电解法、雾化法、氧化还原法、扩散法及雾化-内氧化法。

1. 电解法

电解法制备铜粉是以硫酸铜和硫酸组成的溶液为电解液的电解工艺，是一种借助电流作用实现化学反应的过程，即由电能转化为化学能的过程。电解铜粉的制备工艺流程如图16-1所示。

电解铜粉的主要生产厂家，一般以电解精炼铜板为阳极，紫铜板为阴极、采用硫酸铜和硫酸溶液为电解液，将电极相互平行排列在电解槽中，极间距一般为 50～100mm。电解槽为衬铅槽、衬橡皮槽、塑料槽和玻璃钢槽等，目前衬铅槽基本不再使用，而塑料槽和玻璃钢槽由于其优异的耐蚀性、耐热性、成本低等优点，得到了广泛的应用。阴极数量为 2～10 个不等，典型的阴极板有效尺寸为 500mm×500mm×(8～10)mm，有一些厂家选用的阴极板尺寸较大，一般阴极板的有效面积为 0.5～1.5m²。而国外一些工厂采用 10 块以上的阴极板。不同厂家选用不同的生产工艺，表 16-3 列出了电解铜粉的几种生产工艺条件。

表 16-3 电解铜粉的生产工艺条件

工艺条件	Cu^{2+}浓度/(g·L⁻¹)	H_2SO_4浓度/(g·L⁻¹)	电流密度/(A·m⁻²)	电解液温度/℃	槽电压/V
1	8～10	120～150	1800～2000	50～65	1.5～2.1
2	8～10	140～175	800～1200	30～60	1.3～1.5
3	5～15	150～175	700～1100	25～60	1.0～1.5

2. 雾化法

雾化法是将液体金属或合金直接破碎，形成直径小于 150μm 的细小液滴，冷凝而成为粉末的方法。雾化介质一般为水或气体，分别称为水雾化或气体雾化。水雾化生成的粉末大多呈不规则状或类球形，氧含量高。气体雾化生产的粉末大多呈球形或近球形。采用惰性气体雾化生产的粉末氧含量较低，但成本较高、使用较少。该法可以用来制取多种金属粉末和各种合金粉末。在众多的雾化方法中，应用最广的是二流雾化法。借助高压水流或高压气流的冲击来破碎液流，称为水雾化或气雾化，也称二流雾化，如图 16-2 所示。

(1) 气雾化

气雾化工艺流程图如图 16-3 所示。

气雾化一般采用中频感应炉或工频感应炉将紫铜熔化，铜液一般过热 100～150℃，然

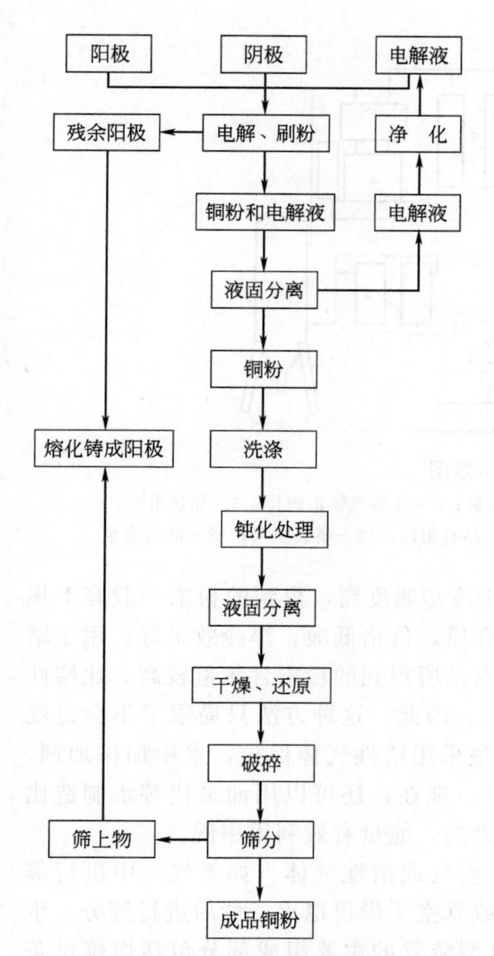

图16-1 电解铜粉的制备工艺流程图

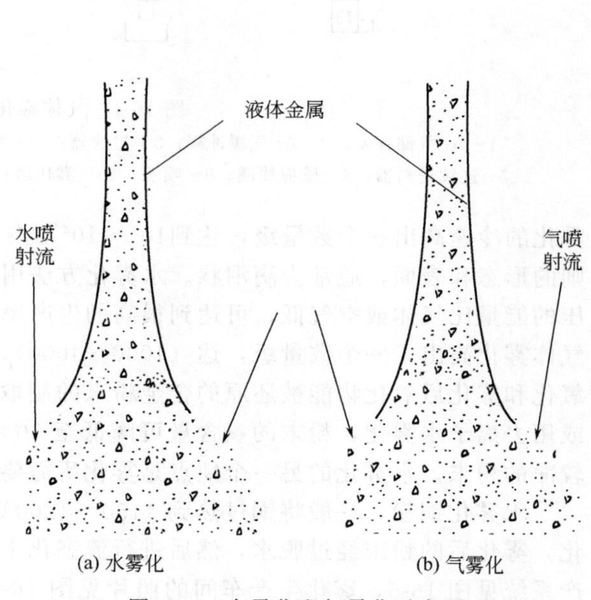

图16-2 水雾化和气雾化示意图

后倒入预热约为600℃的漏包中。采用直径4～6mm的漏嘴，空气压力为0.5～10MPa，喷嘴可以采用环孔或环缝喷嘴。由于金属液滴在降落到雾化罐底部的过程中进行冷却和凝固，若采用干法收集，一般雾化罐的高度大于6m，以保证粉末颗粒在沉落到收集室底部之前能冷却。中粗粉直接从集粉器下方出口落到振动筛上筛分，细粉从集粉器内抽出，经集细粉器沉降，超细粉末进入收尘布袋收集。气雾化生产线一般由四个部分组成：雾化制粉系统，粉末分级系统，气源系统和冷却水循环系统，其生产系统示意图，如图16-4所示。

(2) 水雾化

水雾化法的基本原理和气体雾化相同，区别只是使用的雾化流体介质不同而已。由于采用了水作为雾化介质，水雾化的冷却速度比普通气体

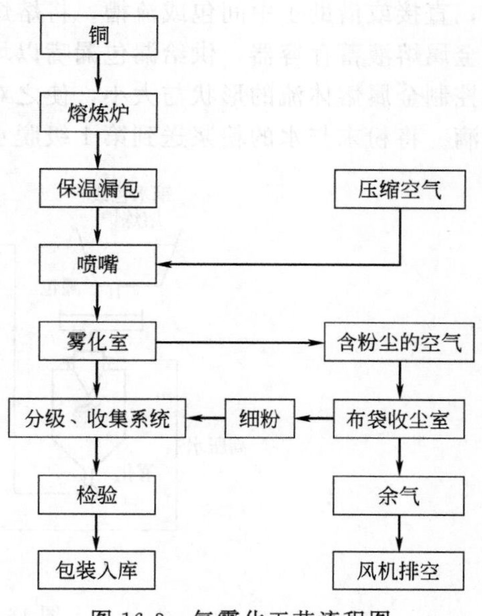

图16-3 气雾化工艺流程图

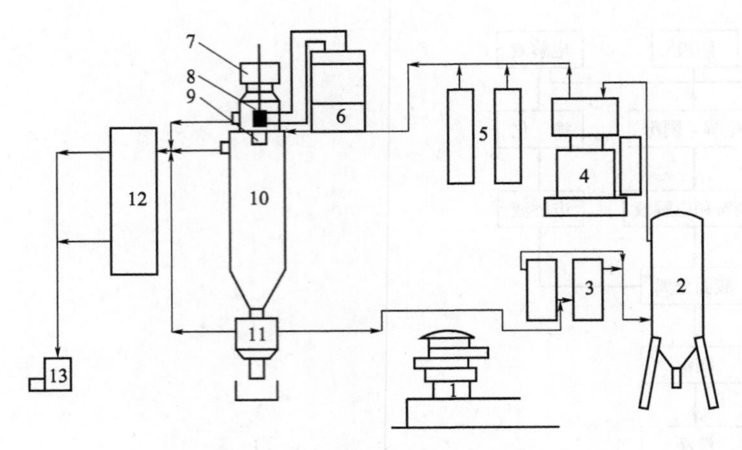

图 16-4　气体雾化系统示意图

1—Ar 气储存室；2—Ar 气缓冲罐；3—过滤器；4—气体压缩机；5—高压气体汇流排；6—加热电源；7—连续送料器；8—感应线圈；9—喷嘴；10—雾化塔；11—产品收集器；12—高真空泵；13—低真空泵

雾化的冷速高出一个数量级，达到10^3～10^4℃/s。由于冷却速度高，得到的粉末一般有不规则的形态和表面，通常为滴泪状。水雾化方法用水做介质，价格低廉，淬冷效果好；用于增压的能量比气体或空气低，可达到很高的生产率。缺点是所得到的粉末含氧量较高，比惰性气体雾化高出了一个数量级，达（1000～4000）$\times10^{-6}$。因此，这种方法只局限于不会过度氧化和雾化后氧化物能被还原的合金粉末的制取。通过采用惰性气体保护，水中加添加剂，或用去离子水雾化，粉末的氧含量可降低至 50×10^{-6}。现在，还可以用油来代替水制造比较净的粉末。水雾化的另一个缺点是雾化所需要的压力高，能量有效利用率低。

水雾化铜粉，一般将铜过热到 1150～1200℃，在空气或惰性气体（如氮气）中进行雾化，雾化后的粉末经过脱水，然后进行流态化干燥，或真空干燥再退火，然后进行筛分。生产系统见图 16-5，雾化生产车间的照片见图 16-6，典型装置的主要组成部分包括熔炼设备（中频感应炉、电弧炉）、雾化室、水泵/再循环系统，以及粉末脱水、干燥及还原设备。通常，直接或借助于中间包或流槽，将熔炼的金属熔体注入漏包（图 16-5）。漏包实际上是一个金属熔液蓄存容器，供给漏包漏嘴以均匀、可控的金属熔体压头。漏嘴位于漏包底部，用于控制金属熔体流的形状与大小，使之对准流过雾化喷嘴系统，被喷射的高速水流粉碎成小液滴。将粉末与水的粉浆送到第 1 级脱水装置（例如，旋流器、沉降槽等），再送到第 2 级

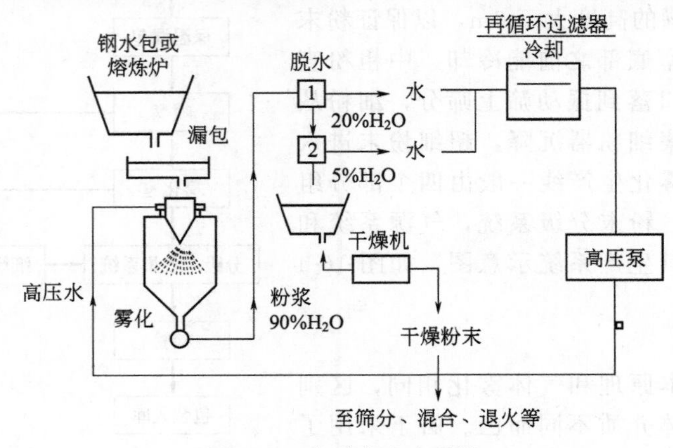

图 16-5　水雾化生产系统

图16-6 雾化生产车间照片

脱水装置（例如，甩干机、真空过滤机），以减小干燥用的能量。

3. 氧化还原法

用还原剂还原金属氧化物及盐类来制取金属粉末是一种广泛采用的制粉方法。20世纪60年代国外开始采用AOR法（Atomizing-Oxidizing-Reducing）制造铜粉。美国OMG（SCM）公司使用AOR法生产低松装密度铜粉已达40多年，使用该工艺生产铜粉年产量超过2万吨。AOR法是将空气雾化、水雾化或粒化的铜粉进行氧化，然后再还原而彻底改变粉末颗粒形状，从而提高由铜粉制造的各种零件的力学性能。完全氧化、还原的铜粉，具有完整的海绵（多孔性）结构；未经氧化的气雾化铜粉，为完全密实的粉末，它们构成铜粉的

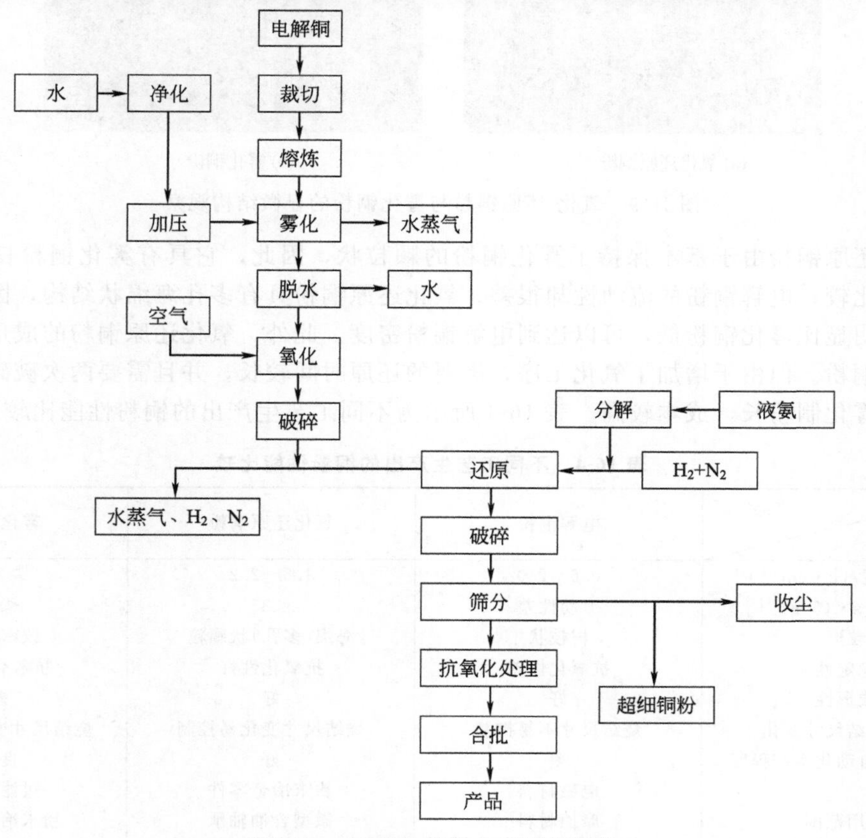

图16-7 AOR法铜粉生产工艺流程

两个极端。而经部分氧化后还原制成的铜粉，则具有两者之间的结构。

AOR 法铜粉生产工艺流程见图 16-7，AOR 法铜粉生产设备流程见图 16-8。

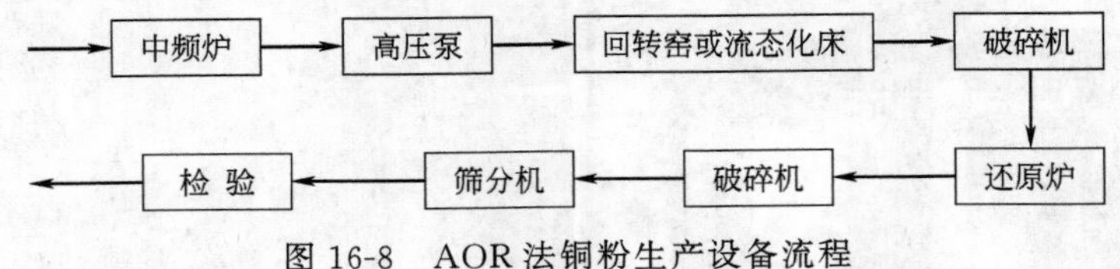

图 16-8　AOR 法铜粉生产设备流程

图 16-9 所示为典型的氧化-还原铜粉与雾化铜粉的形貌。可看出，氧化还原铜粉呈海绵（多孔性）结构，而雾化铜粉是完全密实的粉末。雾化铜粉未完全氧化而只是部分氧化（最高氧含量 17.7%），因此在图 16-9 中可见到多孔海绵状的半壳体，这是因为在部分氧化的情况下，氧化还原粉末颗粒的结构是内部为致密的铜芯，而外层为多孔海绵状壳体。而图16-9 显示出水雾化铜粉具有致密的近球形颗粒形貌特征，正因为它们形貌特征的差异，使它们具有各自的粉末特性。

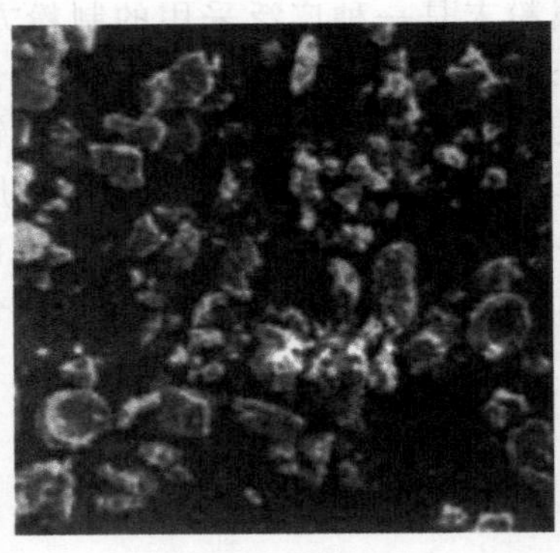

(a) 氧化还原铜粉　　(b) 雾化铜粉

图 16-9　氧化-还原铜粉与雾化铜粉的显微结构观察

氧化还原铜粉由于基本保持了雾化铜粉的颗粒状，因此，它具有雾化铜粉良好的流动性，与之比较，电解铜粉的流动性却很差。氧化还原铜粉具有多孔海绵状结构，因此，它的松装密度明显比雾化铜粉低，可以达到电解铜粉密度。此外，氧化还原铜粉的成形性能明显优于雾化铜粉。但由于增加了氧化工序，需要的还原时间较长，并且需要两次破碎工序，制备周期较雾化制粉长，成本较高。表 16-4 所示为不同工艺生产出的铜粉性能比较。

表 16-4　不同工艺生产出的铜粉性能比较

产品 性能	电解铜粉	氧化还原铜粉	雾化铜粉
松装密度/($g \cdot cm^{-3}$)	0.6～2.0	1.5～2.2	>3.0
流动性/[$s \cdot (50g)^{-1}$]	流动性差	<35	<35
粒形	树枝状	海绵(多孔)状颗粒	致密颗粒
稳定性	抗氧化性差	抗氧化性好	抗氧化性好
成形性	好	好	差
制品烧结尺寸变化	烧结尺寸不易控制	烧结尺寸变化易控制	烧结尺寸变化易控制
用于制品自动化生产程度	差	好	良好
应用范围	电磁材料 摩擦材料 金刚石工具	粉末冶金零件 微型含油轴承 摩擦材料，金刚石工具	过滤材料 粉末冶金零件 金刚石工具

4. 扩散法

工业中用的铜合金粉末有一部分是通过扩散法制备的，如高精度低噪音含油轴承用的CuSn10、高档金刚石工具用的CuSn10、CuSn15、CuSn20及粉末冶金烧结钢用的渗碳钢粉等。众所周知，混合法制备的粉末由于原料的密度、粒度及形状差异，在成形或运输过程中不可避免的振动，导致粉末局部出现偏析现象，影响产品的性能。雾化法制备的合金粉末硬度高、但成形性差。而扩散法能很好的避免前两种方法的不足，通过扩散可以得到成分无偏析与成形性好的合金化粉末。扩散法是把两种或两种以上成分的金属粉末根据一定比例混合均匀后，在还原气氛下烧结扩散，使几种金属发生合金化反应，从而形成一种成分均匀一致、无偏析的部分合金化粉末生产工艺。扩散法制取铜预合金粉末的生产工艺流程如图16-10所示。该方法工艺流程简单，成本低，所需要的设备主要有混料机、扩散炉、破碎机、筛分机、合批机等。

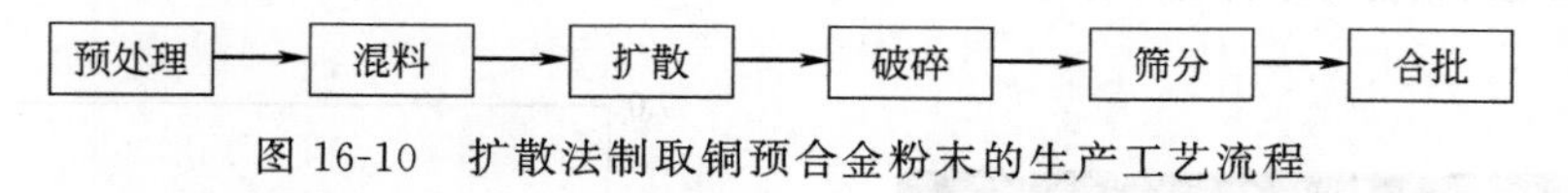

图 16-10 扩散法制取铜预合金粉末的生产工艺流程

扩散法制备粉末的合金化程度可根据扩散工艺进行调整，区别于雾化法制备完全合金化粉末，扩散法制备的粉末又叫做部分合金化粉末或预合金化粉末。

扩散法制备部分合金化粉末的优点：①合金粉末具有良好的压缩性；②生坯强度高；③减小合金元素的偏聚倾向和粉末混合料在运送过程中的扬尘；④合金化元素分布较均匀；⑤烧结性好；⑥性能稳定。

部分合金化铜合金粉末克服了预混合粉和完全合金化粉两者的局限性，将纯铜粉的易成形性和完全合金化粉的无偏聚性结合起来，从而使用压制一烧结工艺可制造高强度、高韧性的粉末冶金零部件，是烧结铜基合金发展中的一项重要突破。

利用扩散法制备部分合金化粉末时，原料的选择、成分的设计、粒度的搭配等对扩散粉的合金化程度及应用性能有重要影响。在制备扩散粉时要从应用的角度综合考虑，以便得到理想性能的合金粉末。

在制备含油轴承用CuSn10粉末的过程中，要从含油轴承的成形性、收缩率、含油率、压溃强度等方面综合考虑，选用合适的原料。制备CuSn10时，原料铜粉可以采用电解铜粉或低松装密度雾化铜粉，锡粉的粒度一般要求较细。电解铜粉具有发达的树枝状结构，单个颗粒的比表面积大，在和锡粉扩散时，毛细通道发达，能使锡较好的填充颗粒空隙，并均匀的分布在铜粉颗粒表面，形成稳定的铜锡相。同样扩散条件下得到的部分合金化粉末比采用雾化铜粉为原料得到的粉末合金化程度高，压制性能好，生坯强度高，生坯成形性好，缺点是收缩率不稳定，不利于模具尺寸和烧结工艺的确定。采用低松装密度雾化铜粉制备CuSn10粉末时，由于雾化铜粉颗粒结构的特点，制备的合金化粉末烧结收缩率比电解铜粉稳定。烧结性能好，但是成形性差，在保证孔隙率的压制条件下，生坯脱模破损率高。图16-11和图16-12所示为以雾化铜粉为原料制备CuSn10粉末SEM形貌照片。为了解决这一矛盾，已开始以不同比例的电解铜粉和雾化铜粉为原料制备CuSn10粉末的研究，并取得一定进展。图16-13所示为同时以电解铜粉和雾化铜粉原料制备的CuSn10粉末照片。如图16-14和图16-13所示，在相同的压制、烧结条件下，随着部分合金化CuSn10粉末中电解铜粉比例的增大，粉末树枝状形貌趋于发达，轴承的压溃强度明显增大，含油轴承的烧结收缩率呈增大趋势，收缩稳定性变差。

5. 雾化-内氧化法

内氧化法制备氧化铝弥散铜以雾化为主，气雾化制取铜铝合金粉末，一般保持铜铝合金

图 16-11　以电解铜粉为原料制得的 CuSn10 形貌

图 16-12　以雾化铜粉为原料制得 CuSn10 形貌

图 16-13　以电解铜粉和雾化铜粉为原料制得 CuSn10 形貌

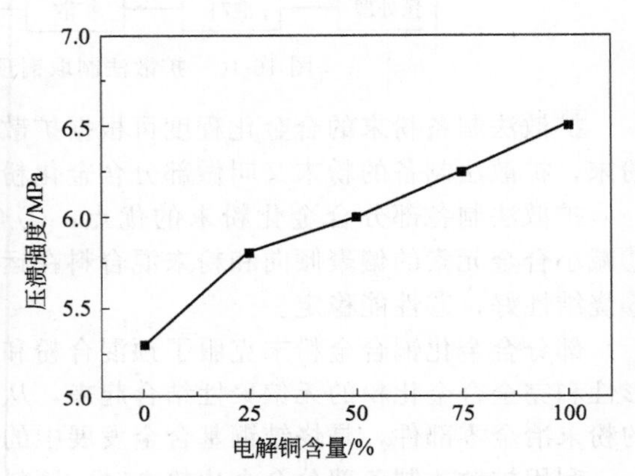

图 16-14　电解铜粉含量对含油轴承压溃强度的影响

液态过热 100～150℃，然后注入预热到 600℃的中间包中，金属液流直径控制在 4～6mm，空气压力为 0.5～0.7MPa，可以采用环孔或环缝喷嘴。空气雾化后的铜铝合金粉末，表面少量氧化，可以在 300～600℃下进行还原处理。为降低铜合金表面的氧化或铝的烧损，可以采用氮气雾化的方法生产合金粉末。但该氮气雾化法的生产成本相对较高。此外，氮气雾化使粉末颗粒的冷却速度减小，而铜铝熔滴中铝倾向于向液滴表面聚集，以降低液体的表面张力。因此，其颗粒表面会出现不同程度的铝偏析现象。铝的这种非均匀分布将加剧铝氧化物弥散微粒的非均匀分布，不利于弥散铜力学性能的提高。

应用水雾化法制备的铜铝合金粉末，熔滴的冷却速度大，可以得到铜铝分布均匀的合金粉末，但该方法制备的球形度不高。

(1) 雾化-内氧化法制备 Al_2O_3 弥散强化铜的传统工艺

采用内氧化法制备 Al_2O_3/Cu 复合材料的传统工艺路线为：

Cu-Al 合金熔炼→雾化制粉→内氧化→还原→压制成型→烧结→热挤压→机加工→成品

其中弥散铜合金粉末的制备过程如下。

1) 铜铝合金粉末制备

用中频、工频感应炉熔炼铜铝母合金，然后采用水雾化、氮气雾化等单级雾化法，或旋转多级雾化法将熔融的铜铝母合金雾化成粉末，而后进行离心干燥、筛分备用。

2) 粉末内氧化

将制成的铜铝合金粉末与氧化剂混合。氧化剂通常选用氧化亚铜，其添加量根据工艺试验确定。把混合粉末加热到高温，氧化亚铜分解，生成的氧扩散到铜铝固溶合金的颗粒中，由于铝比铜易生成氧化物，因此合金中的铝被优先氧化成氧化铝。

3）还原

铜铝合金中的铝全部被氧化生成氧化铝后，在氢气或分解氨气氛中进行加热还原，将内氧化粉末中过量的氧化剂以及粉末表面部分外氧化产物中的氧还原成水蒸气逸出。最后还原后的弥散铜粉末经压制、烧结等后续工序进行成型与加工。

（2）改进的雾化-内氧化法制备散强化铜粉末工艺

传统工艺生产出的Al_2O_3/Cu复合材料力学性能和电学性能都很优秀，但制造成本很高，约为常规铜合金的5～10倍。为了降低制造成本，对传统工艺进行了改进和简化，以适应不同使用场合对弥散强化铜产品的需要，下面介绍一种较先进的改进工艺，该工艺生产的氧化铝弥散强化铜产品的成本约为常规铜合金的5倍。

氧化铝弥散强化铜的改进工艺流程为：铜铝合金（0.2%～1%Al）粉末制备→氧导入粉末（合金粉末表面低温氧化或添加Cu_2O内氧化剂）→热压制（热静压制或热等静压制等）→热挤压成形（圆形棒料、方形料或板料等）。在此工艺中，热压制工序将铜铝合金粉末的内氧化工序和烧结2个工序合并，并取消了还原工序，使生产工序大为简化，但产品的性能略有降低。其中改进的雾化-内氧化法制备弥散铜粉末的改进工艺具体如下。

1）粉末的制备

为了获得力学性能优良的氧化铝弥散强化铜合金，铜铝合金粉末粒度应越细越好。铝在粉末中分布均匀无表面偏析，粉末形状应为球形。水雾化法制备铜铝合金粉末比氮气雾化法要优越些，水雾化法制备的粉末粒度比较小，雾化成本较低。另外，粉末颗粒表面铝的偏析在氮气中雾化时比在水中雾化更强烈。因粉末雾化时，铝会极大地降低铜铝液体表面张力，采用氮气雾化法时过热铜铝合金液体冷却速度比水雾化法小，铝有较多时间向液滴表面扩散。铝的这种非均匀分布将加剧铝氧化物弥散微粒的非均匀分布，不利于合金力学性能的提高。粉末晶界内不应有氧，否则会在材料中产生尺寸较大的粗大氧化铝微粒。

2）氧导入粉末

氧的导入通过低温下粉末颗粒表面的氧化来实现。这一阶段导入的氧量对于材料的力学性能和电导率起决定性作用。导入的氧量不足，将导致未被氧化的铝和其他杂质与铜形成固溶体，材料的电导率就会显著下降。要使材料得到较好的电导率，必须将铜固溶体中的杂质含量降至最低限度。如果氧太多，就会导致生成Cu_2O残留而降低材料的电导率，另外，Cu_2O会使屈服强度略为降低，而使延伸率降低很多。

导入氧源后的合金粉末经热压成型工序进行成型与后续加工。实验结果表明：两种工艺制备的弥散铜的性能基本相当，而改进工艺则简化了工艺，并大幅度降低了生产成本。

16.2.2 粉末的性质

粉末是颗粒与颗粒间的空隙所组成的分散体系，因此研究粉末体时，应分别研究属于单颗粒、粉末体以及粉末体的孔隙等的一切性质。

（1）单颗粒的性质

1）由粉末材料所决定的性质：点阵构造、固体密度、熔点、塑性、弹性、电磁性质、化学成分。

2）由粉末生产方法所决定的性质：粒度、颗粒形状、有效密度、表面状态、晶粒结构、点阵缺陷、颗粒内气体含量、表面吸附的气体与氧化物、活性。

(2) 粉末体的性质。除了单颗粒的性质以外，还包括：平均粒度、粒度组成、比表面、松装密度、振实密度、流动性、颗粒间的摩擦状态。

(3) 粉末的孔隙性质。它包括：总孔隙体积 P、颗粒间的孔隙体积 P_1、颗粒内孔隙的体积 $P_2=P-P_1$、颗粒间的孔隙数量 n、平均空隙大小 P_1/n、空隙大小的分布、孔隙形状。

粉末性能的上述分类，使我们对粉末性能有一全面的认识。但在实际工作中不可能对它们逐一进行测定，通常按粉末的化学成分、物理性能和工艺性能进行划分和测定。

电解铜粉的不同生产工艺决定了其性能，因此常常改变某些工艺参数来控制电解铜粉的性能。根据 GB/T 5246—2007 的分类，电解铜粉分为 5 个产品牌号，FTD1-5，其中FTD1-4为可溶性阳极（铜板）生产的电解铜粉，FTD5 为不溶性阳极生产的电解铜粉，又称为电积铜粉。

1. 化学成分

根据 GB/T 5246—2007 的规定，电解铜粉的化学成分见表 16-5。

表 16-5　电解铜粉的化学成分

化学成分 \ 产品牌号	FTD1	FTD2	FTD3	FTD4	FTD5
Cu≥	99.8	99.8	99.7	99.6	99.6
Fe≤	0.01	0.01	0.01	0.01	0.01
Pb≤	0.04	0.04	0.04	0.04	0.05
As≤	0.005	0.005	0.005	—	—
O≤	0.10	0.10	0.15	0.20	0.25
Bi≤	0.002	0.002	—	—	—
Ni≤	0.003	0.003	—	—	—
Sn≤	0.004	0.004	—	—	—
Zn≤	0.004	0.004	—	—	—
S≤	0.004	0.004	0.004	0.004	0.004
Cl^-≤	0.004	0.004	—	—	—
H_2O≤	0.04	0.04	0.04	0.04	0.04
硝酸处理后烧灼残渣≤	0.05	0.05	0.05	0.05	0.05
杂质总和≤	0.2	0.2	0.3	0.4	0.4

注：如需方对化学成分有特殊要求，由供需双方商定。

2. 物理性能

粉末的物理性能包括：颗粒形状与结构，颗粒大小和粒度组成，比表面积，颗粒的密度、显微硬度，光学和电学性质，熔点、比热容、蒸气压等热学性质，由颗粒内部结构决定的 X 射线、电子射线的反射和衍射性质，磁学与半导体性质等。

将 GB/T 5246—2007 和 GB/T 5246—1985 两个标准结合起来表述电解铜粉的物理性质更合理，如表 16-6 所示。

3. 工艺性能

粉末的工艺性能包括松装密度、振实密度、流动性、压缩性与成形性。工艺性能也主要取决于粉末的生产方法和粉末的处理工艺（球磨、退火、加润滑剂、制粒等）。在粉末的标准中，除化学成分外，也对粒度组成和工艺性能作了明确的规定。

(1) 松装密度与振实密度

在粉末压制操作中，常采取容量装粉法，即用充满一定容积的型腔的粉末量来控制压件的密度和单重，这就要求每次装满模腔的粉末应有严格不变的质量。但是，不同粉末装满一定容积的质量是不同的，因此规定用松装密度或振实密度来描述粉末的这种容积性质。

表 16-6 电解铜粉的物理性质

牌号	筛分析/%					松装密度/(g·cm⁻³)
	+80 目	+150 目	+200 目	+325 目	−325 目	
FTD1	痕量	0～3	0～10	15～30	≥60	1.2～2.3
FTD2	—	—	痕量	0～5	≥95	0.8～1.9
FTD3	—	痕量	0～5	≥95	≥95	1.2～2.3
FTD4	0～5	65～80	65～80	15～30	15～30	0.8～2.5
FTD5	—	—	痕量	0～5	≥95	1.2～1.9

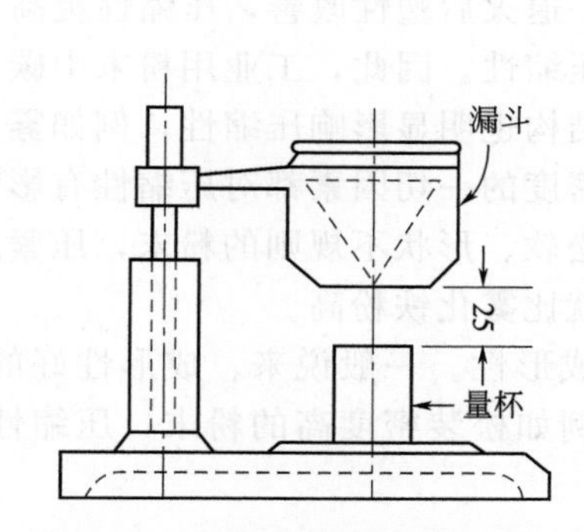

图 16-15 松装密度测定装置之一

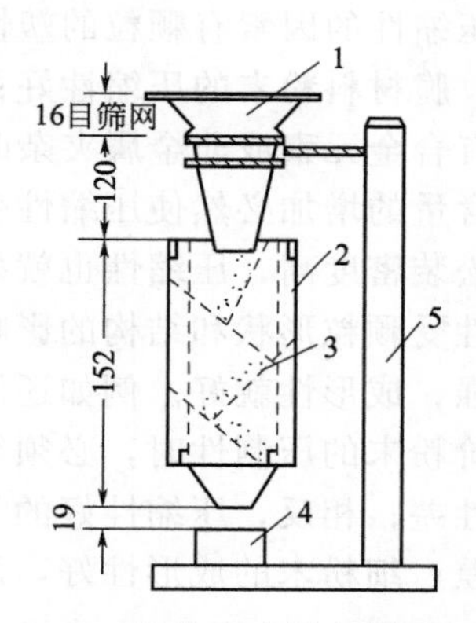

图 16-16 松装密度测定装置之二

1—漏斗；2—阻尼箱；3—阻尼隔板；4—量杯；5—支架

松装密度是粉末在规定条件下自然充填容器时，单位体积内的粉末质量，单位为 g/cm^3。测定松装密度的标准装置见图 16-15 和图 16-16，分别对应国标 GB 1478—84 和 GB 5060—85。振实密度系将粉末装于振动容器中，在规定条件下，经过振动后测得的粉末密度（GB 5162—85）。

（2）流动性

50g 粉末流动性是粉末从标准的流速漏斗流出所需的时间，单位为 s/50g，俗称为流速。

流动性采用前述测松装密度的漏斗来测定。标准漏斗（又称流速计）是用 150 目金刚砂粉末，在 40s 内流完 50g 来标定和校准的。美国标准还规定用孔径 15 英寸的标准漏斗测定流动性差的粉末。另外，还可采用粉末自然堆积角（又称安息角）试验测定流动性。让粉末通过一粗筛网自然流下并堆积在直径为 1 英寸的圆板上。当粉末堆满圆板后，以粉末锥的高度衡量流动性，粉末锥的底角称为安息角，也可作为流动性的量度。锥愈高或安息角愈大，则表示粉末的流动性愈差；反之则流动性愈好。

流动性同松装密度一样，与粉末体和颗粒的性质有关。一般讲，等轴状（对称性好）粉末、粗颗粒粉末的流动性好；粒度组成中，极细粉末占的比例愈大，流动性愈差。但是，粒度组成向偏粗的方向增大时，流动性变化不明显。

流动性还与颗粒密度和粉末松装密度有关。如果粉末的相对密度不变，颗粒密度愈高，则流动性愈好；如果颗粒密度不变，相对密度的增大会使流动性提高。例如球形铝粉，尽管相对密度较大，但由于颗粒密度小，流动性仍较差。

另外，流动性也同松装密度一样，受颗粒间黏附作用的影响，因此，颗粒表面如果吸附水分、气体或加入成形剂会减低粉末的流动性。

粉末流动性直接影响压制操作的自动装粉和压件密度的均匀性，因此是实现自动压工艺中必须考虑的重要工艺性能。

(3) 压缩性与成形性

粉末的化学成分和物理性能，最终反映在工艺性能、特别是压制性和烧结性能上。

所谓压制性是压缩性和成形性的总称。压缩性代表粉末在压制过程中被压紧的能力，在规定的模具和润滑条件下加以测定，用在一定的单位压制压力（500MPa）下粉末所达到的压坯密度来表示。通常也可以用压坯密度随压制压力变化的曲线图表示。成形性是指粉末压制后，压坯保持既定形状的能力，用粉末得以成形的最小单位压制压力表示，或者用压坯的强度来衡量。

影响压缩性的因素有颗粒的塑性或显微硬度。当压坯密度较高时，可明显看到塑性金属粉末比硬、脆材料粉末的压缩性好；球磨的金属粉末，退火后塑性改善，压缩性提高。金属粉末内含有合金元素或非金属夹杂时，会降低粉末的压缩性。因此，工业用粉末中碳、氧和酸不溶物含量的增加必然使压缩性变差。颗粒形状和结构也明显影响压缩性，例如雾化粉比还原粉的松装密度高，压缩性也就好。凡是影响粉末密度的一切因素都对压缩性有影响。

成形性受颗粒形状和结构的影响最为明显。颗粒松软、形状不规则的粉末，压紧后颗粒的联接增强，成形性就好。例如还原铁粉的压坯强度就比雾化铁粉高。

在评价粉末的压制性时，必须综合比较压缩性与成形性。一般说来、成形性好的粉末，往往压缩性差；相反，压缩性好的粉末，成形性差。例如松装密度高的粉末，压缩性虽好，但成形性差；细粉末的成形性好，而压缩性却较差。

16.2.3 成形

成形是粉末冶金工艺过程的第二道基本工序，是使金属粉末密实成具有一定形状、尺寸、孔隙度和强度坯块的工艺过程。成形分普通模压成形和特殊成形两大类。前者是将金属粉末或混合料装在钢制压模内通过模冲对粉末加压、卸压后，压坯从阴模内压出，适用于传统的粉末冶金零件尺寸较小，单重较轻，形状也较简单。而对其他粉末冶金材料性能以及尺寸和形状要求较高的制品一般采用特殊成形法。这些成形法按其工作原理和特点分为等静压成形、连续成形、无压成形、注射成形、高能成形等，统称为特殊成形。

1. 普通模压成形

粉末原料由于产品最终性能的需要或者成形过程的要求，在成形之前都要经过一些预处理。预处理包括：粉末退火、筛分、混合、制粒、加润滑剂等，然后进行压模成形。

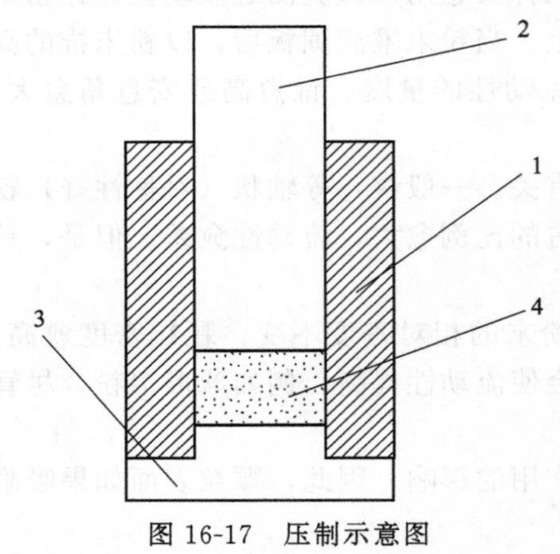

图 16-17　压制示意图

1—阴模；2—上模冲；3—下模冲；4—粉末

粉末料在压膜内的压制如图 16-17 所示。

压力经上模冲传向粉末时，粉末在某种程度上表现有与液体相似的性质——力试图向各个方向流动，于是引起了垂直于压模壁的压力——侧压力。

粉末在压模内所受压力的分布是不均匀的，这与液体的各向均匀受压情况有所不同。因为粉末颗粒之间彼此摩擦、相互楔住，使得压力沿横向（垂直于压模壁）的传递比垂直方向要困难得多。并且粉末与模壁在压制过程中也产生摩擦力，此力随压制压力而增减。因此，压坯在高度上出现显著的压力降，接近上模冲端面的压力比远离它的部分要大得多，同时中心部位与边缘部位也存在着压力差，结果，压坯各部分的致密化程度也有所不同。

在压制过程中，粉末由于受力而发生弹性变形和塑性变形，压坯内存在着很大的内应力，当外力停止作用后，压坯便出现膨胀现象——弹性后效。该方法成形的制坯均匀性较差，适用于传统的尺寸较小，单重较轻，形状也较简单的粉末冶金零件。

2. 等静压成形

等静压制是伴随现代粉末冶金技术而发展起来的一种新的成形方法。通常，等静压成形按其特性分成冷等静压（CIP）和热等静压（HIP），前者常用水或油作压力介质，故有液静压、水静压或油水静压之称；后者常用气体（如氩气）作压力介质，故有气体热等静压之称。

等静压制法比一般的钢模压制法有下列优点：①能够压制具有凹形、空心等复杂形状的压件；②压制时，粉末体与弹性模具的相对移动很小，所以摩擦损耗也很小，单位压制力较钢模压制法低；③能够压制各种金属粉末和非金属粉末，压制坯件密度分布均匀，对难熔金属粉末及其化合物尤为有效；④压坯强度较高，便于加工和运输；⑤冷等静压的模具材料是橡胶和塑料，成本较低廉；⑥能在较低的温度下制得接近完全致密的材料。

应当指出，等静压制法也有缺点：①对压坯尺寸精度的控制和压坯表面的光洁度都比钢模压制法低；②尽管采用干袋式或批量湿袋式的等静压制，生产效率有所提高，但一般地说，生产率仍低于自动钢模压制法；③所用橡胶或塑料模具的使用寿命比金属模具要短得多。

等静压制过程是借助于高压泵的作用把流体介质（气体或液体）压入耐高压的钢质密封容器内。高压流体的静压力直接作用在弹性模套内的粉末上，粉末体在同一时间内在各个方向上均衡地受压而获得密度分布均匀和强度较高的压坯（如图16-18所示）。其中，国内外已采用热等静压技术制取了核燃料棒、粉末高温合金涡轮盘、钨喷嘴、陶瓷及金属基复合材料等。至今，它在制取金属陶瓷、硬质合金、难熔金属制品及其化合物、粉末金属制品、金属基复合材料制品、功能梯度材料、有毒物质及放射性废料的处理等方面都得到了广泛应用。热等静压技术已成为提高粉末冶金制品性能及压制大型复杂形状零件的先进技术。

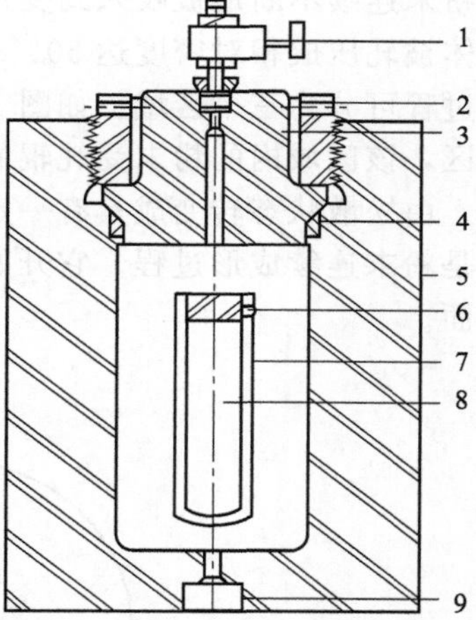

图16-18 等静压制原理图

1—压力介质排泄阀；2—压紧螺母；3—顶盖；4—密封圈；5—高压容器；6—密封塞；7—包套；8—压坯；9—压力介质入口

3. 粉末连续成形

工业和技术的发展，需要用粉末冶金方法生产各种板、带、条材或管、棒状及其他形状型材，为此近30年来，发展了粉末轧制法、喷射成形法和粉末挤压法等。这些方法统称连续成形法、这些方法的特点是：粉末体在压力的作用下，由松散状态经历连续变化成为具有一定密度和强度以及所需尺寸形态的压块，同钢模压制比较，所需的成形设备较少。

按照轧制过程的特点，粉末轧制可分为冷轧法和热轧法。

（1）金属粉末冷轧法

1）粉末直接轧制法。此法是在室温下，将金属粉末通过喂料装置直接喂入转动的轧辊间，被轧辊连续地压制成坯带。这些坯带经过烧结和加工处理变成具有足够强度和符合所要求的其他物理、力学性能的带材。这种方法在工业生产中已得到了广泛应用，它的设备和操作都较为简单，能轧制多种金属和合金粉末，容易实现轧制、烧结到加工处理的自动化。

2）粉末黏结轧制法。轧制也在室温下进行，与直接轧制法不同的是将金属粉末同一定数量的胶黏剂混合轧制成薄膜状物，然后在轧制机上轧制成所需要厚度的带坯。这些带坯经过预烧结、烧结和加工处理等工序制成带材。黏结轧制的优点是获得的带材密度比较均匀，允许较高的轧制速度，缺点是需要较细的粉末和胶黏剂。

3）金属粉末热轧法。粉末在加热达到一定的温度后，直接喂入转动的轧辊缝间进行轧制。例如在600℃下直接轧制含有Ni1%、Fe0.3%的铝粉，制成热轧铝带材。被轧制的粉末由于提高了温度得到一系列有益的效果：增加了粉末间的摩擦系数，有利于粉末喂入轧辊缝内；降低了粉末体中的气体密度从而减少了成形区逸出气体对轧入粉末的反向阻力；改善了粉末的塑性、降低了轧制压力。在轧制参数相同的条件下与粉末冷轧法比较，粉末热轧法可以减小轧辊的直径而获得同样厚度的带材，结果有利于提高轧制速度，增加坯带致密度。

据报道，热轧铜粉带材的相对密度可达100%。所以，热轧法轧制的坯带，一般都不需要再进行烧结处理。

（2）粉末轧制原理

粉末轧制实质是将具有一定轧制性能的金属粉末装入到一个特制的漏斗中，并保持给定的料柱的高度，当轧辊转动时由于粉末与轧辊之间的外摩擦力以及粉末体内摩擦力的作用，使粉末连续不断地被咬入到变形区内受轧辊的轧压。结果相对密度为20%～30%的松散粉末体被轧压成相对密度达50%～90%并具有一定抗张、抗压强度的带坯。轧制时粉末的运动过程可分为三个区域。如图16-19所示，Ⅰ区—粉末在重力作用下流动自由区；Ⅱ区—喂料区，该区域内的粉末受轧辊的摩擦被咬入辊缝内；Ⅲ区—压轧区，粉末在轧辊的压力作用下，由松散状态转变成具有一定密度和强度的带坯。由此可见，金属粉末的轧制过程可以看成是粉末连续成形过程。它开始于粉末被咬入的截面，结束于两轧辊中心联线的带坯轧出的断面。

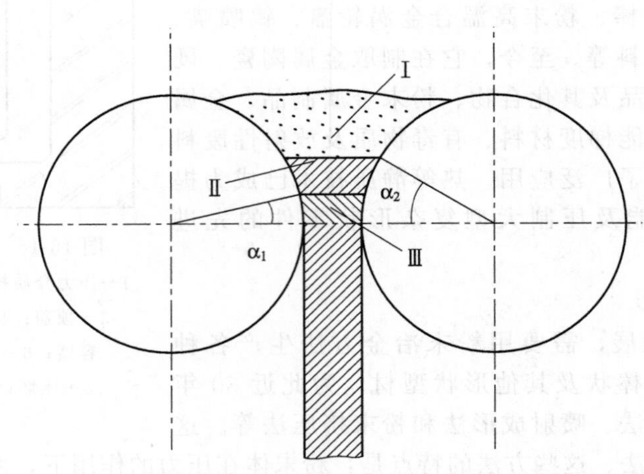

图16-19 粉末轧制过程示意图

Ⅰ—粉末自由区；Ⅱ—喂料区；Ⅲ—压轧区

粉末轧制作为一种成形方法与模压法比较也具有许多优点：制品的长度原则上不受限制，这是一般模压法无法实现的；粉末轧制品密度比较均匀，而模压成形制品的密度均匀性较差；对压制和轧制同一材料来说，粉末轧机的电动功率比压力机的要小。

应当指出，粉末轧制法生产的带材厚度受轧辊直径限制（一般不超过10mm），宽度也受到轧辊宽度的限制；其次，粉末轧制法只能制取形状比较简单的板、带材及直径与厚度比值很大的衬套等。

(3) 粉浆浇注成形

粉末浇注工艺原理如图 16-20 所示，其基本过程是将粉末与水（或其他液体如甘油、酒精）制成一定浓度的悬浮粉浆，注入具有所需形状的石膏模中。多孔的石膏模吸收粉浆中的水分（或液体）从而使粉浆物料在模内得以致密并形成与模具型面相应的成形浇注件。待石膏模将粉浆中液体吸干后，拆开模具便可取出注件。用粉浆浇注法生产羰基铁粉制品，经过适当的烧结处理，其力学性能接近锻造材料的性能。

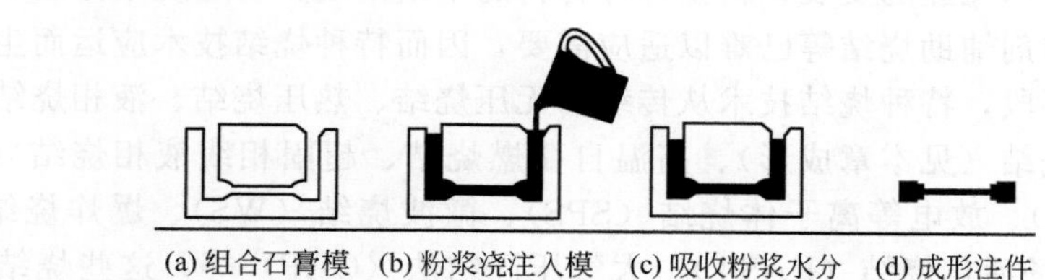

图 16-20 粉末浇注工艺原理图

应当指出，虽然粉浆浇注法具有上述的许多特点，而且生产过程所用设备简单，不用压力机，只用石膏模具，生产费用低，但生产周期长，生产效率低。所以，粉浆浇注技术的发展不是代替普通的粉末压制技术，实际上是扩大粉末冶金成形技术。

(4) 粉末注射成形

粉末注射成形的流程如图 16-21 所示。注射成形常用的粉末颗粒一般在 1～20μm 以下，粉末形状多为球形（如羰基镍、羰基铁粉）。在工业生产中也有采用 30～100μm 的合金粉末。据报道，用 200μm 以下的 316 不锈钢粉末也能制出很好的制品。选择粉末的粗细同零件的复杂程度及表面粗糙度有关。一般说，细粉末能制造出几何形状复杂、薄壁、尖棱和表面光滑的零件，除金属粉末外，陶瓷粉末（如氧化铝、氧化锆、碳化物、硼化物等）都可以用注射成形方法制造耐高温、耐腐蚀、耐磨性好的零件和工具。

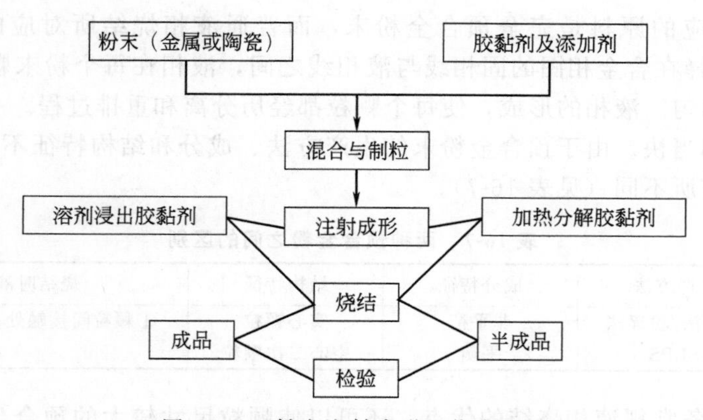

图 16-21 粉末注射成形工艺流程图

这种工艺能够制出形状复杂的坯块。所得到的坯块经溶剂处理或专门脱除剂的热分解炉后，再进行烧结。通常粉末注射成形零件经一次烧结后，制品的相对密度可达 95％以上，线收缩率达 15％～25％，而后根据需要对烧结制品进行精压、少量加工及表面强化处理等工序，最后得到产品。

16.2.4 烧结

烧结作为粉末冶金生产过程中最重要的工序，一直以来都是人们研究的重点。一般认为，坯体或粉体在高温过程中随时间的延长而发生收缩；在低于熔点的温度下，坯体或粉体变成致密的多晶体，强度和硬度均增大，此过程称为烧结。一般来说，传统烧结包括气相烧结、固相烧结、液相烧结、反应（瞬时）液相烧结等。尽管目前一些材料可用低温的溶胶-凝胶（Sol-Gel）、化学气相沉积（CVD）和物理气相沉积（PVD）等方法制备，但绝大多数材料仍需要高温烧结才能达到高致密化。

随着材料科学技术飞速的发展，新型特种材料的不断出现，普通烧结方法和常压低温烧结、液相烧结及添加剂辅助烧结等已难以适应需要，因而特种烧结技术应运而生。依据烧结机理及特点、烧结手段，特种烧结技术从传统的无压烧结、热压烧结、液相烧结、反应烧结等发展到热等静压烧结（见本章成形）、高温自蔓燃烧结、超固相线液相烧结（SLPS）、选择性激光烧结（SLS）、放电等离子体烧结（SPS）、微波烧结（WS）、爆炸烧结（ES）、铸造烧结（CST）、电场活化烧结（FAST）、大气压固结法（CAP）等，这些烧结技术的产生对于提高粉末冶金材料性能、制备常规烧结方法难以生产的特种材料、提高生产效率与降低成本，发挥着重要的作用。总之，目前粉末冶金特种烧结技术也正朝着高致密化、高性能化、高效率、节能、环保方向发展，新型特种烧结技术正不断被开发和应用。本节将重点介绍目前国际上流行的几种特种烧结技术。

1. 超固相线液相烧结（SLPS，Supersolidus Liquid Phase Sintering）

SLPS 是从烧结机理角度来优化烧结的一种特种烧结技术，它将完全预合金化的粉末加热到合金相图的固相线与液相线之间的某一温度，使每个预合金粉末的晶粒内、晶界处及颗粒表面形成液相，在粉末颗粒间的接触点与颗粒内晶界处形成的液相膜，借助半固态粉末颗粒间的毛细管力使烧结体迅速达到致密化，因此 SLPS 也属于液相烧结范畴。在烧结过程中，液相与固相的体积分数基本不变（液相量为 30%左右较佳），烧结温度范围比较窄（大多数合金为 30K 左右），一旦液相形成则迅速达到致密化。

尽管 SLPS 属于液相烧结范畴，但它又不同于传统混合粉末的液相烧结，二者主要区别在于：SLPS 所对应的原料是完全预合金粉末，而普通液相烧结所对应的原料是混合物。SLPS 烧结温度选择在合金相图的固相线与液相线之间，液相在每个粉末颗粒内部形成，因此液相分布相当均匀。液相的形成，使每个颗粒都经历分离和重排过程。一旦液相形成，烧结的致密化速率相当快。由于预合金粉末的生产方法、成分和结构特征不同，SLPS 法烧结时液膜形成位置有所不同（见表 16-7）。

表 16-7 两种预合金粉之间的区别

粉末	生产方法	成分特征	结构特征	烧结时液膜形成位置
A	雾化法/粉碎法	非平衡	实心颗粒	①颗粒间接触处；②晶界；③晶粒内部
B	SLPS	平衡	空心二次颗粒	相界

SLPS 不仅具备常规液相烧结的优点，还可以使颗粒尺寸较大的预合金粉末进行快速烧结致密化。German 认为 SLPS 的特点为：①合金的组织结构与性能对烧结温度、工艺参数以及合金成分比较敏感；②因颗粒间固态烧结阻碍液相出现时的颗粒重排，液相出现前的固相烧结对合金的最终致密化有不利影响；③一旦液相形成，合金的致密化速率相当大，这虽然对获得高的烧结密度有利，但同时也给合金尺寸与微观结构的控制带来了不利影响。在 SLPS 时，只有在实际液相数量与消除烧结坯中孔隙所需的液相数量相当接近时，才能获得

最佳的合金组织结构与性能。要满足这种条件，必须严格控制合金的烧结温度与合金成分。根据 SLPS 原理，压力烧结有利于在较少液相数量的条件下获得全致密，有利于控制合金晶粒长大。

2. 选择性激光烧结（SLS，Selective Laser Sintering）

SLS 是一种固态自由成形制造技术，采用激光有选择地分层烧结固体粉末。在激光辐射下，粉末部分熔化。熔化的材料形成的液相将周围的粉末黏在一起，并当温度下降的时候又凝固，这样致密结合在一起。通过一个滚轴将烧结成型的固化层叠在柱体的顶端，然后用热激发激光扫过薄层，烧结区域的形状是根据 CAD 程序的指令确定的，层层叠加生成所需形状的零件。这种短时间存在的液相会使粉末-液相混合物收缩，因此材料密度取决于温度的升高。SLS 是快速原型制造技术的典型应用，可以缩短设计-制造周期，降低生产成本，增加竞争力。

SLS 的优点是：以粉末为成型材料，用材种类广泛、工艺过程简单、成型效率高以及几乎百分之百的材料利用率、无需支撑、能量密度高、可制造任意复杂形状的零件等。理论上凡经激光加热后能在粉末间形成原子连接的粉末材料都可作为 SLS 成型材料。在 SLS 系统中，激光束对任何粉末颗粒的作用时间都非常短，大约为几毫秒到几十毫秒，所以 SLS 技术大多采用液相烧结，其材料一般由两种熔点相差明显的成分组成，高熔点成分为结构材料，低熔点成分为黏结剂。因此，从理论上来说任何受热后能够粘结的粉末都可以用作 SLS 的成型材料，如塑料、石蜡、金属、陶瓷粉末和它们的复合粉末材料。

3. 放电等离子烧结（SPS）

放电等离子烧结是在粉末颗粒间直接通入脉冲电流进行加热烧结，又称等离子活化烧结（Plasma Activated Sintering，PAS）或脉冲电流热压烧结（Pulse Current Pressure Sintering），是自 20 世纪 90 年代以来国外开始研究的一种快速烧结新工艺。

SPS 是利用放电等离子体进行烧结，等离子体是物质在高温或特定激励条件下的一种物质状态（物质除固态、液态、气态之外的第四种状态），由大量的正负带电粒子和中性粒子组成，并表现出集体行为的一种准中性气体。等离子体为电离的高温导电气体，温度达到 4273～11272K，其气态分子和原子处于高度活化状态，而且等离子体内离子化程度很高，这些性质使其成为一种非常重要的材料制备和加工技术。产生等离子体的方法包括加热、放电和光激励等。放电产生的等离子体包括直流放电、射频放电和微波放电等离子体，SPS 利用的是直流放电等离子体。

SPS 装置主要包括以下几个部分：轴向压力装置、水冷冲头电极、真空腔体、气氛控制系统（真空、氩气）、直流脉冲电源及冷却水、位移测量、温度测量、安全等控制单元，SPS 的基本结构如图 16-22 所示。

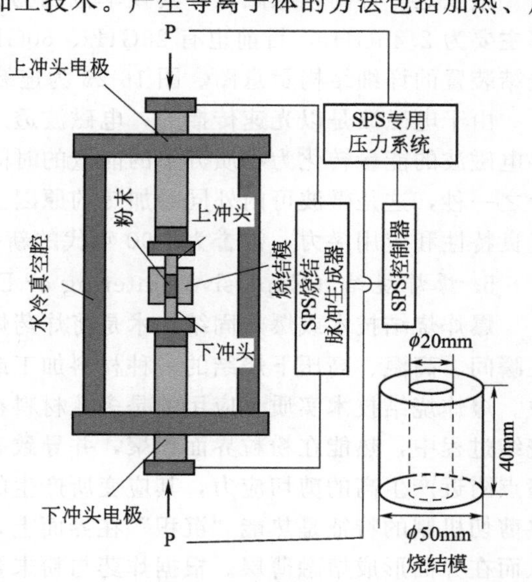

图 16-22 SPS 设备的基本结构示意图

工艺过程可分为四个阶段，如图 16-23 所示。第一阶段：对粉末略施压力；第二阶段：保持恒定压力，并加脉冲电压，产生等离子体，对颗粒表面进行活化，伴随产生少量的热；第三阶段：关闭等离子体电路，继续提高压力，在恒压的作用下，用直流电对产品进行加热至所需温度；第四阶段：停止

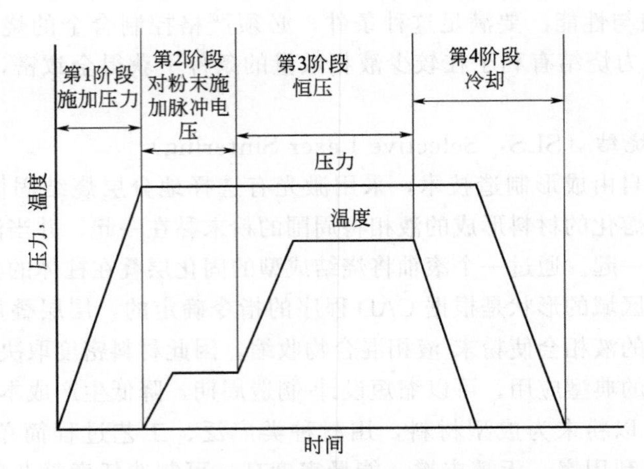

图 16-23 SPS 烧结压力、烧结温度与烧结时间的关系

直流电阻加热，样品冷却至室温后消除压力。在整个工艺过程中，压力和温度是成功进行烧结的最重要的两个参数。这些变量的包络线可以通过活塞运动、脉冲电流（功率、电压和电流的周期）、连续的电能（电压和电流）和冷却速率的动态调整来控制。

SPS 的工艺特点：SPS 集等离子体活化、热压、电阻加热为一体，加热均匀，升温速度快，烧结温度低，烧结时间短，生产效率高，能抑制样品颗粒的长大，产品组织细小均匀，能保持原材料的自然状态，可以得到高致密度的材料，可以烧结梯度材料以及复杂工件等。

4. 微波烧结（MS，Microwave Sintering）

MS 法利用微波具有的特殊波段与材料的基本细微结构耦合而产生热量，材料的介质损耗使其材料整体加热至烧结温度而实现致密化。其概念最先由 Tinga 等于 20 世纪 50 年代提出，直到 80 年代才被引入到材料科学领域，后来逐渐发展成为一种新型的粉末冶金快速烧结技术，尤其在陶瓷材料领域成了研究热点。随着研究工作的深入开展，该技术目前已扩展到含 SiC 颗粒的金属基复合材料、纳米材料和纯金属粉末烧结等制备领域。

微波是一种高频电磁波，其频率范围为 0.3～300GHz，但在微波烧结技术中使用的频率主要为 2.45GHz，目前也有 28GHz、60GHz 甚至更高频率的研究报道。图 16-24 为微波烧结装置的详细结构示意图。图 16-25 为连续微波烧结装置的示意图。

由于电磁波是以光速传播的，电磁波透入物质的速度也是和光的传播速度相接近，因而将电磁波的能量转化为物质分子的能量的时间近似于瞬时的，在微波波段转换时间快于千万分之一秒，这是微波可内外同时加热的原因。正是由于这个原因，使得 MS 法具有一系列的优良特性和应用潜力，被誉为“90 年代的新一代烧结方法”。

5. 爆炸烧结（Explosive Sintering or Explosive Consolidation）

爆炸烧结技术或爆炸固结技术是将炸药爆炸产生的能量以激波的形式作用于粉末，使其在瞬间、高温、高压下烧结的一种材料加工或合成技术，它是爆炸加工领域的第三代研究对象。爆炸烧结技术实质上应用的是多孔材料在激波绝热压缩下发生高温压实的原理。在粉末烧结过程中，热能在粉粒界面积聚，并导致表层的熔融和结合。粉粒间可形成碰撞焊接，碰撞点附近产生高的剪切应力，其应变所产生的高温可达到材料熔点并使界面层熔融。这种绝热剪切机制的特征是热能“沉积”在界面上，能率高，时间短，热量来不及传至粉末芯部，从而在界面形成熔融薄层。根据炸药与粉末金属的相对位置，爆炸烧结一般分为间接法和直接法。间接法是将炸药与被烧粉末用硬质金属模具分开。La Rocca 提出了单柱塞装置，见

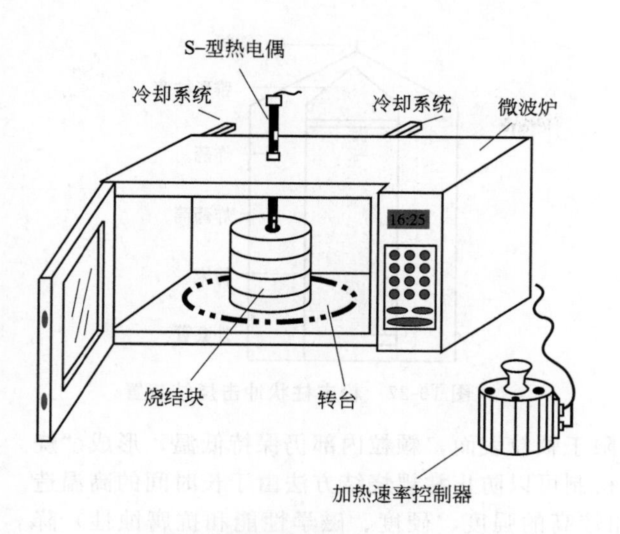

(a) 微波烧结装置示意图

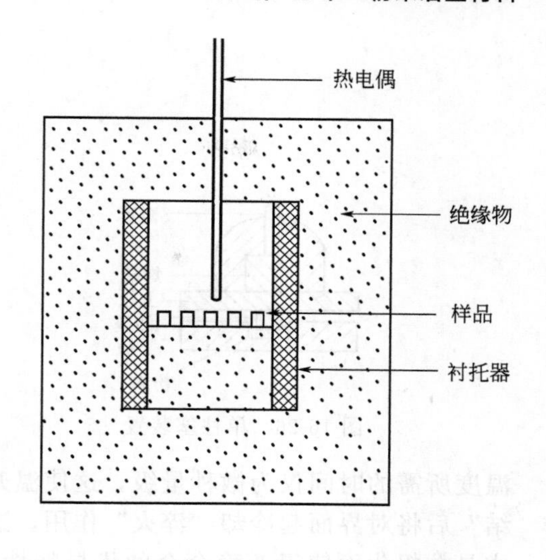

(b) 微波烧结绝缘装置结构

图 16-24　微波烧结

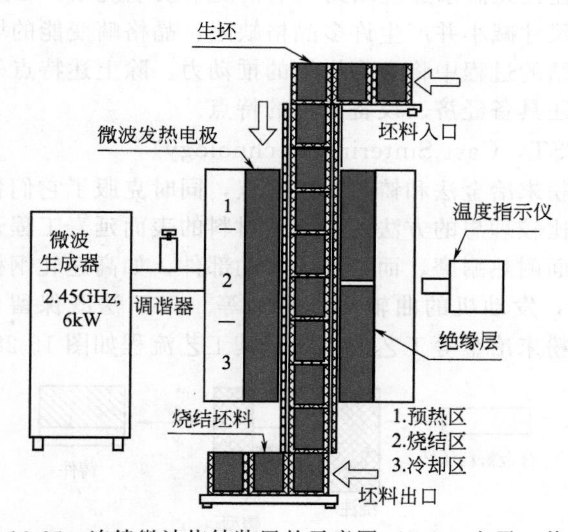

图 16-25　连续微波烧结装置的示意图（Cober 电子，美国）

图 16-26。爆炸时上板与柱塞一起被加速而推动试样，试样则由下板支承。直接法中的炸药与金属粉末不用硬质模具隔开，其常见装置为柱状压实装置，见图 16-27。

爆炸粉末烧结技术具有瞬态高温高压及快冷的特点，在 1μs 左右时间内完成 10～50GPa 左右高压和近 6000℃左右高温的加载卸载。爆炸烧结时在柱面聚合激波作用下，粉末颗粒产生较大的塑性变形，造成孔隙塌缩，甚至形成射流。同时颗粒的摩擦能与微动能沉积于表面，使表层局部温度升高。由于冲击波加卸载的瞬时性，热量来不及传递到颗粒内部，只是在颗粒的表层产生局部熔化，之后快速冷却形成相对密度在 90%以上的致密压实体。其急冷特性可以抑制晶粒的长大，有利于提高材料的性能。与常规烧结方法相比，爆炸烧结有着其独特的优点：①具备高压性，可以烧结出近乎密实的材料。目前有关非晶钴基合金、微晶铝及其合金的烧结密度已超过 99%理论密度；Si_3N_4 陶瓷烧结密度达 95%～97.8%理论密度；钨、钛及其合金粉末的烧结密度也高达 95.6%～99.6%理论密度等。②具备快熔快冷性，有利于保持粉末的优异特性。由于激波加载的瞬时性，爆炸烧结时颗粒从常温升至熔点

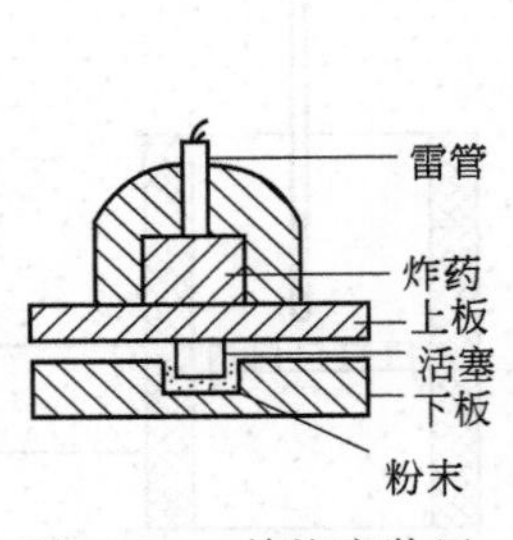

图 16-26　单柱塞装置

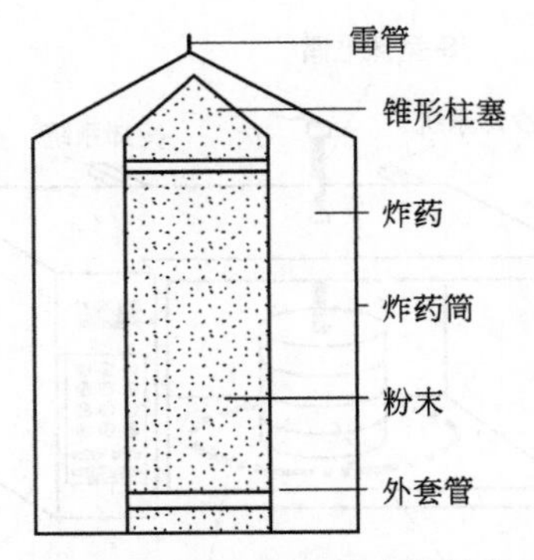

图 16-27　粉末柱状冲击烧结装置

温度所需的时间仅为微秒量级，这使温升仅限于颗粒表面，颗粒内部仍保持低温，形成“烧结”后将对界面起冷却“淬火”作用，这种机制可以防止常规烧结方法由于长时间的高温造成晶粒粗化而使得亚稳合金的优异特性（如较高的强度、硬度、磁学性能和抗腐蚀性）降低。因此，爆炸烧结迄今被认为是烧结微晶、非晶材料最有希望的途径之一。③可以使 Si_3N_4、SiC 等非热熔性陶瓷在无需添加烧结助剂的情况下发生烧结。在爆炸烧结的过程中，冲击波的活化作用使粉体尺寸减小并产生许多晶格缺陷，晶格畸变能的增加使粉体储存了额外的能量，这些能量在烧结的过程中将变为烧结的推动力。除上述特点外，与一般爆炸加工技术一样，爆炸粉末烧结还具备经济、设备简单的特点。

6. 铸造烧结法（CST，Cast Sintering Technology）

铸造烧结法综合了粉末冶金法和铸造法的优点，同时克服了它们各自的缺点，是制备铁基表面复合材料的一种比较理想的方法，为钢铁材料的表面延寿工程开辟了新的途径。该项技术可用于制造要求表面耐热耐磨、而心部强韧的部件，如高速轧钢机的托轮、进料嘴、导卫板及各种热加工模具，发动机的曲轴和凸轮轴等。CST 法既保留传统铸造工艺的优点，又表现出高温自蔓延、粉末冶金等工艺的特征。其工艺流程如图 16-28 所示。

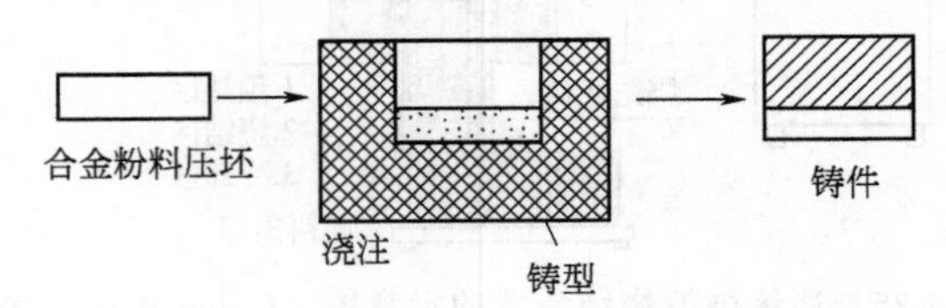

图 16-28　CST 法过程示意图

复合层在铸造条件下，不仅会发生高温化学反应，而且还会进行烧结致密化。这种致密化是借助金属和复合层内化学反应放出的热量完成的。但是，这种致密化过程与粉末冶金烧结致密化过程存在着几点不同。

（1）温度及环境条件不同。粉末冶金过程中的烧结致密化通常是在恒温、还原气氛条件下，甚至是在真空条件下完成的。而在铸造烧结过程中，温度始终是变化的。致密化的热源以反应放热为主。由于致密化对温度的依赖性，所以这种温度的变化对致密化有着重要的影响。另外，铸造过程的气氛条件也是不同于还原或真空条件的，因此，实际气氛对致密化过程也会产生影响。

（2）烧结时间短。由于化学反应的放热过程很短，金属液处于高温下的时间也非常有限，因此可以推断，致密化过程是在不太高的温度下，较短时间内完成的，这是 CST 法的又一特点。很显然，这样的条件对烧结过程中的物质扩散、空位扩散等会产生直接的影响。

(3) 致密化机理的特殊性。由于金属液温度较低，即使复合层组成中包含一些低熔点组元，在整个过程中，复合层也不可能长时间处于液态，至多是在相对较短的时间内为液相。即为瞬时液相烧结。但所不同的是，复合层以金属粉末为主，反应生成的陶瓷颗粒其体积百分数常在 30%左右，所以，在烧结过程中不仅会完成颗粒间的接触由物理结合向化学结合的转变，而且还会发生金属粉末的一些固相转变。这使得其致密化过程存在自身的特点。

16.3 实用烧结铜合金及其应用实例

16.3.1 烧结含油轴承

铜基含油轴承是一种自润滑减磨零件，它的特点是使用寿命长、噪声低，适用于精度要求更高，噪声要求更低的各类轻负荷微型电动机及其他机械。目前国内外注塑行业开始使用注塑成型技术代替传统的压坯技术生产轴承毛坯，这大大提高了它的生产效率，并使毛坯孔隙率分布实现可控。铜基含油轴承在烧结过程中，粉末颗粒之间产生原子扩散、固溶、化合和熔接，致使毛坯收缩并强化，从而导致零件外形尺寸的收缩。它的外形尺寸直接影响产品的装配精度，因此，如何控制收缩成了保证产品精度的关键，也是众多技术人员努力解决的问题。国内相关资料对烧结收缩影响的因素归结为材料化学成分、压坯密度、烧结温度、烧结过程保温时间、保护气氛。

采用粉末冶金工艺制造的各种含油轴承，广泛应用于精密电子、高档家用电器、通讯设施、汽车和 IT 等领域中，已成为机械行业中广泛应用的基础零件，如图 16-29 所示。

FU-1 铜基含油粉末冶金轴承

FU-3 铜铁合基含油粉末冶金轴承

FZH- 铜基钢球保持架

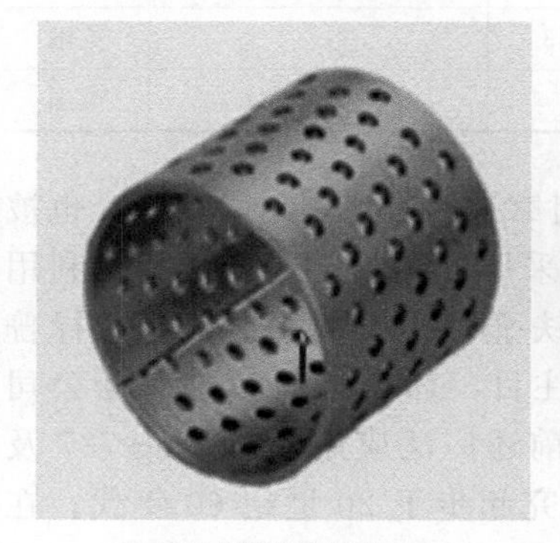

FB092 青铜布孔轴承

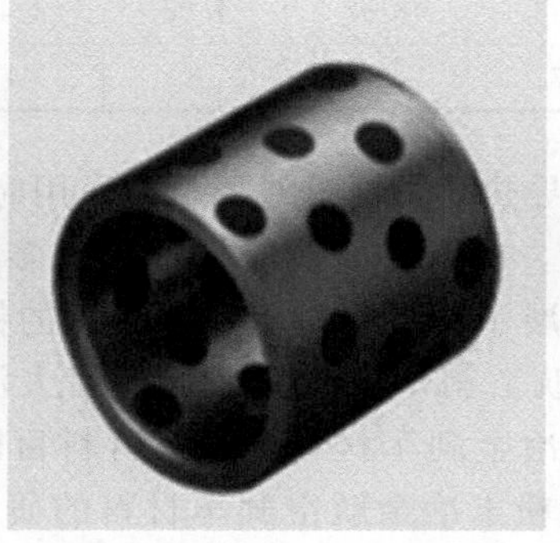

DB-650 铜基固体镶嵌式自润滑轴承

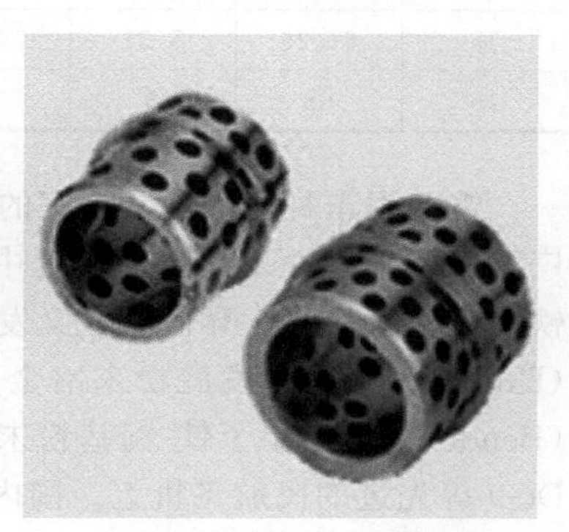

JFB-2 中托司铜基石墨导套

图 16-29 低噪声自润滑含油轴承

16.3.2 摩擦材料

铜基摩擦材料导热性好，摩擦性能稳定且磨损小，大多用于湿式离合器和制动器上。其材料组成以 Cu-Sn 合金和 Cu-Pb 合金为主，为了改善耐热性和高温强度，可加入 Ni、Fe、Zn、Ti、Mn、Mo 及 Sb 等元素。加入耐高温的金属纤维和碳纤维可使基体得到加强。丁华东等人研制的功能型摩擦材料是一种新型的铜基粉末冶金摩擦材料，其在摩擦过程中，依据摩擦力矩和摩擦热量的变化，具备自我调节摩擦面的应力和热量分布，防止摩擦面局部区域应力集中和温度过高，从而改善材料的摩擦学性能。

铜基粉末冶金摩擦材料在飞机、汽车、船舶、工程机械等刹车装置上的应用发展较快，使用较成熟是在 20 世纪 70 年代之后。苏联于 1941 年后成功地研制了一批铜基摩擦材料，广泛应用于汽车和拖拉机上。美国对铜基摩擦材料的研究也较多，主要是致力于基体强化，从而提高材料的高温强度和耐磨性。表 16-8 为国外广泛使用于摩擦条件下的铜基摩擦材料，表中绝大多数材料为典型的锡青铜基摩擦材料。

表 16-8 干摩擦条件使用的铜基摩擦材料成分 单位：%

序号	Cu	Sn	Pb	Fe	石墨	SiO_2	其他成分	国别
1	61～62	6	—	7～8	6	—	Zn-5，莫来石-7	美国
2	75	8	5	4	1～20	—	SiC-0.75，Zn-6	美国
3	70.9	6.3	10.9	—	7.4	4.5		美国
4	62	12	7		8	4		美国
5	70	7	8	—	8	7	TiO_2-10	日本
6	62～72	6～10	6～12	4～6	5～9	4.5～8		日本
7	62～71	6～10	6～2	4.5～8	5～9		Si-4.0～6.0	日本
8	60～90	至 10	至 10	至 18	至 10	2		日本
9	25	3	—	—	—	5	玻璃料-40，石棉-30	德国
10	基体	—	—	5～15	至 25		Sb-4～8	德国
11	67～80	5～12	7～11	至 8	6～7	至 4.5		前苏联
12	68～76	8～10	7～9	3～5	6～8	—		前苏联
13	72	5	9	4	7	—	SiC-3	前苏联
14	86	10	—	至 4		—	Zn1～2	前苏联
15	67.26	5.31	9.3	6.62	7.08	4.43		英国
16	68	8	7	7	6	4		英国

铜基刹车材料由于其良好的导热性，与钢对偶材料作用时摩擦因数高，耐磨性好，也被广泛应用于各种飞机制动装置中，前苏联研制开发的飞机多采用这类材料。为了综合利用铁、铜基材料的优异性能，又发展了铁、铜比例几乎相等的铁-铜基刹车材料。英国邓禄普（Dunlop）公司在发展粉末冶金航空刹车材料方面一直引人注目，1962 年，奔迪克斯公司（Bendex）开发出了铁-铜基粉末冶金刹车材料，这种材料目前还广泛应用在 Boeing-737 及 Dc-9 等先进的民航飞机上。国内粉末冶金航空刹车材料的研究起步于 20 世纪 60 年代。在短短的几十年的发展中，不仅先后装配在多种国产军民用飞机上，而且为进口飞机如安-24、伊尔-64 和图-154 以及英美的三叉戟、Boeing-737 和 MD-82 等飞机刹车组件的国产化作出

了贡献。铜基材料虽然较贵，但铜基粉末冶金闸片比铁基具有更好的综合性能。日本高速列车所采用的铜基粉末冶金闸片成分为：Cu60％～70％，Sn5％～15％，另加入少量摩擦稳定剂。先将它们搅拌均匀，后高压成型，再与镀银的补强板黏合在一起进行烧结。用低合金铸铁、低合金锻钢及铝基复合材料制备出的制动圆盘都可配用铜基、铜-铁基粉末冶金闸片。最近，日本开发了一种新的铜基粉末冶金闸片。其主要成分为：铜 40％～60％，铁＋镍 2％～20％，陶瓷 8％～15％，石墨 16％～15％，锡 2％～7％。该合金以铜、铁、镍为基体，大大提高了耐热温度，增加陶瓷与石墨的添加量，可进一步提高耐磨性、耐热性和润滑性，可用于 350km/h 的列车上，其摩擦因数相当稳定。但粉末冶金闸瓦对车轮的磨损较为严重，成本比铸铁及有机合成闸瓦高，这些方面尚有待进一步研究与改进。

16.3.3 机械零件

用粉末冶金方法制造的机械零件，又称烧结机械零件。通常包括机械结构零件、含油轴承和摩擦零件，狭义地指结构零件。最初出现的烧结机械零件是烧结金属含油轴承。1910 年瑞典人勒夫恩（V. Lwendal）取得了制造现代烧结青铜含油轴承的专利。后来美国人吉尔松（E. G. Gilson）实现了这种轴承的工业化生产。1930 年正式确立了它的工业产品的地位。1933 年，德国开始研制烧结铁基含油轴承。20 世纪 30 年代末美国已大量生产和使用烧结铁基油泵齿轮，以取代铸铁制品。60 年代以来，由于铁粉质量的改进和粉末新品种的开发，成形技术、成形设备和烧结设备的发展，烧结机械零件的性能日益改善，形状日趋复杂，产量迅速增加。近十年来工业发达国家烧结机械零件的平均年递增率约为 10％～15％。中国 1954 年开始生产铜基含油轴承，1957 年生产铁基含油轴承，到 20 世纪 70 年代，烧结机械零件在生产上已颇具规模，在农业机械、汽车、机床、仪表、纺织、轻工等工业部门得到较广泛的应用。

烧结机械零件材料和普通铸锻材料的主要差异在于前者的密度是一个可控变量；在两者的化学成分和显微组织大致相同的条件下，前者的力学性能是它的密度的函数。影响它的力学性能的另外一个重要因素是合金元素。在铁基烧结材料中应用最多的合金元素是碳、铜、镍、钼。碳可单独或配合其他元素（特别是铜）使用，主要用于改进铁基烧结材料的强度和硬度；铜、镍、钼的共同特点是同氧的亲合力比铁小，所以含有这些元素的合金粉末体，可在一般烧结纯铁的气氛中进行烧结。

在生产烧结铁基材料中，铜是应用最广的合金元素。铜在烧结时即被熔化，并可溶于铁，与铁形成合金，从而大大提高烧结铁基材料的强度。如用铜和碳或镍同时用作合金元素时，烧结铁基材料的力学性能还可进一步提高。在烧结铁基材料中加入钼主要是为了增加淬透性。钼对烧结材料在烧结状态下的力学性能有好作用。因此，逐渐形成了烧结铁、烧结碳钢、烧结铜钢、烧结钼钢、烧结镍钼钢和烧结不锈钢等合金系列。把磷铁粉加入铁粉中，形成了烧结铁磷碳系合金。在烧结有色金属合金方面，发展出烧结青铜、烧结黄铜、烧结铝合金等。烧结机械零件常用材料的性能和主要用途见表 16-9。一些典型粉末冶金机械零件见图 16-30。

图 16-30 一些典型粉末冶金机械零件

表 16-9 烧结机械零件材料性能和主要用途

材料/%	状态	密度		抗拉强度/(kgf/mm²)	伸长率/%	主要用途
		/(g/cm³)	/%理论值			
烧结铁(Fe 99.9)	烧结状态	6.0～7.5	78～96	14～28	3.0～20	结构零件(轻载荷齿轮)、磁性零件、炮弹弹带、自润滑轴
烧结碳钢(C 0.80)	烧结状态 热处理(大型零件)	6.8 6.8	87 87	31 45	1.0 0.5	结构零件(轻载荷齿轮杆件及凸轮) 结构零件(中等载荷齿轮杆件及耐磨凸轮)
烧结铜钢(C 0.80 Cu5.0)(C 0.80 Cu20.0)	烧结状态 熔渗	6.2 7.4	80 95	42 56	0.8 0.7	结构零件(中等载荷齿轮、凸轮、支架杆件及棘轮)
烧结镍钢(Ni 4.0 Cu1.0 C0.70)	热处理	6.8	87	70	0.5	高强度、耐磨结构零件(差速器行星齿轮、6马力以下变速箱的传动齿轮)
烧结黄铜(Cu 77～80 Pb1.0～2.0 Zn余量)	预合金 烧结状态 复压复烧	7.6 8.0	87.5 92	20.8 21.8	10 24	耐大气腐蚀的结构零件(建筑用零件、机械的罩、锁的零件盒泵壳)
烧结青铜(Cu86～90 Sn9.5～10.5 Fe<1.0 C<1.75)	铜、锡混合粉一次压制和烧结	6.8 7.2	76 81	11 21	2.5 3.0	耐大气腐蚀的结构零件轴承(一般轴承、止推轴承、轴套)
烧结铝合金(Cu4.4 Si 0.8 Mg 0.4 Al余量)	烧结状态 烧结精压 烧结热处理	2.59 2.63 2.63		19.8 22.6 34.9	2.5 3.0 2.0	轻载荷齿轮和棘轮、照相机零件、线路板、热交换器零件、家具五金零件

注：1kgf/mm² = 9.8MPa。

16.3.4 电器零件

纯铜虽然具有优异的导电性，但是其耐磨性、耐高温性、抗电蚀性较差。通过添加Ni、Zn等合金元素制备铜合金、其耐磨性、耐高温性有所提高，但导致其导电性急剧下降，影响其使用。为了弥补纯铜的上述不足，充分发挥其优异的导电性。研究人员利用粉末冶金方法开发出铜-石墨电刷（又称之为碳刷）、电触头、焊接电极用弥散强化铜等铜基粉末冶金电工材料。

在铜基粉末冶金电工材料中，铜-石墨复合材料的使用量最大，包括在发动机和电动机中用来转换和传输电流的重要零件铜-石墨电刷、应用于列车的受电弓等。同时广泛应用于所有电机（除鼠笼式感应电机和无刷电机外）、发电机、火车等设备的电力传输。一些典型的粉末冶金电器零件如图16-31所示。

16.3.5 铜熔渗零件

众所周知，粉末冶金法制备的烧结钢零部件不可避免地存在一些间隙，存在密度低、强度低等缺点，渗铜是一种有效解决这一问题的方法。如图16-32所示，随着渗铜量的增加，密度和强度也相应增加。渗铜的主要成分是Cu，其中含有Zn、Mn、Fe、P等成分，也是将铜粉和其他粉末混合，通过扩散方法制备的。渗铜粉主要用来对粉末冶金烧结钢零部件进

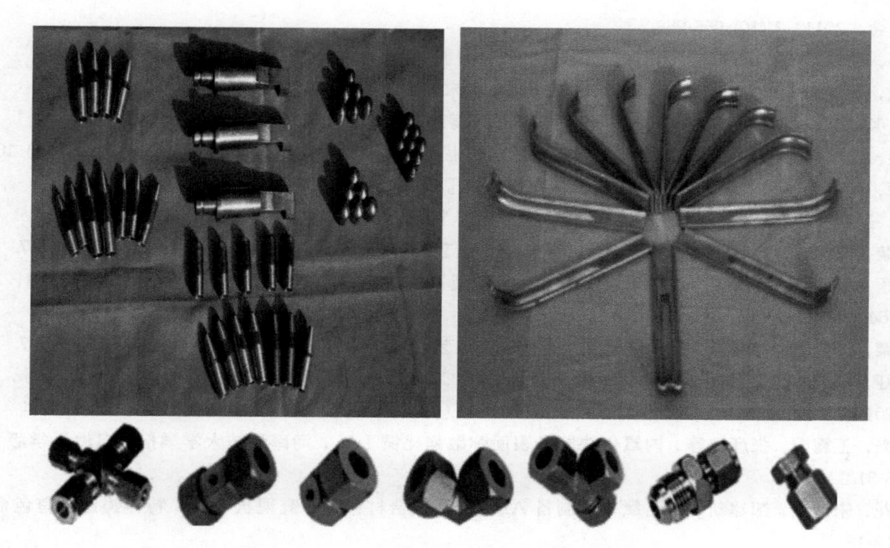

图 16-31 一些典型的粉末冶金电器零件

行渗铜处理，以提高零部件的密度、强度、冲击韧性等力学性能，改善零部件的导电导热性、可切削加工性等。渗铜是粉末冶金行业中一种非常重要的提高零部件性能、成本较低的方法。烧结钢渗铜后的一般性能如表 16-10 所示。需要渗铜的铁基结构零件典型的应用实例有齿轮、自动变速器零件、阀座圈、汽车门枢等，如图 16-33 所示。

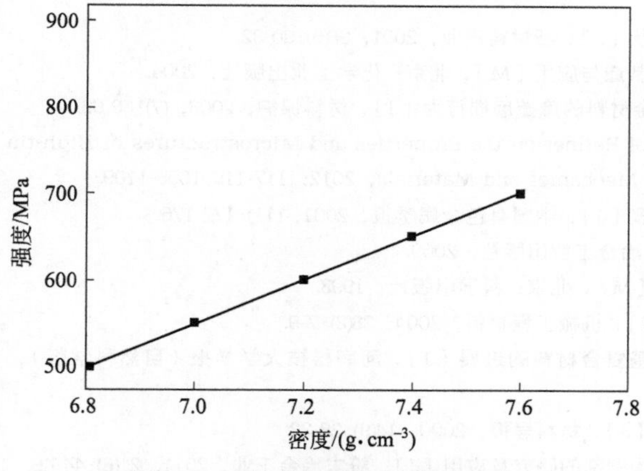

图 16-32 烧结钢渗铜零部件密度

图 16-33 烧结钢渗铜零部件

表 16-10 烧结钢零部件一般渗铜指标

渗铜烧结钢	渗前密度/($g\cdot cm^{-3}$)	渗后密度/($g\cdot cm^{-3}$)	渗铜量	渗铜后抗拉强度/MPa
力学性能	6.6～6.8	7.2 以上	10%～25%	483～620

参考文献

[1] 黄培云. 粉末冶金原理 [M]. 北京：冶金工业出版社，2008.
[2] 汪礼敏. 铜及铜合金粉末与制品 [M]. 长沙：中南大学出版社，2010.
[3] 田保红，宋克兴，刘平等. 高性能弥散强化铜基复合材料及其制备技术 [M]. 北京：科学出版社，2011.
[4] 郑翠华，宋克兴，国秀花等. 粉末冶金法制备纳米 MgO 颗粒增强铜基复合材料组织与性能研究 [J]. 特种铸造及

有色合金，2011，31(10):955-958.
[5] 金世平，杨斌．电解法制备铜粉的影响因素的研究［J］．中国粉体技术，2004，10(3):21-23.
[6] 郑精武，姜立强．铜粉的电解制备工艺研究［J］．粉末冶金工业，2001，11(6):26-29.
[7] 贝多·J·K．雾化法生产金属粉末［M］．胡云秀，曹勇家译．北京：冶金工业出版社，1985.
[8] 李清泉，欧阳通，麻润海等．气雾化微细金属粉末的生产工艺研究［J］．粉末冶金技术，1996，14(3):181-188.
[9] 刘学晖，徐广．惰性气体雾化法制取钛和钛合金粉末［J］．粉末冶金工业，2000，10(3):18-22.
[10] 戴熠，王利民，刘景如等．低松装密度雾化铜粉生产［J］．粉末冶金工业，2000，10(4):27-29
[11] 李占荣，汪礼敏，万新梁．低松装密度水雾化铜粉工艺的研究［J］．粉末冶金工业，2003，12(1):5-7.
[12] 张敬国，张景怀，汪礼敏等．直接置换法制备包覆型铁铜双金属粉末的工艺研究［J］．稀有金属，2009，33(6):860-864.
[13] 李占荣，汪礼敏，万新梁．低松装密度水雾化铜粉工艺的研究［J］．粉末冶金工业，2003，13(1):5-7.
[14] 董小江，汪礼敏，张景怀等．不同形貌部分合金化CuSn10粉末对含油轴承烧结性能的影响［J］．粉末冶金工业，2010，20(4):29-32.
[15] 宋克兴，王露娟，张彦敏等．内氧化法制备表面弥散强化铜［J］．河南科技大学学报（自然科学版），2012，33(5):28-31.
[16] 国秀花，宋克兴，郜建新等．内氧化法制备 Al_2O_3/Cu 复合材料的研究现状［J］．特种铸造及有色合金，2006，(10):12-18.
[17] 李红霞，田保红，宋克兴等．内氧化法制备 Al_2O_3/Cu 复合材料［J］．兵器材料科学与工程，2004，27(5):64-68.
[18] 李勇，王华生，韩德强．雾化参数对H70黄铜粉末粒度及其分布的影响［J］．特种铸造及有色合金，2005，25(7):34-38.
[19] G. O Donnell，L. Looney. Production of aluminum matrix composite components using conventional PM technology［J］. Materials Science and Engineering A，2001，(303):292-301.
[20] G. S. Upadhy. Some issues in sintering science and technology［J］. Materials Chemistry and Physics，2001，67(3):1-5.
[21] 马金龙．烧结技术的革命微波烧结技术的发展及现状［J］．新材料产业，2001，96(6):30-32.
[22] 韩凤麟，贾成厂．烧结金属含油轴承-原理、设计、制造与应用［M］．北京：化学工业出版社，2004.
[23] 徐晓峰，宋克兴，杜三明．载流条件下铜基粉末冶金材料的摩擦磨损行为［J］．材料保护，2008，(7):66-68.
[24] K X SONG，Y J ZHOU，J WEI，et al. Influence of Refiner on the Properties and Microstructures of High-tin Wear-resisting Cu-Sn-Pb-Ni Alloy［J］. Applied Mechanics and Materials，2012，117-119:1095-1109.
[25] 易健宏，汤金枝．粉末冶金摩擦材料的现状及其发展［J］．中国有色金属学报，2001，(11):172-176.
[26] 奚正平，杨慧萍．烧结金属多孔材料［M］．北京：冶金工业出版社，2009.
[27] 赵祖德，姚良均，郭鸿运等．铜及铜合金材料手册［M］．北京：科学出版社，1993.
[28] 钱宝光，耿浩然．电触头材料的研究进展与应用［J］．机械工程材料，2004，28(3):7-9.
[29] 韩胜利，田保红，刘平等．点焊电极用弥散强化铜基复合材料的进展［J］．河南科技大学学报（自然科学版），2003，12(4):17-19.
[30] 黄强，顾明元，金燕萍．电子封装材料的研究现状［J］．材料导报，2000，14(9):28-32.
[31] 徐景杰，汪礼敏，王林山等．渗铜烧结钢用高性能渗铜剂的研究及应用［J］．粉末冶金工业，2011，21(6):44-46.

第17章

铜及铜合金铸件

17.1 铸造方法

17.1.1 砂型铸造

砂型铸造是一种最古老的铸造方法，不需要复杂的工艺装备，可适用各种大小、重量、厚薄、形状、不同结构、不同批量的铸件的生产。

砂型铸造是一种在大气下靠熔液自身重力冲型、凝固的铸造方法。其充型、凝固条件差，铸件质量不易保证，并且很不稳定，人工劳动量及劳动强度大，劳动条件差，对单件小批量的铸件比较适合，对大批量生产则要配合采用机械自动生产线。

此方法的特点是：铸造技术易掌握，设备比较简单，投资少，此法的技术要点是型砂的配制、铸型制造和浇注系统的设计。

铜合金密度大、易充型、导热性好，氧化倾向因合金成分不同而异。锡青铜的结晶温度范围宽，易产生缩松，对于小型实体铸件，可使用压边浇口，大型套筒类铸件采用雨淋浇口底注；铝青铜结晶温度范围窄，收缩较大，易产生集中缩孔。因此，浇注时应强调顺序凝固强化补缩效果，同时其氧化倾向较大，浇注系统应以底注开放式为主，配以滤渣网和集渣包。

1. 冒口补缩距离

锡青铜、磷青铜、铅青铜和部分黄铜结晶温度范围一般较宽，呈糊状凝固方式，易出现分散性缩松，冒口补缩距离小；无锡青铜和部分黄铜结晶温度范围一般较窄，近中间凝固方式，易形成集中缩孔，冒口补缩距离较大。铜合金铸件冒口补缩距离见表17-1。

表17-1 铜合金铸件冒口补缩距离

合金铸类 (成分为质量分数)	铸件形状	末端区长	冒口区长	补缩距离
锡锌青铜 (Sn8%,Zn4%)	板件 杆件	$4T$ $10T$	0	$4T$ $10T$
锰铁黄铜 (Cu55%,Mn3%,Fe1%)	板件	$5T$	$2.5T$	$7.5T$
铝铁青铜 (Al9%,Fe4%)	板件	$5.5T$	$3T$	$8.5T$

注：1. 在干型、水平浇注条件下测出。

2. T 为板厚或杆的边长。

2. 消除铸件的内应力

铸件在凝固和冷却过程中，由于收缩受阻，各部位冷却速度不同以及组织转变引起体积变化等原因，不可避免的会在铸件内产生内应力。铸件内应力会使铸件在存放、后序加工及使用过程中产生裂纹或变形，降低铸件的尺寸精度和使用性能，甚至使铸件报废。因此，对于有较大铸造残留应力的铸件，尤其是形状复杂的大型铸件，应在机械加工前进行消除内应力处理。铸件在焊补时也会产生内应力，因此，焊补后的铸件也应进行消除内应力处理。

最常采用的铸件消除内应力处理方法是自然时效和人工时效。自然时效是将铸件平稳地放置在空地上。一般放置6～18个月，最好经过夏季和冬季。大型铸铁件，如床身，机架等一般采用这种时效方法。自然时效稳定铸件尺寸的效果比人工时效好，但周期长，因此中小铸件、甚至大铸件通常都采用人工时效方法来消除内应力。人工时效通常指对铸件进行消除内应力回火，即将铸件加热到塑性变形温度范围保持一段时间，使铸件各部位温度均匀化，从而释放铸件内应力，使铸件尺寸趋于稳定，然后使铸件在炉内缓慢冷却到弹性变形温度范围后出炉空冷。此外，振动时效作为一种消除铸件内应力的新工艺，由于其能耗和处理成本较低，且在消除内应力及保证铸件尺寸稳定性方面效果显著，也越来越受到重视。

铜合金铸件一般采用时效处理来消除应力。

① 锡青铜铸件：加热至650℃，保温2～3h，随炉冷却至室温或随炉冷却至300℃出炉空冷。

② 磷青铜铸件：加热至500～600℃，保温1～2h，随炉冷却至室温或随炉冷却至300℃出炉空冷。

③ 黄铜铸件：α黄铜铸件加热至500～600℃保温1～2h，（$\alpha+\beta$）黄铜铸件加热至600～700℃保温1～2h，随炉冷却至室温或随炉冷却至300℃出炉空冷。

17.1.2 金属型铸造

金属型铸造俗称硬模铸造，是用金属材料制造铸件，并在重力下将熔融金属浇入铸型获得铸件的工艺方法。由于一副金属型可以浇注几百次至几万次，故金属型铸造又称为永久型铸造。金属型铸造既适用于大批量生产形状复杂的铝合金、镁合金、铜合金等非铁合金铸件，也适合于生产钢铁金属的铸件、铸锭等。金属型铸造有如下工艺特点。

1）金属型的热导率和热容量大，冷却速度快，铸件组织致密，力学性能比砂型铸件高15%左右。

2）能获得较高尺寸精度和较低表面粗糙度值的铸件，并且质量稳定性好。

3）因不用和很少用砂芯，可以改善环境、减少粉尘和有害气体、降低劳动强度。

4）金属型本身无透气性，必须采用一定的措施导出型腔中的空气和砂芯所产生的气体。

5）金属型无退让性，铸件凝固时容易产生裂纹。

6）金属型制造周期较长，成本较高。因此只有在大量成批生产时，才能显示出好的经济效果。

铜合金铸件在金属型中的位置有如下原则。

1）便于安放浇注系统，保证合金液平稳充满铸型。

2）便于合金顺序凝固，保证补缩。

3）使型芯（或活块）数量最少、安装方便、稳固、取出容易。

4）力求铸件内部质量均匀一致，盖子类及碗状铸件可水平安放。

5）便于铸件取出，不致拉裂和变形。

分型面的选择原则。

1）单铸件的分型面应尽量选在铸件的最大端面上。

2）矮的盘形和筒形铸件的分型面应尽量不选在轴心上。

3）分型面应尽可能地选在同一个平面上。

4）应保证铸件分型方便，尽量减少或不用活块。

5）分型面的位置应尽量使铸件避免做铸造斜度，而且容易取出铸件。

6）分型面应尽量不选在铸件的基准面上，也不要选在精度要求高的表面上。

7）应便于安放浇冒口和便于气体从铸型中排出。

金属型的预热是浇注前必不可少的工序之一。金属型在喷刷涂料前需先预热，预热温度根据涂料成分和涂抹方法确定。温度过低，涂料中水分不易蒸发，涂料容易流淌。温度过高，涂料不易粘附，造成涂料层不均匀，使铸件表面粗糙，常用铜合金铸件用金属型预热温度为 80～120℃。喷刷涂料的目的在于保护金属型，避免金属液直接接触金属型型腔，使铸件表面光洁，便于脱型。还可以利用涂料的不同厚度创造顺序凝固条件，减少铸件缺陷。对铸铁件还可以避免产生白口。涂料应具备足够的耐热性、化学稳定性和一定的导热性能。使用时流动性要好、发气量要低，在剧烈温度变化时不发生龟裂和剥落。常见的铜合金铸造用涂料的涂抹原则如表 17-2 所示。

表 17-2 铜合金铸造用涂料的涂抹原则

铸造合金	铸件特点	预热温度/℃	工作温度/℃
铜合金	锡合金	150～250	60～100
	铅青铜	120～200	60～120
	铅青铜	80～125	50～75
	一般黄铜	100～150	<100
	铅黄铜	350～400	250～300

17.1.3 连续铸造

1. 空心管坯连续铸造技术

(1) 垂直连铸法

关于垂直连续浇铸空心管坯的设想，早在 1869 年就由约翰·麦克洛斯基（John Me Closkey）提出，并在美国申请了专利。其主要原理是在圆形的结晶器中放入一个同心的水冷芯子——内结晶器，钢液浇入外结晶器与内结晶器形成的环形空间内，这样便得到管形的空心坯，其结构原理如图 17-1 所示。用这种方法浇铸空心坯的主要困难是内结晶器的设计问题。如果锥度小，管坯收缩就会将内结晶器箍住，因而使得浇铸不能顺利进行；如果锥度太大，则凝固坯壳与内结晶器接触不良而不能得到充分冷却，就会产生破裂或漏钢事故。

由于受当时各种条件的限制，此想法虽好但一直未能付诸实现。直到 1959 年，西德曼内斯曼公司胡金根厂终于连续浇铸出外径为 300mm，内径为 100mm 的空心坯。随后该公司又浇铸出外径 450mm、内径 100mm、长达 7m 的空心圆坯。经过十五年的研究，曼内斯曼-米尔公司建成了第一台完全生产用的空心坯连铸机，于 1970 年 10 月投入生产，该设备浇铸的优质空心坯可在周期轧管机上加工成大口径无缝管。

奥地利伯勒尔兄弟公司提出了一种新颖的浇铸空心坯的方法，即所谓“无芯连铸法”，其特点是不用内芯形成空腔，原理如图 17-1、图 17-2 所示。这种方法是把一般的弧形连铸机的二次冷却区由 90°延长至 180°或 270°，在大气压力下，拉出端的液芯与结晶器内钢液面在同一水平面，继续拉坯时，铸坯壁厚不再增加，这样就得到了空心的连铸坯。此法生产空心连铸坯，过程简单，主要困难是如何调节二次冷却，控制壁厚均匀性和同心度。另外在浇铸碳素钢管坯时，内表面粗糙，且合金凝固范围越宽，内表面越粗糙。在拉辊前施加旋转磁场，内表面质量得到了较大改善。将使用该法浇铸出的空心坯轧制成钢管，结果表明管坯完全能满足制管的要求。中川吉左衛门提出利用类似穿孔用的顶杆对离开液芯的管坯内腔进行冲顶，不但得到表面光滑的内腔，管坯的力学性能也得到提高。

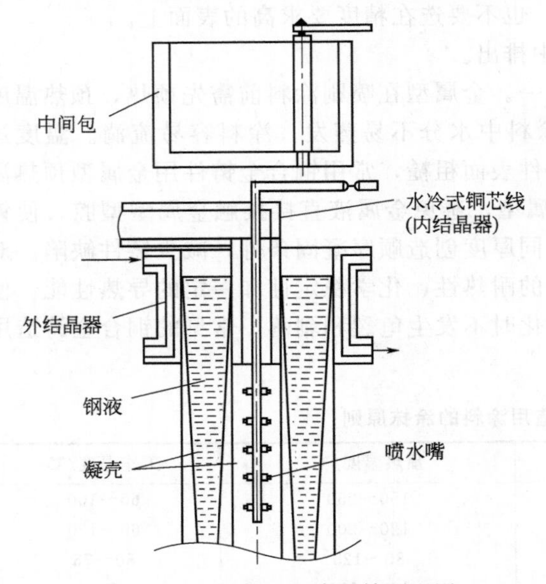

图 17-1　空心管坯垂直连铸原理图

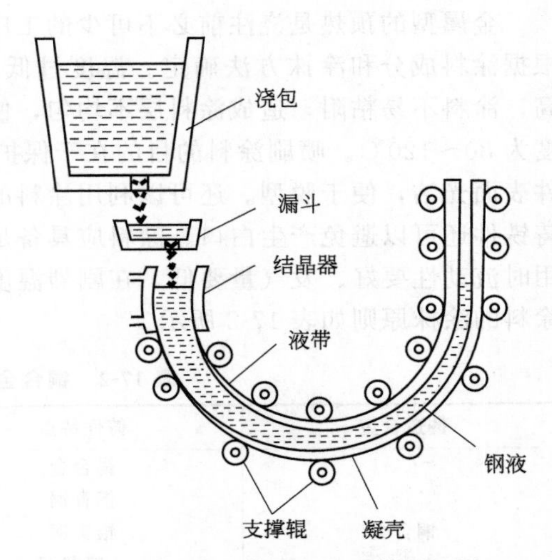

图 17-2　空心管坯无芯连铸原理图

（2）上引连铸法

根据有无内芯，上引连铸空心管坯可分为两类，一类是根据无芯连铸空心坯的原理演化的无芯上引连铸工艺，如图 17-3(a) 所示。金属熔池相当于一个连通器，一侧补充金属液，另一侧设置结晶器，向上牵引铸坯，在压力的作用下，两侧的金属液面在同一水平面，在稳定的条件下拉坯就可以得到空心连铸坯，由于壁厚只受一冷区内冷却强度的影响，因此不存在壁厚不均匀的问题。另一类是有芯上引连铸工艺，如图 17-3(b) 所示。将结晶器更换为有芯结晶器，向上牵引即可得到空心管坯。管坯的凝固末端位置低于金属液面，使熔体在一定压力下结晶，有利于提高管坯的致密度。我国在引进生产无氧铜杆上引连铸新技术后，国内一些研究机构和企业对采用上引法连铸空心铜管坯进行了尝试和研究，并取得的一些进展。北京有色金属研究总院对上引连铸法生产紫铜管坯过程中不同工艺参数条件下的显微组织进行了分析，结果发现上引紫铜管坯的铸态组织主要为柱状晶，外表面无等轴晶组成的激冷层，铸态组织对工艺参数变化极为敏感。莱芜钢铁总厂冶炼厂对 ϕ38mm×4mm 铜管坯上引连铸设备的结晶器、电炉炉体和上引连铸系统进行设计和改造，采用上引连铸工艺生产出炼钢连铸结晶器用 ϕ243mm×17mm 铜管坯，其力学性能达到挤压坯的要求，且成材率提高到 90%以上，生产成本降低。将管坯压制成形后，结晶器的使用寿命与挤压坯相当。

（3）水平连续铸造法

水平连续铸造技术始于 20 世纪 50 年代，最早应用于有色金属生产。但由于开发初期铸机技术性能的局限性和某些技术难点的存在，其产量与效益均不明显，因而未能受到重视。随着科技的进步，对原材料的要求越来越高，发展合理的连续铸造工艺以确保铸坯的技术性

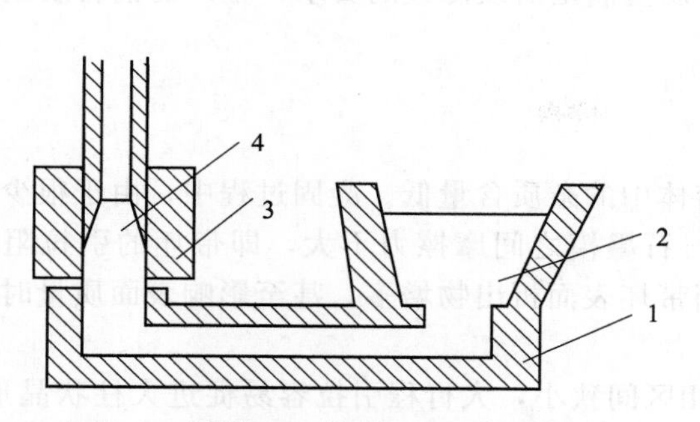

1—熔池；2—金属液；3—结晶器；4—空心管坯

(a) 无芯上引连铸示意图

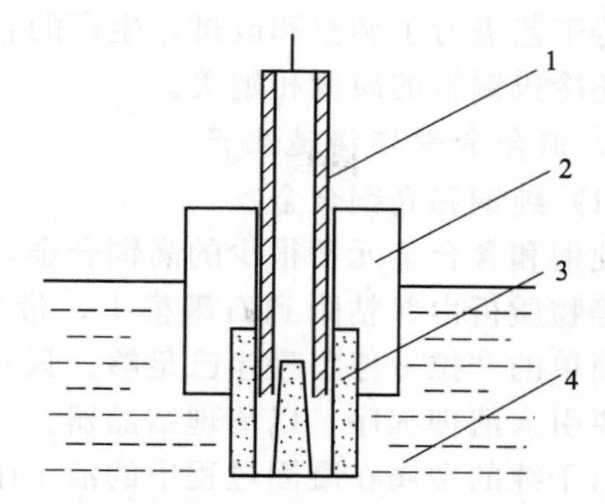

1—空心管坯；2—结晶器；3—石墨模；4—熔池

(b) 有芯上引连铸示意图

图 17-3 空心管坯上引连铸原理示意图

能已成为必然。与传统连续铸造工艺相比，水平连续铸造技术具有以下特点。

1）水平连铸设备结构简单，重量轻，投资少。一般比弧形连续铸造机重量轻 1/3，投资可节省 30%～40%。

2）水平连铸机高度低，不需建高大厂房，适用于中小型车间。

3）由于结晶器水平布置，无弯曲和矫直应力，因此可以浇注各种难于变形的高合金铸坯。

4）保温炉与结晶器密封连接，避免了金属液浇注时的二次氧化，因此铸坯清洁度高，质量好，可以浇铸的钢种范围大。

5）适用于生产优质小断面铸坯。

空心管坯水平连续铸造示意图如图 17-4 所示，管坯结晶器固定在保温炉的前壁上，结晶器的一端浸入到金属液中，另一端固定在冷却系统上。金属液经由结晶器外壁上的进液口进入结晶器型腔，在结晶器中凝固后由牵引系统拉出结晶器，得到空心管坯。

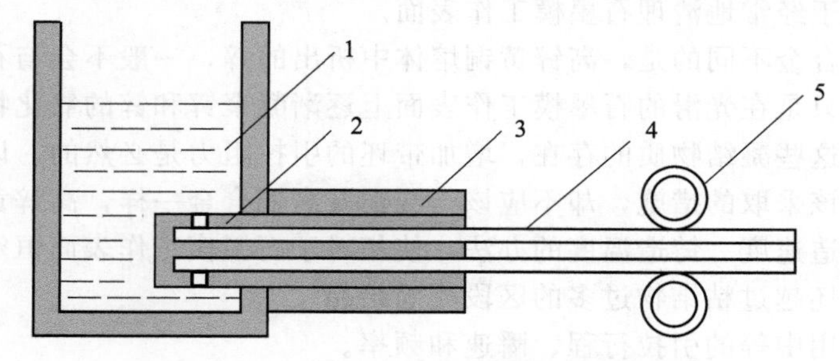

图 17-4 空心管坯水平连续铸造原理示意图

1—金属液；2—结晶器；3—冷却系统；4—空心管坯；5—牵引系统

采用水平连续铸造法生产空心管坯，可以避开空心坯的弯管和矫直设备，真正实现无间断的连续铸造。但由于现有技术和设备的问题，国内外尚未见到水平连续铸造技术应用于空心钢管坯生产方面报道。目前，水平连续铸造空心管坯技术的研究和应用集中在铜等有色合金空心管坯的生产上。J. M. Rodriguez 等对水平连续铸造空心紫铜管坯的内外结晶器锥度、冷却系统设计及几个工艺参数之间的关系进行了系统研究，设计了带有锥度的石墨结晶器系统和逆向流动冷却系统，并成功实现了 ϕ30mm×6mm 空心铜管坯的水平连续铸造。

国内空心铜管坯的水平连续铸造研究起步很晚，20 世纪 90 年代初河南金龙精密铜管股份有限公司从国外成套引进空心铜管坯水平连续铸造技术设备，在消化引进技术的基础上，对连铸工艺进行了调整和改进，生产的管坯质量满足后续冷拔的要求，生产的铜管质量可与挤压坯冷拔铜管的质量相媲美。

2. 铜合金带坯铸造生产

（1）纯铜和高铜合金

纯铜和含合金元素很少的高铜合金，熔体中的杂质含量低。凝固过程中，由于很少有氧化物等物质析出并粘附到石墨模上，带坯与石墨模之间摩擦力不大，即带坯的引拉阻力不大，简单的“拉—停”程序已足够。只有当带坯表面析出物增多，甚至影响表面质量时，才有必要引入清理程序，以清理结晶器。

由于纯的金属在凝固过程中的液-固两相区间狭小，大行程引拉容易促进大柱状晶形成，故宜采用小行程。为了不至于减低平均引拉速度，可采用小行程、低瞬速的高频率程序。小行程、低瞬速和高频率，是纯铜和高铜合金带坯引拉程序的基本特征。

纯度愈高的金属，越容易氧化和吸气。纯铜在凝固过程中，石墨模材料自身的碳和铜液中的氧化亚铜发生化学反应时消耗碳，石墨模表面可能会出现凹坑，变得粗糙。显然，这时带坯引拉阻力增大，严重时带坯表面出现裂纹。在此情况下，适当提高铸造温度和引拉速度，可使相对于石墨模某一恒定区域的带坯凝固前沿位置向后移，即越过石墨模表面已经粗糙了的区段，从而改善带坯的表面质量。

（2）低锌黄铜和高锌黄铜

含锌10%以下的低锌黄铜，铸造性质接近纯铜，宜采用接近纯铜带坯引拉的程序。随着引拉过程的进行，视带坯表面质量状况可适当增加反推动作，或降低铸造温度，或降低引拉速度等措施。

高锌黄铜由于其中的锌含量高，锌易挥发并随即进行氧化。由于氧化过程产生大量氧化锌等物质，则在结晶后沿固相区对应的石墨模工作表面上，可能粘结有由氧化锌等物质与结晶过程中析出的其他物质组成的混合物。当粘结物达到了一定厚度以后，拉铸阻力增大，容易造成带坯表面结疤或麻坑。因此铸造高锌黄铜时，适宜采用“拉—停—反推—停”的带反推的程序，目的在于经常地清理石墨模工作表面。

与纯铜和高铜合金不同的是，高锌黄铜熔体中析出的锌，一般不会与石墨模发生反应而融蚀石墨模表面，只是在光滑的石墨模工作表面上逐渐凝聚锌和锌的氧化物等物质。由于石墨模工作表面上的这些凝结物质的存在，增加带坯的引拉阻力是必然的，以至造成带坯的表面拉裂缺陷。但应该采取的措施，却不应该与纯铜及高铜合金一样，高锌黄铜遇到此种情况可适当采取降低铸造速度、铸造温度的办法，使相对于石墨模工作表面恒定的区域的带坯凝固前沿向前移，带坯越过粘结物过多的区段凝固结晶。

简单黄铜宜采用中等的引拉行程、瞬速和频率。

（3）锡磷青铜

锡磷青铜结晶温度范围大，树枝状结晶发达，带坯表面容易产生反偏析。

铸造过程中，锡磷青铜带坯表面析出的富锡偏析物质，并不直接和石墨模材料之间发生化学反应。带坯的宽厚比越大，带坯在宽度方向上的绝对收缩量越大，结果带坯小面与石墨模壁工作表面之间的间隙自然亦大，因此带坯侧面表面上的富锡偏析物比较多。带坯表面如有裂口，大都首先从四个角部开始。

锡磷青铜带坯通过石墨模时，石墨模工作表面的摩擦阻力比较大，尤其是结晶后沿附近。带坯在通过石墨模时，带坯表面不光滑的富锡物“凸瘤”像“锉”一样，磨着石墨模的工作表面。石墨模工作表面被不断磨损的结果，可以引起铸造带坯的断面尺寸的变化。

锡磷青铜带坯的粗大结晶，以及晶粒界面上的微小裂纹、疏松都可能给加工生产带来麻烦。结晶过程中，如果带坯表层的树枝状结晶骨架被拉坏，将是反偏析物涌出并在带坯表层和表面聚集的有利条件。铸锭表层结晶致密时，容易获得良好的带坯表面。良好而致密的带坯表面和表层组织，则又是抑制锡反偏析的一个重要条件。

17.1.4　其他铸造方法

1. 低压铸造

低压铸造工艺是一种常用的反重力精密成形方法，最早由英国人 E. F. LAKE 于 20 世纪初期提出并申请专利。它是液态金属在反重力作用下，完成充型及凝固过程而获得铸件的一种铸造方法，由于作用的压力较低（一般为 20～60kPa），故称之为低压铸造。其工艺原理如图 17-5 所示，压缩空气充入密闭的坩埚中，金属液在压力的作用下从升液管进入铸型中，并在一定的压力下凝固。低压铸造所用铸型有金属型、砂型、石墨型及熔模型壳等，以金属型居多。低压铸造正式用于工业生产是第二次世界大战初期，但直到 20 世纪 60 年代才开始受到各国的重视。

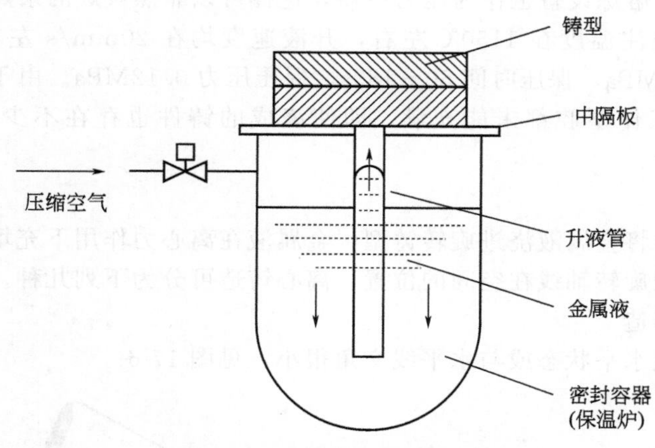

图 17-5　低压铸造工艺原理

低压铸造技术在铜合金领域得到一定发展，美国的金属型低压铸造大都使用欧洲的工艺、设备和技术资料。美国 Starline Manufacturing Co. Inc 用金属型低压铸造工艺生产黄铜材质的管道接头部件和硬水软化器的阀体等。充型压力大约为 0.05MPa（约 7.5psi），生产效率很高，30～45s 即可完成一个浇注周期。美国 Global Valve 公司用金属型低压铸造工艺生产低铅黄铜水龙头旋塞，与重力砂型铸造相比铸件质量好，废品率低。另据 AFS Transactions 报道，目前欧洲普遍采用低压金属型铸造生产管道接头部件，材质以黄铜（C85800）为主。

加拿大能源与矿产技术中心研究了低压灰铸铁型铸造的充型压力等工艺参数对铜合金（铅黄铜 C87500、硅青铜 C87600、黄铜 C85800）的流动性和铸造的三种规格（230mm×102mm×13mm、230mm×102mm×6.4mm，230mm×102mm×3.2mm）铜板质量的影响。采用 IMR model BP 155S 低压铸造机，通过数字计数器控制充型压力和充型速度，增压充型时间为 3s，保压凝固时间 6s，试验结果表明：压力从 0.04MPa 增加 0.07MPa，6.4mm 和 13mm 厚平板的浇注高度增加了 2 倍，3.2mm 厚平板的浇注高度增加了 4 倍。说明充型压力对浇注高度起决定性作用，增大压力可以提高合金的流动性，而且对薄板比对厚板的作用大。铝和铅降低合金的流动性，这与重力金属型铸造得到的结果相反。

加拿大的材料技术实验室还对铜合金的低压金属型铸造的充型过程进行了水模拟试验。

充型压力在2s达到0.07MPa，就可以从高速录像机中看到卷气现象，时间从2s增加到4s时，卷气明显减少；如果4s内压力增加到0.04MPa，就不会有涡流和卷气现象。

瑞士的KWC工程公司用金属型低压铸造生产旋塞、水表、阀体等小型黄铜铸件。该装置熔化炉兼做低压保温浇注炉，最大充型压力0.1MPa，铸件重2kg，一个铸型可同时铸造25个铸件。生产过程中可连续对升液管进行加热，避免了升液管出现冻死现象，保证了充型、增压和增压补缩过程顺利进行。

英国Foundry Trade Journal报道，鉴于低压铸造反重力平稳底注充型的优点，研究人员开始探讨采用低压铸造工艺生产易氧化的铜基合金（AB2和Cu-Ni-Cr）泵铸件的可行性。

我国大连船用推进器厂先后成功的用石墨型和水玻璃砂型低压铸造船用铜合金螺旋桨，消除了氧化物夹渣。充型时间随铸型材料和铸件尺寸的不同而异，例如铸件重量从20kg到200kg不等，充型时间也从5s到40s不等，而石墨型比水玻璃砂型的充型时间短。

沈阳理工大学用自己设计的CLP5型低压铸造液面加压控制系统在福建某厂采用砂型浇注纯铜风口水套试验（重150～250kg、壁厚10mm左右）。升液充型过程是在焦炭坩埚炉内进行的，炉体既作为熔炼设备也作为压力容器，这样可以靠焦炭炉的余热维持铜液较长时间的正常使用温度。浇注温度在1150℃左右，升液速度均在20mm/s左右，充型时间50～55s，充型压力0.07MPa，保压时间50～180s，保压压力0.12MPa。由于很多工艺条件较难控制，许多情况下工作型腔都未能充满，即使浇成的铸件也存在不少缺陷，打压时出现渗漏。

2. 离心铸造

离心铸造是一种将金属液浇进旋转铸型，金属液在离心力作用下充填铸型并凝固成形的铸造方法。按照铸型旋转轴线在空间的位置，离心铸造可分为下列几种。

（1）卧式离心铸造

铸造旋转轴线呈水平状态或与水平线交角很小，见图17-6。

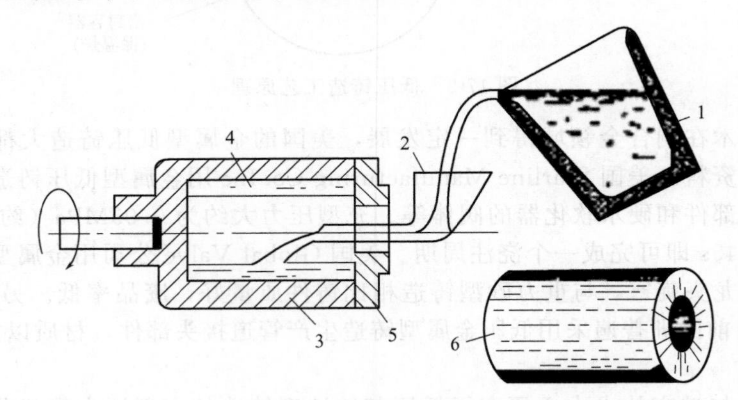

图17-6　卧式离心机示意图

1—浇包；2—浇嘴；3—铸模；4—金属液；5—前端盖；6—铸件

（2）立式离心铸造

铸型旋转轴线垂直于地面，见图17-7。

国外文献常按铸件成形特点，对离心铸造法分类。

① 真离心铸造。回转形铸件轴线与铸型旋转轴线重合，铸件内表面借离心力形成。

② 半离心铸造。回转形铸件轴线与铸型旋转轴线重合，铸件各表面全由铸型壁形成。

③ 加压离心铸造。铸件形状不规则，成形时浇铸型轴线旋转，铸件轮廓全由铸型壁

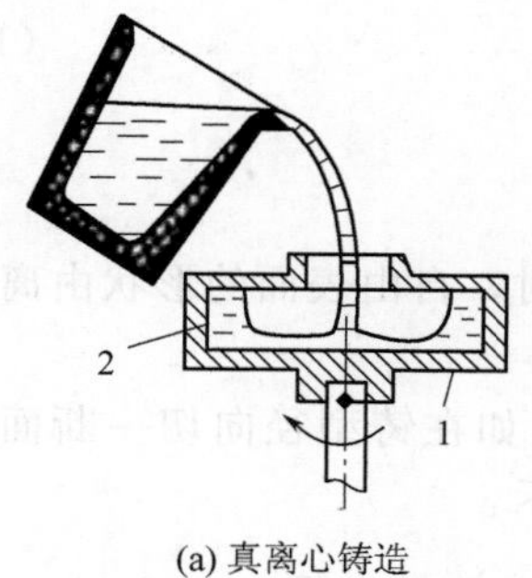

(a) 真离心铸造

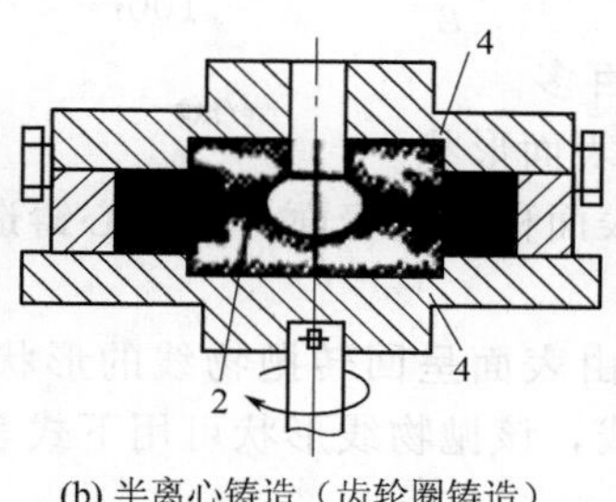

(b) 半离心铸造（齿轮圈铸造）

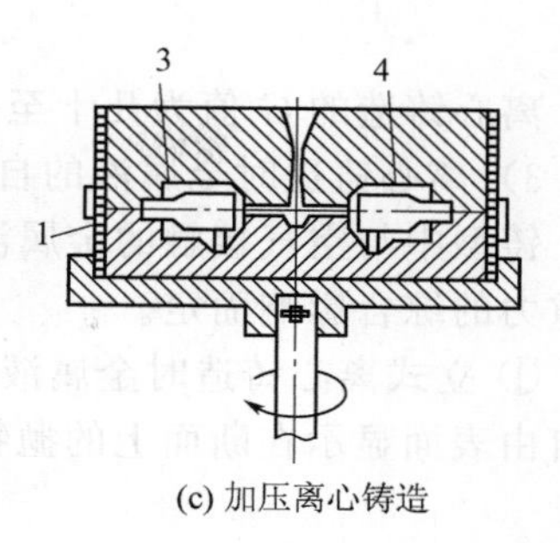

(c) 加压离心铸造

图 17-7　立式离心铸造示例

1—铸型；2—铸件；3—型腔；4—型芯

形成。

与其他铸造法比较，离心铸造的优缺点如下。

① 可不用型芯高效、方便地制造中空回转体铸件，且可把壁厚减薄很多，铸件的长度对直径的比值可很大，如各种盘状、环状、筒状、管状铸件。

② 便于制造筒、套、管、辊类双金属或多层金属铸件。

③ 金属液的充型能力可显著提高，易于获得散热面积较大、壁厚较薄、型腔弯曲不易充填、表面有细致凹凸花纹的铸件；易于浇注流动性较差的合金，如钛合金、耐热合金。

④ 可显著提高金属液的补缩能力，金属中夹渣、气泡易向铸件内表面集中，故铸件致密度高、力学性能好，如铸钢件的力学性能可赶上锻钢件，铜合金件、铸铁件的强度极限可比一般砂型铸件提高 10%～40%，伸长率也有所改善。

⑤ 可消除或明显减少消耗于浇注、补缩系统的金属液，工艺出品率可达 95%～97%。

⑥ 对组成易分离或凝固过程析出密度与基体相差较大的合金而言，铸件易形成密度偏析。如铸钢件中 C、P、S 易向内壁聚集，它们在内表面上的含量可比外表面处高 10%～70%；铅青铜外层中易得铅聚集的团块。但可利用此特点制造梯度性能的铸件，如要求内表面耐磨的金属基复合材料铸件。

⑦ 真离心铸造时对浇注金属的定量准确性要求高，铸件内孔尺寸不易准确控制，有时内孔表面较粗糙，聚有熔渣。

⑧ 铸件形状有一定局限性。

离心铸造原理：

1）离心力

质量为 m(kg) 的金属液质点，以一定的角速度 ω(rad/s) 作距离旋转中心为 r(m) 的圆周运动时，此液滴产生的离心力 F(N) 为：

$$F=nw^2r=0.01mn^2r \tag{17-1}$$

式中　n——旋转转速，r/min。

2）有效重度和重力系数

由作圆周运动的单位体积金属产生的离心力称有效重度 γ'(N·m³)，即

$$\gamma'=\rho\omega^2r=0.01\rho n^2r=\gamma\frac{\omega^2r}{g}=0.112\gamma\frac{n^2}{100}r \tag{17-2}$$

式中　ρ、γ——金属的密度（kg/m³）、重度（Nm³）；

g——重力加速度，取 9.81m/s²。

有效重度大于重度的倍数称为重力系数 G。

$$G=\frac{\omega^2 r}{g}=0.112\frac{n^2}{100r} \tag{17-3}$$

离心铸造的 G 值为几十至一百多。

3）离心铸造时金属液的自由表面形状

铸型中与空气接触的金属液表面称自由表面。真离心铸造时，自由表面的形状由离心力与重力的综合影响而定。

① 立式离心铸造时金属液自由表面呈回转抛物线的形状。如在铸型径向切一断面，可得自由表面显示在断面上的抛物线，该抛物线形状可用下式表示：

$$y=\frac{\omega^2}{2g}x^2 \tag{17-4}$$

凝固后立式离心铸件的上端壁厚与下端壁厚间的差值 k 可用下式估算：

$$k=x_1-\sqrt{x_1^2-\frac{2gh}{\omega^2}}=x_1-\sqrt{x_1^2-\frac{0.18h}{(n/100)^2}} \tag{17-5}$$

实际生产中由于铸造工艺和金属凝固、收缩顺序的影响，铸件内表面的回转抛物面形状和 k 值会有一定的歪曲。

② 卧式离心铸造时金属液自由表面形状近似于圆柱面，但该圆柱面的轴线偏离铸型旋转轴线，垂直向下移动极小的距离，在铸件凝固过程中此种偏心逐渐消失，最后圆柱形的铸件内表面轴线与铸型旋转轴线重合。

4）离心压力

以角速度旋转的金属液产生的离心力在金属液中每一点上或在铸型壁上引起的压力称离心压力，其值 P(Pa) 可由下式计算：

$$P=\frac{\rho\omega^2}{2}(r^2-r_0^2)=\frac{r\omega^2}{2g}(r^2-r_0^2) \tag{17-6}$$

式中　r、r_0——观察点的旋转半径和自由表面半径。

5）旋转金属液中异相质点的内浮外沉

旋转铸型内金属液中常夹有密度与金属液基体不同的异相质点，如气泡、夹渣、析出的晶粒、与金属液基体不能较好组合的组元等，在离心力作用下，密度较小的质点向旋转中心移动（内浮）；密度较大质点向型壁移动（外沉）。它们的浮、沉速度比一般重力铸造时可大约 G 倍，故离心铸造时密度较小的气泡、渣粒能很快移向自由表面或处于铸型中部的浇注补缩系统中，但铸件易产生密度偏析。

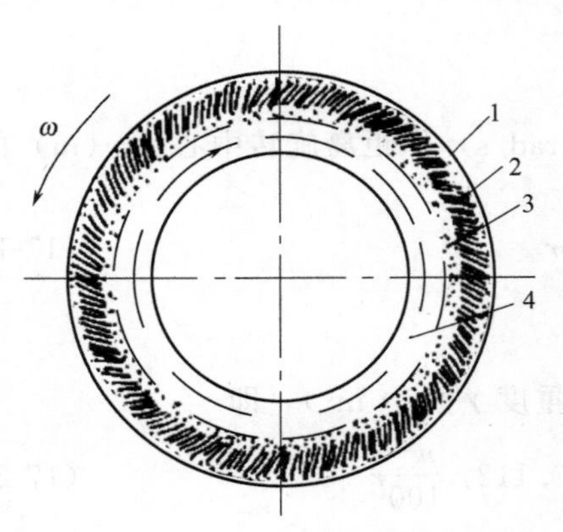

图 17-8　倾斜状的柱状成长示意图

1—激冷细晶粒层；2—倾斜状柱状晶；3—相对滑动固液混合层；4—液层

6）离心铸件的凝固特点

离心铸件凝固特点有以下四点。

① 具有较强的由铸件外壁向中心定向凝固的特性，因为：a）旋转铸型外壁上的散热较强，而铸件内表面大多与对流较弱的空气接触，且不易辐射散热；b）旋转金属液中析出的密度较大的晶粒和温度较低的溶液有较大趋势向型壁方向沉积；而密度较小的温度较高的融液向自由表面移动，形成了较强的对流，促使铸型外壁上凝固层成长较快。但如金属液中先析出的晶粒的密度比金属液小，如过共晶铝硅合金中先析出的初晶硅、铸铁中的石墨，则它们有较大趋势向自由表面移动，促使铸件内表面过早出现凝固，形成双

向凝固现象，使铸件内表面上出现皱裂或在内表面附近出现皮下孔洞。

② 离心铸件凝固时能获得较强的补缩，因为：a）上述的定向凝固；b）结晶前缘附近的固液共存区减薄，创造了较好的金属液穿过固液共存区对凝固层补缩的条件；c）旋转金属液的离心力比重力大 G 倍，它具有较大的克服晶粒间补缩通道对晶粒间缩松进行补缩的能力，尤其离心铸件由外向里的凝固顺序更创造了晶粒成长方向对着离心力方向的条件，使补缩时金属液上的离心力能充分发挥作用。

③ 进入离心铸型的金属液不能即刻具有与铸型同样的转速，铸件凝固层的结晶前缘上有固液相混合的金属相对滑动，常可使铸件横断面上得到倾斜状的柱状晶（图 17-8），其倾斜方向与铸型旋转方向相同。如果相对滑动较强烈，就可能在结晶前缘上产生较剧烈的冲刷作用，产生紊流，使成长的晶粒折断，使铸件断面上最终形成细小等轴晶粒的组织。

④ 由于进入铸型圆柱表面上的金属液是逐层覆盖在轴向上充填铸型，当各层金属不能相互很好融合，各层金属对应于各自的条件凝固时，在铸件横断面上便会形成层状偏析组织，各同心圆层中的金相组织不同。

17.2 熔体性质、凝固特性及铸造缺陷

17.2.1 熔体性质

许多材料的制备都包含一个由液相到固相的凝固过程。因而，凝固前液相的结构和性质将对材料的凝固过程、组织和性能产生重要影响。

合金液是由多种尺度和结构单元组成的呈熔融状态的熔体，熔体结构单元的多种尺度包含从单个原子到不同尺度的原子团簇或原子集团。熔体结构呈现长程无序和短程有序的基本特征。近年来，国内外学者对金属熔体的结构和性质进行了大量的研究。发现金属和合金的液态结构和性质不仅与金属的种类和合金的成分及压力有关，而且也与熔体的热历史（即熔体的升降温速率、保温温度和保温时间等）有关。并认识到通过控制熔体状态可控制合金的凝固过程、凝固组织和合金性能。

目前，研究熔体结构的方法主要有 3 类：①直接测定法，如 X 射线衍射、中子衍射和电子衍射等方法，此类方法可测定出熔体的结构参数，能定量说明熔体的结构；②间接测定法，主要利用金属或合金熔体某些物性参数，如黏度、密度、电阻和磁化率等与熔体的结构之间的关系，通过对这些物性参数的测定来间接判断熔体微观结构的变化规律；③计算机模拟方法，如蒙特卡罗法（MC）和分子动力学法（MD）等。采用计算机模拟的方法可以全面给出双体分布函数、结构因子、原子间相互作用势函数和键取向序参数等参数，从而更全面细致地反映熔体的结构信息。

熔体温度变化后需要一定的时间，熔体的结构才能达到其在给定温度下的平衡状态，即熔体结构转变存在滞后性。利用熔体结构的滞后性，采用熔体过热处理技术以使高温熔体的均匀结构得以保留至低温，进而达到细化组织、改善合金性能的目的。

根据熔体冷却的方法，可将熔体过热处理分为以下两种方式：①简单过热法，即将熔体过热到液相线以上某一温度保温一段时间后直接浇注；②热速处理，通常是将金属或合金熔体过热到液相线以上某一温度进行保温，然后再迅速冷却到浇注温度进行浇注。高低温熔体混合法、冷料激冷法、熔体激冷法等方法是实现热速处理的重要手段，它们都是通过对熔体的预结晶状态的控制来改变其凝固过程，从而达到细化组织提高性能的目的。

17.2.2 熔体流动性

合金的流动性是指液体合金本身的流动能力，是合金的铸造性能之一，它与合金的成分、温度、杂质含量及其物理性能有关。纯金属和共晶成分合金在固定的温度下凝固，已凝固的固体层从铸件表面逐层向中心推进，与未凝固的液体之间界面分明，而且固体层内表面比较光滑，对液体的流动阻力小，直至析出较多的固相时才停止流动，所以此类合金液流动时间较长，流动性好。对于具有较宽结晶温度范围的合金，其结晶温度范围越宽，铸件断面上存在的液固两相区就越宽，枝晶也越发达，阻力越大，合金液停止流动就越早，流动性就越不好。通常，在铸造铜合金中，铜比锡青铜的流动性好，就是这个道理。

结晶潜热是估量纯金属和共晶成分合金流动性的一个重要因素。凝固过程中释放的潜热越多，则使其保持液态的时间就越长，流动性就越好。合金的比热容和密度越大，热导率越小，则在相同的过热度下，保持液态的时间越长，流动性就越好，反之亦然。此外，合金的流动性还受液体合金的黏度、表面张力等物理性能的影响。

流动性好的合金，充填铸型的能力强。在相同的铸造条件下，良好的流动性，有利于合金液良好地充满铸型，以得到形状、尺寸准确，轮廓清晰的致密铸件；有利于使铸件在凝固期间产生的缩孔得到合金液的补缩；有利于使铸件在凝固末期受阻而出现的热裂得到合金液的充填而弥合。因此，合金具有良好的流动性有利于防止浇铸不足，补缩不足及热裂等缺陷的产生。在实际生产中，当合金牌号一定（即合金液本身的流动能力一定）的情况下，除加强熔炼工艺控制（如加强去气除渣处理）外，采取改善铸型工艺和适当提高浇注温度的办法，可有效提高合金液充填铸型的能力。

测定铸造铜合金的流动性时，最常采用的是螺旋试样法，采用同心三螺旋流动性测试装置（试样形状及尺寸见图 17-9，铸型的合型图见图 17-10）；试样铸型的基本结构包括外浇道、直浇道和使合金液沿水平方向流动的具有倒梯形断面的螺旋线形沟槽。沟槽中每隔 50mm 有一个凹点，用以直接读出螺旋线的长度。

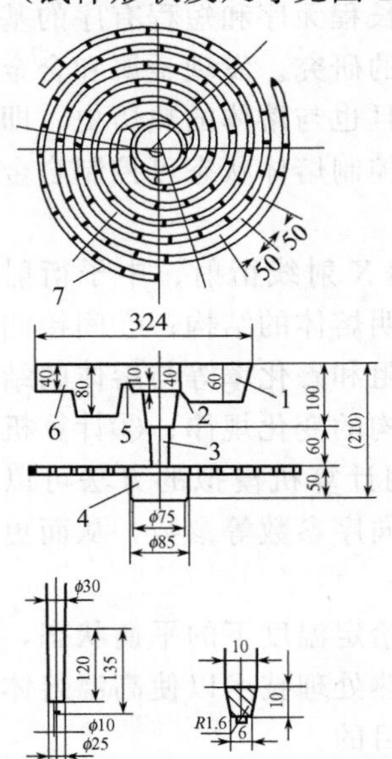

图 17-9 同心三螺旋流动性试样形状及尺寸

1—外浇口；2—低坝；3—直浇道；4—全压井；5—高坝；6—溢流道；7—螺旋线

通常，试样采取湿型浇注。铸型为水平组合型，铸型的最小吃砂量应大于 20mm，铸型采用捣实造型方法成型，砂的紧实度控制在 1.6～1.8g/cm³，铸型型腔表面应光滑完整，标距点应明显准确，铸型扎的排气孔不得穿透型腔。

在测试过程中，环境温度控制在 5～40℃，相对湿度控制在 30%～50%；铸型应保持水平状态，并须避开磁场、振动等干扰因素的影响；铸型放置时间不应超过 1h；采用热电偶和二次仪表在浇包内测量浇注温度，并控制浇注温度在合金液相线以上 50～90℃（熔点高的合金取上限，熔点低的合金取下限），测温后立即浇注，浇注液流要平稳而无冲击；试样浇注后需经自然冷却半小时再打箱；清理后即知浇成的螺旋试样长度；最后，合金的流动性由螺旋线的流动长度（mm）和对应的浇注温度（℃）来判定。标准法以每次测试的三个同心螺旋线长度的算术平均值为测试结果；简易法以三次同种合金相同浇注温度下的单螺旋长度的算术平均值为测试结果。还需说明，当试样产生缩孔、缩陷、夹渣、气孔、砂孔、浇不到等明显铸造缺陷时，当试样由于浇注“跑火”引起严重飞边时，当试样表面

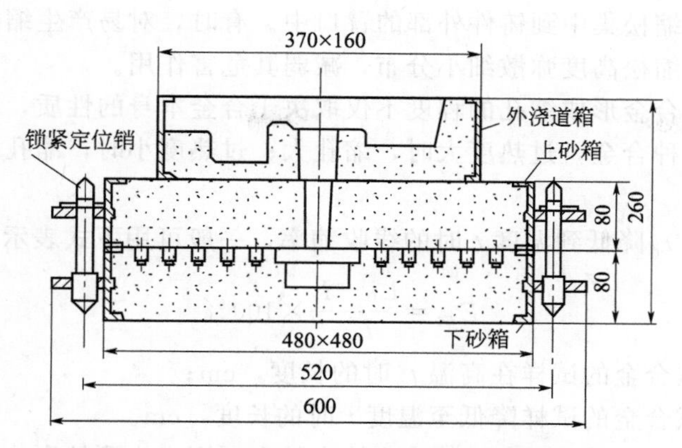

图 17-10　标准法测试合金流动性的铸型合型图

粗糙度不合格（即 $R_a > 25\mu m$）时，其测试结果应视为无效。

采用螺旋试样法的优点是，试样型腔较长。而其轮廓尺寸较小。烘干时不易变形，浇注时易保持水平位置。缺点是，合金液的流动条件和温度条件随时在改变，影响其测试之准确度。

17.2.3　补缩效果

铸造合金从液态到凝固完毕，以及随后继续冷却到常温的过程中都将产生体积和尺寸的变化，这种体积和尺寸的变化总称为收缩。合金从浇注温度到常温的收缩通常分为三个阶段，即液态收缩、凝固收缩和固态收缩。合金的液态收缩和凝固收缩对铸件中缩孔的大小有决定性影响；凝固收缩和固态收缩共同影响热裂的形成；而固态收缩对铸件中应力的产生、冷裂的形成以及铸件形状尺寸的改变起主要作用。这些收缩虽然实质上都是体积收缩，但在实用中，液态收缩和凝固收缩常以体收缩表示，而固态收缩因与铸件的形状和尺寸关系很大，为方便起见，常以线收缩表示。合金收缩的尺寸一般以百分数来表示，称为收缩率。

1. 体收缩

铸造合金由高温 t_0 降低到温度 t 时的体收缩率，可用下式表示：

$$E_{体} = \frac{V_0 - V}{V_0} \times 100\% \tag{17-7}$$

式中　V_0——被测试合金的试样在高温 t_0 时的体积，cm^3；

V——被测试合金的试样降低至温度 t 时的体积，cm^3。

由于合金在液态和凝固期间产生体收缩的结果，使铸件在最后凝固地方出现宏观或显微孔洞，统称缩孔。通常将肉眼可见的宏观缩孔，分为集中性缩孔和分散性缩孔。集中性缩孔（亦常简称缩孔）、容积大而集中，多分布在铸件上部或断面较厚（热节）处等最后凝固的部位；分散性缩孔（亦常简称缩松），细小而分散，常产生在铸件轴心处和热节处。而显微缩孔，多分布在晶粒边界上和树枝状晶的树叉内，一般难以用肉眼分辨，很难与显微气孔区别，往往两者又同时发生。

缩孔与缩松是铸件的重大缺陷、其产生的基本条件是合金的液态收缩及凝固收缩远大于固态收缩。通常，合金的凝固温度范围越小，则越易形成集中缩孔；反之，易形成缩松。正因为这个道理，通常黄铜铸造时，产生集中缩孔的倾向大；而锡青铜铸造时，很易产生缩松，较难满足气密性试验的要求。在实际生产中，通常在铸造工艺设计时，采取各种工艺措施，促使铸件按顺序凝固，并设法使铸件在液态及凝固期间的体收缩及时得到合金液的补给。从而使其缩孔与缩松集中到铸件外部的冒口中。有时，对易产生缩松的合金铸件采取同时凝固原则，以促使缩松高度弥散细小分布，减弱其危害作用。

应该说明的是，合金形成缩孔的程度不仅取决于合金本身的性质，而且还与合金过热的程度有关。同样是一种合金，过热度大时，缩孔大；过热度小时，缩孔小。

2. 线收缩

铸造合金由高温 t_0 降低到温度 t 时的线收缩率，一般可用下式表示：

$$E_{线}=\frac{L_0-L}{L_0}\times 100\% \tag{17-8}$$

式中 L_0——被测试合金的试样在高温 t_0 时的长度，cm；

L——被测试合金的试样降低至温度 t 时的长度，cm。

显然，在其他条件相同时，合金的线收缩率越大，则产生裂纹和应力的倾向越大，冷却后形状尺寸的改变也越大。但是，铸件在铸型内收缩时，往往由于受到摩擦阻碍（铸件表面与铸型表面之间有摩擦力）、热阻碍（铸件各部分因冷却速度不一致而产生的阻碍）、机械阻碍（铸型的突出部分或型芯的阻碍）等作用不能自由收缩，故通常将铸件在这些阻力作用下实际产生的收缩称为受阻收缩，而只将形状简单（如圆柱形铸件）收缩时受阻极小的铸件的收缩近似地视为自由收缩。受阻收缩总小于自由收缩。在生产中，为弥补铸件尺寸的实际收缩量，便在制作模样时采用相应的铸造收缩率 ε 并常用下式表示：

$$E_{铸}=\frac{L_{型}-L_{件}}{L_{件}}\times 100\% \tag{17-9}$$

式中 $L_{型}$——模样尺寸，mm；

$L_{件}$——铸件尺寸，mm。

对于不同的合金，因其线收缩率不同，应采取不同的铸造收缩率；而对于同种合金铸造的不同铸件，或同一铸件的不同部位，因其收缩时受阻程度不同，往往也需采取不同的铸造收缩率。

17.2.4 铸件开裂性

合金的热裂是指合金在高温状态形成裂纹倾向的大小，它是某些铜合金铸件常见的铸造缺陷之一。通常热裂的外形曲折而不规则，沿晶界产生。裂口的表面往往被强烈氧化，无金属光泽。按其在铸件上的位置，热裂又常分为外裂和内裂。外裂常从铸件表面不规则处、尖角状、截面厚度有变化处以及其他类似的可以产生应力集中的地方开始。逐渐延伸至铸件内部，表面较宽内部较窄，有时还会贯穿整个铸件断面，内裂产生于铸件内部最后凝固的地方。一般不会延伸至铸件表面。其裂口表面很不平滑，常有很多分叉，氧化程度较外裂轻些。

通常认为，合金的热裂是在凝固过程中产生的，即在大部分合金已经凝固，但在枝晶间还有少量液体时产生的。这时，合金的线收缩率大，而合金的强度又低。如铸型阻碍其收缩，铸件将产生较大的收缩应力作用于热节处，当热节处的应变量大于合金在该温度下的允许应变量时，即产生热裂。

但是，对于同一种合金，铸件是否产生热裂，往往取决于铸型阻力、铸件结构、浇注工艺等因素。在铸件冷凝过程中，凡能减少其收缩应力，提高合金高温强度的途径，都将有助于防止热裂的产生。因此，在实际生产中，通常采取增加铸型的退让性、改进铸型结构、改进合金引入铸型的部位以及合理设置加强肋和冷铁等有效措施来避免热裂产生。合金热裂倾向的大小，决定于合金的性质。一般说来，合金凝固过程中开始形成完整的枝晶骨架的温度与凝固终了的温度之差越大，以及在此期间合金收缩率越大，则合金的热裂倾向就越大。

17.2.5　耐压性

铸件耐压不良就是向压铸件施加压力时，从铸件的内部或外部漏出压力，可能表现是漏油，漏气，漏水等，它是铸件缺陷中最难解决问题之一，产生原因可能是各种缺陷复合而产生的不良。

耐压不良的原理如图 17-11 所示，铸件浸入水中，铸件内腔充入压缩空气，压缩空气穿过由铸件的内表面缺陷，内部缺陷以及外表面缺陷形成的通路到达水面，冒出气泡，表现出压检不良。

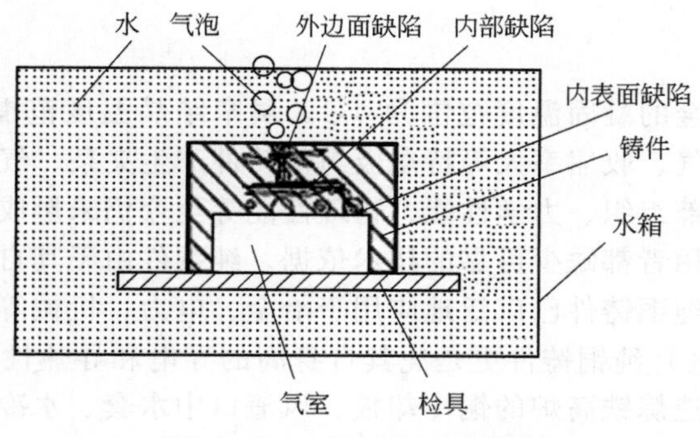

图 17-11　耐压不良原理图

在铜合金铸件中，对合金致密性要求高，所以提高铜合金铸件的耐液压性能，避免产生渗漏成为生产中的关键。经生产验证，只要在铸件断面获得一定厚度的柱状晶或细的等轴晶组织，耐液压性能就可满足使用要求。然而柱状晶在快冷条件下容易获得，在一般砂型铸造条件下是困难的。针对具体的铸件采用提高浇注温度的方法获得柱状晶组织确有非常明显的效果。铜铸件浇注温度偏低，合金组织疏松，铸件渗漏问题严重，“锡汗”、热裂时有发生。当提高浇注温度时，铸件组织呈致密柱状晶，获得合格铸件。

对各种形式的耐压不良，总是可以用表 17-3 中的相应对策予以解决。

表 17-3　耐压不良主要对策

基本思路	课题	对策
保证铸件表面完整	防止铸件表面烧伤，咬花，以及粗糙的表面	①合理的模具温度；②正确的离型剂种类和喷涂方法；③合理的熔炼和保持温度
	充填不满，溶液流动不畅的改进	①合理的模具和熔液温度；②缩短压射时间；③调整射出速度
防止压漏路径的形成	防止铸件气孔的形成（缩孔、微缩孔）	①改进内浇口厚度，提高合金液流动性；②控制模具温度，实现顺序凝固；③局部加压铸造；④调整射出速度；⑤润滑液，离型剂的正确使用；⑥排气道通畅解决铸件内反压力；⑦合金液除气干净
	防止混入破断层、冷硬层	①料筒温度，合金液温度控制；②缩短压射时间；③断热系统使用润滑剂；④浇口形状，流道形状防止混入；⑤流道部位设置浇口，过滤器设置浇口环
	防止杂质、氧化物、氧化膜进入	①回炉料的管理；②合金液的干净化；③合金液保持温度的合理化
泄漏路径的物理阻断	用物理的、机械的方法	①局部加压阻断通路；②喷打硬化；③热锻；④锻铸成型
铸件挽救	孔路切断法	①焊补；②冷补；③浸渗

17.3 种类和特征

铸造铜合金是现代工业中广泛应用的结构材料之一。铜合金具有较高的力学性能和耐磨性能，很高的导热性和导电性。铜合金的电极电位高，在大气、海水、盐酸、磷酸溶液中均有良好的抗蚀性，因此常用作船舰、化工机械、电工仪表中的重要零件及换热器。

铸造铜合金可分为两大类，即青铜和黄铜。不以锌为主加元素的统称为青铜系，按主加元素不同又分为锡青铜、铝青铜、铅青铜、铍青铜等；以锌为主加元素的称为黄铜，按第二种合金元素的不同分为锰黄铜、铝黄铜、硅黄铜、铅黄铜等。

17.3.1 铜铸件

纯铜和共晶成分合金的凝固温度范围为0℃，属窄结晶温度范围的合金，呈逐层凝固。该类合金由于易氧化吸气、收缩率大等特点极易使铸件产生夹杂、气孔、集中缩孔、裂纹缺陷；并且纯铜铸件的内部组织、力学性能、物理性能等至今仍未形成详细而系统的国家或行业标准，使制造者与使用者都缺少可靠的技术依据。纯铜件由于其自身所具有的优良性能在各领域得到广泛应用。纯铜铸件已广泛地应用于冶金、电力、机械等领域；特别是在冶金领域（$\omega_{Cu}+\omega_{Ag}>99.99\%$）纯铜铸件更是凭其自身高的导电和导热性能、优良的耐蚀性能和力学性能，大量用于制造炼铁高炉的铜冷却板、风渣口中水套、水冷坩埚、铜冷却壁和闪速炉铜水套等要求具有高导电、导热特性的产品。

17.3.2 青铜铸件

青铜最初是指铜锡合金，分为锡青铜和无锡青铜。锡青铜是锡与铜的合金，无锡青铜包括铝青铜、硅青铜、铅青铜、铍青铜等。分别是以铝、硅、铅、铍等为主要合金元素的青铜合金。普通青铜称为锡青铜，无锡青铜又称特殊青铜。

普通青铜，由于其以铜为基，其锈呈青绿色，故俗称青铜。青铜是人类历史上使用最早的一种合金，我国古代遗留下来的一些古剑、古铜镜、古钟鼎之类就是用这种合金制造的。如1939年在河南安阳出土的后母戊鼎，是我国到目前发掘出的最大青铜器，也是世界上最大古青铜器。现在除铜锌合金（黄铜）、铜镍合金（白铜）以外的铜合金均称青铜。

Cu-Sn二元合金相图如图17-12所示。锡青铜的结晶温度范围较大，铸造时易形成分散的微观缩孔；锡青铜凝固时的体积收缩率很小，充满铸模型腔的能力高，能获得完全符合铸模内型的铸件，但是，容易产生缩松，故不易得到组织致密的铸件。

锡青铜具有较高的耐磨性，且耐蚀性比黄铜好。由于锡的价格较贵，现在已大量使用无锡青铜代替锡青铜，目前锡青铜主要用来制造复杂现状的铸件、耐磨零件和一些管道附件。锡青铜无论是在大气、淡水或海水中都有很高的化学稳定性，优于纯铜和黄铜。在过热蒸汽中（250℃），当压力不超过20MPa时也相当耐蚀。在常温下，与干燥的氯、溴、氟、二氧化碳等实际不发生作用，但在高温或有水汽存在时，腐蚀速度明显加快，故可用其制作管子附件（通蒸汽和水等）。锡青铜对稀硫酸有相当强的耐蚀性，但能被高温浓硫酸腐蚀，缓蚀剂（苯甲基硫氢酸盐）可显著减缓硫酸（10%）对锡青铜的腐蚀速度，若添加如$K_2Cr_2O_7$、$Fe_2(SO_4)_3$之类的氧化剂，则加速锡青铜的腐蚀。硝酸、铬酸、脂肪酸和盐酸能强烈地腐蚀锡青铜。锡青铜在柠檬酸、蚁酸中还是相当稳定的，仅发生很微弱的腐蚀；对锡青铜的腐蚀作用无机酸大于有机酸。

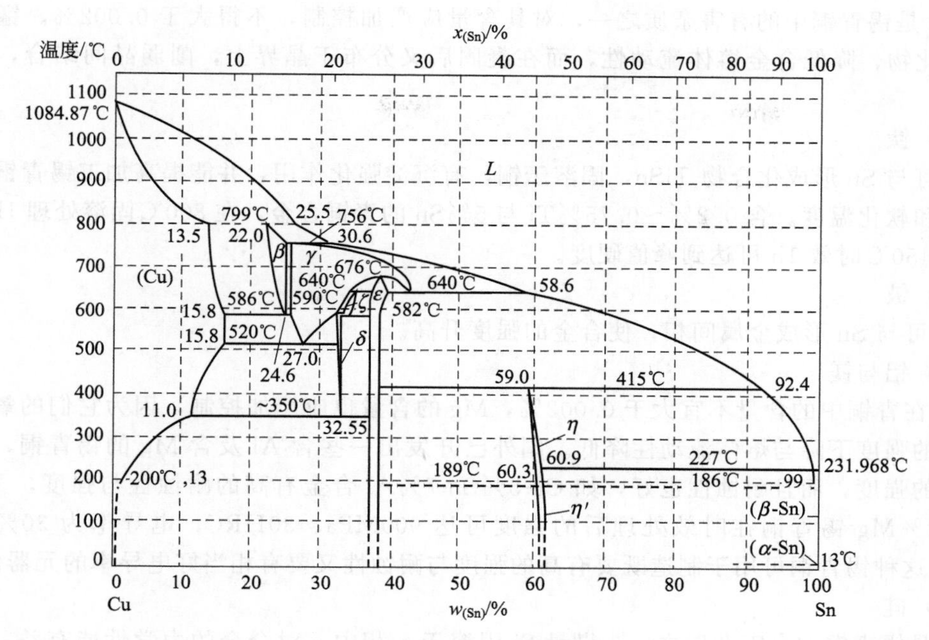

图 17-12 Cu-Sn 二元合金相图

锡青铜无低温脆性，耐磨性高。在液态，Sn 易与氧形成 SnO_2。这是一种硬脆的化合物。因此应充分脱氧，以免形成 SnO_2，降低合金的力学性能。为了改善锡青铜的力学、物理和工艺性能，在 Cu-Sn 二元合金基础上，再添加一定量的 P、Zn、Pb 或 Be 等形成一系列的多元锡青铜。Pb、P 既可能是合金元素又可能是杂质元素，Zn 是一种合金元素，Sb、Si、Al、Fe、Bi 等则是杂质。

（1）磷

磷是铜合金的有效脱氧剂，提高锡青铜的流动性，提高锡青铜的工艺性能与力学性能；缺点是加大铸锭的逆偏析。磷合金的磷含量大于 0.1%时，组织中会出现铜与铜的磷化物组成的共晶体（$\alpha+Cu_3P$），Cu_3P 硬而脆，常与 α、δ 相组成二元和三元共晶，从而扩大结晶温度区间，容易产生偏析。当 P 的质量分数小于 0.07%时，P 的加入对材料的力学性能有改善作用，促使强度、耐磨性提高。

（2）锌

锌是锡青铜的合金元素之一，锌在锡青铜 α 固溶体中的溶解度大。因此，Cu-Sn-Zn 加工青铜为单相 α 固溶体，Zn 提高合金的流动性、缩小结晶温度区间，减轻逆偏析，而对其组织与性能无大的影响，Zn 在加工锡青铜中的含量一般不大于 5%。

（3）铅

Pb 在锡青铜中的含量不超过 5%，它不固溶于 α 相，以游离状态存在，呈黑色质点分布于枝晶之间，但分布不均匀。Pb 为一种软相，可降低锡青铜的摩擦因数，提高可切削性能，改善耐磨性能和耐水压性，但略使合金的力学性能下降。

（4）铁

Fe 是青铜的杂质，其最大含量为 0.05%，有细化晶粒、延缓再结晶过程、提高强度与硬度的作用。但含量不得超过极限值，否则会形成过多的富铁相，降低合金的耐蚀性与工艺性能。

（5）锰

Mn 是锡青铜中的有害杂质之一，对其含量应严加控制，不得大于 0.002%。锰易氧化生成氧化物，降低合金熔体流动性，而在凝固后又分布于晶界上，削弱晶间结合，使强度下降。

（6）钛

钛可与 Sn 形成化合物 TiSn，固溶于铜，有沉淀强化作用，并能提高加工锡青铜退火后的硬度和软化温度。含 0.2%～0.75%Ti 与 5%Sn 的青铜合金，在 800℃固溶处理 1h，淬火后，在 450℃时效 1h 可达到峰值硬度。

（7）铍

Be 可与 Sn 形成金属间相，使合金的强度升高。

（8）铝与镁

Al 在青铜中的含量不宜大于 0.002%，Mg 的含量也应严加控制，因为它们的氧化物会使合金的强度下降与熔体流动性降低。国外已开发出一些含 Al 及含 Mg 的锡青铜，它们不但有高的强度，而且耐蚀性也好，如 Cu-5%Sn-7%Al 合金有高的耐蚀性与强度，又如 Cu-5%Sn-1%Mg 锡青铜在时效处理后的强度可达 900MPa、30HRC，电导率为 30%～35%IACS。这种锡青铜可用于制造既要有高的强度与耐蚀性又要有相当好电导率的元器件。

（9）硅

Si 是锡青铜的有害杂质之一。微量 Si 固溶于 α 相中，对合金的力学性能有益。但在高温下易形成 SiO_2，会使熔体流动性下降。若残留于铸锭中时，又有损于其强度。Si 的最大含量为 0.002%。

（10）锑与铋

锑与铋都是锡青铜的有害杂质元素，其允许最大含量为 0.002%。它们都不固溶于 α 相。

（11）锆、铌、硼

锆、铌、硼几乎不固溶于 α 相中，微量 Zr、Nb、B 有细化晶粒的作用。因此，对锡青铜的力学性能与压力加工性能有益。

17.3.3 磷青铜铸件

在铜中添加锡，以磷作为脱氧剂而组成的三元合金锡磷青铜具有高强度，优良的弹性，耐蚀、耐磨、抗磁、易钎焊、电镀以及良好的加工性能，是目前应用最广阔的弹性铜合金材料。在电子、通讯、电气设备中被用于制作各种接插件、连接器、继电器、接触器、端子、触头、膜片和弹簧等器件。

由于电子、通讯及汽车行业的高速发展，接插件、连接器用锡磷青铜带材的需用量剧增，质量要求不断提高。当前，广泛应用于新兴领域电子产品的锡磷青铜带材，必须具有性能均匀、高表面质量和高尺寸精度。带材的公差精度、力学性能、表面质量和板型平直度，不仅在一卷铜带中，就是在一整批产品中也要求达到均匀一致和高的质量。采用水平连铸带坯，冷轧和光亮退火的方式生产大卷重、高精度的锡磷青铜带材已成为我国锡磷青铜带材的主导生产工艺，技术装备也有大幅度提升，已实现了国产化。

在铸造性能方面，此类铜合金的结晶温度范围宽，呈糊状凝固，补缩困难，其板带材铸锭在铸造过程中容易产生枝晶偏析和反偏析现象，而且其铸态组织为粗大的树枝晶，为了消除偏析，需要进行 7～9h 的均匀化退火，既延长了生产周期，又消耗了能源，增加了成本。因此，改进水平连铸技术，提高铸带坯质量很有必要。

高精度大卷重锡磷青铜带材的生产，通常采用水平连续铸造制备厚度为 13～18mm 的大卷重带坯，经均匀化退火后铣面，再用大加工率冷轧开坯，而后进行冷轧和退火。为消除内应力，提高性能和板型平直度，还必须进行低温处理和拉伸弯曲矫直。主要工艺流程为：配料—熔炼（成分分析调整）水平连铸—均匀化退火—铣面—冷粗轧—中间退火—中轧—裁边—中间退火—表面清洗—预精轧—预成品退火—表面清洗—精轧—低温处理—表面清洗—拉伸弯曲矫直—检验—分切—包装入库。

锡磷青铜带材的生产工艺按冷轧的供坯方式可分为半连续铸造——热轧供坯方式和连续铸造供坯方式；连续铸造供坯方式又分为水平连铸方式、水平连铸连轧方式和立式连铸方式。

17.3.4　铅青铜铸件

Cu-Pb 二元相图见图 17-13，铅几乎不溶于铜中。当含铅低于 36%wt，降温时先析出 α 相，然后在 955℃发生偏晶反应 $L_1 \rightarrow \alpha + L_2$，在 955～326℃之间，富铅的 L_2 相不断析出 α 相，在 326℃发生共晶反应 $L_2 \rightarrow \alpha + Pb$，α 相可以看作纯铜，因此常温下的组织为树枝晶 α 及填满树枝晶间隙 Pb。较软的铅分布在铜的基体上，有自润滑作用，因此合金的摩擦系数小，耐磨性能优良。

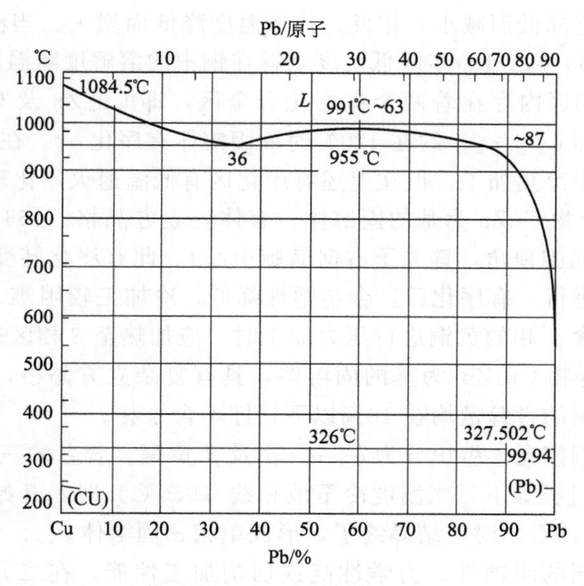

图 17-13　Cu-Pb 二元相图

铅青铜作为减摩轴承材料可使用于高压（25～29MPa）和较高速度（8～10m/s）的工作条件下。在冲击载荷下其开裂倾向小，且有较高导热性（如含铅 30%的铅青铜的导热系数为锡青铜的 2 倍），可以在 320℃下工作。为提高铅青铜的强度，常加入 15%以下的锡，可直接浇铸成轴承，但锡的加入量超过 10%时就可能出现硬脆的相（复杂立方晶格的 $Cu_{31}Sn_8$ 化合物）。因此在这类青铜中的含锡量都控制在 10%以下，通常这类合金的铅含量在 4%～22%，锡含量在 6%～11%范围。低铅高锡的合金强度高，用于高负荷，高铅低锡的合金用于低负荷。含铅量的增加（在高于 10%时）使青铜的耐磨性提高，但是在有等轴晶粒时的摩擦系数增大，摩擦配偶的磨损增加。合金的铸造组织对摩擦与磨损特性也有很大的影响。由于铅与铜不形成固溶体，铅在组织中可呈粒状、块状和网状分布。快速凝固激冷，铅呈细颗粒弥散分布，摩擦系数最低，而等轴晶有最低的磨损。

对于铜基双金属轴承的减摩层，可采用含有较高的铅且不含锡或仅有少量锡的铅青铜，如含 30%Pb 或 22%Pb，1%Sn 的青铜。二元铅青铜 ZCuPb30 的耐磨性很好，摩擦系数小，疲劳性能较高，在冲击下不易开裂，可用作承受高压、高转速并受冲击的重要轴套。它的导热性好，不易因摩擦发热而与轴颈粘连，工作温度允许达 300℃。30 铅青铜的主要缺点是力学性能很低，不能作单体轴承，只能镶铸在钢套内壁上，制成双金属轴承；其次，容易造成比重偏析，浇注时须采用水冷金属型，控制浇注速度。为了减轻二元铅青铜的比重偏析，提高其力学性能，常加入锡、锌等合金元素，如 ZCuPb20Sn5，其铸态组织与 30 铅青铜相似，但力学性能高得多。

17.3.5 黄铜铸件

黄铜是以铜、锌元素为主的铜合金，有着美观的黄色，其含锌量一般低于 45%，具有实际用途。这类合金统称黄铜。黄铜又分为普通黄铜、特殊黄铜两类。按照铜锌合金中添加的主要合金元素，可将特殊黄铜分为铝黄铜、铅黄铜、锰黄铜、镍黄铜、硅黄铜等。

Cu-Zn 二元相图，详见图 10-2。其中包含 5 个包晶反应相 α、β、γ、δ、ε 和 η 六种相。α 相是以铜为基的固溶体，其晶格常数随锌含量的增大而增大。锌在固态铜中的溶解度不像一般合金系那样随温度降低而减小，相反，是随温度降低而增大。当温度降至 456℃时，锌在铜中的固溶度增至 39%，进一步降低温度则锌在铜中的溶解度随温度降低而减小。

Cu-Zn 合金的 α 相区内存在着两个有序化合金区，即 Cu_3Zn 及 Cu_9Zn 区，试验表明，Cu_3Zn 有两个变体，即 α_1 和 α_2，约在 420℃时 α 固溶体有序化 α_1。在 217℃α_1 转变为 α_2。α 固溶体塑性良好，适于冷热加工，但在上述有序化区有低温退火硬化现象。

β 相是以电子化合物 CuZn 为基的固溶体，有体心立方晶格。456～468℃以下转变为有序相 β'（铜原子占据晶胞顶角，锌原子占据晶胞中心）。此有序化转变进行得很快，自 β 相区淬火亦不能抑制其进行。有序化后，合金塑性降低，冷加工较困难。高温的无序固溶体 β 相，塑性较好，故对含 β' 相的黄铜进行压力加工时，应加热至 β 相区进行。

γ 相是以电子化合物 Cu_5Zn_8 为基的固溶体，具有复杂立方晶格，硬而脆，难以压力加工，故实际工业用黄铜的含锌量均在 46%以下，即不含 γ 相。

工业上应用的黄铜按退火组织分为 α、$\alpha+\beta'$ 及 β' 黄铜。著名的三七黄铜 H70（含 30% Zn）在铸造时的结晶过程如下：当温度冷至液相线（950℃）时，开始由液体中结晶出 α 固溶体。冷至固相线（915℃）时，结晶终了，形成单相 α 固溶体。

为了提高二元黄铜的耐蚀性、力学性能或切削加工性能，在二元黄铜中加入少量 Sn、Pb、Mn、Fe、Si、Ni、Al 等元素，即得多元黄铜。

Pb 在 α 黄铜中的溶解度小于 0.03%，故在 α 黄铜中必须严格限制其含量（不得超过 0.03%），否则会发生热脆。但在 $\alpha+\beta$ 两相黄铜中，适当增加 Pb 的含量并不产生热脆。这是因为两相黄铜在铸造结晶完毕时，尽管 Pb 在晶间形成薄膜，但在冷却过程中 β 相转变为 $\alpha+\beta$，加热时 $\alpha+\beta$ 又转变为 β。经过这样的重结晶后，Pb 质点大部分转移到晶粒内部，其有害作用大大减弱。含 Zn 量越多的黄铜，允许的含 Pb 量越大。在含 40%Zn 的黄铜中加入 1%～2%Pb，不仅无害，还能使切屑容易脱落，从而提高合金的切削加工性能。

铅黄铜 HPb59-1 切削性能良好，被称为“易切黄铜”。此合金耐磨、耐蚀、强度高，可作衬套、螺钉、螺母、垫板、电器插座、龙头、钟表零件等，是机械制造工业中应用最广泛、最便宜的黄铜。

黄铜中加入少量Al能在合金表面生成坚固的氧化膜，提高合金对气体、液体特别是对高速海水的耐蚀性，并能提高黄铜的强度、硬度。但Al使黄铜铸造组织粗化。含Al量超过2%时，塑性、韧性下降。含2%Al，Zn含量在20%左右的铝黄铜，热塑性最好，故HAl77-2黄铜应用较广。为了进一步提高铝黄铜的抗脱锌腐蚀能力，常加入约0.05%As及0.01%Be或0.4%Sb及0.01%Be。有的铝黄铜还加有微量的Mn及Fe，以进一步提高其强度、硬度和耐蚀性。

铸造黄铜的特点及其应用见表17-4。

表17-4 铸造黄铜的特点及其应用

合金	特点	应用
ZCuZn16Si	在大气、海水中有较高的耐蚀性，比一般黄铜的抗应力腐蚀性好，有较高的强度和优良的铸造工艺性	适合于压铸和精铸薄壁铸件、壳形铸件、工作温度250℃以下的耐水压零件。主要用作轴承、海水泵叶轮、淡水用小船螺旋桨、齿轮、摇臂、闸门等
ZCuZn24Al5Fe2Mn2	有高的强度、良好的铸造和焊接性，在大气、海水中有良好的耐蚀性	主要用作船用螺旋桨
ZCuZn25Al6Fe3Mn3	有很高的强度、硬度，良好的耐磨性、耐蚀性	主要用作大型阀门杆、齿轮、凸轮、低速重载轴承、压紧螺母、液压传动筒零件等
ZCuZn26Al4Fe3Mn3	有高的强度、良好的耐蚀性和铸造工艺性	海军铸件、齿轮、枪架、衬套、轴承等
ZCuZn31Al2	有较高的强度，在大气、淡水和海水中有良好的耐蚀性	用作在大气、海水中工作的耐蚀零件，如冷凝器和热交换器附件等
ZCuZn31Pb2	有一定的强度，良好的切削加工性和色彩	不承受高压的一般用途铸件、无线电接头、装饰铸件等
ZCuZn38	有一定的强度，耐蚀性、良好的铸造工艺性，价格便宜	一般用途的小型结构零件、装饰铸件
ZCuZn35Al2Mn2Fe1	有较高的强度和韧性，良好的耐磨性	要求强度和韧性的铸件，如杠杆摇臂、阀门杆、齿轮、衬套、轴承等
ZCuZn38Mn2 Pb2	有较高的强度，良好的耐磨、耐蚀性和切削加工性	轴承、衬套和其他耐磨零件，车辆轴承的加强件等
ZCuZn40Mn2	在海水、氯化物及过热蒸汽中有良好的耐蚀性、焊接性和较高的强度	管道工程零件，支承止推轴承、骨架、衬套以及需要镀锡的零件等
ZCuZn40Mn3Fe1	有较高的强度，良好的铸造性和焊接性，在大气、海水中有良好的耐蚀性，抗空泡和抗污性低于镍铝青铜和高锰铝青铜	温度300℃以下的外形不复杂的重要构件，海水中的船舶构件，如螺旋桨、叶片等

17.3.6 高强黄铜铸件

黄铜是铜合金产品中最为重要的合金之一，有优良的力学性能、耐腐蚀性能、冷热加工性能等，是有色金属应用领域中应用最为广泛的合金材料之一。但该合金的强度和耐磨性能较差，很大程度上限制了其应用领域。长期以来，人们致力于单相α黄铜和α+β双相黄铜的研究，而忽略了以β相为基的高锌复杂黄铜的研究。随着人们对高锌黄铜的研究深入，发现在黄铜中加入少量的合金元素如：锰、铝、铁、硅、钴、钛、铅、锡、镍等，能够对合金基体起到明显的固溶强化作用，且各元素之间通过相互作用形成弥散分布的硬质耐磨相，在合金中起到颗粒弥散强化作用。除提高合金强度外，所添加的合金元素所形成的硬质耐磨相还能够提供良好的承载性能和高耐磨性。这类高锌黄铜同时还具有优良的热加工性能，在锻压各种精密复杂高强耐磨零件方面以及材料成本方面具有比其他材料更为明显的优势。该类合金自开发以来就被寄予厚望，广泛应用于各种要求高强度、高耐磨性的重载高速液压转子、轴承、汽车同步器齿环及各种精密高强耐磨锻压件等精密制造行业。

高强耐磨黄铜目前在国内外市场上种类繁多。国内这类产品主要分为两大类：铜-锌-锰系合金和铜-锌-铝系合金，表 17-5、表 17-6 分别列出铜-锌-锰系合金和铜-锌-铝系合金的主要成分范围。

表 17-5　Cu-Zn-Mn 系列化学成分范围　%

成分	Cu	Al	Mn	Si	Fe	Pb	Ni	Cr	Zn
含量	56～64	0～3.5	0.4～4.0	0.5～2.0	0～2.0	0～1.0	0～0.5	0～0.25	余量

表 17-6　Cu-Zn-Al 系列化学成分范围　%

成分	Cu	Al	Mn	Si	Fe	Pb	Ni	Cr	Co	Zn
含量	55～66	2.8～6.0	0～3.5	0～1.5	0～3.5	0～1.0	0～3.0	0～0.5	0～2.0	余量

可以看出，两类合金系列的主要成分相似，其主要变化在于微量元素的含量不同。因而可以通过控制微量元素的含量，从而设计制备出满足不同性能要求的产品。

目前国内高强耐磨黄铜的主要生产方法有：离心铸造、水平连铸和挤制管材。采用离心铸造技术制备该类合金，产品质量不稳定，合金组织结构不均匀，性能较差且成品率低，但由于其成本低廉，因而国内大部分企业仍采用该制备技术。水平连铸技术产品性能较离心铸造技术优良，设备投资少、工序短、耗能低、成品率较高，制备工艺比较成熟，国内部分企业已采用该制备技术生产高强耐磨合金。相比较于上述两种技术，挤制管材技术制备的合金工艺最为优越，但其设备投资大、工序繁琐、工艺控制困难、技术含量高，因而目前国内市场没有实现批量化生产。而在国外，该制备技术已经实现了工业化的生产。这类技术集中在少数公司手中，主要有德国代傲（DIEHL）公司、日本中越合金（CHUETSU）、日本三菱重工等，这些企业都具备独立开发新材料的能力，而且材料独成一个系列。

随着我国精密制造行业及汽车行业的迅猛发展，传统材料的性能已不能满足现代化工业生产的需求，低成本高性能的新型材料势必取代传统材料。近年来，国内对汽车的需求量越来越大，同时对汽车同步器齿环的性能要求也越来越高。目前，该类同步器齿环国内基本依赖于进口，价格非常昂贵，因而研制开发此类高强耐磨黄铜合金已势在必行。根据目前的国内汽车行业发展形势来看，2015 年，我国汽车生产总量达到 2450.33 万辆，实现销售 2459.76 万辆。因此，单从这一方面而言，高强耐磨黄铜具有极其广阔的市场及发展前景。

17.3.7　铝青铜铸件

铝青铜的组织随着成分和所处温度区间的改变而发生变化。由图 17-14 所示的铜铝二元相图可以看出不同成分的铝青铜合金的结晶过程和组织变化规律。其中，铝含量小于 7.4%（质量分数，下同）的所有铝青铜合金在固态时均为单相固溶体，塑性好，加工成形性好。铝含量在 7.4%～9.4%之间的铝青铜合金在 1036～565℃温度范围内组织为 $\alpha+\beta$ 相，但由于实际生产过程中，合金的冷却速度满足不了充分缓慢冷却的条件，使 $\beta\rightarrow\alpha$ 转变不彻底，导致组织中残留一部分 β 相，随着温度继续降低，残留 β 相发生 $\beta\rightarrow\alpha+\gamma_2$ 共析转变。γ_2 相是一种硬脆相，会使合金的硬度、强度升高，塑性下降。

铝青铜是机械工业领域中广泛应用的重要结构材料，其含 Al 质量分数为 5%～10%。一般分为简单铝青铜（即二元 Cu-Al 合金）和复杂铝青铜（即以铜铝为基，添加 Fe、Ni、Mn、Zn 等元素的多元铜合金）。由于简单铝青铜硬度、屈强比、耐磨性等性能的不足，导

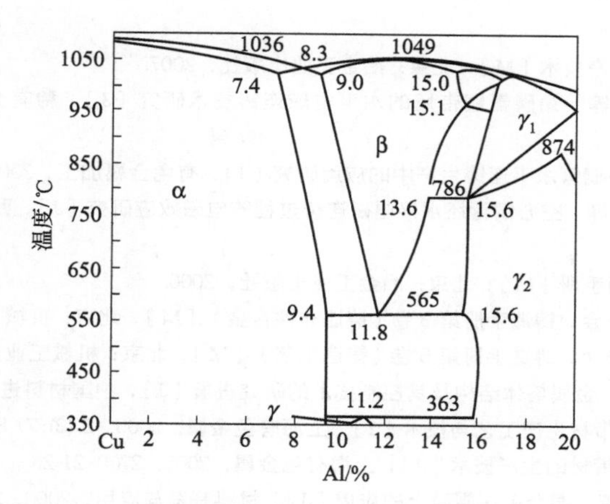

图 17-14 Cu-Al 二元相图

致其应用受到限制。为了改善铝青铜的这些性能，目前研究及使用的均为复杂铝青铜，这种合金因具有良好的综合力学性能及耐磨耐蚀性而得到广泛应用。

高强度铝青铜合金具有高硬度、高强度、良好的耐磨性、耐腐蚀等性能，因而被广泛应用于家电、机械等民用工业和炮弹、船舶、飞机、舰艇等军用工业高应力下工作的耐磨零件。如利用 Cu14AlX 高铝复杂青铜合金具有良好的导热性、稳定的刚度和较小的摩擦系数作为模具材料，在拉伸、压延不锈钢板式换热器时不会产生粘模、划伤工件等优点作为一种优秀的模具材料；利用铝青铜合金良好的抗蚀性来制造螺旋桨、阀门等耐腐蚀零件；利用铝青铜合金的高硬度、高强度和耐磨性制造齿轮坯料、螺纹等零件；利用铝青铜合金在冲击作用下不会产生火花来制造无火花工具材料；利用铝青铜具有形状记忆效应的特点作为形状记忆合金等。此外由于铝青铜合金价格相对便宜，目前已经成为一些不锈钢、镍基合金和锡青铜合金等昂贵金属材料的部分替代品。铝青铜合金的特性还有一些，如超塑性等，这些方面的研究也在不断深入。随着材料科学技术的发展与研究的进一步深入，相信铝青铜合金会得到越来越广泛的应用。

铝青铜主要具有以下性能：①良好的铸造性能。结晶温度范围小，不易产生成分偏析，流动性好，分散缩孔倾向小，易获得致密铸件。②力学性能好。铝青铜的力学性能和耐磨性高于黄铜和锡青铜，常用来制作螺杆、螺帽、铜套和密封环等。③良好的耐蚀性。在大气、海水及多数有机酸溶液中均具有较好的耐蚀性，因此可用来制造耐腐蚀零件，如螺旋桨、阀门等。④导热性能好。在用作拉伸、压延不锈钢板式换热器模具材料时，因其刚度稳定而不会粘模、划伤工件，成为一种新型模具材料。⑤具备良好的特殊性能。铝青铜合金在凝固时，会发生马氏体形态的转变，使其具有形状记忆功能。耐冲击性强，在强冲击下不会产生火花，可用来制造无火花工具材料。光泽性好，Cu-Al 二元系中，铝对金属的色泽有重要影响。铝青铜中添加少量锌、镍、锡和稀有元素等，也能对铝青铜的色泽产生作用，如“18 合金”和造纸材料 QAl5-5-1。铝青铜合金价格较便宜，力学性能较好，可替代部分贵重金属材料，如替代不锈钢、锡青铜和镍基合金等。

参考文献

[1] 王乐俊．铜管生产的工艺及其特点［J］．上海有色金属，1999，20(1):78-82.

[2] 周文龙，许沂，张士宏．挤压铜管坯与连铸连轧铜管坯的研究［A］．2003 首届中国国际精密铜管材技术年会，河南

新乡，2003.
[3] 郭莉，李耀群．冷凝管生产技术［M］．北京：冶金工业出版社，2007.
[4] 回春华，李廷举，金文中等．锡磷青铜带坯的水平电磁连铸技术研究［J］．稀有金属材料与工程，2008，37(4)：771-777.
[5] 郭宏林．电磁搅拌技术在铜管水平连铸生产中的应用研究［J］．有色金属加工，2009，38(1)：77-83.
[6] 李丘林，李新涛，李廷举等．空心铜管坯水平电磁连铸过程的电磁效应研究［J］．西安交通大学学报，2005，39(9)：22-28.
[7] 钟卫佳．铜加工技术实用手册［M］．北京：冶金工业出版社，2006.
[8] 中国机械工业协会铸造分会．铸造手册第3卷（铸造非铁合金）［M］．北京：机械工业出版社，2002.
[9] 中国机械工业协会铸造分会．铸造手册第5卷（铸造工艺）［M］．北京：机械工业出版社，2002.
[10] 坚增运，朱满，介万奇．金属熔体结构及其控制技术的研究进展［J］．中国材料进展，2010，29(7)：20-26.
[11] 龚寿鹏．现代锡磷青铜带材生产工艺与技术［J］．上海有色金属，2005，27(3)：77-82.
[12] 张玉杰．浅析锡磷青铜带材的生产技术［J］．上海有色金属，2005，27(4)：21-26.
[13] 张智强，郭泽亮，雷竹芳．铜合金在舰船上的应用［J］．材料开发与应用，2006，21(5)：43-47.
[14] 范莉，刘平，贾淑果等．铜基引线框架材料研究进展［J］．材料开发与应用，2008，23(1)：101-105.
[15] 杨贵荣，郝远，阎峰云．强化铜合金的研究概况［J］．铸造设备研究，2002，(4)：91-95.
[16] 董福伟，张铎，黄国兴．高强耐磨锰黄铜的研究［J］．理化检验：物理分册，2006，42(8)：389-391.
[17] 王涛．新型高强耐磨复杂黄铜及其生产技术［J］．有色金属加工，2005，34(6)：121-125.
[18] 王祝堂，田荣璋．铜合金及其加工手册［M］．长沙：中南大学出版社，2002.
[19] 张全叶，罗勇，胡立新．变质剂对多元复杂耐磨黄铜组织性能的影响［J］．甘肃冶金，2009，31(3)：232-236.
[20] 马斌，张胜华．高强度黄铜的显微组织和磨损性能［J］．湖南有色金属，2001，17(2)：95-98.